UTB **2445**

Eine Arbeitsgemeinschaft der Verlage

Beltz Verlag Weinheim · Basel
Böhlau Verlag Köln · Weimar · Wien
Verlag Barbara Budrich Opladen · Farmington Hills
facultas.wuv Wien
Wilhelm Fink München
A. Francke Verlag Tübingen und Basel
Haupt Verlag Bern · Stuttgart · Wien
Julius Klinkhardt Verlagsbuchhandlung Bad Heilbrunn
Lucius & Lucius Verlagsgesellschaft Stuttgart
Mohr Siebeck Tübingen
C. F. Müller Verlag Heidelberg
Orell Füssli Verlag Zürich
Verlag Recht und Wirtschaft Frankfurt am Main
Ernst Reinhardt Verlag München · Basel
Ferdinand Schöningh Paderborn · München · Wien · Zürich
Eugen Ulmer Verlag Stuttgart
UVK Verlagsgesellschaft Konstanz
Vandenhoeck & Ruprecht Göttingen
vdf Hochschulverlag AG an der ETH Zürich

Grundriss Allgemeine Geographie

herausgegeben von Heinz Heineberg
begründet von Paul Busch

Bisher sind erschienen:

Geomorphologie von Harald Zepp
Einführung in die Anthropogeographie/Humangeographie von Heinz Heineberg
Stadtgeographie von Heinz Heineberg
Wirtschaftsgeographie von Elmar Kulke
Verkehrsgeographie von Helmut Nuhn/Markus Hesse
Geographiedidaktik von Gisbert Rinschede

Heinz Heineberg

Einführung in die Anthropogeographie/ Humangeographie

3., überarbeitete und aktualisierte Auflage

Ferdinand Schöningh

Der Autor:
Prof. Dr. rer. nat. Heinz Heineberg war bis zu seiner Emeritierung 2003 Leiter des Arbeitsgebietes „Stadt- und Regionalentwicklung" am Institut für Geographie der Westfälischen Wilhelms-Universität, Münster. Seine Schwerpunkte in Forschung und Lehre sind neben der Stadtgeographie oder Geographischen Stadtforschung und der Wirtschaftsgeographie auch die Regionale Geographie mit zahlreichen Forschungsarbeiten in Mitteleuropa, Großbritannien und Mexiko.

Umschlagabbildung:
Foto: Chemiepark Marl, Ruhrgebiet, Grafik: Modell der räumlichen Mobilität nach G. Kortum (1979).

Bibliografische Information der Deutschen Nationalbibliothek

Die Deutsche Nationalbibliothek verzeichnet diese Publikation in der Deutschen Nationalbibliografie; detaillierte bibliografische Daten sind im Internet über http://dnb.d-nb.de abrufbar.

3., überarbeitete und aktualisierte Auflage 2007

Gedruckt auf umweltfreundlichem, chlorfrei gebleichtem Papier ⊗ ISO 9706

© 2003 Verlag Ferdinand Schöningh, Paderborn
(Verlag Ferdinand Schöningh GmbH & Co. KG, Jühenplatz 1, D-33098 Paderborn)
ISBN 978-3-506-99523-0

Internet: www.schoeningh.de

Printed in Germany.
Herstellung: Ferdinand Schöningh, Paderborn
Einbandgestaltung: Atelier Reichert, Stuttgart

UTB-Bestellnummer: ISBN 978-3-8252-2445-5

Inhalt

3 Einführung in die Wirtschaftsgeographie 95
Forschungsansätze und Theorien, Analysen einzelner Wirtschaftssektoren

Vorwort

Vorwort zur 1. Aufl. 2003 (Auszüge)

Das **Ziel des vorliegenden Bandes** ist die Vermittlung eines einführenden Grundlagenwissens in Bezug auf wichtige Aufgaben- und Forschungsbereiche der Anthropogeographie. Dabei geht es vor allem um wesentliche Inhalte, Begriffe, thematische Zusammenhänge, Veranschaulichungen und Anwendungsbeispiele, die insbesondere Studienanfängern den Einstieg in das breite Feld der Anthropogeographie erleichtern sollen. Dies ist jedoch leichter gesagt als getan: Denn die **Anthropogeographie** - häufig auch **Humangeographie** oder **Geographie des Menschen** genannt - als einer der beiden Hauptzweige der sog. Allgemeinen oder Thematischen Geographie gliedert sich heute ihrerseits in eine Vielzahl von Teildisziplinen bzw. Forschungsteilgebieten; für diese existiert jeweils ein sehr umfangreiches Schrifttum einschließlich zahlreicher Lehrbuchdarstellungen. Der vorliegende Band (...) soll und kann derartige, meist auf einzelne Teildisziplinen ausgerichtete weiterführende Lehrbücher nicht ersetzen.

Aber gerade wegen der differenzierten Wissenschaftsentfaltung innerhalb der Anthropo-/Humangeographie ist ein gewisser Gesamtüberblick in den ersten Studiensemestern an Hochschulen bzw. Universitäten vonnöten. Denn in dieser Studienphase ist die Orientierung innerhalb des gesamten Fachgebietes erfahrungsgemäß ein besonderes Problem.

Aber trotz des Zieles eines orientierenden Gesamtüberblicks über das Gebiet der Anthropo- bzw. Humangeographie müssen bestimmte **inhaltliche Schwerpunkte** gesetzt werden:

Das **Kapitel 1 „Die Anthropogeographie/Humangeographie im System der Geographie"** widmet sich vor allem der Entwicklung der Pluralität wichtiger Forschungsrichtungen und Fachkonzeptionen innerhalb der Anthropo- bzw. Humangeographie; d. h., es sollen insbesondere unterschiedliche Gliederungsversuche und die wissenschaftsgeschichtliche Entwicklung sowie die Ziele einzelner Forschungsansätze zusammenfassend behandelt werden. Es zeigt sich, dass die wissenschaftstheoretischen Auffassungen und damit auch die vielfältigen Forschungsaktivitäten bzw. -konzeptionen der heutigen Anthropo- oder Humangeographie durch verschiedenste Phasen der Wissenschaftsentfaltung geprägt wurden und damit ohne die Kenntnis dieser Epochen nicht verständlich sind. Die Herausarbeitung dieser Entwicklungsphasen der Anthropo-/Humangeographie macht den Hauptschwerpunkt des Kapitels 1 aus.

Das **Kapitel 2** zur **„Einführung in die Bevölkerungsgeographie"** gibt einen knappen Überblick über wesentliche Fragestellungen und grundlegende Begriffe (...).

Das **Kapitel 3** hat eine **„Einführung in die Wirtschaftsgeographie und Zentralitätsforschung"** zum Inhalt. Schwerpunktmäßig werden behandelt: klassische und neuere Standorttheorien, Grundbegriffe und Entwicklungstendenzen der Agrarwirtschaft, der Industrie und des tertiären Wirtschaftssektors, darunter insbesondere auch eine Einführung in die Theorie der Zentralen Orte.

Da dem Verkehr innerhalb der Geographie ein immer größerer Stellenwert zukommt, ist das folgende **Kapitel 4 „Einführung in die Verkehrsgeographie"** ebenfalls von besonderer Bedeutung. Berücksichtigt werden nicht nur grundlegende Begriffe, sondern vor allem auch die Differenzierung der Verkehrsnachfrage und des Verkehrsangebotes mit ihren jeweiligen räumlichen Zusammenhängen.

Es folgt das **Kapitel 5 „Einführung in die Geographie ländlicher Siedlungen"**. Darin stehen die Eigenschaften, Typisierung und Erneuerungen ländlicher Siedlungen in Mitteleuropa im Mittelpunkt.

Kapitel 6 beinhaltet eine inhaltlich konzentrierte **„Einführung in die Stadtgeographie"**. Auch dieses Kapitel beschränkt sich auf grundlegende Forschungsansätze, Begriffe und thematische Zusammenhänge (...). Wegen des sehr umfangreichen Schrifttums in dieser wichtigen Teildisziplin kann ein einführender Gesamtüberblick für Studienanfänger hilfreich sein. Ein Teilbereich, nämlich die Zentralitätsforschung, die häufig auch im Rahmen der Stadtgeographie behandelt wird, ist bereits Gegenstand des dritten Hauptkapitels.

Für inhaltliche Vertiefungen und Ergänzungen des Lehrbuchs wurden am Ende eines jeden Kapitels zahlreiche (häufig alternative), jeweils thematisch gruppierte bibliographische Kurzhinweise in einem „Kasten" zusammengestellt. Die genauen, alphabetisch angeordneten bibliographischen Angaben finden sich im Literaturverzeichnis (...). Die Literaturkästen ermöglichen es häufig auch, innerhalb der jeweiligen Kapitel auf Quellen- oder Literaturhinweise zu verzichten: das Lesen und „Lernen" des laufenden Textes wird daher nicht mit zahlreichen bibliographischen Hinweisen „belastet"; die Literaturbelege im Text beziehen sich i. Allg. lediglich auf wörtliche Zitate oder genauere sachliche Anlehnungen.

Das anschließende Sachregister am Ende des Bandes (...) ist bewusst recht differenziert konzipiert, um dem Leser ein genaues Auffinden von Begriffen zu ermöglichen.

Die Erstellung dieses Lehrbuches wäre nicht möglich gewesen ohne die langjährige eigene wissenschaftliche Beschäftigung mit einzelnen Teildisziplinen der Anthropogeographie; so basiert dieses Lehrbuch u. a. auf Ausarbeitungen einer vierstündigen Vorlesung "Einführung in die Anthropogeographie", die der Verfasser insgesamt zehn Mal am Institut für Geographie der Westfälischen Wilhelms-Universität in Münster gehalten hat.

Aufgrund der vielfältigen Anregungen durch gemeinsame Forschungsarbeiten und fachliche Diskussionen mit Kolleginnen und Kollegen, mit studentischen Mitarbeiterinnen und Mitarbeitern sowie nicht zuletzt auch mit Studentinnen und Studenten in Seminaren ist es für mich schier unmöglich, all denen persönlich zu danken, deren Anregungen und Mitarbeit sich in irgendeiner Form in diesem Lehrbuch niedergeschlagen haben (...).

Ich freue mich, wenn dieses neue Lehrbuch zur Anthropo- bzw. Humangeographie in der Fachwelt und insbesondere bei den Studierenden, für die es in erster Linie geschrieben ist, eine freundliche Aufnahme findet. Für Verbesserungsvorschläge bin ich jederzeit aufgeschlossen und besonders dankbar (...).

Ich widme dieses Buch in großer Dankbarkeit meiner lieben Frau Barbara, ohne deren vielfältige Unterstützung und Verständnis dieses Lehrbuch nicht zustande gekommen wäre.

Münster, im Juli 2003   Heinz Heineberg

Vorwort zur 2. Aufl. 2004

Es freut den Autor, dass nach so kurzer Zeit seit Erscheinen des Lehrbuches eine 2. Auflage erforderlich wurde. Das Konzept des Buches blieb unverändert. Es wurden einige (vor allem neue) grundlegende Literaturquellen berücksichtigt sowie „Druckfehlerteufelchen" korrigiert. Für Anregungen bzw. Zuschriften mit (kleinen) Verbesserungsvorschlägen - insbesondere auch von Studierenden - bin ich sehr dankbar. Ich freue mich auch über neue Hinweise, denn der Autor möchte an dem Lehrbuch weiter „feilen".

Münster, im Juli 2004   Heinz Heineberg

Vorwort zur 3. Aufl. 2006

Für die 3. Aufl. wurde an dem inhaltlichen Grundgerüst und der didaktischen Konzeption festgehalten. Der Umfang wurde zwar nur durch wenige Seiten erweitert, allerdings wurden in den meisten Kapiteln zahlreiche Abschnitte aktualisiert oder auch neue Unterkapitel eingefügt. Dies gilt z. B. für die Berücksichtigung des jüngeren fachwissenschaftlichen Diskurses zu einer neuen Kulturgeographie in Kap. 1, zum demographischen Wandel als eines der wichtigen Themen in den aktuellen Bevölkerungsdebatten in Kap. 2, für inhaltliche Ergänzungen zur Stadtentwicklung in ausgewählten Kulturerdteilen oder etwa die noch stärkere Berücksichtigung von Globalisierung und postmoderner Stadtentwicklung in Kap. 6. Die Literatur wurde in allen Literaturkästen sowie auch im Gesamtliteraturverzeichnis aktualisiert bzw. teilweise ausgetauscht. Die kartographische Medienausstattung wurde noch weiter optimiert und aktualisiert, wofür ich Frau Heike Benecke, Frau Birgit Schulze Roberg und Frau Melanie Unger sehr dankbar bin. Auch sonst hat der Autor Wert darauf gelegt, das Lehrbuch noch anschaulicher zu gestalten (z. B. durch neue Fotos in Kap. 6).

Mein besonderer Dank gilt wiederum dem Verlag Ferdinand Schöningh GmbH, Paderborn, mit seiner Redaktion Wissenschaft - vor allem Herrn Dr. Diethard Sawicki - für die gewährte Freizügigkeit und die sehr kooperative Unterstützung bei der Vorbereitung dieses Buches.

Ich bin auch weiterhin für nützliche Anregungen zur Verbesserung des Lehrbuchs sehr dankbar (unter heinebh@uni-muenster.de)

Münster, im Oktober 2006   Heinz Heineberg

1 Anthropogeographie/Humangeographie im System der Geographie

Aufgaben, Teildisziplinen, Hauptentwicklungsphasen

Abb. 1.1 Belebter Strand ("Strandleben"). Schrägluftbild eines Strandes in Neuengland/USA
Aus: P. Haggett 1991², Abb. 1-1

1.1 Aufgaben und Stellung der Anthropogeographie/ Humangeographie

Beginnen wir mit dem oft zitierten Beispiel „Strandleben" von P. HAGGETT (1991²); s. Abbn. 1.1 und 1.2 sowie Kasten 1.1. Danach beschäftigt sich die **Geographie** mit
• thematischen Sachverhalten (z. B. mit erholungssuchenden Menschen),
• deren Verbreitung (Erholungssuchende mit ihrer räumlichen Verteilung am Strand),
• ihren Raumbeziehungen oder Verflechtungen (beispielsweise Menschen am Strand, die in der benachbarten Stadt wohnen und arbeiten),
• ihren zeitlichen oder prozessualen Veränderungen (u. a. räumliche Diffusion des Strandlebens im Tagesverlauf) sowie
• ihren Umweltbezügen bzw. -auswirkungen (Mensch-Umwelt-Verhältnis, beispielsweise die Bevorzugung bestimmter Strandräume mit besonderen Umweltqualitäten).

Kasten 1.1
Geographische Betrachtungsweisen - das Beispiel „Der belebte Strand"
nach P. HAGGETT 1991[2], erläutert von W. SCHLEGEL (1993[2], S. 2f.) (vgl. Abbn. 1.1 und 1.2):

„Beide Strandbilder sind vom Hubschrauber aus aufgenommen, allerdings mit unterschiedlicher Optik ... (vgl. P. HAGGETT 1991[2], S. 31, 34). Sie zeigen viele Menschen am Strand, teils eng beisammen, teils weiter gestreut, teils einzeln, teils in gegenseitigem Kontakt, im Gespräch, im Spiel usw. Man sieht die Brandung, Sand, im Hintergrund Steilküste, Häuser einer Stadt usw. Es ergeben sich folgende Assoziationen: Urlaub bzw. Freizeit, beschränkter Erholungsraum nahe der Stadt; Menschen ordnen sich in verschiedener Weise zu Kleingruppen. Es zeigen sich zwei **Grundbedürfnisse des Menschen:**
1. Gruppenbildung, Versammlung bzw. Absonderung, Isolierung;
2. Erholung.
   Der Strand weist von Natur aus verschiedene Zonen auf, die von den Erholungssuchenden in unterschiedlicher Weise genutzt werden. Es gibt eine weitgehend gemiedene Zone nahe der Einmündung eines Baches (vermutlich Abwasser, Verschmutzung). Der Strand wird mit der Stadt durch eine breite Promenadenstraße verbunden. Auf ihr ist viel Verkehr, am Rande aber auch Parkplätze. Daraus lassen sich weitere Grundbedürfnisse des Menschen ableiten: 3. Wohnen und 4. Arbeiten. Diese Bedürfnisse bzw. Funktionen werden mit der Funktion Erholung durch 5. Verkehr verbunden. Verkehr überbrückt die räumliche Distanz zwischen Orten von Funktionen. Jede Funktion hat ihren Ort. Sie ist „verortet". Dabei wird jede Funktion eines Ortes bestimmt entweder durch seine natürliche Eignung, die vom Menschen erkannt werden muß, vor allem aber vom menschlichen Willen, seinen Wünschen, unterschiedlicher Betrachtungsweise und Bewertung (...)". „So läßt sich erklären, daß der Strand für verschiedene Wissenschaften ein auf verschiedene Art und Weise verwendetes Forschungsobjekt wird:
- der Soziologe untersucht die Gruppierungen der Menschen, ihre Interaktionen und ihre Hintergründe,
- der Geologe/Mineraloge analysiert die Sandkörner nach ihrer stofflichen Zusammensetzung, Herkunft, Korngröße und Form, Anordnung am Strand usw.,
- der Physiker/Techniker interessiert sich für Strömungen des Wassers usw.,
- der Geograph wird zunächst einmal **kartieren**, wo sich Menschen aufhalten, bewegen, was sie tun, in welchem Bezug dies zu den natürlichen Raumeigenschaften steht (Standort!). Er wird dies in verschiedenen Maßstäben tun (Tele- oder Weitwinkel-Betrachtung); er wird weiter versuchen, **räumliche Muster** im natürlichen Bereich, ebenso aber auch bei Menschen (Aufenthalt, dessen Veränderung, Wechsel, Interdependenzen usw.), evtl. auch in Abhängigkeit von der räumlich verschiedenen Strandqualität zu erkennen (Verhältnis Mensch/Umwelt). Er wird schließlich auch zu einer kleinräumigen, aber inhaltlich bedingten **Regionalisierung** des Strandes gelangen, die Grundlage ist für das weitere Studium von Veränderungen in der Zeit".

Daraus lässt sich eine (erste) **Arbeitsdefinition für die geographische Betrachtungsweise** ableiten: **Erkenntnisobjekte der Geographie** sind thematische Sachverhalte in ihrer räumlich-zeitlichen Dimension hinsichtlich ihrer Verbreitungen, Verflechtungen, prozessualen Veränderungen und ihrer materiell-immateriellen Wechselwirkungen. Eine ähnliche, kürzere Definition ist: Erkenntnisobjekte der Geographie sind die Geofaktoren (Erscheinungen/Sachverhalte) und die Räume, in denen sie in Wechselbeziehungen treten, und zwar in zeitlicher Dimensionierung. Daraus kann eine **Arbeitsdefinition für die Anthropogeographie/Humangeographie** durch den Zusatz „*... anthropogen bedingte* bzw. *bestimmte* thematische Sachverhalte..." (erste Definition) oder durch die Ergänzung „*...anthropogen bedingten* bzw. *bestimmten* Geofaktoren...*" (zweite Definition) abgeleitet werdeb; vgl. auch die ähnliche, allerdings mit dem Kulturlandschaftsbegriff verbundene Definition der Anthropogeographie in Kasten 1.2.

Zum Verständnis der Stellung der Anthropogeographie oder Humangeographie im traditionellen System der Geographie ist von Bedeutung, dass zwei verschiedene, sich jedoch einander ergänzende **Hauptuntersuchungsgegenstände oder -ansätze** zu unterscheiden sind. Der erste Ansatz bezieht sich darauf, ob stärker einzelne **Geofaktoren** (oder **thematische Sachverhalte**) in ihrer räumlich-zeitlichen Dimension mit der Erkenntnis von Regelhaftigkeiten ihrer Verbreitungen, Verflechtungen etc. im Vordergrund der Betrachtung stehen (vgl. Abb. 1.3). In diesem Falle spricht man von **Allgemeiner Geographie** oder Geofaktorenlehre. Traditionsgemäß ist die **Anthropogeographie/Humangeographie** neben der sog. Physischen Geographie eines der beiden Hauptgebiete der sog. Allgemeinen Geographie. Bilden jedoch vor allem einzelne (individuelle) **Räume oder Raumeinheiten** - etwa Länder, Regionen, Stadtteile etc. - mit ihren zumeist unterschiedli-

Kasten 1.2
Definition der Anthropogeographie nach H. LESER

„Anthropogeographie: derjenige Teilbereich der Allgemeinen Geographie, der sich mit der Raumwirksamkeit des Menschen und mit der von ihm gestalteten Kulturlandschaft und ihren Elementen in ihrer räumlichen Differenzierung und Entwicklung befaßt. Vielfach wird A. synonym mit Kulturgeographie oder Geographie des Menschen, gelegentlich auch mit Sozialgeographie, verwendet" (H. LESER 2001[12], S. 37-38).

chen Geofaktoren den Hauptgegenstand der Betrachtung, so spricht man vom länderkundlichen oder regionalgeographischen Ansatz. In Deutschland setzt sich - entsprechend dem internationalen Sprachgebrauch - anstelle von **Länderkunde** mehr und mehr die Bezeichnung **Regionale Geographie** durch (vgl. z. B. *Regional Geography*).

Eine Unterscheidung zwischen den Arbeitsrichtungen der Allgemeinen oder Thematischen Geographie (bzw. Anthropogeographie/Humangeographie) und der Re-

Abb. 1.2 Belebter Strand. Teleaufnahme eines Strandes in Neuengland (USA).
Aus: P. Haggett 1991[2], Abb. 1-6

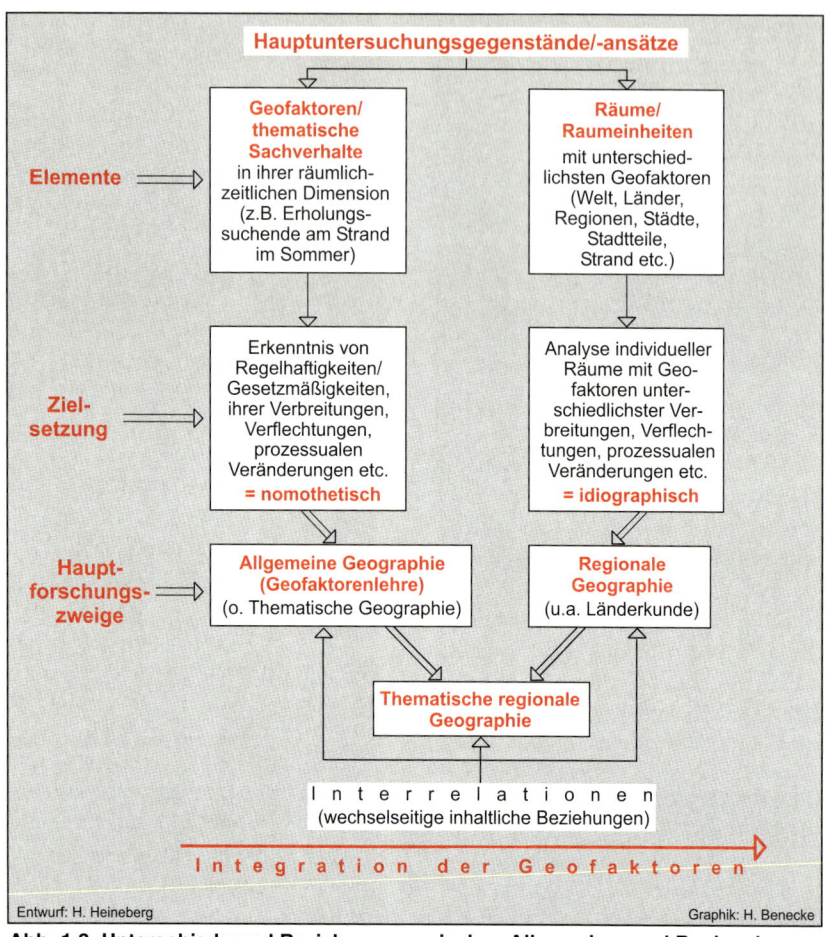

Abb. 1.3 Unterschiede und Beziehungen zwischen Allgemeiner und Regionaler Geographie

gionalen Geographie ergibt sich somit durch die verschiedenen **Zielsetzungen**: Während die Allgemeine Geographie stärker nach Regelhaftigkeiten oder Gesetzmäßigkeiten strebt, d. h. **nomothetisch** ausgerichtet ist (nach griech. nómos = Gesetz, Ordnung; thetikós = bestimmend), ist die Regionale Geographie meist auf die spezifischen, inviduellen räumlichen Sachverhalte orientiert, d. h. **idiographisch** (griech. ídios = eigenartig, spezifisch) angelegt. Allerdings bestehen zwischen beiden Betrachtungsrich-

tungen auch Übergänge, z. B. in der sog. **Thematischen regionalen Geographie**.

In der traditionellen Auffassung vom System bzw. Organisationsplan der Geographie existiert nun die Vorstellung von einer hierarchischen Anordnung in der Form, dass Allgemeine Geographie und Länderkunde (Regionale Geographie) übereinander angeordnet sind (vgl. z. B. H. BOBEK 1957, Tab. 3, H. UHLIG 1970, Fig. 4). Demgegenüber lässt sich auch die Meinung vertreten, dass - wie es in Abb. 1.3 angedeutet ist - allgemein-geographisches und regional-bezogenes Arbeiten gleichberechtigt nebeneinander stehen; zwischen beiden Betrachtungsweisen gibt es unterschiedlichste wechselseitige inhaltliche Beziehungen (**Interrelationen**), wobei meist eine größere **Integration der Geofaktoren** in Richtung der Regionalen Geographie vorhanden ist.

E. WIRTH (1979, Fig. 2) verdeutlicht in dem „Versuch einer Gliederung der Geographischen Wissenschaft" das „Nebeneinander" von Länderkunde, Allgemeiner Geographie und sog. Theoretischer Geographie; die Allgemeine Geographie unterteilt der Autor in Physische Geographie und Kulturgeographie (anstelle von Anthropogeographie bzw. Humangeographie).

1. 2 Teildisziplinen der Anthropogeographie/ Humangeographie

Um es vorweg zu sagen: Ein logisch konsistentes Gliederungssystem der Anthropo- oder Humangeographie als eine der geographischen Hauptdisziplinen, das sowohl traditionelle als auch alle neueren Forschungsrichtungen miteinander verbindet, besteht bislang noch nicht und wird auch wohl kaum zu erstellen sein. So gibt es z. B. neuere Forschungsgebiete, die sich großenteils schon zu eigenen Teildisziplinen entwickelt haben; diese durchkreuzen häufig quasi diagonal ältere Teildisziplinen (s. 1.2.2 und Abb. 1.4).

Traditionsgemäß wird die Anthropogeographie/Humangeographie im deutschen Sprachraum aufgeteilt in die sog. Physische Anthropogeographie (vgl. 1.2.1) und die sog. Kulturgeographie (vgl. 1.2.2).

1.2.1 Die Physische Anthropogeographie
stellt ein Bindeglied zwischen den physisch- und anthropogeographischen Teilgebieten

dar (K. PAFFEN 1959); sie hat leider in der jüngeren wissenschaftlichen Entwicklung (zumindest in Deutschland) relativ wenig Beachtung gefunden. Aufgabe der Physischen Anthropogeographie ist die Behandlung der physischen und biotischen Aspekte des Menschen und seiner Beziehungen zur natürlichen Umwelt. Dazu zählen insbesondere die ökologischen Verhältnisse im Mensch-Umwelt-System, die von der Physischen Anthropogeographie in Kooperation mit anderen Wissenschaftsdisziplinen, z. B. der Anthropologie, Biologie, Geoökologie oder der Soziologie, bearbeitet werden. Das betrifft beispielsweise die Probleme des Bevölkerungswachstums im Zusammenhang mit der Welternährung oder einfach: Probleme der Tragfähigkeit der Erde bzw. der „Grenzen des Wachstums". Die Problematik der Überbevölkerung in Relation zur Ernährungskapazität wurde im Laufe der Wissenschaftsentwicklung teilweise sehr unterschiedlich bewertet. Während früher beispielsweise die landwirtschaftliche und damit auch demographische Tragfähigkeit der Tropen stark überschätzt wurde, haben demgegenüber jüngere Forschungen eine ökologische Benachteiligung tropischer Räume ermittelt (vgl. W. WEISCHET 1977).

Andere Themen der Physischen Anthropogeographie sind u. a.: Verbrauch und Verknappung von Rohstoffen, Energieverbrauch, zunehmende Umweltverschmutzung und Zerstörung ökologischer Systeme, Anpassung des Menschen an bzw. Bewertung von Naturrisiken, Probleme der Akklimatisierung oder die rassische Differenzierung auf der Erde.

Mit diesen und anderen Mensch-Umwelt-Beziehungen beschäftigt sich auch die interdisziplinäre **Humanökologie** (*Human Ecology*) (D. STEINER/B. WISNER 1986, P. MEUSBURGER/T. SCHWAN 2003). Diese hat starke inhaltliche Verflechtungen mit der

Geographie, daher auch die Bezeichnung **Geographische Humanökologie**.

Im Zusammenhang mit der Physischen Anthropogeographie ist auch ein Teilgebiet der Geographie zu sehen, das sich (wie die Humökologie) ebenfalls im englischsprachigen Raum stärker entwickelt hat, nämlich die „*Medical Geography*", die **Medizinische Geographie**, häufig auch **Geomedizin** genannt (vgl. T. KISTEMANN/H. LEISCH/J. SCHWEIKART 1997). Zu deren Untersuchungsaspekten zählen die räumlichen Verbreitungen von Krankheiten und ihre Zusammenhänge mit sozioökonomischen Strukturmerkmalen bzw. Umwelteinflüssen.

Die rassische Differenzierung der Völker der Erde wird auch unter dem Etikett einer sog. **Geographischen Anthropologie** behandelt (vgl. H. HAMBLOCH 1983).

1.2.2 'Klassische' und neuere Teildisziplinen der Kulturgeographie (vgl. Abb. 1.4).

Das Schwergewicht der Anthropogeographie macht im traditionellen System die sog. **Kulturgeographie** aus (vgl. auch E. WIRTH 1979, Abb. 3). Diese ließ sich in der früheren Wissenschaftsentwicklung - vor dem Ausbau einer thematisch sehr stark übergreifenden Sozialgeographie (s. unter 1.3.5) - zunächst einmal aufgliedern in die **Hauptzweige** Bevölkerungsgeographie, Wirtschaftsgeographie (mit verschiedenen Untergliederungen), Verkehrsgeographie, Siedlungsgeographie (Geographie ländlicher Siedlungen und Stadtgeographie), Politische Geographie und Historische Geographie. Davon werden die vier erstgenannten in dieser „Einführung in die Anthropogeographie/Humangeographie" in eigenen Kapiteln ausführlicher behandelt. Im Folgenden sollen die Aufgaben bzw. Themenfelder derjenigen „klassischen" und (ausgewählten) neueren Teildisziplinen charakterisiert werden, die in diesem Einführungsband nicht oder nur randlich berücksichtigt werden.

Die **Politische Geographie** beschäftigt sich mit den vielfältigen Wechselbeziehungen zwischen dem politisch handelnden Menschen und seiner räumlichen Umwelt (U. ANTE 1981, S. 7). Die Themenfelder dieser Teildisziplin, die teilweise auch in einem Zusammenhang mit der wissenschaftlich verwandten **Geopolitik** stehen, sind sehr vielfältig. Dazu zählen die politischen Grenzen mit ihren Funktionen und Wirkungen, die politischen Prozesse im Innern bestimmter Räume (z. B. Wahlen, Minderheitenprobleme, Regionalismus), politische Konflikte um ökologische Ressourcen (z. B. Wasser) oder etwa um territoriale Kontrolle, Macht und Grenzen, Globalisierung und neue internationale Beziehungen, regionale Konflikte und neue soziale Bewegungen (z. B. in Entwicklungsländern) etc. (vgl. auch P. REUBER 2000, 2002, P. REUBER/ G. WOLKERSDORFER 2001a).

Die **Historische Geographie** durchkreuzt mit ihrer Analyse der vielfältigen historischen Zustände, Prozesse menschlicher Aktivitäten und deren Auswirkungen im Raum zu einer beliebigen Zeit in der Vergangenheit (W. SCHENK 2005, S. 216) quasi sämtliche Teildisziplinen der Anthropo- bzw. Humangeographie. So lassen sich auch verschiedene „klassische" Teildisziplinen benennen, z. B. die Historische Stadtgeographie oder die Historische Wirtschafts- und Sozialgeographie. Es ist leicht verständlich, dass die Historische Geographie in vielfältiger Wechselwirkung mit Teildisziplinen der Geschichte, z. B. der Städtegeschichte, Wirtschafts- und Sozialgeschichte oder der Zeitgeschichte, steht.

In einem engen inhaltlichen Zusammenhang mit der Historischen Geographie steht die **Genetische Kulturlandschaftsforschung**, die nach W. SCHENK (2005, S. 216)

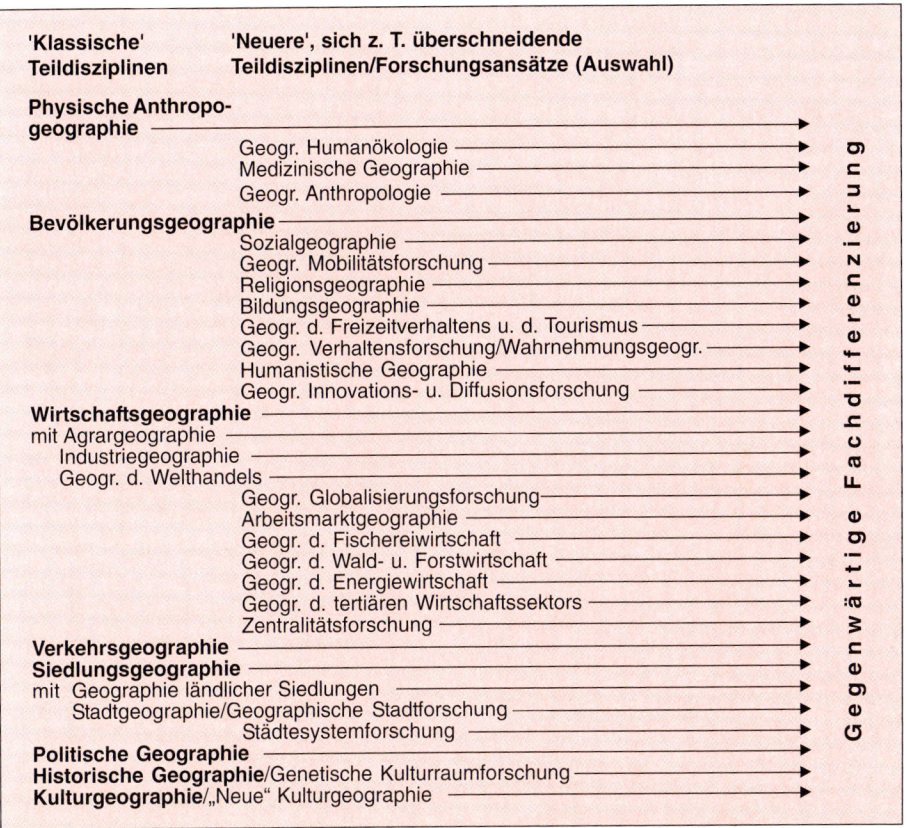

Abb. 1.4 „Klassische" und „neuere" Teildisziplinen/Forschungsansätze der Anthropogeographie/Humangeographie

„die Erklärung gegenwärtiger räumlicher Strukturen und Prozesse aus der Vergangenheit heraus" zum Ziel hat. „Sie geht dabei nur so weit in die Geschichte zurück, als noch Bezüge zur Gegenwart bestehen" (ebd.). Ein wichtiger Zweig dieser Forschungsrichtung ist traditionsgemäß die Genetische Siedlungsforschung, die in den Kapiteln 5 und 6 dieses Lehrbuchs Berücksichtigung findet. Um die Umsetzung der Befunde der Historischen Geographie und Genetischen Kulturlandschaftsforschung, insbesondere in Planung und Umwelterziehung, bemüht sich die Angewandte Historische Geographie. „Steht die erhaltende

Weiterentwicklung des historischen Erbes in unseren Landschaften im Mittelpunkt, spricht man von Kulturlandschaftspflege" (ebd., S. 217; vgl. dazu W. SCHENK/K. FEHN/ D. DENECKE 1997).

Die folgenden ausgewählten 'neueren' Teilgebiete der Kulturgeographie haben sich erst nach dem Zweiten Weltkrieg, teilweise sogar erst in den letzten zwei bis drei Jahrzehnten entwickelt. Sie lassen sich häufig den o. g. traditionellen Teildisziplinen nicht eindeutig zuordnen; von einigen Autoren werden sie der Sozialgeographie (s. 1.3.5) zugerechnet. Dazu zählt z. B. die **Wanderungs- oder Migrationsforschung**; dieser bereits interdisziplinär entwickelte Forschungsbereich, an dem sich außer Geographen vor allem auch Soziologen, Bevölkerungswissenschaftler, Historiker etc. beteiligen, bildet insbesondere einen Schwerpunkt innerhalb der Bevölkerungsgeographie (s. 2.6 in diesem Band). Eine häufig benutzte, jedoch übergeordnete Bezeichnung ist **Mobilitätsforschung** bzw. - aus der Perspektive der Geographie - **Räumliche, Regionale oder Geographische Mobilitätsforschung** (vgl. P. WEBER 1982; s. auch Kasten 1.3).

Die **Religionsgeographie** ist zwar bereits vor dem Zweiten Weltkrieg von einigen Geographen in Ansätzen entwickelt worden; ein erster Versuch einer systematischen Grundlegung dieser Teildisziplin wurde jedoch erst von P. FICKELER (1947) vorgelegt. Zu den Untersuchungsgegenständen zählen u. a. die Wirkungen der Religion auf die Kulturlandschaft, die räumliche Struktur religiöser Systeme und Zentrenbildung, religiöse Ausbreitungs-, Verlagerungs- und Interaktionsprozesse oder auch die vielfältigen Auswirkungen religiöser Konflikte; vgl. die Lehrbuchdarstellungen von G. RINSCHEDE 1999 und 2005[2], letztere mit Zusammenfassung der Religionsgeographie und sog. Ideologiegeographie zu einer **Geographie der Geisteshaltung** (ebd. 2005[2], Abb. 4.2), sowie zur neueren Entwicklung der Religionsgeographie R. HENKEL 2004.

Noch jünger ist die Entwicklung einer Geographie des Bildungswesens und Bildungsverhaltens, die von R. GEIPEL (1968) in einem wichtigen Grundsatzbeitrag **Geographie des Bildungswesens**, in dem jüngeren, sehr umfassenden Lehrbuch von P. MEUSBURGER (1998) einfacher **Bildungsgeographie** oder auch **Geographie des Bildungs- und Qualifikationswesens** genannt wurde. Untersuchungsaspekte dieser Teildisziplin, die u. a. auch wichtige Verbin-

> **Kasten 1.3**
> **Der Mobilitätsbegriff**
>
> **Mobilität** lässt sich definieren als Veränderung zwischen zwei Positionen in Bezug auf soziale, wirtschaftliche und räumliche Merkmale. Es gibt demnach also eine soziale M. (sozialer Auf- oder Abstieg), wirtschaftliche M. (z. B. berufliche) und räumliche bzw. regionale M. Im Allgemeinen fasst man „sozial" und „wirtschaftlich" zusammen und unterscheidet zwischen sozialer und räumlicher (oder regionaler) Mobilität. Die Analyse von Wanderungen, die einen vorübergehenden oder dauerhaften Wohnungswechsel (Umzüge) beinhalten, ist somit nur ein Teil der umfassenderen Regionalen Mobilitätsforschung, die über die eigentlichen Umzüge hinaus auch den Pendlerverkehr und andere Formen der Verkehrsteilnahme betrifft (s. Abb. 2.21).

dungen zur Bildungsplanung aufweist, sind beispielsweise die Analyse der räumlichen Verteilung (sozial-)gruppenspezifisch unterschiedlichen Bildungsverhaltens, Grundlagenuntersuchungen zur Schul- oder Universitätsstandortplanung sowie die Beziehungen zwischen Hochschul- und Stadtentwicklung.

Die **Geographie der Freizeit und des Tourismus** (auch **Geographie des Freizeitverhaltens** genannt), deren Wurzeln in der traditionellen **Fremdenverkehrsgeographie** liegen, hat sich in den letzten beiden Jahrzehnten in Deutschland bereits als eigenständige (sozialgeographische) Teildisziplin etabliert; sie wurde dabei beeinflusst bzw. forciert durch die sog. Münchener Schule der Sozialgeographie (s. unter 1.3.5). An der Freizeit- und Tourismusforschung beteiligen sich heute auch andere Disziplinen, etwa Soziologen. Für diese Teildisziplin der Anthropogeographie liegen mehrere Lehrbuchdarstellungen und Sammelbände vor (u. a. K. WOLF/P. JURCZEK 1986, CHR. BECKER u. a. 2003, H. JOB u. a. 2005, P. REUBER/P. SCHNELL 2005).

Die Palette **wirtschaftsgeographischer**

Teildisziplinen, die auch bereits Bezeichnungen als eigene „Geographien" gefunden haben, beschränkte sich bis vor wenigen Jahrzehnten auf die Agrargeographie und Industriegeographie (vgl. Kap. 3). Zu den 'neueren' von Geographen - allerdings in sehr unterschiedlicher Weise - betreuten Teildisziplinen zählen z. B. die **Arbeitsmarktgeographie** (vgl. H. FASSMANN/P. MEUSBURGER 1997), die **Geographie der Fischereiwirtschaft**, die **Geographie der Wald- und Forstwirtschaft** (s. H.-W. WINDHORST 1978), die **Geographie der Energiewirtschaft** und die **Geographie des tertiären Wirtschaftssektors** (vgl. 3.5).

Weniger bekannt ist ein Teilgebiet, das sich als **Geographische Innovations- und Diffusionsforschung** zusammenfassen lässt (vgl. H.-W. WINDHORST 1983 und Kasten 1.4). Diese Teildisziplin hat sich vor allem im englischen Sprachraum breiter entfaltet.

Ein interessantes neueres Forschungsteilgebiet ist auch die **Geographie der Umweltwahrnehmung und Raumbewertung**. Dieser Forschungsrichtung, von einigen Au-

toren auch „Perzeptionsansatz" genannt, geht davon aus, dass das raumbezogene Verhalten des Menschen abhängig ist von wahrgenommenen und vorgestellten Abbildern der sozialräumlichen Realität (vgl. 1.3.6).

Ein großer Teil der genannten neueren Teilgebiete der Anthropogeographie lässt sich als sog. **Geographische Verhaltensforschung** zusammenfassen (vgl. E. THOMALE 1974). Diese schließt beispielsweise die Geographien des Freizeitverhaltens oder des Bildungsverhaltens ein; im englischen Sprachraum existiert der Sammelbegriff *„Behavioral geography"*. Benutzt wird auch die Bezeichnung **Verhaltenswissenschaftlich orientierte Geographie** (s. H. SCHRETTENBRUNNER 1974, vgl. 1.3.6).

In jüngerer Zeit hat sich - ausgehend vom englischsprachigen Raum - mit einer Reorientierung auf das Kulturelle eine **„neue" Kulturgeographie** (auch **kulturalistische Humangeographie** genannt) entwickelt, in die der Abschnitt 1.3.11 einführt.

So interessant und fesselnd die inhaltliche und konzeptionelle Erweiterung der Anthropo- bzw. Humangeographie auch ist, das Studium dieses wichtigen Zweiges der Geographie und seiner traditionell bestehenden bzw. in jüngerer Zeit entstandenen Teildisziplinen verlangt ein intensives und inhaltlich breites Literaturstudium. Gleichzeitig hat auch die Zahl der **Nachbarwissenschaften**, von denen wir wichtige Teilerkenntnisse, Methoden, Theorien etc. übernehmen können, zugenommen. Die Unterschiedlichkeit des (interdisziplinären) Arbeitens eröffnet der Anthropogeographie zugleich vielfältige Anwendungsmöglichkeiten und damit auch Berufschancen.

**Kasten 1.4
Innovation bzw. Diffusion und deren geographische Erforschung**

Unter **Innovation** versteht man eine Neuerung, die sich ausbreitet. Mit **Diffusion** bezeichnet man die besondere Form der Ausbreitung einer Neuerung. **Erkenntnisziel geographischer Innovations- und Diffusionsstudien** ist es, allgemeine Regelhaftigkeiten des raumzeitlichen Verlaufs von Ausbreitungsprozessen zu erfassen bzw. zu analysieren. Untersuchungsbeispiele sind z. B. die Ausbreitung von landwirtschaftlichen Sonderkulturen oder von technischen Neuerungen, die räumliche Diffusion von Religionen oder etwa von Gastarbeitern oder Asylanten. Die bisherigen Arbeiten dieser Forschungsrichtung haben bereits gezeigt, dass - unabhängig davon, welches Ausbreitungsphänomen untersucht wird - die räumliche Diffusion einer Innovation nach bestimmten Prinzipien erfolgt.

1.3 Hauptentwicklungsphasen der Anthropogeographie/ Humangeographie

Es dürfte wohl bereits deutlich geworden sein, dass die heutige Anthropogeographie von verschiedensten Forschungsansätzen bzw. wissenschaftstheoretischen Konzeptionen bestimmt wird, die z. T. weit in die Geschichte unseres Faches zurückreichen (vgl. Schema von E. THOMALE 1972, Fig. 19, allerdings mit dem Entwicklungsstand bis vor rd. drei Jahrzehnten). Im Folgenden soll die älteste Entwicklungsepoche der Anthropogeographie - nach E. THOMALE die sog. Kosmographische Phase - unberücksichtigt bleiben. Behandelt werden in diesem Kapitel die Hauptentwicklungsphasen seit Ende des 19. Jh.s mit ihren Auswirkungen auf die jüngere Anthropo- bzw. Humangeographie.

Abb. 1.5 Friedrich Ratzel 1844-1904

1.3.1 Geodeterministische Phase oder **Geographie als Beziehungswissenschaft.** Diese Entwicklungsepoche der Anthropogeographie wurde auch als Phase naturwissenschaftlich-deterministischer Übertreibungen, als umweltdeterministischer Ansatz, als beziehungswissenschaftliche Phase oder auch als beziehungsdeterministische Konzeption bezeichnet (vgl. H. OVERBECK 1954, G. HARD 1973, P. SCHÖLLER 1977).

Gegen Ende des 19. Jh.s wurde die **Geographie als Beziehungswissenschaft** konzipiert. Diese Entwicklung war zum einen beeinflusst worden durch die positivistische Kulturphilosophie, den **Positivismus** (ausgehend von wahrnehmbaren Sachverhalten, aber auch Feststellung der gesetzmäßigen Verknüpfungen). Hinzu kam zum anderen die **naturwissenschaftlich-systematische kausale Denkweise des 19. Jh.s**, insbesondere aufgrund der Evolutionstheorien C. R. DARWINS in Bezug auf die Selektionswirkung

der Natur („Kampf um's Dasein"); dabei standen vor allem die Natur-Mensch-Beziehungen mit der **Kausalitätskette: Naturraum —> Wirtschaft —> Gesellschaft** im Vordergrund. Diese Beziehungen wurden dabei jedoch zu einseitig gesehen, nämlich als **teleologischer Zwang** der Landesnatur auf den Menschen (Teleologie, teleologisch = Lehre vom Zweck und der Zweckmäßigkeit in der Natur). D. h. die Anthropogeographie wurde in dieser Phase beherrscht von der Frage der (einseitigen) Abhängigkeit des Menschen, seiner Kultur, Wirtschaft und Geschichte von den Naturbedingungen.

Einer der Hauptvertreter dieser Richtung war FRIEDRICH RATZEL, vor allem mit seinem 1882/1891 veröffentlichten zweibändigen Werk „Anthropogeographie", das insgesamt als wesentliche Grundlage für die weitere Entwicklung dieser geographischen Teildisziplin gilt. RATZEL überschätzte die Steuerwirkung der Natur und der sog. Lagebezie-

---

> **Kasten 1.5**
> **Auswirkungen der geodeterministischen Denkweise in der früheren Geopolitik**
>
> Ein sehr gravierendes negatives Nachwirken der einseitigen sog. geodeterministischen Denkweise zeigte sich u. a. in einer der Politischen Geographie verwandten (Pseudo-) Wissenschaftsdisziplin, der sog. **Geopolitik**, deren erheblicher Einfluss auf die aktive Machtpolitik des Dritten Reiches, insbesondere durch einen der Hauptvertreter der geopolitischen Lehre in Deutschland, nämlich K. HAUSHOFER, katastrophale Folgen hatte. P. SCHÖLLER (1957) hat in einem Aufsatz mit dem Titel „Wege und Irrwege der Politischen Geographie und Geopolitik" die falschen Ansätze der früheren Geopolitik herausgestellt, nämlich u. a.: Die kausale Ableitung politischer Entwicklung aus dem naturgeographischen Bereich, d. h. Naturräume wurden in direkte Beziehungen zu politischen Strukturen und Prozessen gesetzt, oder das Streben nach sog. allgemeinen Gesetzen der räumlichen Entwicklung der Staaten aus der Determination der Naturfaktoren; hinzu kam die starke Tendenz zur Anwendung, d. h. zur Vorhersage der Zwangsläufigkeit politischen Geschehens und damit zum politischen Missbrauch (vgl. frühere Beiträge der Zeitschrift für Geopolitik).

büchern).

Die Naturraum- oder Umweltgrundlagen erhalten einen anderen Stellenwert, wenn sie über den Umweltwahrnehmungsansatz in Bezug auf den menschlichen Wirkungsbereich betrachtet bzw. bewertet werden; vgl. das Schema des humangeographischen Paradigmas in B. BUTZIN 1982, S. 100.

1.3.2 Possibilistische Phase oder Kulturökologischer Ansatz. In Bezug auf diese Phase spricht man auch vom Konzept des geographischen Possibilismus (K. RUPPERT/ F. SCHAFFER 1969; J. MAIER/R. PAESLER/K. RUPPERT/F. SCHAFFER 1977), vom kulturökologischen Ansatz (D. BARTELS/G. HARD 1975[2]) oder von der ökologischen Anpassungs-Konzeption (P. SCHÖLLER 1977). D. BARTELS (1970) nannte sie auch die „possibilistische Variante des umweltdeterministischen Ansatzes", G. HARD (1973) den „humanökologischen Possibilismus".

Dieser **kulturökologische Ansatz**, wie er im Folgenden bezeichnet werden soll, war von großer Bedeutung als früher Vorläufer der modernen Sozialgeographie; allerdings kam er zunächst nur in Frankreich zur Anwendung, wo diese Konzeption als Gegenreaktion auf die Natur-Milieu-Lehre RATZELS vor allem von dem französischen Geographen PAUL VIDAL DE LA BLACHE seit Beginn des 20. Jh.s vertreten wurde. Zentralthema der klassischen französischen Geographie seit VIDAL DE LA BLACHE war das **Studium menschlicher Gruppen**, der sog. *„genres de vie"*, übersetzt **„Lebensformengruppen"** wie etwa Bauern, Jäger, Hirten, Bergleute, Nomaden etc. in einer bestimmten Region. Die Lebensformengruppen wurden nicht als soziale Gebilde, sondern mit ihren Beziehungen zu ihrem jeweiligen geographischen Milieu untersucht. Zugrunde lag das **Postulat der menschlichen Wahlfreiheit** bei der Auseinandersetzung mit der geo-

hungen einer Erdstelle: das Naturmilieu galt nach ihm als d e r Motor aller räumlichen Entwicklung (zu den späteren negativen Auswirkungen dieser Denkweise im Rahmen der Geopolitik vgl. Kasten 1.5).

Trotz der im Falle der Geopolitik z. T. verheerenden Folgen deterministischer Gedankengänge bzw. Einflüsse darf jedoch „das Problem von Natureinflüssen nicht aus unserer Wissenschaft eliminiert werden" (P. SCHÖLLER 1977), was z. B. bei Analysen von Kultur- und Wirtschaftsräumen am Rande der Ökumene recht deutlich wird. Entsprechendes gilt auch für die Bedeutung der Physischen Geographie im Rahmen der Physischen Anthropogeographie (s. 1.2.1). Die Gefahr geodeterministischer Ansätze bleibt jedoch bestehen (u. a. auch in Schul-Lehr-

graphischen Umwelt (G. Hard 1973, S. 161). Dabei wurden die regional gebundenen, meist bäuerlichen Lebensformengruppen „als Ergebnisse einer „aktiven", „freien", also possibilistisch gedeuteten Anpassung an die Naturräume" interpretiert (ebd., S. 195).

Trotz der Betonung einer sog. freien, schöpferischen, nicht naturdeterminierten Anpassung des Menschen an die Natur gerieten aber die kulturökologisch beeinflussten Arbeiten im Detail doch immer wieder in quasi-deterministische Überlegungen und Denkfiguren (G. Hard 1973, S. 198).

Als Gegenreaktion auf die stark geodeterministisch betonte Lehre Ratzels entstand in Deutschland seit Beginn des 20. Jh.s eine dritte wichtige Forschungskonzeption, die zunächst vor allem von Otto Schlüter geprägt wurde und bis in die 1950er und 1960er Jahre hinein die deutsche Anthropogeographie nachhaltig mitbestimmt hat, und zwar die

1.3.3 Kulturlandschaftskonzeption. H. Overbeck (1954) bezeichnete diesen vor allem im ersten Viertel dieses Jh.s entwickelten Ansatz als morphogenetische, morphologische bzw. physiognomische Phase mit Ausprägung einer Kulturlandschaftsformenkunde (vgl. griech. morphé = Gestalt). Das Ziel dieses Forschungsansatzes war somit eine - zugleich genetische - **Morphologie der Kulturlandschaft**. Dabei ging es um die Erfassung, Beschreibung und Erklärung sichtbarer, also sinnlich wahrnehmbarer Sachverhalte oder Erscheinungen (Siedlungen, Verkehrswege und wirtschaftlich genutzte Flächen etc.); vgl. auch Kasten 1.6.

Damit knüpfte diese Konzeption ebenfalls an den Positivismus des 19. Jh.s an, denn dieser verlangte - wie bereits unter 1.3.1 erläutert - von jeder Wissenschaft, dass sie von Tatsachen im Sinne von wahrnehmbaren

Sachverhalten ausgeht und sich auf deren Feststellung und gesetzliche Verknüpfung beschränkt. O. Schlüter verstand in diesem Sinne unter **Landschaft** einen Raum, der unter physiognomischen Gesichtspunkten gewürdigt wird. Entscheidende Untersuchungsziele waren für ihn die Erfassung des Landschaftsbildes und die Landschaftsschilderung sowie die genetische Erklärung durch den Geographen. Anders als F. Ratzel betonte O. Schlüter (1928): „Als gestaltende Faktoren können (...) aber nicht die physischen Erdkräfte gelten, vielmehr sind es die Handlungen, Beweggründe und Zwecke der Menschen" (S. 391-392).

Der Landschaftsbegriff hat jedoch in der Folgezeit erhebliche Wandlungen erfahren: Entwicklung von einer idiographischen, auf die individuellen Züge der Landschaft ausgerichteten Konzeption zu einer mehr nomothetischen Erfassung, die das Regelhafte bzw. Typologische mehr in den Vordergrund stellt. Um- bzw. Neubewertungen des Landschaftsbegriffs erfolgten durch die **Landschaftsökologie** als jüngerer naturwissenschaftlicher Forschungsrichtung.

Trotz der konzeptionellen Einseitigkeit auch des morphogenetischen Ansatzes darf eine Reihe weiterer positiver Auswirkungen - insbesondere auf die Anthropo- bzw. Humangeographie der Gegenwart - nicht übersehen werden. Diese bestehen u. a. in der - gegenüber anderen Raum- bzw. Regionalwissenschaften - stärkeren Pflege der **qualitativen Beobachtung und anschaulichen Beschreibung** von raumrelevanten Sachverhalten bzw. räumlichen Einheiten. Auch die besondere Bedeutung, die die Geographie der **kartographischen Erfassungstechnik** und der **Luftbildforschung bzw. -interpretation** im Vergleich zu anderen raumbezogenen Nachbarwissenschaften beimisst, ist nur verständlich vor dem Hintergrund der alten geographischen Tra-

---

> **Kasten 1.6**
> **Auswirkungen der Kulturlandschaftskonzeption auf die Wirtschaftsgeographie und Stadtgeographie**
>
> In der Zeit zwischen den beiden Weltkriegen und auch nach dem Zweiten Weltkrieg entfaltete sich innerhalb der Anthropogeographie besonders stark die **Wirtschaftsgeographie**, die zunächst sehr von dem formal-strukturellen morphogenetischen Ansatz geprägt wurde (vgl. auch Kap. 3.1.1). Ein wichtiges Ziel der Wirtschaftsgeographie war die Aufstellung von Strukturtypen des sozioökonomischen Gefüges sowie deren weltweiter Vergleich in Form von Verbreitungsarealkarten (D. Bartels 1970). Beispiele dazu sind die Definitionen und Darstellungen von sog. **Wirtschaftslandschaften, Wirtschaftsformationen** und **Wirtschaftsräumen**. Ein Zentralbegriff der deutschen Wirtschaftsgeographie war die „Wirtschaftslandschaft", in der sich die Strukturtypen als physiognomische Gestalteinheiten spiegeln (ebd., S. 32). Der Begriff Wirtschaftsformation bzw. Landwirtschaftsformation war von L. Waibel (1927/1928) geprägt worden. Er verstand darunter, wie D. Bartels treffend formulierte, „das physiognomische Abbild eines Areals einheitlicher Betriebsformen und damit Lebensweisen" (ebd.). Wirtschaftsformationen wurden häufig in Bezug auf Räume einheitlicher Wirtschaftsform des primären Wirtschaftssektors (z. B. Raum mit nomadischer Weidewirtschaft oder mit Plantagenwirtschaft) definiert. Die Bezeichnung Wirtschaftsraum wurde noch bis weit in die Nachkriegszeit hinein vornehmlich einseitig als Strukturbegriff aufgefasst (vgl. auch 3.1.1).
>
> Oder betrachten wir etwa die Auffassungen von der **Stadtgeographie** in dieser Phase: Die stadtgeographische Betrachtung, die jedoch anfangs weit hinter der Erforschung ländlicher Siedlungen zurückstand, blieb zunächst auf die sog. geographische und topographische Lage sowie auf die Grundriss- und Aufrissgestaltung der Städte beschränkt (physiognomische Richtung innerhalb der Stadtgeographie). Jedoch fand bereits in dieser ersten Phase auch die Genese der Formenelemente der Städte in immer stärkerem Maße Berücksichtigung, daher die Bezeichnung **morphogenetische Stadtgeographie** (s. Kap. 6.1.3). Diese Forschungsrichtung entsprach voll und ganz der in dieser Phase von O. Schlüter propagierten Kulturlandschaftsformenkunde.
>
> Die Stadtmorphologie oder Stadtgestaltforschung - wie sie häufig auch bezeichnet wird - gehört nun jedoch keinesfalls nur der Vergangenheit an, sondern sie wird zu Recht auch heute noch - wenngleich mit verfeinerten Methoden und in Verknüpfung mit anderen Forschungsansätzen - betrieben (vgl. H. Heineberg 2006b). Sie hat sogar in den letzten Jahren einen neuen Aufschwung erhalten, nicht zuletzt bedingt durch das stärkere Interesse der Raumplanung und Kommunalpolitik an der Stadtmorphologie im Zusammenhang mit der Stadterneuerung und Stadterhaltung, dem Denkmalschutz sowie der Stadtimagepflege. Die Wissenschaftsdisziplinen Architektur und Städtebau haben sich in den vergangenen Jahren in beträchtlichem Umfang den Problemen der Siedlungs- bzw. Stadtmorphologie gewidmet, auch gewinnt die historische Städteforschung ein größeres Gewicht unter den an der komplexen Stadtforschung beteiligten Disziplinen. Die Stadtgeographie tut also gut daran, wenn sie die morphogenetische Richtung nicht einfach als wissenschaftshistorisch abtut, sondern sich intensiv an deren Weiterentwicklung im Rahmen der interdisziplinären Stadtforschung beteiligt.

dition der Landschaftsbeobachtung (D. Bartels 1970, S. 34).

Man sollte in der Geographie den Begriff Landschaft (s. auch die „selbstverständliche" Benutzung in der Landschaftsökologie) bzw. in der Anthropogeographie den Terminus Kulturlandschaft nicht aufgeben.

Zur Definition der **Kulturlandschaft** kann man zunächst pragmatisch davon ausgehen, dass die dauerhafte und entscheiden-de Beeinflussung eines Raumes durch menschliche Gruppen zu einer Kulturlandschaft führt. Diese kann sehr stark von einzelnen dominanten Strukturen geprägt sein. In diesem Sinne spricht man z. B. von der Agrarlandschaft, Bergbaulandschaft oder allgemeiner von Wirtschaftslandschaft.

Von besonderem Interesse ist, dass auch in der Sozialgeographie der Münchener Schule (vgl. im Einzelnen 1.3.5) der Landschaftsbegriff nicht ausgeklammert wurde. Diese stellte einerseits, wie in der Historischen Geographie, die prozesshafte Perspektive, andererseits - abweichend von der traditionellen historischen und genetischen Kulturlandschaftsforschung - die Analyse der räumlichen Aktivitäten der Akteure landschaftlicher Gestaltung in den Mittelpunkt der Betrachtung. So wird nach K. RUPPERT (1968) bzw. J. MAIER/R. PAESLER/K. RUPPERT/F. SCHAFFER (1977) die **Landschaft** (bzw. Kulturlandschaft) definiert als „ein Prozeßfeld, in dem sich durch die Aktivitäten der Gruppen, d. h. bei ihrer Daseinsentfaltung, fortlaufend Strukturen erneuern, abwandeln oder bilden" (ebd., S. 22). Auf das Neue dieses sozialgeographischen Ansatzes wird unter 1.3.5 eingegangen.

In der deutschen Geographie hat bereits vor dem Zweiten Weltkrieg ein weiterer Forschungsansatz mehr und mehr an Bedeutung gewonnen, nämlich die sog. funktionale Kulturlandschaftsforschung (H. OVERBECK 1954). Man bezeichnet diese neue Phase auch einfach als die funktionale Phase (s. 1.3.4).

1.3.4 Funktionale Phase. Mit diesem Forschungsansatz, von dem die gesamte Anthropogeographie heute noch in starkem Maße bestimmt wird, fanden die sog. **funktionalen Raumeinheiten** (der anthropogenen Lebensräume) gegenüber den physiognomischen Landschaften eine stärkere Berücksichtigung. Der entscheidende Anstoß dazu, die physiognomische bzw. morphogenetische Betrachtungsweise durch eine funktional-dynamische zu ergänzen, kam von der Stadtgeographie. Bereits in den 1920er Jahren wurden insbesondere seitens der skandinavischen Geographie Arbeiten zur **Abgrenzung funktionaler Viertel** (City, Wohngebiete etc.) veröffentlicht (vgl. auch 6.1.3). Innerhalb der deutschsprachi-

gen Geographie war es zunächst vor allem HANS BOBEK (Abb. 1.7), der mit seinem 1927 veröffentlichten Aufsatz über „Grundfragen der Stadtgeographie" entscheidende Impulse gab. Funktionale Stadtgliederungen spiegeln sich heute z. B. in Flächennutzungsplänen wider.

Im Jahre 1933 publizierte der Geograph WALTER CHRISTALLER mit seiner **Theorie Zentraler Orte** und ihrer Einflussbereiche einen der wichtigsten Entwürfe funktionsräumlicher Modellvorstellungen (vgl. 3.5.4). Heute wissen wir, dass sich eine Vielzahl wirtschaftlich, kulturell, sozial und politisch bestimmter **Beziehungsfelder als funktionsräumliche Einheiten** bzw. Gliederungen empirisch erfassen und abgrenzen lässt. Diese Beziehungsfelder, die zum großen Teil nicht unmittelbar sinnlich wahrgenommen werden können, jedoch die Raumstrukturen in einem erheblichen Maße beeinflussen, besitzen sehr verschiedene Zusammenhänge und überlagern sich gegenseitig in unterschiedlichster Weise bzw. Intensität.

In der Nachkriegszeit entwickelte sich vor allem innerhalb der Stadtgeographie eine funktionale Forschungsrichtung, die sog. **funktionale Stadtgeographie** (vgl. 6.1.3). Dazu zählt heute auch die **Städtesystemforschung** (zum Begriff Städtesystem s. unter 6.4.1). Beziehungsfelder als funktionsräumliche Einheiten, die von der funktionalen Stadtgeographie untersucht werden, entstehen durch Einkaufs- und Dienstleistungsbeziehungen, durch administrative Bindungen, kulturelle Verflechtungen etc. Deren Erforschung ermöglicht nicht nur die Gliederung von Stadtgebieten in verschiedenste funktionsräumliche Einheiten, z. B. in Einzugsbereiche von Nebenzentren oder etwa in Schulbezirke, sondern auch Gliederungen größerer Räume nach den jeweiligen städtischen Einflüssen bzw. den sog. Stadt-Umland-Verflechtungen der in diesen

---

> **Kasten 1.7**
> **Die Mehrdeutigkeit des Begriffes**
> **'Funktion' in der Anthropogeographie**
>
> (1) **Funktionen von Raumeinheiten** (funktionale Raumeinheiten, z. B. City als funktionaler Kern einer Großstadt); dazu zählen etwa auch Nutzungskategorien im Rahmen der Flächennutzungsplanung.
> (2) **Funktionen von Standorten** (z. B. Arzt- oder Rechtsanwaltspraxen als Funktionsstandorte).
> (3) **Funktionen als Raumbeziehungen** (oder funktionale, besser: funktionsräumliche Verflechtungen, z. B. zentralörtliche Einzugsbereiche, Pendlerverkehrsbeziehungen).
> (4) **Daseinsgrundfunktionen** (kategoriale Grunddaseinsfunktionen oder einfach Grundfunktionen): z. B. Wohnen oder Arbeiten. Die sog. **Funktionsträger** sind Individuen, soziale Gruppen oder Gesellschaften.

Räumen bestehenden städtischen Zentren unterschiedlichen Ranges, den sog. Zentralen Orten (s. 3.7.4).

Auch in der **Wirtschaftsgeographie** wurde die funktionale Richtung von immer größerer Bedeutung: z. B. Analyse funktionaler Verflechtungen, etwa der Liefer- und Absatzverflechtungen, der Arbeitsbeziehungen in Form der Pendelverkehrsverflechtungen. So wurden in den 1950er und 1960er Jahren zahlreiche Beiträge zur Problematik der **strukturellen und/oder funktionalen Bestimmung von Wirtschaftsräumen** oder sog. wirtschaftsräumlicher Einheiten veröffentlicht (vgl. z. B. G. VOPPEL 1969).

Die bisherigen Ausführungen haben verdeutlicht, dass der **Begriff „Funktion"** in der Anthropogeographie mehrdeutig ist (s. Kasten 1.7).

Auch in der **modernen Raumordnung** hat sich mehr und mehr die funktionale Betrachtungsweise durchgesetzt, vor allem seit dem im Jahre 1964 von D. PARTZSCH veröffentlichten Beitrag „Zum Begriff der Funktionsgesellschaft", der einen stark generalisierten, auf sieben Kategorien beschränkten

Funktionskatalog herausstellte. Dieser Katalog sog. **Daseinsgrundfunktionen** wurde über die Münchener Schule der Sozialgeographie in der Geographie populär; vgl. Kasten 1.9.

Die Grundfunktionen menschlicher Daseinsäußerungen verbindet nach K. RUPPERT/ F. SCHAFFER ein mehrseitiges Abhängigkeitsverhältnis, d. h. sie bilden ein sog. **anthropogenes Kräftefeld**, ein komplexes Wirkungsgefüge, das in enger Wechselwirkung mit der natürlichen Umwelt steht. Damit ist die **Kulturlandschaft** „letztlich ein komplexes Gefügebild räumlicher Strukturmuster der (erwähnten) Daseinsfunktionen der Gesellschaft eines Gebietes" (K. RUPPERT/F. SCHAFFER 1969, S. 209).

> **Kasten 1.8**
> **Daseinsgrundfunktionen**
>
> **Daseinsgrundfunktionen** sind solche grundlegenden menschlichen Daseinsäußerungen, Aktivitäten und Tätigkeiten, die allen sozialen Schichten immanent (= innewohnend, in etwas enthalten), massenstatistisch erfassbar, räumlich und zeitlich messbar sind und sich raumwirksam ausprägen (J. MAIER/R. PAESLER/ K. RUPPERT/F. SCHAFFER 1977, S. 100). Diese sind (s. auch Abb. 1.6):
> 1. Sich fortpflanzen und in (privaten oder politischen) Gemeinschaften leben,
> 2. Wohnen,
> 3. Arbeiten,
> 4. Sich versorgen und konsumieren,
> 5. Sich bilden,
> 6. Sich erholen und
> 7. Verkehrsteilnahme (Kommunikation).
>
> Dabei bedeutet **Verkehr** den Transport von Personen und Gütern sowie Austausch von Nachrichten zwischen den Funktionsstandorten der Gesellschaft. Unter **Kommunikation** versteht man die Übermittlung von Informationen jeder Art zwischen Funktionsträgern, d. h. zwischen Individuen und Gruppen bzw. Funktionsstandorten (nach ebd., S. 30): strittig ist, ob die Verkehrsteilnahme als eigene Daseinsgrundfunktion oder lediglich als deren Vermittler gekennzeichnet werden kann.

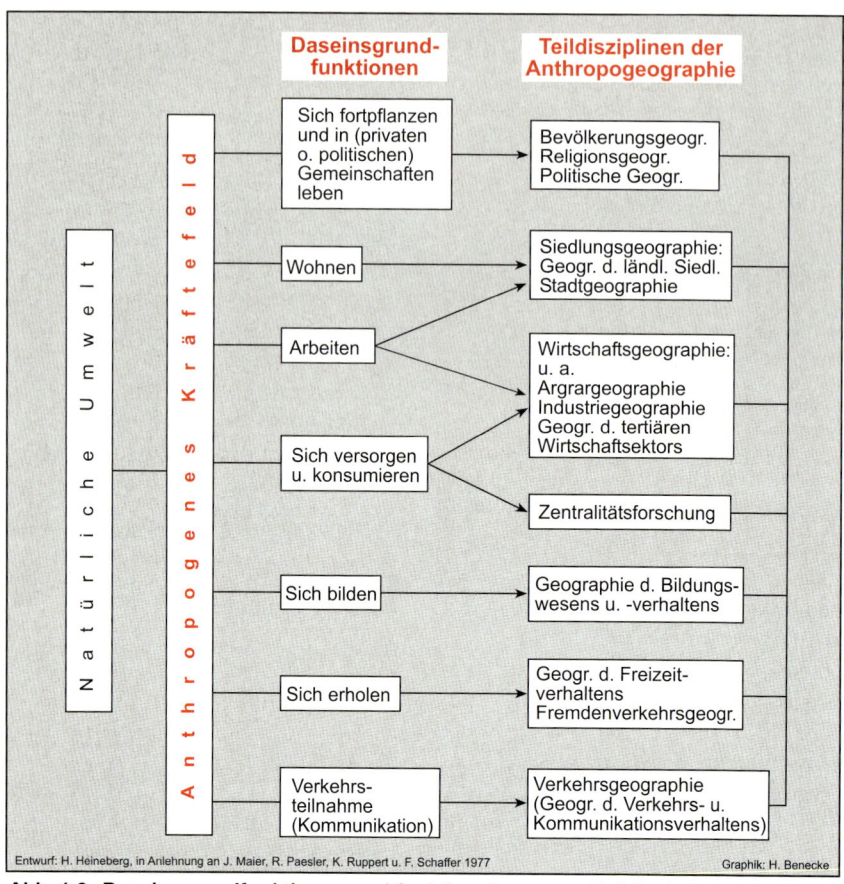

Abb. 1.6 Daseinsgrundfunktionen und funktionsbezogene Teildisziplinen der Anthropogeographie

Die in Kasten 1.8 aufgeführten Daseinsgrundfunktionen werden entweder traditionsgemäß oder teilweise erst seit neuerer Zeit von einzelnen funktionsbezogenen Teildisziplinen der Anthropogeographie/Humangeographie bzw. der Kulturgeographie (sowie darüber hinaus teilweise unter sehr verschiedenen Aspekten auch von Nachbarwissenschaften) in Forschung und Lehre berücksichtigt (s. Abb. 1.6). Wo ist nun jedoch in diesem System die moderne Sozialgeographie anzusiedeln?

Nach K. Ruppert/F. Schaffer (1969) hat sich die von ihnen vertretene sozialgeographische Konzeption quasi zwangsläufig aus der funktionalen Anthropogeographie entwickelt.

1.3.5 Phase der Sozialgeographie: Die Münchener Schule.
Die Sozialgeographie im deutschen Sprachraum wurde bereits früh von Hans Bobek (1948) mit seinem Aufsatz zur „Stellung und Bedeutung der Sozialgeographie" geprägt. Diesem ersten konzeptionellen Entwurf einer Sozialgeographie kam eine starke Innovationswirkung zu. Ausgehend von bestimmten sozialen Funktionen und sozialen Kräften wurden – in Anleh-

nung an VIDAL DE LA BLACHE (s. 1.3.2) – landschaftlich und sozial **geprägte Lebensformengruppen** unterschieden (z. B. Pächter, Fabrikarbeiter). BOBEK gelangte zu der Feststellung, dass „die Träger der Funktionen und Schöpfer räumlicher Strukturen letztlich menschliche Gruppen sind ..." (zitiert nach K. RUPPERT/F. SCHAFFER 1969, S. 209). Damit sollte die Sozialgeographie eine übergreifende Bedeutung für die gesamte Anthropogeographie erhalten.

WOLFGANG HARTKE (der zunächst in Frankfurt, später in München gelehrt hat) stellte die **Aktivitäten menschlicher Gruppen** und die **Landschaft als „Registrierplatte" menschlichen raumbezogenen Handelns** in den Mittelpunkt; dies bedeutete eine völlige Abkehr von der determinierenden Rolle der Natur (P. REUBER 1999).

Abb. 1.7 Hans Bobek 1903-1990
Aus: P. L. Knox/S. A. Marston 2001,
S. 235. Foto: Fayer, Wien

Nach KARL RUPPERT und FRANZ SCHAFFER, die zu den Hauptvertretern der in den 1960er Jahren etablierten „Münchener Schule der Sozialgeographie" zählen, bedeutete die deutsche Sozialgeographie nichts anderes als die **methodische Neuorientierung der Anthropogeographie**, die alle deren Teilbereiche gleichermaßen zu erfassen hat (vgl. auch das Lehrbuch von J. MAIER/R. PAESLER/ K. RUPPERT/F. SCHAFFER 1977). Das Neue der Sozialgeographie in diesem Sinne war die stärkere Berücksichtigung der Gruppenhaftigkeit menschlichen Wirkens im Raum. Folgerichtig definierte F. SCHAFFER 1968 die **Sozialgeographie** als „die Wissenschaft von den räumlichen Organisationsformen und Prozessen der Daseinsgrundfunktionen menschlicher Gruppen und Gesellschaften" (J. MAIER u. a. 1977, S. 21).

Entsprechend der disziplingeschichtlichen Darstellung durch E. THOMALE (1972) kann man die sozialgeographische Phase seit dem Erscheinen des programmatischen Aufsatzes von H. BOBEK (1948) zunächst in eine sog. **strukturale Phase** unterteilen, da „die

(sozial-)strukturellen Aspekte der Funktionsträger deutlicher in den Mittelpunkt der anthropogeographischen Problemstellung" rückten (S. 262). Damit wurde seit rd. 1950 die funktionale Anthropogeographie (s. 1.3.4) quasi von einer strukturellen Sozialgeographie überlagert. Eine zweite Unterepoche der sozialgeographischen Phase bzw. eine Überlagerung der strukturalen Phase begann gegen Ende der 1960er Jahre in Deutschland vor allem durch die Arbeiten K. RUPPERTS, F. SCHAFFERS und R. GEIPELS zum Wohn-, Freizeit- und Bildungsverhalten, in denen sich stärker **sozialprozessuale Sichtweisen** zeigten (vgl. E. THOMALE 1972, S. 260-265). J. MAIER/R. PAESLER/K. RUPPERT/F. SCHAFFER (1977) bezeichneten in ihrer ‚Sozialgeographie' die gesamte sozialgeographische Phase vereinfachend als sog. **prozessuale Phase**.

Zweifelsohne ist der deutschen Sozialgeographie der Münchener Schule seit Ende der 1960er Jahre bis weit in die 1980er Jah-

---

Kasten 1.9
Probleme der Operationalisierung des sozialgeographischen Forschungsansatzes der Münchener Schule

(1) Es bestehen erhebliche **arbeitsmethodische Probleme** bei der Operationalisierung, d. h. der praktischen Umsetzung des sozialgeographischen Forschungsansatzes der Münchener Schule, die in dem Lehrbuch zur Sozialgeographie von J. MAIER/R. PAESLER/K. RUPPERT/F. SCHAFFER (1977) nicht hinreichend deutlich herausgestellt wurden, zumal die Behandlung der Problematik sozialgeographischer Arbeitsmethoden bewusst ausgeklammert wurde. Dies betrifft vor allem das **sozialgeographische Gruppenkonzept**. Die Probleme resultieren u. a. aus der räumlich und zeitlich sehr unterschiedlichen Gruppenzugehörigkeit der einzelnen Individuen aus der Unzulänglichkeit der amtlichen Massenstatistik für die Bestimmung echter Sozialgruppen und sozialräumlicher Gebietseinheiten etc. Auch die jüngeren Untersuchungen zur Erforschung städtischer Lebensstile bzw. sog. **Lebensstilgruppen** zeigen, dass die klassischen Konzepte sozialer Schichtung und Gruppen erheblich modifiziert werden müssen.

(2) Auch mit einer genaueren empirischen Erfassung und Bewertung des Gruppenverhaltens können nicht alle sozioökonomischen Raummerkmale und Verflechtungen hinreichend erklärt werden. Die **wirtschaftswissenschaftliche Grundperspektive**, vor allem die Berücksichtigung ökonomischer Regelhaftigkeiten, aber auch die technischen Kräfte mit ihren erheblichen raumdifferenzierenden Wirkungen müssen bei diesem sozialgeographischen Ansatz zwangsläufig zu kurz kommen.

(3) Der sozialgeographische Ansatz deutscher Prägung war lange Zeit **verhaltens- und entscheidungstheoretisch** noch zu schwach abgesichert. So wurden neuere Forschungsansätze aus den Bereichen der Wahrnehmungs-, Kommunikations-, Entscheidungs- und Unternehmensforschung, die bereits in den 1970er Jahren in der englischsprachigen „*Human geography*" oder „*Economic geography*" in erheblichem Maße weiterentwickelt und für geographische Fragestellungen operationalisiert wurden, zunächst zu wenig in den deutschen sozialgeographischen Ansatz integriert. Ein methodisches Hauptproblem stellen jedoch nach wie vor die empirische Erfassung und Bewertung der Raumrelevanz spezifischer Wahrnehmungs-, Verhaltens-, Kommunikations- und Entscheidungsvorgänge dar. Dieser neuere verhaltens- und entscheidungstheoretische Ansatz wurde von J. MAIER/R. PAESLER/K. RUPPERT/F. SCHAFFER (1977) zwar in einem Raumsystem-Schema ansatzweise berücksichtigt (s. Abb. 1.9 in diesem Band), jedoch nicht hinreichend in das sozialgeographische Konzept integriert.

---

re hinein eine große Erneuerungswirkung zugekommen. Dies betrifft nicht nur die Forschung und Lehre an den Universitäten (z. B. durch Einrichtung von Studiengängen oder -richtungen der Sozialgeographie), sondern auch die curricularen Veränderungen im Schulunterricht. Die **gegenwärtige Forschungsrealität** sieht jedoch anders aus: Zwar wird in Deutschland immer noch die Notwendigkeit und Bedeutung einer sozialgeographischen Betrachtungsweise anerkannt, und es liegt seit den Arbeiten K. RUPPERTS und F. SCHAFFERS eine große Anzahl wichtiger empirischer Studien vor, jedoch scheiterte die vollständige methodische Neuorientierung der gesamten Anthropogeo-graphie durch den sozialgeographischen Ansatz der Münchener Schule an einer Reihe von Sachverhalten, die in Kasten 1.9 in einer Auswahl erläutert sind (vgl. auch die Kritik von E. WIRTH 1977). Die Konzeption der Sozialgeographie der Münchener Schule unterscheidet sich - wie Kasten 1.10 mit einer möglichen Ausdifferenzierung unterschiedlicher Forschungsansätze aufzeigt - deutlich von *social geographies* im englischsprachigen Raum. Die dort aufgeführte humanistische Forschungsrichtung wird unter 1.3.8 exemplarisch näher erläutert.

Kasten 1.10 Ansätze der *social geography* nach R. PAIN, M. BARKE, D. FULLER u. a. 2001

„**Positivist approaches**
Positivists approach social geography as though it were a natural science, seeking to make general statements, model geographical phenomena and discover 'laws' to explain human/spatial interactions. Quantitative methods have usually been employed in support of these goals. In most positivist research social scientists are assumed to be capable of being objective, neutral, value-free observers. Although this position has been widely criticized, positivism has been a popular approach to social geography and dominant until relatively recently.

Humanistic approaches
Humanistic approaches offer a longstanding alternative which challenges deterministic explanations. Humanistic social geographies assert that there is no objective geographical world, but that geographies are both perceived and created by individuals' perceptions, attitudes and feelings. They give centrality to human agency, diversity and difference, and value the trivial, local and everyday human experience. They believe that science and scientists are subjective and involved, and indeed may alter what they are studying.

Radical approaches
Radical approaches emphasize power relations and social and political structures in explaining the social geographical world. Radical social geographers have an explicit political and moral commitment to the issues they study. The most influential have been Marxism, feminism and anti-racism, all of which apply important bodies of social theory to the analysis of society and space. Marxist geographies draw on the theories of Karl Marx, stressing the centrality of capitalist economic and political systems in underpinning social and spatial life, and adapting and refining theory to keep pace with current changes to society and economy. Feminist geographies draw on feminist theories, and have expanded their focus from examining women's lives and the importance of gender in constructing space to a concern with other forms of difference and oppression. Anti-racist geographies have highlighted and contested the racism endemic to western societies and in human geography itself. Radical approaches stress the need to constantly re-examine not only the content of social geography but the ways in which research and theory are done.

Postmodern approaches
Postmodern approaches to geography are disparate. Postmodernism denotes a supposedly new era for western societies, the idea that we are now beyond the 'modern' age. Postmodern approaches generally involve challenging the linear progress of history and social science; the fragmentation of traditionally discrete forms of explanation; and the rejection of realism, certainty and truth, including 'grand theories'. The term is often used to incorporate the cultural turn and postcolonial approaches. The perspectives it encompasses sometimes conflict. Some have viewed postmodernism as relativistic, while others claim it has opened up spaces for those previously excluded from geographical theory" (ebd., Box 1.6, S. 6).

1.3.6 Standortbestimmung einer „Geographie des Menschen" nach DIETRICH BARTELS

(1968). Dieser Ansatz - auch als „szientifische Wirtschafts- und Sozialgeographie" oder als „szientifisch-quantitative Sozialgeographie" (P. REUBER 1999) bezeichnet - wurde u. a. gegen die damals vorherrschende Geographieauffassung von einer ganzheitlichen Landschaftskunde mit zugleich einem Theoriedefizit und der Irrelevanz „gesellschaftlicher Verwertbarkeit" beschrieben. Er stellte - quasi als „Nebengleis" zur Münchener Schule der Sozialgeographie (1.3.5) - einen maßgeblichen Baustein zur Neuorientierung der deutschen Sozialgeographie dar; vgl. auch die Interpretation von P. SEDLACEK in Kasten 1.11.

D. BARTELS orientierte sich an dem Vorbild der naturwissenschaftlich-analytischen Denkweise, daher „szientifische" Sozialgeographie. Es war eine wissenschaftstheoretische Auffassung, die vor allem von der CARL POPPERschen Version des „Kritischen Rationalismus" ausging. Zu deren methodischen Aufgaben zählt nach DIETRICH BARTELS - entsprechend dem POPPERschen **Prinzip des Hypothesentestens**:

• Die „Realität" durch Hypothesenbildung einfangen;

• Hypothesen überprüfen (anhand von „Daten", z. B. durch standardisierte Befragungen);

• bewährte Hypothesen, dann Gesetze, Theorien etc. in Erklärung, Prognose und Manipulation (Technik) auf konkrete Fälle der Realität anwenden.

Seit mehreren Jahren hat sich die wissenschaftstheoretische Auffassung in der Sozialgeographie insbesondere zugunsten einer sog. Qualitativen Sozialgeographie in Anlehnung an die Qualitative Sozialforschung, neuerdings auch in Richtung einer „neuen" Kulturgeographie, verändert (s. 1.3.9, 1.3.11); allerdings ist der BARTELSche Ansatz immer noch sehr wesentlich zum Verständnis heutiger Arbeitsweisen in der Anthropo- bzw. Sozialgeographie: „Mit dieser szientifisch-quantitativen Ausrichtung öffnete sich die Sozialgeographie für die technischen Innovationen im Bereich der EDV-gestützten Forschungsmethoden. Statistische Berechnungssoftware, Computerkartographie und GIS hielten im Laufe der Jahrzehnte Einzug in die Sozialgeographie und bilden hier bis heute v. a. aus der Sicht der Praxis nach wie vor einen der relevantesten Aspekte dieser Teildisziplin" (P. REUBER 1999, S. 16-17).

1.3.7 Neuere verhaltens- und entscheidungstheoretische Ansätze.
Verhaltenswissenschaftlich orientierte Ansätze sind seit mehr als drei Jahrzehnten in der englischsprachigen Geographie, insbesondere in den

Abb. 1.8 Dietrich Bartels 1931-1983
Aus: Kieler Geogr. Schr. 61, IV

Kasten 1.11
Kommentar zur Wirtschafts- und Sozialgeographie nach D. BARTELS
von P. SEDLACEK (1989)

„Im Kontext der gesellschaftlichen, technologischen und wissenschaftlichen Entwicklung der sechziger Jahre, als der Glaube an die Machbarkeit der Wohlfahrtsgesellschaft durch Fortschritt, Wissenschaft, Wirtschaftswachstum, Staatsintervention, Planung und social engineering ungebrochen vom Zeitgeist beflügelt wurde, lieferte die neue „Wirtschafts- und Sozialgeographie" (D. BARTELS 1970) mit ihren theoretischen und quantitativen Modellen die passende metatheoretische Begleitmusik einer sich nach neuen Berufsfeldern vor allem in der Raumplanung umsehenden und sich zur „Staatswissenschaft" entwickelnden „Angewandten Sozialgeographie". Zwischenzeitlich ist nicht nur der Glaube an die Machbarkeit der Zukunft, sondern auch das Sozialstaatsprojekt (vgl. HABERMAS 1985) in die Krise geraten, und mit ihnen zwangsläufig auch die szientifische Wissenschaft" (P. SEDLACEK 1989, S. 9-10).

USA, unter starker Beeinflussung durch die Wahrnehmungspsychologie entwickelt und in zunehmendem Maße auch von der deutschen anthropo- bzw. sozialgeographischen

Forschung aufgenommen worden. Im anglo-amerikanischen Sprachraum bezeichnet man die Eingliederung des verhaltenswissenschaftlichen Ansatzes in die Geographie als „*behavioralism*" oder - wie bereits erwähnt - als „*Behavioral geography*", in Deutschland als „verhaltenswissenschaftlich orientierte Geographie" oder einfach als „Wahrnehmungsgeographie" (H. Schrettenbrunner 1974) oder „Geographische Verhaltensforschung" (E. Thomale 1974); vgl. das Beispiel einer stärker verhaltenswissenschaftlich orientierten Wirtschaftsgeographie anhand des *satisficer*-Verhaltens in Kasten 1.12.

Da innerhalb der verhaltenswissenschaftlich orientierten Geographie die wichtigen Aspekte der Umweltwahrnehmung und Raumbewertung durch menschliche Individuen und Gruppen im Mittelpunkt der Betrachtung stehen, kann man auch die Bezeichnung „Geographie der Umweltwahrnehmung und Raumbewertung" wählen (vgl. H. H. Blotevogel/ H. Heineberg 1992[2], Teil 2).

Von der **Wahrnehmungsgeographie** wurde bislang eine Fülle unterschiedlicher Themen untersucht, z. B. Wahrnehmung der

---

Kasten 1.12 *'Optimizer'*- versus *'satisficer'*-Verhalten im Rahmen wirtschaftsgeographischer Forschung

Von der klassischen Raumwirtschaftslehre bzw. Raumwirtschaftstheorie stark betont - und auch für die geographische Denkweise, insbesondere in der Wirtschaftsgeographie, bis weit in die Nachkriegszeit hinein in starkem Maße mitbestimmend - wurde die für das raumbezogene Verhalten menschlicher Individuen getroffene Annahme eines sog. Optimierungsverhaltens (im Englischen „*optimizing behaviour*"). Dabei ging es um den **wirtschaftenden Menschen** als „*optimizer*" (**homo oeconomicus**).

Das bedeutet folgendes: Beim „*optimizer*" ist das Verhalten theoretisch durch die Maxime ökonomischer Rationalität des Handelns bestimmt. Ein derartiges Verhalten wurde bei den klassischen ökonomischen Theorien von Angebot und Nachfrage, bei den ökonomischen Standorttheorien bzw. auch bei den klassischen Raumwirtschaftsmodellen, u. a. von J. H. v. Thünen und W. Christaller (vgl. Kap. 3.5.2, 3.7.4), vorausgesetzt. Demnach sind die Handlungen des „*optimizer*" immer wirtschaftlich optimal, er verfügt über vollständige Informationen über alle möglichen Handlungsalternativen, er besitzt vollständige Gewissheit über den voraussichtlichen Erfolg seiner Handlungen etc.

Im Gegensatz zum „*optimizer*" spricht man in der heutigen verhaltenstheoretisch orientierten Wirtschaftsgeographie des englischsprachigen Raumes vom sog. „*satisficer*", d. h. von dem durch ein Zufriedenheitsverhalten gekennzeichneten wirtschaftenden Menschen. Es herrscht nämlich immer mehr die Einsicht dahingehend vor, dass wirtschaftliche Entscheidungen, etwa Entscheidungen über die Standortwahl von Betrieben, nicht immer einseitig vom wirtschaftlichen Rationalismus bestimmt bzw. determiniert werden, sondern dass das Zufriedenheitsverhalten des „*satisficer*" in viel stärkerem Maße als früher angenommen das wirtschaftliche Verhalten bestimmt. Der „*satisficer*" entscheidet nach einer subjektiven Präferenzskala, die von Person zu Person bzw. von Gruppe zu Gruppe verschieden ist. Dabei müssen wir voraussetzen, dass jedes Individuum nur über begrenzte Informationen - etwa in Bezug auf Angebot und Nachfrage im wirtschaftlichen Bereich oder im Hinblick auf die Suche nach einem neuen Betriebsstandort - verfügt, die wiederum von sozialen, soziokulturellen, sozioökonomischen und anderen Faktoren abhängig sind (vgl. M. E. Eliot Hurst 1972).

Diese einfache Gegenüberstellung des „*optimizer*"- und „*satisficer*"-Verhaltens verdeutlicht bereits eine ganze Reihe von Merkmalen oder Elementen (wie Information, Präferenz oder Wertesystem, Handlungen oder Entscheidungen, Verhalten etc.), die in den jüngeren verhaltens- und entscheidungstheoretischen Ansatz der Anthropo- oder Sozialgeographie einfließen (vgl. 1.3.7).

städtischen Umwelt (u. a. im Rahmen des modernen Stadtmarketing), regionale Präferenzen und Stadtimage, Bewertung neuer Wohnsiedlungen, Wahrnehmung und Bewertung von Erholungsgebieten und innerstädtischen Freiräumen, Wahrnehmung und Bewertung der Verkehrsinfrastruktur (z. B. ÖPNV, Parkleitsysteme durch Verkehrsteilnehmer etc.) oder etwa kartographische Darstellungen räumlicher Vorstellungsbilder in Form sog. „*mental maps*" (s. unten).

Was ist nun allgemein gesehen das Neue an der verhaltenswissenschaftlich orientierten Geographie, die nicht etwa die moderne deutsche Sozialgeographie ablöst, sondern diese in weitem Maße konzeptionell vertiefen und ergänzen kann? D. BARTELS/G. HARD (1975²) sprachen diesbezüglich von einer

notwendigen Verfeinerung und Ergänzung des sozialgeographischen Ansatzes.

Entscheidend ist zunächst einmal die Einsicht, dass im „Unterschied zu einer traditionellen Auffassung über geographische Objekte (...) nun die Realität nicht mehr als die objektive und allgemeingültige Basis von Aktivitäten gesehen (wird), sondern (daß) (...) eine Differenzierung nach einer subjektiv wahrgenommenen Realität (erfolgt)" (...) "Das heißt also, daß die subjektive Wahrnehmung von Objekten der realen Welt untersucht werden muß, um die räumlichen Strukturen, die aufgrund solcher Prozesse entstehen (oder entstanden sind), erklären zu können" (H. SCHRETTENBRUNNER 1974, S. 64-89). Eine wesentliche Grundlage des neuen verhaltens- und entscheidungstheore-

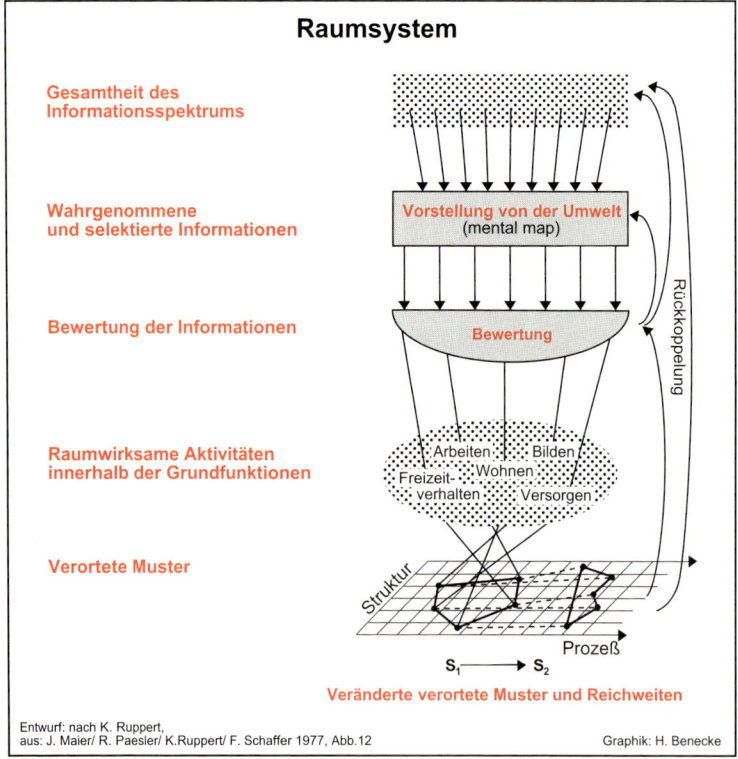

Raumsystem

Gesamtheit des
Informationsspektrums

Wahrgenommene
und selektierte Informationen

Vorstellung von der Umwelt
(mental map)

Bewertung der Informationen

Bewertung

Raumwirksame Aktivitäten
innerhalb der Grundfunktionen

Arbeiten   Bilden
Freizeit-   Wohnen
verhalten   Versorgen

Rückkoppelung

Verortete Muster

Struktur

Prozeß

$S_1 \longrightarrow S_2$

Veränderte verortete Muster und Reichweiten

Entwurf: nach K. Ruppert,
aus: J. Maier/ R. Paesler/ K.Ruppert/ F. Schaffer 1977, Abb.12

Graphik: H. Benecke

**Abb. 1.9
Das sozial-
geographische
Raumsystem
nach K. Ruppert**

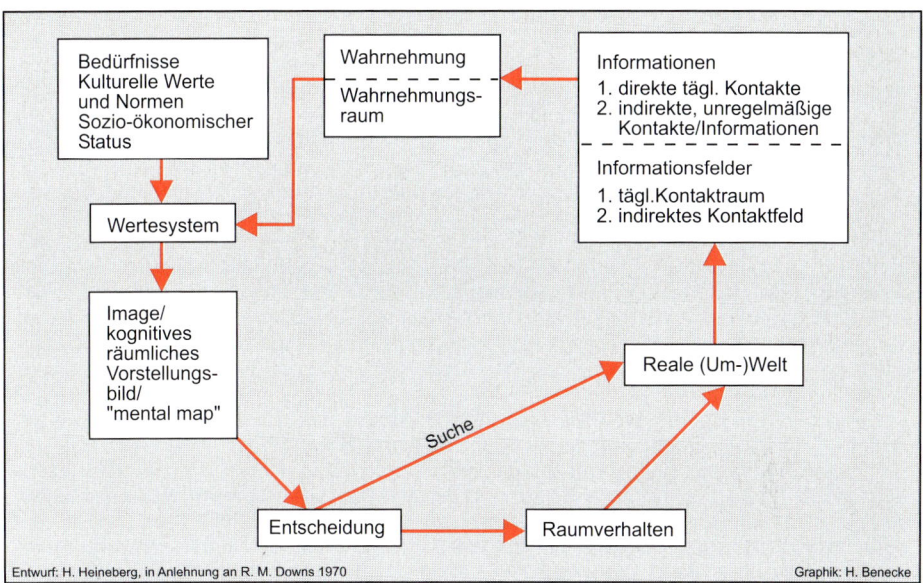

Abb. 1.10 **Einfaches Schema der Raumwahrnehmung in Anlehnung an R. M. Downs 1970**

Erläuterung der Abb. 1.10:

Jedes Individuum bezieht bestimmte **Informationen über seine reale (Um-)Welt**, und zwar (1) über den Weg direkter täglicher Kontakte und/oder auch (2) durch indirekte, unregelmäßige Kontakte bzw. Informationen.

Räumlich betrachtet lässt sich als sog. **Informationsfeld** zunächst der sog. **tägliche Kontaktraum** oder das tägliche Kontaktfeld definieren (engl. „*daily contact space*", vgl. J. F. Kolars/J. D. Nystuen 1974): Es handelt sich um das durchschnittliche (oder gewöhnliche) Gebiet, das eine Person für tägliche Fahrten zur Arbeit und Einkaufsfahrten sowie für gewöhnliche Fahrten für soziale Zwecke aufsucht. Das ist also der Bereich täglicher Erfahrung einer Person oder anders formuliert: das Feld um den Wohnstandort einer Person, das durch häufige und regelmäßige Kontakte bzw. Interaktionen geprägt ist (D. Höllhuber 1976, S. 29). Bezüglich dieser von Tag-zu-Tag-Aktivitäten spricht man auch von einem „*activity space*", d. h. vom Aktivitätsraum oder auch **Aktionsraum** bzw. besser: **Aktivitätsfeld** (z. B. L. A. Brown/E. G. Moore 1970; vgl. Abb. 1.11 in diesem Band).

Die indirekten Kontakte mit der Umwelt (= **Indirektes Kontaktfeld**) erfolgen vor allem durch den gesamten übrigen Bereich der Kommunikation, insbesondere der Massenmedien, z. B. auch über die Werbung (u. a. Fremdenverkehrs- oder Absatzwerbung).

Zusammenfassend spricht man auch - wie bereits angedeutet - von sog. **Informationsfeldern** („*information fields*") oder **persönlichen Kommunikationsfeldern** („*personal communication fields*").

Entscheidend ist, dass die durch unterschiedliche Kontakthäufigkeit und Kontaktdistanzen gewonnenen verschiedenen Informationsgrade auch unterschiedliche Wahrnehmungsintensitäten bezüglich der realen Umwelt mit bewirken. D. h., das Individuum nimmt jedes räumliche Informationsfeld bzw. die räumliche Umwelt subjektiv wahr und entwickelt subjektive Vorstellungsbilder von dieser Umwelt. Man spricht daher auch von subjektiven Wahrnehmungsräumen von Individuen oder Gruppen. Man kann (in Anlehnung an D. Höllhuber 1976) definieren: Der **Wahrnehmungsraum** ist derjenige Ausschnitt der räumlichen Umwelt eines Individuums (bzw. einer Gruppe), der bewusst oder unbewusst wahrgenommen (und bewertet) wird.

Erläuterung der Abb. 1.10 (Fortsetzung)**:**

Aufgrund der Ergebnisse der sog. **Gestaltpsychologie** und der sog. Psychophysik und anderer psychologischer Ansätze (z. B. Lerntheorie) sowie auch neuerer verhaltenswissenschaftlich orientierter geographischer Arbeiten wissen wir nun, dass die Organisation der räumlichen Wahrnehmung im Menschen nicht zufällig vor sich geht, sondern dass sich im Gehirn des Menschen **Images** formieren, die man sich quasi als **kognitive räumliche Vorstellungsbilder** von der Umwelt, als sog. *„mental maps"*, vorstellen kann. Derartige räumliche Vorstellungen werden im Laufe des Lebens erlernt. Sie verändern sich dabei erheblich in den einzelnen Phasen des Lebenszyklus (vgl. J. PIAGET u. B. INHELDER 1971 über die Entwicklung des räumlichen Denkens beim Kind). Die Ausprägungen der räumlichen Vorstellungsbilder und die zugrundeliegende Selektion der Wahrnehmung durch einen Werte'filter' (**Wertesystem**) sind jedoch nicht nur abhängig vom Alter, sondern auch von einer Vielzahl weiterer Variablen überwiegend qualitativer Ausprägung, z. B. von der sozialen Stellung bzw. der Gruppen- und Schichtzugehörigkeit einer Person, von persönlichen Interessen und dem Bildungsniveau, von Lebensansprüchen und -bedürfnissen, persönlichen Wertnormen, Erfahrungen etc.

Den gewerteten Umweltausschnitt eines Individuums, der auf dem Wahrnehmungsraum basiert, nennt man auch **Vorstellungsraum** (*„perceived environment"*).

Aus den bisherigen Erklärungen bzw. Ergänzungen zu dem stark vereinfachten Modell in Anlehnung an R. M. DOWNS (1970) ergibt sich zusammenfassend: Das raumbezogene oder raumrelevante Verhalten bzw. die raumwirksamen Aktivitäten innerhalb der Daseinsgrundfunktionen sind abhängig von wahrgenommenen und vorgestellten Abbildern der räumlichen Umwelt. Die Ausprägung der Vorstellungsbilder ist nicht nur eine Funktion der Informationen des Wahrnehmenden, sondern vor allem auch seiner persönlichen Bewertungen, die sich aus seinen Wertvorstellungen, Motivationen, Bedürfnissen etc. ergeben (vgl. G. RUHL 1971).

tischen Ansatzes ist also das **Wahrnehmungskonzept**.

In dem Sozialgeographie-Lehrbuch von J. MAIER/R. PAESLER/K. RUPPERT/F. SCHAFFER (1977) wurde versucht, den Ansatz der Umweltwahrnehmung und Raumbewertung in einer einfachen Konzeption mit zu berücksichtigen bzw. mit dem sozialgeographischen Ansatz zu verknüpfen (vgl. ebd. S. 25-27). Das dort abgebildete und in diesem Band als Abb. 1.9 wiedergegebene sog. **Raumsystem** soll den Entscheidungsprozess, das raumrelevante Verhalten sozialer Gruppen in den Daseinsgrundfunktionen (oder Grundfunktionen) und die dadurch bewirkten Veränderungen der geographischen Umwelt, hier als „veränderte verortete Muster und Reichweiten" bezeichnet, abbilden.

Eines der grundlegenden Schemata der Raumwahrnehmung wurde bereits 1970 von R. M. DOWNS veröffentlicht (vgl. Abb. 1.10 mit Erläuterung).

Sehr weit entwickelt wurde die in der Er-

läuterung zu Abb. 1.10 angedeutete *„mental map"*-**Forschung**. Zu den grundlegenden Arbeiten zählten diejenigen von KEVIN LYNCH von 1960 (kartographische Darstellungen räumlicher Vorstellungsbilder unterschiedlicher Einwohnergruppen einer Stadt; vgl. auch H. HEINEBERG 2006[3]a, Abbn. 6.12-6.15), von R. M. DOWNS/D. STEA (1982) über „Kognitive Karten: Die Welt in unseren Köpfen" oder von P. GOULD/R. WHITE (1974) über *„mental maps"* von Wohnpräferenzen. T. F. SAARINEN (1973) erprobte die **subjektive Raumkenntnis** von Schülern und Studenten. Er ließ diese an verschiedenen Standorten Weltkarten frei zeichnen oder in vorgegebene Umrisskarten mit politischen Grenzen Namen eintragen. Es gibt auch ähnliche deutsche Arbeiten, z. B. von H.-W. WEHLING (1981) über subjektive Stadtpläne. Zu beachten bei der Bewertung der Aussagekraft dieser Methode ist allerdings, dass die Darstellung des räumlichen Informationsstandes sehr stark abhängig ist von dem

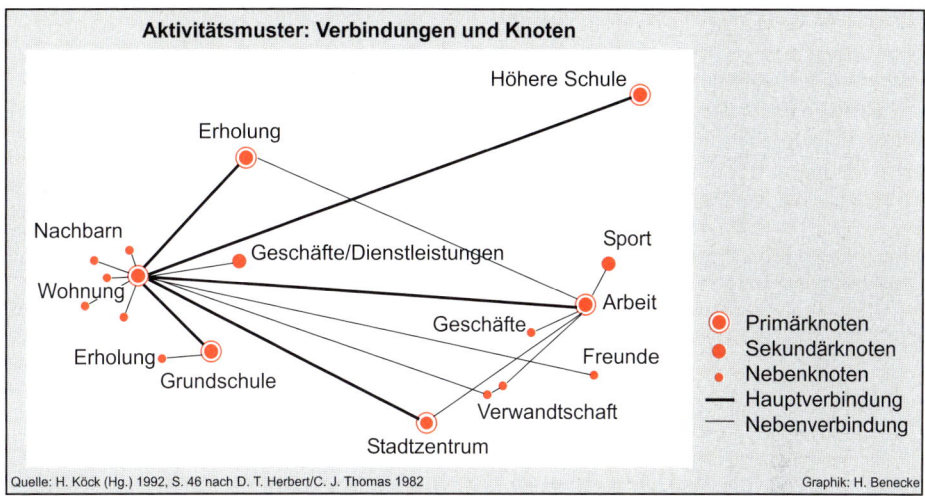

Abb. 1.11 Innerstädtisches aktionsräumliches Strukturmuster nach H. Köck 1992

jeweiligen Stand der individuellen Zeichenkünste.

Verdeutlicht werden kann die Bedeutung des erläuterten verhaltens- bzw. wahrnehmungswissenschaftlichen Konzepts anhand des **Freizeitverhaltens**, z. B. für die Urlaubsmobilität mit ihrer erheblichen räumlichen Differenzierung; zur Einordung der Urlaubsfreizeit in das gesamte Spektrum von Freizeit- und Reiseaktivitäten vgl. Abb. 1.12.

Diese ist nicht nur durch persönliche Variablen wie Alter, Geschlecht etc. oder etwa durch die reale Welt eines Feriengebietes zu erklären. Bei der individuellen und gruppenspezifischen Entscheidung für einen Ferienort spielen neben den Bedürfnissen und Ansprüchen auch die räumlichen Vorstellungsbilder der Individuen bzw. Gruppen von dem entsprechenden Ferienort eine erhebliche Rolle. Diese sind häufig auf indirektem Weg,

**Abb. 1.12
Differenzierung der
Freizeit- bzw. Reise-
mobilität:
Theoretischer
Zusammenhang
zwischen Freizeit,
Fremdenverkehr
und Naherholung
nach P. Jurczek**

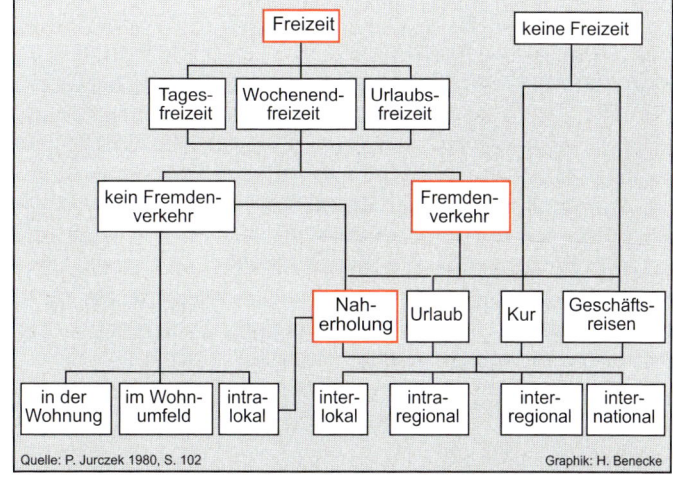

z. B. durch Prospekte der Fremdenverkehrswerbung, erzeugt worden. Derartige Vorstellungsbilder von einem Ferienort können erheblich von dessen realer Ausstattung bzw. Umwelt abweichen, so dass demzufolge die Ausstattung des Raumes nur begrenzt zur Erklärung der Urlaubsfrequentierung beiträgt.

Das in Abb. 1.13 dargestellte modellartige **Ablaufschema des Reiseentscheidungsprozesses**, das auf einer Studie von H. Eck (1986) über Image und Bewertung des Schwarzwaldes als Erholungsraum nach dem Vorstellungsbild der Sommergäste basiert, beinhaltet eine sehr vereinfachte Darstellung möglicher Einflussfaktoren (vgl. auch Erläuterung zu Abb. 1.13).

Subjektive Raumwahrnehmungs-, Bewertungs- und Entscheidungsmechanismen sind auch bezüglich anderer Freizeitmobiliäten (s. Abb. 1.12) oder beispielsweise auch bei **Wanderungs- oder Umzugsentscheidungen** von Bedeutung, wodurch sich auch die Erklärung von Wanderungsvorgängen als außerordentlich komplex erweist (s. 2.6.5). Ein anderes Beispiel sind **Standortentscheidungen von Gewerbe- bzw. Industriebetrieben**. Auch bei den Unternehmensleitern ist die Ausprägung subjektiver räumlicher Vorstellungsbilder von größerer Bedeutung, als aufgrund der klassischen und auch neueren ökonomischen Standortlehren bislang angenommen wurde (vgl. auch den Typ des *„satisficer"* in Kasten 1.12).

Im Schema (Abb. 1.13) wird eine erste sog. **motivationale Phase** unterschieden, in der der Wunsch nach einer Urlaubsreise auftritt. Hier fließen verschiedene Faktoren wie Alter, persönliche Interessen oder Finanzierungsmöglichkeiten ein, die für das Erwartungsmuster mit entscheidend sind (diese Variablen könnten in dem Schema ergänzt werden). Die zweite sog. **Präferenzphase**, in der sich räumliche Präferenzen für einzelne Reiseziele entwickeln, kann u. a. durch unterschiedlichste Informationen über alternative Reiseziele beeinflusst sein. Der Umfang der Informationsbeschaffung ist abhängig von verschiedensten Variablen. Dazu zählen bestimmte individuelle Persönlichkeitsmerkmale, Kenntnisse und Fähigkeiten, aber etwa auch spezielle Images von Urlaubsräumen oder die Faktoren der Reisezeit und Reisekosten, der allgemeinen Unterkunftspräferenzen oder die bevorzugte Verkehrsmittelwahl. Auch bezüglich dieser und anderer Variablen wäre das Schema noch erheblich zu ergänzen.

In der dritten Phase, der **Bewertungsphase**, spielen der Vergleich räumlich alternativer Urlaubsziele und deren Images eine besondere Rolle. Diese werden jeweils subjektiv bewertet. Die Images wiederum können auf unterschiedlichste Weise entstanden sein, z. B. durch persönliche Erfahrungen, Berichte von Freunden und Bekannten oder in den Medien. Diese Bewertungsvorgänge sind für die **Reiseentscheidung** (**Entscheidungsakt**, IV) wichtig.

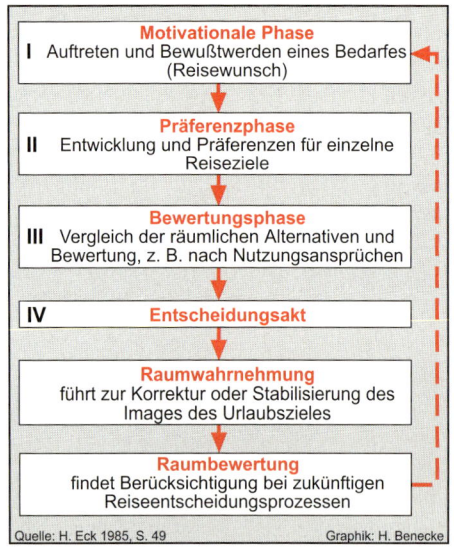

Abb. 1.13 Ablaufschema eines Reiseentscheidungsprozesses

Danach finden im Urlaubsgebiet während des Aufenthaltes subjektive **Raumwahrnehmungen** statt, die zu einer Korrektur oder zur Stabilisierung des Images des Feriengebietes führen können. Daraus resultiert eine subjektive **Raumbewertung**, die wiederum spätere Reiseentscheidungen erheblich beeinflussen kann.

Allerdings ist der Wahrnehmungsansatz, insbesondere das stark vereinfachende Modell von R. M. DOWNS (1970) (Abb. 1.10), auch kritisch zu betrachten (Kasten 1.13).

Jüngere Modellvorstellungen, die auf dem Wahrnehmungskonzept aufbauen, sind komplexer. Dabei werden auch neuere handlungstheoretische Konzepte, Rückkoppelungen etc. mit einbezogen. Als Beispiele können das Analyseschema für Tätigkeitsmuster von Haushaltsmitgliedern nach D. KLINGBEIL (1978, Abb. 1) oder das „Verhaltensmodell behavioristischer Sozialgeographie" von B. WERLEN gelten (s. Abb. 1.14 in diesem Band). Allerdings basiert auch das letztgenannte komplexere Modell auf einer Reihe übereinstimmender Grundthesen. Diese sind (vereinfacht ausgedrückt): Informationen aus der räumlichen Umwelt werden kognitiv gefiltert und führen zu speziellen Entscheidungen sowie zum Verhalten im Raum. Dieser Prozess wird beeinflusst durch eine Reihe wahrnehmungs- und verhaltensleitender Faktoren, die von den jeweiligen Persönlichkeitsmerkmalen sowie sozial-kulturellen Faktoren abhängig sind.

1.3.8 Humanistische Geographie nach
ANNE BUTTIMER. Seit gut zwei Jahrzehnten hat sich insbesondere in der US-amerikanischen geographischen Literatur eine auf der philosophischen Richtung des Humanismus basierende sog. **Humanistische Geographie** (*„humanistic geography"*) entwickelt. Zu den Vertretern der Humanistischen Geographie zählt die Wissenschaftstheoretikerin ANNE BUTTIMER (u. a. 1984). Der Lebensweg und die Denkweise BUTTIMERS sind durch ihre frühere Zugehörigkeit zum Dominikanerinnenorden, aber etwa auch durch sozialplanerische Arbeiten in schottischen Slums und nicht zuletzt durch die Zusammenarbeit mit Geographen in den USA und Schweden (TORSTEN HÄGERSTRAND) geprägt

---

Kasten 1.13 Kritik am Wahrnehmungsansatz in Anlehnung an S. TZSCHASCHEL 1986

Im DOWNSschen Schema (Abb. 1.10) impliziert die Art der Darstellung der Verbindung der einzelnen Begriffe durch Pfeile eine kausale oder zumindest zeitliche Aufeinanderfolge, die nach S. TZSCHASCHEL in dieser Form nicht nachweisbar ist. Denn es bestehen in der Realität ganz erhebliche und insgesamt sehr komplexe Interdependenzen zwischen einzelnen Elementen des Modells (z. B. ist „Bewertung" von der „Entscheidung" nicht zu trennen). S. TZSCHASCHEL bewertet auch die *mental map*-Forschung (ebd., S. 43): „Den Arbeiten über Mental Maps, kognitives Kartieren, subjektive Stadtpläne, oder wie auch immer die Bezeichnungen lauten, ist als Grundaxiom die Unterscheidung von objektivem Realraum und subjektivem Mentalraum gemein. Es wird eine Verhaltenswirksamkeit des Mentalraumes unterstellt, die Gegenstand der Forschung ist." Auch gegen dieses Vorgehen ist bereits differenzierte Kritik geübt worden.

T. E. BUNTING/L. GUELKE (1979) wenden in ihrem kritischen Beitrag über *behavioral and perception geography* u. a. ein, dass diese die „Menschen fragmentiert und nicht berücksichtigt, daß der Mensch in seiner Totalität handelt" (zitiert nach S. TZSCHASCHEL 1986, S. 141). Auch lässt es nach Auffassung der Autoren die „Totalität des Images (...) zweifelhaft erscheinen, ob es in operationalisierten Einzelvariablen gemessen werden kann; der Methodenapparat wird als dafür inadäquat erachtet". Hinzu kommt, dass „aus der Gesamt-Weltsicht des Individuums (...) ein Einzelimage nicht herausgetrennt werden (kann)". (...) Kritisch wird auch beim Wahrnehmungsansatz gesehen, dass dabei unterstellt wird, „daß Individuen bereit und in der Lage sind, ihre „innersten Gedanken" zu äußern" (ebd.).

---

worden. BUTTIMER regte für den Wahrnehmungsansatz an, dass die kognitive Dimension der Umweltwahrnehmung dahingehend überprüft werden sollte, wie sie sich im Leben der Menschen - besonders in verschiedenen Kulturen - darstellt. Außerdem schreibt sie: „Es könnte sinnvoller sein, davon zu reden, wie Menschen l e b e n, statt

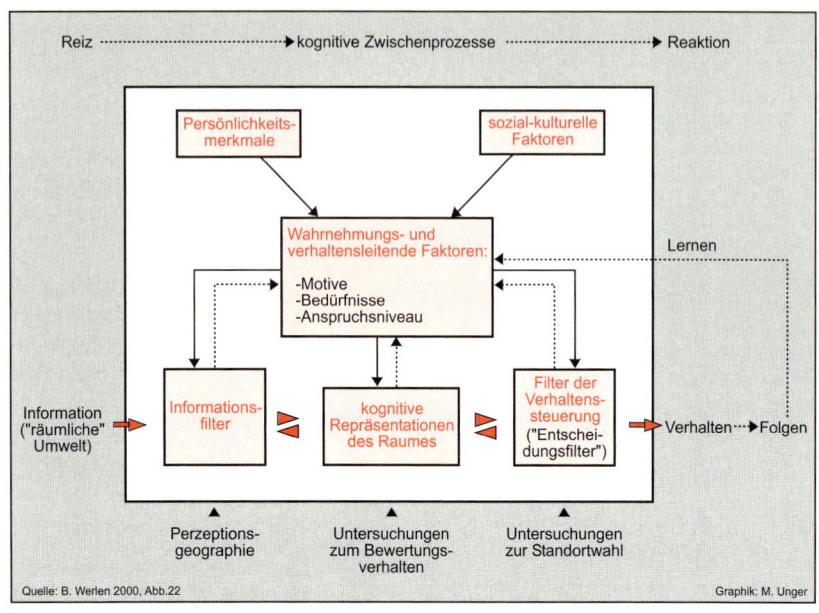

Abb. 1.14 Verhaltensmodell behavioristischer Sozialgeographie nach B. Werlen

wie Menschen ihre Welt sehen und w a h r - n e h m e n" (ebd., S. 51). Eine humanistische Sozialgeographie nach BUTTIMER strebt mit der sog. **Partizipation** das **subjektive, teilnehmende Verstehen der Verhaltensweisen „konkreter Menschen"** in ihrem erdräumlichen Kontext an. In der frühen Phase waren Geographen hauptsächlich Zuschauer, Beobachter von Mustern und Prozessen. Für BUTTIMER gilt nicht die Beobachtung *von* Realität, sondern Teilnahme (Partizipation) *an* der Realität (vgl. Abb. 1.15 und Kasten 1.14).

In einem dreistufigen Schema unter dem Aspekt „Wahrnehmung und menschliches Interesse" unterscheidet A. BUTTIMER (1984, Abb. 13) drei Phasen der Disziplinentwicklung in der Geographie, und zwar folgen auf eine Phase I: „Zeitalter der Beobachtung" eine Phase II: „Insider" und „Outsider" sowie eine Phase III: „Partizipation"; als Kategorien der Forschung werden dabei unterschieden: Identität (Erforschung von

Heimaten, Landschaften etc.), Ordnung (Studien über deren Landnutzung, Siedlungen, Zentrale-Orte-Hierarchien etc.) sowie Lebensraum (Ressourcen, Ökologie etc.).

Nach BUTTIMER bedeutet die Phase der Partizipation auch das „Eingestehen dessen, daß neben dem Wissenschaftstheoretischen auch soziale und andere Einflüsse auf unsere vielfach für selbstverständlich genommenen Denkweisen und Praktiken einwirken" (A. BUTTIMER 1984, S. 21). Im Schaubild zur dritten Phase sind u. a. soziale Themen (Arbeitslosigkeit, Entfremdung, Niedergang der Regionen) genannt. Angemerkt sei, dass diese auch für die *'social geography'* des englischsprachigen Raumes charakteristisch sind. Letztere beschäftigt sich traditionsgemäß insbesondere mit aktuellen sozialen Problemen wie Armut, Arbeitslosigkeit, Ghettobildung, Rassenunruhen in Städten etc. (vgl. Forschungsansätze heutiger „*social geographies*" in Kasten 1.10).

VON DER BEOBACHTUNG

ZUR PARTIZIPATION

Abb. 1.15
Zur Humanistischen
Geographie von
Anne Buttimer:
Von der Beobachtung
zur Partizipation
Quelle: A. Buttimer
1984, Abb. 1

Kasten 1.14 Kritik an dem Partizipationsansatz in der Humanistischen Geographie
von Anne Buttimer (vgl. Abb. 1.12)

In Bezug auf das humanistische Konzept Anne Buttimers (insbes. Phasen II und III) hat P. Sedlacek (1989, S. 12-13) die folgende Kritik geübt und mehrere interessante Fragen gestellt: „(Buttimer) verdeutlicht dieses bildhaft durch eine Figur, die einmal vom Ufer aus ein Ruderboot durch ein Fernrohr beobachtet (outsider), in einem anderen Falle aber in das Boot gestiegen ist und mit den anderen rudert (insider).

So suggestiv eine solche Metaphorik (...) zunächst sein mag, so wirft sie dennoch zahlreiche Fragen auf. Wird hier beispielsweise nicht auch ausgeblendet? Gibt es da nicht auch andere Boote auf dem See, in die der Forscher hätte steigen können? Warum steigt er gerade in dieses? Weiß er, wohin die Fahrt geht und welchem Zweck sie dient? Gibt es unter den Booten nicht Motor-, Segel-, Ruderboote, und wird der See nicht auch von Paddlern, Surfern und Schwimmern bevölkert, die andere Ansprüche, Bedürfnisse und Interessen haben? Fragen, die in der heilen Welt der Anne Buttimer erst gar nicht gestellt werden, die aber für die Forschungspraxis von Bedeutung sind. Welchen Zwecken dient diese Forschung, wegen der ich „rudernd" teilnehme am Leben anderer und damit Verantwortung nicht nur für die Forschung übernehme, sondern auch für die Lebenswelt, in die ich eintauche, einbreche? Und nicht minder: Was fange ich mit dem Wissen an, das ich auf diese Weise erworben habe? Kann und darf ich es überhaupt verwerten, denn es bezieht sich ja auf konkrete Fälle, Personen, Schicksale?

Forschung dieser Art läßt nur die Beschränkung auf ausgewählte Fälle zu und widerspricht zwangsläufig dem Gebot der Repräsentativität szientifischer Sozialforschung. An die Stelle repräsentativer Stichproben massenstatistischer Untersuchungen treten einige Fallstudien. Als Resultat verzeichnen wir nicht die „gesicherte Erkenntnis" über gesetzmäßige Verhaltensweisen der Forschungsobjekte und die Möglichkeit ihrer Steuerung in der Massengesellschaft. Vielmehr erfahren wir durch unser kumuliertes Wissen ein neues Bewußtsein über die Konstitution der Lebenswelt, die Möglichkeiten und Chancen ihrer Gestaltung, mögliche Lösungen und Strategien der Bewältigung von Lebenssituationen".

1.3.9 Qualitative Sozialgeographie. Qualitative Sozialgeographie hat sich vor allem in den vergangenen Jahren im Rahmen der sog. qualitativen Sozialforschung entwickelt, an der eine ganze Reihe von Einzeldisziplinen (z. B. Volkskunde, Alltagsgeschichte, Arbeitssoziologie) beteiligt ist. Der Terminus „qualitativ" kontrastiert mit den quantitativen Forschungsansätzen (vgl. das szientifische Konzept der Wirtschafts- und Sozialgeographie von D. BARTELS, s. 1.3.6). Die qualitative Sozialgeographie knüpft an den verhaltens- und entscheidungstheoretischen Ansatz an. Wichtig ist die **Untersuchungsmethode**: An Stelle repräsentativer Stichproben mittels standardisierter Fragebögen treten Fallstudien mit sog. qualitativen Interviews (z. B. Tonbandmethode). Der Vorteil dieser empirischem Methode ist: sie ist flexibler als eine standardisierte Fragebogenerhebung. Das qualitative Interview dient vor allem einer „offenen Spurensuche", z. B. zur Aufdeckung neuer Forschungsaspekte. Der qualitativ orientierte Sozialgeograph versteht sich als Beteiligter, Partizipierender, anstelle eines von außen beobachtenden Sozialwissenschaftlers. Dieser sog. **lebensweltliche Ansatz** entspricht der Zielstellung einer Humanistischen Geographie nach A. BUTTIMER (s. 1.3.8). Qualitative und insbesondere interpretatorische Forschungsmethoden sind auch für die „neue" Kulturgeographie oder kulturalistische Humangeographie (s. 1.3.11) von besonderer Bedeutung.

Die qualitative Sozialgeographie kann von dem **methodischen Instrumentarium qualitativer empirischer Sozialforschung** profitieren, wie sie etwa in den Lehr- und Handbüchern von P. ATTESLANDER 2000[9], J. FRIEDRICHS 1990[14], T. HEINZE 2001, H. KROMREY 1998[8], S. LAMNEK 1993[2] und P. MAYRING 1990 erläutert sind. P. MAYRING unterscheidet bei den qualitativen Techniken der Erhebung zwischen sog. problemzentrierten Interviews, narrativen Interviews (der Interviewpartner wird dabei ganz frei zum Erzählen animiert, statt ihn mit einem standardisierten Fragebogen zu konfrontieren), Gruppendiskussionsverfahren und sog. teilnehmender Beobachtung (vgl. auch P. REUBER/C. PFAFFENBACH 2005).

Bei der Operationalisierung des qualitativen Forschungsansatzes gibt es jedoch nicht unerhebliche Probleme: Dies betrifft u. a. die Problematik der sehr häufig nicht gegebenen Repräsentativität einzelner Fallstudien, Fragen der Kodierung und Vergleichbarkeit von Einzelergebnissen (auch etwa im Vergleich zu Ergebnissen aus stärker standardisierten Fragebogenerhebungen), den großen Arbeitsaufwand qualitativer Methodik (z. B. sehr zeitraubende Auswertungen von langen Tonbandmitschnitten). Einige Autoren schlagen eine Verbindung qualitativer mit quantitativen Methoden vor (vgl. K. NIEDZWETZKI 1984).

1.3.10 Handlungsorientierte Sozialgeographie nach BENNO WERLEN. An den verhaltensorientierten Ansätzen der Sozialgeographie hat der Geograph BENNO WERLEN grundsätzliche Kritik aus wissenschaftstheoretischer Sicht geübt; vgl. als Einstieg den Aufsatz „Handlungsorientierte Sozialgeographie" (B. WERLEN 2002) sowie das Lehrbuch „Sozialgeographie" von B. WERLEN (2004[2]). B. WERLEN fordert, anstelle der Verhaltenstheorie von der **Handlungstheorie** auszugehen. „Im Unterschied zur verhaltensorientierten Sozialgeographie versteht die handlungsorientierte Sozialgeographie das menschliche Handeln als einen bewußten, zielgerichteten Akt, an dessen Ausführung gesellschaftliche, räumliche und individuelle Anteile beteiligt sind (methodologischer Individualismus)" (P. REUBER 1999, S. 18). D. h., jede menschliche Handlung wird von einem Zweck geleitet bzw. auf ein Ziel, eine Intention hin, entworfen (Intentionalität des Handelns).

In einem **Modell des Handelns** von B. WERLEN (s. Abb. 1.16) werden in Bezug auf den Handelnden vier Prozesssequenzen unterschieden: Handlungsentwurf, Handlungsdefinition als (korrelative) Situationsdefini-

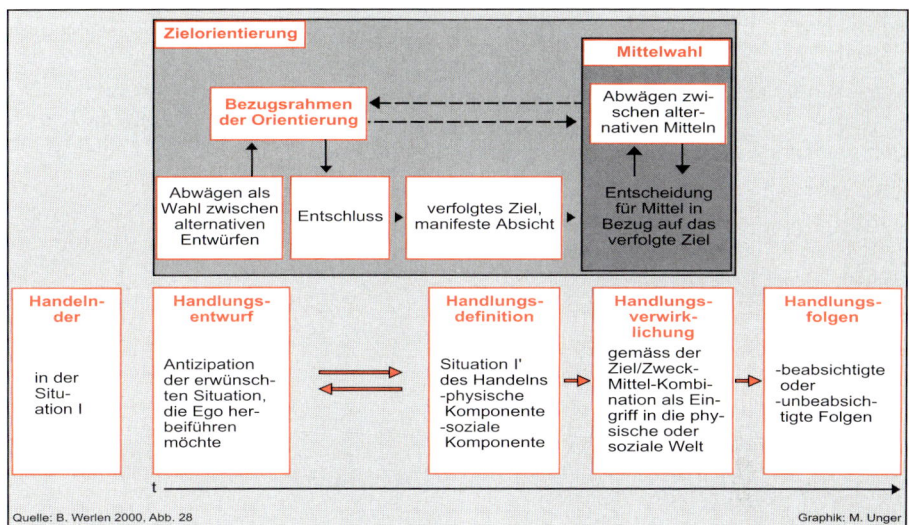

Abb. 1.16 Modell des Handelns nach B. Werlen

tion mit physischen und sozialen Komponenten, Handlungsverwirklichung (gemäß dem Ziel bzw. der Zweck-Mittel-Kombination als Eingriff in die physische oder soziale Welt) und Handlungsfolgen (beabsichtigt, unbeabsichtigt). Über dem Handlungsentwurf steht die Zielorientierung mit ihrem komplexen Bezugsrahmen.

Nach P. Reuber (1999) lassen sich mehrere Forschungsfelder in Bezug auf den handlungstheoretischen Ansatz benennen, z. B. die „Untersuchung ökonomisch-zweckrationaler Entscheidungen von Akteuren: Dazu gehören Standortentscheidungen von Unternehmen und ihre Konsequenzen für Produktions- und Pendlerströme, das Konsum-, Einkaufsverhalten und Freizeitverhalten von Menschen etc." (ebd., S. 18-19).

1.3.11 Kulturalistische Humangeographie - Renaissance der Kulturgeographie? Seit einigen Jahrzehnten stehen die Humanwissenschaften - ausgehend von Arbeiten aus dem englischsprachigen Raum - unter dem Einfluss des sog. *Cultural Turn*; von

H. Klüter (2005) wurde als Urheber C. Geertz (1973) herausgestellt. Diese „kulturtheoretische Wende" oder Reorientierung auf das Kulturelle findet in jüngerer Zeit innerhalb der Geographie, ebenfalls vor allem im angelsächsischen Kontext, insbesondere durch den „neuen Aufschwung der so genannten *Cultural Studies*" (B. Werlen 2003b, S. 251) statt. In Bezug auf die jüngste Entwicklung der deutschen Kulturgeographie spricht B. Werlen - nach dem ersten *Cultural Turn* der klassischen Kulturgeographie seit Ende des 19. Jh.s - von einem zweiten *Cultural Turn* im Rahmen des „interpretativen Konstruktivismus". H. H. Blotevogel (2003) betont, dass der Terminus *Cultural Turn* „ziemlich unterschiedliche Phänomene bezeichnet". (...) „Dazu gehören beispielsweise die explizite Einbeziehung kultureller Forschungsgegenstände, die Berücksichtigung kultureller Einflüsse auf Gesellschaft und Wirtschaft, die Verwendung qualitativer bzw. interpretativer Methoden, die Akzentuierung des Idiographischen, die Ablehnung strukturalistischer Erklärungsansätze und/oder die Skepsis gegenüber dem szientifischen Wissenschaftsmodell. Insofern wäre es zweifellos angemessener, nicht von **dem** *cultural turn*, sondern von einer Familie mehrerer *cultural turns* zu sprechen" (ebd., S. 9).

Als besonders einflussreich auf die in Deutschland begonnene breitere Diskussion um eine **„neue" Kulturgeographie** - auch **Kulturalistische Humangeographie** (H. H. Blotevogel 2003) genannt - müssen die Beiträge einer speziellen Fachsitzung auf dem Leipziger Geographentages im Oktober 2001 (veröffentlicht in: Ber. z. dt. Landeskunde 77, H. 1, 2003) sowie der von H. Gebhardt/P. Reuber/G. Wolkersdorfer (2003a) herausgegebene „Reader" genannt werden; vgl. die Besprechungen dieses Sammelbandes von G. Heinritz (2005) und H. Klüter (2005). In ihrem Einführungsbeitrag in dem genannten „Reader" stellen H. Gebhardt/P. Reuber/G. Wolkersdorfer (2003b) u. a. die „Renaissance der Kultur" und deren wissenschaftliche Erforschung in einer Reihe einzelner Strömungen heraus, die ihrerseits durch eine „Vielzahl aktueller, sich z. T. widersprechender Ausprägungsformen von *Cultural Turns*" (ebd. S. 5) gekennzeichnet, schwer zu ordnen und zu systematisieren sind. Als **einige Forschungsperspektiven des** *Cultural Turn* werden u. a. - in Anlehnung an W. D. Sahr (2001) - herausgestellt (ebd.): „Untersuchung sozialer Beziehungen in kultureller Hinsicht" (z. B. Fragen nationaler, regionaler oder auch personaler Identität, Pluralität von Lebensformen), „Semiotische und sozio-politische Interpretation kultureller Repräsentationen" (u. a. Zusammenhänge zwischen elitärer und Massenkultur, soziale Differenzierung durch künstlerische Medien), „Untersuchung von Alltagspraktiken als kulturelle Ausdrucksformen" (z. B. Aufdeckung sozialer Alltagspraxis, von Macht- und Marktmechanismen

etc.), „Untersuchung der semiotischen Gestaltung von Landschaften, Städten und Konsumwelten" (u. a. Kulturalisierungsprozesse in der Stadtlandschaft multi-ethnischer Städte), „Kritische Auseinandersetzung mit der Konstruktion von „imaginären Geographien"" (z. B. von kulturellen Repräsentationen in filmischen Traumwelten) oder etwa die „Theoretisch-konzeptionelle Analyse des Zusammenhangs zwischen Kapitalismus, Spät- bzw. Postmoderne und Kultur".

H. H. Blotevogel (2003) hat stärker grundsätzlich aufgezeigt, „wie der *cultural turn* auf mehreren Ebenen zu einer **Verschiebung des humangeographischen Denkens und Forschens** führt" (S. 22). Dies betrifft (in Auszügen):

(1) Auf der allgemeinsten Ebene „die Ontologie, als die Grundannahmen über die Struktur der Realität". (...) „Gegenstand der kulturalistischen Humangeographie ist nicht die materielle Welt, sondern die Vielfalt menschlicher Lebensäußerungen, Sinnzuweisungen und Sinnsysteme" (ebd.).

(2) Die neue erkenntnis- und wissenschaftstheoretische Dimension (Epistemologie) des *cultural turn* betrifft die Ablehnung des „positivistischen Optimismus", d. h. die Annahme, „dass die vom Wissenschaftler erzeugten Repräsentationen die „wahre" Struktur der empirischen Wirklichkeit widerspiegeln" (ebd., S. 24).

(3) Auf der Ebene sozialwissenschaftlicher Methoden wurde die „Dominanz quantitativ-standardisierter Methoden (...) aufgebrochen durch ein breites Spektrum „qualitativer" Methoden, vor allem der Textanalyse, der teilnehmenden Beobachtung, qualitativer Interviews sowie der Diskursanalyse" (ebd.).

(4) Auf der inhaltlichen Ebene ergibt sich „eine generelle Hinwendung zu kulturwissenschaftlichen Themen und Fragestellungen". Im Rahmen der Stadtgeographie

---

Kasten 1.15 Raumbegriffe in der Geographie nach U. Wardenga (2002)

„1. „Räume" werden im realistischen Sinne als „Container" aufgefasst, in denen bestimmte Sachverhalte der physisch-materiellen Welt enthalten sind. In diesem Sinne werden „Räume" als Wirkungsgefüge natürlicher und anthropogener Faktoren verstanden, als das Ergebnis von Prozessen, die die Landschaft gestaltet haben, oder als Prozessfeld menschlicher Tätigkeiten.
2. „Räume" werden als Systeme von Lagebeziehungen materieller Objekte betrachtet, wobei der Akzent der Fragestellung besonders auf der Bedeutung von Standorten, Lagerelationen und Distanzen für die Schaffung gesellschaftlicher Wirklichkeit liegt.
3. „Räume" werden als Kategorie der Sinneswahrnehmung und damit als „Anschauungsformen" gesehen, mit deren Hilfe Individuen und Institutionen ihre Wahrnehmungen einordnen und so Welt in ihren Handlungen „räumlich" differenzieren.
4. „Räume" werden in der Perspektive ihrer sozialen, technischen und gesellschaftlichen Konstruiertheit aufgefasst, indem danach gefragt wird, wer unter welchen Bedingungen und aus welchen Interessen wie über bestimmte Räume kommuniziert und sie durch tägliches Handeln fortlaufend produziert und reproduziert" (U. Wardenga 2002, S. 8).

hat sich beispielsweise „das Forschungsinteresse von räumlichen Mustern funktionaler Arbeitsteilung sowie sozioökonomischer Disparitäten und Segregation auf die kulturelle Konstitution sozialer Milieus, deren Deutungsmuster und Alltagspraktiken, z. B. in Form unterschiedlicher Lebensstile, verlagert" (ebd., S. 26).

H. Gebhardt u. a. (2003b) stellen insbesondere die Bedeutung der **Machtkomponente** im Rahmen der konstruktivistischen und diskusorientierten neuen Kulturgeographie heraus. Z. B. ist es „ein Kennzeichen der *New Cultural Geography*, dass sie bei ihren Arbeiten immer die allgemeine Diskussion um Wissen und Macht im Blick

behält" (S. 8), oder: „Räumliche Muster, Grenzen und symbolische Codes sind aus dieser Perspektive eine diskursiv-soziale Konstruktion von (Macht-)Beziehungen, die in der Alltagspraxis hergestellt werden und gleichzeitig in die Reproduktion der gesellschaftlichen Institutionen eingebunden sind" (ebd., S. 23). B. Werlen (2003b, S. 256) betont, dass das Hauptmerkmal der neuen Bedingungen des Kulturellen in der „Globalisierung des lokalen Lebens" besteht. „Darin ist insbesondere die Neugestaltung des Verhältnisses von Kultur, Gesellschaft und Raum enthalten" (ebd.).

1.4 Raumkonzepte in der Anthropo- bzw. Humangeographie

Wie unterschiedlich einzelne Forschungsansätze, vor allem auch im Kontext der diszipingeschichtlichen Entwicklung, sein können, zeigen die verschiedenartigen Raumbegriffe bzw. -konzepte in der Anthropo- bzw. Humangeographie. Die folgenden Ausführungen basieren vor allem auf einer jüngeren zusammenfassenden Darstellung von U. Wardenga (2002); vgl. auch J. Miggelbrink 2002.

U. Wardenga unterscheidet vier unterschiedliche **Raumbegriffe**, die verschiedenen Phasen der Fachentwicklung entstammen (s. auch Kasten 1.15):

(1) Das Konzept der **„Räume" als „Behälter" oder „Container"** auf unterschiedlichen (räumlichen) Maßstabsebenen reicht in das 19. Jh. zurück. Die „als Raumwissenschaft definierte Geographie" konnte „sich als selbständige Forschungsdisziplin mit eigener Fragestellung etablieren" (U. Wardenga 2002, S. 8). Von Bedeutung war in diesem Kontext auch die Entwicklung des Landschaftskonzepts in der Zwischenkriegs-

zeit (vgl. 1.3.3). Landschaft - bzw. speziell die Kulturlandschaft - spielte zudem in der späteren sozialgeographischen Phase der Münchener Sozialgeographie eine zentrale Rolle (vgl. 1.3.4 und 1.3.5).

(2) Innerhalb der in den 1970er Jahren etablierten, vom sog. *„spatial approach"* beeinflussten **Raumstrukturforschung** werden **„Räume" als „Systeme von Lagerelationen materieller Objekte"** betrachtet. „Hier liegt der Akzent der Fragestellung besonders auf der Bedeutung von Standorten, Lagerelationen und Distanzen und es wird danach gefragt, was diese Sachverhalte für die vergangene und gegenwärtige gesellschaftliche Wirklichkeit bedeuten, wobei davon ausgegangen wird, dass es *die* allgemeinbegrifflich zu fassende gesellschaftliche Wirklichkeit gibt" (U. WARDENGA 2002, S. 9). Die Betrachtung von Standorten, Lagerelationen und Distanzen liegt auch dem raumwirtschaftlichen Ansatz in der Wirtschaftsgeographie zugrunde (vgl. 3.1).

(3) Innerhalb der ebenfalls seit den 1970er Jahren entwickelten Wahrnehmungsgeographie werden **„Räume" als „Kategorie der Wahrnehmung"** betrachtet (vgl. auch 1.3.7). Es wird „danach gefragt, wie scheinbar real vorhandene Räume von Individuen, Gruppen und Institutionen ihre Wahrnehmungen in räumliche Begriffe einordnen und so Welt räumlich differenzieren. Beides unterhöhlt im Endeffekt sowohl den realistischen Raumbegriff wie den realistischen Gesellschaftsbegriff, denn nun können weder *der* Raum noch *die* Gesellschaft noch *die* Wirklichkeit als wahrnehmungsunabhängige Konstanten betrachtet werden.

Mit der seit Ende der 1970-er Jahre im deutschsprachigen Raum beginnenden Rezeption des verhaltenswissenschaftlichen Ansatzes wurde jedoch ein weiterer wichtiger Anstoß für die Entwicklung einer konstruktivistischen Perspektive gegeben. Denn

nun geriet auf der Suche nach Erklärungen für unterschiedliches menschliches Verhalten im Raum und als Folge der Kritik an der wertneutralen Beschreibung von Strukturen durch den „spatial approach" die subjektive Wahrnehmung und Bewertung der Wirklichkeit durch Individuen und Gruppen in den Mittelpunkt des Interesses. Das nun die Forschungsbemühungen strukturierende Stimulus-Response-Modell versuchte das Raumverhalten mittels verschiedener Wahrnehmungs- und Informationsfilter zu erklären, die die von der Umwelt ausgehenden Reize verzerrten" (U. WARDENGA 2002, S. 10).

Dieses Modell geriet jedoch bald in die Kritik der Humanistischen Geographie (s. 1.3.8), die nunmehr stärker den Menschen als „eigenständigen Handlungsträger" berücksichtigte und „nach der Lebenswelt von Menschen und deren Sinn" fragte (ebd.).

(4) Schließlich werden in jüngerer Zeit unter einer „konstruktivistischen Perspektive" **„Räume" als „Elemente von Kommunikation und Handlung"** betrachtet, wobei man davon ausgeht, dass „Räume „gemacht" werden und damit Artefakte von gesellschaftlichen Konstruktionsprozessen sind" (U. WARDENGA 2002, S. 10); zum konstruktivistischen Raumbegriff - mit zugleich Kritik an den verhaltens- und wahrnehmungsgeographischen Ansätzen der 1980er Jahre - vgl. H. KLÜTER 1986 sowie als umfassende theoretische Arbeit über „Raumfragen" J. MIGGELBRINK 2002.

B. WERLEN (2000) hat im Kontext des von ihm vertretenen handlungsorientierten Ansatzes in der Sozialgeographie (vgl. 1.3.10) „die durch alltägliche Handlungen der Subjekte vollzogenen Regionalisierungen zum Gegenstand einer eigenständigen Perspektive gemacht. WERLEN geht von der These aus, dass Subjekte mit ihrem alltäglichen Handeln einerseits die Welt auf sich beziehen, andererseits mit ihren Handlungen die Welt aber auch gestalten" (U. WARDENGA 2002, S. 11). Mit diesem „alltäglichen Geographie-Machen" (WERLEN), „im Rahmen dessen die Erdoberfläche in materieller und symbolischer Hinsicht gestaltet wird", (...) „geht es nicht mehr um Raumkonzepte, die - einem realistischen Raumbegriff folgend - sozial-kulturelle Gegebenheiten räumlich abbilden, sondern um Raumkonzepte, die - einem relationalem Raumbegriff folgend - Räume als Produkte sozialen Handelns von Subjekten thematisieren und sie insofern als sozial konstruiert erscheinen lassen" (U. WARDENGA, ebd.).

Kasten 1.16 Literaturauswahl zur Ergänzung und Vertiefung des Kapitels 1

- **Lehrbuch-Gesamtdarstellungen der Geographie/Anthropogeographie/Humangeographie/ Sozialgeographie**:
A. BORSDORF 1999, E. EHLERS/H. LESER 2002, P. HAGGETT 1991[2], 2004[3], H. HAMBLOCH 1982[5], P. HUBBARD/R. KITCHIN/B. BARTLEY/D. FULLER 2002, P. KNOX/S. A. MARSTON 2001, J. F. KOLARS/J. D. NYSTUEN 1974, H. LESER/R. SCHNEIDER-SLIWA 1999, J. MAIER/R. PAESLER/K. RUPPERT/F. SCHAFFER 1977, W. NORTON 2001[4], P. REUBER 1999, B. WERLEN 2004[2]
- **Nachschlagewerke/Lexika z. Geographie insges./Anthropogeographie/Humangeographie**:
BRUNOTTE, E./H. GEBHARDT/M. MEURER/P. MEUSBURGER/J. NIPPER 2001/2002; H. LESER 2001[12]
- **Zur Disziplingeschichte/wissenschaftstheoretischen Grundlegung der Anthropogeographie bzw. Humangeographie/Kulturgeographie/Sozialgeographie**:
D. BARTELS 1968, D. BARTELS/G. HARD 1975[2], H. H. BLOTEVOGEL 2002a, 2002b, H. BOBEK 1948, 1957, H. P. BROGIATO 2005, B. BUTZIN 1982, H. GEBHARDT 1993, G. HARD 1973, J.-B. HAVERSATH 1999, 2005, G. HEINRITZ/I. HELBRECHT 1998, G. HEINRITZ/R. WIESSNER 1997[2], A. HOLT-JENSEN 1999[3], F.-J. KEMPER 2005, J. MIGGELBRINK 2002, H. OVERBECK 1954, F. RATZEL 1882 (1899[2]), 1891, O. SCHLÜTER 1928, P. SCHÖLLER 1977, P. SEDLACEK 1982, E. THOMALE 1972, S. TZSCHASCHEL 1986, H. UHLIG 1970, B. WERLEN 1998, 2000, E. WIRTH 1977, 1979; H. H. BLOTEVOGEL 2003, W. NATTER/U. WARDENGA 2003, R. PÜTZ 2003, B. WERLEN 2003 (kulturalistische Humangeographie, *cultural turn*)
- **Anthropogeographische Arbeitsmethoden**
H. GEBHARDT 1993, V. MEYER KRUKER/J. RAUH 2005, P. REUBER/C. PFAFFENBBACH 2005, ST. UEBELACKER 2003, K. WESSEL 1996
- **Literatur zu einzelnen (ausgewählten) Phasen/Forschungsansätzen**:
- · **Sozialgeographie (inbes. Münchener Schule)**:
D. PARTZSCH 1964 (Daseinsgrundfunktionen); K. RUPPERT/F. SCHAFFER 1969 (Konzeption d. Sozialgeogr.); J. MAIER/R. PAESLER/K. RUPPERT/F. SCHAFFER 1977 (Lehrbuch); P. REUBER 1999 (Manuskript zur Vorlesung); F. SCHAFFER 1968 (Beispiel Mobilität in Großwohnsiedlungen)
- · **„Geographie des Menschen" nach D. BARTELS**:
D. BARTELS 1968, P. SEDLACEK 1989
- · **Verhaltens- und entscheidungstheoretische Ansätze/Wahrnehmungsgeographie**:
R. M. DOWNS 1970, R. M. DOWNS/D. STEA 1982, H. ECK 1986, P. GOULD/R. WHITE 1974, D. HÖLLHUBER 1976, D. KLINGBEIL 1978, K. LYNCH 1960/1968, J. PIAGET/B. INHELDER 1971, G. RUHL 1971, T. F. SAARINEN 1973, H. SCHRETTENBRUNNER 1974, E. THOMALE 1974, H.-W. WEHLING 1981, R. WIESSNER 1978
- · **Humanistische Geographie**:
A. BUTTIMER 1984, P. SEDLACEK 1989
- · *Social geographies* **im englischsprachigen Raum**:
R. PAIN/M. BARKE/D. FULLER/J. GOUGH/R. MACFARLANE/G. MOWL 2001 (Lehrbuch)
- · **Qualitative Sozialgeographie, Methoden der empirischen/qualitativen Sozialforschung**:
P. SEDLACEK 1989 (Qualitative Sozialgeographie); P. ATTESLANDER 2000[9], J. BORTZ/N. DÖRING 1995, J. FRIEDRICHS 1990[14], T. HEINZE 2001, H. KROMREY 1998[8], S. LAMNEK 1993[2], P. MAYRING 1990, K. NIEDZWETZKI 1984 (Empirische/qualitative Sozialforschung)

· · **Handlungsorientierte Sozialgeographie**:
P. Meusburger 1999, B. Werlen 2002

· · **Angewandte Sozialgeographie**:
M. Hilpert 2002

· · **„Neue" Kulturgeographie**:
H. Gebhardt/P. Reuber/G. Wolkersdorfer 2003a (Reader zu aktuellen Ansätzen u. Entwicklungen); G. Heinritz 2005, H. Klüter 2005 (Besprechungen des o. g. Readers von H. Gebhardt u. a. 2003a); H. H. Blotevogel 2003, W. D. Sahr 2001, B. Werlen 2003a (neue Kulturgeographie, *Cultural Turn*, kulturalistische Humangeographie); F. J. Kemper 2003, W. Natter/U. Wardenga 2003 (angelsächsische Kulturgeographie)

• **Literatur zu Raumkonzepten in der Anthropo-/Humangeographie**:
J. Miggelbrink 2002, U. Wardenga 2002

• **Forschungsberichte, Lehrbuchdarstellungen etc. zu ausgewählten** (in diesem Lehrbuch nicht ausführlicher behandelten) **Teildisziplinen der Anthropogeographie bzw. Humangeographie und Nachbarwissenschaften**:

· · **Physische Anthropogeographie/Humanökologie/Geomedizin/Medizinische Geographie/ Geographische Anthropologie**:
K. Paffen 1959 (Physische Anthropogeogr.); W. Weischet 1977 (ökologische Benachteiligung der Tropen); D. Steiner/B. Wisner 1986 (Geogr. Humanökologie); T. Kistemann/H. Leisch/J. Schweikart 1997 (Geomedizin/Medizinische Geogr.); H. Hambloch 1983 (Geogr. Anthropologie)

· · **Geographische Mobilitätsforschung**:
P. Weber 1982 (Lehrbuch)

· · **Religionsgeographie**:
P. Fickeler 1947; G. Rinschede 1999 (Lehrbuch); R. Henkel 2004 (neuere Entwicklungen in der Religionsgeographie)

· · **Bildungsgeographie/Geographie des Bildungs- und Qualifikationswesens**:
R. Geipel 1968 (Grundsatzbeitrag); P. Meusburger 1998 (Lehrbuch)

· · **Geographie der Freizeit und des Tourismus/Geographie des Freizeit- und Fremdenverkehrs/Tourismusforschung**:
A. Steinecke 1993 (Forschungsbericht); Chr. Becker, H. Hopfinger/A. Steinecke 2003, B. Hofmeister/A. Steinecke 1984, IfL 2000, H. Job/R. Paesler/L. Vogt 2005, C. Kaspar 1998[3], K. Kulinat/A. Steinecke 1984, K. Wolf/P. Jurczek 1986, J. Steinbach 2003 (Gesamtdarstellungen/Lehrbücher); M. Gather/A. Kagermeier 2002 (Freizeitmobilität); R. Briegel 2002 (Handlungs- u. Entscheidungsmodell zum Freizeitverkehrsverhalten); W. Freyer 1993[4] (Fremdenverkehrsökonomie); P. Jurczek 1998 (Einführung in Fremdenverkehr in Deutschland); Chr. Becker 1992 (Erhebungsmethoden in Tourismus und Freizeit); P. Reuber/P. Schnell 2005 (postmoderne Freizeitstile/-räume)

· · **Geographische Innovations- und Diffusionsforschung**:
H.-W. Windhorst 1983

· · **Arbeitsmarktgeographie**:
H. Fassmann/P. Meusburger 1997 (Lehrbuch)

· · **Geographie der Wald- und Forstwirtschaft**:
H.-W. Windhorst 1978 (Lehrbuch)

· · **Politische Geographie und Geopolitik**:
U. Ante 1981, K.-A. Boesler 1983, K. R. Cox 2002, P. Reuber 2000, 2002, P. Reuber/G. Wolkersdorfer 2001a, b, 2005, P. Schöller 1957, G. Wolkersdorfer 2001a, b

· · **Historische Geographie**:
H. Jäger 1969 (Lehrbuch); W. Schenk 2005 (Einführung); K. Fehn 1975, H.-J. Nitz 1999

· · **Geographische Entwicklungs(länder)forschung**:
M. Coy (Einführung); F. Scholz 2004 (Lehrbuch)

• **Bibliographien zur Geographie/Anthropogeographie**:
H. H. Blotevogel/H. Heineberg u. a. 1992[2], 1994[2] (Kommentierte Bibliographie in drei Teilen); The Committee of the Federal Republic of Germany for the IGU 1996, 2000

2 Einführung in die Bevölkerungs-geographie

Verteilung, Struktur, natürliche Entwicklung und Mobilität der Bevölkerung

Abb. 2.1 Großfamilie in Gelsenkirchen 1928 (Foto: AKG, aus Handelsblatt 11./12.1.02)

2.1 Hauptthemenfelder der Bevölkerungsgeographie

In Anlehnung an N. DE LANGE (1991) und J. BÄHR (1997[3], 2004[4]) lassen sich folgende zentrale Themenkreise bevölkerungsgeographischer Forschung einleitend benennen und jeweils kurz charakterisieren:

(1) **Die räumliche Bevölkerungsverteilung und -dichte auf verschiedenen Maßstabsebenen** oder: Das Phänomen der ungleichen Bevölkerungsverteilung und -dichte.

Dies gilt nicht nur weltweit, sondern für alle räumlichen Ebenen (Kontinente, Länder, Regionen etc.). So bestehen beispielsweise Gegensätze zwischen Stadt (Verstädterung) und Land, zwischen Dichtezentren

(Verdichtungsräumen) und dünn besiedelten Gebieten, zwischen Räumen mit „Überbevölkerung" und entsprechenden Ernährungsproblemen in sog. Entwicklungsländern (Problem der Tragfähigkeit verschiedener menschlicher Lebensräume).

(2) Die Bevölkerungszusammensetzung oder -struktur einzelner Raumkategorien nach demographischen, wirtschaftlichen, sozialen (auch rassisch-ethnischen, sprachlichen und religiösen) Merkmalen oder: Das Phänomen der z. T. extrem einseitigen räumlichen Bevölkerungsstrukturen.

Dies betrifft beispielsweise die (zunehmende) „Überalterung" der Bevölkerung in Industriestaaten, die „Jugendlichkeit" in Entwicklungsländern, Segregationserscheinungen sozialer Gruppen und sich daraus ergebende Probleme für das Zusammenleben der Menschen (z. B. Slums, Gastarbeiterviertel in Städten), die ungleiche Verteilung von Wohlstand und Armut oder Unterentwicklung auf der Welt etc. So wird etwa die Kluft zwischen reichen und armen Ländern immer größer.

(3) Die natürliche Bevölkerungsentwicklung oder -bewegung oder: Das Phänomen der (großräumigen) Unterschiede in der natürlichen Bevölkerungsentwicklung und das Phänomen des Wachstums der Weltbevölkerung.

Entwicklungsländer mit immer noch relativ hohen Geburtenraten und explosionsartiger Bevölkerungsentwicklung stehen heute „aussterbenden" Industrieländern mit zurückgehenden Geburtenzahlen gegenüber (demographische Schrumpfung). Das global anhaltende Bevölkerungswachstum stellt die Menschheit vor ihre größte Herausforderung. Vor rd. vierzig Jahren, im Jahre 1960, lebten 3 Mrd. Menschen auf der Erde, Mitte 2000 bereits 6,07 Mrd. Bewohner, und im Jahre 2050 könnte die Weltbevölkerung nach jüngsten Schätzungen der Vereinten Nationen auf über 9 Mrd. Menschen anschwellen (UNFPA/DSW 2005). Die Überwindung der Armut in den sog. Entwicklungsländern ist ohne (weitere) Verringerung des natürlichen Bevölkerungswachstums in diesen Ländern jedoch nicht möglich.

(4) Die räumlichen Bevölkerungsbewegungen oder: Das Phänomen der starken Beeinflussung der Bevölkerungsentwicklung (insbesondere auf der regionalen Ebene) durch Wanderungsvorgänge und das Phänomen differenzierter räumlicher Bevölkerungsbewegungen ohne Wohnsitzverlagerungen (sog. Zirkulationen).

Ein Beispiel hierfür ist der wachsende Zustrom von Ausländern in den meisten Industriestaaten. Die Zahl der Flüchtlinge hat weltweit stark zugenommen; trotzdem haben Binnenwanderungen in der Regel eine größere Bedeutung als die internationalen Wanderungen.

(5) Die Methoden der Bevölkerungsprognose oder: Das Phänomen der häufig schwer voraussehbaren Schwankungen der Bevölkerungsentwicklung. Diese Thematik wird in diesem Einführungsband methodisch nur kurz behandelt (s. 2.7).

2.2 Grunddefinitionen und Einordnung der Bevölkerungsgeographie

Unter **Bevölkerung** (im statistischen Sinn) versteht man die Summe der Bevölkerung oder Einwohner eines Gebietes zu einem bestimmten Zeitpunkt; man spricht diesbezüglich auch vom **Bevölkerungsstand**, d. h. von „Bestandsmassen, die zu einem bestimmten Zeitpunkt (Tag der Erhebung oder Fortschreibung) in einem genau umgrenzten Raum festgestellt werden" (N. DE LANGE 1991, S. 6). Trotz dieser einfachen Definition können jedoch erhebliche Zuordnungsprobleme auftreten. „Es ist daher von Fall zu Fall zu prüfen, auf welchen Personenkreis sich die angegebenen Zahlenwerte beziehen. Bei der Registrierung kann zwischen einer de jure- und einer de facto-Methode unterschieden werden. Im ersten Fall wird die „Wohnbevölkerung", im zweiten die „ortsanwesende Bevölkerung" gezählt" (J. Bähr 2004[4], S. 27; s. Kasten 2.1).

Die bereits genannte **Volkszählung** (engl. *census*) ist die wichtigste und umfassendste Methode der zumeist regelmäßigen Erfassung demographischer Daten. Volkszählungen werden häufig mit **Gebäude-, Wohnungs- und Arbeitsstättenzählungen** verknüpft. Nach dem Vorbild der USA werden derartige Erhebungen international alle 10 Jahre angestrebt. Allerdings gibt es davon sehr oft Abweichungen. Dies betrifft nicht nur Entwicklungsländer mit häufig unregelmäßigen und zudem oftmals sehr unzuverlässigen Volkszählungen, sondern etwa auch Deutschland, dessen Zählungen in der ehem. BRD 1950, 1961, 1970 und 1987 bzw. in der DDR 1950, 1964 und 1971 stattfanden. Die in der BRD zunächst für 1983 geplante Volkszählung musste verschoben werden, weil der persönliche **Datenschutz** nicht sichergestellt war (Urteil des Bundesverfassungsgerichts).

Wegen der zumeist großen Zeiträume zwischen den einzelnen Volkszählungen hilft man sich zur Ermittlung dazwischenliegender Bestandszahlen mit sog. Fortschreibungen und dem Mikrozensus (vgl. N. de Lange 1991, S. 7-8). Bei der **Fortschreibung** geht man von dem Stand der jeweils letzten Zählung aus und addiert jährlich die Anzahl der Geburten und der Zuzüge (Zuwanderung) hinzu und subtrahiert davon die Sterbefälle und die Fortzüge (Abwanderung) (vgl. auch 2.5.2). Als Grundlage dafür dienen die **Melderegister** der Einwohner- und Standesämter. Die auf dieser

---

Kasten 2.1
Wohnbevölkerung und ortsanwesende Bevölkerung

Die sog. **Wohnbevölkerung**, die meist bei Volkszählungen erfasst wird, wird nach dem überwiegenden Aufenthalt bestimmt (J. Bähr 2004[4], S. 27). Die sog. **ortsanwesende Bevölkerung** umfasst alle Einwohner, die sich am Zähltag an dem entsprechenden Ort aufhalten. Dieses Merkmal lässt sich zwar statistisch einfacher fassen, allerdings können dabei erhebliche Verfälschungen, z. B. in Fremdenverkehrsgebieten, auftreten (ebd.).

„In den deutschen Volkszählungen wurde die ortsanwesende Bevölkerung (de facto-Bevölkerung) gezählt, seit 1925 dagegen die Wohnbevölkerung. Der Begriff der Wohnbevölkerung war bis 1983 Grundlage der Bevölkerungsstatistik in der Bundesrepublik Deutschland. Seit 1983 haben infolge der Einführung neuer Meldegesetze die Statistischen Landesämter die Fortschreibung der Einwohnerzahlen auf den neuen Begriff der Bevölkerung am Ort der alleinigen bzw. Hauptwohnung umgestellt" (N. de Lange 1991, S. 6)

Besondere Regelungen bestehen für Bundeswehrangehörige, Patienten in Krankenhäusern, Strafgefangene etc. Ausgenommen von der (Wohn-)Bevölkerungserfassung bleiben in Deutschland die Personen ausländischer Streitkräfte mit ihren Familienangehörigen sowie Personen in diplomatischen und konsularischen Diensten.

Basis ermittelte Bevölkerungsfortschreibung ist oftmals unvollständig. Dabei werden häufig nicht alle Daten (z. B. Wanderungen, berufliche Merkmale) erfasst; in einer Reihe von Staaten besteht für die Bevölkerung überhaupt keine Meldepflicht.

Wichtig ist die Frage der **Zuordnung der Bevölkerung nach ihrem Haupt- oder Nebenwohnsitz**. Während die amtliche Statistik in der Bundesrepublik Deutschland seit 1983 den „Wohnbevölkerungsbegriff" zugunsten der „Bevölkerung" (= Bevölkerung am Ort der alleinigen Wohnung oder der Hauptwohnung) aufgegeben hat, benutzt beispielsweise das Statistische Amt der Stadt

Münster für die Fortschreibung neben der „amtlichen Bevölkerung" auch die sog. **wohnberechtigte Bevölkerung**, da „für die örtliche Planung (...) der amtliche Bevölkerungsbegriff nicht geeignet (ist)" (Stadt Münster 1992, S. 41). Dabei werden zur wohnberechtigten Bevölkerung alle Einwohner mit Haupt- und Nebenwohnung in Münster gezählt. „Während die Differenz zwischen amtlicher und wohnberechtigter Bevölkerung im Landesdurchschnitt und für die Mehrzahl der Kommunen nur eine unbedeutende Größe darstellt, war sie in der Stadt Münster mit 5,3 % erheblich" (ebd.). In Münster wurden beispielsweise 1991 mittels der Fortschreibung als amtliche Bevölkerung 264.489 Einw. gezählt, demgegenüber machte die wohnberechtige Bevölkerung 279.215 Einw. aus. Dabei bestanden für die letztgenannte Kategorie in Bezug auf die einzelnen statistischen Bezirke oder Stadtbezirke ganz erhebliche Unterschiede. So gibt es in der Stadt Münster Bereiche, in denen nahezu jeder zweite Bewohner (vor allem Studierende der Universität) mit Nebenwohnung gemeldet ist.

Eine zweite Methode der zwischenzeitlichen Bevölkerungserfassung besteht in dem sog. **Mikrozensus**, der z. B. in der alten Bundesrepublik regelmäßig mit einem Stichproben-Auswahlansatz von 1% durchgeführt wurde (seit dem Erlass des Mikrozensusgesetzes von 1985 einmal pro Jahr, ab 1991 auch in den neuen Bundesländern). Allerdings ist die Aussagekraft des Mikrozensus begrenzt. Dies gilt vor allem für kleinräumige Fragestellungen (z. B. für Gemeindestatistiken) sowie hinsichtlich der Freistellung einzelner Bereiche für die Beantwortung (u. a. Urlaub, Gesundheit). Die Resultate des Mikrozensus sind daher nur für die Bundes- oder Länderebenen sowie für größere Städte und Kreise aussagefähig (vgl. J. Bähr 2004[4], S. 23).

Für bevölkerungsstatistische Daten stehen auf nationaler oder Länderebene insbesondere das Statistische Jahrbuch der Bundesrepublik bzw. der einzelnen Bundesländer sowie das Statistische Jahrbuch deutscher Gemeinden zur Verfügung, für internationale Vergleiche auch größere **Quellenwerke**, die z. B. von den Vereinten Nationen herausgeben werden; zu letzteren zählen das *Statistical Yearbook, Demographic Yearbook* und die Weltbevölkerungsberichte des Bevölkerungsfonds der Vereinten Nationen (UNFPA); vgl. auch die von der Dt. Stiftung Weltbevölkerung (DSW) oder vom Statistischen Bundesamt/BRD jährlich veröffentlichten Länderdaten.

Mit Bevölkerungsstatistiken unterschiedlichster Art, aber auch mit z. T. recht verschiedenen Methoden und Fragestellungen beschäftigen sich mehrere **Bevölkerungswissenschaften**. Dazu zählt neben der Demographie, der Bevölkerungs- und Sozialgeschichte sowie der Bevölkerungssoziologie auch die Bevölkerungsgeographie. Über die fachlichen Unterschiede zwischen den genannten Disziplinen, aber etwa auch in Bezug auf die Einordnung bzw. Abgrenzung der Bevölkerungsgeographie innerhalb der Geographie bestehen verschiedene Auffassungen; so stellt die Bevölkerungsgeographie - je nach wissenschaftstheoretischer Auffassung - ein Teilgebiet der Anthropo- oder etwa der Sozialgeographie dar (vgl. 1.2.2 u. Abb. 1.4). Auch lässt sich eine ganze Reihe inhaltlicher Überschneidungen der Bevölkerungsgeographie mit der Sozialgeographie (Beispiel: Mobilitätsuntersuchungen), der Stadtgeographie (u. a. Analysen der demographischen Verstädterung), der Wirtschaftsgeographie (z. B. Gliederung der Erwerbsbevölkerung nach Berufen, Wirtschaftssektoren etc.) oder etwa auch mit der Verkehrsgeographie (Beispiel: Verkehrsmobilität unterschiedlicher Altersgruppen) feststellen (vgl. J. Bähr/C. Jentsch/W. Kuls 1992).

Eine recht umfassende **Definition der zentralen Aufgaben der Bevölkerungsgeographie** hat J. Bähr (1988, S. 8) veröffentlicht: „Die Bevölkerungsgeographie analysiert auf verschiedenen Maßstabsebenen die räumliche Differenzierung und raumzeitlichen Veränderungen der Bevölkerung nach ihrer Zahl, ihrer Zusammensetzung und ihrer Bewegung; sie versucht, die beobachteten Strukturen und Prozesse zu erklären und zu bewerten sowie ihre Auswirkungen und räumlichen Konsequenzen in Gegenwart und Zukunft zu erfassen"; vgl. auch die Begriffsdefinition in N. de Lange (1991, S. 5). Problematisch ist an derartigen inhaltlich weitgefassten Definitionen die Aussage, dass zu den Aufgaben der Bevölkerungsgeographie auch die Analyse der „Auswirkungen und räumlichen Konsequenzen" (J. Bähr) bzw. der „Veränderungen des Raumes" (N. de Lange) zählt.

2.3 Räumliche Bevölkerungsverteilung und -dichte

2.3.1 Die Analyse der Bevölkerungsverteilung und -dichte gehört zu den ältesten und nach wie vor bedeutendsten Aufgaben der Bevölkerungsgeographie. Bereits unter 2.1 wurde auf die auffälligen Extreme zwischen den räumlichen Bevölkerungsverdichtungen oder Dichtezentren und den sehr dünn besiedelten, häufig auch noch unerschlossenen Räumen hingewiesen. Dies gilt nicht nur weltweit, sondern oftmals auch für einzelne Staaten und Regionen, ja selbst für Kommunen. Damit sind bereits gewisse Beziehungen zwischen der jeweiligen Anzahl der Einwohner (Bevölkerung) und der besiedelten Fläche hergestellt, was sich durch das Merkmal der Bevölkerungsdichte fassen lässt. Bevölkerungsdichte ist somit das Verhältnis der Bevölkerung zur Fläche (s. unten).

Demgegenüber bedeutet **räumliche Bevölkerungsverteilung** die Streuung (Dispersion) oder Konzentration der Bevölkerung im Raum, z. B. nach ihrer absoluten Zahl oder ihren Wohnplätzen. Die Bevölkerungsverteilung bezieht sich somit auf die

---

Kasten 2.2
Grundformen der räumlichen Bevölkerungsverteilung

Die Dispersion oder Streuung der Bevölkerung, auch als **Bevölkerungsdispersion** bezeichnet, bewegt sich zwischen den Extremformen einer **gleichmäßigen** oder einer **zufälligen Bevölkerungsverteilung**.

Demgegenüber bedeutet die Konzentration oder Verdichtung der Bevölkerung, d. h. die **Bevölkerungskonzentration**, dass sich die Bevölkerung oder deren Wohnstandorte auf relativ engem Raum häufen. Dabei lassen sich etwa Ballungen mit einer erkennbaren Kernbildung als **zentralisierte** von einer **dezentralisierten Konzentration** unterscheiden. Die genannten Grundformen können in einem Raum, z. B. in einem Staat oder etwa in Entwicklungsländern, durchaus kombiniert auftreten.

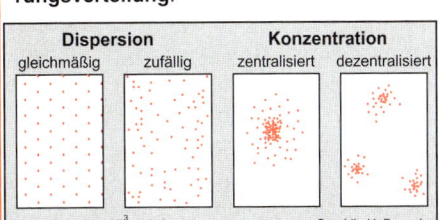

Quelle: J. Bähr 1997³, Abb.2   Graphik: H. Benecke

Problem: welche Fläche nimmt man als Bezugsfläche?

Art der Distanzen zwischen den Elementen (Einwohner, Wohnplätze). Zu **Grundformen** oder Ordnungsprinzipien **der räumlichen Bevölkerungsverteilung** s. Kasten 2.2 (vgl. auch J. BÄHR 2004[4], S. 28).

Für die empirische Erfassung und Darstellung der **räumlichen Bevölkerungsdichte** steht eine Reihe unterschiedlichster **Berechnungsmethoden** zur Verfügung, die jeweils verschiedene Vor- und Nachteile aufweisen (s. Kasten 2.3). Bei derartigen Bevölkerungsdichte- oder Flächendichteberechnungen wird i. Allg. die jeweilige Gesamtbevölkerung pro (vollständiger) statistischer Bezugsfläche, z. B. Kreise, Gemeinden oder statistische Bezirke in Städten, für die Berechnung berücksichtigt. Dabei kann eine ganze Reihe von Problemen auftreten. Dazu zählen:

- die oftmals zu starke statistische Aggregation der Bevölkerungsmerkmale,
- die möglichen erheblichen Verzerrungen in den Dichteaussagen durch die häufig sehr verschiedenen Größen der jeweiligen statistischen Bezugsflächen,
- die unterschiedlichen Aussagen von Dichtekarten bei Benutzung verschiedenartiger Klassenzahlen (Dichtegruppen) und/oder stark voneinander abweichender Klassengrenzen(-breiten) der Dichtemaße (vgl. J. BÄHR 2004[4], Abb. 4) oder
- die Problematik, dass sich die Bevölkerungsdaten auf Flächen sehr unterschiedlicher Nutzung oder Nutzungsqualität beziehen können.

In Bezug auf diese oder andere Probleme bieten sich einige Lösungen an, z. B.
- kann man Gittersysteme mit gleich großen Quadraten (sog. **Planquadrate**) als Bezugsflächen benutzen (allerdings müssen die statistischen Werte zunächst auf Gittergrößen umgerechnet oder für diese abgeschätzt werden), oder
- es können bestimmte Teile (Flächennut-

Kasten 2.3
Bevölkerungsdichte-Maße

Das am häufigsten benutzte **Dichtemaß** ist die (arithmetische) **Bevölkerungsdichte** = $\dfrac{\text{Einwohner}}{\text{Flächeneinheit (meist qkm)}}$.

Es ist jedoch für bestimmte Fragestellungen auch sinnvoll, umgekehrt die Fläche (meist in ha) durch die Zahl der dort wohnenden Einwohner zu dividieren. Dieses Verhältnis bezeichnet man als die

Flächendichte o. Arealitätsziffer (A) = $\dfrac{\text{Fläche (meist ha)}}{\text{Einwohner}}$

oder

$\dfrac{\text{Fläche (meist ha)} \times 1000}{\text{Einwohner}}$,

d. h. Fläche pro 1000 Einwohner.

Diese Maßzahlen geben also die durchschnittlichen Flächengrößen an, die auf jeden bzw. auf 1000 Einwohner bei gleichmäßiger Bevölkerungsverteilung entfallen.

---

zungsarten etc.) der statistischen Bezugseinheiten von der Dichteberechnung ausgeschlossen bzw. von dieser ausschließlich berücksichtigt werden.

So lässt sich beispielsweise die sog. **physiologische Bevölkerungsdichte** berechnen, falls man nur die genutzten oder besiedelten Flächen einbezieht. Dazu zählt die sog. **Siedlungsdichte** als Einwohner je ha (oder qkm) besiedelter Fläche (Wohnsiedlungsbereich). Dieses Maß findet beispielsweise in der Gebietsentwicklungsplanung Anwendung. Eine ähnliche Dichterelation ist die sog. **Bruttowohndichte**, d. h. Einwohner je ha Bruttobaugebiet (= Nettobauland zuzüglich Gemeinbedarfsflächen). Eine andere Dichteziffer bezieht sich auf noch kleinere statistische Bezugseinheiten, die Wohnungen: die **Belegungsziffer** = Bewohner je Wohnung innerhalb eines bestimmten Gebietes.

Auch lassen sich Teile der Bevölkerung zu bestimmten Nutzflächen in Beziehung setzen. Ein derartiges Maß ist die sog. **agra-**

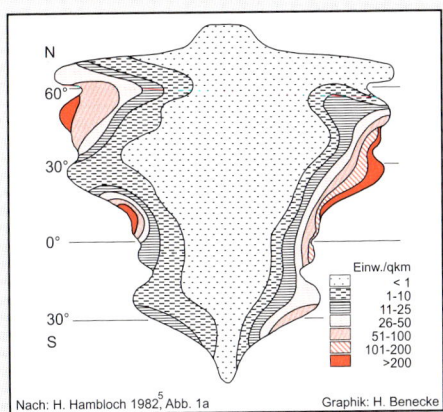

Abb. 2.2 Modell der Bevölkerungsdichteverteilung nach Küstenabstand auf einem Idealkontinent

Erläuterung zur Abb. 2.2:
Das Modell der Bevölkerungsdichteverteilung zeigt u. a. folgende Regelhaftigkeiten (im Folgenden nach H.-G. Zimpel 1980, S. 192-194, N. de Lange 1991, S. 14-15):
- Abnahme der Bevölkerungsdichten auf der Erde von Norden nach Süden mit
- einem großen Gegensatz beider Erdhälften (auf der Nordhalbkugel leben fast 90 % aller Menschen, auf der Südhalbkugel lediglich rd.

10 %, davon rd. ein Viertel auf der Insel Java!);
- die räumliche Verteilung der Weltbevölkerung ist durch eine ausgeprägte Küstenständigkeit gekennzeichnet: rd. 50 % der Weltbevölkerung wohnen in weniger als 200 km Entfernung von den Küsten; die Hauptverdichtungsräume der Weltbevölkerung liegen am Rande der Kontinente. Damit ergeben sich
- erhebliche Veränderungen der Bevölkerungsdichten vom Innern zu den Rändern des Idealkontinents; es besteht eine
- größere Bevölkerungskonzentration in den nördlichen mittleren Breiten im Verhältnis zu der vergleichsweise geringen Besiedlung der Südkontinente, wo die mittleren Breiten weitgehend fehlen;
- zugleich existieren Asymmetrien der Bevölkerungsdichteverteilung in Bezug auf die West- und Ostflanken des Idealkontinents;
- dabei besteht offensichtlich ein Zusammenhang zwischen den planetarischen Variationen der Bevölkerungsdichteverteilung und einzelnen Klimaregionen; so entfallen die höchsten Bevölkerungsdichten an den Flanken des Idealkontinents überwiegend auf die gemäßigt warmen Regenklimate, die sog. C-Klimate nach W. Köppen: in diesen Klimaregionen leben 53 % der Weltbevölkerung bei nur 17 % der Landmasse und einer durchschnittlichen Bevölkerungsdichte von rd. 60 Einw./qkm (1960).

rische Dichte (oder **Agrardichte**) als Relation landwirtschaftliche Bevölkerung zu agrarisch genutzter Fläche.

2.3.2 Regelhaftigkeiten von Bevölkerungsverteilungen und -dichten.

Für die Bevölkerungsgeographie entscheidend ist die Feststellung von Regelhaftigkeiten. Ein Beispiel dafür ist das **Modell der Bevölkerungsdichteverteilung nach Küstenabstand**, wie es von H. Hambloch für einen **Idealkontinent** als sog. isodemographische Darstellung entwickelt wurde (s. Abb. 2.2). Dieser ideale Kontinent wurde durch das Zusammenschieben der Landmassen der Kontinente unter Beibehaltung ihrer Breitenlage konstruiert.

Von geographischem Interesse ist z. B. auch die **Verteilung der Weltbevölkerung auf Höhenstufen**. Eine erste diesbezügliche Abschätzung der Bevölkerungsverteilung wurde von H. Hambloch für die zweite Hälfte der 1950er Jahre ermittelt. Zu den Ergebnissen zählt, dass sowohl in Europa als auch in Nordamerika und in Asien die höchsten Bevölkerungsdichten in der untersten Höhenstufe zwischen 0 und 1000 m bestehen, während dies in Südamerika für die Höhenstufe zwischen 3000 und 4000 m und in Afrika für 2000-3000 m der Fall ist (s. H. Hambloch 1982[5] oder J. Bähr 2004[4], S. 57f.).

2.3.3 Bevölkerungsschwerpunkt.

Entsprechend dem eindimensionalen arithmetischen

Mittelwert der Bevölkerung lassen sich auch für den zweidimensionalen Raum, d. h. für räumliche Bevölkerungsverteilungen, Mittelwerte berechnen. Das sog. arithmetische Mittelzentrum von Bevölkerungsverteilungen nennt man den **Bevölkerungsschwerpunkt** oder **-mittelpunkt** (vgl. Kasten 2.4). Aufschlußreich ist häufig die Berechnung von Bevölkerungsschwerpunkten für mehrere Jahre, um Bevölkerungsverlagerungen, die meist durch Wanderungen hervorgerufen werden, veranschaulichen zu können; vgl. als Beispiele die Verschiebungen des Bevölkerungsschwerpunktes in den USA zwischen 1790 und 1980 in: N. DE LANGE 1991, Abb. 3.3, sowie des neuen Bevölkerungsschwerpunktes in Deutschland 1990 infolge der Wiedervereinigung, s. Abb. 2.3).

Ein vereinfachtes Verfahren der Bevölkerungsschwerpunktberechnung lässt sich gut anhand der Gitternetzaufteilung (Planquadrate) eines Raumes erläutern. Gesucht wird beispielsweise der **Schwerpunkt der Wohngebäudeverteilung** (z. B. als Indikator der Wohnbevölkerungsverteilung) **in einem Streusiedlungsgebiet** (s. Kasten 2.5).

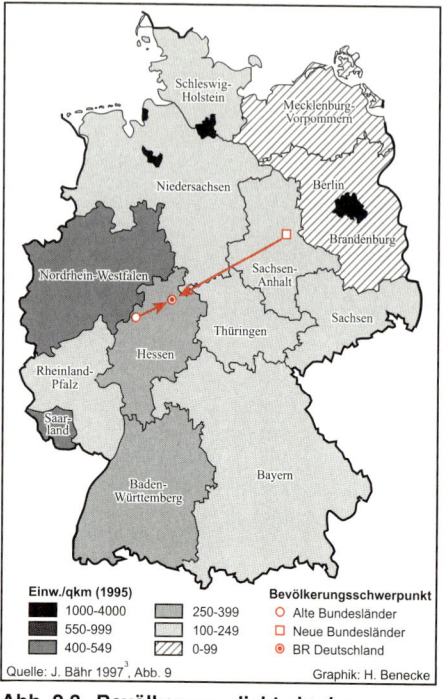

Abb. 2.3 Bevölkerungsdichte in den Ländern der BRD 1995 und Verschiebung des Bevölkerungsschwerpunktes 1990

Kasten 2.4 Berechnung des Bevölkerungsschwerpunktes

Die **Berechnung des Bevölkerungsschwerpunktes** ist theoretisch relativ einfach. Nennen wir den jeweiligen Schwerpunkt C, dann ist dieser so definiert, dass die Summe der Quadrate der geradlinigen Distanzen d_{ci} zwischen C und allen Bevölkerungsverteilungspunkten P_i ein Minimum wird, d. h. es gilt

$$\sum_{i=1}^{n} d_{ci}^2 \rightarrow \text{Min.}$$

Dabei ist n die Gesamtzahl der Bevölkerungsverteilungspunkte in dem betreffenden Raum. Genauer gilt eigentlich für die Standarddistanz:

$$\sqrt{\sum_{i=1}^{n} \frac{d_{ci}^2}{n}} \rightarrow \text{Min.}$$

Zu beachten ist, dass das Maß einen Nachteil hat: Wegen der Quadrierung der Distanzen reagiert der Schwerpunkt besonders stark auf weit außerhalb der Masse der Verteilung gelegene Punkte. Dennoch ist die Berechnung - insbesondere auch für zeitliche Vergleiche - recht aussagekräftig. Nun muss durch Differentiation die obige Gleichung noch gelöst werden. Man erhält für die Koordinaten $\bar{x}_c$ und $\bar{y}_c$ des Schwerpunktes C folgende kurze Formeln:

$$\bar{x}_c = \frac{\sum_{i=1}^{n} x_i}{n} \qquad \bar{y}_c = \frac{\sum_{i=1}^{n} y_i}{n}$$

wobei x_i und y_i die Koordinaten der Punkte einer Bevölkerungsverteilung sind.

Kasten 2.5 Berechnung des Bevölkerungsschwerpunktes (anhand der Wohngebäude-verteilung) in einem Streusiedlungsgebiet

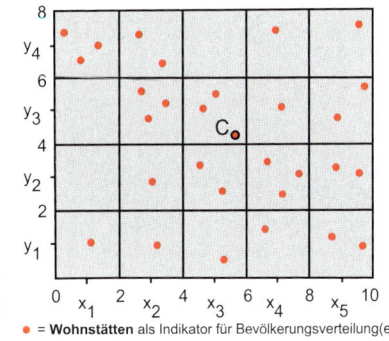

• = **Wohnstätten** als Indikator für Bevölkerungsverteilung(en)

Liegen viele einzelne Wohnstandorte vor, so kann man die Gitternetzgliederung als Klassenaufteilung interpretieren. Die Mittelpunkte eines jeden Planquadrats lassen sich dabei als Schwerpunkte für alle Punkte in dem jeweiligen Quadrat annehmen. $\overline{x}_i$ und $\overline{y}_i$ seien die Koordinaten des Mittelpunktes eines beliebigen Quadrats, f_i seien die Häufigkeiten der Wohngebäude pro „Säule" über den x-Achsenabschnitten und g_i entsprechend für die y-Achsenabschnitte, n sei die Gesamtzahl der Punkte (d. h. der Wohngebäude), so gilt für die Koordinaten des Schwerpunktes C:

x_i	f_i	$x_i \cdot f_i$	y_i	f_i	$y_i \cdot f_i$
1	4	4	1	6	6
3	7	21	3	8	24
5	5	25	5	8	40
7	6	42	7	7	49
9	7	63			
	n =29	$\sum x_i \cdot f_i$ =155		n =29	$\sum x_i \cdot f_i$ =119

$$\overline{x}_C = \frac{\sum\limits_{i=1}^{5} x_i \cdot f_i}{n} = \frac{155}{29} = 5,34 \qquad \overline{y}_C = \frac{\sum\limits_{i=1}^{4} y_i \cdot f_i}{n} = \frac{119}{29} = 4,1$$

C (5,34; 4,1)

wobei in dem links aufgeführten Beispiel die Anzahl der Klassen auf der x-Achse 5 und die Zahl der Klassen auf der y-Achse 4 betragen.

Ähnlich ist die Berechnung eines sog. **gewichteten arithmetischen Mittelzentrums**, falls aggregierte Einwohnerdaten für größere administrative Raumeinheiten o. ä. vorliegen (vgl. Kasten 2.6 sowie G. Bahrenberg/E. Giese/J. Nipper 1999[4], S. 75ff.).

Derartige Berechnungen von Bevölkerungsschwerpunkten können ein Hilfsmittel zur Lösung einfacher Planungsprobleme sein, z. B. zur Bestimmung eines optimalen Schulstandortes in einem Streusiedlungsgebiet. Hierzu wären die einzelnen Punkte, die die Wohnstätten der Schüler kennzeichnen, jeweils mit der Anzahl der Schüler zu gewichten. Anstelle der linearen Distanzen könnte man außerdem das bestehende Verkehrsnetz, das etwa für einen größeren Schulbus infrage kommt, oder die Reisezeiten berücksichtigen.

Kasten 2.6 Berechnung des gewichteten arithmetischen Mittelzentrums

Man benutzt dabei die Koordinaten der Mittelpunkte z. B. von Verwaltungseinheiten und bestimmt das Mittelzentrum P mit den Koordinaten $\overline{x}_g$, $\overline{y}_g$ wie folgt:

$$\overline{x}_g = \frac{\sum\limits_{i=1}^{k} g_i x_i}{\sum\limits_{i=1}^{k} g_i} \qquad \overline{y}_g = \frac{\sum\limits_{i=1}^{k} g_i y_i}{\sum\limits_{i=1}^{k} g_i}$$

wobei (x_i, y_i) die Mittelpunktkoordinaten der einzelnen i-ten Verwaltungseinheiten, g_i das jeweilige Gewicht (z. B. Einwohnerzahl) der i-ten Verwaltungseinheit und k die Anzahl der Verwaltungseinheiten bedeuten.

2.3.4 Das Bevölkerungspotenzial eines Ortes ist ein Maß, das ebenfalls Bevölkerungsverteilungen im Raum beschreibt. Dabei geht man von Überlegungen der Physik in Bezug auf das Gravitationsgesetz aus. Da sich die Bevölkerung i. Allg. nicht gleichmäßig im Raum verteilt, sondern durch mehr oder weniger ausgeprägte Konzentrationen gekennzeichnet ist, kann man dieses Phänomen mit physikalischen Massen vergleichen, die sich aufgrund der Schwerkraft gegenseitig anziehen. Die Anziehungskraft der einzelnen Bevölkerungskonzentrationen lässt sich - entsprechend dem Gravitationsgesetz - als proportional zur Größe ihrer Bevölkerung und als umgekehrt proportional zur dazwischen liegenden Distanz ansehen. Die Stärke solcher Beziehungen kann man sich durch Interaktionen verschiedenster Art denken (z. B. Verkehrsflüsse, s. auch 4.2.3).

Zur **Berechnung des Bevölkerungspotenzials** V_i eines Ortes vgl. Kasten 2.7. V_i lässt sich als Maß für die Nähe des betrachteten Ortes zu allen anderen einbezogenen Orten bzw. als Maß der **aggregierten Erreichbarkeit** interpretieren. Verbindet man Punkte gleichen Potenzials miteinander, so erhält man sog. **Isopotenziale** und **Isopotenzialkarten** (vgl. z. B. J. BÄHR 2004[4], Abb. 8 für die USA oder Abb. 35 für die Weltbevölkerung).

2.3.5 Darstellung der Bevölkerungsverteilung mittels der sog. Lorenzkurve (vgl. Abb. 2.4). Diese Kurvendarstellung mit kumulierten Prozentwerten auf der x-Achse (Flächen) und der y-Achse (Bevölkerung) ermöglicht beispielsweise die Aussage: auf 45 % der Flächen (z. B. aller Gemeinden mit größer oder gleich 10.000 Einw. in der BRD) verteilen sich 20 % der Bevölkerung. Zur Lorenzkurve vgl. auch J. BÄHR 2004[4], S. 40ff.

Kasten 2.7 Berechnung des Bevölkerungspotenzials eines Ortes

In Anlehnung an die Physik lässt sich das **Bevölkerungspotenzial V_i eines Ortes i** wie folgt berechnen:

$$V_i = \sum_{j=1}^{n} \frac{P_j}{d_{ij}^{b}}$$

wobei
P_j = Bevölkerungszahl d. Ortes j
d_{ij} = Distanz zwischen dem Ort i und allen anderen Orten j (j = 1 bis n),
b = Exponent (z. B. 1)

2.3.6 Bevölkerungsverteilung und -entwicklung nach bestimmten Raumkategorien. Es lassen sich vielfältige Beziehungen zwischen der Verteilung und Dichte sowie auch der Entwicklung der Bevölkerung und unterschiedlichsten Raumkategorien herstellen. Dies betrifft beispielsweise
• die Aufgliederung der globalen Bevölkerung in ihrer Verteilung nach Industriestaaten und Entwicklungsländern oder ähnlichen Kategorien (z. B. Mitte 2006: weltweit 6,54

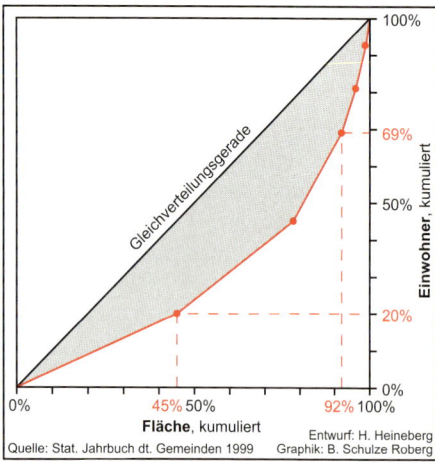

Quelle: Stat. Jahrbuch dt. Gemeinden 1999
Entwurf: H. Heineberg
Graphik: B. Schulze Roberg

Abb. 2.4 Darstellung der Bevölkerungsverteilung mittels der Lorenzkurve: >= 10.000 Einw. der BRD 1998

Bevölkerungsgeographie × Stadtgeographie

Mrd., davon in stärker entwickelten Regionen 1,215 Mrd., in weniger entwickelten Regionen 5,326 Mrd. und den am wenigsten entwickelte Ländern 777 Mio. Menschen, nach UNFPA/DSW 2006),

• die Untergliederung nach sog. städtischer und ländlicher Bevölkerung (2006: Anteil der städtischen Bevölkerung an der Gesamtbevölkerung weltweit 48 %, in Industrieländern insges. 77 %, in Entwicklungsländern 41 %) (DSW 2006; vgl. die Definition der sog. demographischen Verstädterung unter 6.2.3). Auch lässt sich etwa

• die Konzentration der Bevölkerung auf bestimmte Siedlungskategorien wie Gemeindegrößen, Ober-, Mittel- und Grundzentren oder sog. städtische Agglomerationen/verstädterte Räume/ländliche Räume entsprechend der sog. Laufenden Raumbeobachtung des BUNDESAMTES FÜR BAUWESEN UND RAUMORDNUNG (BBR) ermitteln.

Die genannten Beispiele zeigen zugleich, dass vielfältige inhaltliche Verflechtungen zwischen der Bevölkerungsgeographie und der Stadtgeographie bestehen.

2.4 Bevölkerungsstruktur

Wie bereits unter 2.1 angedeutet wurde, ist die **Bevölkerungsstruktur oder -zusammensetzung** nach demographischen, wirtschaftlichen, sozialen, dabei etwa auch nach rassisch-ethnischen, sprachlichen und religiösen Merkmalen in einzelnen Raumkategorien teilweise durch extrem einseitige räumliche Strukturen gekennzeichnet.

2.4.1 Altersgliederung. Die Altersgliederung (auch **Altersaufbau** oder **Altersstruktur** genannt) einer Bevölkerung lässt sich in verschiedenster Weise darstellen und interpretieren. Wenig sinnvoll ist die alleinige Bestimmung eines Mittelwertes, d. h.

Bevölkerung nach Alter (%)		
	<15 Jahre	>65 Jahre
Welt	29	7
Industrieländer	17	15
Entwicklungsländer	32	5

Tab. 2.1 Altersgliederung der Weltbevölkerung 2006 (nach DSW 2006)

des „mittleren Alters", einer Bevölkerung. Wichtig ist vielmehr die Untergliederung in verschiedene **Altersgruppen**, was für internationale Vergleiche häufig sehr grob geschieht: z. B. die Unterscheidung zwischen Kindern oder Jugendlichen (meist 0-14 oder 0-19 Jahre), Erwachsenen bzw. Personen im erwerbsfähigen Alter sowie alten Menschen (meist ab 60 oder 65 Jahren). Anhand derartiger Altersgliederungen lassen sich bereits charakteristische Unterschiede zwischen sog. Industrieländern und Entwicklungsländern aufzeigen (Tab. 2.1).

Kasten 2.8 Indizes für Altersgruppen

• **Index für die „Jugendlichkeit einer Bevölkerung"** als die Zahl der Kinder und Jugendlichen pro 100 alte Menschen oder auch pro 100 Erwachsene, als

• **Altersindex** die Zahl der alten Menschen pro 100 Kinder und Jugendliche bzw. auch pro 100 Erwachsene oder als

• **Abhängigkeitsindex** (oder **Belastungsquote**) die Zahl der Kinder und Jugendlichen sowie der alten Menschen pro 100 Personen im erwerbsfähigen Alter (J. BÄHR 2004[4], S. 92). So entfielen Mitte 2005 weltweit auf 100 Personen im erwerbsfähigen Alter 56 „Abhängige" (< 15 J. und > 65 J.). Dieser Wert schwankt jedoch ganz erheblich zwischen einzelnen Staaten der Erde, insbesondere zwischen Entwicklungsländern mit hohen Anteilen vor allem jugendlicher Bevölkerung (z. B. Mali mit 47 % der Einw. unter 15 bzw. 3 % über 65 J. und einem Abhängigkeitsindex von 100) und Industrieländern (z. B. Index 49 für Deutschland mit 15 % der Einw. unter 15 bzw. 18 % über 65 Jahre) (DSW 2005).

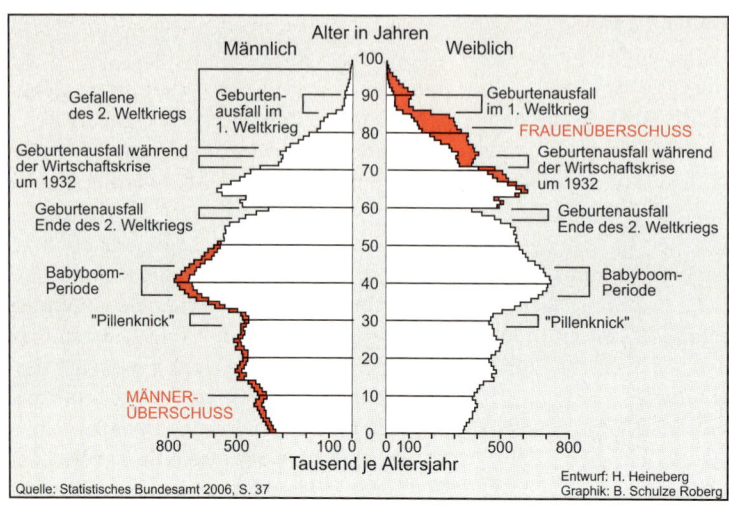

Abb. 2.5
Alterspyramide
der Bevölkerung
am 31.12.2004
in der BRD

Quelle: Statistisches Bundesamt 2006, S. 37

Entwurf: H. Heineberg
Graphik: B. Schulze Roberg

Derartige Altersgruppen können auch durch eine Reihe von **Indexbildungen** miteinander in Beziehung gesetzt werden (Kasten 2.8). Für detaillierte bevölkerungsgeographische Analysen reichen derartige Berechnungen meist jedoch nicht aus. Genauere Aussagen und Interpretationen ermöglichen erst differenzierte, i. Allg. in Fünfjahresgruppen und nach dem Geschlecht gegliederte sog. **Alterspyramiden**. Dabei ist die Bezeichnung „Pyramide" in Bezug auf zahlreiche Altersgliederungen häufig irreführend.

Bei der Konstruktion einer Alterspyramide handelt es sich um ein Häufigkeitsdiagramm, das, nach den beiden Geschlechtern getrennt (männlich meist in der linken, weiblich in der rechten Hälfte), für die einzelnen Altersgruppen absolute oder auch relative Häufigkeiten darstellt (relativ heißt prozentuale Angaben in Bezug auf die jeweilige Gesamtbevölkerung). Derartige Diagramme lassen sich noch nach weiteren Merkmalen differenziert untergliedern, z. B. die männlichen und weiblichen Altersgruppen
• mit zusätzlicher Darstellung des jeweiligen Frauen- oder Männerüberschusses (vgl.

Abb. 2.5),
• unterteilt nach dem Familienstand (ledig, verheiratet, verwitwet, geschieden) oder
• Veranschaulichung der Altersstruktur getrennt nach der deutschen Bevölkerung und der ausländischen Bevölkerung in Deutschland. Durch derartige oder ähnliche Darstellungen kann die Aussagekraft von Alterspyramiden noch erheblich gesteigert werden.

Stärkere Zäsuren oder ungleiche Verteilungen innerhalb einer Alterspyramide lassen auf bestimmte **demographische Ereignisse** schließen (Abb. 2.5): z. B. Geburtenausfall im 1. Weltkrieg, während der Wirtschaftskrise um 1932 oder am Ende des 2. Weltkrieges, Gefallene während des 2. Weltkriegs, Auswirkungen der „Anti-Baby-Pille" als „Pillenknick" (ab Mitte der 1960er Jahre) oder bedeutende Abwanderungen. D. h., der Altersaufbau einer Bevölkerung zu einem bestimmten Zeitpunkt spiegelt vergangene demographische Prozesse (Geburten, Sterbefälle, Wanderungen) wider, deutet zugleich aber auch Tendenzen der Bevölkerungsentwicklung an. „So beeinflußt die Zusammensetzung der Bevölkerung nach dem Alter die zukünfigen Geburten-

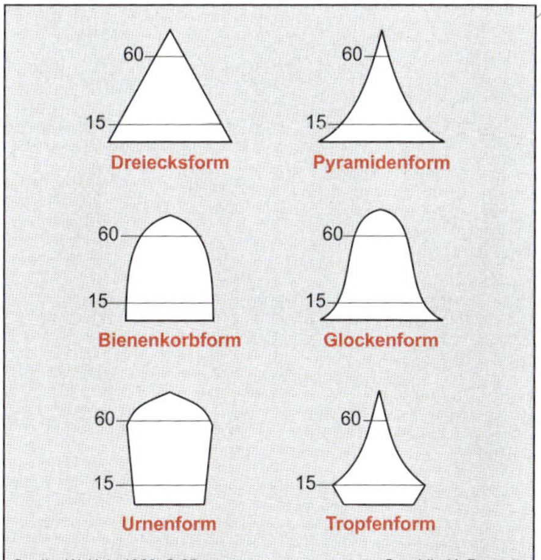

Dt: Dreiecksform → Urnenform

Quelle: W. Kuls 1980, S.65   Graphik: H. Benecke

Abb. 2.6 Grundformen von 'Alterspyramiden'

(1) **Dreiecksform** (gleichschenkliges Dreieck): über längere Zeit konstante hohe Geburtenhäufigkeit (Fertilität) sowie Sterbevorgänge (Mortalität), mit dem Alter zunehmend; geringe Bevölkerungszunahme aufgrund hoher Mortalität.

(2) **Pyramidenform** (mit verbreiterter Basis und geschwungenen Seiten): hohe Geburtenüberschüsse bedingen ein rasches Bevölkerungswachstum.

(3) **Bienenkorbform**: annähernd gleichbleibende (stationäre) Bevölkerung; über längere Zeit gleichbleibende niedrige Geburten- und Sterberaten, verbunden mit hoher Lebenserwartung.

(4) **Glockenform**: aufgrund des Ansteigens der Geburtenzahlen bei gleichbleibend niedriger Sterblichkeit beginnt die stationäre Bevölkerung wieder zu wachsen.

(5) **Urnenform**: bei hoher Lebenserwartung und kontinuierlich abnehmenden Geburtenzahlen schrumpft die Bevölkerung über lange Zeit.

(6) **Tropfenform**: abrupt einsetzender Geburtenrückgang.

Zum Verständnis derartiger Zusammenhänge ist es sinnvoll, zunächst von bestimmten **Grundformen von „Alterspyramiden"** als Resultate unterschiedlich abgelaufener demographischer Prozesse auszugehen. Diese Typen berücksichtigen allerdings keine außergewöhnlichen Ereignisse wie Wanderungen, Kriege etc., die sich jedoch in erheblichem Maße im Altersaufbau einer Bevölkerung niederschlagen können. Es lassen sich - wie Abb. 2.6. mit Erläuterungen zeigt - bestimmte **Idealtypen** des Altersaufbaus unterscheiden und charakterisieren (vgl. auch N. DE LANGE 1991, S. 18-19).

Wie es das Beispiel des Altersaufbaus der Bevölkerung im Deutschen Reich im Jahre 1910 zeigt, bestand zu der damaligen Zeit noch eine Altersgliederung des Typs Dreiecksform, während sich die Bevölkerung derzeit in Richtung einer Urnenform entwickelt (vgl. Abb. 2.7). Das Beispiel Deutschland zeigt, dass **zeitliche Veränderungen des Altersaufbaus** der Bevölkerung sehr aufschlussreich sein können.

Sehr unterschiedlich sind die heutigen „Alterspyramiden" der Bevölkerung der sog. Entwicklungsländer im Vergleich mit denjenigen der Industrieländer (Abb. 2.8).

Generell gilt, dass in den höher entwickelten Ländern aufgrund der seit längerem bestehenden niedrigen Geburten- und Sterberaten ein Übergang von der Glocken- oder Bienenkorbform zur Urnenform der Altersgliederung zu beobachten ist.

Allerdings können die Altersgliederungen - wie bereits angedeutet - in ganz erheblichem Maße durch Wanderungen und andere Ereignisse „deformiert" werden. Dabei kann es nicht nur in den Industrie-, sondern auch in den Entwicklungsländern extreme Verschiebungen in den Alterspyramiden geben (vgl. J. BÄHR 2004[4], Abb. 29).

Die Weltbevölkerung insgesamt entwickelt sich hinsichtlich der Altersstruktur von

und Sterberaten und bestimmt somit auch wesentlich das Ausmaß des zukünftigen Bevölkerungswachstums" (N. DE LANGE 1991, S. 18).

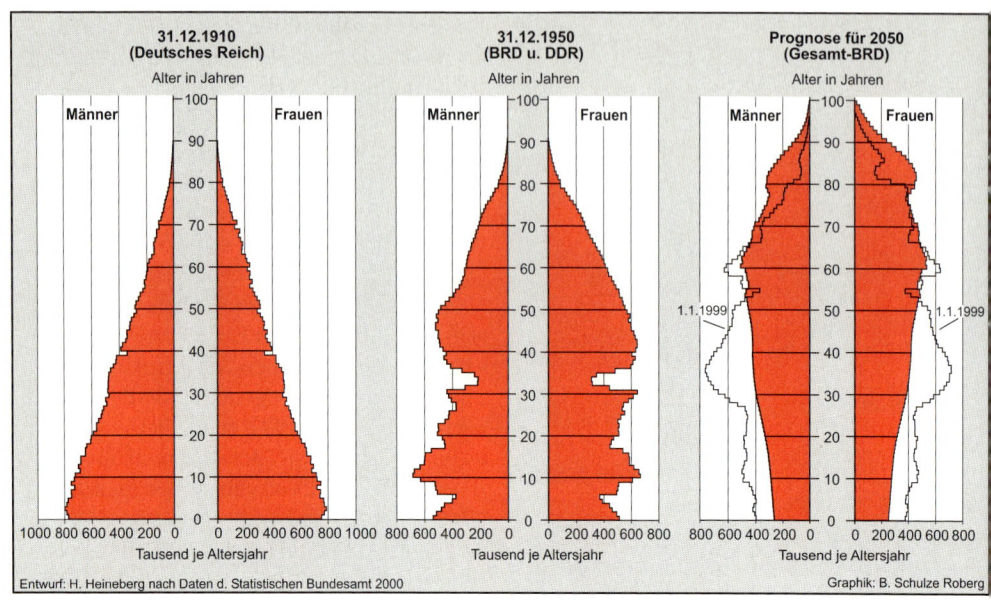

Abb. 2.7 Alterspyramiden der Bevölkerung in Deutschland 1910, 1950, 1999 und Prognose für 2050

einer Pyramiden- zu einer Bienenkorbstruktur (Prognose der UN für das Jahr 2025).

Für alle entwickelten Industriegesellschaften gilt seit geraumer Zeit, dass „altersstrukturelle Veränderungen in einer, historisch gesehen, völlig neuen Form ablaufen. Die Anteile von jüngeren Menschen an der Gesamtbevölkerung sinken, während die der älteren Menschen kontinuierlich wachsen. Auch in Deutschland wird das Bevölke-

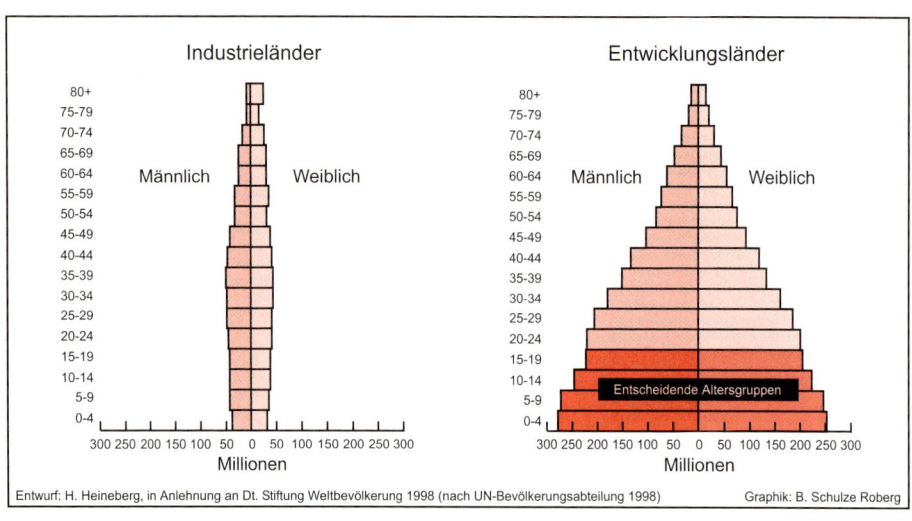

Abb. 2.8 Alterspyramiden in Industrie- und Entwicklungsländern

 # demographischer Wandel

rungswachstum in absehbarer Zeit zum Stillstand kommen und sich die Zahl der Einwohner rückläufig entwickeln. Dieser **demographische Wandel** ist seit Jahrzehnten absehbar, findet in Deutschland aber erst in jüngerer Zeit Eingang in die öffentliche Wahrnehmung" (R. ROHR-ZÄNKER/T. SCHLEIFNECKER 2005, S. 19; vgl. auch 2.7.2 in diesem Band).

Es ist häufig von besonderer Aussagekraft, die Altergliederung der Bevölkerung mit einer Reihe weiterer Merkmale zusammen zu betrachten, z. B. mit der Erwerbsgliederung, den ethnischen Unterschieden, mit vorherrschenden Wanderungsprozessen etc. (vgl. 2.4.5, 2.6.2).

2.4.2 Sexualproportion. Wie es bereits die Behandlung der Altersgliederung der Bevölkerung (2.4.1) gezeigt hat, ist die Geschlechtsgliederung der Bevölkerung i. Allg. nicht gleich. Zur Charakterisierung dieses Phänomens kann man die sog. **Sexualproportion** benutzen. Diese gibt das Verhältnis von männlicher zu weiblicher (oder auch umgekehrt) Bevölkerung an, wobei meist berechnet wird, wieviele männliche Personen auf je 100 oder 1000 weibliche entfallen. Derartige Werte können - etwa auch auf Altersgruppen bezogen - interessante Aussagen ergeben, was insbesondere bei großräumigen Vergleichen von Bedeutung ist.

Während weltweit gesehen das Verhältnis zwischen den Geschlechtern (Männer zu Frauen) mit 101:100 nahezu ausgeglichen ist (2003), bestehen zwischen den Industrie- und Entwicklungsländern beträchtliche Unterschiede in der Sexualproportion. So ist der Anteil der Männer in den weniger entwickelten Ländern größer als derjenige der Frauen (Verhältnis 103:100), während für Industrieländer die Sexualproportion 94:100 beträgt (J. BÄHR 2004[4], S. 91).

Die Sexualproportionen werden nur verständlich durch die **Differenzierung in Altersgruppen** (vgl. J. BÄHR 2004[4], S. 91). So gilt beispielsweise, dass der größere männliche Anteil an den Geburten (106:100), der in den jüngeren Jahrgängen zu einer Verschiebung der unteren Altersjahrgänge zugunsten des männlichen Geschlechts führt, im höheren Alter durch die generell höhere Lebenserwartung der Frauen wieder ausgeglichen wird. Allerdings gibt es in vielen Ländern auch eine erhöhte Sterblichkeit des weiblichen Geschlechts, woraus z. B. für Indien die Sexualproportion 106:100 mitbedingt ist. Hinzu kommen erhebliche Veränderungen der Geschlechterverhältnisse durch Wanderungs- oder auch Kriegseinwirkungen. Durch letzteres wird vor allem der Anteil der Männer negativ beeinflusst; so betrug beispielsweise die Sexualproportion für die Bundesrepublik Deutschland (als Auswirkung vor allem des 2. Weltkriegs) im Jahre 1988 92:100.

2.4.3 Familien- und Haushaltsstruktur, neue Haushaltstypen und Sozialformen. Enge Beziehungen der Alters- und Geschlechtsgliederungen bestehen mit der **Bevölkerungszusammensetzung nach dem Familienstand**. Dieses Merkmal ist in seinen jeweiligen räumlichen Ausprägungen i. Allg. durch Auswirkungen unterschiedlicher rechtlicher, sozialer und wirtschaftlicher Verhältnisse, durch die jeweiligen Lebensgewohnheiten, Verhaltensänderungen, gesellschaftlichen Normen etc. beeinflusst. Dabei ist es heute vor allem für die Verhältnisse in den Industriestaaten wichtig, die Bevölkerungszusammensetzung nicht nur nach der traditionellen Einteilung von Familien- und Haushaltsstrukturen, sondern nach neuen Haushaltstypen und Sozialformen zu betrachten.

Sexualproportion ♂/♀

Es zeigt sich insbesondere im räumlichen Vergleich ein sehr differenziertes Bild. Für die sog. Entwicklungsländer gilt, dass es dort im Durchschnitt sehr große **Haushalte** gibt, da diese traditionell kinderreich sind und oftmals mehrere Generationen unter einem Dach leben. Die erwachsenen Kinder übernehmen sehr häufig die Versorgung ihrer Eltern. In vielen Fällen zählen auch Dienstboten u. a. Beschäftigte, die im Hause des Arbeitgebers wohnen, zur Familie. In den Entwicklungsländern betrug um 1990 die **durchschnittliche Haushaltsgröße** 4,8 Personen, in den weiter entwickelten Regionen der Erde lag sie bei 2,7 (J. BÄHR 2004[4], S. 99); extreme Haushaltsgrößen bestehen immer noch in zahlreichen unterentwickelten Ländern Afrikas und Asiens (z. B. im Senegal mit 9 Personen oder in Jordanien mit 6 Personen je Haushalt im Jahre 1997) (STATIST. BUNDESAMT 2001). Allerdings ist in Entwicklungsländern auch der Prozentsatz der Ledigen i. Allg. sehr hoch (z. B. in Costa Rica 37 % gegenüber Großbritannien nur 27 %). Demgegenüber bleibt der Anteil der Verwitweten meist unter demjenigen in In-

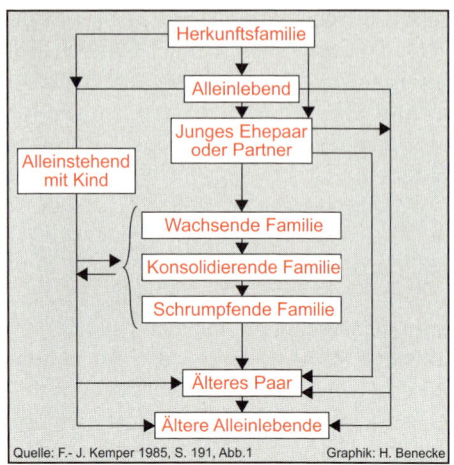

Quelle: F.- J. Kemper 1985, S. 191, Abb.1   Graphik: H. Benecke

Abb. 2.9 Schema der Entwicklung von Lebenszyklusphasen

dustrieländern.

In der BRD betrug im Jahre 2005 die durchschnittliche Haushaltsgröße lediglich 2,11 Personen pro Haushalt (lt. Mikrozensus d. STATIST. BUNDESAMTES v. 2005); 1991 waren es noch 2,27 Menschen, vor gut 100 Jahren in Deutschland 4,6.

Die großen Unterschiede zwischen den Industrie- und Entwicklungsländern resultieren insbesondere daraus, dass in jüngerer Zeit in den Industrieländern vor allem die Zahl der **Einpersonenhaushalte**, sog. Single-Haushalte, stark zugenommen hat, geringfügig auch diejenige der Zweipersonenhaushalte, die wiederum in unterschiedlichster Form auch als **nichteheliche Lebensgemeinschaften** bestehen sowie sich zeitlich auch erheblich verändern können. Hinzu kommt, dass es diesbezüglich deutliche Stadt-Land-Gegensätze, aber etwa auch Unterschiede zwischen Stadtgrößenklassen gibt. So ist in Deutschland der Anteil der Einpersonenhaushalte in den Großstädten (mit 100.000 und mehr Einw.) mit durchschnittlich über 45 % (2002) am höchsten, in den Klein- und Mittelstädten liegt er zwischen 30 und 35 % sowie in den Gemein-

---

Kasten 2.9 Neue Lebensstilformen oder -gruppen laut Medien
(DIE WELT 24.9.94)

- *„Yuppies"* (= *Young urban professionals*), die ihr Leben völlig in den Dienst der Karriere stellen,
- *„Dinks"* (*Double income no kids*), also Paare, die für mehr Einkommen bewusst auf Kinder verzichten,
- *„Limers"* (= *Less income more excitement*), die Karriere und Einkommen hintanstellen und versuchen, ihr Leben möglichst abwechslungsreich zu gestalten,
- *„Sappies"* (= *Suburban aging professionals*) als Abkürzung für in suburbanen Räumen lebende alternde Angehörige gehobener Berufe,
- *„Yumpies"* (= *Young upwardly mobile professionals*) als junge aufwärtsstrebende Berufstätige etc.

den unter 5000 Einw. bei rd. 27 % (J. Bähr 2004[4], S. 101). Der Anteil der Single-Haushalte an den 39 Mio. Privathaushalten stieg in Deutschland zwischen 1996 und 2005 um vier Prozentpunkte auf 38 % (lt. Mikrozensus 2005 d. Statist. Bundesamtes)

Der Trend zur **Haushaltsverkleinerung und Singularisierung** in allen Altersgruppen schreitet etwa in Deutschland weiter fort. Daraus folgt, dass die Zahl der Haushalte (zumindest mittelfristig) noch weiter zunehmen wird. Und es gilt heute: „Für viele Bereiche der kommunalen Vorsorge und vor allem für die Nachfrageentwicklung auf den Wohnungsmärkten ist die Zahl der Einwohner weniger aussagekräftig als die der Haushalte" (R. Rohr-Zänker/T. Schleifnecker 2005, S. 22).

In einem **Schema der Entwicklung von Lebenszyklusphasen** (nach F.-J. Kemper 1985) sind neben den klassischen **Wachstumsphasen von Familien** (wachsend, konsolidierend, schrumpfend) auch zeitgemäße Lebensgemeinschaften (**Partner**) angedeutet (Abb. 2.9).

Hinzu kommen heute neue Lebens- und Sozialformen (häufig auch neue Lebensstile genannt), für die eine ganze Reihe von inzwischen international gebräuchlichen oder immer wieder neu in den Medien aufkommenden Bezeichnungen besteht (vgl. Kasten 2.9). **Lebensstile** lassen sich allgemein als „raum-zeitlich strukturierte Muster der Lebensführung" definieren. Im Gegensatz zum traditionellen soziologischen Schichtbegriff, der auch von der klassischen Sozialgeographie der Münchener Schule berücksichtigt wurde (vgl. 1.3.5), bezieht sich der Lebensstilbegriff nicht auf einzelne begrenzte Merkmale wie die Stellung im Beruf oder das Einkommen, sondern umfasst „das gesamte expressive (Konsumstile, Freizeitverhalten), interaktive (Mediennutzung, Geselligkeit), evaluative (Werte

und Einstellungen) und kognitive (Selbstidentifikation, Zugehörigkeit, Wahrnehmung) Verhalten" (zitiert aus I. Helbrecht/J. Pohl 1995, S. 227, in Anlehnung an die soziologische Arbeit von H.-P. Müller/M. Weihrich 1991).

Von besonderem Interesse ist, wie sich Haushalte oder auch komplexer definierte neue Lebensstilgruppen in den verschiedenen Phasen des Lebenszyklus „räumlich verhalten" (z. B. in Bezug auf die räumliche Mobilität). Es zeigt sich zugleich, dass sich die Bevölkerungsgeographie inhaltlich sehr stark mit der verhaltensorientierten Geographie (1.3.7) oder der Sozialgeographie überschneidet.

Zu den Merkmalen der Bevölkerungszusammensetzung oder -struktur zählt auch die

2.4.4 Staatsangehörigkeit, d. h. die rechtliche Stellung einzelner Personen als Mitglieder eines Staates einschließlich ihrer staatsbürgerlichen Rechte und Pflichten. Für den Erwerb der Staatsbürgerschaft gilt nach den Gesetzen der einzelnen Staaten entweder das sog. **Abstammungsprinzip** (Staatsbürgerschaft der Eltern oder eines Elternteils) oder das **Gebietsprinzip** (auf welchem Staatsgebiet die Geburt erfolgte). Auch ist die Möglichkeit der Doppel- oder Mehr-Staatsbürgerschaft in den einzelnen Staaten unterschiedlich geregelt. Wegen der Zunahme der Zahl der Ausländer, insbesondere im Rahmen von Arbeitsmigrationen (s. Abb. 2.27), hat das Kriterium der Staatsangehörigkeit an Bedeutung gewonnen.

2.4.5 Wirtschaftliche und soziale Merkmale der Bevölkerung. Diesbezüglich gibt es zahlreiche Gliederungsmerkmale, z. B. (1) nach dem (überwiegenden) **Lebensunterhalt** (Erwerbstätigkeit, Arbeitsloser, Rentner etc., Lebensunterhalt durch Angehörige). Die Wohnbevölkerung lässt sich auch grob nach Erwerbspersonen und Nichterwerbspersonen untergliedern, die Erwerbspersonen wiederum nach Erwerbstätigen und Erwerbslosen. Als **Erwerbsquote** bezeichnet man den Anteil der Erwerbspersonen an der Gesamtbevölkerung (einschließlich Erwerbsloser!);

(2) nach der **wirtschaftssystematischen Gliederung** der Bevölkerung, z. B. Beschäftigte im primären, sekundären und tertiären Sektor oder nach Wirtschaftsbereichen (zur Entwicklung der Beschäftigungsstruktur nach den drei Wirtschaftssektoren s. Abbn. 3.4 und 3.5);

(3) nach der **sozio-ökonomischen Gliederung** der Bevölkerung, beispielsweise entsprechend der traditionellen Einteilung der Erwerbstätigen nach der sog. **Stellung im Beruf**, d. h. Selbstständige, mithelfende Familienangehörige, Beamte/Beamtinnen, Angestellte, Arbeiter/-innen (mit weiteren Differenzierungsmöglichkeiten, z. B. höhere Beamte, Facharbeiter) oder nach dem **Sozialstatus** bzw. der **sozialen Schichtung**;

(4) nach der **rassischen Gliederung** bzw. nach **ethnischen Minderheiten**, z. B. Untersuchung räumlicher Segregationsprozesse (u. a. Entwicklung von Schwarzenghettos);

(5) nach der **religiösen Gliederung**;

(6) nach der Gliederung in Bezug auf den **Ausbildungsstand** (negativ: Analphabetenquote).

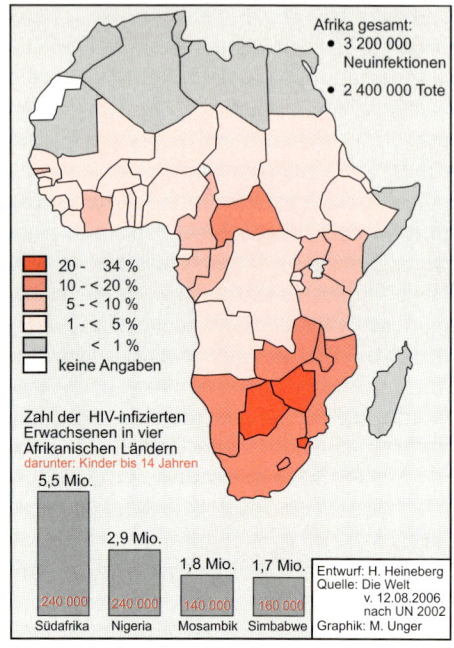

Abb. 2.10 Anteile HIV-infizierter Erwachsener in Afrika 2005

2.5 Natürliche Bevölkerungsentwicklung

2.5.1 Wachstum der Weltbevölkerung und Tragfähigkeit der Erde. Bereits unter 2.1 wurde auf das jüngere und zukünftige explosive Wachstum der Weltbevölkerung hingewiesen. Tab. 2.2 enthält einige ausgewählte **Daten der Weltbevölkerung** seit

Weltbevölkerungsentwicklung (in Mrd. Einw.)										
1750	1804	1927	1960	1974	1987	1999	2006	2013	2025	2050
rd. 0,77	1	2	3	4	5	6	6,56	7	7,9	9,2

Quellen: UN-Daten nach F.A.Z 2.9.94, Handelsblatt 23.9.99, DSW 2000, 2001, 2006, UNFPA 2005, 2006

Tab. 2.2 Wachstum der Weltbevölkerung 1750-2050

Mitte des 18. Jh.s mit Prognosen der UN für die nächsten Jahrzehnte bis ca. 2050, die alamierend sind. Die Weltbevölkerung hat sich in den vergangenen 40 Jahren bis zum Jahre 2000 mehr als verdoppelt; entsprechend den Daten der Vereinten Nationen wurde im Jahre 1999 die 6 Mrd.-Grenze überschritten, 2001 lebten 6,13 Mrd., im Jahre 2006 6,555 Mrd. Menschen auf der Erde. Ob diese Bevölkerungszunahme anhält und die Menschheit auf acht, zehn oder sogar zwölf Milliarden anwächst, hängt ganz von den Maßnahmen im kommenden Jahrzehnt ab. „Wegen der hohen Geburtenraten wird die Bevölkerung der Erde allein in diesem Jahr (1998) um weitere 80 Millionen Menschen wachsen. Diese Zuwachsrate dürfte nach UNFPA-Hochrechnungen noch ein Jahrzehnt anhalten, bevor die bevölkerungspolitischen Maßnahmen weltweit zum Tragen kommen..." (DIE WELT 2.9.98). Nach den Statistiken der Vereinten Nationen schwanken die Bevölkerungsprognosen für das Jahr 2050 - je nach Geburtenraten bzw. Anzahl der Kinder pro Frau - zwischen 7,7 (niedrige Variante) und 10,67 (hohe Variante) Mrd. Einwohnern. Nach einer Untersuchung des Worldwatch-Institutes in Washington (1998) wird eine Weltbevölkerungsprognose von 7,7 Mrd. Einw. für das Jahr 2050 für realistisch gehalten. Als Grund dafür wird angeführt, dass sich in verschiedenen Entwicklungsländern mit schnell wachsenden Bevölkerungen eine gewisse Stabilisierung einstellen wird, und zwar nicht wegen der zurückgehenden Geburtenraten, sondern weil die Sterberaten stark ansteigen.

Diese **Umkehr im Trend der Sterberaten** als „tragische neue Entwicklung in der Welt-Demographie" resultiert aus hohen HIV-Infektionsraten in zahlreichen Dritte Welt-Staaten (z. B. Simbabwe mit 20,1 %, Swasiland 33,4 % der Erwachsenen Ende 2005, nach DSW 2006) und aus anderen

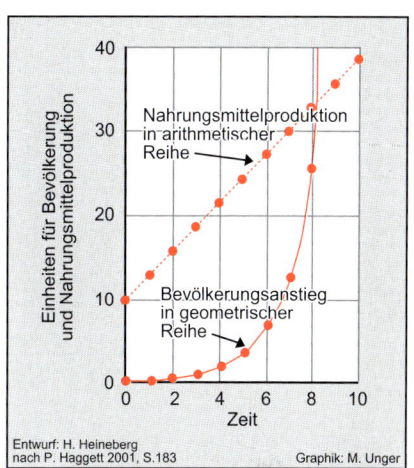

Abb. 2.11 **Diskrepanz zwischen Nahrungsmittelproduktion und Bevölkerungswachstum**
          nach T. R. Malthus 1798

negativen Einflüssen (sich verknappende Wasserressourcen etc.); vgl. auch Abb. 2.10. So wird für Botswana, dem weltweit mit am stärksten von Aids betroffenen Land, nach UN-Schätzungen erwartet, dass dort die Lebenserwartung der Bevölkerung stark sinkt. Dadurch reduziert sich der Bevölkerungszuwachs auf 1,2 %, und es werden in Botswana im Jahre 2015 rd. 20 % weniger Menschen leben, als ohne Aids zu erwarten gewesen wären (DIE WELT 10.5.98).

Ein Grund für die epidemische Ausbreitung des Aids-Virus, vor allem in Afrika südlich der Sahara, ist die mangelhafte Bildung der Bevölkerung. Die Zukunftsperspektive der - trotz derartiger Epidemien - anzahlmäßig noch stark wachsenden Menschheit muss große Sorge bereiten, steigt doch nachweislich die Zahl der Hungernden, der Analphabeten und anderer Problemgruppen - trotz nicht zu verkennender wirtschaftlicher und sozialer Fortschritte - gerade in Entwicklungsländern noch beständig an.

Die **Konsequenzen der globalen Bevölkerungsexplosion** sind überhaupt noch

Aids + Wassermangel → höhere Sterberaten

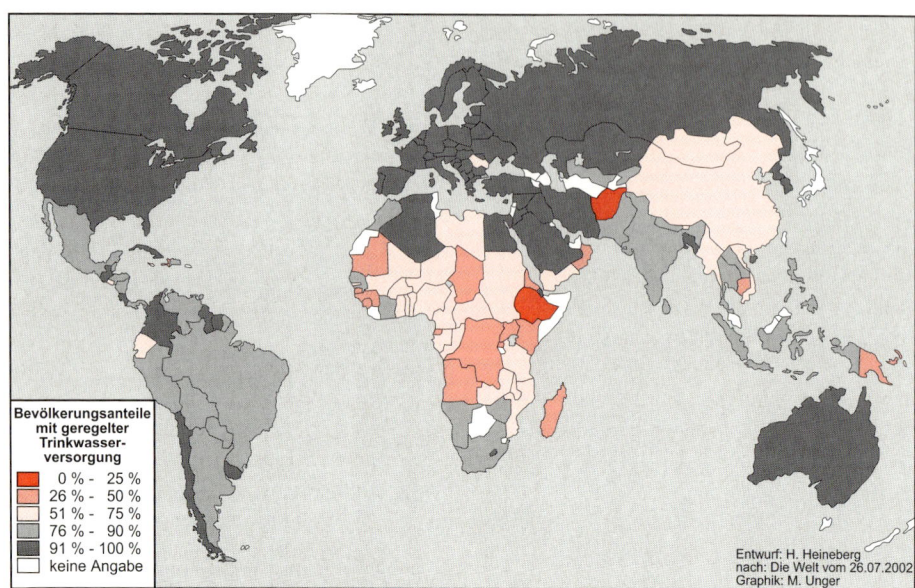

Bevölkerungsanteile mit geregelter Trinkwasserversorgung

- 0 % - 25 %
- 26 % - 50 %
- 51 % - 75 %
- 76 % - 90 %
- 91 % - 100 %
- keine Angabe

Entwurf: H. Heineberg
nach: Die Welt vom 26.07.2002
Graphik: M. Unger

Abb. 2.12 Wasserversorgung weltweit

Kasten 2.10 Wie sieht die Wasserzukunft der Erde aus? (Auszug aus J. BOGARDI 2002, S. 6)

„Bei dem zu erwartenden Bevölkerungszuwachs wird die jährlich zur Verfügung stehende, sich durch den Wasserkreislauf erneuernde Süßwassermenge von zurzeit etwa 6600 Kubikmetern auf ungefähr 4800 Kubikmeter pro Person sinken. Dabei handelt es sich um Mittelwerte für die ganze Welt. Hierbei ist von Qualitätsanforderungen, die an verschiedene Wassernutzungen gestellt werden müssen, noch gar nicht die Rede. Während die wasserreichen Gegenden der Erde, wie der nördliche Teil Nordamerikas, der östliche Teil Südamerikas und Südostasien, beinahe über 50 Prozent der sich jährlich erneuernden Wasservorräte verfügen, bringt allein das Bevölkerungswachstum in den trockenen Gegenden der Erde Wassernot. Der Wunsch nach besserer Ernährung, Hygiene und Komfort sorgte bereits im 20. Jahrhundert bei dreifachem Bevölkerungwachstum für eine sechsfache Erhöhung des Wasserverbrauchs.

Neben dem tatsächlichen Wassermangel sind unzureichende Finanzmittel sowie der Mangel an Fachkenntnissen, kompetenten Organisationen und effizienten Bewirtschaftungsstrukturen, die das Erschließen bestehender Wasservorkommen erschweren, die Ursachen einer sekundären Wasserknappheit. Beide Komponenten des Wassermangels können - in ökologisch anfälligen Gebieten - die Wüstenausbreitung fördern. Das dadurch knapper werdende Weide- und Ackerland verschärft zusätzlich den Druck - auch und vor allem auf das Wasser.

Zweifelsohne bringt diese Wasserknappheit, aber auch Verteilungsprobleme selbst bei reichen Wasservorräten, potenzielle Konflikte mit sich. Die soeben skizzierte, von vielen als „düstere Arithmetik" bezeichnete Wasserzukunft hat dazu beigetragen, dass die Medien vor heraufziehenden „Wasserkriegen" im 21. Jahrhundert gewarnt haben. Unserer Sorge um die Wasservorräte, deren Verteilung, Qualität und Nutzungssicherung, sollte uns jedoch nicht dazu verleiten, jenseits der verantwortlichen Abschätzung des tatsächlich vorhandenen Klonfliktpotenzials leichtfertig über zukünftige Kriege um Wasser zu reden". (...) „In der Tat weisen mehrere Jahrtausende menschlicher Zivilisation vielmehr auf Kooperation ums Wasser als auf Kriege gegen das Wasser hin". (...) „Es sind sogar erstaunliche Beispiele der Zusammenarbeit ums Wasser - selbst zwischen Krieg führenden Staaten - bis zur Gegenwart bekannt. Ist es vielleicht das Wasser, als Wegbereiter und -begleiter aller Lebensformen, der Lehrmeister der Zivilisation, der uns die Bereitschaft zum Teilen lehrt?"

nicht zu übersehen. Ab wann ist die Erde überbevölkert? Schon 1798 hat der Engländer Thomas Robert Malthus (Werk „*Essay on the principle of population*") die These aufgestellt, die Bevölkerung nehme mit geometrischem Wachstum zu, während die Nahrungsmittelproduktion nur arithmetisch wachse (Abb. 2.11). Bis zur Gegenwart hat es zahlreiche wissenschaftliche Beschäftigungen mit dem Problem des Nahrungsspielraums, der sog. **Tragfähigkeit der Erde**, den **Grenzen des Wachstums**, der Zerstörung der Lebensgrundlagen etc. durch die rasch wachsende Bevölkerungsentwicklung gegeben. Diese kommen - u. a. in Abhängigkeit von der jeweiligen Definition des Begriffs der Tragfähigkeit und der Berücksichtigung unterschiedlicher Kriterien (Ernährungskapazität, übermäßiger Energieverbrauch, Rohstoffverknappung, zunehmende Umweltverschmutzung etc.) - zu verschiedenartigen Ergebnissen in Bezug auf die Einwohnerobergrenze der Erde (zur Forschungsentwicklung s. J. Bähr 2004[4], S. 229ff.).

Eine Studie der kalifornischen Umweltorganisation „*Redefining Progress*" (2002) kam zu dem alarmierenden Ergebnis, dass die Menschheit seit Anfang der achtziger Jahre des 20. Jh.s die natürlichen Ressourcen schneller verbraucht, als diese sich regenerieren können. „Die Forscher addierten zunächst jene Erdfläche auf, die für den Anbau von Getreide, für Weidetiere, Forstwirtschaft, Städtebau und Fischerei sowie als Ausgleichsfläche für die Verbrennung fossiler Energieträger zur Verfügung steht. Dann berechneten sie die Fläche, die zur nachhaltigen Versorgung der Menschheit notwendig wäre. Das Ergebnis: Während Anfang der sechziger Jahre der Verbrauch der Menschheit noch bei 70 Prozent der Erdressourcen lag, ist er inzwischen auf 120 Prozent gestiegen. Anders ausgedrückt: Um

den Konsum der Menschheit nachhaltig zu decken, wäre derzeit umgerechnet die Fläche von 1,2 Erden erforderlich" (Der Spiegel 26/2002, 1.7.02).

Eine entscheidende Frage bei der Bevölkerungszunahme in Relation zur Tragfähigkeit der Erde wird z. B. das **Ressourcenproblem Wasser** sein. Im Jahr 2003 hatten rd. 1,1 Mrd. Menschen (ein Fünftel der Weltbevölkerung) keinen Zugang zu sauberem Trinkwasser. Mehr als 30 Länder leiden unter Wassermangel (Die Welt 14.12.02). Für das Jahr 2025 erwarten Fachleute in 52 Ländern Wasserknappheit oder akuten Mangel. Davon werden bis zu 3,2 Mrd. Menschen betroffen sein, d. h. 37 % der Weltbevölkerung (Der Spiegel 11.10.99). Die daraus erwachsenden Folgen für die Menschheit (bis hin zu möglichen Kriegen als Wasserverteilungskämpfe) sind unübersehbar (vgl. Kasten 2.10). Die UN haben 2003 offiziell zum „Jahr des Süßwassers" erklärt.

Abb. 2.12 zeigt, dass vor allem der Kontinent Afrika von den größten Defiziten in der Wasserversorgung der Bevölkerung betroffen ist.

Außerordentlich problematisch ist auch die **Entsorgung von Abwässern**, die von 2,4 Mrd. Menschen noch immer ungeklärt in Flüsse und Meere gelangen (Die Welt 14.12.02).

2.5.2 Demographische Grundgleichung (s. Kasten 2.11). Diese bezieht sich auf die Frage: Welche Komponenten sind bezüglich der Bevölkerungsentwicklung eines Raumes zwischen dem Zeitpunkt t und t1 zu berücksichtigen? Aus dieser Grundgleichung sollen im Folgenden zunächst die Geburtlichkeit und die Sterblichkeit, d. h. das natürliche Bevölkerungswachstum, berücksichtigt werden.

**Kasten 2.11 Demographische Grund-
gleichung**

$$P_{t1} = P_t + B_{tt1} - D_{tt1} + Z_{tt1} - A_{tt1}$$

Dabei bedeuten:
P   = *population*
        = Gesamtbevölkerung eines Raumes
P_t = Ausgangsbevölkerung
        zum Zeitpunkt t
P_{t1} = Bevölkerung zum Zeitpunkt t1
t1   = Zeitpunkt nach Zeitpunkt t
B_{tt1} = Anzahl der Geburten
        zwischen t und t1
D_{tt1} = Anzahl der Gestorbenen
        zwischen t und t1
Z_{tt1} = Anzahl der Zuwanderungen
        zwischen t und t1
A_{tt1} = Anzahl der Abwanderungen
        zwischen t und t1

**2.5.3 Analyse der Natalität, Fertilität und
Mortalität.** Man unterscheidet u. a. die fol-
genden Begriffe: **Natalität** (= Geburtlich-
keit, Geborenen- oder Geburtenhäufigkeit),
Fertilität (= Fruchtbarkeit) und **Mortalität**
(= Sterblichkeit).

Es gibt eine Reihe von **Kennziffern zur
Natalität und Fertilität**, wovon im Folgenden nur eine Auswahl berücksichtigt werden soll (s. Kasten 2.12; vgl. im Einzelnen
N. DE LANGE 1991, S. 42ff.). Eine der gebräuchlichsten Kennziffern ist die **(allgemeine oder rohe) Geburtenrate** oder
-ziffer (engl. *crude birth rate*). Diese wird
als „roh" bezeichnet, da sie die Altersstruktur
nicht berücksichtigt sowie die Gesamtbevölkerung einbezieht. Sie ist für das ungleiche
Bevölkerungswachstum mitverantwortlich.
Die Geburtenrate wird in $^0/_{00}$ gemessen und
differiert im Verhältnis zum globalen Mittelwert von 21 $^0/_{00}$ (2006) weltweit außerordentlich stark. Sie schwankt interkontinen-
tal zwischen durchschnittlichen Niedrigwer-
ten für Europa (10 $^0/_{00}$) und Afrika (38 $^0/_{00}$);
nationale Extremwerte der rohen Geburten-
rate überschreiten in Afrika bei weitem den
kontinentalen Durchschnittswert, z. B. Ni-

ger mit 55 $^0/_{00}$, Mali mit 50 $^0/_{00}$ oder Liberia
mit 50 $^0/_{00}$ (DSW 2006); die Verteilung der
Geburtenraten auf die einzelnen Staaten der
Erde zeigt Abb. 2.13, zur Entwicklung der
Geburtenraten in Deutschland vgl. Abb.
2.15.

Auch die folgende Kennziffer wird in $^0/_{00}$
berechnet; sie gibt Auskunft über die tatsächliche Fortpflanzungsintensität einer Bevölkerung: die **allgemeine (weibliche) Fruchtbarkeitsrate** oder **-ziffer** (engl. *general
fertility rate*) (Kasten 2.12). Diese betrug z.
B. für das Jahr 1999 in der BRD 45,8 Le-

**Kasten 2.12 Kennziffern zur Natalität
und Fertilität** (Auswahl)

(Allgemeine o. rohe) Geburtenrate/-ziffer
(engl. *crude birth rate, CBR*):

$$CBR = \frac{\text{Lebendgeborene x 1000}}{\text{(mittlere) Bevölkerung}}$$

innerhalb eines Zeitraumes
(meist Kalenderjahr)

Allgemeine Fruchtbarkeitsrate/-ziffer
(engl. *general fertility rate, GFR*):

$$GFR = \frac{\text{Lebendgeborene x 1000}}{\text{Frauen zwischen 15 und 45}}$$

(oder zw. 15 und 49)
innerhalb eines Zeitraumes
(meist Kalenderjahr)

**Altersspezifische Fruchtbarkeitsrate o.
Geburtenziffer** (engl. *fertility rate, FR*):

$$FR_i = \frac{B_i}{F_i} \text{ x 1000, wobei}$$

FR_i = Fruchtbarkeitsrate d. Altersklasse i,
B_i = Geburten d. Frauen d. Altersklasse i,
F_i = Frauen in d. Altersklasse i,
i wird häufig in Fünfjahresklassen angege-
ben.

**Totale Fruchtbarkeitsrate o. Gesamt-
fruchtbarkeitsrate o. zusammengefasste
Geburtenziffer** (engl. *total fertility rate,
TFR*), d. h.

$$TFR = \left(\sum_{i=15}^{49} FR_i \right) / 1000 \text{ oder } TFR = \sum_{i=15}^{49} \frac{B_i}{F_i}$$

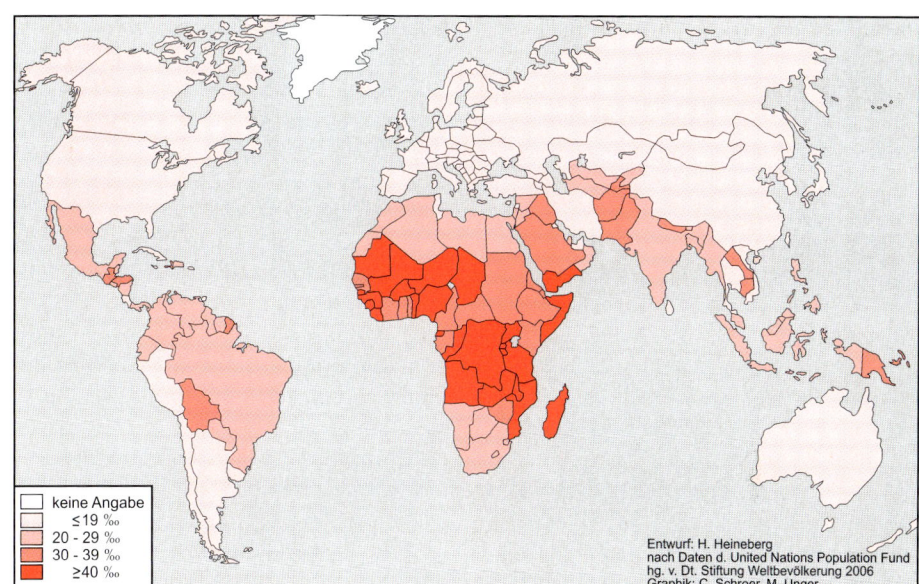

Abb. 2.13 **Rohe Geburtenraten in den Staaten der Erde um 2005**

Legend (Abb. 2.13):
- keine Angabe
- ≤19 ‰
- 20 - 29 ‰
- 30 - 39 ‰
- ≥40 ‰

Entwurf: H. Heineberg
nach Daten d. United Nations Population Fund
hg. v. Dt. Stiftung Weltbevölkerung 2006
Graphik: C. Schroer, M. Unger

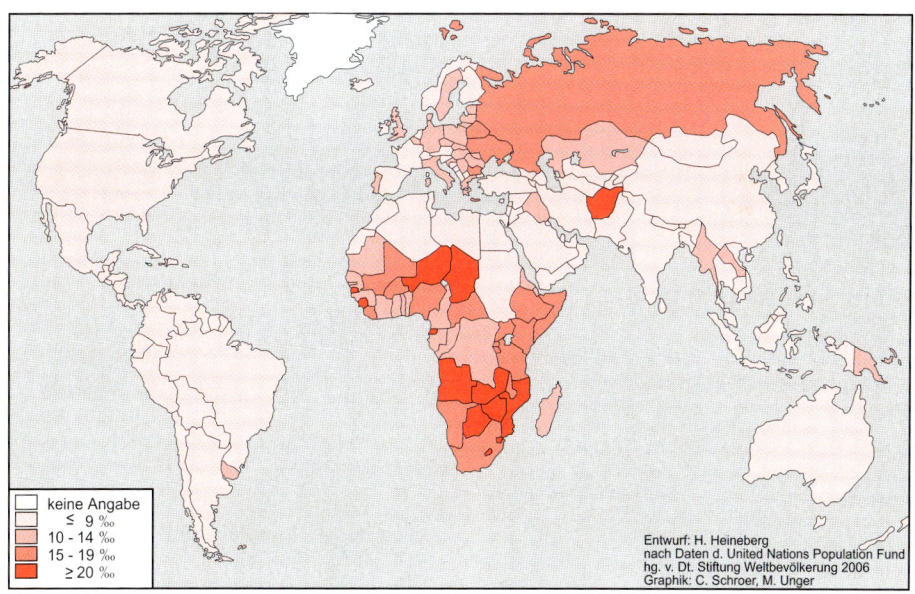

Abb. 2.14 **Rohe Sterberaten in den Staaten der Erde um 2005**

Legend (Abb. 2.14):
- keine Angabe
- ≤ 9 ‰
- 10 - 14 ‰
- 15 - 19 ‰
- ≥ 20 ‰

Entwurf: H. Heineberg
nach Daten d. United Nations Population Fund
hg. v. Dt. Stiftung Weltbevölkerung 2006
Graphik: C. Schroer, M. Unger

bendgeborene für die Frauen zwischen 15 und 44 Jahren (STATIST. BUNDESAMT 2001).

Genauere Aussagen in Bezug auf die Geburtlichkeit in einzelnen Altersklassen der Frauen gibt die **altersspezifische Frucht-**

barkeitsrate (engl. *fertility rate*) (Kasten 2.12). Aus der Addition aller altersspezifischen Fruchtbarkeitsraten, dividiert durch 1000, ergibt sich die **totale Fruchtbarkeitsrate**, auch **zusammengefasste Geburtenrate** bzw. **-ziffer** oder **Gesamtfruchtbarkeitsrate** genannt (engl. *total fertility rate, TFR*) (Kasten 2.12). Da bei der Berechnung von 1000 Frauen je Altersjahrgang ausgegangen wird, ist die *TFR* unabhängig vom Altersaufbau der Bevölkerung. Die totale Fruchtbarkeitsrate gibt als Fertilitätsmaß die Durchschnittszahl von Kindern an, die die Frauen nach Abschluss ihrer Reproduktionsfähigkeit aufweisen, wobei die Sterblichkeit unberücksichtigt ist und angenommen wird, dass die (heutige) altersspezifische Fruchtbarkeit konstant bleibt.

Die Gesamtfruchtbarkeitsrate (*TFR*) betrug 2006 weltweit 2,58; die Werte schwankten z. B. zwischen Europa (durchschnittlich 1,42) bzw. Deutschland (1,33) und Afrika (durschnittlich 4,77 mit einem Höchstwert in Niger von 7,64) (UNFPA/DSW 2006). „Zur Bestandserhaltung einer Bevölkerung ist je nach Höhe der Mortalität (...) eine totale Fruchtbarkeitsrate von 2,1-2,5 erforderlich" (N. DE LANGE 1991, S. 43).

Das rasche Abfallen der *TFR* (beispielsweise lag in den 1950er Jahren die mittlere Geburtenzahl je Frau in Europa noch bei 2,6 Kindern) wird als **zweite demographische Transformation** gekennzeichnet (vgl. P. GANS/A. SCHMITZ-VELTIN 2004; zur demographischen Transformation s. auch 2.5.4 in diesem Band). Der o. g. niedrige aktuelle *TFR*-Wert liegt ganz erheblich unter dem Reproduktionsniveau der Bevölkerung. „Die Gründe für den Rückgang der TFR sind vielfältig: Sinkende Heiratsneigung, vermehrte Scheidungen, Eheschließungen in einer späteren Lebensphase, Anstieg des mittleren Alters von Frauen bei der Geburt ihres ersten Kindes, Kinderlosigkeit, Zunahme

nicht-ehelicher Lebensgemeinschaften" (H. KILPER/B. MÜLLER 2005, S. 36, nach P. GANS/ A. SCHMITZ-VELTIN 2004)

Zur Interpretation der zeitlich und räumlich z. T. sehr unterschiedlichen Fertilität ist eine ganze Reihe von **Einflussfaktoren** zu berücksichtigen. Dazu zählen u. a. die Fortschritte in der medizinischen Versorgung, die Geburtenregelung und Ausbreitung der Empfängnisverhütung, allgemeine bevölkerungspolitische Maßnahmen des Staates, Wandlung des Rollenverständnisses der Frau etc. (vgl. die Zusammenfassung in N. DE LANGE 1991, S. 43-45).

Als Beispiel kann der Verlauf der (rohen) Geburtenraten in den ehemaligen beiden deutschen Staaten dienen (Abb. 2.15). Während die Entwicklung der Geburten in den alten und in den neuen Ländern bis 1973 zunächst recht ähnlich verlief, klafften die Werte ab Mitte der 1970er Jahre stark auseinander, da sie in der ehem. DDR stark anstiegen (Höhepunkt 1980 mit mehr als 14 $^0/_{00}$). Zu den Ursachen des zeitweiligen Auseinanderdriftens der Geburtenraten zählten die umfangreichen bevölkerungspolitischen Maßnahmen in der DDR.

Erheblich waren in den 1980er Jahren (vor der Vereinigung) auch die räumlichen Unterschiede in der Verteilung der Geburtenraten innerhalb der beiden Teile Deutschlands. Grundsätzliche Übereinstimmung bestand zwar darin, dass in hochverdichteten Regionen, dort insbesondere in den Kernstädten, relativ wenige Kinder geboren wurden, in ländlichen oder weniger verdichteten Regionen dagegen mehr. Allerdings konzentrierten sich in den stärker ländlich geprägten Regionen in der nördlichen DDR sehr hohe Geburtsraten, deren durchschnittlich hohes Niveau in der alten Bundesrepublik gar nicht mehr vorkam.

Zur Kennzeichnung der **Mortalität** benutzt man vor allem die **rohe Todes- oder**

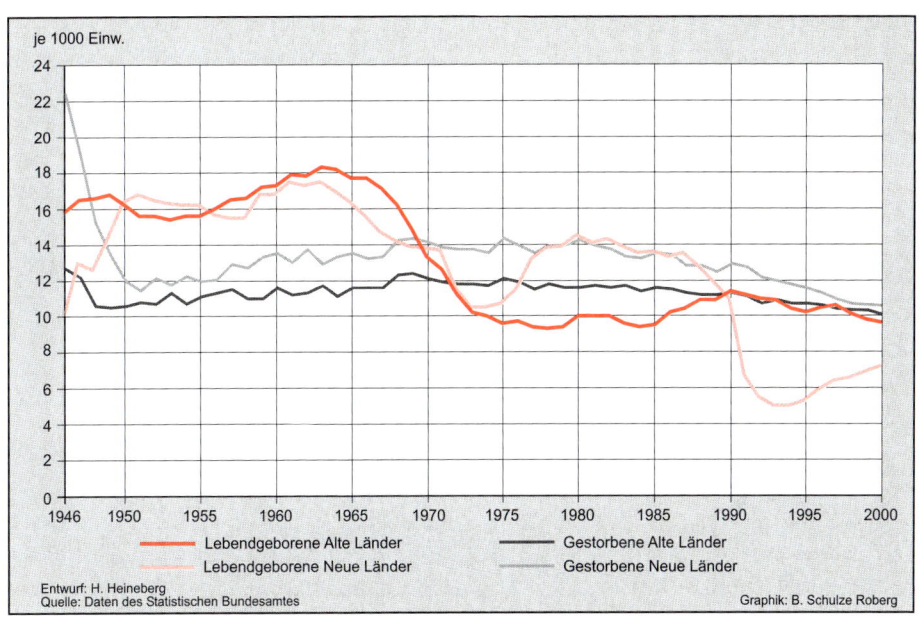

Abb. 2.15 Entwicklung der (rohen) Geburten- und Sterberaten in den neuen und alten Ländern der Bundesrepublik Deutschland 1946-2000

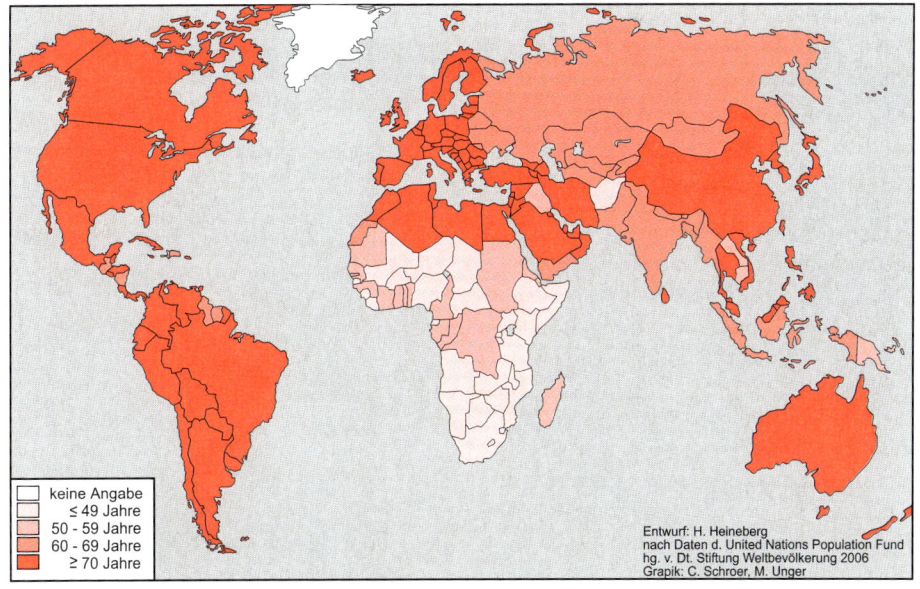

Abb. 2.16 Lebenserwartung in den Staaten der Erde um 2005

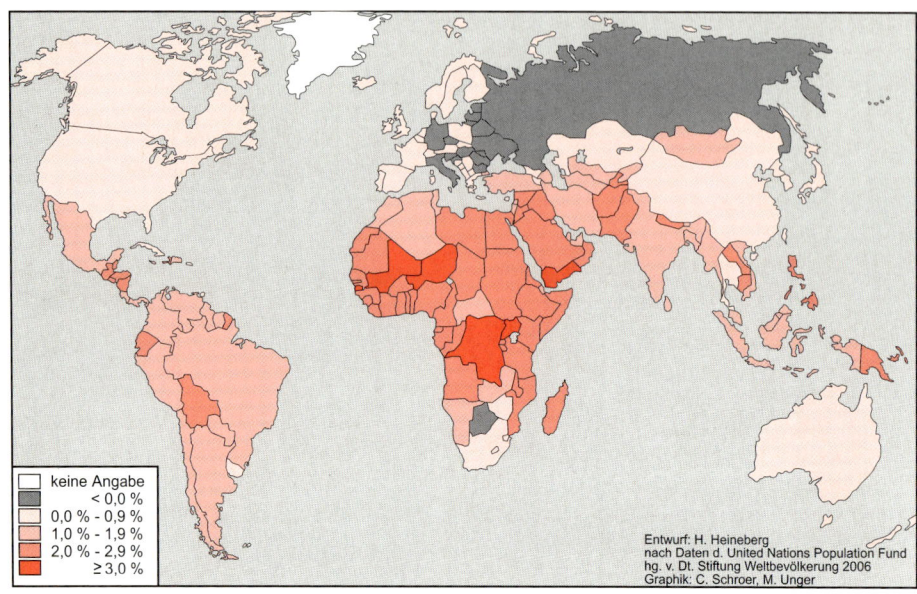

Legende:
- keine Angabe
- < 0,0 %
- 0,0 % - 0,9 %
- 1,0 % - 1,9 %
- 2,0 % - 2,9 %
- ≥ 3,0 %

Entwurf: H. Heineberg
nach Daten d. United Nations Population Fund
hg. v. Dt. Stiftung Weltbevölkerung 2006
Graphik: C. Schroer, M. Unger

Abb. 2.17 Natürliche jährliche Wachstumsraten der Bevölkerung in Staaten d. Erde um 2005

Sterberate oder **-ziffer** (engl. *crude death rate, CDR*). Diese schwankte z. B. 2005 zwischen durchschnittlich 10 $^0/_{00}$ in den Industrieländern und 8 $^0/_{00}$ in den Entwicklungsländern; weltweit betrug sie 9 $^0/_{00}$ (DSW 2006). Da die entwickelten Länder einen relativ hohen Anteil von älteren Menschen aufweisen, sind dort die rohen Sterberaten oft höher als in den Entwicklungsländern mit niedrigerer Lebenserwartung der Bevölkerung (zur Lebenserwartung nach Staaten der Erde vgl. Abb. 2.16). Innerhalb der Gruppe der Entwicklungsländer sind bezüglich der rohen Sterberate auch erhebliche Unterschiede festzustellen (z. B. Afrika mit durchschnittlich 15 $^0/_{00}$, Niger mit 21 $^0/_{00}$, Libyen 4 $^0/_{00}$ oder Lateinamerika insgesamt nur 6 $^0/_{00}$, aber Haiti 13 $^0/_{00}$) (ebd., vgl. auch Abb. 2.14, zur Entwicklung der Sterberaten in Deutschland im West-Ost-Vergleich s. Abb. 2.15).

Als weitere Kennziffern der Mortalität werden die **altersspezifische Sterberate**

Kasten 2.13 Kennziffern zur Mortalität

Rohe Todes- oder Sterberate
(engl. *crude death rate, CDR*):

$$CDR = \frac{\text{Sterbefälle} \times 1000}{\text{(mittlere) Bevölkerung}}$$

innerhalb eines Zeitraumes
(meist Kalenderjahr)

Altersspezifische Sterberate
(engl. *mortality rate, MR*):

$$MR_i = \frac{D_i}{P_i} \times 1000$$

MR_i = Sterberate d. Altersklasse i,
D_i = Sterbefälle bzw.
P_i = Personen d. Altersklasse i.

Säuglingssterblichkeit (MR_0)

$$= \frac{\text{vor Vollendung d. ersten Lebensjahres gestorbene Kinder}}{\text{Geburten (Lebendgeborene)}} \times 1000$$

oder **-ziffer** (engl. *mortality rate, MR*) und die **Säuglingssterblichkeit** (MR_0) benutzt; beide werden in $^0/_{00}$ gemessen (Kasten 2.13). Während die Säuglingssterblichkeit 2005 weltweit 55 $^0/_{00}$ betrug, ist sie in den Industrieländern sehr gering geworden (durchschnittlich 6 $^0/_{00}$); in den Entwicklungsländern war sie 2005 mit durchschnittlich rd. 61 $^0/_{00}$ noch um ein Mehrfaches höher (Afrika 89 $^0/_{00}$, Lateinamerika dagegen 27 $^0/_{00}$) (DSW 2005).

Zur Kennzeichnung des natürlichen Bevölkerungswachstums dient die sog. **Geburtenüberschussrate** oder **Geburtenbilanzrate**. Das ist die **rohe Geburtenrate - rohe Sterberate** (s. demographische Grundgleichung, Kasten 2.11). Bei negativer Rate bedeutet dies ein Defizit der Geburten gegenüber den Sterbefällen, d. h. die Gesamtbevölkerungszahl schrumpft, falls sie nicht durch Zuwanderungen ausgeglichen wird.

Zum generativen Verhalten einer Bevölkerung zählt auch die **durchschnittliche oder mittlere Lebenserwartung bei der Geburt** (in Jahren), für die auf der Erde immer noch beträchtliche Unterschiede, dabei vor allem zwischen Industrie- und Entwicklungsländern, bestehen (Abb. 2.16). Während die mittlere Lebenserwartung der Bevölkerung bei der Geburt in den Industrieländern 2006 allgemein 77 Jahre betrug, wurde für Afrika ein Wert von nur rd. 52 Jahren, für die Entwicklungsländer von durchschnittlich 65 Jahren ermittelt. Die mittlere Lebenserwartung bei der Geburt der Bevölkerung Europas beträgt 75 Jahre, diejenige in Deutschland 79. Von Bedeutung sind darüber hinaus die geschlechtsspezifischen Unterschiede in der Lebenserwartung: eine höhere Lebenserwartung der Frauen in der Welt (69 Jahre) gegenüber der männlichen Bevölkerung (65 Jahre). In den Entwicklungsländern insgesamt sind die geschlechtsspezifischen absoluten Unterschiede (67 Jahre für Frauen, 64 Jahre für Männer) geringer als in den Industriestaaten (80 für Frauen, 73 Jahre für Männer) (DSW 2006).

Die Abb. 2.17 veranschaulicht die weltweite Verteilung der **natürlichen (jährlichen) Wachstumsrate der Bevölkerung**, die sich aus der Differenz zwischen Geburten- und Sterberaten ergibt (s. 2.5.2 und Kasten 2.11) und in Prozent ausgedrückt wird.

2.5.4 Modelle des demographischen Übergangs

(auch „Theorien der demographischen Transformation" genannt) sind idealtypische Ablaufschemata zwischen (rohen) Geburten- und Sterberaten und dem daraus resultierenden natürlichen Bevölkerungswachstum (Wachtumsraten der Bevölkerung oder auch absolutes Bevölkerungswachstum). Das Ursprungsmodell wurde 1945 von F. W. NOTESTEIN (basierend auf Vorarbeiten von W. S. THOMPSON 1929) entwickelt; es bezieht sich auf die in Europa - zuerst in England und Wales - sowie (später) in Nordamerika beobachtete natürliche Bevölkerungsentwicklung. Hier haben sich Geburtlichkeit und Sterblichkeit in den letzten beiden Jahrhunderten in sehr regelhafter Weise entwickelt; man glaubte, daraus schließen zu können, dass jede Bevölkerung einen **demographischen Transformationsprozess** nach diesem Muster durchläuft (vgl. die Modellvarianten des idealtypischen Verlaufs in Abb. 2.18 mit Erläuterung und Abb. 2.19). Wichtig an dem Prozess der Transformation ist, dass zunächst die Sterberate absinkt, während der Rückgang der Geburtenrate erst am Ende der früh- bzw. in einer mitteltransformativen Epoche stattfindet. Die Überprüfung der Modelle anhand von **Industriestaaten** ergab weitgehende Übereinstimmungen (Abb. 2.20 mit Erläuterung).

Um 1980 war nur noch ein Teil der Entwicklungsländer in die frühtransformative Phase einzuordnen (vorwiegend im tropischen Afrika und Indien). Der Transformationsprozess ist in diesen Ländern bislang

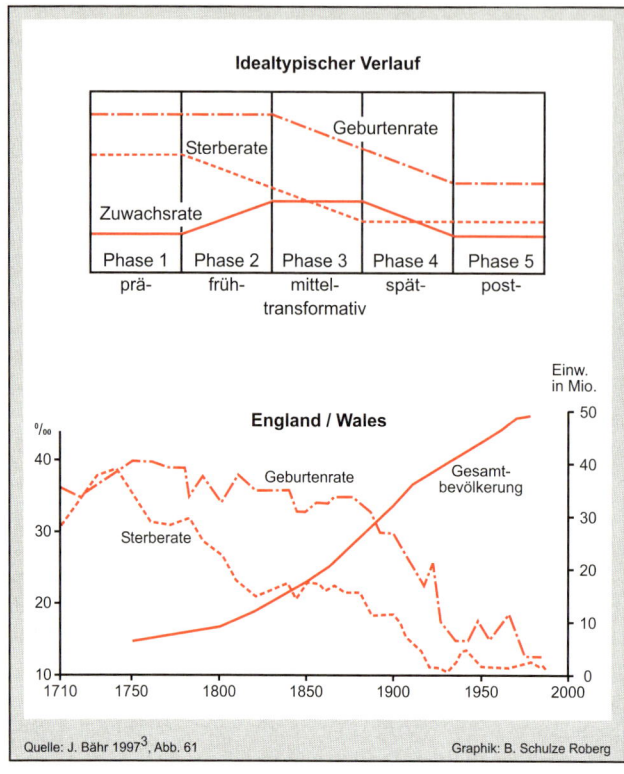

Quelle: J. Bähr 1997[3], Abb. 61   Graphik: B. Schulze Roberg

Abb. 2.18
Idealtypischer Verlauf des demographischen Übergangs (I) und Ablauf in England/Wales (II) nach J. Bähr 1997[3]

An die Modelle (s. Abbn. 2.18 und 2.19) lassen sich u. a. die folgenden Thesen knüpfen: In der Ausgangssituation (prä-transformative Phase), d. h. vor Beginn des Transformationsprozesses, bestanden hohe Geburten- und (häufig stark fluktuierende) Sterberaten, am Ende der Entwicklung (post-transformative Phase) demgegenüber sehr viel niedrigere und sich kurzfristig (vor allem in Bezug auf die Sterberate) kaum noch verändernde Ziffern.

Den zwischen diesen beiden Phasen eines relativen Gleichgewichts liegenden Entwicklungsabschnitt nennt man den **demographischen Übergang**.

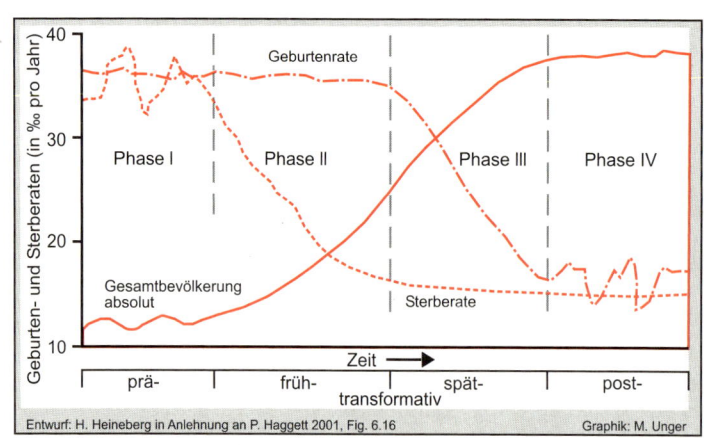

Entwurf: H. Heineberg in Anlehnung an P. Haggett 2001, Fig. 6.16   Graphik: M. Unger

Abb. 2.19
Modell des demographischen Übergangs in Anlehnung an P. Haggett 2001 (mit eigenen Ergänzungen)

nur in Ausnahmefällen zum Abschluss gekommen.

Nach J. Bähr (1984, S. 548-549) gilt, dass die Beschreibungs- und Klassifikationsfunktionen des demographischen Übergangs wohl allgemein anerkannt sind; jedoch variieren Anzahl und Bezeichnungen der einzelnen Phasen des Modells je nach Au-

Abb. 2.20
Schematische Darstellungen der Dauer des demographischen Übergangs in ausgewählten Industriestaaten
Auf den zunächst in England und Wales zu beobachtenden demographischen Übergang folgten weitere Staaten mit allerdings späterem Beginn des demographischen Übergangs. Auch Japan oder etwa Argentinien und Uruguay sowie andere kleinere Staaten haben diesen Prozess durchlaufen, wobei für Japan der späte, jedoch sehr rasche Prozess der Transformation (erst ab ca. 1920) festgestellt wurde.

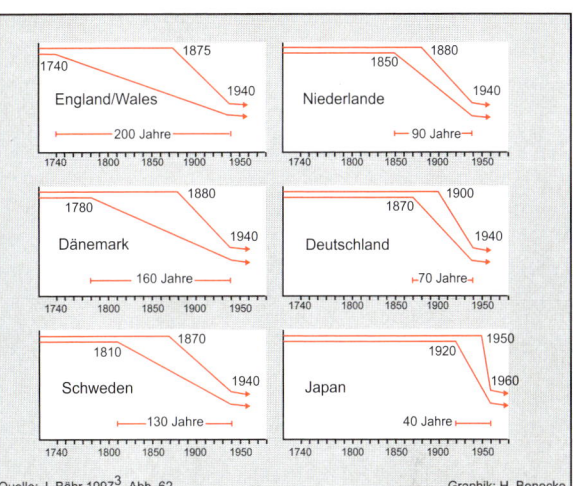

Quelle: J. Bähr 1997³, Abb. 62   Graphik: H. Benecke

tor. Modelle des demographischen Übergangs stellen allerdings nur bedingt eine historisch gültige Beschreibung des (europäischen) Bevölkerungswachstums dar, denn Beginn und Dauer der Transformation stimmen häufig nicht überein (vgl. Abb. 2.20).

Die Modelle sind kulturspezifisch und historisch zu relativieren, insbesondere besteht die Gefahr der Verallgemeinerung europäischer Schemata. Außerdem sind die den demographischen Übergang bestimmenden Faktoren und ihre wechselseitigen Beziehungen nicht hinreichend geklärt. Auch ist umstritten, ob und inwieweit Modelle des demographischen Übergangs einen Beitrag zur Erklärung der Veränderungen und zur Prognose künftiger Bevölkerungsentwicklungen, insbesondere in Bezug auf Entwicklungs- oder Schwellenländer, leisten können; die Modelle sind nur sehr bedingt auf Entwicklungsländer übertragbar, da wir für die Entwicklungsländer z. B. keine „typische Dauer" der Übergangsphase kennen.

Zu beachten ist außerdem, dass das Ursprungsmodell vor mehr als fünfzig Jahren entwickelt wurde und dass sich zwischen-

zeitlich in vielen Industrieländern eine jüngere („post-post-transformative") Phase der natürlichen Bevölkerungsentwicklung mit einer weiteren Angleichung der Geburten- an die Sterberaten bis hin zu einem (teilweisen) Absinken der rohen Geburtenraten unter die Werte der rohen Sterberaten mit daraus resultierendem negativen natürlichen Bevölkerungswachstum entwickelt hat. Beispielsweise betrug in Deutschland im Jahre 2006 die Geburtenrate 8 $^0/_{00}$, die Sterberate dagegen 10 $^0/_{00}$ (DSW 2006).

Hinzu kommt, dass beim demographischen Übergang die rohen Geburten- und Sterberaten berücksichtigt werden und nicht etwa spezielle Fruchtbarkeitsraten (z. B. die allgemeine oder totale Fruchtbarkeitsrate, s. 2.5.3), was zu anderen Aussagen führen würde. Trotz der genannten Einschränkungen kommt Modellen des demographischen Übergangs jedoch eine erhebliche didaktische Bedeutung zu.

 # Wohnsitzwechsel

2.6 Räumliche Bevölkerungs-mobilität

2.6.1 Differenzierung des Mobilitätsbegriffs (vgl. Kasten 1.3 und Abb. 2.21). Betrachtet man die regionale Ebene, so ist die Bevölkerungsentwicklung häufig weniger durch Unterschiede der natürlichen Bevölkerungsentwicklung (Differenz zwischen Geburten- und Sterbefällen) als vielmehr durch sog. Wanderungsvorgänge beeinflusst. Dies sind i. Allg. vorrangig Binnenwanderungen, weniger internationale Wanderungen.

Wanderung (auch **Migration** genannt) lässt sich im Sinne der amtlichen Statistik wie folgt definieren: sie ist jeder Wohnsitzwechsel über Gemeindegrenzen hinweg. Wohnsitzwechsel innerhalb einer Gemeinde werden als **Umzüge** statistisch ausgewiesen. Aus geographischer Sicht kann der Begriff Wanderung auch unabhängig von dem „Überspringen" von Gemeindegrenzen verwendet werden (z. B. **innerstädtische** oder **intraurbane Wanderung**).

Wichtig ist weiterhin, dass der Terminus Wanderung nicht deckungsgleich mit dem Begriff „**räumliche Mobilität**" ist, denn es gibt auch räumliche Mobilitäten ohne Wohn-

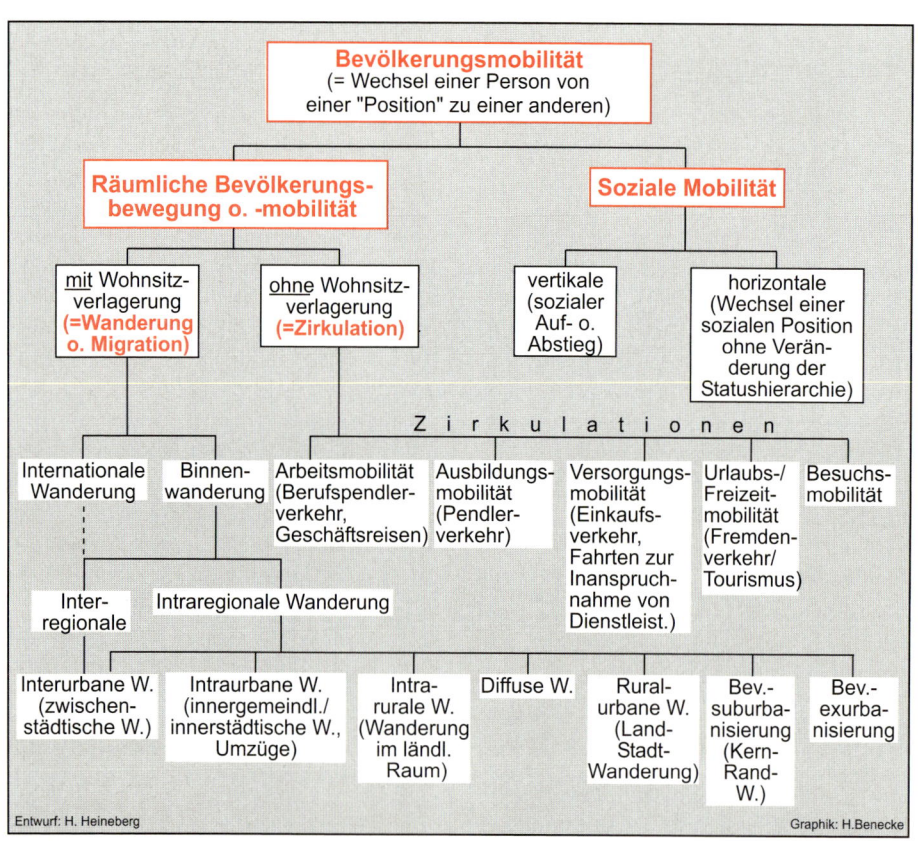

Abb. 2.21 Die Differenzierung der Bevölkerungsmobilität

Wanderung vs. Zirkulation

Erläuterungen
(mit alternativen Bezeichnungen)
zu Abb. 2.22:

(1) **Interregionale Wanderungen**
= zwischen einzelnen Regionen, auch international

(2) **Intrarurale Wanderungen**
= Wanderungen im ländlichen Raum

(3) **Rural-urbane Wanderungen**
= Land-Stadt-Wanderungen

(4) **Interurbane (o. zwischenstädtische) Wanderungen**

(5) **Bevölkerungssuburbanisierung**
= (meist) Kern-Rand-Wanderungen
oder Stadt-Umland-Wanderungen
in (groß-)städtischen Räumen

(6) **Diffuse Wanderungen**,
z. B. Wanderungen von Schaustellern

(7) **Intraurbane (o. innerurbane o. innerstädtische) Wanderungen**

Abb. 2.22
Modell der Wanderungstypen im System der Zentralen Orte nach G. Kortum

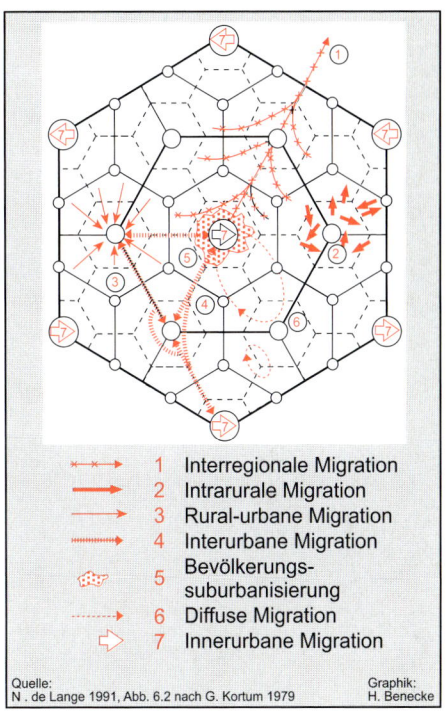

↦	1	Interregionale Migration
→	2	Intrarurale Migration
→	3	Rural-urbane Migration
⋯→	4	Interurbane Migration
🝰	5	Bevölkerungs-suburbanisierung
⇢	6	Diffuse Migration
⇨	7	Innerurbane Migration

Quelle: N . de Lange 1991, Abb. 6.2 nach G. Kortum 1979   Graphik: H. Benecke

sitzwechsel (sog. **Zirkulationen**) (s. Abb. 2.21). Dazu zählen der Berufspendler- und Ausbildungspendlerverkehr oder etwa auch Versorgungs- bzw. Einkaufs-, Urlaubs- oder Besuchsverkehre, wobei der Ausgangspunkt i. Allg. jeweils die eigene Wohnung ist, zu der man auch zurückkehrt (daher 'Zirkulation'). Verwirrungen treten durch die gelegentliche falsche Bezeichnung Pendelwanderung anstelle des Begriffs Pendlerverkehr (oder auch Pendelverkehr) als Mobilität zwischen Wohnung und Arbeits- oder Ausbildungsstätte auf.

2.6.2 Wanderungstypen. Dieser Abschnitt bezieht sich inhaltlich auf das ursprünglich von G. KORTUM (1979) veröffentlichte - allerdings dort im Titel leider nicht ganz zutreffende - „Modell räumlicher Mobilitätstypen" (vgl. Abb. 2.22 mit anderer Benen-

nung und Erläuterung). Darin sind unterschiedlichste Wanderungs- oder Migrationstypen nach verschiedenen räumlich-distanziellen Dimensionen auf der Grundlage einer Region mit einem hexagonalen System der Zentrale Orte veranschaulicht.

Diese nach Distanz und Bewegung unterschiedenen Wanderungstypen lassen sich nach ihrem räumlichen, aber auch zeitlichen Verlauf weiter bzw. auch in anderer Weise unterscheiden (**Differenzierung der Wanderungstypen nach raumzeitlichem Verlauf**), und zwar in **Direkt- oder Etappenwanderungen**. Etappen- oder stufenweise Wanderungen (engl. *step-wise migrations*) verlaufen z. B. in Entwicklungländern (Abb. 2.23) häufig so, dass „zunächst vom ländlichen Raum in ein nahegelegenes regionales Zentrum gewandert wird, von dort in die nächst größere Stadt, bis schließlich als End-

Etappenwanderungen

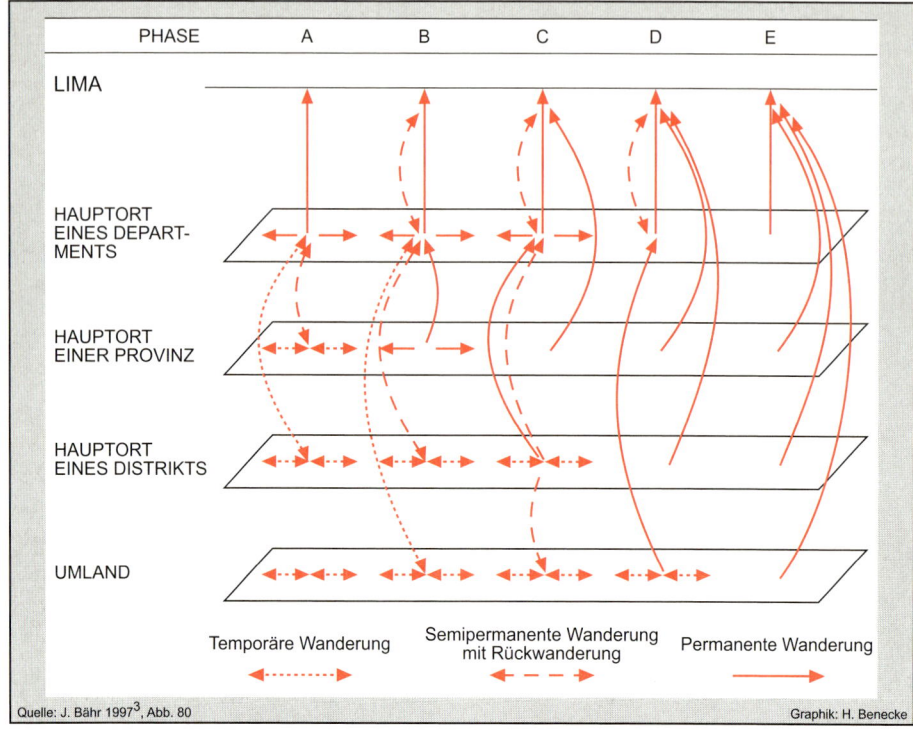

Quelle: J. Bähr 1997³, Abb. 80   Graphik: H. Benecke

Abb. 2.23 Modell des raumzeitlichen Ablaufs von Wanderungen in Peru nach R. Skeldon 1977

ziel die Landeshauptstadt und ein damit vergleichbarer Ballungsraum erreicht ist. Vor allem in Regionen, die in relativ weiter Entfernung zu den großen Metropolen liegen, spielt die Etappenwanderung eine bedeutsame Rolle" (J. BÄHR 2004⁴, S. 317).

Die Direkt- oder Etappenwanderungen lassen sich noch weiter gliedern, z. B. nach ihrer **Periodizität und Dauer des Aufenthaltes** (u. a. temporäre Wanderung, semipermanente Wanderung mit Rückwanderung, saisonale Wanderung, permanente Wanderung).

Eine weitere Differenzierung ist nach der jeweiligen **Organisationsform der Wanderung** möglich, z. B. als **Einzel-, Gruppenoder Massenwanderungen**.

Unterschieden werden kann auch nach den **demographischen und sozialen Merkmalen der Wandernden**. Es können beispielsweise bei Direkt- und Etappenwanderungen in Entwicklungsländern, u. a. in Lateinamerika, beträchtliche sozialgruppenspezifische und zugleich räumliche Unterschiede bestehen. „So ist der Anteil der direkten Zuzüge bei den besser ausgebildeten Migranten gewöhnlich überdurchschnittlich hoch; der Umfang der Etappenwanderung ist aber auch von der Flächengröße der Staaten bzw. Regionen, ihrer verkehrsmäßigen Erschließung sowie der Struktur des Städtesystems abhängig" (J. BÄHR 2004⁴, S. 317). Als demographische und soziale Merkmale bei Wandernden sind weiterhin z. B. Geschlecht, Alter, Familienstand, Religion,

Rasse, Beruf oder Haushaltsstruktur zu unterscheiden.

Es lässt sich zudem eine ganze Reihe **spezieller Wanderungsformen** nach bestimmten Wanderungsmotiven bezeichnen, z. B. Arbeiterwanderungen (Wanderarbeiter), Ausländer- oder Gastarbeiterwanderungen, Remigration, illegale Wanderungen (u. a. Wirtschaftsflüchtlinge von Mexiko in die USA), Flüchtlingswanderungen aufgrund kriegerischer Ereignisse.

Wanderungstypen lassen sich auch auf bestimmte **Raumkategorien** beziehen. So entwickelte beispielsweise W. Kuls (1980) ein zusammenfassendes **Modell typischer, nach dem Lebenszyklus differenzierter Wanderungsvorgänge im Großstadtbereich** (monozentrale Stadtregion) (s. Abb. 2.24 mit Erläuterung). Unterschieden werden darin die Wanderungen nicht nur nach

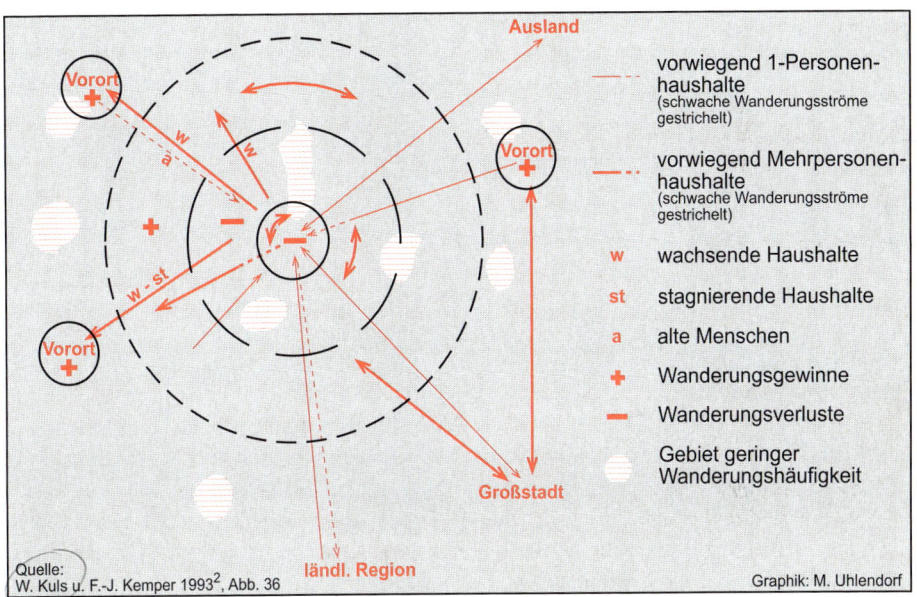

Quelle:
W. Kuls u. F.-J. Kemper 1993[2], Abb. 36

Graphik: M. Uhlendorf

Abb. 2.24 Modell typischer Wanderungsvorgänge im Großstadtbereich

Wanderungsprozesse im Großstadtbereich nach Abb. 2.24:

(1) Zuwanderungen von außen werden überwiegend von Einpersonen-Haushalten getragen. Sie sind auf den Kernbereich gerichtet (z. B. Studierende in der Universitätsstadt Münster).
(2) Demgegenüber orientieren sich die wachsenden oder auch stagnierenden Mehrfamilienhaushalte zentrifugal, d. h. von innen nach außen, in Richtung Stadtrandgebiete oder Vororte (vor allem wohnorientierte Wanderungen im Rahmen des Suburbanisierungsprozesses, häufig verbunden mit dem Erwerb von Wohneigentum).

(3) Ältere Haushalte wandern (mit allerdings schwach ausgeprägten Intensitäten) häufig wieder aus Vororten zurück in die inneren Stadtbereiche (z. B. zu Altenheimen).
(4) Die inneren Stadtbereiche sind insgesamt durch Wanderungsverluste, die äußeren und die Vororte demgegenüber durch Wanderungsgewinne gekennzeichnet.
(5) In allen Teilen der Stadtregionen bestehen Teilräume mit geringer Wanderungshäufigkeit, d. h. mit einem hohen Anteil an Bevölkerung, die sich in verschiedenen Phasen des Lebenszyklus aus den unterschiedlichsten Gründen immobil verhält.

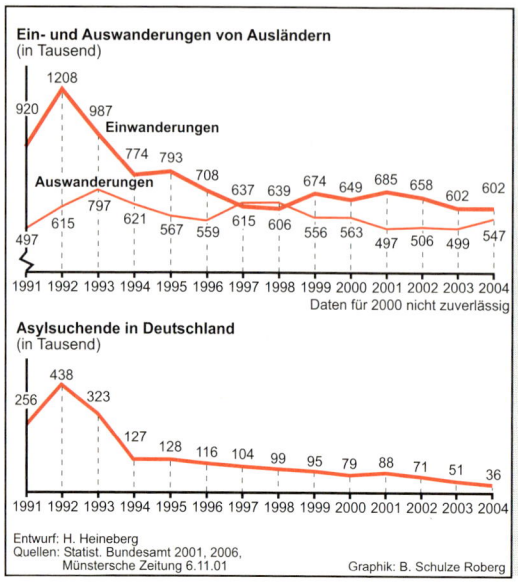

Ein- und Auswanderungen von Ausländern (in Tausend)

Einwanderungen: 920, 1208, 987, 774, 793, 708, 637, 639, 674, 649, 685, 658, 602, 602

Auswanderungen: 497, 615, 797, 621, 567, 559, 615, 606, 556, 563, 497, 506, 499, 547

1991 1992 1993 1994 1995 1996 1997 1998 1999 2000 2001 2002 2003 2004
Daten für 2000 nicht zuverlässig

Asylsuchende in Deutschland (in Tausend)

256, 438, 323, 127, 128, 116, 104, 99, 95, 79, 88, 71, 51, 36

1991 1992 1993 1994 1995 1996 1997 1998 1999 2000 2001 2002 2003 2004

Entwurf: H. Heineberg
Quellen: Statist. Bundesamt 2001, 2006,
Münstersche Zeitung 6.11.01

Graphik: B. Schulze Roberg

Von besonderem - auch innenpolitischen - Interesse sind die jährlichen Zu- und Fortzüge von Ausländern sowie die Anzahl von Asylbewerbern in der Bundesrepublik Deutschland (s. Abb. 2.25). Die Wanderungssalden für Ausländer in Deutschland haben sich seit Beginn der 1990er Jahre verringert und waren zeitweise (1997-98) sogar negativ. Besonders deutlich ist auch der Rückgang der Asylsuchenden, deren Anzahl im Jahr 2004 auf den geringsten Wert von 35.607 geschrumpft ist, darunter 39,2 % aus Asien, 37 % aus dem übrigen Europa (vor allem aus der Türkei, Serbien und Montenegro sowie der Russischen Föderation) und 22,6 % aus Afrika.

Abb. 2.25   **Zu- und Fortzüge von Ausländern sowie Asylbewerber in der BRD 1991-2004**

Distanz, Stärke und Bewegung, sondern auch nach wichtigen sozialen Merkmalen (Haushaltsstuktur und -wachstum, altersspezifische Wanderung).

2.6.3 Maßzahlen der Wanderungsstatistik.

Anstelle der Begriffe Wanderungsgewinne und Wanderungsverluste werden häufig auch **Zuwanderungs- oder Abwanderungsüberschuss** benutzt. Die übergreifende Bezeichnung ist der **Wanderungssaldo** oder die **Wanderungsbilanz**; das ist die Differenz zwischen Zu- und Abwanderungen bzw. Zu- und Fortzügen in einer (administrativen) räumlichen Einheit, die positiv oder negativ sein kann (vgl. die demographische Grundgleichung, s. 2.5.2 mit Kasten 2.11). Beispielsweise ist die Bevölkerungszahl der Bundesrepublik Deutschland in den vergangenen Jahren nur durch positive Wanderungssalden gewachsen; im Jahre 2003 war jedoch der Wanderungsaldo von rd. +142.845 Personen geringer als die Bilanz der natürlichen Bevölkerungsentwicklung (-

147.225), die seit Jahren sogar permanent negativ war (STATIST. BUNDESAMT).

Abb. 2.25 veranschaulicht die Entwicklung der Ein- und Auswanderungen von Ausländern (und deren Differenzen) sowie die Zuwanderungen von Asylsuchenden in Deutschland seit 1991.

Die Summe aus Zu- und Abwanderungen bzw. Zu- und Fortzügen wird **Wanderungsvolumen** genannt (z. B. 2003 rd. 1,397 Mio. für die BRD als Zu- und Fortzüge im Rahmen der Außenwanderung) (STATIST. BUNDESAMT 2005).

Der Quotient aus Wanderungssaldo und Wanderungsvolumen ist die sog. **Effektivitätsziffer** (z. B. ergab sich 2003 für die BRD ein Wert von 0,10). Die Effektivitätsziffer nimmt Werte zwischen -1 (nur Fortzüge) und +1 (nur Zuzüge) an; d. h., der jeweilige Wert ist um so größer, je stärker die Zuzüge dominieren.

Eine andere wichtige Maßzahl ist die sog. **Mobilitätsziffer**, d. h. das Wanderungsvolumen pro 1000 Einw.. Es lassen sich auch

moderne Gesellschaft = sehr mobil !

Erläuterung der Abb. 2.26
(vgl. auch J. Bähr 2004[4], S. 250ff.):
(I) Vorindustrielle, traditionelle Gesellschaft (*Premodern traditional society*). Die Bevölkerung war insgesamt durch ein geringes Maß an räumlicher Mobilität gekennzeichnet.Der jeweilige Aktionsradius war meist sehr klein (allerdings sind in vorindustriellen Phasen auch Völkerwanderungen vorgekommen). In dieser Epoche war - entsprechend den Modellen des demographischen Übergangs (s. 2.5.4) - zugleich die Bevölkerungszunahme (bei zwar hoher Natalität bzw. Fertilität, aber gleichzeitig großer Mortalität) gering.
(II) Mit dem Öffnen der Schere zwischen Geburten- und Sterberate und dem dadurch bedingten Bevölkerungszuwachs oder -druck beginnen in der **frühen Transformations- oder Übergangsgesellschaft** (*Early transitional society*) die Wanderungen erheblich an Bedeutung. Es sind zum einen Auswanderungen zwecks Besiedlung

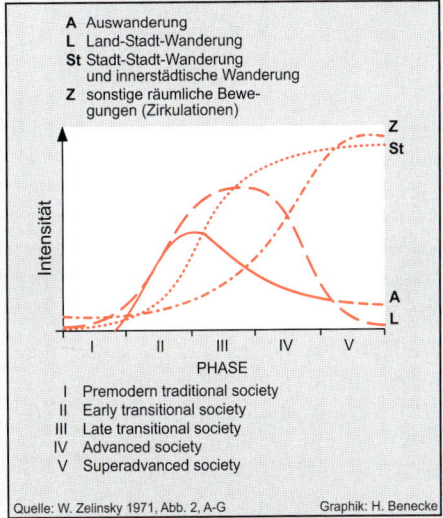

A   Auswanderung
L   Land-Stadt-Wanderung
St   Stadt-Stadt-Wanderung und innerstädtische Wanderung
Z   sonstige räumliche Bewegungen (Zirkulationen)

PHASE
I   Premodern traditional society
II   Early transitional society
III   Late transitional society
IV   Advanced society
V   Superadvanced society

Quelle: W. Zelinsky 1971, Abb. 2, A-G   Graphik: H. Benecke

Abb. 2.26 Modell der Mobilitätstransformation nach W. Zelinsky

fremder, nicht oder dünn besiedelter Erdräume, zum anderen aber auch Land-Stadt-Wanderungen (meist als Land-Industrie-Wanderungen). Hinzu kommen - wenngleich abgeschwächter - auch Stadt-Stadt-Wanderungen sowie innerstädtische Wanderungen.
(III) In der Folgezeit stagniert das natürliche Bevölkerungswachstum, oder es geht zurück; zugleich treten deutliche Veränderungen in der Art der räumlichen Mobilität auf. So gewinnen in **der späten Transformationsphase** (*Late traditional society*) die Migrationen zwischen sowie innerhalb von Städten an stark wachsender Bedeutung, während die Land-Stadt-Wanderungen ihren Höhepunkt erreichen und die Auswanderungen sogar deutlich an Gewicht verlieren. In dieser Epoche beginnen demgegenüber die sonstigen räumlichen Bewegungen (Zirkulationen) an Intensität zu wachsen.
(IV) In der **modernen Gesellschaft** (*Advanced society*) ist der demographische Transformationsprozess zum Abschluss gekommen. In dieser Epoche ist die Gesellschaft hochmobil. Dabei nehmen v. a. die Zirkulationen (darunter insbes. die Pendlerverkehre und Freizeitmobilität mit ihren jeweiligen Reichweiten) noch ganz erheblich zu, und die Stadt-Stadt- sowie die innerstädtischen Wanderungen haben ein bis dahin nicht gekanntes Maß erreicht. Zu den letztgenannten zählen etwa auch Wanderungen ungelernter ausländischer Arbeitskräfte, während demgegenüber Auswanderungen, u. a. nach Übersee, von immer geringer werdender Bedeutung sind.
(V) Auch die zukünftige **nachindustrielle Gesellschaft** (*Superadvanced society*) ist durch ein hohes Maß an Mobilität gekennzeichnet. Dies betrifft insbesondere die freizeitorientierte Mobilität, während nach Zelinsky jedoch in einigen Bereichen - insbes. in Bezug auf die Land-Stadt-Wanderungen und die Auswanderungen - eine Abschwächung der Mobilität zu erwarten ist. Auch werden die Entwicklung und die Verbesserung der Kommunikationssysteme einige Arten von Raumbewegungen reduzieren oder überflüssig machen (z. B. Verringerung des Berufspendlerverkehrs).

spezielle Mobilitätsziffern in der Differenzierung nach bestimmten sozialen Merkmalen berechnen (z. B. altersspezifische Mobilitätsziffer).

2.6.4 Modell der Mobilitätstransformation (vgl. Abb. 2.26 mit Erläuterung). Wie unter 2.6.1und 2.6.2 ausgeführt wurde, sind die Erscheinungsformen der räumlichen Mobilität sehr unterschiedlich. Diesbezüglich können zwischen einzelnen Kulturräu-

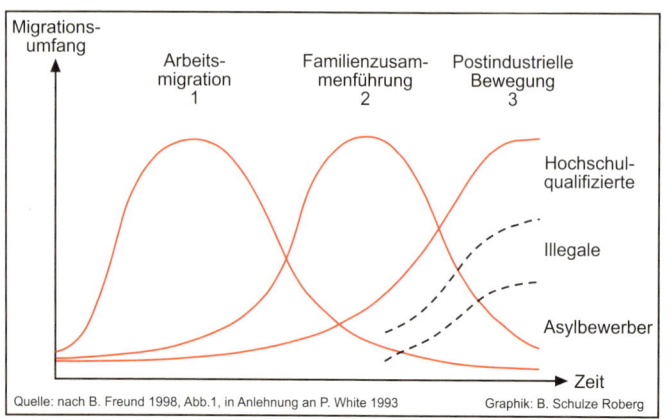

**Abb. 2.27
Drei Wellen
internationaler
Wanderungen in
Europa seit 1950
nach B. Freund**

men, insbesondere zwischen den Industriestaaten und Entwicklungsländern, im Einzelnen erhebliche Unterschiede auftreten, vor allem auch dann, wenn man die zeitliche Komponente mitberücksichtigt. In gewisser Analogie zu Modellen des demographischen Übergangs (vgl. 2.5.4) ist von W. ZELINSKY (1971) das sog. Modell der Mobilitätstransformation entwickelt worden; dies bezieht sich auf Veränderungen in hochentwickelten Staaten.

Grundüberlegung des Modells ist: Es bestehen Zusammenhänge zwischen dem jeweiligen sozioökonomischen Entwicklungsstand und dem räumlichen Mobilitätsverhalten. Unterschieden wird dabei zwischen dem zeitlichen Verlauf und der Intensität der Auswanderung (A), der Land-Stadt-Wanderung (L), Stadt-Stadt-Wanderung und innerstädtischen Wanderung (St) sowie den sonstigen räumlichen Bewegungen, d. h. den Zirkulationen. Der Zeitablauf wird - ähnlich dem Modell des demographischen Übergangs - in Phasen gegliedert, wobei allerdings die letzte die Zukunftsentwicklung betrifft.

Vergleichbar mit Modellen des demographischen Übergangs bildet auch das Ablaufschema der räumlichen Mobilität lediglich einen groben Orientierungsrahmen, der zu

dem nicht ohne weiteres von Industrie- auf Entwicklungsländer zu übertragen ist. Hinzu kommt, dass es auch im Wesentlichen deskriptiv und nicht erklärend ist. So werden die für die einzelnen Mobilitätsvorgänge entscheidenden sozialen, wirtschaftlichen, politischen und auch technischen Einflussfaktoren, die bei der jeweiligen Einzelanalyse zu berücksichtigen wären, nicht deutlich.

2.6.5 Wanderungsgründe oder -motive. Wanderungen lassen sich auch differenzieren nach den jeweils zugrundeliegenden Wanderungsgründen oder -motiven. Wanderungsmotive werden zumeist indirekt erfasst (verbreitetes Verfahren der Motivforschung); die indirekte Methode lässt allerdings nur Deutungen zu, auch kann i. Allg. nur das durchschlagendste Motiv festgestellt werden. Jedoch gibt es in der Realität für den Wanderungswilligen meist ein ganzes Bündel von Beweggründen für die Wanderung.

Als **Hauptmotive zur Erklärung von Wanderungen** kann man in Anlehnung an eines der grundlegenden demographischen Werke zur „Analyse der räumlichen Bevölkerungsbewegung" von K. SCHWARZ (1969) drei Gruppen mit allerdings jeweils einer

(Gründe nach H. Schwarz)

Vielzahl von Einzelmotiven unterscheiden:

(1) **Persönliche Motive**, z. B. Eheschließungen und -scheidungen, Todesursachen, Erwerbsaufgabe (Altersruhesitze), gesundheitliche Gründe, Familienzusammenführungen (s. auch Abb. 2.27).

(2) **Immaterielle Motive**, z. B. Suche eines Wohnortes mit besseren Wohn- und Freizeitmöglichkeiten, landschaftliche Vorzüge eines Raumes, Wunsch nach abwechslungsreichem städtischen Leben, Angebot kultureller Leistungen, sprachliche, religiöse u.a. Gründe.

(3) **Materielle Motive**, z. B. Wohnsitz mit besseren Ausbildungs- oder Arbeitsmöglichkeiten (Schule, praktische Berufsausbildung etc.), Berufswechsel, Einkommensunterschiede in der gleichen beruflichen Position, Unsicherheit des Arbeitsplatzes, Unterschiede der Situation auf dem Arbeitsmarkt; beispielsweise ist bei guter Konjunktur eine große Mobilität zu erwarten.

Wesentliche Einflüsse auf Stärke und Richtung der Wanderungsströme sind früher von der Aufwärts- sowie auch Abwärtsentwicklung in standortgebundenen Wirtschaftszweigen ausgegangen, u. a. vom Bergbau oder der Werftindustrie. Von noch größerem Einfluss auf die räumliche Mobilität war z. B. in den vergangenen Jahrzehnten das Freiwerden überschüssiger Arbeitskräfte in der Landwirtschaft.

Zu den Problemen der Erfassung der Wanderungsmotive zählt, dass - wie bereits angedeutet - sehr häufig **Mehrfachmotivationen** die Ursachen von Migrationsentscheidungen sind; dies ist besonders bei Familienwanderungen gegeben. Die Problematik besteht nun in der Erfassung aller Motive und in deren anschließender Gewichtung.

Häufig ist es nur möglich oder auch sinnvoll, einzelne **Motivgruppen** in Bezug auf Wanderungstypen zu unterscheiden. So sind die interregionalen Wanderungen oder „Fernwanderungen" am stärksten ökonomisch induziert, d. h. es sind vornehmlich sog. **arbeitsorientierte Wanderungen**. In der modellartigen Darstellungen der Abb. 2.27 sind Hauptmotive internationaler Wanderungen in Europa (Arbeitsorientierung und Familienzusammenführung für die ersten beiden „Wellen") gekennzeichnet.

Bei „Nahwanderungen" spielen berufliche und wirtschaftliche Gründe i. Allg. eine geringe Rolle; dies ergibt sich schon daraus, dass diese Wohnungsveränderungen sehr häufig nicht von einem Wechsel des Arbeitsplatzes begleitet sind. Es handelt sich also sehr oft um **wohnungsorientierte Wanderungen**. Diese sind besonders bei den Randwanderungen in Verdichtungsräumen zu erwarten (Bevölkerungssuburbanisierung, s. auch Abb. 2.22).

Grundsätzlich gilt, dass sich häufig große Unterschiede im Anteil der einzelnen Motive je nach Alter, Geschlecht, Familienstand, sozialer Stellung, beruflicher Qualifikation, Beteiligung am Erwerbsleben und Wirtschaftsbereich der Berufstätigkeit etc. ergeben. Jedoch sagt das Vorherrschen oder Zurücktreten einzelner Wanderungsmotive noch nichts über ihren Effekt für die Bevölkerungsentwicklung.

2.6.6 Ansätze der Wanderungsforschung. Wanderungen lassen sich nicht nur beschreiben, sondern - wie die erste Einführung in die Wanderungsmotivforschung (2.6.5) gezeigt hat - auch erklären. Zur Analyse und Erklärung von Wanderungen gibt es auch eine Reihe grundlegender Forschungsansätze, Theorien oder Modelle (vgl. Kästen 2.14 und 2.15).

Das Schwergewicht der Wanderungsforschung lag lange Zeit bzw. liegt auch wohl heute noch auf der **Analyse von Wanderungsströmen**, deren Daten häufig von der amtlichen Statistik aggregatmäßig, d. h. für (größere) Raumeinheiten, bereitgestellt werden. Man spricht daher auch von der **kollektivistischen Analyse von Wanderungen** oder der **Analyse von Aggregatdaten** bzw. **Makroanalyse** (M. Vanberg 1975). Oftmals fehlen jedoch Daten über Wanderungsströme (z. B. für Großbritannien aufgrund nicht vorhandener Meldepflicht der Bevölkerung); häufig ist lediglich die Berechnung von Wanderungssalden möglich.

Die bislang in der Wanderungsforschung vorherrschenden kollektivistischen Wanderungsanalysen, die sich also vorzugsweise massenstatistischer Daten zur Beschreibung und Interpretation von Wanderungsströmen bedienen, sind aus verschiedenen Gründen problematisch. Zum einen sind die zugrundeliegenden Daten der amtlichen Wanderungsstatistik zu stark aggregierte, d. h. für bestimmte Gebietseinheiten zusammengefasste Daten. Zum anderen sagt die Anzahl gewanderter Personen einer räumlichen Bezugseinheit pro Erhebungszeitraum, so wie es von der Statistik ausgewiesen wird, nichts über den Familienzusammenhang der Gewanderten aus; z. B. können mitziehende Kinder nicht in gleichem Sinne als Wandernde zählen wie der Haushaltsvorstand.

Auch für die sog. **erklärenden Variablen** (**Wanderungsgründe**), wie etwa Alter, Ausbildung, Erwerbstätigkeit der Gewanderten etc. (s. 2.6.5), liegen Daten i. Allg. nur in beschränkter und zudem stark aggregierter Form vor. Werden Wanderungsdaten mit derartigen Variablen in Beziehung gebracht, z. B. mit Hilfe statistischer Korrelationsana-

---

Kasten 2.14 „Migrationsgesetze" von E. G. Ravenstein (1885/89)

Nach J. Bähr (1997[3], S. 290) waren die von E. G. Ravenstein formulierten „Migrationsgesetze" die erste systematische Beschäftigung mit Wanderungsvorgängen, die weitere wissenschaftliche Arbeiten anregte. „Die stürmische industrielle Entwicklung in der zweiten Hälfte des vorigen Jahrhunderts lenkte die Aufmerksamkeit Ravensteins auf die dadurch beeinflußte Verlagerung der arbeitenden Bevölkerung. In einer empirischen Untersuchung der englischen Binnenwanderung zwischen 1871 und 1881 mittels der Auswertung von Zensusdaten glaubte er, „Gesetze" der Wanderungen herausarbeiten zu können, die Ablauf und Stärke der Mobilität erklären" (ebd. , S. 290f.).

In Anlehnung an D. B. Grigg (1977) hat J. Bähr wichtige Resultate Ravensteins wie folgt zusammengefasst:

„ 1. Die Mehrzahl der Migranten wandert nur über kurze Distanzen.

2. Die Wanderung verläuft vielfach in Etappen.

3. Personen, die über größere Distanzen wandern, bevorzugen als Zielgebiete die großen Industrie- und Handelsstädte.

4. Zu jedem Wanderungsstrom gibt es auch eine gegenläufige Bewegung.

5. Die Landbevölkerung ist stärker als die Bewohner von Städten an den Wanderungsvorgängen beteiligt.

6. Frauen wandern häufiger als Männer über kurze Distanzen, Männer dagegen häufig über weite Entfernungen und insbesondere nach Übersee.

7. Die meisten Migranten sind alleinstehende Erwachsene; Familien wandern vergleichsweise gering.

8. Städte wachsen stärker durch Wanderungsgewinne als durch die natürliche Bevölkerungszunahme.

9. Das Wanderungsvolumen nimmt mit der industriellen Entwicklung und der Verbesserung des Transportwesens zu.

10. Die bedeutendsten Wanderungsströme sind von ländlichen Gebieten auf Städte gerichtet.

11. Die wichtigsten Wanderungsgründe liegen im ökonomischen Bereich (ebd., S. 291)."

Ravenstein: Stadt-Land-Wanderung am bedeutendsten!

Kasten 2.15 Typen von Wanderungstheorien und -modellen
in Anlehnung an J. Desbarats (1983) und J. Bähr (1997[3], Abb. 70 u. S. 291ff.)

Deterministische (traditionelle „objektive")
Modelle (insbes. Gravitations- oder Distanzmodelle, „*push- and pull*"-Modelle)

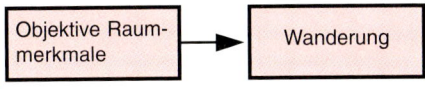

Gravitations- oder Distanzmodelle
versuchen, Zusammenhänge zwischen Wanderungshäufigkeit und Entfernung mathema-
tisch zu fassen. Als demographische Abwand-
lung des Newtonschen Gravitationsgesetzes
der Physik lässt sich die Gravitationskraft
zweier Massen durch die **Interaktionskraft** I_{ij}
zweier „Bevölkerungsmassen" (P_i und P_j) wie
folgt ersetzen (vgl. auch die Abwandlungen
der Formel in J. Bähr 1997[3], S. 295):

$$I_{ij} = \frac{P_i \cdot P_j}{D_{ij}}$$

wobei D_{ij} die jeweilige Distanz zwischen P_i und
P_j

„*Push- and pull*"-Modelle
analysieren die sozioökonomische Situation
im Herkunfts- und Zielgebiet und setzen diese
zu den beobachteten Wanderungsströmen in
Beziehung. Dabei werden die abstoßenden
Kräfte des Herkunftsgebietes (*push*-Faktoren)
den anziehenden des Wanderungsziels (*pull*-
Faktoren) gegenübergestellt.

Verhaltens- und entscheidungs-
theoretische Modelle

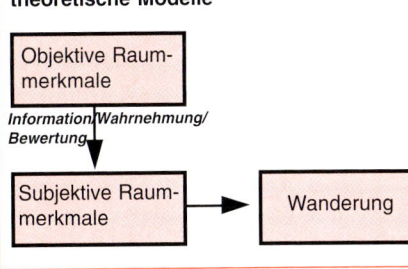

Diese Modelle berücksichtigen nicht so sehr
die „objektiven" Merkmale der Herkunfts-
und Zielgebiete von Wanderungen,
„sondern deren „subjektive Interpretation"
aufgrund eingeschränkter Wahrnehmung
und individueller Bewertung" (ebd., S. 293)
sowie Entscheidungsfindung durch Individuen
(vgl. Abb. 2.28 in diesem Band).

***Constraints*-Modelle**

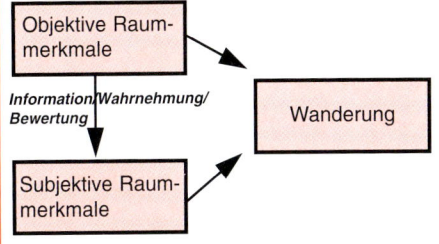

„Die Annahme einer weitgehenden
Entscheidungsfreiheit wird dahingehend
ergänzt, daß äußere Zwänge (*constraints*)
den Handlungsspielraum des einzelnen
erheblich einengen können. Dazu zählen
sowohl persönliche Faktoren, die von der
Verfügbarkeit von Geld und Zeit bis hin zum
sozialen und kulturellen Zwang reichen, als
auch Umweltfaktoren, die Ausdruck
unterschiedlicher sozio-ökonomischer
Rahmenbedingungen sind" (J. Bähr 1997[3],
S. 293).

Wanderung lässt sich nur sehr monokausal erklären

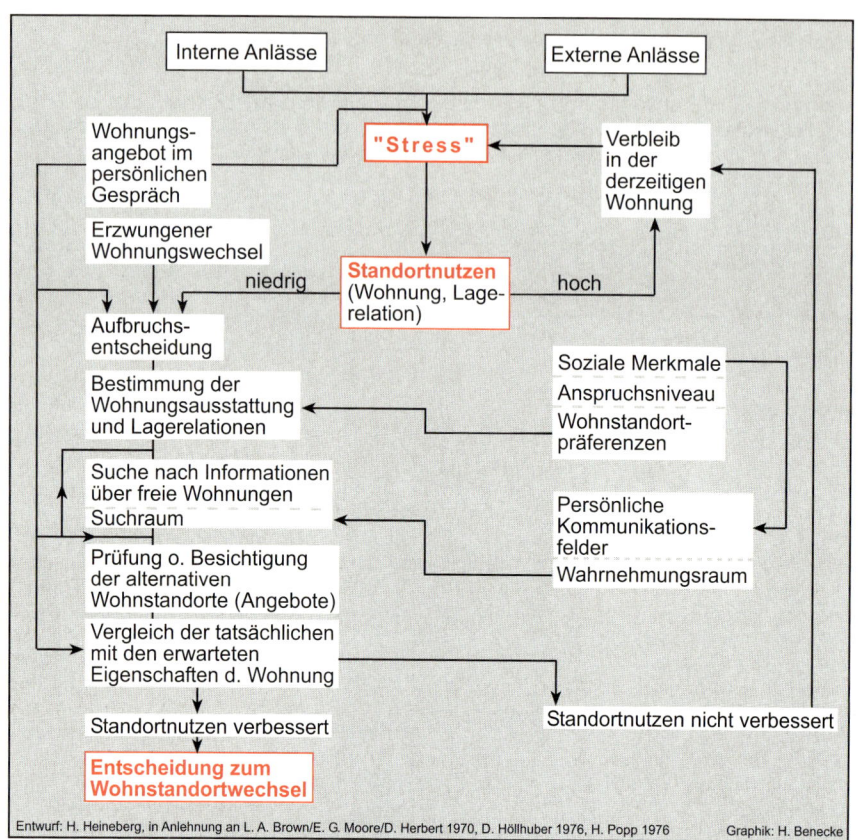

**Abb. 2.28 Modell der Wohnstandortentscheidung -
Prozess der Entscheidungsfindung mit Einflussfaktoren**

lysen, so besteht die **Gefahr statistischer Fehlschlüsse** (sog. ökologische Fehlschlüsse). Die aufgrund der beschränkten Wanderungsstatistik vorliegende begrenzte Zahl von Daten für wenige Variablen bringt die **Gefahr monokausaler Erklärungsansätze** mit sich.

Aufgrund neuerer verhaltens- und entscheidungstheoretisch orientierter Arbeiten der Wanderungsforschung wissen wir, dass mit steigendem Wohlstand **außerökonomische immaterielle Motive** bei Wanderungen insgesamt mehr und mehr eine größere Rolle spielen (beispielsweise der Wunsch nach einer Verbesserung der Wohnverhält-

nisse, der allgemeinen Umweltbedingungen etc.).

Es stellt sich somit das **Problem der Erfassung der Mehrfachmotivationen**, die besonders bei Familienwanderungen bestehen. Es müssen also alle Motive (Wanderungsgründe) erfasst und eventuell anschließend gewichtet werden. Wichtig ist es dabei zu beachten, dass es oft nicht so sehr die tatsächlichen Standortfaktoren sind, die Wanderungen beeinflussen, sondern vielmehr die persönliche Perzeption dieser Faktoren. Wir wissen heute, dass Wanderungen als Ergebnisse komplizierter, vielschichtiger Wahrnehmungs-, Bewertungs- und Ent-

Kasten 2.16 Erläuterung des Modells der Wohnstandortentscheidung (s. Abb. 2.28)

Zentraler Begriff des Schemas ist der sog. **Standortnutzen** (engl. *place utility*), d. h. der subjektive Grad der Zufriedenheit eines Haushaltes mit seinem Wohnstandort. Dieser bezieht sich nicht nur auf die Eigenschaften der Wohnung, sondern auch auf die Lagerelationen zwischen dem Wohnstandort und anderen vom Individuum aufgesuchten Funktionsstandorten, z. B. Erreichbarkeit des Arbeitsplatzes, von Einkaufszentren, Naherholungsgebieten etc.

Wird der Standortnutzen von einem Individuum als hoch bewertet, so besteht i. Allg. keine Veranlassung, den Wohnstandort zu wechseln (Verbleib in der derzeitigen Wohnung). Wird der Standortnutzen dagegen durch verschiedene Faktoren reduziert, so kann ein bestimmter Schwellenwert unterschritten werden (also niedriger Standortnutzen), der das Individuum zu dem Entschluss veranlasst, den Wohnstandort zu verändern (Aufbruchsentscheidung). Solche Faktoren können einmal sog. **interne Anlässe** sein, die die Bedürfnisse und Ansprüche des Haushalts betreffen, beispielsweise Veränderungen des Familienstandes, des sozialen Status, des Einkommens etc. Sie können aber auch aus sog. **externen Anlässen der Umwelt** bestehen, z. B. durch Zunahme des Verkehrslärms, Veränderungen der Siedlungsdichte usw. Eine Aufbruchsentscheidung kann aber auch in direkter Weise durch einen erzwungenen Wohnungswechsel aufgrund einer Kündigung, eines Gebäudeabrisses oder auch durch Brand erfolgen, ohne dass zuvor Überlegungen über den Standortnutzen angestellt wurden (**erzwungener Wohnungswechsel**).

Hat sich ein Individuum oder der Haushalt unter dem Druck bzw. - wie man im Englischen sagt - unter dem **Stress** (seelische Belastung, Spannung) **der internen oder externen Anlässe** zum **Aufbruch** entschieden, so folgen Überlegungen bezüglich der erwarteten Qualität der Wohnungsausstattung und -lage (Bestimmung der Wohnungsausstattung und Lagerelationen). Diese ist wiederum abhängig von dem **Anspruchsniveau**, d. h. dem Maßstab, an dem das Individuum die vielfältigen Qualitätsunterschiede misst. Das Anspruchsniveau ergibt sich insbesondere aus den Komponenten Alter, Geschlecht, Haushaltsgröße und -entwicklungsstadium, Einkommen, Beruf, sozialer Status etc., d. h. aus sozialen Merkmalen.

Aus dem Anspruchsniveau resultieren bestimmte **Wohnstandortpräferenzen**, d. h. (individuell oder auch sozialgruppentypisch) gewertete Vorstellungen über Wohnstandorte. Mit dieser Aussage bzw. Arbeitshypothese ergänzen sich die sog. *behavioral geography* des englischsprachigen Raumes (vgl. 1.3.7) und die neuere Sozialgeographie des deutschsprachigen Raumes, die das raumrelevante Verhalten einzelner Individuen oder Gruppen besonders in den Vordergrund stellen.

Es folgt die **Suche nach Informationen** über freie Wohnungen (Suchraum). Diese ist nun vor allem abhängig davon, welche Teile des verfügbaren Wohnungsmarktes einer Stadt das Individuum überhaupt wahrnimmt. Sie sind somit abhängig vom individuellen **Wahrnehmungs- oder Bewusstseinsraum**, d. h. von dem Raum, der vom Individuum wahrgenommen wird und von dem es Vorstellungen hat. Unter 1.3.7 wurde diese Raumkategorie bereits präziser definiert und herausgestellt, dass die Raumwahrnehmungen von persönlichen Kommunikationsfeldern beeinflusst sind, die sich wiederum in tägliche Kontakt- oder Aktivitätsfelder und indirekte Kontaktfelder untergliedern lassen. Die persönlichen Kommunikationsfelder sind in starkem Maße von sozialen Merkmalen bzw. der Sozialschichtung abhängig.

Innerhalb des Wahrnehmungsraumes gehen in das Auswahlspektrum des einzelnen Individuums oder Haushaltes nur solche Standorte ein, die, entsprechend den Erwartungen an eine neue Wohnung, einen möglichst hohen Standortnutzen versprechen. Die Summe dieser Standorte wird als **Suchraum** (engl. *search space*) bezeichnet. Allerdings kann das Suchen nach einem neuen Wohnstandort auch entfallen, falls z. B. das Individuum von seiner Beschäftigungsfirma oder auch von Bekannten ein Wohnungsangebot erhält, das einen so hohen Standortnutzen zu versprechen scheint, dass das Individuum sich sogleich zum Umzug entscheidet.

Eine Entscheidung ist nun weiterhin abhängig von der Prüfung oder Besichtigung der **alternativen Wohnungsangebote** und dem jeweiligen Vergleich der tatsächlichen mit den erwarteten Eigenschaften der Wohnung (engl. *comparison of possibilities and expectations*).

Ergibt sich nun für das Individuum oder den Haushalt ein verbesserter Standortnutzen, so erfolgt im allgemeinen eine Entscheidung zum Wohnungswechsel (engl. *decision to move*). Steht kein verbesserter Standortnutzen bevor, so erfolgt die Entscheidung zugunsten des Verbleibs in der derzeitigen Wohnung. Der Verbleib kann wiederum mit dauerhaftem Stress verbunden sein.

Wanderung als Resultat von Individualentscheidungen

scheidungsprozesse von Individuen und Gruppen zu verstehen sind (s. unten und Kasten 2.15: verhaltens- und entscheidungstheoretische Modelle).

In der modernen Industriegesellschaft sind Wanderungen nicht mehr ökonomische Zwangswanderungen (wie etwa noch vor hundert Jahren es Teile der Land-Stadt-Wanderungen oder der überseeischen Außenwanderungen waren, vgl. auch „Migrationsgesetze" von E. G. RAVENSTEIN in Kasten 2.10), sondern Wanderungsprozesse müssen heute stärker als Resultate von Individualentscheidungen betrachtet werden. Daraus ergibt sich, dass eine kollektivistische Analyse von Wanderungen, d. h. ein makroanalytischer Erklärungsansatz, möglichst durch eine Analyse der Wanderungsentscheidungen der wandernden Personen selbst ergänzt werden sollte. D. h., notwendig ist vor allem eine **Analyse von Wanderung als Individualverhalten**, die die Erklärung der individuellen Entscheidungssituation von Wandernden in den Vordergrund des Erkenntnisinteresses stellt. Dieser **mikroanalytische Ansatz** (H.-P. GATZWEILER 1975) wird auch **individualistische Analyse von Wanderungen** genannt (M. VANBERG 1975)

Wichtig ist nun, dass der mikroanalytische Ansatz der Wanderungsforschung empirisch auf der Basis amtlicher Wanderungsdaten praktisch nicht durchführbar ist, da die amtliche Wanderungsstatistik insbesondere nur die Anzahl der durch die Wanderungsentscheidung betroffenen Personen erfasst und nicht die Anzahl der Personen, die tatsächlich an der Wanderungsentscheidung beteiligt sind (Problem des fehlenden Familienzusammenhangs, s. oben). Für eine individualistische Analyse von Wanderungen ist es deshalb meist erforderlich, eigenes Material zu erheben, i. Allg. in Form von Befragungen auf Stichprobenbasis; zu beach-

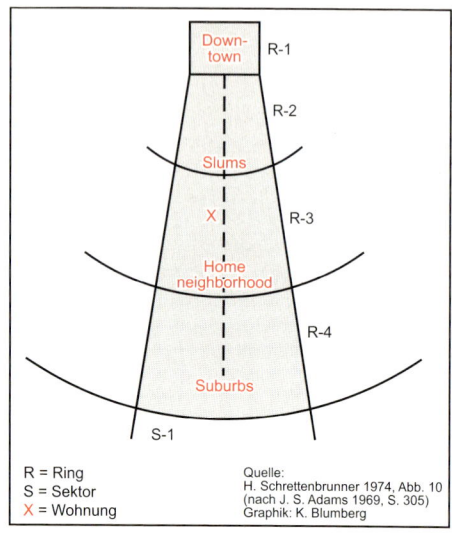

R = Ring
S = Sektor
X = Wohnung

Quelle:
H. Schrettenbrunner 1974, Abb. 10
(nach J. S. Adams 1969, S. 305)
Graphik: K. Blumberg

Abb. 2.29 Keilförmiger Wahrnehmungsraum eines Stadtbewohners im Mittelwesten der USA

ten sind Probleme der Repräsentativität, der hohen Arbeitsintensität bzw. des Kostenaufwandes.

Interpretiert man nun Wanderungen als eine Form individuellen Verhaltens, so ist vor allem der **Prozess der Entscheidungsfindung** von besonderem wissenschaftlichen Interesse. Dieser ist in Abb. 2.28 und Kasten 2.16 (Erläuterung) am Beispiel innerstädtischer Wanderungen aufgezeigt; das verhaltens- und entscheidungstheoretische Modell wurde in Anlehnung an englischsprachige und deutsche bevölkerungsgeographische Arbeiten (vor allem von H. POPP 1976) entworfen. POPP nahm insbesondere noch eine wesentliche Ergänzung des verhaltens- und entscheidungstheoretischen Ablaufschemas vor, indem er berücksichtigte, dass die Aufbruchsentscheidung bzw. eine latente Umzugsbereitschaft auch allein durch das Angebot einer Wohnung mit hohem Standortnutzen aktualisiert werden kann (Wohnungsangebot im persönlichen Gespräch).

Eine wichtige Aufgabe der individualistischen Analyse von Wanderungen ist die empirische Erfassung einzelner Komponenten des mit Abb. 2.28 dargestellten Ablaufschemas oder Wanderungsmodells; vgl. dazu die Arbeit von H. Popp (1976).

Der amerikanische Geograph J. S. Adams konnte aufgrund empirischer Untersuchungen für Städte im Mittelwesten der USA feststellen, dass der Wahrnehmungsraum des normalen Stadtbewohners keilförmig ausgebildet ist (Abb. 2.29). Daraus resultiert, dass die Informationen über das gesamte Stadtgebiet außerordentlich beschränkt sind und sich zumeist auf den eigenen Wohnsektor beziehen. Aufgrund der normalen Tag-zu-Tag-Aktivitäten bestehen nur räumliche Kontakte mit der Downtown und den Stadtteilen innerhalb des Sektors, kaum jedoch außerhalb davon, insbesondere nicht jenseits der Downtown. Entsprechend gestaltet sich der Suchraum. Daraus ergibt sich, dass sich die innerstädtischen Umzüge entsprechend dem keilförmigen Vorstellungsbild von der Stadt zum großen Teil innerhalb eines mehr oder weniger breiten Sektors abspielen. Entscheidend ist also, dass die in begrenzter Weise wahrgenommene räumliche Umwelt selbst die Informationsquelle ist, die zu sozialgruppendifferenzierten Entwicklungen führt.

2.7 Bevölkerungsprognose und demographischer Wandel

2.7.1 Die Bevölkerungsprognose „ist eine Bevölkerungsvorausberechnung, welche die Schätzung wirklichkeitsnaher Einwohnerzahlen, einschließlich ihrer Zusammensetzung, für einen Raum zu einem späteren Zeitpunkt (...) zum Ziel hat. Bevölkerungsprognosen sind von großem politischen und planerischen Wert, da die zukünftige Bevöl-

kerungsentwicklung die Nachfrage nach Arbeitsplätzen, Infrastruktur und sozialen Leistungen beeinflusst. Ein besonderes Interesse besteht für regional differenzierte Vorhersagen, da sie die Basis sowohl für Entscheidungen über bestehende oder neue Einrichtungen bilden als auch zur Überprüfung langfristig gewünschter Raum- und Siedlungsstrukturen herangezogen werden können" (P. Gans 2001b, S. 152).

Bevölkerungsvorausberechnungen gehen immer von der Istsituation (Ausgangsbevölkerung, gegliedert nach Alter und Geschlecht) aus. „Für diese Bevölkerung werden, ebenfalls differenziert nach dem Alter, die Geburten-, Zu- und Abwanderungswahrscheinlichkeiten berechnet, anhand derer die Vorausberechnungen vorgenommen werden. Das ist mit Computermodellen vergleichsweise einfach. Das eigentliche und schwierige Geschäft des Prognostikers besteht darin, Annahmen zur Entwicklung von Fertilität, Mortalität und Migration zu treffen. Die Güte von Prognosen hängt davon ab, inwieweit diese Annahmen die kommende Realität abbilden. Da natürlich niemand die zukünftigen Trends exakt vorhersehen kann, werden Bevölkerungsprognosen immer in verschiedenen Varianten berechnet. Man versucht damit einen Korridor zu beschreiben, in dem die zukünftige Entwicklung der Bevölkerungszahl sehr wahrscheinlich ist" (BiB 2004[2], S. 61; vgl. auch Abb. 2.30 mit drei verschiedenen Varianten der Bevölkerungsvorausberechnung für Deutschland bis zum Jahre 2050).

2.7.2 Demographischer Wandel in Deutschland: „weniger, älter und bunter". Während die Weltbevölkerung weiterhin wächst (von 2006 bis 2025 jährlich um wahrscheinlich rd. 73 Mio. Einw.), schrumpft die zukünftige Einwohnerzahl Europas erheblich (bis 2025 um insgesamt ca.

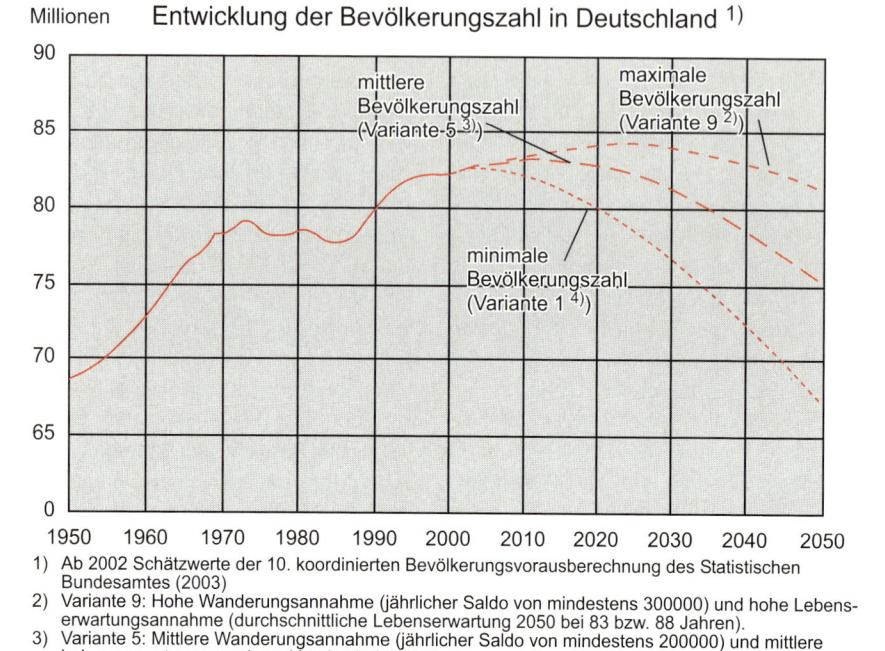

Millionen — Entwicklung der Bevölkerungszahl in Deutschland [1]

mittlere Bevölkerungszahl (Variante 5 [3])

maximale Bevölkerungszahl (Variante 9 [2])

minimale Bevölkerungszahl (Variante 1 [4])

[1] Ab 2002 Schätzwerte der 10. koordinierten Bevölkerungsvorausberechnung des Statistischen Bundesamtes (2003)
[2] Variante 9: Hohe Wanderungsannahme (jährlicher Saldo von mindestens 300000) und hohe Lebenserwartungsannahme (durchschnittliche Lebenserwartung 2050 bei 83 bzw. 88 Jahren).
[3] Variante 5: Mittlere Wanderungsannahme (jährlicher Saldo von mindestens 200000) und mittlere Lebenserwartungsannahme (durchschnittliche Lebenserwartung 2050 bei 81 bzw. 87 Jahren).
[4] Variante 1: Niedrige Wanderungsannahme (jährlicher Saldo von mindestens 100000) und niedrige Lebenserwartungsannahme (durchschnittliche Lebenserwartung 2050 bei 79 bzw. 86 Jahren).

Quelle: R. Rohr-Zänker / Th. Schleifnecker 2005, Abb. 1, nach Statistisches Bundesamt 2003   Graphik: M. Unger

Abb. 2.30 Bevölkerungsprognose für Deutschland bis 2050

15, bis 2050 um rd. 67 Mio.) (nach DSW 2006).

„Das Phänomen schrumpfender Bevölkerung, insbesondere in den westlichen Industrieländern, wird üblicherweise mit dem **Begriff des demographischen Wandels** bezeichnet. Wesentliche(s) Kennzeichen des demographischen Wandels (ist) einerseits eine negative natürliche Bevölkerungsentwicklung, die durch eine Geburtenrate deutlich unter dem für den Generationenersatz notwendigen Niveau verursacht wird. Andererseits steigt die durchschnittliche Lebenserwartung weiter an. Ergebnis des demographischen Wandels ist ein Rückgang der absoluten Bevölkerungszahl und ein wachsender Anteil älterer Menschen an der Bevölkerung. Gleichzeitig gewinnt Zuwan-

derung an Bedeutung für die Bevölkerungsentwicklung" (M. GÜRTLER 2006, S. 6).

Der **Bevölkerungsrückgang** gilt in Zukunft speziell auch für Deutschland (Abb. 2.30). War die Bevölkerungsentwicklung - in West- und Ostdeutschland zusammengenommen - zwischen 1950 und 2000 noch durch ein erhebliches Wachstum von nahezu 20 % gekennzeichnet (von absolut 69 Mio. auf 82 Mio. Einw.), so ist nach den Schätzwerten der 10. koordinierten Bevölkerungsvorausberechnung des Statistischen Bundesamtes etwa in Bezug auf die mittlere Variante (Abb. 2.30) bis 2050 mit einer rapiden Schrumpfung der Einwohnerzahl um 10 bis 15 % auf 75 Mio. zu rechnen (H. KILPER/B. MÜLLER 2005, S. 36, R. ROHR-ZÄNKER/T. SCHLEIFNECKER 2005, S. 19). Dies wird jedoch nicht für alle Regionen, Städte und Gemeinden in Deutschland in gleichem Maße gelten. Zwar wird bis 2050 für jedes Bundesland ein Bevölkerungsrückgang erwartet, allerdings wird die „Varianz (...) erheblich sein. Ursachen dafür sind in großräumiger Perspektive die unterschiedliche Dynamik regionaler Arbeitsmärkte, die bei Wanderungsbewegungen schon immer ihren Einfluss geltend gemacht haben, und in kleinräumiger Perspektive die Wohnattraktivität von Städten und Gemeinden. Es sind vor allem die ostdeutschen Länder und Regionen, die auch weiterhin mit überproportional hohen Bevölkerungsverlusten rechnen müssen. In Bayern und Baden-Württemberg werden sie voraussichtlich geringer bleiben. Eine starke Zunahme der Bevölkerung wird erwartet für die Verflechtungsräume der Groß- und Mittelstädte in den westdeutschen und teilweise auch in den ostdeutschen Ländern sowie insbesondere im Berliner Umland. Bevölkerungsverluste werden erwartet für die meisten Regionen in Ostdeutschland sowie für das Ruhrgebiet und das Saarland, die beiden altindustrialisierten Regionen in Westdeutschland" (H. Kilper/B. Müller 2005, S. 37).

In der aktuellen Diskussion um den demographischen Wandel wird vor allem auch die stark zunehmende **Alterung der Bevölkerung** besonders herausgestellt, u. a. wegen der steigenden Gesundheits-, Renten- und auch Pflegekosten in einer alternden Gesellschaft oder etwa auch wegen des zu erwartenden „erheblichen Nachfragerückgang(s)" im Bereich der kinder- und jugendorientierten Infrastruktur, beispielsweise bei Kindergärten und Schulen" (M. Gürtler 2006, S. 7, 9, s. auch Abb. 2.7 in diesem Band; zu unterschiedlichen Messmethoden und Darstellungsformen von demographischer Alterung vgl. S. Scholze 2006). „Was

vor knapp 100 Jahren noch eine Pyramide war, wird sich bis 2050 eher zu einer Pappel entwickeln. In 50 Jahren wird die Hälfte der Bevölkerung älter als 48 Jahre sein (heute ist die Hälfte der Bevölkerung knapp 41 Jahre alt), werden die 60- bis 65-Jährigen die am stärksten besetzte Altersgruppe sein, (werden) die Zahl und der Anteil der Hochaltrigen beträchtlich steigen. Die Gruppe der über 80-Jährigen wird in weniger als 50 Jahren in Deutschland dreimal so groß sein wie heute und dann 12 % der Bevölkerung ausmachen" (H. Kilper/B. Müller 2005, S. 36).

Neben dem - teilweise rapiden - Bevölkerungsrückgang und der demographischen Alterung gibt es noch zwei weitere Prozesse, die nach F.-J. Kemper (2006, S. 195) ebennfalls kennzeichnend für den „schon länger ablaufenden demographischen Wandel" und seine raumspezifischen Konsequenzen (z. B. für das Wohnungswesen) sind: „die Haushaltsverkleinerung durch geringe Kinderzahlen und die Aufsplittung von Haushalten, vereinfacht als **Singularisierung** bezeichnet, sowie die kulturell-ethnische Heterogenisierung der Bevölkerung durch Zuwanderung aus anderen Ländern".

Die Bevölkerung in Deutschland wird in Zukunft ethnisch „bunter" werden. **Steigender Ausländeranteil** bedeutet zudem auch erhöhte Integrationsaufgaben. Allerdings zeigt die in Abb. 2.30 dargestellte Variante 9 der 10. koordinierten Bevölkerungsvorausrechnung mit der (wenig realistischen) hohen Wanderungsannahme eines positiven Auswanderungssaldos von jährlich 300.000 Menschen, dass auch eine hohe Zuwanderung in Zukunft den Bevölkerungsrückgang (und auch die Alterung der Bevölkerung) nicht aufhalten, sondern allenfalls verlangsamen kann (vgl. M. Gürtler 2006, S. 8).

Kasten 2.17 Literaturauswahl zur Ergänzung und Vertiefung des Kapitels 2

• **Zur Einführung in die Bevölkerungsgeographie/Forschungsberichte**:
J. BÄHR 1988, 2000, BIB 2004[2], BUNDESZENTRALE F. POLITISCHE BILDUNG 2004, P. GANS 2001a, P. GANS/
F.-J. KEMPER 2001, H. D. LAUX 2005, P. E. OGDEN 1998

• **Lehrbücher der Bevölkerungsgeographie/Atlanten**:
J. BÄHR 1997[3], 2004[4], J. BÄHR/C. JENTSCH/W. KULS 1992, W. KULS/F.-J. KEMPER 2000[3], N. DE LANGE
1991 (Lehrbücher); IFL 2001 (Nationalatlas), P. SEDLACEK 2003 (Atlas)

• **Räumliche Bevölkerungsverteilung und -dichte**:
H. HAMBLOCH 1982[5], S. 23-24 und Abbn. 1a-g (Bev.verteilung nach Küstenabstand); H. D. LAUX
2001a, A. PRIEBS 2001 (Bev.-verteilung u. Raumordnung); C. BRESSLER 2001 (Bev.-potenziale in d.
BRD); ST. FRISCH 2000 (Weltbev.)

• **Bevölkerungsstruktur/Familien- u. Haushaltsstrukturen/neue Haushaltstypen etc.**:
F.-J. KEMPER/P. GANS 1998 (ethnische Minoritäten in Europa u. Amerika); P. GANS 1997, G. GLEBE
1998, F. -J. KEMPER 1997, G. GLEBE/G. THIEME 2001a/2001b (ausländische Bevölkerung in dt. Groß-
städten/in Deutschland); H. BUCHER/F. J. KEMPER 2001 (Haushaltsgrößen in Deutschland); I. HEL-
BRECHT/J. POHL 1995, H.-P. MÜLLER/M. WEIHRICH 1991 (neue Lebensstilformen u. -gruppen)

• **(Natürliche) Bevölkerungsbewegung/-entwicklung/demographischer Wandel**:
P. GANS 2003/4, 2005, 2006B, F.-J. KEMPER 2004, 2006, H. D. LAUX 2001b, H. KILPER/B. MÜLLER
2005, H. MÄDING 2004, R. ROTH-ZÄNKER/T. SCHLEIFNECKER 2005 (Bev.-entwicklung in Deutschl.); S.
MARETZKE 2001a/2001b, STATIST. LANDESAMT D. FREISTAATES SACHSEN 2005 (Altersstruktur in Deutschl.,
Sachsen); H.-G. BOHLE 2001, 2002 (Bev.-entwicklung/Ernährung); P. GANS 2006A, T. OTT 2001, A.
VOTH 2003 (Bev.-entwicklung i. Europa); P. GANS 2001c, C. HAUB, C. HINZ 2003, UNFPA/DSW 2005
(Bev.-entwickl. d. Welt/d. Kontinente); J. BÄHR 1984 (Bev.-wachstum in Industrie-/Entwicklungs-
ländern); P. GANS/V. K. TYAGI 2000 (Bsp. Indien); H. LEISCH 2001 (AIDS)

• **Räumliche Bevölkerungsmobilität/Wanderungen**:
W. ZELINSKY 1971 (Modell d. Mobilitätstransformation); G. KORTUM 1979 (Modell d. Wanderungs-
typen); J. BÄHR 2003, F.-J. KEMPER 2003, P. GANS/F.-J. KEMPER 2003, P. GANS/T. OTT 2003 (Binnen-
wanderungen, Deutschland/Europa); F.-J. KEMPER 1985 (Lebenszykluskonzept u. intraregionale
Wanderungen); G. HERFERT 2001 (Stadt-Umland-Wanderungen in Deutschland); D. HÖLLHUBER 1976,
H. POPP 1976 (innerstädt. Wanderungen); H. JANICH 1991 (regionale Mobilität älterer Menschen);
A. TREIBEL 1999[2] (Bsp. f. Wanderungen, soziale Folgen v. Einwanderung, Gastarbeit u. Flucht); K.
J. BADE/R. MÜNZ 2000, J. J. BÜRKNER 1997, J. KEMPER 2000, R. MÜNZ 2001 (Migration in Deutsch-
land); H. WENDT 1994, 2001b (dt.-dt. Wanderungen); E. GIESE 1978 (räuml. Diffusion ausländ.
Arbeitnehmer); F. SWIACZNY 2001a, 2001b, 2001c (Ein- u. Auswanderungen in Deutschland); P.
GANS 1997, G. GLEBE 1997, F.-J. KEMPER 1997 (Ausländer in Deutschland); U. MAMMEY/F. SWIACZNY
2001 (Aussiedler in Deutschland); H. WENDT 2001a (Asylbewerber in Deutschland); CHR. DESELAERS
2001 (zur aktuellen Zuwanderungsdebatte in Deutschland); J. BÄHR 1995, U. MAMMEY 2001, G.
THIEME 1998 (internationale Wanderungen in Vergangenheit u. Gegenwart); G. GLEBE/P. WHITE 2001
(hoch qualifizierte Migranten im Globalisierungsprozess); A. KAGERMEIER/H. POPP 1995 (Gastarbeiter-Remigration und Regionalentwicklung, Beispiel Marokko); J. STADELBAUER 2003 (Wanderungen
in d. Staaten d, GUS); W. TAUBMANN 2003 (Binnenwanderungen in d. VR China); U. JÜRGENS/N.
BIRKELAND 2003 (Binnenflüchtlinge in Afrika); E. KROSS 1998, 2001 (Wanderungen im Unterricht)

• **Bevölkerungsprognose/-vorausschätzung/-vorhersage**:
H. BUCHER/H.-P. GATZWEILER 1992, H. BUCHER 2001, H. BUCHER/C. SCHLÖMER 2006, P. GANS 2001b,
U. MAMMEY 2000, E. STRUCK 2000, STATISTISCHES BUNDESAMT

• **Bevölkerungspolitik**:
R. E. ULRICH 2001

• **Bevölkerungsstatistik/Weltbevölkerungsberichte**:
J. BÄHR 1999, 2001, R. SCHULZ 2001 (Trends d. Weltbevölkerungsentwicklung); STATIST. BUNDESAMT
(Statist. Jahrbuch f. d. Bundesrepublik Deutschland u. f. d. Ausland, jährl.); DSW 2006 (jährl.
statist. Übersichten zur Bevölkerung d. Staaten d. Erde); UNFPA/DSW 2006 (Weltbevölkerungsbericht, auch ältere Jahrgänge); H.-G. ZIMPEL 2001 (Lexikon d. Weltbevölkerung)

3 Einführung in die Wirtschaftsgeographie und Zentralitätsforschung

Forschungsansätze und Theorien, Analysen einzelner Wirtschaftssektoren

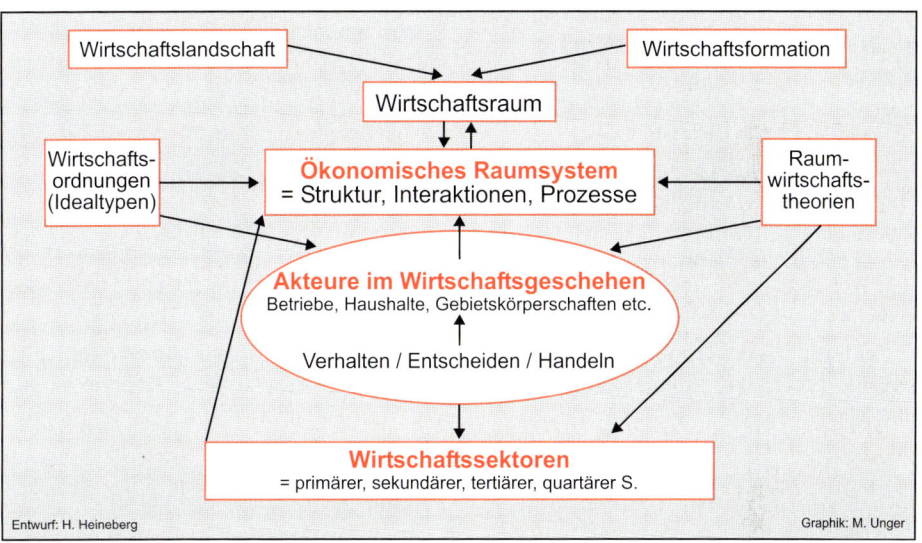

Abb. 3.1 Das ökonomische Raumsystem und Akteure im Wirtschaftsgeschehen im Rahmen der Wirtschaftsgeographie

3.1 Wirtschaftsgeographische Forschungsansätze und Grundbegriffe

Bereits unter 1.3.3 wurden einige traditionelle Leitbegriffe der Wirtschaftsgeographie aus dem Ansatz der Kulturlandschaftskonzeption oder der morphogenetischen Phase der Anthropogeographie, die sich vor allem in den 1920er und 1930er Jahren entfaltet hatte, abgeleitet. Im Rahmen der Entwicklung wirtschaftsgeographischer For-

schungsperspektiven stellte sich in dieser Zeit der **Wirtschaftsraum** als der zentrale Begriff der Wirtschaftsgeographie heraus; dieser wurde abgeleitet aus den Termini Wirtschaftslandschaft und Wirtschaftsformation (vgl. auch Kasten 1.5). **Wirtschaftslandschaft** bedeutet die vom wirtschaftenden Menschen umgestaltete Naturlandschaft. Der Wirtschaftsgeograph R. Lütgens (1921) als früher Vertreter dieser Richtung betonte die Wechselwirkungen zwischen dem Erdraum und dem wirtschaftenden Menschen.

Von LEO WAIBEL wurde 1933 am Beispiel der Untersuchung der Landwirtschaft der Sierra Madre de Chiapas in Mexiko unter ökologisch-physiognomischen Gesichtspunkten der Begriff **Wirtschaftsformation** geprägt; WAIBEL nennt z. B. die Grasfluren der Llanos, auf denen die Kreolen eine rohe Weidewirtschaft nach mittelalterlich-kolonialen Betriebsmethoden ausübten (vgl. Kasten 3.1).

Ein wichtiger Terminus ist nach wie vor die Bezeichnung **Wirtschaftsraum**, worunter man in Anlehnung an eine den frühen Diskussionsstand zusammenfassende Arbeit von G. VOPPEL (1969) einen Teilbereich der Erdoberfläche verstehen kann, der durch bestimmte wirtschaftliche Strukturmerkmale und funktionale Verflechtungen charakterisiert ist und sich durch seine individuelle Struktur von den ihn umgebenden Wirtschaftsräumen abhebt. Die Auffassung, die **räumliche Ordnung der Wirtschaft** hinsichtlich ihrer individuellen Strukturen und Verflechtungen räumlich zu analysieren, schließt an die von den Wirtschaftsgeographen THEODOR KRAUS (1933) und ERICH OTREMBA (1969, 1970) begründete Forschungstradition an. Auch H.-G. WAGNER (1994[2], S. 17) stellte die Bedeutung dieses Ansatzes heraus: „So bleibt es auch in Zukunft Aufgabe der Wirtschaftsgeographie, konkrete funktionsbestimmte oder territorial begrenzte *wirtschaftlich geprägte Räume* zu untersuchen, zu vergleichen, die in ihnen wirkenden Risiken und Chancen für laufende Prozesse und weitere Entwicklung zu erfassen".

Die Analyse wirtschaftsräumlicher Strukturen und Verflechtungen kann grundsätzlich auf **verschiedenen räumlichen Maßstabsebenen** erfolgen - von Untersuchungen auf der Mikroebene (z. B. Standorte und Produktion von Einzelbetrieben oder Unternehmen) über wirtschaftsregionale Struktu-

***

> **Kasten 3.1 Wirtschaftsformation**
> **nach H. HAMBLOCH**
> **und H.-G. WAGNER**
>
> In Anlehnung an H. HAMBLOCH (1982, S. 170) können Wirtschaftsformationen als Räume mit überwiegend einheitlicher Wirtschaftsform in Bezug auf den primären Wirtschaftssektor und mit überwiegend einheitlicher sozioökonomischer Entfaltungsstufe definiert werden, z. B. subpolarer Rohstoffergänzungsraum in der Tundra, nomadische Weidewirtschaft, autarke Wirtschaftsform primitiver Stufe im tropischen Regenwald oder etwa Plantagenwirtschaft. Von H.-G. WAGNER (1981) wurde Wirtschaftsformation in Anlehnung an L. WAIBEL definiert als „System eines Wirtschaftsgebietes als Typus" (z. B. Weinbaugebiet, Bewässerungsregion). Allerdings ist der Begriff Wirtschaftsformation heute wenig gebräuchlich.

***

ren und deren Veränderungen (u. a. Strukturwandel im Ruhrgebiet), wirtschaftsräumliche Differenzierungen auf der nationalstaatlichen Ebene (z. B. wirtschaftlich bedingte regionale Disparitäten), internationale wirtschaftliche Arbeitsteilung bis hin zur Weltwirtschaft und deren jüngere Veränderungen im Rahmen „globaler Raumbeziehungen" (G. VOPPEL 1999) bzw. der **Globalisierung** (vgl. Kasten 3.2).

Der Wirtschaftsraum kann nach H.-G. WAGNER (1981, S. 18) „als Wirkungsfeld von ökonomisch, sozial oder psychologisch motivierten Akteuren des Wirtschaftslebens" verstanden werden. Diese Aussage spiegelt den Einfluss der sozial- und verhaltenswissenschaftlichen Richtung innerhalb der Anthropogeographie wider (s. auch 1.3.7). Der **verhaltens- und entscheidungstheoretische Ansatz** repräsentiert auch eine der jüngeren Entwicklungsrichtungen der Wirtschaftsgeographie.

Der verhaltenswissenschaftliche Ansatz wird in den jüngsten Konzeptionen der Wirtschaftsgeographie - entsprechend neuerer Entwicklungstendenzen in der Anthropo- und Sozialgeographie - durch einen hand-

Da Betriebe und Haushalte unter den gesetzlichen Rahmenbedingungen von Staaten und anderen „Gebietskörperschaften" handeln, die zudem mit ihren öffentlichen Haushalten ein erhebliches wirtschaftliches Gewicht besitzen, untergliedert P. Sedlacek die **Akteure im Wirtschaftsgeschehen** nach den drei Hauptgruppen: **Betriebe** oder Betriebswirtschaften, **Haushalte** und **Gebietskörperschaften**. Allerdings gibt es noch weitere Akteure, z. B. Verbände oder Gewerkschaften.

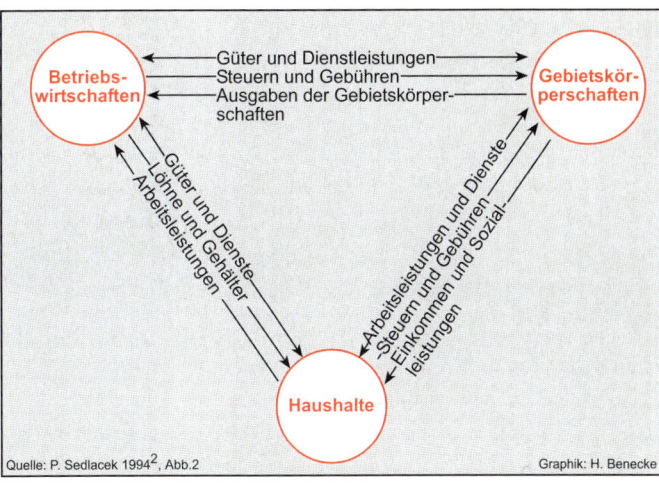

Quelle: P. Sedlacek 1994[2], Abb.2   Graphik: H. Benecke

Abb. 3.2 Akteure im Wirtschaftsgeschehen

lungsorientierten oder -theoretischen Ansatz ergänzt. So spricht P. Sedlacek (1994[2], S. 9) bezüglich des methodischen Vorgehens in seinem Einführungslehrbuch zur Wirtschaftsgeographie von einer „**handlungsorientierten und handlungsorientierenden Wirtschaftsgeographie**". Dabei werden als handelnde Akteure im Wirtschaftsgeschehen Betriebe und Haushalte als sog. **Wirtschaftseinheiten** unterschieden, die sich weiter untergliedern lassen als sog. Sachleistungs- (z. B. zur Rohstoffgewinnung) und Dienstleistungsbetriebe (einschl. des Handels) sowie als private und öffentliche Haus-

---

Kasten 3.2 Jüngere Veränderungen in der Weltwirtschaft in Anlehnung an E. W. Schamp (1997) und E. Kulke (2005)

(1) Die **Tertiärisierung der Weltwirtschaft**. Der Anteil der Dienstleistungen am Weltsozialprodukt ist deutlich angestiegen. Einer der Hauptgründe für das Wachstum der Dienstleistungen in der Welt ist der steigende Bedarf der Industrie an Dienstleistungen (u. a. Entwicklung von Computersteuerungen, mit dem Transport verbundene Dienstleistungen in Logistik, das Finanz- und Versicherungswesen etc.). Hinzu kommt eine sich weltweit entwickelnde postfordistische Nachfrageorientierung der Konsumenten in Bezug auf individuelle und variantenreiche Produkte.

(2) Die sog. **industrielle Arbeitsteilung** im Rahmen der sich abzeichnenden sog. post-fordistischen Formen der industriellen Produktion (vgl. dazu 3.4.2 unter 'Regulationsansatz'). Dies betrifft nicht nur die großen multinationalen oder transnationalen Mehrbetriebsunternehmen mit vielen differenzierten Produktionsstätten weltweit (= „alte" Form), sondern besonders auch regionale Konzentrationen von untereinander vernetzten kleineren und mittleren Unternehmen (= „neue" Form).

(3) Mit **Globalisierung** bezeichnet E. W. Schamp die neue Form der weltweiten Vernetzung bzw. die **neue Phase der Integration der Weltwirtschaft**. E. Kulke stellt den überproportionalen Zuwachs internationaler Interaktionen (Warenhandel, Dienstleistungstransfers, ausländische Direktinvestitionen und Finanztransaktionen sowie multi- und transnationale Unternehmen mit dem Entstehen weltweiter Produktions- und Marktsysteme) heraus. Von dieser Entwicklung der wirtschaftlichen Globalisierung profitieren vor allem die hoch entwickelten Staaten mit supranationalen Integrationsräumen (z. B. EU) und *Global Cities* (Konzentration u. a. von *headquarters* multi- und transnationaler Unternehmen oder/und hochrangiger Finanz-und Unternehmensdienstleistungen), während viele Entwicklungsländer ausgeschlossen werden (vgl. auch Abschnitt 6.6).

Kasten 3.3
Ökonomisches Raumsystem
(nach L. SCHÄTZL Bd. 1, 2003[9], S. 24-25)

Dies besteht aus drei Systemelementen mit wechselseitigen Abhängigkeiten:

1. Struktur = Verteilung ökonomischer Aktivitäten (Produktion, Konsum) innerhalb eines Raumsystems: Standorte (Standortstruktur) bzw. Regionen (Regionalstruktur)

2. Interaktion = Bewegungen von mobilen Produktionsfaktoren (z. B. Arbeit, Kapital, technisches Wissen), Gütern u. a. Dienstleistungen zwischen Standorten bzw. Regionen

3. Prozess = Dynamik von Standort- und Regionalstruktur als Folge standort- bzw. regionsinterner Wachstumsdeterminanten sowie der Wirkung räumlicher Interaktionen

halte (vgl. Abb. 3.2 mit Erläuterung).

Für P. SEDLACEK ist wichtig, dass sich die Wirtschaftsgeographie auf die räumlichen Aspekte innerhalb der wirtschaftlichen Handlungsweisen konzentriert. Damit unterscheidet sich die Wirtschaftsgeographie grundlegend von einer Reihe wirtschaftswissenschaftlicher Teildisziplinen, die sich zwar mit ökonomischen Systemen, dabei zumeist aber ohne oder nur mit „grobem" Raumbezug beschäftigen.

Nach L. SCHÄTZL (Bd. 1, 2003[9], S. 20-21) ist die Wirtschaftsgeographie „die Wissenschaft von der räumlichen Ordnung und der räumlichen Organisation der Wirtschaft" oder kürzer: Die Wirtschaftsgeographie erforscht die **räumliche Dimension der ökonomischen Systeme** (= **raumwirtschaftlicher Ansatz**).

Nach L. SCHÄTZL erscheint eine Gliederung in objekt- oder funktionsbezogene Teildisziplinen (z. B. Agrargeographie, Industriegeographie) wenig geeignet. L. SCHÄTZL, der der Theoriebildung und Regionalpolitik ein großes Gewicht innerhalb der Wirtschaftsgeographie beimisst, gliedert diese (und entsprechend die drei Lehrbuch-Teilbände) in die Bereiche: **Theorie, Empirie**

und Politik. Dafür spricht nach L. SCHÄTZL auch die Interdependenz (wechselseitige Abhängigkeit) von Theorie, Empirie und Politik innerhalb eines **ökonomischen Raumsystems** (vgl. Kasten 3.3 sowie Abb. 3.3 mit Erläuterung).

Entsprechend der Gliederung in Theorie, Empirie und Politik lässt sich der raumwissenschaftliche Ansatz nach L. SCHÄTZL untergliedern in die Teilbereiche:

- **Raumwirtschaftstheorie**,
- **Empirische Raumwirtschaftsforschung** und
- **Raumwirtschaftspolitik**;

vgl. weitere Untergliederungen und Zuordnungen nach L. SCHÄTZL in Abb. 3.3.

Als Gegenposition zum raumwirtschaftlichen Ansatz der Wirtschaftsgeographie hat sich im englischsprachigen Raum seit Ende der 1980er Jahre eine sog. *new economic geography* entwickelt. Diese stellt nach H. BATHELT und J. GLÜCKLER (2003[2]) allerdings „noch kein geschlossenes Theoriegebäude dar, sondern definiert sich vor allem über ihre Kritik und eine erhöhte Komplexität in der Analyse ökonomischer und sozialer Prozesse gegenüber der Raumwirtschaftslehre" (ebd., S. 28).

Nach H. BATHELT und J. GLÜCKLER (2003[2]) wird der seit den 1980er Jahren in Deutschland - insbesondere von L. SCHÄTZL - weit verbreitete o. g. raumwirtschaftliche Ansatz der Wirtschaftsgeographie hinsichtlich seiner „Raumsicht" als problematisch betrachtet. Denn es „werden Räume quasi personifiziert und zu Akteuren hochstilisiert, indem sie zu Objekten der Untersuchung gemacht werden. Dies drückt sich etwa darin aus, dass räumliche Eigenschaften definiert und identifiziert werden und als Erklärungsmuster für Standortstrukturen oder Standortmuster dienen. Sozialwissenschaftliche Erklärungsdimensionen werden hingegen weitgehend vernachlässigt" (ebd. S. 27). Die beiden

Ein ökonomisches Raumsystem ist nach L. SCHÄTZL eine „interdependente Gesamtheit", die die Struktur (Verteilung ökonomischer Aktivitäten im Raum), die Interaktionen (Verflechtungsbeziehungen zwischen den Standorten) sowie die Prozesse (Veränderungen von Raumstrukturen und Interaktionen in der Zeit) beinhaltet (vgl. auch Kasten 3.3).

Ökonomisches Raumsystem Interdependenz von Struktur, Interaktion und Prozess	**Ökonomisches Raumsystem** Interdependenz von Theorie, Empirie und Politik		
	Raumwirtschafts- theorie	**Empirische Raum- wirtschaftsforschung**	**Raumwirtschafts- politik**
	Standorttheorie	Empirische Standort- forschung	Standortpolitik
	Räumliche Mobilitäts- theorie	Empirische Mobilitäts- forschung	Räumliche Mobilitäts- politik
	Regionale Wachstums- und Entwicklungs- theorie	Empirische Regional- forschung	Regionale Wachstums- und Entwicklungs- politik (Regionalpolitik)

Quelle: L. Schätzl, 2001[8], Bd.1, Abb.1.1   Graphik: H. Benecke

Abb. 3.3 Begriffssystem einer raumwirtschaftlich orientierten Wirtschaftsgeographie nach L. Schätzl

Autoren haben mit ihrem neuen Lehrbuch zur Wirtschaftsgeographie demgegenüber das Konzept einer **sog. relationalen Wirtschaftsgeographie** begründet, das sich argumentativ stark an jüngere Arbeiten und Konzeptionen vor allem aus dem angelsächsischen Diskurs (insbesondere von M. STORPER 1997) anlehnt. Entscheidend sind nach dieser jüngsten Auffassung nicht die räumliche Wirtschaft oder gar die Raumwirtschaft bzw. der „Raum als Objekt und Kausalfaktor" (siehe Raumwirtschaftslehre), sondern die in einer räumlichen Perspektive beobachtbaren Strukturen sowie die Dynamik ökonomischen Handelns und ökonomischer Beziehungen, die den Forschungsgegenstand dieser neuen wirtschaftsgeographischen Konzeption bilden (vgl. ebd., S. 33ff.). Zu den Untersuchungsgegenständen zählen beispielsweise sog. Unternehmensnetzwerke, die in unterschiedlichster Weise (z. B. hierarchisch) organisiert sind (ebd., S. 164).

Ähnlich wie L. SCHÄTZL, so gliedern auch H. BATHELT und J. GLÜCKLER (2003[2]) die Wirtschaftsgeographie nicht in Teilgeographien. Da die Wirtschaft verschiedene Wirtschaftszweige oder -sektoren einschließt, soll in dem vorliegenden Band neben den Wirtschaftssektoren (3.2) auch eine Reihe von **Teildisziplinen** in besonderem Maße berücksichtigt werden, und zwar die Agrargeographie unter 3.5, die Industriegeographie unter 3.6 sowie die Geographie des tertiären Wirtschaftssektors, zusammen mit der Zentralitätsforschung, unter 3.7.

3.2 Wirtschaftssektoren

Die Wirtschaft hat zwei **Grundfunktionen**: (1) Güter und Dienste zu produzieren (z. B. Landwirtschaft, Bergbau, Industrie oder Elektrizitätsgewinnung), (2) diese Güter und Dienste unter den Verbrauchern zu verteilen (Einzelhandel etc.).

Demnach bedeutet **Produktion** die Erzeugung von Gütern und Dienstleistungen. Entsprechend der Auffassung der modernen Wirtschaftstheorie umfasst der Begriff Produktion nicht nur die Urproduktion, die Industrie und das Handwerk, sondern auch die Verteilung der Güter.

Die Aufgliederung der wirtschaftlichen Aktivitäten erfolgt i. Allg. in der Zuordnung der einzelnen wirtschaftlichen Unternehmen zu den **drei „klassischen" Hauptsektoren**

(1) **Primärer Sektor**: Alle Betriebe der Urproduktion (Landwirtschaft, Forstwirtschaft, Fischerei, Jagd, Bergbau, Gewinnung von Steinen und Erden).
(2) **Sekundärer Sektor**: In diesem Sektor erfolgt eine Umwandlung der Primärprodukte durch Verarbeitung in Industrie und Handwerk.
(3) **Tertiärer Sektor**: Alle Dienstleistungsaktivitäten i. w. S., vom öffentlichen Verwaltungswesen über den Einzelhandel, Großhandel, das Banken- und Versicherungswesen bis hin zu den differenzierten persönlichen Dienstleistungen (wie Rechtsberatung, Wirtschaftsprüfung, Gesundheitswesen etc.).

Abb. 3.4
Die Entwicklung der drei 'klassischen' Wirtschaftssektoren nach J. Fourastié

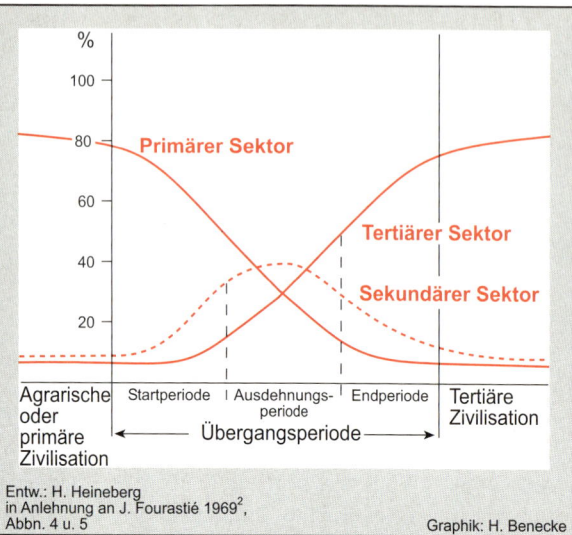

Entw.: H. Heineberg
in Anlehnung an J. Fourastié 1969[2],
Abbn. 4 u. 5
Graphik: H. Benecke

der Wirtschaft (nach Jean Fourastié, vgl. Abb. 3.4 mit Erläuterung). Die Bedeutung der drei Wirtschaftssektoren hat sich in den letzten Jahrhunderten erheblich gewandelt und wird sich nach J. Fourastié im 21. Jh. noch weiter gravierend verändern (zur Dynamik und Gliederung der Wirtschaftssektoren vgl. auch E. Kulke 2006[2], S. 22ff.).

Jean Fourastié unterscheidet in seinem Buch „Die große Hoffnung des 20. Jahrhunderts" (1954, 1969[2]) **drei Phasen der sozialökonomischen Entwicklung**, bezogen auf die Industriestaaten (Abb. 3.4):
(1) die **agrarische oder primäre Zivilisation**;
(2) eine längere **Übergangsperiode**, gegliedert in Start-, Ausdehnungs- und Endperioden;
(3) die **tertiäre Zivilisation** (ab ca. dem Jahre 2000).

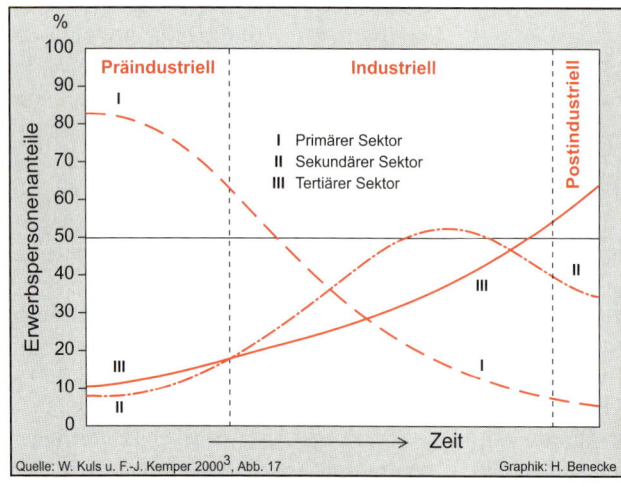

Quelle: W. Kuls u. F.-J. Kemper 2000[3], Abb. 17
Graphik: H. Benecke

Abb. 3.5
Schema der Entwicklung des Erwerbspersonenanteils in den drei Wirtschaftssektoren nach W. Kuls

In der Zeit der agrarischen oder primären Zivilisation, d. h. vor der ersten Industriellen Revolution, die in Großbritannien um die Mitte des 18. Jh.s (ca. 1760), in Deutschland jedoch erst in der ersten Hälfte des 19. Jh.s einsetzte, lag der Anteil der **Beschäftigten des primären Sektors** noch bei mehr als 80 %, des sekundären bei rd. 10 % und des tertiären bei ebenfalls rd. 10 %. Die Bedeutung des primären Sektors ist seitdem beständig zurückgegangen. Im 21. Jh. werden darin nach J. FOURASTIÉ weniger als 10 % der Beschäftigten tätig sein.

Der **sekundäre Sektor** ist demgegenüber in der Beschäftigtenzahl seit Beginn der Industriellen Revolution erheblich angewachsen. Er erreicht um die Mitte der Übergangsperiode einen Höhepunkt mit rd. 40 % der Beschäftigten und nimmt danach beständig ab. Während jedoch der Anteil der Beschäftigten in der Endphase der Übergangsperiode kontinuierlich sinkt, steigt die Produktion stark an. Die relative Überproduktion sekundärer Güter führt nun nach J. FOURASTIÉ zu Krisen. Eine größere Arbeitslosigkeit kann nur durch eine vorausschauende Wirtschaftspolitik, eine hohe Mobilität der arbeitenden Menschen und ihre Überführung in den Dienstleistungssektor verhindert werden.

Die Entwicklung der Beschäftigtenzahl im **tertiären bzw. im Dienstleistungssektor** verhält sich umgekehrt proportional zu derjenigen des primären Sektors. Von anfänglich rd. 10 % steigt der Anteil im 21. Jh. auf mehr als 80 % an.

Von dem Ursprungsmodell von JEAN FOURASTIÉ mehr oder weniger abweichend sind auch andere Darstellungen veröffentlicht worden, z. B. von W. KULS/F.-J. KEMPER (vgl. Abb. 3.5) ein Schema der Entwicklung des Erwerbspersonenanteils in den drei Wirtschaftssektoren, wobei **drei Phasen** unterschieden werden, und zwar die **präindus-** **trielle, die industrielle und die postindustrielle** (s. auch J. BÄHR u. a. 1992, Abb. 3.64).

An die Entwicklungstheorie von J. FOURASTIÉ und an das Modell von W. KULS schließt sich eine ganze Reihe von Fragen an, z. B.:

(1) Ist die Einteilung in die drei Sektoren schlüssig und eindeutig, und ist deren Abgrenzung allgemein verbindlich?

Zunächst einmal bestehen hinsichtlich der Zuordnung einzelner Wirtschaftsbereiche nicht nur unterschiedliche Auffassungen, sondern häufig auch erhebliche statistische **Zuordnungsprobleme**. So wird der Bergbau in Anlehnung an J. FOURASTIÉ häufig (so bei H.-G. WAGNER 1998[3], S. 8) der Rohstoffgewinnung und damit dem primären Sektor zugerechnet. In der amtlichen Statistik der Bundesrepublik Deutschland beispielsweise zählt er jedoch zum sog. Produzierenden Gewerbe und damit - wie auch das sog. Verarbeitende Gewerbe, die Energie- und Wasserversorgung sowie das Baugewerbe - zum sekundären Wirtschaftssektor (vgl. auch 3.6.1). Hinzu kommt beispielsweise das statistische Zuordnungsproblem von Dienstleistungstätigkeiten, d. h. des tertiären Sektors, denn zu den sog. primär- und sekundärwirtschaftlichen Tätigkeiten zählen viele, die im Grunde Dienstleistungsfunktionen sind (z. B. Beschäftigung im Management oder in Forschungs- und Entwicklungsabteilungen von Produktionsunternehmen); diese werden i. Allg. jedoch nicht zum tertiären Sektor gerechnet. So übte etwa um 1990 in den alten Ländern rund ein Drittel der Erwerbstätigen des sekundären Sektors Dienstleistungen aus (s. Raumordnungsbericht 1991 der Bundesregierung, S. 45). Insofern sind die Beschäftigten- oder Erwerbspersonenanteile der drei Wirtschaftssektoren - auch in ihrer zeitlichen Entwicklung und in Bezug auf internationale Vergleiche - immer zu hinterfragen.

(2) Ist das - ursprünglich am Beispiel der USA entwickelte - Modell von J. FOURASTIÉ hinsichtlich der Beschreibung und Erklärung der sozioökonomischen Veränderungen auf andere Industriestaaten oder sogar auf Schwellen- und Entwicklungsländer übertragbar?

Wie es die Beispiele Frankreich und Deutschland zeigen (s. H.-G. WAGNER 1998[3], Abb. 5), kann das Modell der drei Wirtschaftssektoren die Beschäftigungsentwicklung in hoch entwickelten Ländern und Gesellschaften recht gut beschreiben. So ist in der Tat der kontinuierliche Rückgang des Agrarsektors mit ehemals sehr hohen Beschäftigungsanteilen bis heute auf meist sogar weitaus weniger als 10 % in den Industriestaaten eingetreten. Auch der sekundäre Sektor, dessen Beschäftigtenanteil in der Phase der Industrialisierung sehr hoch war, hat sich daraufhin anteilsmäßig erheblich verringert; allerdings ist es gegenüber dem Modell von J. FOURASTIÉ eine verspätete Reduzierung der Beschäftigung eingetreten, und auch der Anteil der in der Industrie erwerbstätigen Personen war z. B. in der BRD 1990 mit knapp 40 % noch relativ hoch. Diesbezüglich sind jedoch die o. g. Zuordnungsprobleme von Tertiärbeschäftigten zur Industrie mit zu berücksichtigen.

Das Modell ist - wie etwa auch die Modelle des demographischen Übergangs und der Mobilitätstransformation (s. Abbn. 2.28, 2.19 und 2.26) - nur bedingt auf Schwellenländer, erst recht nicht auf Entwicklungsländer übertragbar. Denn hier besteht zum einen die Tendenz der Aufblähung des tertiären Sektors durch den sog. **informellen Sektor**, d. h. der unzureichenden und volkswirtschaftlich nicht integrierten, i. Allg. unterbezahlten Dienstleistungstätigkeiten, die mit den traditionellen und auch modernen Dienstleistungsberufen in den Industrie-

---

Kasten 3.4
Begriff und Bedeutung des quartären Wirtschaftssektors

Der Begriff des quartären Sektors bezieht sich auf Dienstleistungsaktivitäten, für deren Ausübung höhere Ausbildung und Schulung erforderlich sind und die einen großen Beitrag zu Entscheidungsprozessen leisten, d. h. also: Einrichtungen der Regierung, der Lehre und Forschung, der Dienstleistungen, die bei Transaktionen genutzt werden (also Banken, Versicherungen etc.), gehobene personenbezogene Dienstleistungen wie Ärzte, Rechtsanwälte etc.

Es ist vor allem der quartäre Sektor, dem in jüngerer Zeit innerhalb des Dienstleistungsbereiches eine stark wachsende Bedeutung zukommt. Er ist durch Tätigkeiten gekennzeichnet, die sich nicht auf manuelle Arbeit, sondern auf geistige Aktivitäten mit Hilfe des Papiers - in jüngerer Zeit insbesondere auch des Computers - als Arbeitsmaterial beziehen. Man spricht daher auch von der **„weißen Revolution"**, die durch eine ungeheuere Ausweitung der Bürotätigkeiten innerhalb und außerhalb der Industrie gekennzeichnet ist. Zu den Zweigen des quartären Sektors mit raschem Wachstum zählte in den vergangenen Jahrzehnten vor allem das Bank- und Versicherungswesen. Von Bedeutung war auch das zunehmende Anwachsen der staatlichen bzw. öffentlichen Informations-, Kontroll- und Entscheidungsfunktionen. Der sog. **„Office-(Büro-)boom"** betrifft aber auch eine Vielzahl spezieller Dienstleistungen, wie Funktionen der Rechtsberatung, Wirtschaftsprüfung und -vermittlung, technische Beratung etc.

Während etwa die Beschäftigtenzahlen im Einzelhandel, also in einem bedeutenden Wirtschaftsbereich des enger gefassten tertiären Sektors, in den alten deutschen Bundesländern zwischen 1970 und 1995 nur eine Steigerung von rd. 24 % erfahren haben, sind die Erwerbspersonen im Kreditgewerbe zwischen 1970 und 1995 um rd. 75 % angewachsen, diejenigen in den Gebietskörperschaften zwischen 1970 und 1995 um ca. 40 % (nach STATIST. BUNDESAMT 1997, S. 108).

---

ländern nicht vergleichbar sind. Hinzu kommt zum anderen, dass in weniger entwickelten, bevölkerungsreichen Staaten

	Produktionspläne	
	individuelle Aufstellung	kollektive Aufstellung
Konsumtionspläne individuelle Aufstellung	Marktwirtschaft	Produktions-kollektivismus mit Konsumtions-individualismus
kollektive Aufstellung	Produktions-individualismus mit Konsumtions-kollektivismus	Zentral-verwaltungs-wirtschaft

Nach: Schätzl Bd.3, 1994[3], Abb. 4.2   Graphik: B. Schulze Roberg

Abb. 3.6 Systematik idealtypischer Wirtschaftsordnungen nach S. Klatt

noch hohe Beschäftigungsanteile im primären Sektor bestehen, was auf beträchtliche Unterbeschäftigungen in den übrigen beiden Sektoren hindeutet.

(3) Reicht die Einteilung der Wirtschaft in die drei konventionellen Hauptsektoren zur Charakterisierung der jüngeren Wirtschaftsentwicklung und heutigen Wirtschaftsstruktur, insbesondere in hoch entwickelten Staaten mit einer ganz dominierenden und zugleich sehr differenzierten Dienstleistungsgesellschaft, überhaupt noch aus?

Anstelle der dreiteiligen Wirtschaftsgliederung hat JEAN GOTTMANN (1961) eine Aufspaltung des tertiären Sektors vorgeschlagen und den Begriff **„quartärer Sektor"** eingeführt. Man unterscheidet demnach heute in der englischsprachigen wirtschaftsgeographischen Literatur zwischen dem primären, sekundären, tertiären und quartären Wirtschaftssektor. Die Bezeichnung „quartärer Sektor oder Wirtschaftssektor" hat sich auch in der deutschsprachigen Literatur mehr und mehr durchgesetzt (vgl. im Einzelnen Kasten 3.4). Diese Einteilung besitzt gegenüber der klassischen Untergliederung in nur drei Sektoren den Vorteil, dass sie den

Erscheinungsformen des modernen Wirtschaftsprozesses angepasst ist und auch die wirtschaftliche Gesamtentwicklung besser charakterisiert.

Wichtig für unsere wirtschaftsgeographische Betrachtung ist, dass sich der quartäre Sektor durch seine **Flächen- und Kontaktansprüche**, d. h. durch spezifische Standortbedingungen, teilweise erheblich von dem tertiären Sektor unterscheidet, so dass auch aufgrund dieses Kriteriums eine Unterteilung zwischen tertiärem und quartärem Sektor sinnvoll ist. Dies betrifft z. B. den besonderen Anteil von Büronutzungen in der „Vertikalen" (Bürohochhäuser) oder neue größere dezentrale Bürozentren, die nicht auf Kundenverkehr angewiesen sind, sondern in viel stärkerem Maße als etwa der Einzelhandel moderne Kommunikationstechniken nutzen können.

3.3 Idealtypen von Wirtschaftsordnungen und deren Abwandlungen in der Marktwirtschaft

Entscheidend für die Struktur und Entwicklung ökonomischer Raumsysteme ist als wichtige Rahmenbedingung die jeweils zugrunde liegende Wirtschaftsordnung.

Nach S. KLATT (1970[2]) lassen sich vier **Idealtypen von Wirtschaftsordnungen** unterscheiden (s. Abb. 3.6). Hauptkriterium für die Typisierung ist die Art der Aufstellung von **Wirtschaftsplänen** (**Produktions- und Konsumtionspläne**).

Für die **Marktwirtschaft** gilt (im Folgenden nach L. SCHÄTZL Bd. 3, 1994[3], S. 14ff.): (1) die individuelle Aufstellung von Produktions- und Konsumtionsplänen durch Betriebe und Haushalte; (2) die Koordination der Planentscheidungen der Unternehmen und Haushalte erfolgt über den Markt (Wett-

Kasten 3.5 **Das unterschiedliche Ausmaß des Eingreifens des Staates in die Marktwirtschaft - vom Merkantilismus bis zur Globalisierung**
(nach BROCKHAUS ENZYKLOPÄDIE, L. SCHÄTZL 1994[3], 2000[3], E. KULKE 2006[2] u. a.)

In Bezug auf die Notwendigkeit und das **Ausmaß des staatlichen Eingreifens** in den Wirtschaftsablauf bestanden bislang unterschiedliche wirtschaftspolitische Ansätze. Dies gilt z. B. für den (historischen) **Merkantilismus**. Merkantilistische und absolutistische Politiken entwickelten sich im 17. und 18. Jh. in verschiedenen europäischen Staaten. Ausgangspunkt war der vermehrte Finanzbedarf des Staates zur Finanzierung seiner Aufgaben (v. a. Hofhaltung, Heer, Beamtenschaft). Kernpunkte merkantilistischer Wirtschaftspolitik waren: (1) Förderung des Außenhandels (einströmendes Geld sollte der Wirtschaft neue Impulse verleihen; vgl. moderne Exportbasis-Theorie unter 3.4.2); (2) Errichtung großgewerblicher Betriebsformen für kostengünstige Produktionen (Verlage, Manufakturen, Fabriken), womit der absolutistische Staat in gewinnträchtigen Wirtschaftsbereichen seine Monopolstellung begründete; (3) spezielle Maßnahmen des Protektionimus (Import- oder Exportverbote); (4) Gründung von Handelskompanien für Rohstoffbezüge und Sicherung neuer Märkte (koloniale Erschließung Afrikas, Asiens und Amerikas); (5) Abschaffung innerer Handelshemmnisse wie Binnenzölle, Vereinheitlichung der Maß-, Münz- und Gewichtssysteme, Schutz der einheimischen Wirtschaft durch Außenhandelskontrollen. Die Kennzeichen des Merkantilismus wechselten in den einzelnen Staaten: In England entwickelte sich ein einheitliches Wirtschaftssystem zwecks Ausweitung von Seehandel und Kolonialisierung. Im absolutistischen Frankreich entfaltete die Staatsverwaltung mehr Unternehmensgeist in der Binnenorganisation der Wirtschaft (u. a. Gründung und Förderung königlicher Manufakturen zur Herstellung exportfähiger Luxusgüter, Straßen- und Kanalbau, Zollvereinheitlichung, Zunftpolitik). Im Gegensatz zu England und Frankreich fehlte ein entsprechend großer deutscher Nationalstaat; die deutschen Fürsten und v. a. der preußische Staat förderten Handel und Gewerbe (z. B. Steinkohlenbergbau im Ruhrgebiet) sowie Ansiedlungen als wichtigen Produktionsfaktor (u. a. Begünstigung v. Einwanderungen).

• Die merkantilistische Politik der Privilegierung und Monopole erwies sich jedoch langfristig als Hindernis für die wirtschaftliche Entfaltung. Sie schwächte u. a. den Innovationsgeist und die Risikobereitschaft der Unternehmen. Der Merkantilismus wurde durch den sog. Liberalismus abgelöst. Dies ist der sog. *Laissez-faire*-**Liberalismus**, der seine wissenschaftliche Fundierung in der zweiten Hälfte des 18. Jh.s in Frankreich und England erhalten hat (u. a. durch ADAM SMITH, dem Begründer der klassischen Nationalökonomie, 1776). Grundthese ist (nach L. SCHÄTZL Bd. 3, 1994[3], S. 16): „Die wirtschaftspolitische Aufgabe des Staates hat sich im wesentlichen darauf zu beschränken, die Funktionsfähigkeit des Marktmechanismus zu erhalten, das Privateigentum zu sichern und Kollektivgüter (z. B. Verkehr, Bildung) bereitzustellen". Nur dort, wo der Markt versage, beispielsweise bei der Tendenz zur Monopolbildung, seien nach SMITH Staatseingriffe gerechtfertigt (u. a. Regulierung des Bankgeschäfts, Kontrolle der Zinsen).

• Der *Laissez-faire*-Liberalismus wurde in der zweiten Hälfte des 19. Jh.s mit zunächst beeindruckendem Erfolg vor allem in Großbritannien und in den USA verwirklicht. Allerdings lässt sich für das Ende des 19. Jh.s ein erneutes Eingreifen des Staates in den wirtschaftlichen Bereich feststellen. Diese interventionistische Wirtschaftspolitik ähnelte dem Merkantilismus und wurde daher **Neomerkantilismus** genannt. Kennzeichen waren: Abkehr vom freien Warenverkehr, verbunden mit der Errichtung wirksamer Handelshemmnisse (z. B. Wiedereinführung der Schutzzölle im Deutschen Reich 1879), staatliche Lenkung der Wirtschaftsabläufe, vor allem des Außenhandels.

• Im Laufe des 20. Jh.s entwickelte sich ein wirtschaftspolitisches Konzept für eine Wirtschaftsordnung, die u. a. auch eine der Grundlagen der Marktwirtschaft in der BRD ist, der sog. **Neoliberalismus**. Dieser bedeutet Steuerung aller ökonomischen Prozesse durch den Markt, d. h. durch einen möglichst freien und funktionsfähigen Wettbewerb (Ablehnung des Staatsinterventionismus sowie jeder Form von Sozialismus und Planwirtschaft). Auf der Basis von Privateigentum wird den Individuen vom Staat möglichst wenig eingeschränkter Handelsspielraum eingestanden. Nach der sog. Freiburger Schule der 1930er Jahre (einer Variante des Neoliberalismus, genannt **Ordoliberalismus**) sollte der Staat die Rahmenbedingungen (Ordnungspolitik) für einen freien Wettbewerb schaffen. D. h., nach dieser Vorstellung ist in einer freien Marktwirtschaft eine wirtschaftspolitische Steuerung durch staatliche Ordnungspolitik unverzichtbar.

Das Vertrauen in die Selbstregulierungskräfte des Marktes war durch eine Reihe von Ereignissen, z. B. durch die Weltwirtschaftskrise (1929-32), erschüttert worden. Dies führte zu Forderungen nach wirtschaftspolitischen Aktivitäten des Staates, wie sie insbesondere durch den englischen Wirtschaftshistoriker John Maynard Keynes in seinem 1936 erschienenen Hauptwerk „Allgemeine Theorie der Beschäftigung, des Zinses und des Geldes" gefordert worden waren. Der

• **Keynesianismus** forderte vom Staat eine Globalsteuerung, um makroökonomische Ungleichgewichte auszugleichen (z. B. durch Geldpolitik, Außenwirtschaftspolitik). Eine der Aussagen des Keynesianismus in den 1930er Jahren war: der Staat sollte Geld leihen, um Investitionen in Gang zu bringen. Nach dem Tode von Keynes (1946) wurde diese Forderung von seinen Anhängern und Lehrbüchern dogmatisiert (**Postkeynesianismus**), und zwar sollte der Staat durch einfaches Auf- und Zuschrauben der öffentlichen „Geldhähne" die Wirtschaft je nach Bedarf stimulieren oder dämpfen. Beispielsweise sollte der Staat in einer Krise die Schleusen seiner Ausgaben wieder öffnen, und schon würde die Wirtschaft wieder anspringen. D. h., der Keynesianismus bzw. Postkeynesianismus beinhaltet die Steuerungsnotwendigkeit und -möglichkeit des Wirtschaftsablaufs durch aktive staatliche Wirtschaftsförderungspolitik, die v. a. die Arbeitslosigkeit beheben soll (aktuelles Thema). Dabei sollen Lohn- und Einkommenspolitik zurückhaltend eingesetzt werden. Zu den weiteren Forderungen der keynesianischen Vollbeschäftigungspolitik zählt, dass in Zeiten hoher Arbeitslosigkeit und rezessiver Wirtschaftsentwicklung der Staat durch zusätzliche Ausgaben (insbesondere öffentliche Investitionen, staatliche Investitionsanreize im Rahmen einer Konjunkturpolitik) und Steuersenkungen die effektive Nachfrage nach Gütern und Diensten in der Wirtschaft erhöhen und somit der wirtschaftlichen Schwäche und Unterbeschäftigung entgegenwirken muss. Dabei müssen die Mehrausgaben und Steuerausfälle durch Kreditaufnahme finanziert werden.

In der Realität werden heute marktwirtschaftliche Systeme in aller Regel sowohl durch Festlegung ordnungspolitischer Rahmenbedingungen und Globalsteuerung der Wirtschaftsprozesse als auch durch eine sektorale Wirtschaftspolitik (z. B. Agrar-, Energie- und Industriepolitik) und Raumwirtschaftspolitik beeinflusst.

• Die **soziale Marktwirtschaft in der Bundesrepublik** stellt - trotz der Beeinflussung durch den Neoliberalismus und auch den Keynesianismus - eine selbständige Ordnungskonzeption dar, und zwar als dritter Weg zwischen einer sog. freien Marktwirtschaft und einer zentralistischen Planwirtschaft (vgl. 3.3). Dabei wurde das Prinzip des freien Marktes mit dem des sozialen Ausgleichs verbunden. Durch das sog. Stabilitätsgesetz der Bundesrepublik Deutschland von 1967 verpflichtete sich der Staat zu einer auf das gesamtwirtschaftliche Gleichgewicht ausgerichteten Wirtschaftspolitik (antizyklische Konjunkturpolitik als Einfluss des Keynesianismus). Allerdings zeigt die jüngere, auch internationale politische Diskussion, dass der Begriff „sozial" in der Marktwirtschaft umstritten ist. So war die soziale Marktwirtschaft in der BRD nach ihrem Begründer, dem früheren Bundeswirtschaftsminister Ludwig Erhardt (1949-1963, später bis 1966 Bundeskanzler), auf einen Konsens zwischen den Gruppen, d. h. den Verbänden, Arbeitgebern und Arbeitnehmern, angelegt. Innerhalb der sozialen Marktwirtschaft der Bundesrepublik Deutschland sind deutliche jüngere Tendenzen des Neoliberalismus - u. a. mitbeeinflusst durch die Globalisierung in der Wirtschaft - unverkennbar.

In den vergangenen Jahrzehnten haben im Rahmen des **Globalisierung** (starke Zunahme der Handelsströme, der ausländischen Direktinvestitionen, der Finanztransaktionen etc., s. Kasten 3.2) die Nationalstaaten an Bedeutung verloren zugunsten globaler und supranationaler Einheiten (z. B. EU) sowie weltweit vernetzter Zentren (*Global Cities*) (E. Kulke 2006[2], S. 194). Zu den entscheidenden Voraussetzungen für diesen Prozess zählte die Gestaltung internationaler politischer und makroökonomischer Rahmenbedingungen nach dem Zweiten Weltkrieg: Gründung der **UNO/ Vereinte Nationen** (1945) mit einer Reihe von Sonderorganisationen (wie z. B. der UNCTAD für den Welthandel) sowie Schaffung einer **Weltwährungsordnung**, basierend auf dem ebenfalls 1945 gegründeten **Internationalen Währungsfonds** (IWF), einer **Weltwirtschaftsordnung** durch die 1946 eingerichtete **Weltbank** und einer **Welthandelsordnung** durch das ab 1947 mit ebenfalls zahlreichen Staaten vereinbarte **GATT** (General Agreement on Tariffs and Trade) bzw. der 1994 gegründeten Nachfolgeorganisation der **WTO** (World Trade Organisation) (vgl. ebd., S. 195ff.).

bewerb bei freier Preisbildung); (3) die Produktionsmittel sind i. Allg. Privateigentum.

Beim anderen Extrem, der sog. **Zentralverwaltungswirtschaft**, erfolgt die dirigistische räumliche Lenkung aller Lebensbereiche „von oben" durch Staatsorgane oder andere gleichgestellte Institutionen. Dabei werden (1) alle Wirtschaftspläne kollektiv aufgestellt und (2) die wirtschaftlichen Entscheidungen zentral getroffen; (3) befinden sich die Produktionsmittel im sog. gesellschaftlichen Eigentum.

Die beiden anderen Wirtschaftsordnungen sind **Mischtypen**, und zwar nach S. KLATT (1970[2]) der sog. Produktionskollektivismus mit Konsumtionsindividualismus und der sog. Produktionsindividualismus mit Konsumtionskollektivismus.

Nun gilt, dass in der Realität solche Idealtypen nicht anzutreffen sind, sondern „daß jeder Realtyp einer Wirtschaftsordnung eine Kombination von Merkmalen einer Marktwirtschaft und einer Zentralverwaltungswirtschaft darstellt" (L. SCHÄTZL Bd. 3, 1994[3], S. 14). So ist auch für die Marktwirtschaft kennzeichnend, dass der Staat in unterschiedlicher Weise gestaltend in den Wirtschaftsprozess eingreift (vgl. Kasten 3.5).

Wie schwierig der Übergang von einer Zentralverwaltungs- zu einer marktwirtschaftlichen Ordnung ist, zeigen die ehemaligen Staatshandelsländer Mittel- und Osteuropas, die sich seit Ende der 1980er/Anfang der 1990er Jahre um einen wirtschaftlichen und gesellschaftlichen Systemwandel (sog. **Transformationsprozess**) bemühen. Ein besonders eindrucksvolles Beispiel stellen die neuen Bundesländer mit dem erheblichen Eingreifen der Ordnungs-, sektoralen Wirtschafts- und Raumwirtschaftspolitik des Staates dar, diesmal allerdings im Rahmen einer demokratischen Staatsverfassung und der sozialen Marktwirtschaft in der Bundes-

republik Deutschland sowie der Bedingungen innerhalb der EU.

Trotz dieser Übergangsbestrebungen im östlichen Europa und in der ehemaligen Sowjetunion ist die Beschäftigung mit der Zentralverwaltungswirtschaft nach wie vor wichtig, da eine Reihe von Ländern der Dritten Welt diesem System zuzurechnen ist (Beispiel Kuba).

3.4 Raumwirtschaftstheorien

3.4.1 Raumwirtschaftstheorien im ersten Überblick. Bislang wurde noch keine umfassende Theorie der räumlichen Ordnung von Wirtschaft und Gesellschaft erstellt. Es besteht lediglich eine Anzahl von Teiltheorien oder komplexeren Hypothesen zur Erklärung ökonomischer Raumsysteme oder Systemelemente. Die diesbezüglichen Erklärungsansätze im Rahmen der Raumwirtschaftstheorie lassen sich nach L. SCHÄTZL (Bd. 1, 2003[9]) zu drei Komplexen zusammenfassen:

(1) **Standorttheorien.** Dazu zählen **einzelwirtschaftliche Standorttheorien** (oder **Theorien der unternehmerischen Standortwahl**). Deren Ziel ist die Ermittlung eines optimalen Standortes für einen zusätzlichen Einzelbetrieb (Agrarwirtschaft, Industrie, Dienstleistungsgewerbe). Als Beispiel wird unter 3.4.3 die klassische Industriestandorttheorie von ALFRED WEBER behandelt.

Heute gibt es als Entscheidungshilfen für die unternehmerische Standortwahl umfassende sektor- und branchenspezifische Kataloge von Standortfaktoren (vgl. Standortbestimmungslehren in der Betriebswirtschaftslehre, aber auch der Wirtschaftsgeographie, sowie 3.4.2).

Eine zweite Gruppe sind **gesamtwirtschaftliche Standortstrukturtheorien**. Diese beziehen sich auf die Frage nach der optimalen Verteilung aller Standorte innerhalb eines ökonomischen Raumsystems sowie nach der zeitlichen Veränderung der Raumstruktur. Dazu zählen die Theorie der Landnutzung nach J. H. von Thünen (vgl. 3.5.2) oder die Theorie bzw. das Modell der Zentralen Orte nach Walter Christaller (s. 3.7.4).

(2) **Regionale Wachstums- und Entwicklungstheorien.** Zu diesen gehört eine Vielzahl partieller Theorien zur Erklärung des räumlich differenzierten wirtschaftlichen Wachstumsprozesses und der gesellschaftlichen Entwicklung (vgl. ausgewählte Teiltheorien unter 3.4.2 sowie im Einzelnen L. Schätzl Bd. 1, 2003⁹, S. 135ff.).

Eine andere Gruppe von Theorien sind (3) **Regionale oder räumliche Mobilitätstheorien.** Sie berücksichtigen Ursachen und Wirkungen der räumlichen Mobilität von Produktionsfaktoren (Arbeitskräfte, Kapital etc.) sowie von Gütern und Dienstleistungen. Diese Theorien werden im Rahmen dieser Einführung nicht behandelt (s. L. Schätzl Bd. 1, 2003⁹, S. 97ff.).

3.4.2 Regionale Wachstums- und Entwicklungstheorien (Auswahl)

• **Regionale Wachstumstheorie der Neoklassik (neoklassische Theorie).** Die Grundhypothese dieser Theorie lautet: Der Marktmechanismus tendiert zu einem Ausgleich regionaler Unterschiede des Pro-Kopf-Einkommens (vgl. im Einzelnen L. Schätzl Bd. 1, 2003⁹, S. 136ff.). Problematisch sind die zugrunde gelegten restriktiven Annahmen (ebd., S. 143), wie z. B. vollkommene Konkurrenz, oder etwa auch die Erklärung interregionaler Mobilität von Arbeit und Kapital allein aus Lohndifferenzen und unterschiedlicher Kapitalverzin-

sung; darüber hinaus gibt es eine größere Zahl zusätzlicher Einflussvariablen wie z. B. Arbeitsplatzangebot, Lebenshaltungskosten, Wohn- und Freizeitwert.

Wichtig ist: die neoklassische Doktrin hat die Regionalpolitik in marktwirtschaftlich orientierten Staaten (u. a. in der BRD) stark beeinflusst (ebd., S. 143).

• **Postkeynesianische Wachstumstheorie** (benannt nach John M. Keynes 1936, s. auch Kasten 3.5 sowie im Einzelnen L. Schätzl Bd. 1, 2003⁹, S. 143ff.). Diese Theorie ist nicht (wie die neoklassische Theorie) angebots-, sondern nachfrageorientiert. Die Grundhypothese lautet: Die Investitionstätigkeit wird als entscheidende Determinante des wirtschaftlichen Wachstums (in Bezug auf das Volkseinkommen und die Gesamtnachfrage) angesehen. Aus dieser resultieren Einkommens-, (Produktions-)Kapazitäts- und Komplementäreffekte. **Komplementäreffekte** sind z. B. ergänzende Investitionen in Weiterverarbeitungs- oder Anschlussindustrien. Wichtig ist: Unterschiedliche räumliche Verteilungen von Investitionen im Raum und in der räumlichen Wirkung von Einkommens- und Komplementäreffekten führen zu

(1) **Wachstumsgebieten** (mit stetig ansteigenden Investitionen, überdurchschnittlichen Wachstumsraten des Volkseinkommens, Exportüberschuss ansässiger Industrien etc.),

(2) **Entleerungsgebieten** (mit Abnahme industrieller Investitionen, mit wirtschaftlichem Schrumpfungsprozess, selektiver Abwanderung von Arbeitskräften etc.) und

(3) **Stagnationsgebieten**, die auf ihrem erreichten Entwicklungsstand beharren.

Dieser räumliche Differenzierungsprozess ist vom Entwicklungsstand einer Volkswirtschaft abhängig (vgl. L. Schätzl Bd. 1, 2003⁹, S. 147-148).

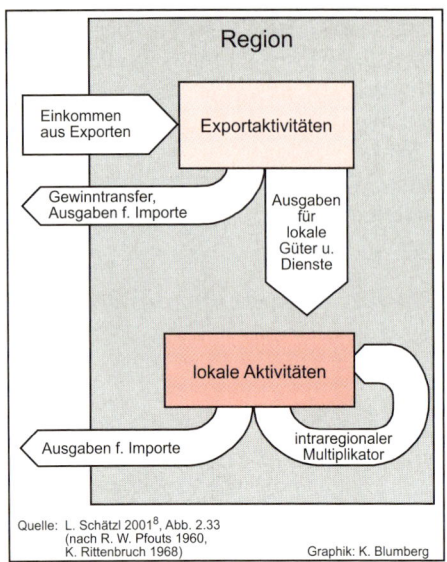

Quelle: L. Schätzl 2001[8], Abb. 2.33
(nach R. W. Pfouts 1960,
K. Rittenbruch 1968)   Graphik: K. Blumberg

**Abb. 3.7 Exportbasis-Modell
(Ein-Regionen-Modell)**

• **Exportbasis-Theorie.** Die Grundhypothese lautet: Das regionale Wirtschaftswachstum ist entscheidend von der Entwicklung des Exportes von Gütern und Diensten, d. h. von der außerregionalen Nachfrageexpansion, abhängig (vgl. im Einzelnen L. SCHÄTZL Bd. 1, 2003[9], S. 149ff.). Der Einkommenskreislauf in einem sog. **Ein-Regionen-Modell** (Abb. 3.7) verdeutlicht, dass durch die Exportaktivitäten ein Einkommensstrom in die Untersuchungsregion ausgelöst wird. Dieser fließt teilweise aus der Region ab (Gewinntransfer bzw. Ausgaben für Importe des Exportsektors); „das in der Region verbleibende Einkommen wird für lokale Güter und Dienste ausgegeben und erhöht die lokalen Aktivitäten und Regionaleinkommen. Das konsumwirksame Einkommen des lokalen Sektors wird für importierte Güter und Leistungen sowie für die erneute Beanspruchung von lokalen Gütern und Leistungen ausgegeben. Dadurch erhöhen sich Produktion und Einkommen des lokalen Sektors; es setzt sich ein **intraregionaler Multiplikatorprozess** in Gang, der zusätzliches Einkommen schafft" (ebd., S. 150-151).

Gegenüber den Einkommen aus Exportaktivitäten (sog. *basic activities*) werden die Einkommen aus den Aktivitäten, die dem regionalen oder lokalen Markt dienen, *nonbasic activities* genannt.

Trotz einer Reihe grundlegender Mängel (s. L. SCHÄTZL Bd. 1, 2003[9], S. 153-154; H. BATHELT/J. GLÜCKLER 2003[2], S. 76) „besitzt die Exportbasis-Theorie einen partiellen Erklärungswert für das Wirtschaftswachstum einzelner, relativ kleiner Regionen und kann als Entscheidungshilfe für die staatliche Regionalpolitik dienen" (L. SCHÄTZL ebd., S. 155).

• **Theorien der endogenen Entwicklung** gehören zu den neueren Theorieansätzen mit Auswirkungen auf jüngere Strategien der Regionalpolitik (vgl. L. SCHÄTZL Bd. 1, 2003[9], S. 155ff.). Die Grundhypothese endogener Entwicklungstheorien lautet: Die sozioökonomische Entwicklung einer Region ist von Ausmaß und Nutzung der intraregional vorhandenen Potenziale abhängig. „Die Überwindung der Unterentwicklung einer Region und der interregionale Disparitätenabbau sind primär nicht über exogene Wachstumsimpulse, sondern durch Aktivierung des endogenen Entwicklungspotentials anzustreben" (ebd., S. 155).

Die **endogenen (regionalen) Entwicklungspotenziale** lassen sich nach U. HAHNE (1985) in folgende **Teilpotenziale** zerlegen: Kapital-, Arbeitskräfte-, Infrastruktur-, Flächen-, Umwelt-, Markt-, Entscheidungs- sowie sozio-kulturelles Potenzial (zitiert nach L. SCHÄTZL Bd. 1, 2003[9], S. 156).

„Angewandt auf hochindustrialisierte Volkswirtschaften, die durch eine bereits intensive interregionale Verflechtung der

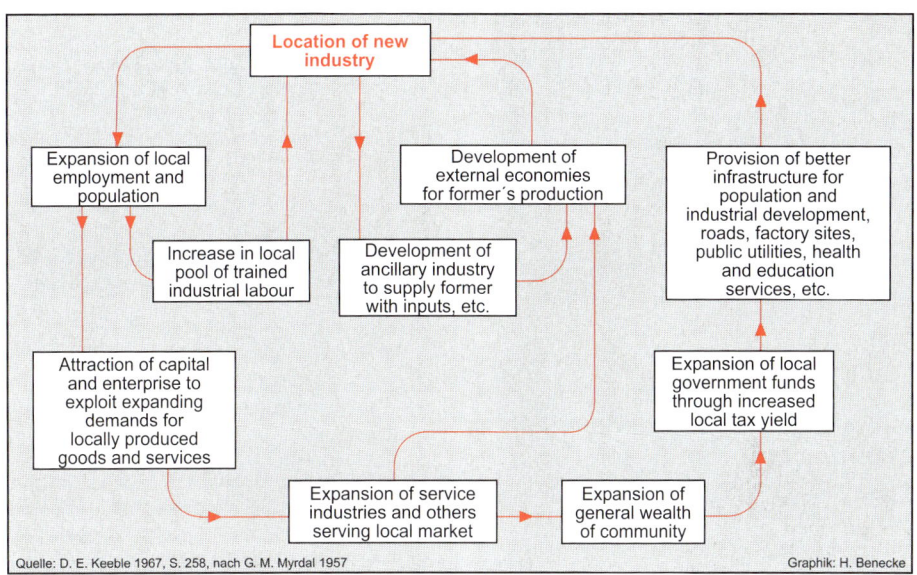

Abb. 3.8 Modell des Prozesses kumulativer Verursachung nach G. M. Myrdal (1957)

Wirtschaft gekennzeichnet sind, leisten endogene Entwicklungskonzepte in aller Regel einen komplementären Beitrag zu den traditionellen theoretischen und regionalpolitischen Ansätzen". So gilt insbesondere, „daß zur Bewältigung der Entwicklungsprobleme vor allem agrarisch strukturierter Periphergebiete oder Altindustriegebiete neben der Übertragung exogener Wachstumsimpulse entsprechend der Exportbasis-Theorie die Aktivierung intraregionaler Potentiale wichtig ist" (L. SCHÄTZL Bd. 1, 2003[9], S. 157-158).

• **Polarisationstheorien**. Eine Hauptthese lautet: aufgetretene ökonomische Ungleichgewichte setzen einen sog. zirkulär verursachten kumulativen Entwicklungsprozess in Gang, der zu einer Verstärkung der Ungleichgewichte, d. h. zu einer **Polarisation** führt (vgl. im Einzelnen L. SCHÄTZL Bd. 1, 2003[9], S. 158ff.; H. BATHELT/J. GLÜCKLER 2003[2], S. 69ff.). Dabei wird unterschieden zwischen einer **sektoralen Polarisation** und

einer **regionalen Polarisation**. Das erste bedeutet: wirtschaftliches Wachstum verläuft sektoral ungleichgewichtig, beispielsweise durch Innovationen und Investitionen in neuen führenden Wirtschaftsbranchen in Gestalt **sektoraler Wachstumspole** (z. B. Errichtung eines Automobilwerks in einer Peripherregion); vgl. dazu die **Wachstumspoltheorie von F. PERROUX** (1964[2]), die eine erhebliche innovative Bedeutung, insbesondere auch für die Regional- bzw. Raumwirtschaftspolitik, hatte (zur Bedeutung und Kritik an der Wachstumspoltheorie s. L. SCHÄTZL Bd. 1, 2003[9], S. 159-160). Von PERROUX wurden vor allem neue Branchen bzw. Unternehmen des sekundären Sektors als Träger des wirtschaftlichen Wachstums und der räumlichen Entwicklung angesehen.

Zu den **regionalen Polarisationsansätzen** zählt z. B. das **Modell des Prozesses kumulativer Verursachung** von GUNNAR MYRDAL (1957), nach L. SCHÄTZL (Bd. 1, 2003[9], S. 161) „Hypothese der zirkulären Verursachung eines kumulativen sozioökonomischen Prozesses zur Erklärung wirtschaftlicher Unterentwicklung und Entwicklung" genannt (vgl. Abb. 3.8). D. h., unter marktwirtschaftlichen Bedingungen gibt es zirkuläre Veränderungen mit sog. **Rückkoppelungseffekten**. Dieser kumulative Prozess wird nach dieser Theorie durch jede Veränderung interdependenter ökonomischer Faktoren ausgelöst, z. B. durch Investitionen, Nachfrage, Einkommen oder Produktion.

Das Modell lässt sich - wie die Weiterentwicklung durch A. PRED (1965) zeigt - zweiteilen in ein **Modell des kumulativen Wachstumsprozesses** (positive Veränderungen z. B. bei neuer Industrieansiedlung) und in ein **Modell des kumulativen Schrumpfungsprozesses** (z. B. Niedergang bestehender Industrie), die jeweils durch zirkuläre Verursachungen mit entsprechenden Rückkoppelungseffekten gekennzeichnet sind. Derartige Modelle lassen sich räumlich für verschiedene Bezugsebenen anwenden, so etwa für Regionen, die in ihrer Entwicklung zurückbleiben, aber auch national und sogar international in Bezug auf Disparitäten zwischen Industrie- und Entwicklungsländern.

• **Wirtschaftsstufentheorien**. Unter **Wirtschaftsstufen** versteht man i. Allg. nach bestimmten Kriterien voneinander abgrenzbare Entwicklungsstadien in der Wirtschafts- und Gesellschaftsgeschichte. Nach L. SCHÄTZL (Bd. 1, 2003[9], S. 168) beschreiben **Wirtschaftsstufentheorien** „die langfristige Entwicklung der Wirtschaft unter Berücksichtigung der Interdependenz ökonomischer, demographischer, sozialer und politischer Einflußgrößen". Den Stufentheorien liegt die Auffassung zugrunde, dass die Wirtschaftsstufen im Sinne einer wirtschaftlichen - und häufig auch gesellschaftlichen - Entwicklung jeweils aufeinander folgen. Um-

> **Kasten 3.6**
> **Wirtschaftsstufen nach KARL MARX**
> (in Anlehnung an L. SCHÄTZL Bd. 1, 2003[9], S. 171)
>
> **Stufenfolgen:**
> (1) klassenloses Gemeineigentum,
> (2) asiatische Produktionsweise (Gegensatz Freier - Sklave),
> (3) antike Produktionsweise (Gegensatz Patrizier, d. h. Angehöriger des Adels, - Plebejer, d. h. Angehöriger niedriger Schichten),
> (4) feudale Produktionsweise (Gegensatz Baron - Leibeigener),
> (5) moderne bürgerliche Produktionsweise (Gegensatz Bourgeois - Proletatier) [Bourgeois = marxistisch gesehen die herrschende Klasse in der kapitalistischen Gesellschaft, Proletarier = Angehöriger der wirtschaftlich unselbständigen besitzlosen Klasse],
> (6) klassenlose sozialistische Produktionsweise.

stritten dabei sind die Auswahl der Kriterien und die Frage, in welche Stufen die Wirtschaftsgeschichte einzuteilen ist. Offen bleibt häufig auch, wodurch der Übergang von Stufe zu Stufe verursacht wird.

Entsprechend diesem komplexen Ansatz haben sich an der Entwicklung von Wirtschaftsstufentheorien **mehrere Wissenschaften** beteiligt: Nationalökonomie, Wirtschaftsgeschichte, Wirtschafts- und Sozialgeographie, Regionalforschung etc. Entscheidend für die Begründung einer Wirtschaftsstufentheorie war die Entwicklung der **deutschen historischen Schule der Nationalökonomie im 19. Jh.**. Diese ging induktiv vor und leitete aus dem Vergleich ökonomischer Prozesse in verschiedenen Ländern und in unterschiedlichen Zeitphasen bereits allgemeinere Regelmäßigkeiten der Wirtschaftsentwicklung ab (vgl. im Einzelnen L. SCHÄTZL Bd.1, 2003[9], S. 169ff.).

Im Gegensatz zur historischen Schule der deutschen Nationalökonomie entwarf KARL

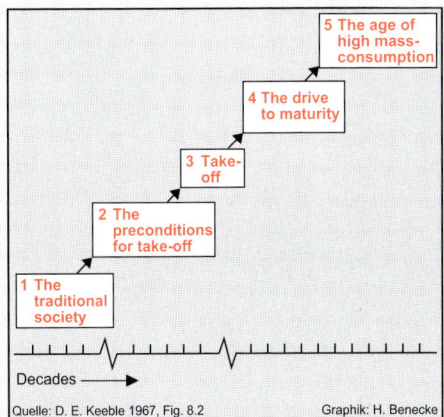

Quelle: D. E. Keeble 1967, Fig. 8.2   Graphik: H. Benecke

Abb. 3.9 Wirtschaftsstufen nach W. W. Rostow (1960)

Erläuterung (n. L. SCHÄTZL Bd. 1, 2003⁹ u. a.):

(1) **Traditionelle Gesellschaft** („*The traditional society*"):
- stationäre Wirtschaftsform, d. h. das wirtschaftliche Wachstum findet nur in einem begrenzten Umfang statt;
- vorherrschend ist die Landwirtschaft mit traditionellen Anbauformen;
- Arbeitsproduktivität und der durchschnittliche Wohlstand der Bevölkerung sind niedrig;
- hierarchische Gesellschaftsstruktur (privilegierte Schicht mit Reichtum und wirtschaftlicher Macht, Masse des Volkes in ärmlichen Verhältnissen);
- geringe vertikale Mobilität in der traditionellen Gesellschaft.

(2) **Gesellschaft im Übergang** („*pre-take-off society*" oder „*The preconditions for take-off*"):
- Anstieg der Investitionsrate als entscheidende Voraussetzung zur Erreichung dieser Stufe;
- Überleitung zu einem dynamischen Wirtschaftswachstum;
- starke Produktivitätssteigerungen in der Landwirtschaft und im Bergbau;
- Freisetzung von Arbeitskräften für andere Produktionsprozesse, v. a. für die Industrialisierung (einschl. Bergbau);
- Auf- und Ausbau der Infrastruktur;
- Ausweitung der außenwirtschaftlichen Beziehungen und damit Ausnutzung der Vorteile internationaler Arbeitsteilung;
- die Wandlungen können sowohl durch endogene Kräfte (Beispiel England) als auch durch exogene Kräfte (Beispiel Libyen) ausgelöst werden.

(3) **Startgesellschaft** („*take-off society*") oder das **Wirtschaftsstadium des „*take-off*":**
- Übergang zum entscheidenden eigendynamischen, selbsttragenden Wachstum innerhalb einer Gesellschaft;
- Investitionsrate steigt auf über 10 % des Volkseinkommens;
- Expansion geht meist von wenigen Industriezweigen mit besonders geeigneten politischen, sozialen und institutionellen Rahmenbedingungen aus (paläotechnische Leitindustrien: Kohlebergbau, Eisenindustrie, Textilindustrie);
- diese Wachstumsimpulse beeinflussen rasch andere Wirtschaftbereiche bzw. die gesamte Volkswirtschaft;
- ein sich über Jahrzehnte erstreckender wirtschaftlicher Aufstieg.

Dieses Stadium durchliefen England (ab Ende des 18. Jh.s = Industrielle Revolution), Frankreich, Belgien, USA, Deutschland um die Mitte des 19. Jh.s, Japan, Russland, Kanada um die Wende zum 20. Jh., andere Staaten noch wesentlich später, z. B. die Schwellenländer Türkei, Argentinien oder Mexiko erst ab ca. 1940 (vgl. Abb. 3.10).

(4) **Wirtschaftliches Reifestadium** („*The drive to maturity*"):
- 10-20 % des Volkseinkommens werden ständig investiert;
- Phase wissenschaftlichen und technologischen Fortschritts;
- die Leitindustrien der *Take-off*-Phase werden durch neue (neotechnische) Wachstumsbranchen (wie Maschinenbau, chemische Industrie oder Elektroindustrie) abgelöst;
- diese hochentwickelten, kapitalintensiv produzierenden Industrien ermöglichen für einen Teil der Bevölkerung einen hohen Wohlstand.

Falls die Produktionskapazitäten in großem Umfang für Rüstungsproduktion und Kriegsführung, d. h. für machtpolitische Zwecke auf Kosten des Lebensstandards eingesetzt werden, verharrt die Gesellschaft in dieser Phase; andernfalls tritt sie in das

(5) **Stadium der Massenkonsumgesellschaft** („*The age of high mass-consumption*"):
- die Produktion ist auf die Befriedigung der Konsumbedürfnisse, dabei insbesondere auf den Massenkonsum hochwertiger Verbrauchsgüter und Dienstleistungen (Pkw, Fernsehen, Ferienreisen), ausgerichtet;
- für den größten Teil der Gesellschaft ist ein hoher Wohlstand erreicht (auch Entwicklung zum Wohlfahrtsstaat).

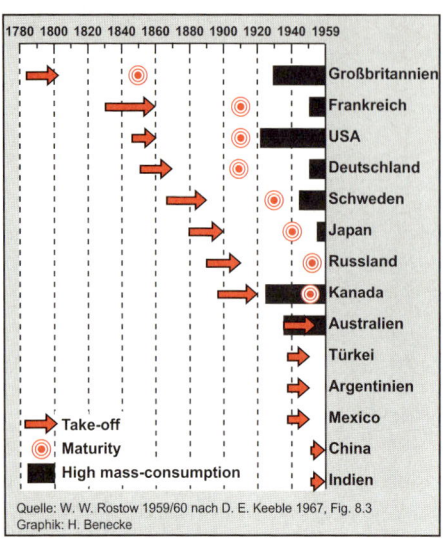

Quelle: W. W. Rostow 1959/60 nach D. E. Keeble 1967, Fig. 8.3
Graphik: H. Benecke

Abb. 3.10 Anwendung des Rostow-Modells auf verschiedene Länder

Eine der bekanntesten Wirtschaftsstufentheorien (als ältere der sog. Modernisierungstheorien) stammt von Walt W. Rostow: „Stadien des wirtschaftlichen Wachstums" (engl. 1960, aus dem Englischen 2. Aufl. 1967). Nach der **Wirtschaftsstufentheorie von W. W. Rostow** vollzieht sich innerhalb einer Gesellschaft eine Aufeinanderfolge von Wirtschaftsstufen in Richtung auf eine evolutionäre Höherentwicklung. Danach durchläuft das wirtschaftliche Wachstum (einer Nation) **fünf Wachtumsstadien**, und zwar dergestalt, dass alle vergangenen und gegenwärtigen Gesellschaften einem dieser Stadien zugeordnet werden können (in Anlehnung an D. Keeble 1972 und L. Schätzl Bd. 1, 2003[9], S. 171ff.; vgl. Abb. 3.9 mit Erläuterung und Abb. 3.10).

Marx (1859) ein **dialektisches Entwicklungskonzept**, das er aus den sog. **Klassengegensätzen**, z. B. zwischen Besitzlosen und Besitzenden, ableitete (vgl. diesbezüglich L. Schätzl Bd. 1, 2003[9], S. 171). Aufgrund dieser Klassengegensätze lässt sich nach Marx der notwendige Übergang von einer Wirtschaftsstufe zur anderen ableiten. So erwartete Marx im Rahmen des historischen Entwicklungsprozesses Veränderungen, die nicht evolutionär, sondern durch Klassenkampf, d. h. durch bewusste, kollektive Aktionen einer Klasse auftreten (zusammengefasst nach L. Schätzl, ebd.; vgl. auch Kasten 3.6).

Während somit bereits im 19. Jh. wirtschaftsstufentheoretische Ansätze im Zusammenhang mit der Frage nach einem Entwicklungsgesetz von Volkswirtschaften erarbeitet wurden, wurde in den 1960er Jahren der Aspekt der Wirtschaftsstufen im Kontext mit der Problematik der Entwicklungspolitik wieder aufgegriffen.

Kasten 3.7
Stufen der Gesellschafts- und Wirtschaftsentfaltung nach H. Bobek 1959

Bobek gliederte die **sozioökonomische Entwicklung der Menschheit** in sechs **Stufen**:
(1) Wildbeuterstufe,
(2) Stufe der spezialisierten Sammler, Jäger und Fischer,
(3) Stufe des Sippenbauerntums bzw. Hirtennomadismus
In diesen ersten drei Stufen dominiert die Beziehung zwischen Natur, Mensch und Wirtschaft; in den folgenden Stufen liegt die Betonung auf der Beschreibung des sozioökonomischen Entfaltungsprozesses (nach L. Schätzl Bd. 1, 1992[4], S. 169):
(4) Stufe der herrschaftlich organisierten Agrargesellschaft,
(5) Stufe des älteren Städtewesens und Rentenkapitalismus
[= Wirtschaftssystem der Antike, d. h. bei weitgehend fehlenden produktiven Investitionen Abschöpfung möglichst hoher Erträge aus Bodenrenten, Pachten und Mieten; heute noch im Orient verbreitet];
(6) Stufe des produktiven Kapitalismus, der industriellen Gesellschaft und des jüngeren Städtewesens.

• **Sektor-Theorien** (z. B. nach COLIN CLARK 1940/1951[2] oder JEAN FOURASTIÉ 1954/1969[2], vgl. auch 3.2 und Abbn. 3.4, 3.5) gelten als Varianten der Theorie der Wirtschaftsstufen. Sektor-Theorien besagen, dass das Wirtschaftswachstums „zwangsläufig begleitet wird von einer Verlagerung des Schwergewichts der Wirtschaftstätigkeit im primären über den sekundären zum tertiären Sektor. Die Geschwindigkeit der Strukturverschiebungen in der Produktion und Beschäftigung wird als wesentliche Determinante des Anstiegs des Volkseinkommens angesehen". Denn es „wird die Ansicht vertreten, daß der sekundäre und tertiäre Sektor höhere Produktivitätszuwächse als die Landwirtschaft aufweisen, was einem Transfer von Ressourcen (Arbeit, Kapital) in die Bereiche höherer Produktivität und damit eine Verschiebung in der Wirtschafts-

tätigkeit bewirkt" (L. SCHÄTZL Bd. 1, 2003[9], S. 174-175).

Das bereits unter 3.2 erläuterte Modell von FOURASTIÉ ist keine reine Theorie; es wurde für eine Reihe nationaler Volkswirtschaften der im Modell dargestellte langfristige schwerpunktartige Wandel der Produktions- und Beschäftigungsstrukturen vom primären über den sekundären zum tertiären Sektor auch empirisch nachgewiesen.

• **Stufentheorien** sind auch **seitens der Wirtschafts- und Sozialgeographie** entwickelt worden; zudem wurden Wirtschaftsstufen in ihrer Verbreitung auf der Erde kartiert (vgl. relativ ausführlich H. HAMBLOCH 1982[5], S. 85-94). Einer der bekanntesten diesbezüglichen Ansätze stammt von dem Sozialgeographen HANS BOBEK (1959) (vgl. Kasten 3.7).

Stufe 1:
- Geringe Austauschbeziehungen;
- stabile räumliche Ordnung, aber die Wirtschaft tendiert zur Stagnation.

Stufe 2:
- Stadium der beginnenden Industrialisierung;
- das Wirtschaftswachstum konzentriert sich auf eine Metropole oder Primatstadt (C = Zentrum);
- im Gegensatz dazu entstehen Stagnations- bzw. Entleerungsgebiete (P = Peripherie);
- die räumliche Ordnung ist instabil.

Stufe 3:
- Einfache Zentrum-Peripherie-Struktur verändert sich allmählich zu einer Multikern-Struktur durch Entstehung von Subzentren (SC) als neu entstandene Entwicklungszentren;
- große Teile der Peripherie sind bereits in den Wirtschaftskreislauf integriert;
- da aber noch kleinere Peripherien übrig bleiben, ist die räumliche Ordnung immer noch instabil.

Stufe 4:
- Es hat sich ein funktional interdependentes Städtesystem herausgebildet, das auf dem Hierarchiesystem basiert;
- das System befindet sich wieder im Gleichgewicht.

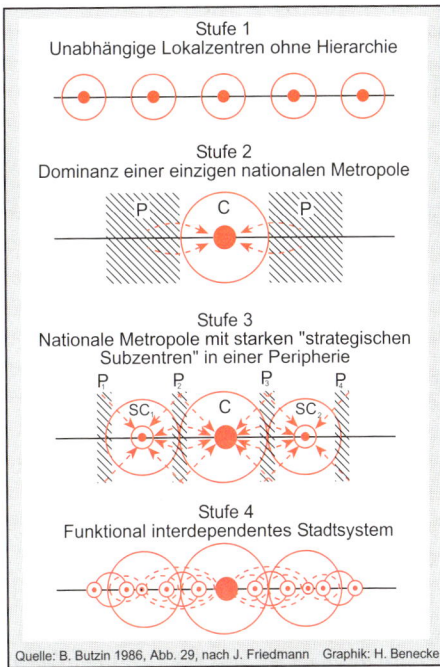

Quelle: B. Butzin 1986, Abb. 29, nach J. Friedmann   Graphik: H. Benecke

Abb. 3.11 Das Zentrum-Peripherie-Modell von J. Friedmann 1966

• **Das Zentrum-Peripherie-Modell** von John Friedmann (1966) stellt eine weitere wichtige Variante wirtschaftsstufentheoretischer Ansätze dar. Auch Friedmann geht davon aus, dass sich die Entfaltung der Volkswirtschaft in Richtung einer evolutionären Höherentwicklung vollzieht, wobei für jede der vier Entwicklungsstufen charakteristische Raumstrukturen bestimmend sind (vgl. Abb. 3.11 mit Erläuterung). Dabei ist das Verhältnis zwischen städtischen Zentren und Peripherien im Zusammenhang mit der Wirtschaftsentwicklung von Bedeutung.

Parallelen zum stufentheoretischen Zentrum-Peripherie-Modell von J. Friedmann (1966) weist ein jüngerer theoretischer Ansatz, die sog. *Polarization-Reversal***-Hypothese** von Harry W. Richardson (1980), auf. Das Phasenmodell von Richardson beinhaltet einerseits die Veränderungen der Raum-

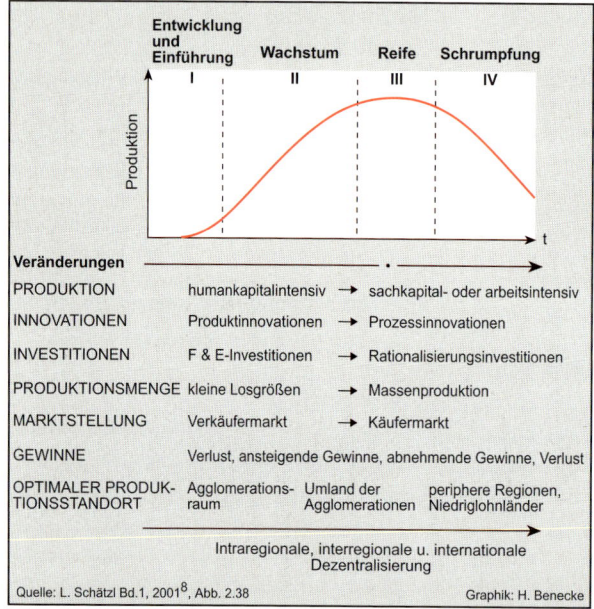

Quelle: L. Schätzl Bd.1, 2001[8], Abb. 2.38   Graphik: H. Benecke

Die Produktlebenszyklus-Theorie zählt zu den theoretischen Ansätzen, mit denen die Auswirkungen der Entwicklung neuer Produktionsverfahren und betrieblicher Organisationsformen auf die Standort-, Raum- bzw. Regionalentwicklung aufgezeigt werden können (vgl. H. Nuhn 1985, L. Schätzl Bd. 1, 2003[9], S. 211ff.).

Abb. 3.12
Phasen des Produktlebenszyklus nach L. Schätzl

Der **Lebenszyklus eines neuen Produktes** mit seinen vier Phasen lässt sich nach L. Schätzl Bd. 1, 2003[9], S. 211ff., anhand Abb. 3.12 wie folgt charakterisieren:
(I) **Entwicklungs- und Einführungsphase**:
- Bedeutung von Produktinnovationen, die erhebliche Forschungs- und Entwicklungsinvestitionen sowie hochqualifizierte Fachkräfte voraussetzen;
- trotz hoher Preise ergeben sich (nach dem Modell in Abb. 3.13) aufgrund des geringen Absatzes für das Unternehmen i. Allg. Verluste.
(II) **Wachstumsphase**:
- Das Produkt setzt sich zunehmend auf dem Markt durch;

-das Unternehmen legt das Schwergewicht der Innovationen auf den Produktionsprozess (Prozessinnovationen);
- verstärkte Investitionen in Sachkapital der Produktion;
- die Erlöse wachsen stark an.
(III) **Reifephase**:
- Massenproduktion ausgereifter Produkte auf der Grundlage standardisierter Produktionsverfahren.
(IV) **Schrumpfungsphase**:
- Zunehmender Nachfrage- und entsprechender Produktionsrückgang;
- rasch fallende Erlöse.

strukturen in Bezug auf urban-industrielle Zentren und deren Hinterlandgebiete, übrige Siedlungen und Peripherie im Zusammenhang mit mobilen Produktionsfaktoren (z. B. Kapital, qualifizierte Arbeitskräfte), ausländischen Direktinvestitionen (ADI) und Innovationsdiffusionen. Andererseits werden Pro-Kopf-Einkommen hinsichtlich der distanziellen Verflechtungen dargestellt; vgl. dazu im Einzelnen L. SCHÄTZL Bd. 1, SCHÄTZL Bd. 1, 2003[9], S. 178ff. sowie H. HEINEBERG 2006[3]a, S. 106ff.

- **Die Produktzyklus- oder Produktlebenszyklus-Theorie** geht davon aus, dass Produkte nur eine begrenzte Lebensdauer besitzen und hinsichtlich ihrer Gestaltung, Produktions- und Absatzbedingungen (Nachfrage-)Veränderungen unterliegen (Abbn. 3.12-3.15 mit Erläuterungen).

Die Produktlebenszyklus-Theorie bildet nach L. SCHÄTZL (Bd. 1, 2003[9], S. 216) zum einen die „Grundlage zu einer Dynamisierung der einzelwirtschaftlichen Standorttheorie" (insbesondere zur Erklärung von Produktionsstandortverlagerungen); zum anderen ist sie aber auch ein Begründungsansatz für „den regionalen Strukturwandel,

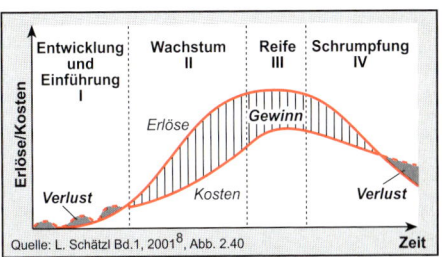

Abb. 3.13 Produktlebenszyklus: Erlöse und Kosten

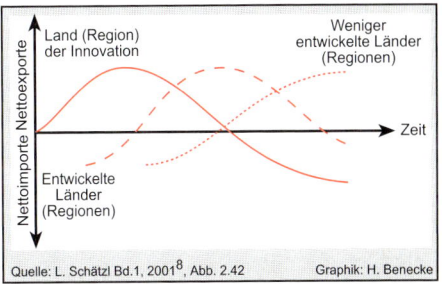

Abb. 3.14 Produktlebenszyklus: Standorte

z. B. den wirtschaftlichen Aufstieg oder auch Niedergang von Regionen". Letzteres gilt für die Industrialisierung oder De-Industrialisierung sowie insbesondere auch für die Produktionsstandortverlagerung von Innovationsländern oder -regionen in Richtung ent-

Die Unternehmen haben nach Abb. 3.15 folgende Möglichkeiten zur Absatzverlustvermeidung:
(a) Substitution eines alten Produktes durch ein neues gleicher Güterart
(b) Ständige Produktmodifizierungen/-verbesserungen ermöglichen Verlängerungen des Lebenszyklus und die Erschließung neuer Märkte
(c) Veränderung bzw. Verbesserung der Produktionstechnologie
(d) Ausdehnung der Reifephase mittels Rationalisierung und Senkung der Arbeitskosten.

Abb. 3.15 Produktlebenszyklus: Unterschiede im Verlauf

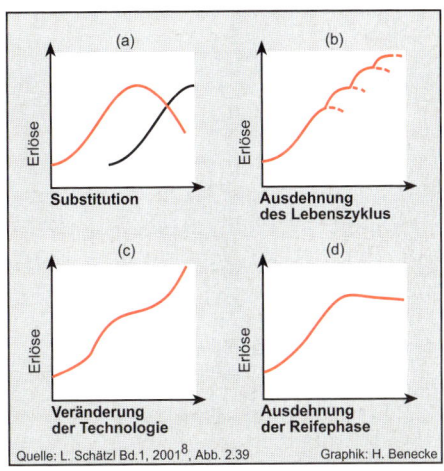

wickelter oder weniger entwickelter Länder bzw. Regionen (vgl. Abb. 3.14 sowie 3.4.4).

• **Theorie der „langen Wellen"** (vgl. Abb. 3.16). Die Grundhypothese lautet: Grundlegende technische Neuerungen, sog. **Basisinnovationen**, treten in zyklischen Abständen gehäuft auf und können lange Wachstumsschübe („lange Wellen") auslösen (vgl. Abb. 3.16 und L. Schätzl Bd. 1, 2003[9], S. 218ff.). Basisinnovationen in Form technologischer Innovationen und Investitionen in Kapitalgüter wurden von N. D. Kondratieff (1926) als wichtige Theorieelemente herausgestellt. Daher spricht man anstelle von langen Wellen auch von **Kondratieff-Zyklen**. Ein zweiter grundlegender Beitrag zur Theorie der langen Wellen stammt von J. A. Schumpeter (1939). Schumpeter stellte die Bedeutung der Innovationen technischer Neuerungen, die von dynamischen Unternehmern durchgesetzt werden, als Anstoß und Ursache der Schwankungen der Wirtschaft heraus; dabei

ging er von Wellen unterschiedlicher Länge aus.

Neuere Untersuchungen unterscheiden - seit der Industriellen Revolution - **vier bis fünf lange Wellen** mit einem jeweiligen wirtschaftlichen Aufschwung durch wichtige Basisinnovationen (vgl. Abb. 3.16 mit Erläuterung).

„Die Theorie der langen Wellen kann zur Erklärung internationaler und interregionaler Verlagerungen ökonomischer Aktivitäten herangezogen werden. Zu unterscheiden sind erstens räumliche Differenzierungsprozesse, die sich im Verlauf einer einzigen langen Welle vollziehen, und zweitens räumliche Schwerpunktverlagerungen ökonomischer Tätigkeiten beim Übergang von einer zur nächsten langen Welle" (L. Schätzl Bd. 1, 2003[9], S. 220; vgl. auch H. Bathelt/J. Glückler 2003[2], S. 247-250, mit Kritik an der Theorie der „langen Wellen").

Abb. 3.16
Modell der wirtschaftlichen Entwicklung in „langen Wellen"

(1) Einführung der Dampfkraft sowie wesentliche technische Fortschritte in den Textil- und Eisenindustrien (sog. paläotechnische Industrien);
(2) Neuerungen im Verkehrswesen (Eisenbahn/Dampfschiffe) sowie in der Eisen- und Stahlindustrie;
(3) Einsatz von Benzin- und Elektromotoren sowie Entfaltung der chemischen Industrie (sog. neotechnische Industrien);
(4) Einsatz von Elektronik im Produktionsprozess und Erfindungen in der Petrochemie.
(5) Jüngste Basisinnovationen sind vor allem von Bedeutung für die Mikroelektronik sowie die Bio- und Gentechnologie, die eine fünfte lange Welle andeuten.

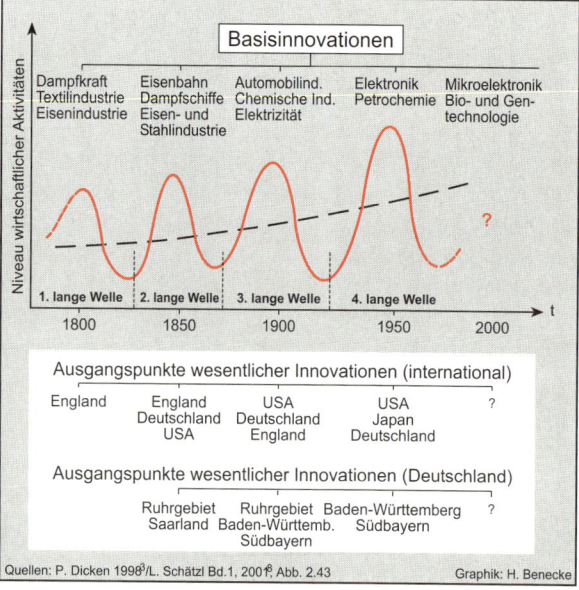

• **Regulationstheorie: vom Fordismus zum Postfordismus**. Die Regulationstheorie - auch **Regulationsansatz** genannt - wurde in den 1970er Jahren von französischen Wirtschafts- und Sozialwissenschaftlern entwickelt und ab Anfang der 1990er Jahre in der deutschen Geographie diskutiert sowie in jüngerer Zeit mehr und mehr angewendet. Die Zielsetzung der Regulationstheorie besteht nach H. BATHELT (1994, S. 65) darin, „eine Erklärung zu geben, warum bei langfristiger Betrachtung Phasen relativ stabilen Wachstums durch Phasen der krisenhaften Entwicklung abgelöst werden - ohne eine Zyklizität wie in der Theorie der langen Wellen zu unterstellen. (...) Die wichtigste Leistung der regulationstheoretischen Forschung besteht (...) in der Einbeziehung des wirtschaftlichen, technologischen, politischen und gesellschaftlichen Handlungsrahmens bzw. Kontextes in das Konzept der ökonomischen Wachstums- und Krisenperioden".

In der Entwicklung kapitalistischer Gesellschaften lassen sich verschiedene Phasen unterscheiden; jede Phase ist durch ein „**Entwicklungsmodell**" gekennzeichnet, das jeweils durch verschiedene Aspekte bestimmt ist (nach R. DANIELZYK 1998, S. 97ff.); H. BATHELT 1994 unterscheidet zwei bzw. drei Teilkomplexe der wirtschaftlich-gesellschaftlichen Struktur einer Volkswirtschaft (vgl. zwei Teilkomplexe in Abb. 3.17):

(1) das **technologische bzw. industrielle Paradigma** (gilt nicht nur für die Industrie!)

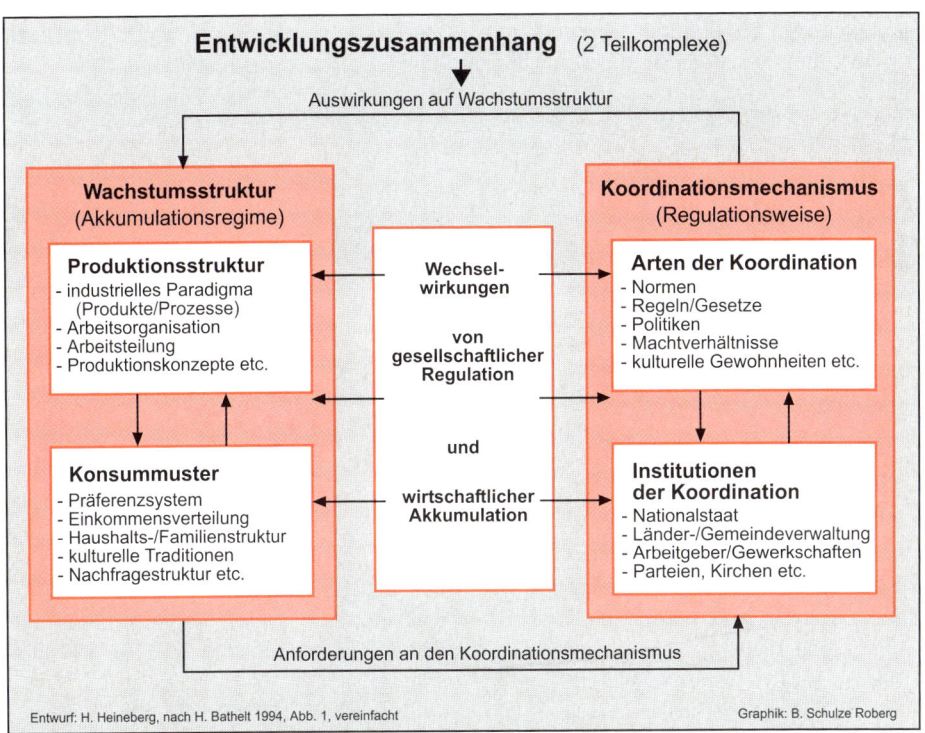

Abb. 3.17 Regulationstheoretische Grundstruktur der wirtschaftlich-gesellschaftlichen Beziehungen in einer Volkswirtschaft nach H. Bathelt 1994

als allgemeine Prinzipien oder Grundsätze, die die Organisationsformen der Arbeit bestimmen (z. B. Massenproduktion);
(2) das sog. **Akkumulationsregime** als makroökonomisches Muster (von H. Bathelt **Wachstumsstruktur** genannt), das - auf der Basis eines gegebenen technologischen Paradigmas - über längere Zeit die Übereinstimmung von **Produktionsstruktur** und **Konsummuster** (oder -normen) sichert;
(3) die sog. **Regulationsweise** (oder der **Koordinationsmechanismus** nach H. Bathelt) als Komplex politischer, wirtschaftlicher und gesellschaftlicher Regelungen, der den kontinuierlichen Bestand des jeweiligen Wirtschafts- und Gesellschaftssystems im Sinne einer „relativen Stabilität" sichert, z. B. das jeweilige Währungs- und Kreditsystem, Formen der privatwirtschaftlichen Konkurrenz und des Eigentums, Gesetzgebung, Vereinbarungen und Verträge, die rechtliche und soziale Stellung der Arbeit etc.

Es lässt sich nun mit Hilfe der genannten Aspekte die jüngere Geschichte westlich-kapitalistisch geprägter Gesellschaften als Abfolge von **Phasen der Stabilität**, d. h. der Dominanz eines Entwicklungsmodells, **und der (strukturellen) Krise** interpretieren.

Eine derartige Phase der Stabilität war zwischen den 1920er und 1970er Jahren durch das sog. **fordistische Entwicklungsmodell** (oder den **Fordismus**) gegeben. Dies ist benannt nach Henry Ford, der bereits in den 1920er Jahren mit der Kopplung von Massenproduktion und Massenkonsum wichtige Aspekte dieses Entwicklungsmodells erstmals in der Automobilproduktion realisierte (vgl. auch R. Danielzyk 1998, S. 108). Dafür waren drei Merkmale charakteristisch, und zwar
(1) als industrielles Paradigma die **standardisierte Massenproduktion** in Kombination mit
(2) dem vorherrschenden Akkumulations-

regime. Dazu zählte: das **Arbeitsteilungsprinzip des Taylorismus**, benannt nach dem amerikanischen Betriebswirt Frederick Winslow Taylor (1919[4]); daher wird das Entwicklungsmodell auch als **fordistisch-tayloristisches Modell** bezeichnet. Wichtigste Ziele des Taylorismus waren Vervollkommnung der Produktionsmittel und Arbeitsverfahren, straffe Organisation und Zeitordnung im Betrieb sowie Neuordnung der Entlohnung. Hinzu kamen die fortschreitende Zentralisation des Kapitals in Großkonzernen und multinationalen Unternehmen, die erhebliche Ausdehnung der Lohnarbeit etc. Dies stand in Verbindung mit
(3) der Durchsetzung eines fordistischen Konsummodells der **Massenkonsumtion** (vor allem Automobile, Haushaltsgeräte und andere dauerhafte oder standardisierte Güter), die erst die Produktionsgewinne der Massenherstellung ermöglichten.
(4) Zum Regulationsregime gehörten z. B. korporative Regelungen zwischen Gewerkschaftsorganisationen, Unternehmensverbänden und staatlichen Institutionen, Stabilisierung der Massenkaufkraft, Entwicklung von sozialstaatlichen Normen, stabile Wechselkurse, vor allem durch starke Stellung des US-Dollar als Leitwährung in der Weltwirtschaft.

Ab den 1970er Jahren geriet der Fordismus in eine tiefgreifende **Krise**, die den Übergang zu einer postfordistischen gesellschaftlichen und wirtschaftlichen Entwicklung einleitete. Gründe dafür waren: das rückläufige Wachstum der Massenprodukttechnologien, zunehmende Marktsättigung bei den maßgeblichen fordistischen Warengruppen, Ausdifferenzierung unterschiedlichster Konsummuster etc. Erste Folgen waren
• die wachsende Internationalisierung der Wirtschaft einschließlich der Verlagerung standardisierter Massenproduktionen zu

Kasten 3.8 Wirtschaftlicher Strukturwandel: Fordismus - Postfordismus (n. W. GAEBE 1998)

Fordistische Entwicklungsphase	Postfordistische Entwicklungsphase
• Massenproduktion • geringe Produktdifferenzierung • Größenvorteile • Einzweckmaschinen • tayloristische Arbeitsorganisation • hierarchische Strukturen • geringe Anforderungen an Qualifikation der Arbeitskräfte • Massenkonsum • Regelungssysteme • Tarifverträge • Sozial- und Wirtschaftspolitik • Regionalpolitik etc.	• Produktion in kleinen Serien • starke Produktdifferenzierung • Verbundvorteile • flexible, programmierbare Mehrzweckmaschinen • Flexibilisierung der Arbeitsorganisation, Arbeitsgruppen, Aufgabenintegration • Abbau von Hierarchieebenen • steigende Anforderungen an Qualifikation der Arbeitskräfte • Individualisierung des Konsums • Veränderung der Regelungssysteme • Privatisierung • Entbürokratisierung • Forschungs- und Technologiepolitik etc.

Standorten internationaler (Semi-)Peripherien mit niedrigeren Lohnkosten und kostengünstigeren Produktionen,
• zunehmender Wettbewerb innerhalb der internationalen Arbeitsteilung,
• Anstieg der Arbeitslosigkeit in den Industrieländern mit bis dahin nicht gekannten Herausforderungen an sozialstaatliche Sicherungen etc.

Es entwickelte sich in den Industriestaaten bis zur Gegenwart der **Postfordismus als neues Modell**, das insbesondere durch folgende Merkmale gekennzeichnet ist (nach ST. KRÄTKE 1996, S. 10-11; vgl. auch Kasten 3.8):
(1) Übergang zu flexiblen Produktionsmodellen auf der Basis neuer Technologien und veränderter Managementstrategien. Kennzeichen sind z. B. neue Produktionstechnologien für vielfältige Kleinserien, hergestellt für zunehmend instabile (und segmentierte) Märkte.
(2) Das neue makroökonomische Entwicklungsmuster (Akkumulationsregime) ist u. a. gekennzeichnet durch
• eine beschleunigte Internationalisierung der Produktion und Kapitalverwertung,

• räumliche Ausgliederungen von Unternehmensfunktionen und Betriebsteilen,
• fortgeschrittene Konzentration im Unternehmenssektor,
• Einsatz moderner Kommunikationstechnologien,
• Flexibilisierung der Beschäftigungsverhältnisse (z. B. zunehmende Deregulierung in Form von Leiharbeit, Zeitverträgen etc.),
• hochgradige Differenzierung und Aufspaltung (Hierarchisierung) von Konsummustern, d. h. durch Herausbildung eines neuen Konsummodells. Die Durchsetzung eines derartigen neuen makroökonomischen Entwicklungsmusters wird begleitet von einem
(3) neuen Regulationsregime. Dazu zählen veränderte Regulationsformen im Unternehmensbereich: u. a. neue flexible Unternehmensnetzwerke, Ausbildung regional integrierter, flexibel vernetzter Produktionskomplexe (vgl. E. SCHAMP 1997). Das neue Regulationsregime ist aber z. B. auch dadurch gekennzeichnet, dass die Handlungsweisen öffentlicher Institutionen immer mehr der Logik privatwirtschaftlichen Managements unterworfen sind: z. B. Entwick-

lung neuer Marketingformen, unternehmerisch konzipierte kommunale Wirtschaftsförderung, zunehmende Privatisierung von Staatsunternehmen, zugleich aber auch enge Verflechtungen von Staat und Wirtschaft im Bereich der Technologieförderung, massive staatliche Subventionen für die regionale Standortpolitik.

Kasten 3.9 Literaturauswahl zur Ergänzung u. Vertiefung der Abschnitte 3.1-3.4

• **Einführungen/Lehrbücher der Wirtschaftsgeographie**:
R. Klein 2005 (Einführung); K. Arnold 1992 (Wirtschaftsgeogr. in Stichworten); H. Bathelt/J. Glückler 2002 (2003[2]), P. Dicken/P. E. Lloyd 1999, M. Eliot Hurst 1972/1974, E. Kulke 2004a (2006[2]), P. E. Lloyd/P. Dicken 1977[2], T. Reichart 1999, W. Ritter 1993[2], L. Schätzl Bd. 1, 2003[9], Bd. 2: 2000[3], Bd. 3: 1994[3], P. Sedlacek 1994[3], P. Toyne 1974, H.-G. Wagner 1998[3] (Lehrbücher zur Wirtschaftsgeogr. insges.); H. Fassmann/P. Meusburger 1997 (Lehrbuch zur Arbeitsmarktgeogr.); St. Krätke 1995 (aktuelle Probleme d. Stadtökonomie u. Wirtschaftsgeogr.); E. Kulke 1998a (Wirtschaftsgeogr. Deutschlands)
• **Wirtschaftsraum/wirtschaftsräumliche Gliederung**:
Th. Kraus 1933, E. Otremba 1969, 1970, G. Voppel 1969
• **Wirtschaftssektoren**:
C. Clark 1951[2], J. Fourastie 1969[2] (Entwicklung d. Wirtschaftssektoren); H. Schneider 2001 (informeller Sektor in d. sog. Dritten Welt)
• **Wirtschaftsordnungen**:
S. Klatt 1970[2]
• **Wirtschaftsgeographie d. EU**:
L. Schätzl 1993
• **Jüngere Veränderungen in der Weltwirtschaft/Globalisierung**:
R. Danielzyk/J. Ossenbrügge 1996, U. Gerhard 2004, R. Grotz 2003, E. Kulke 2005a, H. Nuhn 1997, 2001, M. P. Ostertag 2000, E. W. Schamp 1997, R. Sternberg 1997; G. Voppel 1999 (Lehrbuch z. Weltwirtschaftsgeogr.); M. Plattner 2002 (multination. Unternehmen); K. Engelhard 2000 (Entwicklungsprobleme); Le Monde diplomatique 2003 (Atlas d. Globalisierung)
• **Raumwirtschaftstheorien**:
D. Keeble 1967/1972, L. Schätzl Bd. 1: 2001[8] (Raumwirtschaftstheorien); H. Bathelt/J. Glückler 2002, S. 68-69, L. Schätzl Bd. 1: 2001[8], S. 136ff. (regionale Wachstumstheorie d. Neoklassik/neoklassische Theorie); L. Schätzl Bd. 1: 2001[8], S. 143ff. (postkeynesianische Wachstumstheorie); H. Bathelt/J. Glückler 2002, S. 75-76, K. Rittenbruch 1968, L. Schätzl Bd. 1: 2001[8], S. 149ff. (Exportbasis-Theorie); L. Schätzl Bd. 1: 2001[8], S. 155ff. (Theorien d. endogenen Entwicklung); H. Bathelt/J. Glückler 2002, S. 69-70, G. M. Myrdal 1957, L. Schätzl Bd. 1: 2001[8], S. 158f)f. (Polarisationstheorien); L. Schätzl Bd. 1: 2001[8], S. 182ff. (Wachstumspolkonzepte); L. Schätzl Bd. 1: 2001[8], S. 168ff. (Wirtschaftsstufentheorien); H. Bobek 1959, W. W. Rostow 1960[2] (Stufen d. Gesellschafts- u. Wirtschaftsentwicklung); J. Fourastie 1954/1969[2] (Sektor-Theorie); H. Bathelt/J. Glückler 2002, S. 72-73, B. Butzin 1986, J. Friedmann 1966, H. Heineberg 2001[2]a, S. 97-101, H. W. Richardson 1980, L. Schätzl Bd. 1: 2001[8], S. 189ff. (Zentrum-Peripherie-Modelle, *Polarization-Reversal*-Modell); H. Bathelt/J. Glückler 2002, S. 230-232, 234-237, C. Freeman 1982[2], L. Schätzl Bd. 1: 2001[8], S. 210ff., R. Vernon 1966 (Produktzyklus-Theorie); H. Bathelt/J. Glückler 2002, S. 247-250, N. D. Kondratieff 1926, L. Schätzl Bd. 1: 2001[8], S. 217ff. (Theorie der langen Wellen); H. Bathelt 1994, H. Bathelt/J. Glückler 2002, S. 251-261, R. Danielzyk/J. Ossenbrügge 1993, R. Danielzyk 1998, S. 93ff. (Regulationstheorie); P. Gräf 2001 (flexible Standortentscheidungen)
• **Wirtschaftsgeographie Deutschlands/regionale Wirtschaftsstrukturuntersuchungen**:
E. Kulke 1998a (Wirtschaftsgeographie Deutschlands), S. Ahrens/H. Heineberg 1997 (Wirtschafts- u. Strukturanalyse am regionalen Beispiel)
• **Empirisches Arbeiten in der Wirtschaftsgeographie**:
L. Schätzl Bd. 2: 2000[3], K. Wessel 1996

3.5 Einführung in die Agrargeographie

3.5.1 Faktoren und Strukturmerkmale des Agrarraumes. Wie in der übrigen Anthropogeographie, so lässt sich auch das agrargeographische Arbeiten in eine Vielzahl von Untersuchungsgesichtspunkten, -aspekten oder -problemen gliedern, die je nach Fragestellung der Analyse von Bedeutung sind. Als allgemeine **Einflussfaktoren des Agrarraumes** kann man in Anlehnung an A. Arnold (1997) unterscheiden:
- Naturfaktoren,
- wirtschaftliche Faktoren,
- individuelle und soziale Faktoren,
- politische Faktoren (vgl. Kasten 3.10).

In dem Schema
• „**Agrargeographisches Wirkungsgefüge" nach W.-D. Sick** (Abb. 3.18) wird zwischen Kultur- und Naturfaktoren mit wei-

teren Untergliederungen unterschieden. Dabei werden auch die Beziehungen angedeutet, die zwischen kulturellen sowie naturräumlichen Einflussfaktoren auf der einen Seite sowie dem Agrarraum mit seinen verschiedenartigen sozialen und organisatorischen Strukturen auf der anderen Seite bestehen. Dazwischen ist die **agrarwirtschaftliche Produktion** mit ihren Faktoren, Zielen und betrieblichen Entscheidungsprozessen angesiedelt.

Zu den sog. **Kulturfaktoren** zählen nach W. D. Sick neben der Kulturentwicklung, der Bevölkerungs- und Siedlungsstruktur sowie nichtagrarischen Wirtschaftszweigen auch der Staat und die Wirtschaftspolitik. Im Schema könnte noch eine Reihe anderer (spezieller) kultureller Einflussfaktoren ergänzt werden, wie z. B. die **Agrarpolitik**. Letztere lässt sich ihrerseits in verschiedene Teilbereiche und Instrumente aufgliedern: Markt- und Preispolitik, Strukturpolitik, Sozialpolitik, Regionalpolitik und Umweltpolitik; diese sind nicht nur national, sondern

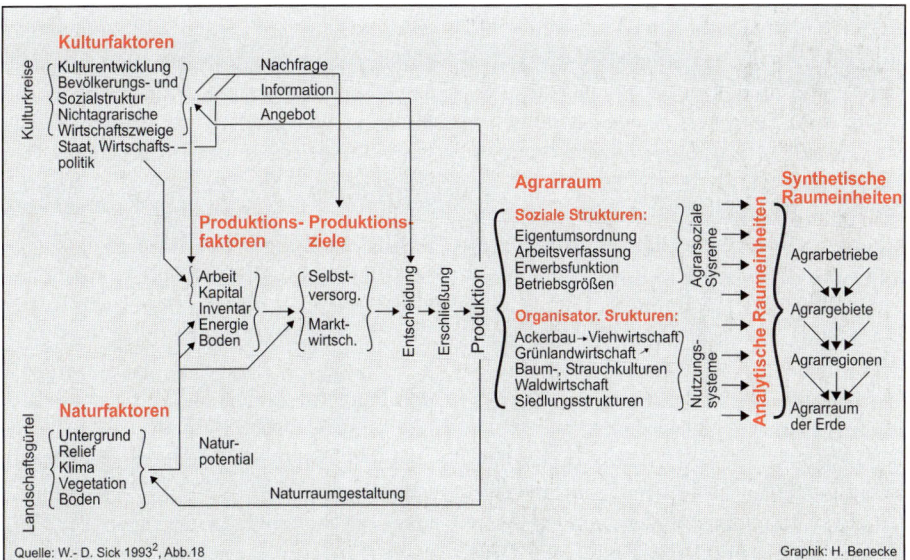

Quelle: W.- D. Sick 1993², Abb.18

Graphik: H. Benecke

Abb. 3.18 Agrargeographisches Wirkungsgefüge nach W.-D. Sick

auch international, z. B. im Rahmen der Europäischen Union, wirksam. So besteht beispielsweise seit 1982/83 eine Milchquotenregelung (mit Kapazitätsbegrenzung, allerdings mit direkten Einkommensübertragungen); andere Teilmärkte, wie etwa der Schweinemarkt, sind dagegen durch die **EU-Agrarpolitik** nicht geregelt. Ein anderes Beispiel stellt das von der EU verordnete Flächenstilllegungsprogramm dar, das jährlich neu festgelegt wird; für stillgelegte Flächen erhalten die Landwirte bestimmte Ausgleichszahlungen.

Die aufgeführten Kulturfaktoren zeigen bereits, dass die Landwirtschaft einer Vielzahl von Einflüssen unterliegt (Kasten 3.10). Hinzu kommt, dass sich dieser Wirtschaftszweig - wie kaum ein anderer - ganz erheblich an naturräumliche bzw. ökologische Bedingungen anpassen muss. Unter den **Naturfaktoren** sind der Untergrund, das Relief und Klima sowie die Vegetation und der Boden in der Abb. 3.18 aufgeführt; diese lassen sich z. B. als bestimmte Landschaftsgürtel räumlich anordnen. Die Naturfaktoren bzw. -potenziale könnten im Schema ebenfalls noch durch andere Merkmale oder auch Raumkategorien ergänzt oder spezifiziert werden. Dazu zählen beispielsweise spezielle **Belastungs- oder Regenerationspotenziale** (z. B. die Problematik der geringen Tragfähigkeit und Regeneration tropischer Böden), **natürliche Anbaugrenzen** (u. a. Trockengrenze des Trockenfeldbaus, Wärmemangelgrenze als nördliche Anbaugrenze, Feuchtgrenze der Weidewirtschaft in den Tropen etc.) oder auch **natürliche Gunst- und Ungunsträume** für (spezielle) agrarische Nutzungen.

A. Arnold (1997, S. 25) hat in einer Übersicht unterschiedliche land- und forstwirtschaftliche **Ertragspotenziale in verschiedenen geographischen Zonen** der Erde nach der Klimagliederung von Köppen zu-

sammengestellt. Darin wird deutlich, dass die Potenziale vor allem in der gemäßigten Waldzone und in feuchten subtropischen Zonen relativ hoch, in den meisten anderen Zonen eher mäßig bis gering sind.

Entscheidend ist aber nicht so sehr die absolute Höhe der Erträge, die ein Landwirt unter bestimmten physischen Bedingungen erwirtschaftet, sondern - wie bereits oben angedeutet - der **Ertrag** gemessen an dem **Arbeits- und Kapitalaufwand**. In der heutigen Agrarwirtschaft der EU-Staaten ist unter diesem Gesichtspunkt durchaus eine zunehmende, d. h. noch stärkere Anpassung der Betriebsformen an die natürlichen Bedingungen zu beobachten. Denn aus dem starken internationalen bzw. interregionalen Wettbewerb der Produktionsrichtungen ergibt sich, dass die Agrarprodukte mit möglichst geringen Erzeugungskosten gewonnen werden müssen. Im Binnenmarkt der EU bestehen heute zudem verschärfte Wettbewerbsbedingungen (u. a. durch Dänemark und die Niederlande).

Unter den Naturpotenzialen bzw. den Produktionsfaktoren (s. Abb. 3.18) kommt dem **Boden** eine besondere Bedeutung zu. Entscheidend für die marktwirtschaftliche Anpassungsfähigkeit bzw. gegebenenfalls für Umstellungen der agrarwirtschaftlichen Produktion von Betrieben in der EU sind vor allem auch der **Nutzungsspielraum** und die **natürliche Bodenfruchtbarkeit**. So gibt es beispielsweise Gebiete mit natürlichen Grünlandböden, die durch einen geringen Nutzungsspielraum gekennzeichnet sind, z. B. Böden in Flussauen, in Niederungs- und Hochmoorgebieten Nordwestdeutschlands, in den alten Marschen. Anders dagegen die Gebiete mit Lössböden (besonders Börden am Nordrand der Mittelgebirge, Gäulandschaften Süddeutschlands) oder die jungen Marschen und die Jungmoränengebiete in Norddeutschland; diese haben ei-

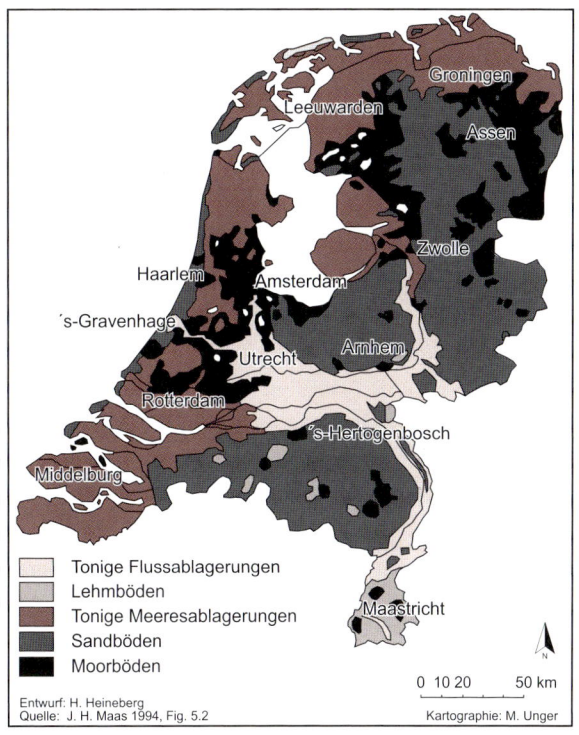

Nach J. H. Maas (1994) gilt:
Zeekleigronden
(Tonige Meeresablagerungen)
= nährstoffreich
Leemgronden
(Lehmböden)
= nährstoffreich
Rivierkleigronden
(Tonige Flussablagerungen)
= mäßig nährstoffreich
Zandgronden (Sandböden)
= nährstoffarm
Veengronden (Moorböden)
= extrem nährstoffarm

Die natürliche Bodenfruchtbarkeit ist in weiten Teilen der Niederlande nicht groß.

Legende:
Tonige Flussablagerungen
Lehmböden
Tonige Meeresablagerungen
Sandböden
Moorböden

0 10 20 50 km

Entwurf: H. Heineberg
Quelle: J. H. Maas 1994, Fig. 5.2
Kartographie: M. Unger

**Abb. 3.19
Hauptbodenarten
in den Niederlanden**

nen breiten Nutzungsspielraum - vom Anbau der Zuckerrübe bis zum Grünfutteranbau mit viehwirtschaftlicher Nutzung. Mittlere Anpassungsfähigkeit besitzen dagegen etwa die mineralischen Verwitterungsböden der Mittelgebirge oder die Sandböden der nordwestdeutschen Geest.

Abb. 3.19 zeigt die Hauptbodenarten in den Niederlanden. Für diese lassen sich nach J. H. Maas (1994) allgemeine Aussagen hinsichtlich der Differenzierung der natürlichen Bodenfruchtbarkeit treffen (s. Erläuterungen zu Abb. 3.19).

Im Schema von Sick (Abb. 3.18) sind als sog. **Produktionsfaktoren** Arbeit, Kapital und Inventar, aber auch Energie aufgeführt. In Abhängigkeit von der wirtschaftlichen Nachfrage und den zugrunde liegenden kulturellen Einflussfaktoren sowie von den Pro-

duktionsfaktoren richtet sich das **Produktionsziel** des Agrarbetriebes entweder auf die **Selbstversorgungs- bzw. Subsistenzwirtschaft** oder auf die **Marktwirtschaft** aus.

Die **Entscheidung für die jeweilige Produktion** ist nicht nur abhängig von der Nachfrage, sondern u. a. auch von grundlegenden **persönlichen Informationen**, über die der jeweilige Landwirt verfügt. Dazu zählen vor allem betriebswirtschaftliche Kenntnisse und die Fähigkeit bzw. Persönlichkeit des jeweiligen Betriebsleiters, sich für eine gewinnbringende Produktionsweise zu entscheiden.

Der relativ komplexe Bereich der **Produktion**, den man noch weiter differenzieren kann, ist in dem Schema (Abb. 3.18) in einen direkten Zusammenhang mit dem für die Agrargeographie zentralen Terminus des

„**Agrarraumes**" gestellt worden; dieser lässt sich nach seinen sozialen und organisatorischen Strukturen charakterisieren. Der Begriff Agrarraum ist nicht immer eindeutig definiert; häufig werden auch alternative Bezeichnungen wie Agrarwirtschaftsraum, Agrarlandschaft, Agrargebiet, Agrarregion, agrarräumliche Gliederung u. ä. gewählt, oder der Terminus wird durchaus auch auf unterschiedlichen räumlichen Maßstabsebenen benutzt: vom „Agrarraum der Erde" bis hin zu kleinen agrarräumlichen Einheiten. W.-D. Sick unterscheidet als sog. **synthetische Raumeinheiten** hierarchisch zwischen Agrarbetrieben, Agrargebieten, Agrarregionen und dem Agrarraum der Erde.

- **Strukturmerkmale des Agrarraumes**. O. Spielmann (1989) unterscheidet drei **Hauptmerkmalsgruppen für Agrarräume**, die für die strukturelle Analyse relevant sind, und zwar als **Strukturmerkmale**:
(1) Produktionsmerkmale,
(2) technisch-organisatorische Merkmale,
(3) agrarsoziale Merkmale.

Diese drei Gruppen lassen sich nun in eine Vielzahl von Einzelmerkmalen gliedern, deren Bestandsaufnahme in ihrer räumlichen Differenzierung i. Allg. sehr komplex und häufig auch schwierig ist. Diesbezüglich gilt, dass „kein Wirtschaftssektor eine so starke räumlich-strukturelle Vielfalt besitzt wie die Landwirtschaft" (O. Spielmann 1989, S. 16).

In Anlehnung an die o. g. Dreiteilung sollen im Folgenden wichtige allgemeine Strukturmerkmale des Agrarraumes jeweils kurz charakterisiert werden. Von Bedeutung ist, dass sich diese Merkmale in der jeweiligen Bestandsaufnahme auf Standorte und Räume unterschiedlicher Maßstabsebenen beziehen können, von den Agrarbetrieben als kleinsten Betrachtungseinheiten bis hin zum Agrarraum Erde (vgl. im Folgenden Abb. 3.20).

Kasten 3.10 Allgemeine Einflussfaktoren des Agrarraumes nach A. Arnold (1997)

(1) Natürliche Einflussfaktoren (z. B. natürliche Gunst- und Ungunsträume)
(2) Ökonomische Einflussfaktoren (einschl. Produktionsfaktoren)
(3) Individuelle und persönliche Einflussfaktoren (z. B. Persönlichkeit d. Betriebsleiters)
(4) Politische Einflussfaktoren (u. a. staatl. Agrarpolitik)

Unter den **(1) Produktionsmerkmalen** kommt der

- **Bodennutzung** (landwirtschaftliche Flächennutzung oder Landnutzung) eine besondere Bedeutung zu. Grundtermini der agrarwirtschaftlichen Bodennutzungsanalyse, wie Ackerland, Dauerkultur, landwirtschaftliche Nutzfläche etc., können in einzelnen Ländern (und deren Statistiken) unterschiedlich benutzt oder abgegrenzt sein. Probleme des statistischen Vergleiches ergeben sich z. B. auch aus Flächen mit mehreren Ernten pro Jahr, mit Stockwerk- oder Mischkulturen etc.

Die **Gliederung agrarwirtschaftlich genutzter Flächen** in der BRD mit den Hauptkategorien Ackerland, Dauergrünland und Sonderkulturen sowie weiteren Differenzierungen ist in der Abb. 3.21 dargestellt. Zum **Ackerland** rechnet man bei uns alle Flächen, auf denen Fruchtarten regelmäßig wechseln. Diese zeitliche Folge der Feldfrüchte nennt man **Fruchtwechsel** oder **Rotation**. Die Organisationsform des Ackerbaus bezeichnet man daher auch als **Ackerbausystem** oder besser: als **Feld- oder Fruchtfolgesystem**.

- **Produktionsrichtungen oder -zweige** sind wichtig als Ergänzung der Charakterisierung der Produktionsstruktur (Enderzeugung), z. B. Ausrichtung auf die Vieh- oder Anbauwirtschaft, Produktionszweig Milcherzeugung innerhalb der Viehwirtschaft. Die Viehwirtschaft ist heute i. Allg. die dominante Produktionsrichtung, auch

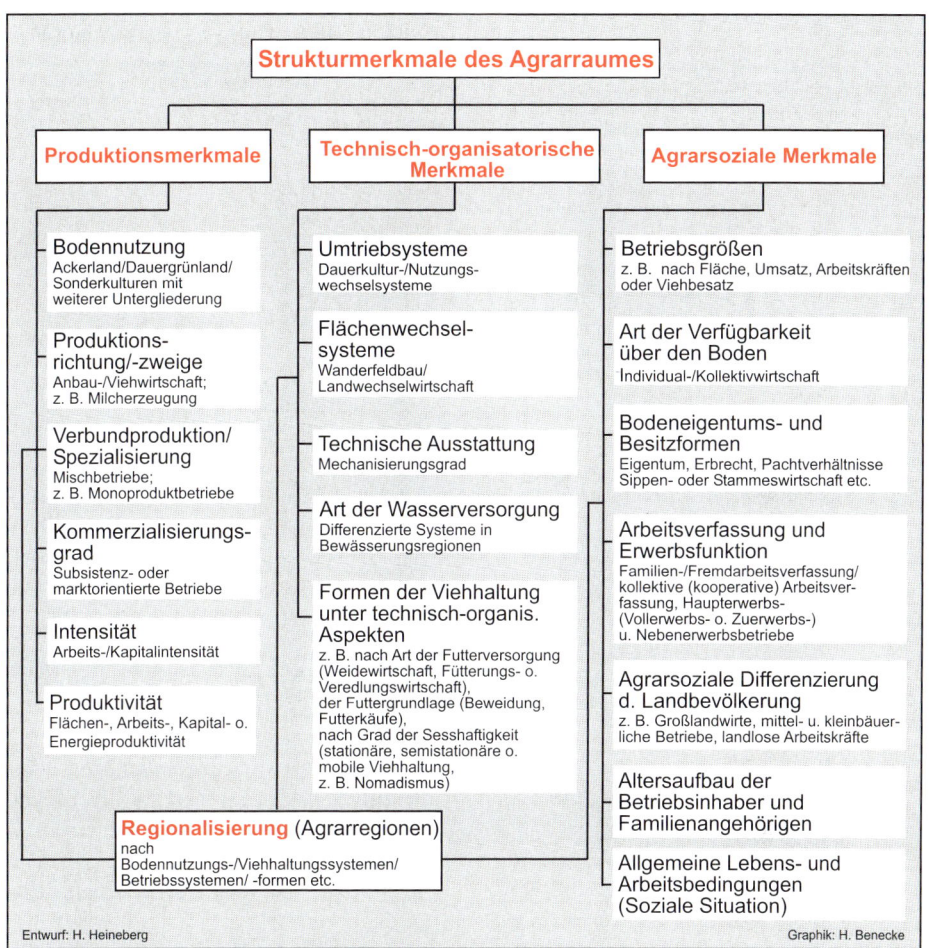

Abb. 3.20 Strukturmerkmale des Agrarraumes (in Anlehnung an H. O. Spielmann 1989)

dann, wenn das Erscheinungsbild des Agrarraumes durch Ackerbau geprägt ist. Die Bestimmung der Produktionsrichtungen oder -zweige erfolgt meist nach dem jeweiligen Produktionswert.

· **Verbundproduktion** bzw. **Spezialisierung** verdeutlichen einerseits das jeweilige Ausmaß der sog. Diversifizierung (Produktionsvielfalt) und der organisatorischen Verknüpfung verschiedener Produktionsrichtungen im Agrarbetrieb bzw. andererseits den Grad der Produktionsspezialisierung.

Verbundproduktion im Agrarbetrieb heißt also Viel- oder Mehrseitigkeit der agrarwirtschaftlichen Produktion. Man spricht auch von **Verbundbetrieben**, **Mischbetrieben** oder **integrierten Betrieben**. Derartige Betriebsformen dominieren weltweit, denn sie haben betriebswirtschaftliche Vorteile im Arbeitseinsatz, bezüglich der Erhaltung der Bodenfruchtbarkeit, der Risikominderung etc. (vgl. Kasten 3.11).

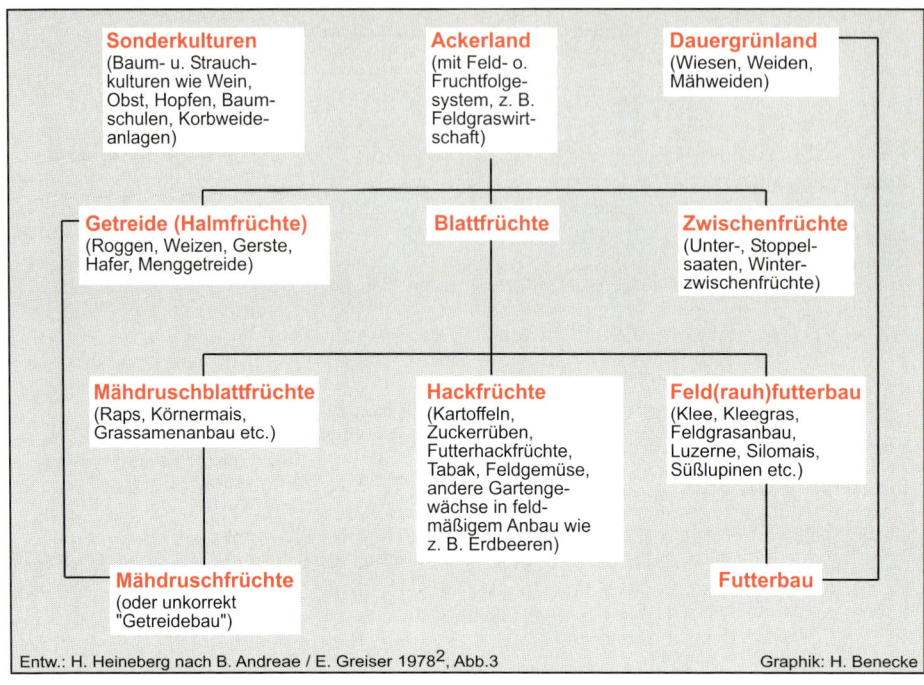

Entw.: H. Heineberg nach B. Andreae / E. Greiser 1978[2], Abb.3   Graphik: H. Benecke

Abb. 3.21 Gliederung agrarwirtschaftlich genutzter Flächen in der BRD

Ein weiteres Produktionsmerkmal ist der · **Kommerzialisierungsgrad**, gemessen an dem jeweiligen Anteil der Vermarktung am Rohertrag. Es lassen sich unterscheiden: **Subsistenz-/Selbstversorgungsbetriebe**, darunter **reine Subsistenzbetriebe** (< 25 % des Rohertrags wird vermarktet) oder **Übergangsbetriebe** (25-50 % Vermarktung), und **marktorientierte Betriebe** (> 50 % Vermarktung) mit weiterer Differenzierung (z. B. export-/binnenmarktorientiert). Die Subsistenzwirtschaft ist heute - auch weltweit - kaum noch von Bedeutung.
· **Intensität** oder **Intensivierung** in der Landwirtschaft besteht aus zwei Grundformen, und zwar je nachdem, ob sich diese auf die Produktionsfaktoren Arbeit oder Kapital je Einheit des Produktionsfaktors Boden bezieht; das Gegenteil ist **Extensivierung**. **Arbeitsintensität** bedeutet Arbeitsaufwand pro Flächeneinheit, gemessen an Vollarbeitskräften (AK), Arbeitstagen oder -stunden im Jahr. **Kapitalintensität** betrifft den Kapitaleinsatz für Dünger, Maschinen, Installationen etc., beispielsweise pro Flächeneinheit.
· **Produktivität** gilt als relatives Maß für den wirtschaftlichen Erfolg eines Agrarbetriebes; man spricht auch von **Ertrag (Output) pro Bezugseinheit** [Ernteergebnisse]. Zu unterscheiden sind u. a.:
Flächenproduktivität = Ertrag/Flächeneinheit,
Arbeitsproduktivität = Ertrag/Arbeitseinsatz,
Kapitalproduktivität = Ertrag/Kapitaleinsatz.

Ein weitere Hauptgruppe unter den Strukturmerkmalen des Agrarraumes bilden technisch-organisatorische Merkmale:

Kasten 3.11 Agrarbetriebswirtschaftliche Prinzipien in Bezug auf Verbundproduktion und Spezialisierung (in Anlehnung an B. Andreae/E. Greiser 1978[2], S. 27ff.)

Grundsätzlich gilt, dass jeder Agrarbetrieb, der durch Arbeits- und Zugkräfte sowie Maschinen eine hohe Kostenbelastung hat, bestrebt ist, seine eigenen Arbeitskräfte und -mittel möglichst gleichmäßig produktiv über das ganze Jahr hinweg auszunutzen. Dieses sog. **Prinzip des Arbeitsausgleichs** zwecks Senkung der Arbeitskosten ist jedoch im Allgemeinen nur durch eine sinnvolle Viel- oder Mehrseitigkeit der Landwirtschaft, d. h. durch eine sog. Verbundproduktion erreichbar. Es gibt allerdings auch Betriebsformen, für die aufgrund bestimmter günstiger Produktions- und Standortbedingungen der Arbeitsausgleich von geringerer Bedeutung ist, z. B. wenn zu bestimmten Arbeitsspitzenzeiten Gelegenheits- oder Wanderarbeiter eingesetzt werden können, wie es häufig bei Sonderkulturen in der Nähe von Verdichtungsgebieten der Fall ist, u. a. beim Obst- und Hopfenanbau südlich Londons oder beim Obstanbau bei Hamburg. Ein anderes Beispiel stellt etwa der Obst- und Gemüseanbau in Kalifornien dar, in dem zu Zeiten der Arbeitsspitzen Wanderarbeiter aus Mexiko eingesetzt werden können. Es kann auch sein, dass eine Monokultur unter Einsatz von Spezialmaschinen wirtschaftlich tragfähiger ist als eine Verbundproduktion in dem gleichen Gebiet. Beispiele sind: Monokulturen von Baumwolle, Reis und Getreide in den USA.

Eine Verbundproduktion im Ackerbau wird allerdings häufig nicht nur durch die Notwendigkeit des Arbeitsausgleichs, sondern auch durch das sog. **Prinzip des Pflanzenwechsels** erzwungen. Denn während bestimmte Fruchtarten - wie Reis, Mais, Baumwolle oder Zuckerrohr - den Daueranbau zulassen, weil sie selbstverträglich sind, müssen andere Kulturpflanzen innerhalb einer bestimmten Fruchtfolge angebaut werden. Denn die Erträge fast aller Bodennutzungszweige sind um so höher, je seltener die gleiche Fruchtart auf der gleichen Parzelle gepflanzt wird. Das jeweils erforderliche Anbauintervall ist jedoch von ökologischen Standorteigenschaften abhängig, die man wiederum teilweise künstlich verändern kann. So lässt sich beispielsweise der Nährstoffausgleich zwischen stickstoffzehrenden und stickstoffmehrenden Kulturpflanzen, den man früher nur durch bestimmte Fruchtfolgemaßnahmen erreichen konnte, heute in den Industriestaaten durch Düngung erzielen (**Prinzip des Düngerausgleichs**). Wichtig ist dabei auch der Ausgleich zwischen humusmehrenden und humuszehrenden Elementen der Fruchtfolge, der häufig nur künstlich durch Zugabe von Stalldünger erfolgen kann.

Da jedoch eine gezielte Stalldüngerwirtschaft die Nutzviehhaltung und diese wiederum eine Futterwirtschaft voraussetzt, ergibt sich allein aufgrund dieses **Prinzips des Futterausgleichs** eine Tendenz zur Beibehaltung agrarwirtschaftlicher Verbundproduktionen, z. B. Schweinemast in Kombination mit Getreideanbau. Allerdings zeigt sich mehr und mehr, dass aufgrund der verbesserten Transportbedingungen die Agrarbetriebe einerseits häufig Futtermittel zukaufen, andererseits aber auch bestimmte Überschussproduktionen an Futtermitteln leichter absetzen können.

Ein weiteres Prinzip, das früher eine Verbundwirtschaft stark begünstigte, war das Streben nach einer innerbetrieblichen Selbstversorgung mit Nahrungsmitteln (**Prinzip der innerbetrieblichen Selbstversorgung**). Heute spielt dieser Faktor jedoch im Wesentlichen wohl nur noch in sehr verkehrsentlegenen Gebieten (z. B. in Hochgebirgsregionen) und in Entwicklungsländern eine bedeutende Rolle für die Beibehaltung von Verbundproduktionen in der Agrarwirtschaft; in derartigen Räumen gibt es häufig auch sog. **Subsistenzbetriebe**.

Wichtig ist dagegen heute immer noch das Bestreben des einzelnen Landwirts, sein Erzeugungs- und Marktrisiko auf mehrere Betriebszweige zu verteilen. Aber auch bezüglich dieses **Prinzips des Risikoausgleichs** gibt es zeitlich und räumlich unterschiedliche Differenzierungen. Absatz- und Mindestpreisgarantien, wie sie heute in der EU bezüglich wichtiger Anbauprodukte und der Nutzviehhaltung vorherrschen, mindern das Risiko. Deshalb haben sich auch reine Getreide- und Grünlandbetriebe in stärkerem Maße entwickeln können. Da jedoch derartige Garantien nicht für den Gemüseanbau existieren (eine Ausnahme bildet lediglich der Vertragsanbau für Industrieunternehmen), ist hier die Produktionsvielfalt grundsätzlich sehr groß.

Es gibt heute jedoch auch einen starken Trend zur **Spezialisierung in der Landwirtschaft** (**Monoproduktbetriebe**).

(2) Technisch-organisatorische Merkmale. Dazu zählen die

·· **Umtriebssysteme** als Formen des zeitlich-räumlichen Wechsels oder auch der Permanenz der landwirtschaftlichen Bodennutzung in der Fläche. Man unterscheidet **Dauerkultursysteme** (z. B. Baum- und Strauchkulturen, darunter u. a. Ananas-, Sisal-, Bananenkulturen) von **Nutzungswechselsystemen** (auch Feld-, Fruchtfolge- oder Ackerbausysteme genannt).

Beispiele für **Fruchtfolge- oder Ackerbausysteme** sind:

·· **Dreifelderwirtschaft**, z. B. in der Reihenfolge Blattfrucht - Getreide - Getreide (oder Hackfrüchte, Ackerfutter, Öl- und Faserpflanzen); eine andere Art der Dreifelderwirtschaft wurde jahrhundertelang vor der Zeit der Agrarischen Revolution betrieben: Wintergetreide-Sommergetreide-Brache;

·· **Fruchtwechselwirtschaft**, z. B. Blattfrucht-Getreide-Blattfrucht-Getreide;

·· **Feldgraswirtschaft** als Fruchtfolge, die mehrjährigen Feldgrasanbau einschließt. Eine Unterform der Feldgraswirtschaft ist

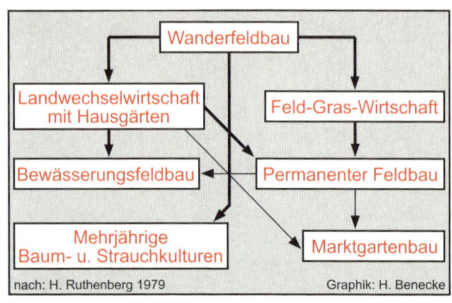

Abb. 3.22 Entwicklungstendenzen tropischer Agrarsysteme

die Kleegraswirtschaft, die vor allem für die Stickstoffanreicherung im Boden wichtig ist. Dies ist eine Intensivform der Feldgraswirtschaft mit nur 2-3-jähriger Nutzungsdauer des Feldfutterbaus.

Aufgrund des jeweiligen Fruchtfolgesystems, das z. T. erhebliche regionale Abweichungen zeigt, unterliegt die agrarwirtschaftliche Bodennutzung einem kleinräumig differenzierten, jährlichen Wandel. Zur Interpretation von Nutzungskartierungen ist daher die Kenntnis des jeweiligen Fruchtfolgesystems die unbedingte Voraussetzung.

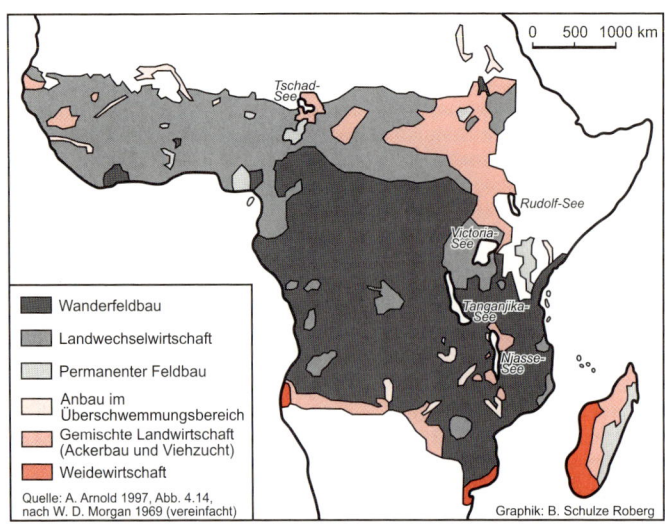

Abb. 3.23 Wanderfeldbau und Landwechsel-wirtschaft im tropischen Afrika

· **Flächenwechselsysteme** („*Shifting cultivation*") lassen sich unterteilen in **Wanderfeldbau** (Anbaufläche und Siedlungen „wandern") und **Landwechselwirtschaft** (es „wandert" nur die Anbaufläche); vgl. Abb. 3.23. Die Abb. 3.22 verdeutlicht Veränderungstendenzen von Agrarsystemen in den Tropen von Flächenwechsel- und Nutzungswechsel- hin zu permanenten Bewirtschaftungssystemen (mehrjährige Baum- und Strauchkulturen sowie Marktgartenbau).
· **Technische Ausstattung**. Dazu zählt der Grad der landwirtschaftlichen „**Mechanisierung**" (von einfachen Formen der Bodenbearbeitung wie Grabstock, Hacke usw. bis hin zur stark mechanisierten Landwirtschaft).
· **Art der Wasserversorgung**; diese ist vor allem in den einzelnen Bewässerungsregionen der Erde sehr differenziert.
· **Formen der Viehhaltung unter technisch-organisatorischen Aspekten** lassen sich z. B. unterscheiden nach Art der Futterversorgung (Weidewirtschaft, Fütterungs- oder Verdlungswirtschaft, u. a. Massentierhaltung), nach Art der Futtergrundlage (Beweidung, Futterkäufe), nach dem Grad

der Sesshaftigkeit (stationäre Viehhaltung, semistationäre Viehhaltung, Fernweidewirtschaft oder Transhumanz/Almwirtschaft, mobile Viehhaltung, d. h. Nomadismus mit vielen Varianten).

Eine weitere Hauptgruppe bilden **(3) Agrarsoziale Merkmale**. Darunter versteht man die Differenzierung der Agrarbetriebe und der Agrarbevölkerung unter verschiedenen Gesichtspunkten:
· **Betriebsgrößen**, z. B. nach Fläche, Umsatz, Arbeitskräfte- oder auch Viehbesatz. Jedes dieser Einzelmerkmale hat eine unterschiedliche Bedeutung. Aus statistischen Gründen wird häufig die Differenzierung der Betriebe nach Hektar-Größenklassen (absolute oder prozentuale Werte) gewählt; entsprechende Zeitreihen oder auch räumliche Vergleiche - z. B. zwischen den alten und neuen Bundesländern nach der politischen Vereinigung (s. Abb. 3.24) - können besonders eindrucksvoll sein. Doch es ist Vorsicht geboten, denn derartige Betriebsgrößenangaben und -entwicklungen sind nur bedingt aussagefähig, da deren Bedeutung von der jeweiligen Produktionsausrichtung und den

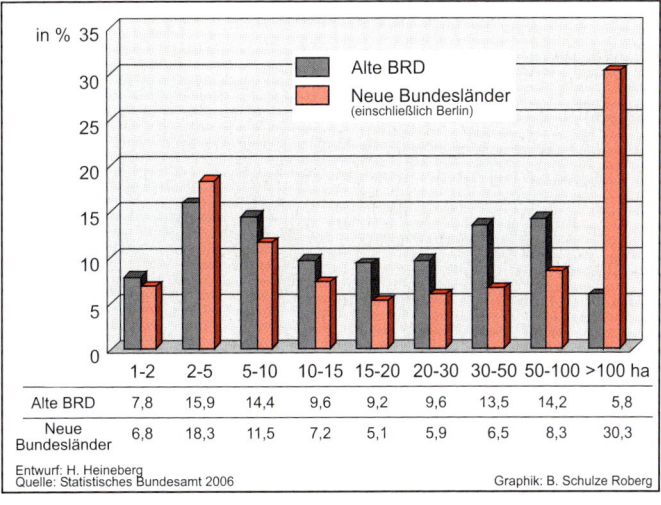

Abb. 3.24
Betriebsgrößenstruktur
in der Landwirtschaft
der BRD 2005
- Alte und neue
Bundesländer im
prozentualen Vergleich

	1-2	2-5	5-10	10-15	15-20	20-30	30-50	50-100	>100 ha
Alte BRD	7,8	15,9	14,4	9,6	9,2	9,6	13,5	14,2	5,8
Neue Bundesländer	6,8	18,3	11,5	7,2	5,1	5,9	6,5	8,3	30,3

Entwurf: H. Heineberg
Quelle: Statistisches Bundesamt 2006   Graphik: B. Schulze Roberg

Produktionsbedingungen (z. B. Bodenqualität) abhängig ist.

Ein weiterer Gesichtspunkt ist die
· **Art der Verfügbarkeit über den Boden,**
d. h. entweder **Individual- oder Kollektivwirtschaft** mit verschiedenen Varianten. Zu den letztgenannten zählen die ehemaligen Landwirtschaftlichen Produktionsgenossenschaften (LPGs) der früheren DDR oder Kolchosen bzw. Sowchosen in der ehemaligen Sowjetunion. Zu der Grundbesitzverfassung rechnet man auch die unterschiedlichen
· **Bodeneigentums- und Besitzformen**. Diese lassen sich nicht nur in Eigentum oder Besitz in Form der Pacht, in individuelles oder kollektives Eigentum, sondern etwa auch in Sippen- oder Stammeswirtschaft etc. (z. B. in vielen weniger entwickelten Ländern) unterteilen. Wichtig sind in diesem Zusammenhang auch Bodentransfers (Bodenverkäufe), das Erbrecht und die Flurverfassung mit Auswirkungen auf die Parzellenverteilung (s. 5.2.4).
· **Arbeitsverfassung und Erwerbsfunktion**. Dazu zählen die Familienarbeitsverfassung (z. B. nur Beschäftigung von Familienangehörigen), Fremdarbeitsverfassung (beispielsweise Lohn-, Saison-, Wanderarbeiterbetriebe), die kollektive (kooperative) Arbeitsverfassung (u. a. gemeinsame Bewirtschaftung durch Produktionsgenossenschaft wie Kolchose). Es besteht auch die Möglichkeit der Unterscheidung der Betriebe nach dem Erwerbscharakter in **Haupterwerbs-** und **Nebenerwerbsbetriebe** (mit Haupteinkommen außerhalb der Landwirtschaft); die Haupterwerbsbetriebe gliedern sich in **Vollerwerbsbetriebe** (Inhaberfamilie lebt von der Landwirtschaft) und **Zuerwerbsbetriebe** (Familienangehörige verdienen außerhalb der Landwirtschaft hinzu).
· **Agrarsoziale und demographische Differenzierung der Landbevölkerung**. Die-

---

Kasten 3.12 Betriebsformen und -typen der Landwirtschaft in der amtlichen Statistik der BRD (nach STATIST. BUNDESAMT)

- **Marktfruchtbetriebe** (z. B. Intensivfruchtbetriebe, Marktfrucht-Veredlungsbetriebe),
- **Futterbaubetriebe** (z. B. Milchvieh- oder Rindermastbetriebe, Futterbauveredlungsbetriebe),
- **Veredlungsbetriebe** (z. B. Schweine- oder Geflügelbetriebe, Veredlungs-Futterbaubetriebe),
- **Dauerkulturbetriebe** (z. B. Obst-, Wein- oder Hopfenbaubetriebe, Dauerkultur-Marktfruchtbetriebe),
- **Landwirtschaftliche Gemischtbetriebe**

Die Abgrenzungen erfolgen nach Schwellenwerten des jeweiligen sog. Standarddeckungsbeitrages des Betriebes (d. h. Bruttoleistung der Betriebszweige abzüglich variabler Spezialkosten) (vgl. W.-D. SICK 1993², S. 155).

---

se ergibt sich aus der Grundbesitzverfassung, der Arbeitsverfassung und der Erwerbsfunktion der Bevölkerung. Beispielsweise lässt sich die Landbevölkerung in bestimmte **agrarsoziale Gruppen** - z. B. entsprechend den Betriebsgrößenstrukturen - wie Großlandwirte oder Klein- und Mittelbauern (jeweils differenziert nach Eigentum, Pacht, Zu-/Nebenerwerbszwang) und landlose Arbeitskräfte untergliedern. Weitere Merkmale des Agrarraumes sind der
· **Altersaufbau der Betriebsinhaber und Familienangehörigen** sowie die
· **allgemeinen Lebens- und Arbeitsbedingungen** (soziale Situation) der in der Landwirtschaft Tätigen.

• **Landwirtschaftliche Betriebssysteme**. Es lassen sich nun aufgrund der einzelnen Produktionsmerkmale und ihrer Kombinationen **Abgrenzungen unterschiedlichster landwirtschaftlicher Betriebssysteme** vornehmen. Der Terminus Betriebssystem ist jedoch in der Literatur nicht einheitlich definiert. „Meist versteht man darunter nur einen Teilaspekt der Betriebsformen, nämlich die Produktionszweige und deren Verbund, z. B. die Kombination von Ackerbau und Viehhaltung. Dabei können auch Verarbeitung und Vermarktung mit eingeschlossen sein. In diesem Sinne bezeichnen Betriebssysteme die horizontale und vertikale Integration der Produktion..." (W.-D. Sick 1993, S. 155). In der **amtlichen Statisti**k der Bundesrepublik Deutschland bedeutet Betriebssystem die allgemeine Bezeichnung für die Gliederungsstufen **Betriebsbereich** (Landwirtschaft), **Betriebsform** (z. B. Marktfruchtbetriebe), **Betriebsarten** (Spezial- oder Verbundbetriebe) und **Betriebstypen** (z. B. Intensivfrüchte wie Zuckerrüben, Kartoffeln) (vgl. Kasten 3.12).

In der deutschen Landwirtschaft dominieren unter den 430.556 Betrieben (1999) Futterbaubetriebe mit 47,5 % (darunter vor allem Milchviehbetriebe), gefolgt von Marktfrucht- (29,9 %), Dauerkultur- (rd. 10 %), Veredlungs- (6,6 %) und landwirtschaftlichen Gemischtbetrieben (rd. 6 %). Hinzu kommen der Betriebsbereich **Gartenbau** mit 14.392 Betrieben (1999) mit den Betriebssystemen Gemüse-, Zierpflanzen- und Baumschulbetriebe sowie übrige Betriebsbereiche (Stat. Bundesamt 2001, Tab. 8.5).

Der Agrarwissenschaftler B. Andreae (1983) hat **Bodennutzungs-, Viehhaltungs- und Betriebssysteme mittels Wägezahlen** (gemessen am jeweiligen Handarbeitsaufwand als dem nach Andreae „gravierendsten Aufwandsfaktor in der Landwirtschaft der Industriestaaten", ebd., S. 290), d. h. nach der Arbeitsintensität, bestimmt und in ihrer räumlichen Verteilung in der Europäischen Gemeinschaft und in der ehemaligen Bundesrepublik Deutschland dargestellt. Bei komplexen Betriebssystemen, wie beispielsweise bei Hackfrucht-Schweine-Schafhal-

tungsbetrieben, betrifft die erste Nennung den Leit- die zweite den Begleit- und die dritte den Zusatzbetriebszweig (zum Berechnungsverfahren, das jedoch nicht unumstritten ist, vgl. B. Andreae 1983², Übersicht 33).

- **Regionale Darstellungen** von Bodennutzungs-, Viehhaltungs- oder Betriebssystemen erwecken häufig den Eindruck einheitlicher Agrarstrukturen über größere Räume (Agrarregionen) hinweg. Dies gilt z. B. für das **traditionelle Belt-Konzept der US-amerikanischen Landwirtschaft** (Abb. 3.25/I), das mit seinen relativ homogenen Landwirtschaftsgürteln (*agricultural belts*) immer wieder durch Schulbücher „gegeistert" ist. Gemeint ist die Nord-Süd-Abfolge der Agrarregionen des *general farming* (vielseitige oder gemischte Landwirtschaft), *hay and dairy belt* (Milchwirtschaftsgürtel), *corn belt* (Maisgürtel), *cotton belt* (Baumwollgürtel), *Atlantic fruit and truck belt* (Atlantischer Frucht- und Gemüsegürtel), *Gulf subtropical crops belt* (Subtropischer Anbaugürtel am Golf von Mexiko) sowie auch größerer homogen erscheinender Agrarregionen in den westlichen USA (von den Weizengürteln in den Great Plains bis hin zum *subtropical crops belt* Kaliforniens). Dies gibt allerdings nach W. Klohn/H.-W. Windhorst (2000³, S. 13) ein falsches Bild der US-amerikanischen Landwirtschaft, denn eine derartige einheitliche Struktur besteht innerhalb der *belts* nicht und hat auch nie existiert. Die Ursache für die verzerrende *Belt*-Darstellung „ist darin zu sehen, daß bei der Entwicklung des Konzepts in einer County immer nur das Produkt mit der größten Wertschöpfung für die Klassifizierung herangezogen wurde und alle anderen Produkte unberücksichtigt blieben" (ebd.).

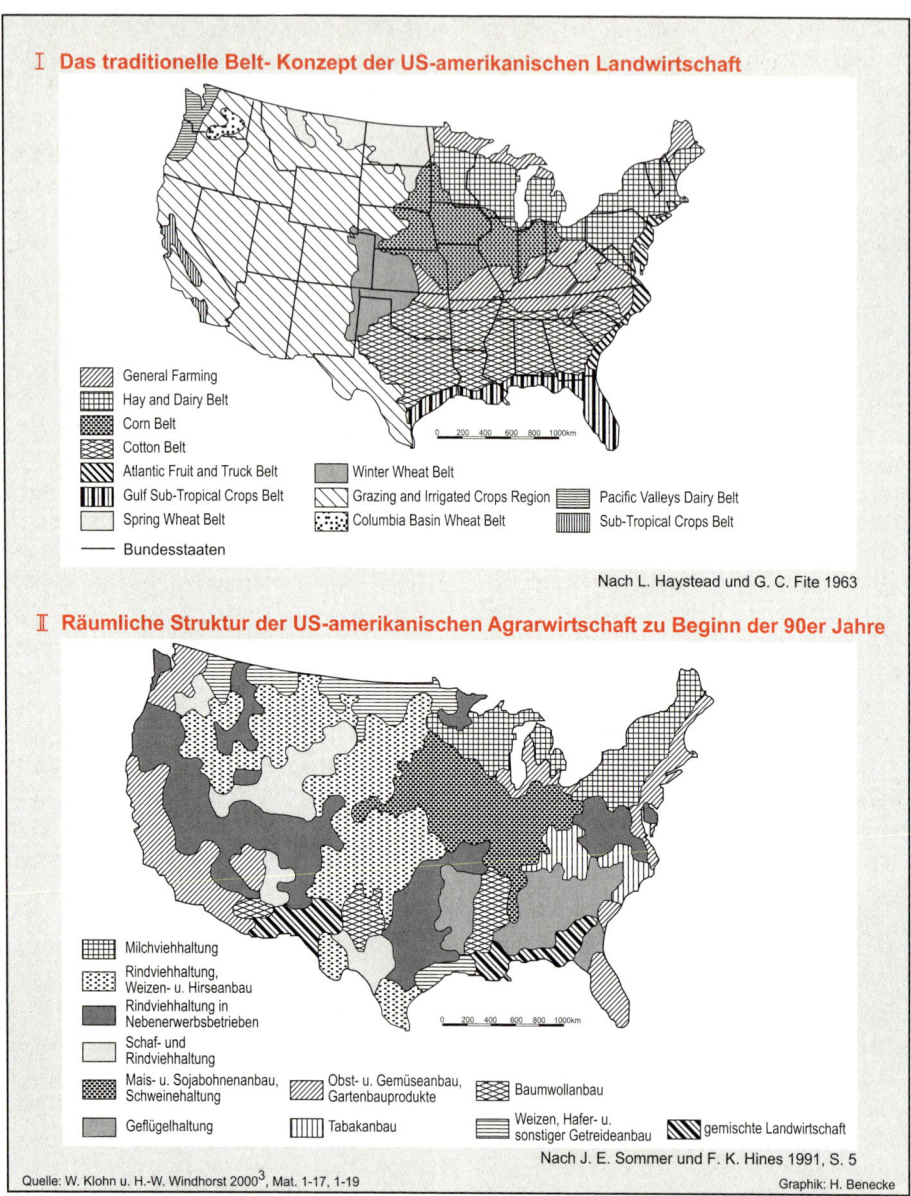

I   **Das traditionelle Belt- Konzept der US-amerikanischen Landwirtschaft**

General Farming
Hay and Dairy Belt
Corn Belt
Cotton Belt
Atlantic Fruit and Truck Belt
Gulf Sub-Tropical Crops Belt
Spring Wheat Belt
Winter Wheat Belt
Grazing and Irrigated Crops Region
Columbia Basin Wheat Belt
Pacific Valleys Dairy Belt
Sub-Tropical Crops Belt
Bundesstaaten

Nach L. Haystead und G. C. Fite 1963

II   **Räumliche Struktur der US-amerikanischen Agrarwirtschaft zu Beginn der 90er Jahre**

Milchviehhaltung
Rindviehhaltung, Weizen- u. Hirseanbau
Rindviehhaltung in Nebenerwerbsbetrieben
Schaf- und Rindviehhaltung
Mais- u. Sojabohnenanbau, Schweinehaltung
Obst- u. Gemüseanbau, Gartenbauprodukte
Baumwollanbau
Geflügelhaltung
Tabakanbau
Weizen, Hafer- u. sonstiger Getreideanbau
gemischte Landwirtschaft

Nach J. E. Sommer und F. K. Hines 1991, S. 5

Quelle: W. Klohn u. H.-W. Windhorst 2000[3], Mat. 1-17, 1-19

Graphik: H. Benecke

Abb. 3.25 Das tradtionelle Belt-Konzept (I) im Vergleich zur räumlichen Struktur der US-amerikanischen Landwirtschaft zu Beginn der 1990er Jahre (II)

Die Darstellung der **räumlichen Struktur der US-amerikanischen Landwirtschaft zu Beginn der 1990er Jahre** (Abb. 3.25/II), in die nicht nur das Produkt mit dem höchsten Verkaufswert, sondern auch andere agrarische Güter und Merkmale (z. B. die Betriebsgröße und -form) eingegangen sind, zeigt zwar gewisse Gemeinsamkeiten mit dem traditionellen *Belt*-Konzept, weicht von diesem aber auch erheblich ab. „So werden z. B. die Staaten im Bereich der Großen Seen und im Nordosten noch immer stark von der Milchwirtschaft geprägt; aber es ist nicht mehr möglich, von einem Baumwoll- oder Weizengürtel zu sprechen, weil hier durch das Eindringen neuer Betriebssysteme eine beträchtliche Gewichtsverlagerung erfolgt ist. Im Südosten hat sich die Geflügelhaltung als wichtigster Zweig der Agrarwirtschaft etabliert. Vertikal integrierte agrarindustrielle Unternehmen, die zahlreiche Farmer über Verträge an sich binden, bestimmen die Struktur. In den Great Plains sind die Rindviehhaltung und der Hirseanbau gleichrangig neben den Weizenanbau getreten. Die Hirse findet als Futter in der Rindermast Verwendung. (...) Weite Gebiete der westlichen Staaten und der südlichen Mitte werden von einem Betriebstyp bestimmt, der bislang zur Charakterisierung von Agrarwirtschaftsräumen der USA nicht aufgetaucht war. Es sind Nebenerwerbsbetriebe (...)" (W. Klohn/H.-W. Windhorst 2000[3], S. 13-14).

Die genannten und andere Abweichungen vom traditionellen *Belt*-Konzept verdeutlichen zugleich eine Reihe von in den vergangenen Jahrzehnten eingetretenen räumlichen Veränderungen bzw. auch Verlagerungen von Schwerpunkten bestimmter Bodennutzungs- oder auch Viehhaltungssysteme in den USA. Dazu zählt z. B. der Baumwollanbau. Die Auflösung und teilweise Verlagerung des ehemals relativ geschlossenen

großen *cotton belt* in einzelne Anbaugebiete in den südlichen USA hat eine Reihe unterschiedlichster Ursachen, z. B. ökologische Probleme durch anhaltende Dürre und Bodendegradierung, Veränderungen bzw. hohe Preisschwankungen auf dem Weltmarkt, Überproduktion, Ausweitung des Bewässerungsfeldbaus im Südwesten und Westen der USA mit hohen Erträgen/ha.

3.5.2 Das von Thünensche Modell als klassischer Theorieansatz zur Erklärung des wirtschaftlichen Verhaltens von Agrarbetrieben im Marktwirtschaftssystem.

Wie bereits unter 3.5.1 deutlich geworden ist, unterliegt die Agrarwirtschaft unterschiedlichsten Bedingungen und weist insgesamt sehr differenzierte Standortorientierungen, Verflechtungen, Entwicklungstendenzen und Betriebssysteme auf. Die dadurch hervorgerufenen agrarwirtschaftlich relevanten Raumstrukturen sind dementsprechend sehr komplex. Dies gilt vor allem für die Agrarräume im westlichen Marktwirtschaftssystem. Um diese räumlich differenzierte Wirklichkeit besser verstehen oder ordnen zu können, kann man sich einfacher Standortmodelle oder -theorien bedienen, die auf restriktiven räumlichen Ausgangsbedingungen und Verhaltensannahmen (Betriebsleiter) beruhen. Ein derart vereinfachter Ansatz ist das von Thünensche Modell, auch von Thünensche Raumwirtschaftstheorie oder von Thünens Standort- und Intensitätslehre genannt. Das berühmte Werk J. H. von Thünens, dessen erster Band bereits 1826 erschien, trägt den Titel „Der isolierte Staat in Beziehung auf Landwirtschaft und Nationalökonomie". Dieses klassische Werk bildet nicht nur eine der wesentlichen Grundlagen zur Entwicklung der Raumwirtschaftslehre, sondern es hat auch die Agrargeographie sehr befruchtet. Die Bedeutung des von Thünenschen Ansatzes für

J. H. VON THÜNEN unterschied in seinem Modell sechs konzentrische Ringe mit nach außen hin wachsender Extensität landwirtschaftlicher Nutzung:

(1) Im innersten Ring: solche Produkte, die keinen weiten Transport vertragen: Gemüse, Blumen, Milch (= aufwands- und transportkostenintensiv, aber auch Berücksichtigung der Verderblichkeit). Wegen der Möglichkeit der Düngerzufuhr aus der Stadt kann hier sehr intensiv gewirtschaftet werden. Ein Fruchtwechsel ist daher nicht nötig. Es herrscht sog. **Freie Wirtschaft** (VON THÜNEN) **als Gartenbau** vor.

(2) Zweiter Ring: **Forstwirtschaft**, weil der Transport des Nutzholzes per Wagen schwierig und teuer ist (1826!); da der Marktpreis niedrig ist, lohnt eine marktferne Produktion nicht.

(3) - (5) mit Getreideanbau, aber zunehmendem Grünlandanteil.

(3) Dritter Ring: Ackerbau in der Form der **Fruchtwechselwirtschaft** (jährl. Wechsel d. Fruchtarten, ohne Bracheperiode, d. h. eine Art Feldgraswirtschaft).

(4) Vierter Ring: sehr breit; hier herrscht das System der sog. **Koppelwirtschaft** (Fruchtwechselwirtschaft plus Bracheperiode) vor.

(5) Fünfter Ring: Sehr schmal entwickelt; **Dreifelderwirtschaft** mit Brache (war im 19. Jh. noch von Bedeutung).

(6) Sechster Ring: Da hier die Transportkosten für Getreide zu hoch sind, wird nur noch **Viehzucht** betrieben, und zwar als **extensive Wei-**

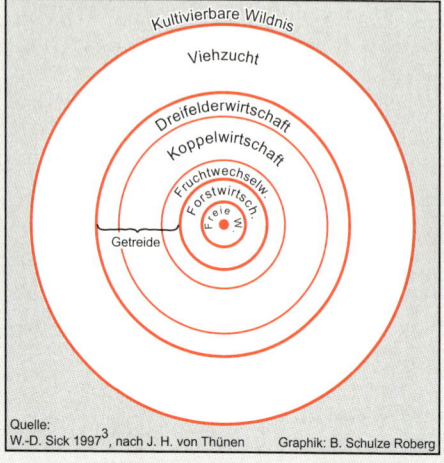

Quelle: W.-D. Sick 1997[3], nach J. H. von Thünen   Graphik: B. Schulze Roberg

Abb. 3.26 Das von Thünensche Modell

dewirtschaft. Die große Entfernung zum Markt wird durch relativ hohe Marktpreise für Viehprodukte und geringe Produktionskosten aufgewogen. Das Vieh lässt sich ohne größere Kosten zur Stadt transportieren, wird aber vor dem Verbrauch noch im innersten Ring gemästet. Jenseits einer Distanz von 50 Meilen ist nach VON THÜNEN auch die Viehzucht zu Ende. Außerhalb davon, in der

(7) **unkultivierten** (oder kultivierbaren) **Wildnis**, kann, bei ansonsten gleich günstigen Bodenbedingungen, nur noch die sehr extensive Jagd stattfinden.

die Agrargeographie wurde von LEO WAIBEL 1933 in einer vorzüglichen, auch heute noch lesenswerten Darstellung gewürdigt.

Das VON THÜNENsche Modell berücksichtigt in erster Linie lediglich die Minimierung der Kostenfaktoren. Dabei werden die meisten externen Standortbedingungen konstant gehalten. Dieser Ansatz (genannt: partieller Gleichgewichtsansatz) ist damit leider zu einfach, um komplexe sozioökonomische Strukturen abbilden bzw. erklären zu können. Dem VON THÜNENsche Modell kommt jedoch immer noch eine erhebliche didaktische Bedeutung zu.

In der Theorie VON THÜNENS wurden folgende **räumliche Ausgangsbedingungen und Verhaltensannahmen** berücksichtigt: Unter dem „**Isolierten Staat**" verstand VON THÜNEN eine Abstraktion gebietlicher, physischer und sozio-ökonomischer Art (vgl. Abb. 3.26 mit Erläuterung):

(1) Gebietlich: Der Staat besitzt eine kreisrunde Form und ist in einer undurchdringlichen Waldwildnis der gemäßigten Zone von der übrigen Welt vollkommen abgeschlossen. Systemtheoretisch gesprochen heißt das: der isolierte Staat ist als ein geschlossenes System zu betrachten.

(2) Physisch: Der Staat ist physisch homogen, d. h. er liegt in einer Ebene von überall gleicher Bodenart, identischen klimatischen Verhältnissen etc.; es gibt keinerlei schiffbare Gewässer, womit die Transportbedingungen überall gleich sind.

(3) Sozioökonomisch: Die Bevölkerung des Staates betreibt Land- und Forstwirtschaft nach mitteleuropäischer Art. Ihr Bildungs- bzw. Ausbildungsniveau ist überall gleich groß und so hoch, dass die Betriebssysteme von den Landwirten beliebig gewechselt werden können. Sämtliche Betriebe sind gleich groß und werden völlig rational zur Erzielung eines möglichst hohen Reinertrages bewirtschaftet (homo oeconomicus, vgl. Kasten 1.12). Die Wirtschaft arbeitet für einen Markt (bzw. für eine große Stadt), der (bzw. die) genau im Zentrum des Staates liegt. Alle Transporte von den Betrieben zu dem Markt gehen in allen Richtungen auf Landstraßen per Pferdefuhrwerk vor sich.

Dieses bislang statische Bild des „Isolierten Staates" erhält nun eine Dynamik durch die mit der Entfernung zum Markt in allen Richtungen sich gleichsinnig verändernden **Transportkosten**, der einzigen Variablen im von Thünenschen Modell. Da die Transport-

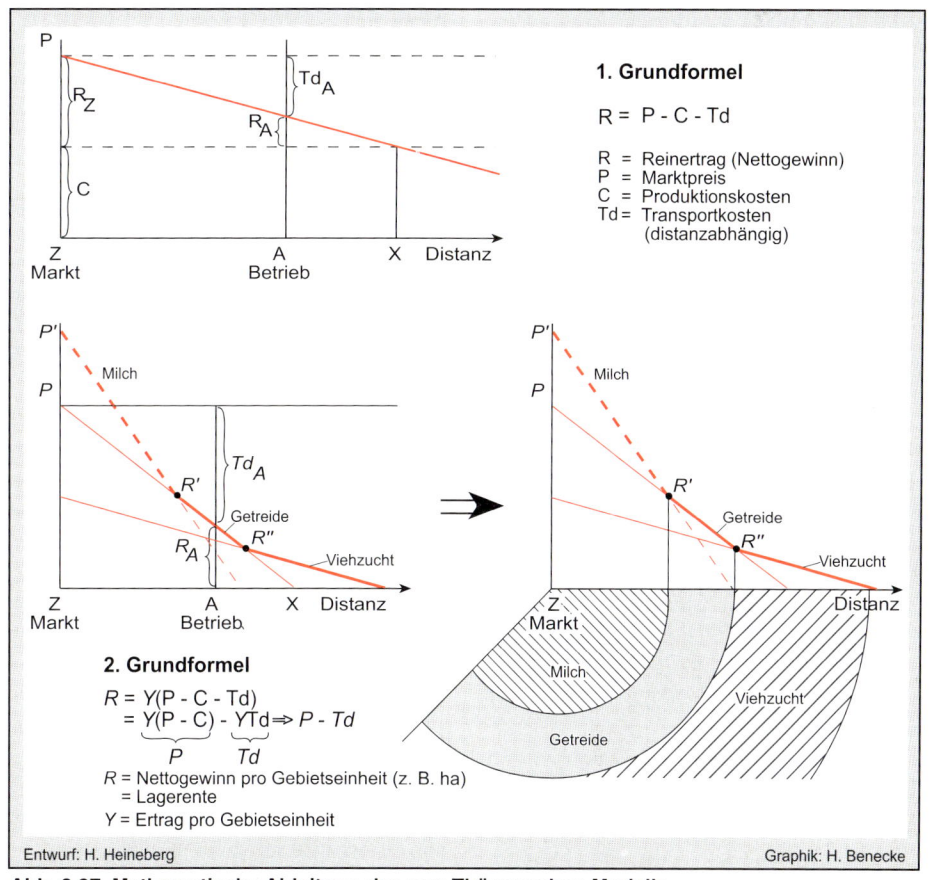

1. Grundformel

$$R = P - C - Td$$

R = Reinertrag (Nettogewinn)
P = Marktpreis
C = Produktionskosten
Td = Transportkosten
(distanzabhängig)

2. Grundformel

$$R = Y(P - C - Td)$$
$$= Y(P - C) - YTd \Rightarrow P - Td$$

R = Nettogewinn pro Gebietseinheit (z. B. ha)
= Lagerente
Y = Ertrag pro Gebietseinheit

Entwurf: H. Heineberg   Graphik: H. Benecke

Abb. 3.27 Mathematische Ableitung des von Thünenschen Modells

kosten für die einzelnen Agrarprodukte jeweils als proportional zur linearen Distanz angenommen werden, ergibt sich in dem „Isolierten Staat" eine Abfolge von konzentrisch angelegten Landnutzungszonen, den sog. von Thünenschen **Ringen** (Abb. 3.26). Dabei müssen von innen nach außen hin solche Produkte erzeugt werden, die im Verhältnis zu ihrem Wert immer geringere Transportkosten erfordern, und ferner solche, die immer weniger leicht verderben bzw. immer weniger frisch verbraucht werden müssen.

Dieses zunächst sehr einfach deskriptiv dargestellte Modell wurde von dem Landwirt von Thünen sowohl induktiv als auch deduktiv entwickelt. Grundlage dazu bildeten einerseits genaue Buchführungsberechnungen auf seinem Gut Tellow in Mecklenburg. Eine wichtige Frage war dabei für von Thünen, ob der Fruchtwechselwirtschaft, die damals von England her als Innovation in der Landwirtschaft auf den Kontinent übertragen wurde, gegenüber der Koppelwirtschaft oder der Koppelwirtschaft gegenüber der Dreifelderwirtschaft der Vorzug gegeben werden sollte (Dreifelderwirtschaft war vor der Agrarischen Revolution vorherrschend!). Mittels eines abstrakten Modells suchte von Thünen nach der optimalen Anordnung der Bodennutzung, die den höchstmöglichen Reinertrag (Lagerente) abwirft.

J. H. von Thünen benutzte zur **mathematischen Ableitung des Modells** die Beziehungen zwischen den drei Faktoren (vgl. im Folgenden Abb. 3.27):
(1) Distanz des Agrarbetriebes vom Markt (Z) bzw. die davon abhängigen Transportkosten,
(2) Gewinn, den der Landwirt aus seinen Produkten erzielt,
(3) sog. Lagerente.

Die Beziehungen zwischen (1) und (2), die wir zunächst betrachten wollen, sind recht einfach: Der Nettogewinn = **Reinertrag R**, den der Landwirt durch sein Produkt - etwa Getreide - erzielt, ist der **Marktpreis P** minus den **Produktionskosten C** minus den **Transportkosten Td** (T ist die Transportrate, Td sind die Transportkosten in Abhängigkeit von der Distanz d). Damit erhält man die

1. Grundformel: R = P - C - Td

Läge der landwirtschaftliche Betrieb im Marktort Z, so wären die Transportkosten Null und damit der Nettogewinn (= R_Z) am höchsten. Mit der Entfernung vom Markt nehmen die Transportkosten zu; z. B. betragen sie im Ort A: Td_A, so dass der Nettogewinn R_A ist. Schließlich wird ein Punkt X erreicht, an dem der gesamte Gewinn, der auf dem Markt erzielt wird, durch die Transportkosten zum Markt aufgezehrt wird. Außerhalb des Punktes X werden die Gewinne negativ. D. h. Betriebe, die weiter als X vom Markt entfernt sind, haben keinen ökonomischen Anreiz zum Anbau (z. B. der entsprechenden Getreideart).

Betrachten wir nun das Ganze in einer räumlichen, d. h. zweidimensionalen Dimension, so müssen wir noch den Begriff der **Rente** (oder **Lagerente**) einführen als **Nettogewinn pro Gebietseinheit**, z. B. pro Hektar. Mit diesem Ansatz kann man die Konkurrenz verschiedener Nutzungen im Raum berücksichtigen. Dazu multipliziert man alle Elemente in der ersten Grundgleichung mit dem **Ertrag Y** (kursiv) **pro Gebietseinheit**. D. h., etwa anstelle von Weizenertrag in kg sprechen wir nunmehr von Weizenertrag in kg pro ha innerhalb einer gewissen Zeiteinheit, beispielsweise pro Jahr.

Man kann nun Großbuchstaben und Substitutionen einführen und erhält als

2. Grundformel *R* (Nettogewinn pro Gebietseinheit, z. B. ha) = *Y*(P - C - Td) = *Y*(P - C) - *Y*td = *P - Td*, wobei *P* für *Y*(P-C) und *Td* für den Ausdruck *Y*td (t = Transportrate) eingesetzt (substituiert) wurden. *P* ist damit der Gewinn (z. B. einer Getreidemenge) pro Hektar ohne Berücksichtigung der Transportkosten.

Im Diagramm erhält man nun Rentenkurven. D. h. wiederum: Liegt der Betrieb im Marktort Z selbst, so werden die Transportkosten 0, also *gilt P = R_Z*. Und: die jeweilige Rente hängt von der Distanz zum Markt ab. Man bezeichnet sie in diesem Zusammenhang daher auch als **Lagerente**. Bei A beträgt $R_A = P - Td_A$. Bei X wird die Rente für Getreide = 0. In noch größerer Entfernung vom Markt wird die Rente negativ.

Gehen wir nun noch einen kleinen Schritt weiter und lassen wir die Rentenkurven um den Marktpunkt Z mit dem Radius ZX rotieren, so erhalten wir verschiedene Kreisflächen, z. B. als räumliche Ausdehnung des Getreideanbaus.

Was geschieht nun, wenn man eine zweite Produktionsart, z. B. Milchproduktion, berücksichtigt? Bei der Milchproduktion sind im Allgemeinen der Ertrag *P'* höher und die distanzabhängigen Transportkosten größer. D. h., man erhält eine steiler einfallende Kurve. Die beiden Kurven (Milch und Getreide) schneiden sich in einem Punkt *R'*. Links des Punktes, d. h. näher zum Marktzentrum, ist es gewinnbringender, Milch zu produzieren, weiter entfernt ist die Getreideproduktion rentabler, weil die Transportkosten für die Milchproduktion zu hoch werden. In Bezug auf die Viehzucht ist die Rentenkurve flacher, so dass es außerhalb von *R''* rentabler ist, Viehzucht anstatt Getreideanbau zu betreiben.

Auf diese Weise können unter den restriktiven räumlichen Ausgangsbedingungen und Verhaltensannahmen des von Thünenschen

Ansatzes aus der Lagerente die verschiedenen konzentrischen Kreise modellhaft abgeleitet werden. Es lassen sich u. a. noch Folgerungen bzw. weiterführende Überlegungen anführen:

(1) In Marktnähe wird aufgrund relativ geringer Transportkosten eine höhere Lagerente erzielt als in Marktferne.

(2) Marktnahe Betriebe können durch erhöhten Kapital- und Arbeitseinsatz intensiver wirtschaften als marktferne; letztere müssen aufgrund hoher Transportkosten die Produktionskosten senken, d. h. extensiver wirtschaften.

(3) Verstärkend wirken die höheren Transportkosten für Industriegüter oder auch für Futtermittel in Marktferne.

Das Ergebnis der Berechnungen von Thünens ist, dass man nicht von einem absoluten Vorzug irgendeines landwirtschaftlichen Betriebssystems sprechen kann, sondern dass es vor allem von den Getreidepreisen abhängt, welches System das richtige ist. Da nun der Getreidepreis des ganzen „Isolierten Staates" in dem Marktzentrum normiert wird, ist er auf dem Lande um die jeweiligen Transportkosten geringer als in der Stadt. Da somit die jeweiligen Nettopreise bzw. Reinerträge jeweils von der Höhe der Transportkosten abhängig sind, wird die Intensität der jeweiligen Nutzung mit der Entfernung vom Markt abnehmen. Dies wird als die sog. von Thünensche Intensitätstheorie bezeichnet, die besagt, dass nach außen hin immer extensivere Wirtschafts- bzw. Betriebsformen anzutreffen sind.

Von Thünen hat jedoch selbst festgestellt, dass mit seinem simplen Modell die komplexe Wirklichkeit in der agrarischen Landnutzung nicht voll zu beschreiben bzw. zu erklären ist. Er berücksichtigte bereits 1826 die Auswirkungen, die die **Lage eines Marktzentrums an einem schiffbaren Fluss** auf die Landnutzung ausübt, wobei er

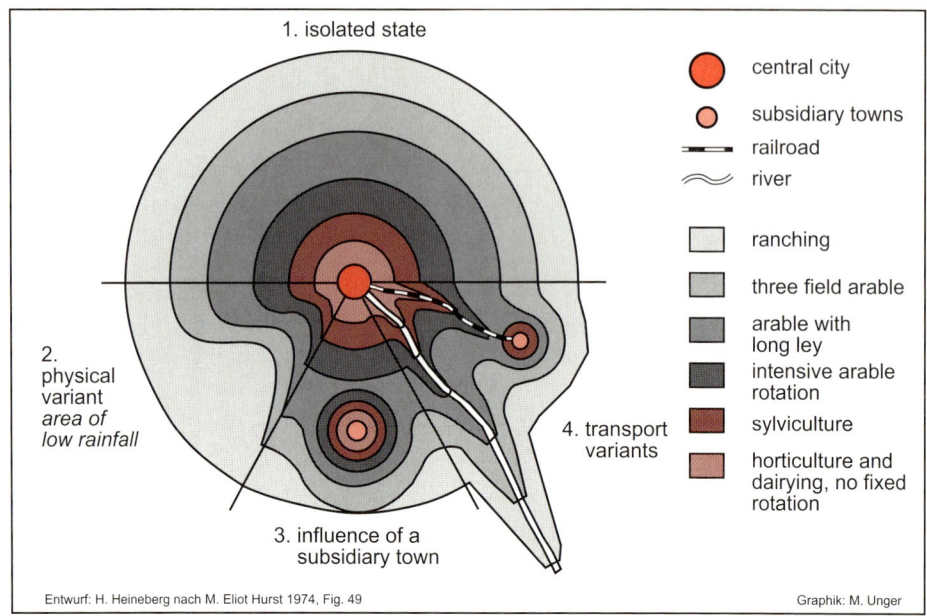

Entwurf: H. Heineberg nach M. Eliot Hurst 1974, Fig. 49   Graphik: M. Unger

Abb. 3.28 Das von Thünensche Modell: Grundmodell und drei Varianten nach M. Eliot Hurst

als Kosten der Schiffsfracht 1/10 der Landfracht annahm (das Modell entstand noch vor dem Bahnbau). Daraus ergab sich ein stark abgewandeltes räumliches Landnutzungssystem: Vor allem erweitert sich die Fruchtwechselwirtschaft ungemein. Sie erstreckt sich längs des Flusses bis an die Grenze des Staates.

In dem 1860 erschienenen zweiten Band seines Werkes berücksichtigte VON THÜNEN auch den **Einfluss der Eisenbahn**, wodurch sich eine enorme Flächenausweitung des „Isolierten Staates" ergab, so dass - wie VON THÜNEN selbst erkannte - nunmehr das Klima nicht mehr als konstant angenommen werden konnte.

Es wurde häufig versucht, das VON THÜNENsche Modell zu erweitern, d. h. durch Aufhebung einiger wichtiger Restriktionen eine stärkere theoretische Anpassung an die komplexe Wirklichkeit zu erreichen. So lassen sich heute mit Hilfe einfacher Computer-

berechnungen schnell die Abwandlungen der konzentrischen Kreise ermitteln, falls man z. B. mehr als einen Marktort berücksichtigt. Eine Darstellung aus dem Lehrbuch von M. ELIOT HURST (1974) zeigt (vgl. Abb. 3.28), wie sich das VON THÜNENsche Modell unter Berücksichtigung einer physischen Variante (geringer Niederschlag), eines zweiten (untergeordneten) Marktortes und weiterer Transportvarianten (Eisenbahn, Schiff) verändert und sich damit ggfs. der Realität eher anpasst. Ein anschauliches Beispiel für die Anwendung des VON THÜNENschen Ansatzes stellt die Landnutzungszonierung um Sydney in Neu-Südwales/Australien dar, das von J. RUTHERFORD u. a. (1966) veröffentlicht und auch in englischsprachige wirtschaftsgeographische Lehrbücher (M. ELIOT HURST 1974 oder G. J. FIELDING 1974) übernommen wurde (vgl. Abbn. 3.29 und 3.30 in diesem Band).

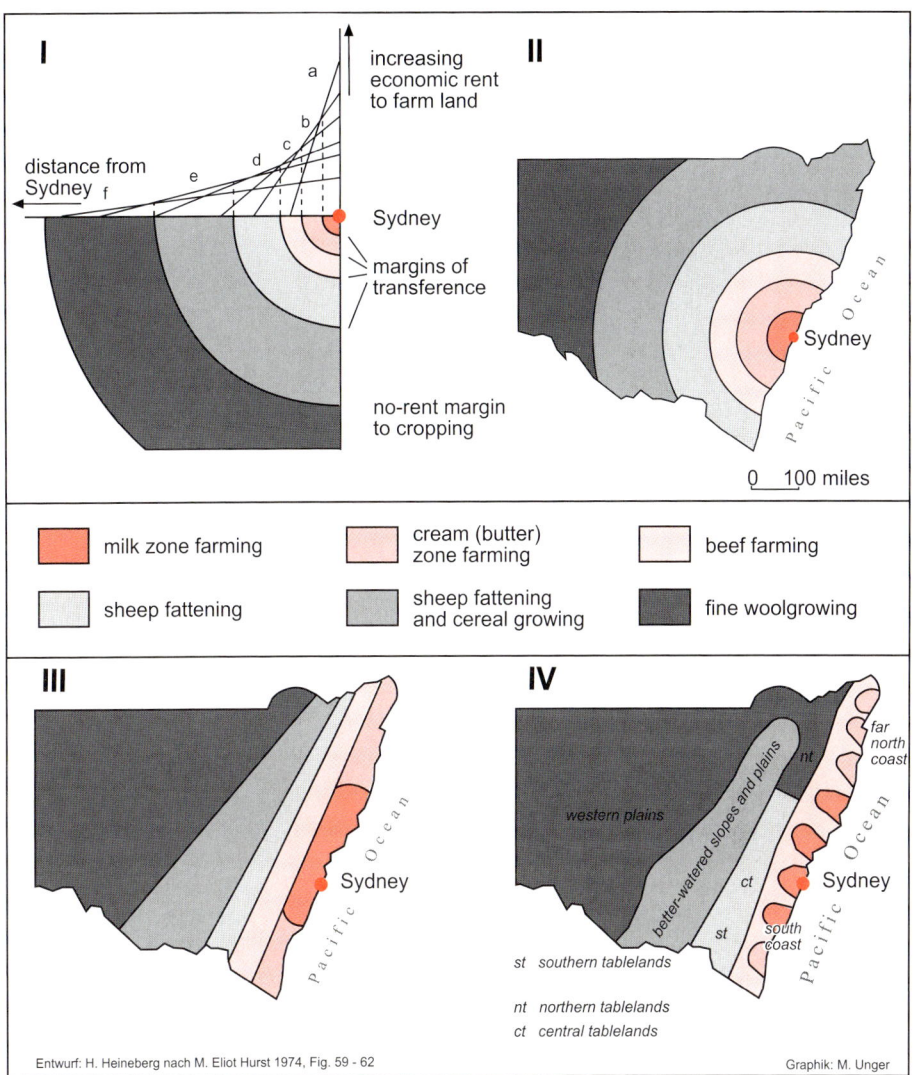

I

increasing economic rent to farm land

distance from Sydney

Sydney

margins of transference

no-rent margin to cropping

II

Sydney

Pacific Ocean

0   100 miles

- milk zone farming
- cream (butter) zone farming
- beef farming
- sheep fattening
- sheep fattening and cereal growing
- fine woolgrowing

III

Sydney

Pacific Ocean

IV

far north coast

western plains

better-watered slopes and plains

nt

ct

st

south coast

Sydney

Pacific Ocean

st   southern tablelands
nt   northern tablelands
ct   central tablelands

Entwurf: H. Heineberg nach M. Eliot Hurst 1974, Fig. 59 - 62   Graphik: M. Unger

Abb. 3.29 Modell der *„Types of farming regions"* in Neu-Südwales/Australien in Relation zum von Thünenschen Modell

Die von Thünenschen Ringe und ihre Abwandlungen in der Wirklichkeit lassen sich beispielsweise auch in Europa aufzeigen. So sind **um Verdichtungsräume bzw. Großstädte** in der Regel **Bereiche mit Intensiv- oder Sonderkulturen** zu finden (diese sind zumindest sektorartig entwickelt), z. B.

Obst- und Hopfenanbau südlich von London oder das Obstanbaugebiet der Vierlande bei Hamburg. Die Reste von früher stark ausgeprägten Garten- und Gemüseringen um Städte (z. B. um die Stadt Münster) zeigen sich heute noch in Gärtnereibetrieben, die die Stadtbevölkerung mit Gemüse und Blu-

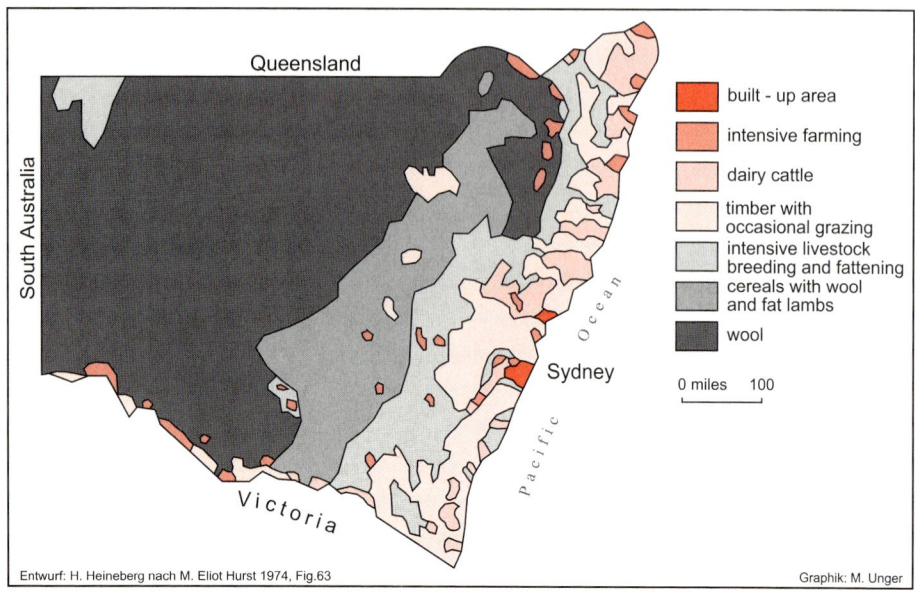

Entwurf: H. Heineberg nach M. Eliot Hurst 1974, Fig.63   Graphik: M. Unger

Abb. 3.30 *"Types of farming regions"* in Neu-Südwales/Australien: Reales Verteilungsbild

men versorgen. Heutige Intensivnutzungen sind zudem Schrebergärten, Reiterhöfe oder auch Erdbeerkulturen.

Das Fehlen derartiger Intensivzonen (Gemüse) um das nördliche, östliche und südliche Ruhrgebiet lässt sich aus der (früher hohen) Luftverschmutzung sowie durch die Konkurrenz des Niederrheingebietes und der Niederlande (frühe Belieferung) erklären. Aus der Nähe des Ruhrgebietes kommt jedoch ein erheblicher Teil der Milchbelieferung des großen Verdichtungsraumes.

Die heutige relativ geringe Bedeutung der Transportkosten durch moderne Verkehrsmittel, gestaffelte Frachtraten, Kühleinrichtungen, Konservierungsmöglichkeiten etc. hat jedoch in vielen Agrarräumen der Industriestaaten zu Verzerrungen der VON THÜNENschen Ringe bis zur Unkenntlichkeit geführt.

Ein weiteres Beispiel für die VON THÜNENschen Ringe hat L. WAIBEL (1933) für die **tropischen Tiefländer** beschrieben: In den amerikanischen Tropen hat sich seit dem 16. Jh. als koloniale Wirtschaftsform der Europäer der **Plantagenbau** ring- oder streifenförmig um Hafenstandorte entwickelt. Dieser bildet einen arbeits- und kapitalintensiven ersten Ring. Darum gruppierten sich in einem zweiten Ring Betriebe mit extensiver Weidewirtschaft und Rinderhaltung. Die Tiere wurden teils zur Arbeit auf den Plantagen (etwa in den Zuckermühlen), teils zur Fleischversorgung der Plantagenarbeiter gehalten. Das Weideland entstand großenteils durch Rodung der Wälder und anschließende Grasaussaat. Manche der westindischen Savannen erklären sich auf diese Weise. Zwischen dem Plantagenring und dem Weidering fehlte jedoch ein Ring des Getreideanbaus, da die übrigen Nahrungsmittel für die zahlreichen Arbeiter (vor allem Reis) importiert wurden. Als dritter Ring folgte der Wald.

Abschließend ein Zitat von LEO WAIBEL (1933, S. 48): „Auch wenn es keine „Isolierten Staaten" im strengen Sinne gibt und je gegeben hat, so eignet sich doch das Thünensche Prinzip wie jede echte Theorie ausgezeichnet dazu, die Wirklichkeit zu analysieren, Ordnung in eine Unsumme von Einzelheiten zu bringen, diese schärfer aufzufassen und Probleme zu sehen".

3.5.3 Das wirtschaftliche Verhalten von Agrarbetrieben in der Marktwirtschaft soll im Folgenden anhand ausgewählter Einflussfaktoren, und zwar in Anlehnung an B. Andreae/E. Greiser 1978[2], S. 39ff., erläutert werden. Dazu zählt der

• **Einfluss der Preis-Kosten-Entwicklung**. Bezüglich der Preis-Kosten-Relationen unterscheiden B. Andreae/E. Greiser:

(1) das **Preisverhältnis landwirtschaftlicher Erzeugnisse untereinander**. Dieses bestimmt maßgeblich die Kombination einzelner Betriebszweige, da es den Wettbewerb zwischen diesen beeinflusst.

(2) Das **Kostenverhältnis landwirtschaftlicher Arbeits- und Betriebsmittel untereinander**. „Es bestimmt die Kombination der Betriebsmittel oder Produktionsfaktoren" (ebd., S. 40). Dies betrifft z. B. den Einsatz von Mineraldünger oder Stalldünger, von Pflanzenschutzmitteln versus biologische Produktion, von Landmaschinen oder menschlicher Arbeitskraft.

(3) Das **Preis-Kosten-Verhältnis zwischen landwirtschaftlichen Erzeugnissen sowie Arbeits- und Betriebsmitteln**. Dadurch wird vor allem der Intensitätsgrad der Landwirtschaft bestimmt. B. Andreae/E. Greiser nennen das Beispiel der holländischen Grünlandmarschen, die mit bis zu 300 kg Reinstickstoff je Hektar gedüngt werden, weil die Stickstoffpreise im Vergleich zum Milchpreis sehr niedrig stehen (ebd., S. 41).

Für die Entwicklung in der Bundesrepublik Deutschland waren nach B. Andreae/ E. Greiser in der Nachkriegszeit die stark

angestiegenen Löhne der herausragende Faktor für die Auslösung des sehr differenzierten sozioökonomischen Anpassungsprozesses in der Landwirtschaft. Die **Kosten für menschliche Arbeitskraft** (Arbeitsmittel) stellten nämlich alles in den Schatten, was sonst an Preis-Kosten-Verschiebungen in der Agrarwirtschaft zu verzeichnen war. Beispielsweise stiegen von 1970/71 bis 1992/93 die Facharbeiterlöhne in der Landwirtschaft um nicht weniger als 250 %, dagegen stagnierten (z. B. Schweinefleisch) oder reduzierten sich (Beispiel Weizen) die Marktpreise einzelner Produkte; die Milchpreise stiegen lediglich um rd. 70 % an (vgl. A. Arnold 1997, dort Abb. 2.12).

Die Abb. 3.31 verdeutlicht den vielfältigen Anpassungsprozess agrarwirtschaftlicher Betriebsformen an Lohnsteigerungen bzw. wachsende Einkommenserwartungen in Bezug auf das westliche Deutschland.

Ein anderer Komplex von Einflussfaktoren sind:

• **Auswirkungen technischer Fortschritte**. Nach B. Andreae sind die technischen Fortschritte die stärkste Kraft der Wirtschaftsentwicklung überhaupt. Diese lassen sich einteilen in

(1) **Organisch-technische Fortschritte**, z. B. Züchtung leistungsfähiger Kulturpflanzen, wie etwa die Hybridmaiszüchtung, Entwicklungen wirkungsvoller Futter-, Dünge- und Pflanzenschutzmittel, aber auch die Verbesserungen in der Tierzüchtung;

(2) sog. **mechanisch-technische Fortschritte**, die eine erhebliche räumliche Extension (Ausdehnung) der Landwirtschaft bewirkt haben. Dies gilt beispielsweise für die Auswirkung der Mähdreschererfindung, die die vollmechanisierte Getreidebauwirtschaft bis weit in die Steppenzonen hineintrug. Mit anderen Worten: während die organisch-technischen Fortschritte landsparend wirken, sind die mechanisch-techni-

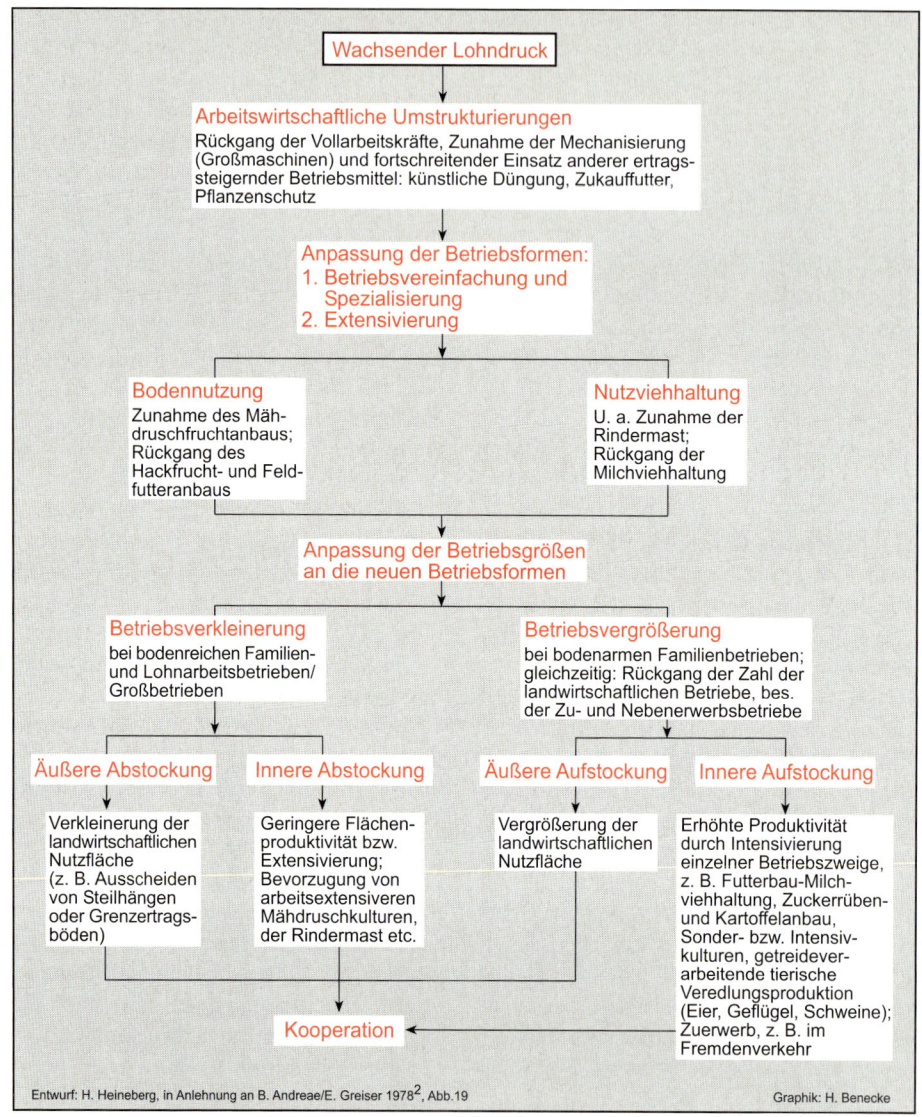

Abb. 3.31 Anpassungsprozess agrarwirtschaftlicher Betriebsformen im westlichen Deutschland an Lohnsteigerungen bzw. wachsende Einkommenserwartungen

schen Fortschritte häufig landerschließend.

Ergänzen müsste man das von B. ANDREAE übernommene System der Prinzipien und Bedingungen für den Anpassungsprozess der westdeutschen Agrarwirtschaft noch durch zumindest eine weitere allgemeine Rahmenbedingung, und zwar durch den:

• **Einfluss der veränderten Nachfrage nach Agrarerzeugnissen** (vgl. im Einzelnen A. ARNOLD 1997, S. 51ff.). Dieser steht bzw. stand im Zusammenhang u. a. mit dem Ansteigen des Lebensstandards der Bevölkerung. Dies äußerte sich beispielsweise in der Zunahme des Fleischverbrauchs und des Eierverzehrs sowie des Konsums von Obst und Feingemüse, während etwa der Verbrauch von Brotgetreide, Speisekartoffeln und Grobgemüse rückläufig war. In Anpassung an diese gewandelte (individuelle) Nachfrage haben sich z. B. in der westdeutschen Agrarwirtschaft neuartige Betriebsformen oder -systeme entwickelt, die früher keine besondere Rolle spielten, u. a. Hühnerfarmen für die Eier- oder Schlachtgeflügelproduktion oder etwa spezialisierte Rindermastbetriebe.

Unterzieht man die einzelnen Bedingungen, an die sich die Agrarbetriebe in der Nachkriegszeit anpassen mussten, einer Bewertung, so ergeben sich räumlich und zeitlich z. T. sehr verschiedene Gewichtungen, woraus, davon abhängig, auch die unterschiedlichsten Betriebsformen oder -systeme in der Agrarwirtschaft resultieren.

3.5.4 Außerbetriebliche Verflechtungen von Agrarbetrieben und Entwicklung neuer Organisationsformen. Bei der geographischen Untersuchung agrarischer Betriebsformen bzw. Betriebssysteme sind au-

ßer den vielfältigen Strukturmerkmalen einzelner Agrarbetriebe oder Agrarräume auch die inner- und außerbetrieblichen Beziehungen des einzelnen Betriebes - und darauf aufbauend die Verflechtungen innerhalb bzw. zwischen einzelnen agrarräumlichen Gebietseinheiten - einer genaueren Analyse zu unterziehen.

Die **außerbetrieblichen Verflechtungen** lassen sich - wie Abb. 3.32 beispielhaft zeigt - einteilen in **Markt-, Zulieferungs- und Kooperationsverflechtungen**. Damit ergeben sich wichtige Beziehungen der Landwirtschaft zu Betrieben des sekundären und tertiären Wirtschaftssektors im ländlichen (und darüber hinaus auch selbst im städtischen) Raum. Die heutigen komplexen außerbetrieblichen Verflechtungen in der modernen Agrarwirtschaft legen es nahe, den Betrachtungsansatz nicht auf die Agrarbetriebe zu beschränken, sondern - wie es H.-W. Windhorst fordert - von der „räumlichen Organisation eines integrierten Produktionssystems für Nahrungsmittel und agrarische Rohstoffe auszugehen" (ebd. 1989, S. 27).

Abb. 3.33 zeigt die vereinfachte Darstellung der Zusammenhänge des Produktionsverbundes bäuerlicher Vertragsmäster für Geflügel mit vor- und nachgeschalteten Produktionsstufen in einem vertikal integrier-

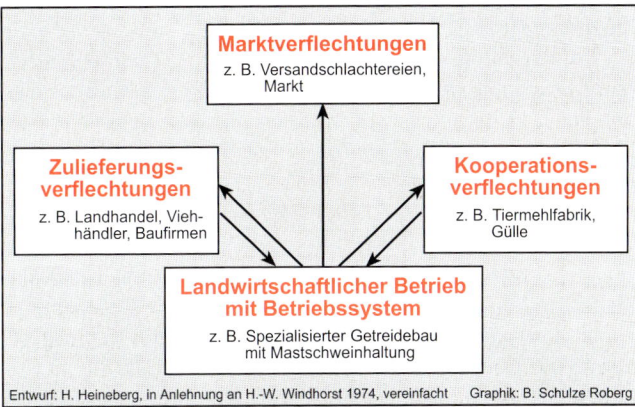

Abb. 3.32
Die außerbetrieblichen Verflechtungen eines spezialisierten landwirtschaftlichen Betriebes (Betriebssystem: spezialisierter Getreideanbau und Mastschweinehaltung)

Marktverflechtungen
z. B. Versandschlachtereien, Markt

Zulieferungs-verflechtungen
z. B. Landhandel, Viehhändler, Baufirmen

Kooperations-verflechtungen
z. B. Tiermehlfabrik, Gülle

Landwirtschaftlicher Betrieb mit Betriebssystem
z. B. Spezialisierter Getreidebau mit Mastschweinehaltung

Entwurf: H. Heineberg, in Anlehnung an H.-W. Windhorst 1974, vereinfacht   Graphik: B. Schulze Roberg

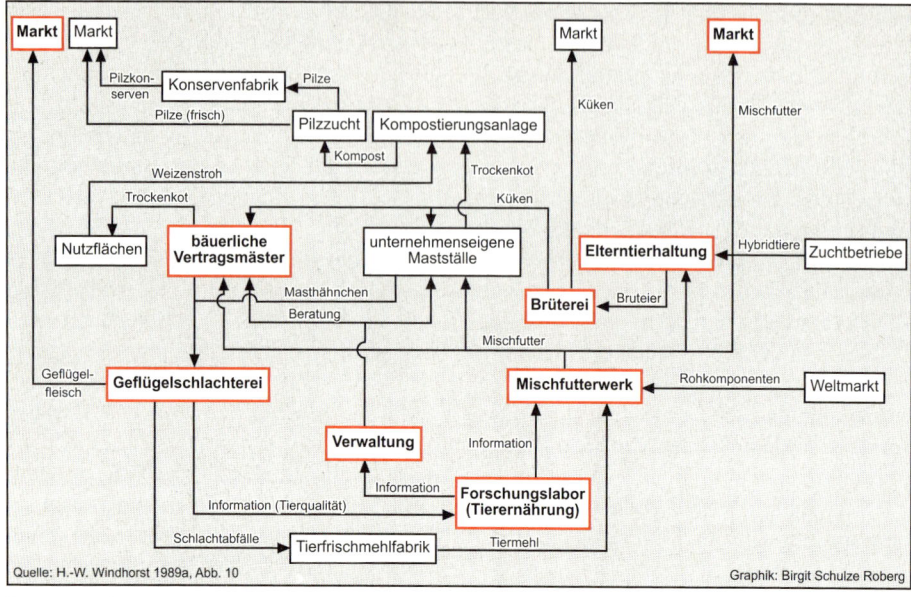

Abb. 3.33 Produktionsverbund in einem vertikal integrierten Unternehmen (Geflügelfleisch-Erzeugung)

ten Unternehmen. Die Darstellung ist insofern noch vereinfacht, als viele außerbetriebliche Verflechtungen (z. B. *Inputs* wie Wasser, Energie, Arbeitskraft oder *Outputs* wie Abwässer, sonstige Abfallprodukte) oder etwa auch die Verflechtungen des Futtermittelimports (in diesem Fall über den Seehafen Emden) etc. nicht dargestellt sind.

Wichtig ist somit die **Analyse räumlicher Verbundsysteme** (Produktionsverbund), die den Untersuchungsansatz der traditionellen Agrargeographie weit überschreitet und die komplexen Zusammenhänge zwischen allen drei Wirtschaftssektoren betrifft.

Wie sehr derartige moderne Produktionsverbundsysteme heute die Agrar- und Siedlungslandschaft prägen können, zeigt das Beispiel **Ysselsteyn in den südöstlichen Niederlanden** (Abb. 3.34 mit Erläuterung).

Durch vertikale Beziehungen, die z. T. in vertraglicher Form geregelt sind, entstehen im ländlichen Raum somit **neue Produkti-**

ons- bzw. Beschaffungs- und Absatzsysteme, d. h. es entwickeln sich insbesondere durch freiwillige überbetriebliche Bindungen vertikale Vertragsketten, die teilweise bereits von der Produktion über die Verarbeitung bis zur Vermarktung reichen. Ein wichtiger Faktor dieser für das westliche Marktwirtschaftssystem kennzeichnenden jüngeren Entwicklung in der Agrarwirtschaft sind vor allem die Rationalisierung des Lebensmitteleinzelhandels und die Forderung des Marktes nach großen Mengen von Erzeugnissen bester einheitlicher Qualität. Die Entwicklung derartiger neuer Organisationsformen in der Agrarwirtschaft ist in besonders starkem Maße in der **US-amerikanischen Landwirtschaft** festzustellen, in der die **vertikale Integration** durch das Eingreifen nichtlandwirtschaftlich ausgerichteter Kapitalgesellschaften in die agrarische Produktion bereits umfassende, zugleich aber auch bedenkliche Formen angenommen

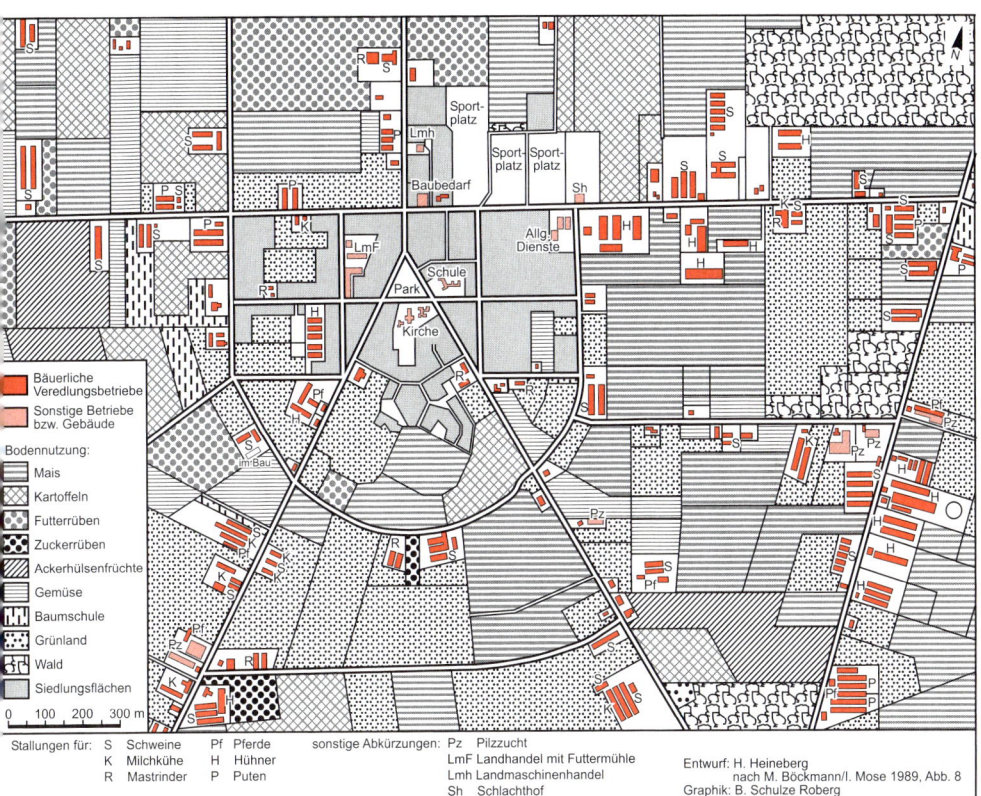

Abb. 3.34 Bäuerliche und agrarindustrielle Veredlungswirtschaft mit vertikaler Integration in Ysselsteyn/SO-Niederlande

Erläuterung zu Abb. 3.34:

Beim Beispiel Ysselsteyn handelt es sich um eine räumliche Konzentration bäuerlicher und agrarindustrieller Veredlungswirtschaft mit vertikaler Integration. Zu den prägenden Raummerkmalen zählen die große Zahl der Veredlungsbetriebe (mit Großbestandshaltung), die zahlreichen vor- und nachgelagerten Industrien und das gut ausgebaute Nah- und Fernverkehrsnetz. Die Betriebe haben sich überwiegend auf intensive Schweine- und/oder Geflügelhaltung auf der Basis von Futterzukauf spezialisiert (vgl. vor allem die nordwestlichen, nord- und südöstlichen Ränder des Ortskerns). Daneben konzentrieren sich auf Standorten mit hohem Grünanteil Betriebe mit Milchvieh, Mastrindern und Kälbern. Sowohl auf dem Schweine- wie auch auf dem Geflügelsektor sind sog. **Integrationsketten** entstanden, „d. h. von der Aufzucht bis zur Mast, der Verarbeitung und Vermarktung gehören die Veredlungs- und Industriebetriebe einer einzigen Unternehmensgruppe an" (H. Böckmann/I. Mose 1989, S. 47). „Neben der intensiven Viehhaltung hat sich in Ysselsteyn die Pilzzucht und -verarbeitung als relativ neuer Betriebs- und Industriezweig ausgebreitet" (ebd., S. 49); dabei bestehen enge Zusammenhänge zwischen der Pilzproduktion sowie der Geflügel- und Pferdehaltung (Versorgung der Pilzzuchtbetriebe mit Trockenkot - nach Aufbereitung in Kompostieranlagen - als Nährboden für die Pilzbrut).

hat. Beispielsweise ist die für die Landwirtschaft der USA heute wichtige Hähnchenmast durch finanzielle Stützung weitgehend in Abhängigkeit von wenigen Futterlieferanten und Schlachtbetrieben geraten.

Neben der vertikalen Integration von der Brüterei bis zur Schlachterei und Vermarktungsorganisation liegt vielfach auch eine **horizontale Integration** vor, weil jeweils mehrere Betriebe gleicher Art einbezogen sind. Ähnliche Entwicklungen zeigen sich auch in der Putenmast, in der Legehennenhaltung und der Rindermast in den USA (vgl. W. KLOHN/H.-W. WINDHORST 2000[3]). Das Problematische an dieser Entwicklung ist, dass sich gegen kapitalkräftige vertikale Unternehmensformen ein kleinerer unabhängiger Familienbetrieb auf die Dauer schwerlich behaupten kann, da er u. a. zumeist nicht in der Lage ist, Verluste aus der agrarischen Produktion durch Gewinne aus der Verarbeitung bzw. Vermarktung oder auch aus völlig anderen Produktionszweigen nichtlandwirtschaftlicher Art auszugleichen. Die neu aufgetretenen Formen der Organisation der Produktion agrarindustrieller Unternehmen, die zunehmende Kapitalintensität, die Spezialisierung der Betriebe, das Eindringen eines leistungsfähigen Managements, die konsequente Nutzung der Agrartechnologie und unkonventioneller Formen der Vermarktung, die Ausbildung etc. lassen sich als die **dritte agrarische Revolution** bezeichnen (ähnlich H.-W. WINDHORST 1989b, S. 15).

Aufgrund der starken Entwicklung vertikaler Verflechtungen zwischen Agrarwirtschaft, Industrie und tertiären Sektor benutzt man heute auch den umfassenderen Begriff der **Nahrungswirtschaft**, zu der man auch noch die der Agrarwirtschaft vorgelagerten Bereiche der Wirtschaft rechnen kann (z. B. Futtermittelindustrien).

3.5.5 Aktuelle politisch-ökologische Probleme der Agrarwirtschaft
• Beispiel Desertifikation

Desertifikation bedeutet nach W. HABER 2001b (S. 246) die „durch Übernutzung oder nicht standortgerechte Nutzung in meist subtropischen und tropischen Trocken- und Halbtrockengebieten bewirkte Entstehung und Ausbreitung wüstenhafter Verhältnisse (Wüste, Unland) und damit Aufhören jeglicher Nutzungsmöglichkeit. Das Phänomen der Desertifikation wurde anlässlich einer extremen Dürre 1969-1973 im Sahel, einem Halbwüstengebiet am Südrand der Sahara, erstmalig gründlich untersucht und aufgeklärt. Die traditionelle Nutzung erfolgt hier durch Nomaden (Nomadismus) mit wandernden Viehherden, die den räumlich wechselnden, niederschlagsbedingten Weidemöglichkeiten folgen und deren Kopfstärke auch durch die jeweilige Wasserverfügbarkeit reguliert wird. Diese angepasste, ökologisch tragfähige Nutzung wurde durch politisch gewollte Sesshaftmachung der Nomaden aufgehoben, die durch Wasserversorgung aus neu erbohrten Brunnen gestützt wurde. Damit entfielen die Viehzahlregulierung durch Trockenheit und das Wandern zu nutzbaren Weiden; Überweidung im Umkreis der nun mehr festen Wohnplätze bewirkte irreversible Zerstörung der spärlichen Vegetation und damit die Ausbreitung der Wüste, die hier klimatisch eigentlich nicht vorkommen würde.

Diese sog. Sahel-Katastrophe gab Anlass zu international koordinierten Gegenmaßnahmen, die nach der UNO-Konferenz über Desertifikation in Nairobi 1977 zu der auf der UNO-Konferenz für Umwelt und Entwicklung in Rio de Janeiro 1992 beschlossenen Internationalen Konvention zur Bekämpfung der Desertifikation führte. Deren Hauptwirkungsgebiet ist Afrika, doch soll sie auch in allen anderen Erdteilen zur Anwendung kommen, weil Desertifikation als weltweites, nicht auf Trockengebiete beschränktes Problem erkannt wurde"; zur weltweiten Verbreitung der durch Desertifikationsprozesse gefährdeten (semi-ariden) Zonen der Erde vgl. H. Mensching 1993, Abb. 1, in Bezug auf die Bodendegradierung im Sahel T. Hammer 2000, Abb. 2.

Zur Analyse bzw. Erklärung des Desertifikationsproblems, dessen breitere Wahrnehmung schon in den 1950er und 1960er Jahren, d. h. deutlich vor der o. g. UNO-Konferenz von 1977, einsetzte, versprechen nach T. Hammer (2000) fünf Ansätze (und deren Kombination) besonders fruchtbar zu sein (vgl. Kasten 3.13 sowie den durch Abb. 3.35 dargestellten Ursachenkomplex im Desertifikationsprozess). Es zeigt sich, dass die weite Teile der Erde bedrohende Desertifikation kein ausschließlich ökologisches Problem ist, sondern als „zirkulär-kumula-

tiver Prozess" zugleich „ein Ergebnis von praktischen Entscheidungen, Handlungen und Unternehmungen auf unterschiedlichen Maßstabsebenen" (T. Hammer 2001, S. 79).

• Beispiel ökologischer Landbau oder biologische Landwirtschaft.
Der ökologische Landbau ist nach W. Haber 2001a (S. 174) eine „Gegenbewegung zur konventionellen Landwirtschaft, deren industrialisierte Produktionsweisen (Agrarfabrik) mit hohem Einsatz von Agrochemie und Gentechnik sie zugunsten einer naturgemäßen Erzeugung von Lebensmitteln ablehnt. Es gibt mehrere Richtungen und Methoden der biologischen Landwirtschaft, die durch entsprechende Verbände repräsentiert sind; diese sind, auch international, in einer Dachorganisation vereinigt. Allgemein verzichten sie, mit ganz wenigen Ausnahmen, völlig auf den Einsatz von synthetisch her-

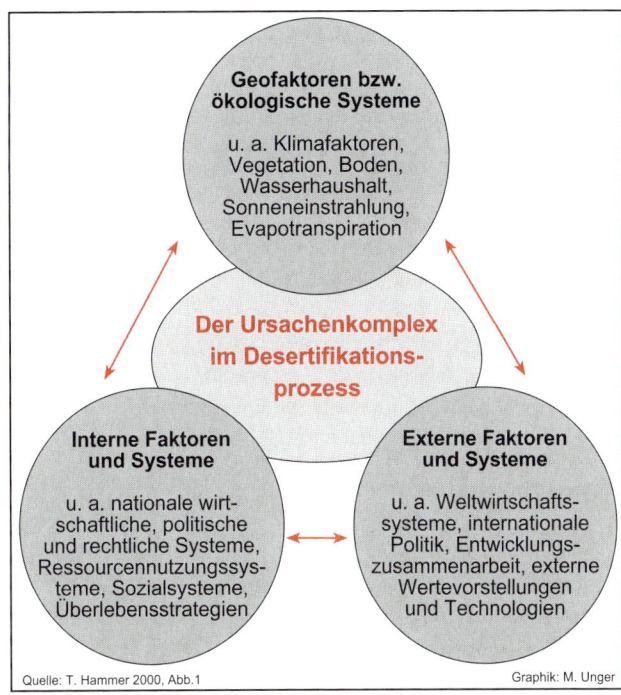

**Abb. 3.35
Desertifikation als
Zusammenwirken von
ökologischen,
endogenen und
exogenen Faktoren und
Systemen
nach T. Hammer**

Kasten 3.13
Ansätze zur Analyse des Desertifika-tionsproblems nach T. HAMMER (2000, S. 7)

• Der **geo-historische Ansatz.** Dieser „unter-sucht primär politische Faktoren in historischer Dimension. Gezeigt wird, dass die Ressour-cendegradation in vielen Regionen oftmals in oder sogar vor die Kolonisierung zurückreicht und von der Kolonialpolitik und deren Fortset-zung oder Erneuerung nach der politischen Un-abhängigkeit geprägt wird" (ebd.).
• Der „**integrative Ansatz nach klassischem geographischen Verständnis**" analysiert das Zusammenspiel physischer (ökologischer) und anthropogener Faktoren. Dabei werden „jedoch Weltzusammenhänge, soziale und politische Faktoren weitgehend ausgeklammert" (ebd.).
• Der „**handlungsorientierte sozialwissen-schaftliche Ansatz**" erforscht „die soziale, öko-nomische und politische Dynamik und deren Wirkungen"; dabei wird zwischen sog. internen und externen Faktoren unterschieden (vgl. dies-bezüglich auch Abb. 3.35).
• Der **Syndrom-Ansatz** ordnet „regionale Trends der Umweltdegradation in globale Pro-zesse und Abläufe" ein und trägt „so zu einer Systematisierung regionaler Umweltverände-rungen" bei (ebd.).
• Der **politisch-ökologische Ansatz** unter-sucht vor allem „politische und gesellschaftli-che Bedingungen und Entstehungshintergrün-de globaler Umweltprobleme" (ebd.).

gestellten chemischen Hilfs- und Behand-lungsmitteln (Agrarchemikalien) in der Landwirtschaft, vor allem auf chemische Pflanzenschutzmittel. Gedüngt wird nur mit verrottetem Stallmist, Kompost oder unter-gepflügter grüner Biomasse, nicht aber mit Mineraldüngern (mit Ausnahme bestimmter Gesteinsmehle und Kalk). Der Bodenpflege und dem Humusgehalt gilt besondere Sorg-falt; in die Fruchtfolge der Äcker werden stets luftstickstoffbindende Pflanzen wie Klee und andere Schmetterlingsblütler (Le-guminosen) einbezogen. In den Betrieben der biologischen Landwirtschaft bleiben A-ckerbau und Viehhaltung, auch wegen der

Gewinnung des Stallmistes, verbunden; Massentierhaltung wird abgelehnt. Durch Einbeziehung aller organischen Reste und Abfälle in die Bewirtschaftung nähert sich die biologische Landwirtschaft dem Prinzip des Stoffkreislaufs in einem Ökosystem an. Auf Einsatz von Schleppern und Maschinen wird nicht verzichtet, dennoch sind höherer physischer Arbeitsaufwand und längere Ar-beitszeit erforderlich. Da Aufwendungen für Mineraldünger und chemische Hilfsmittel entfallen, sind die Erzeugungskosten der biologischen Landwirtschaft geringer als in der konventionellen Landwirtschaft; die Ab-nehmer zahlen zudem für die Erzeugnisse höhere Preise. Daher erzielen die biologisch wirtschaftenden Betriebe trotz quantitativ niedrigerer Erträge gleiche oder höhere Ein-kommen als die konventionell wirtschaften-den. Die biologische Landwirtschaft steht wegen Vermeidung der meisten Umwelt-belastungen der konventionellen Landwirt-schaft bei Umwelt- und Naturschützern in hohem Ansehen und genießt auch breite öf-fentliche Zustimmung. Im Vergleich dazu wird sie aber nur von einer Minderheit von Betrieben, fast immer bäuerlichen Famili-enbetrieben, praktiziert, die allerdings am Beginn des 21. Jahrhunderts stark anwächst, aber in Deutschland noch unter 5 % bleibt".

Nach dem „Ernährungs- und agrarpoli-tischen Bericht der Bundesregierung" des Jahres 2002 nahm die Zahl der ökologisch wirtschaftenden Betriebe 1999 - 2000 um 22 % auf insgesamt 12.740 zu. „Dies war der größte Zuwachs seit 1993. Ende 2000 wurden mit 546.023 ha LF rd. 21 % mehr Fläche als im Vorjahr (452.327 ha) nach den EU-weiten Regelungen des ökologischen Landbaus bewirtschaftet. Der Anteil an der Gesamtzahl der landwirtschaftlichen Betrie-be lag im Jahr 2000 bei rd. 3 % (Vorjahr 2,2 %)" (BMVEL 2002, S. 40).

Die Ergebnisse einer Testbetriebsbuch-
führung von Betrieben des ökologischen
Landbaus (für das Wirtschaftsjahr 2000/
2001 insgesamt 229, für das Vorjahr von 150
Betrieben) im Vergleich zu einer Gruppe
konventionell wirtschaftender landwirtschaftlicher Betriebe wurden vom BMVEL
für das Wirtschaftsjahr 2000/2001 wie folgt
zusammengefasst:

„- Die ökologisch wirtschaftenden Betriebe erwirtschafteten gegenüber konventionellen Betrieben wegen der geringeren Viehhaltung deutlich niedrigere Gewinne.

- Die ökologisch wirtschaftenden Betriebe erzielten weiterhin höhere Produktpreise,
größere Erlöse aus Handel, Dienstleistungen und Nebenbetrieben (Hofladen, Warenverkauf) und höhere Direktzahlungen aus
der Teilnahme an Agrarumweltprogrammen

Kasten 3.14
Voraussetzungen für die Umstellung konventioneller auf die ökologische Landwirtschaft nach Betriebstypen
(aus: Landwirtschaftskammer Westfalen-Lippe, o. J., S. 5-6)

„Die klassische Betriebsorganisation des Ökologischen Landbaus ist der **Gemischtbetrieb mit Marktfrucht, Futterbau und Rindvieh.** Dieser Betriebstyp kann annähernd das angestrebte Ziel eines möglichst geschlossenen Betriebskreislaufes mit vielfältiger Fruchtfolge und angepaßtem Viehbesatz verwirklichen.

Auch reine **Marktfruchtbetriebe** lassen sich seit der freizügigen Regelung der Flächenstillegung im Rahmen der EG-Agrarreform ackerbaulich leicht umstellen. Besondere Bedeutung erlangen die Bodengüte und das Klima, die wesentlich die natürliche Ertragsfähigkeit des Standorts bestimmen. Das ackerbauliche Geschick des Betriebsleiters ist darauf ausgerichtet, die begrenzt verfügbaren Nährstoffe aus der Fruchtfolge in Marktfruchterträge umzuwandeln. Dagegen tritt die Bedeutung von Pflanzenkrankheiten und der Unkrautbekämpfung erfahrungsgemäß in den Hintergrund. Betriebliche Veränderungen sind vor allem dann notwendig, wenn Kontingente für Zuckerrüben oder Stärkekartoffeln vorhanden sind. Es ist im Einzelfall zu prüfen, ob der Verkauf der Lieferrechte, die Nutzungsüberlassung an andere, der eigene Anbau zu konventionellen Preisen oder der eigene Anbau zu ökologischen Preisen in ökonomischer Hinsicht empfehlenswert ist.

In reinen **Grünlandbetrieben** führt der Verzicht auf synthetischen Stickstoff je nach Standort und vorheriger Bewirtschaftung zu mehr oder weniger großen Ertragsrückgängen. Gegebenenfalls muß eine Anpassung des Viehbesatz an die Futterfläche erfolgen. Die Grundfutterproduktion in quantitativer als auch qualitativer Hinsicht steht im Mittelpunkt, damit die biologische Leistungsfähigkeit der Rauhfutterfresser bestmöglich genutzt wird. Bei überdurchschnittlich hohen Milchleistungen je Kuh sind im Rahmen der Umstellung in der Regel zusätzliche Stallplätze bei sinkender Milchleistung erforderlich, um das Kontingent weiterhin zu erfüllen. Bei einer bisher guten Grundfutterleistung und kostengünstig ausdehnbarer Hauptfutterfläche ist die Umstellung aus produktionstechnischer Sicht relativ einfach.

Die größten, betrieblichen Umstrukturierungen für eine Umstellung sind auf spezialisierten **Veredlungsbetrieben** - meist mit Schweinehaltung - erforderlich. Die Einschränkungen beim Futterzukauf, die vergleichsweise hohen Preise für ökologisch erzeugtes Futtergetreide und die vielfach schwer zu entwickelnden Absatzmöglichkeiten machen in der Regel die Aufgabe größerer Einheiten notwendig. Ferner ist die einstreulose Aufstallung nicht mit einer artgerechten Tierhaltung in Einklang zu bringen. Sind die Stallgebäude weitgehend abgeschrieben, bietet es sich an, mit dem freigewordenen Umlaufkapital neue Betriebszweige zunächst in kleinerem Umfang aufzubauen. Stellt sich in der Umstellungsphase der Erfolg ein, sind diese Betriebszweige zu einem wesentlichen Standbein für den Betrieb auszubauen. Eine mehrfach zu beobachtende Umstrukturierung gelang beispielsweise mit dem **Aufbau der Legehennenhaltung,** eventuell gekoppelt mit der Direktvermarktung".

mit spezifischen Bewirtschaftungsanforderungen (u. a. Prämien für ökologische Anbauverfahren) als die konventionellen Betriebe.

- Die naturalen Erträge waren infolge der geringeren Aufwendungen für Dünge-, Pflanzenschutz- und zugekaufte Futtermittel in den ökologisch wirtschaftenden Betrieben deutlich niedriger.

- Für Personal mussten die ökologisch wirtschaftenden Betriebe höhere Aufwendungen tätigen, da sie mehr entlohnte Arbeitskräfte beschäftigten" (BMVEL 2002, S. 40).

Die Voraussetzungen für Betriebsumstellungen der konventionellen Landwirtschaft sind je nach Betriebtyp unterschiedlich (vgl. Kasten 3.14)

Kasten 3.15 Literaturauswahl zur Ergänzung und Vertiefung des Abschnittes 3.5

• **Einführung in die Agrargeographie**:
A. Arnold 1983, M. Nüsser/W. Schenk/G. Bub 2005
• **Lehrbücher der Agrargeographie/Lexikon d. Agrarraums**:
B. Andreae 1983², 1985 (stärker betriebswirtschaftlich ausgerichtete Lehrbücher d. Agrargeographie); A. Arnold 1987, Ch. Borcherdt 1996, W.-D. Sick 1997³, H. O. Spielmann 1989 (Lehrbücher d. Agrargeographie); H. Becker 1998 (Lehrbuch d. Allgemeinen Historischen Agrargeogr.); K. Eckart 1998 (Lehrbuch d. Agrargeographie Deutschlands); W. Taubmann 1999 (Handbuch z. Geographieunterricht); K. Baldenhofer 1999 (Lexikon d. Agrarraums)
• **Das von Thünensche Modell als klassischer Theorieansatz**:
E. Giese 1995, J. H. von Thünen 1875, L. Waibel 1933
• **Strukturmerkmale des Agrarraumes - Produktionsmerkmale der Landwirtschaft**:
M. Böckmann/I. Mose 1989 (agrarische Intensivgebiete); W. Doppler 1994, G. Gerold 2002 (landwirtschaftl. Betriebssysteme/Landnutzungssysteme in den Subtropen/Tropen), M. Meurer 1999, F. Scholz 1994, 1999 (Weidewirtschaft, Nomadismus - mobile Tierhaltung)
• **Beiträge zum Strukturwandel in der deutschen Landwirtschaft**:
B. Andreae/E. Greiser 1978², K. Eckart 1998, U. Grabski-Kieron 2002, W. Klohn/H.-W. Windhorst 2003⁴, H.-W. Windhorst 1989a, 1989b
• **Landwirtschaft in Europa**:
W. Klohn/H.-W. Windhorst 1999
• **Strukturwandel in der US-amerikanischen Landwirtschaft**:
H.-W. Windhorst 1989a, 1989b, W. Klohn/H.-W. Windhorst 2000³, 2002, 2005
• **Aktuelle politisch-ökologische Probleme der Agrarwirtschaft**:
·· **Beispiel Desertifikation**
W. Haber 2001b; H. Mensching 1978, 1990, 1993 (globale Desertifikation als Umweltproblem); T. Hammer 2000, 2001 (Desertifikation im Sahel, insbes. politisch-ökologischer Analyseansatz); T. Krings 2001 (Desertifikationsbekämpfung im Rahmen d. Entwicklungszusammenarbeit im westafrikanischen Sahel-Sudan)
·· **Beispiel ökologischer Landbau oder biologische Landwirtschaft**:
W. Haber 2001a, U. Köpke 1999, F. Sattler/F. v. Wistinghausen 1985
• **Ernährungs- und agrarpolitischer Bericht der Bundesregierung**:
BMVEL 2002

3.6 Einführung in die Industriegeographie

3.6.1 Grundlegende Begriffe. Der zentrale Begriff „**Industrie**" wird leider häufig - und dies gilt insbesondere für den internationalen Sprachgebrauch - diffus oder nicht eindeutig benutzt. So ist in der englischen Sprache „*industry*" i. Allg. sehr weitgefasst und nicht mit „Industrie" zu übersetzen; der Begriff umfasst im Englischen das Gewerbe im weitesten Sinn, d. h. einschließlich Landwirtschaft (*agriculture* o. auch a*gricultural industry*, z. B. speziell *pig industry* für Schweinehaltung), Verarbeitendes Gewerbe (*manufacturing* oder *manufacturing industry*), Dienstleistungen (*services* oder *service industry)*, Tourismus (*tourism* oder *tourist industry*). Gelegentlich ist jedoch - vor allem innerhalb der Industriegeographie - der englische Terminus *industry* wie bei uns als Bezeichung für die Herstellung von Gütern (*manufacture of goods*) gebräuchlich; amtlicherseits spricht man jedoch i. Allg. genauer von *manufacturing industry*.

Ähnlich weit oder enger gefasst kann der zentrale Begriff „**Industrie**" auch in anderen Sprachen sein. Beispielsweise bezieht sich in der spanischen Sprache die Bezeichnung *industria* auf die unterschiedlichsten Gewerbezweige, u. a. *industria del transporte* (= Transportgewerbe); zugleich kann der Terminus *industria* auch mit Betrieb oder Unternehmen gleichgesetzt werden.

Aber auch im deutschen Sprachraum ist der Industriebegriff nicht ganz eindeutig; insbesondere sind die Unterschiede zwischen Industrie, produzierendem Gewerbe, verarbeitendem Gewerbe, Handwerk u. ä. Begriffen häufig nicht klar. So benutzt die **amtliche Statistik** des Statistischen Jahrbuchs der Bundesrepublik Deutschland anstelle von Industrie als Schlüsselbegriff die

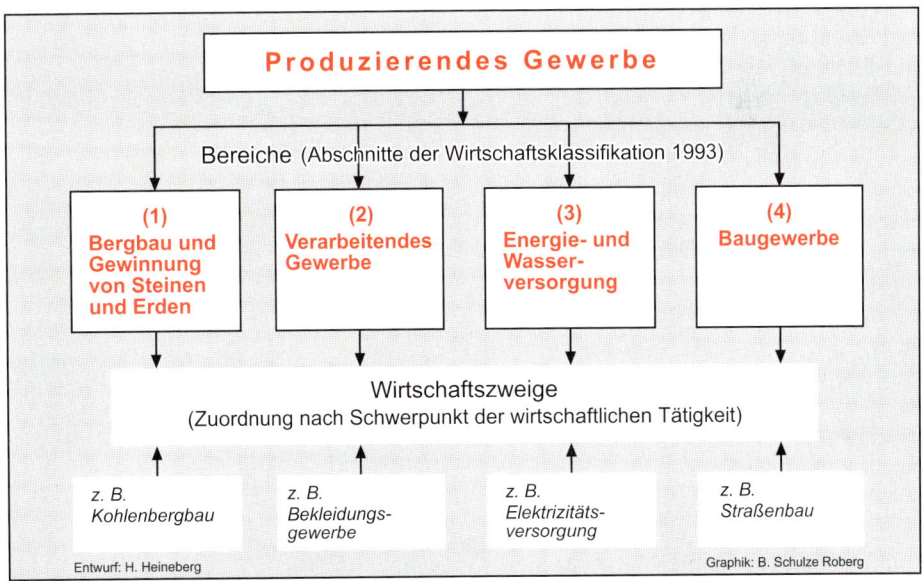

Abb. 3.36 Gliederung des Produzierenden Gewerbes nach Statististisches Bundesamt

Bezeichnung **Produzierendes Gewerbe**, das umfassender ist als der **sekundäre Wirtschaftssektor** im Sinne von J. Fourastie (vgl. dazu 3.1.2). Das Produzierende Gewerbe gliedert sich in die Bereiche Bergbau und Gewinnung von Steinen und Erden, Verarbeitendes Gewerbe, Energie- und Wasserversorgung sowie Baugewerbe (Wirtschaftsgliederung, vgl. Abb. 3.36). Diese werden wiederum in einzelne Wirtschaftszweige unterteilt. In Bezug auf das **Verarbeitende Gewerbe** wird Gewerbe häufig mit Industrie gleichgesetzt. Dabei ist jedoch zu beachten, dass das Verarbeitende Gewerbe auch das produzierende Handwerk (allerdings nur Handwerksunternehmen mit 20 und mehr Beschäftigten) einschließt.

In der deutschen amtlichen Statistik (vgl. Statistisches Jahrbuch, Statistisches Bundesamt) wird das Verarbeitende Gewerbe auch gegliedert nach Vorleistungsgüter-, Investitionsgüter-, Gebrauchsgüter- und Verbrauchsgüterproduzenten.

Kommen wir zurück zum Begriff „Industrie". Industrie ist - wie oben ausgeführt - ein Teil des Produzierenden bzw. spezieller des Verarbeitenden Gewerbes. Eine allgemein verbindliche **Begriffsbestimmung von Industrie** ist problematisch. Im geographischen Schrifttum sowie teilweise auch darüber hinaus findet man z. B. als Definition: „Industrie: Teilbereich des Produzierenden Gewerbes (...), in dem arbeitsteilig unter Einsatz technischer Produktionseinrichtungen und Energie relativ gleichförmig und in großer Menge (Stückzahl) Halb- und Fertigprodukte für einen überregionalen Markt erzeugt werden. Durch den technischen Fortschritt (...) sinkt bei zunehmender Leistungsfähigkeit der Bedarf an gering qualifizierten Arbeitskräften" (H. Leser 2001[12], S. 343). Diese Begriffsbestimmung ist jedoch - insbesondere auch im Hinblick auf die heutigen postfordistischen Produktionsstruk-

---

Kasten 3.16 Merkmale der Industrie

- Serien- oder Massenherstellung von (neuen) Halbfertig- und Fertigprodukten
- größere Betriebsstätten (gemessen an Zahl der Beschäftigten, Betriebs- und Gebäudegrößen, Produktionswert, Umsatz) bei
- Arbeitsteilung (Zerlegung in einzelne Produktionsstufen etc.),
- Spezialisierung und zunehmende Produktdifferenzierung,
- Einsatz von (flexiblen) technischen (Mehrzweck-)Produktionseinrichtungen (Mechanisierung, Roboterisierung, Rationalisierung, DV-Techniken etc.),
- relativ schnelle und kostengünstige Umstellung auf neue Produkte,
- (häufig) funktional organisierte Zuliefersysteme (bei gleichzeitigem Rückgang der Zahl der Direktlieferanten),
- meist vom Wohnort getrennte Betriebsanlagen (im Gegensatz zum Handwerk),
- nicht unbedingt an einen Standort gebunden (so kann sich ein Industrieunternehmen in verschiedene Industriebetriebe an häufig unterschiedlichen Standorten aufgliedern),
- häufig verschiedene Arten von Produktion in einem Unternehmen,
- häufig vertikal strukturierte Unternehmen (von d. Urproduktion über die Produktion bis zur Vermarktung),
- (häufig) Produktion auf Vorrat (Lagerhaltung), jedoch zunehmend *just-in-time*-Belieferung,
- Produktion für einen (meist) anonymen, spezifischen (überregionalen) Absatzmarkt, aber auch individuelle Einzelfertigung (z. B. von Großgütern) nach Auftrag,
- besondere Kapitalgrundlage (Investitionen für Gebäude, technische Produktionseinrichtungen etc.),
- stärkere Trennung von Leitung, Forschungs- und Entwicklungsabteilungen (o. -einrichtungen) sowie Produktion (im Verhältnis zum Handwerk),
- Differenzierung der Arbeitskräfte (an- und ungelernte Arbeitskräfte, Facharbeiter etc.) mit wachsenden Anforderungen an die Qualifikation der Arbeitskräfte und zunehmender Entwicklung von Gruppenarbeit,
- verbreitete Schichtarbeit etc.

turen (vgl. 3.4.2 sowie Kasten 3.8) - zu simpel. Es lässt sich, wie Kasten 3.16 zeigt, eine wesentlich größere Anzahl von **Merkmalen der Industrie** aufführen.

Der Übergang von Industrie zum Handwerk ist heute fließend; als pragmatische Abgrenzung werden häufig 10 oder 20 Beschäftigte für die industrielle Produktion angenommen (im Produzierenden Gewerbe der amtlichen Statistik der Bundesrepublik Deutschland werden seit 1977 alle Produktionsunternehmen mit 20 und mehr Beschäftigten berücksichtigt). Im Gegensatz zur Industrie erfüllt das Handwerk gewerbliche Tätigkeiten, die häufig mit lokalen Dienstleistungsfunktionen verbunden sind (daher auch die Bezeichnung **Dienstleistungsfunktionen des Handwerks**).

Abgeleitet aus dem Terminus Industrie lässt sich der Begriff Industrialisierung wie folgt definieren (u. a. in Anlehnung an G.

VOPPEL 1990, S. 35 und H. LESER 2001[12], S. 342; vgl. auch Abb. 3.37 und Kasten 3.17 zum Bedingungsgefüge der Industriellen Revolution):

Industrialisierung ist

– der Ablauf (oder Vorgang) der räumlichen Ausbreitung von Industrie(n) und

– der damit verbundenen Form des rationellen arbeitsteiligen Wirtschaftens (Herauswachsen der Industrie aus der gewerblichen Handarbeit, zunehmende Aufgliederung in spezialisierte Arbeits- und Produktionsschritte, Entwicklung neuer Produkte und Industriezweige etc.). Dabei kann Industrialisierung sowohl

- als historischer Prozess (vor allem Industrielle Revolution), aber auch

- als gegenwärtig ablaufender Vorgang (z. B. derzeit in Entwicklungsländern) verstanden werden. Industrialisierung beschränkt sich aber nicht

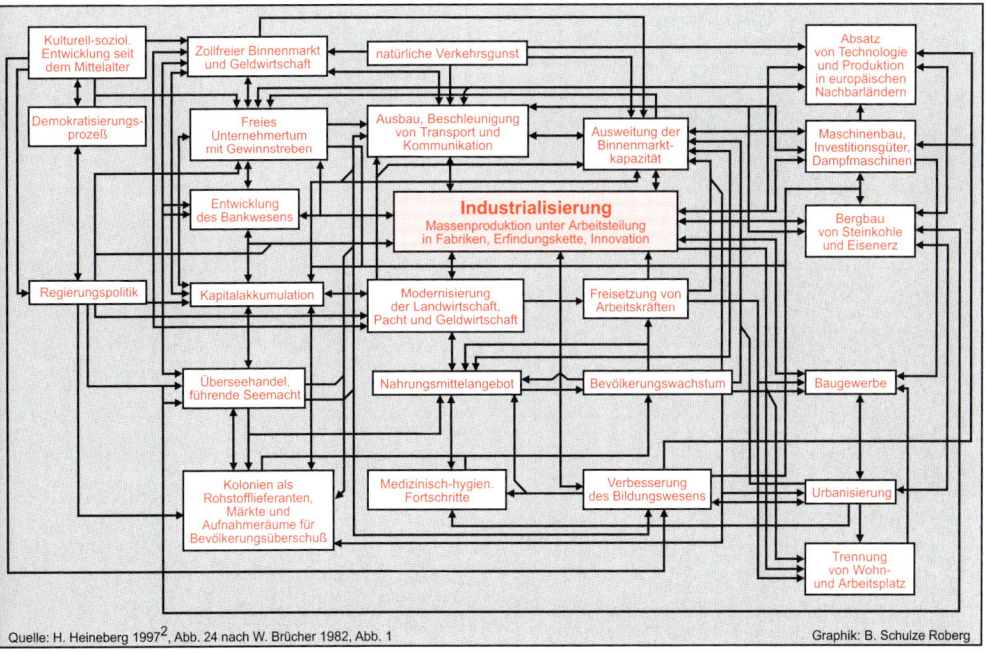

Quelle: H. Heineberg 1997[2], Abb. 24 nach W. Brücher 1982, Abb. 1   Graphik: B. Schulze Roberg

Abb. 3.37 Bedingungsgefüge der Industriellen Revolution

Kasten 3.17 Die Industrielle Revolution - Bedingungsgefüge (Auswahl)

Wie komplex der Prozess der Industrialisierung und die diesem zugrunde liegenden unterschiedlichsten **Einflussfaktoren** sind, kann anhand eines Schemas (Bedingungsgefüge der Industriellen Revolution in Großbritannien) verdeutlicht werden (Abb. 3.37). Dieses „Fließschema" zeigt, dass die **Industrielle Revolution**, die ab ca. 1760 in Großbritannien einsetzte, nicht monokausal erklärt werden kann, sondern dass sie vielmehr das Resultat historischer, politischer und technischer Kräfte im Wechselspiel mit der Industrialisierung ist. „Industrielle Revolution" bedeutet somit nicht allein den reinen Industrialisierungsprozess, sondern eben diese im Schema aufgeführten Wechselwirkungen und Effekte.

Wichtige Zusammenhänge bestanden z. B. mit einschneidenden strukturellen und sozioökonomischen Veränderungen, d. h. Modernisierungen in der Agrarwirtschaft (auch als '**Agrarische Revolution**' bezeichnet), die einerseits eine enorme Zahl von Arbeitskräften freisetzten, die in die Industrie bzw. die Industriegemeinden und -städte abwanderten; andererseits waren die Reformen in der Agrarwirtschaft die Grundlage zur Ernährung der rasch wachsenden Bevölkerung, deren natürliche Entwicklung stark durch gravierende medizinisch-hygienische Fortschritte beeinflusst wurde.

Von Bedeutung war etwa auch die spezifische **historisch-politisch-kulturelle Entwicklung** in Großbritannien, z. B. mit dem frühen Demokratisierungsprozess, der Entwicklung eines freien Unternehmertums und Gewinnstrebens, was Auswirkungen hatte auf die Entwicklung des Bankwesens, auf Kapitalakkumulation etc. als wichtige Voraussetzungen für die Industrialisierung.

Nicht zu übersehen ist auch die beeindruckende Serie von **Erfindungen und technologischen (Basis-)Innovationen**, die revolutionierend wirkten (vgl. „Theorie der langen Wellen" unter 3.4.2). So waren es vor allem drei wichtige technische Voraussetzungen, die erhebliche Produktionssteigerungen bewirkten und den Gewerbezweigen im 16. und 17. Jh. noch fehlten (vgl. H. Heineberg 1997[2], S. 94):

(1) die Anwendung der Dampfkraft als wichtige Grundlage (Basisinnovation) der maschinellen Massenproduktion (bereits zu Beginn des 18. Jh.s. Erfindung der einfachen Dampfmaschine durch Newcomen, die in den 60er Jahren des 18. Jh.s von Boulton und Watt erheblich verbessert wurde),

(2) die billige Massenherstellung von Eisen mittels Koks (bereits Anfang des 18. Jh.s Erfindung des Eisenverhüttens mittels Koks durch Abraham Darby; ab ca. 1760 Errichtung größerer Kokshochöfen),

(3) technische Basisinnovationen in der Mechanisierung der Textilindustrie (Entwicklung von Spinnmaschinen, zunächst Wasserkraft, später Dampfkraft; danach Entwicklung dampfgetriebener Webstühle).

Aufgrund dieser technologischen Voraussetzungen, aber auch des großen Bedarfs (insbesondere auch für die Industrie) entwickelten sich als **klassische Industriezweige der Industriellen Revolution** die Baumwoll- und Wollindustrie, der Steinkohlenbergbau, die Eisenindustrie sowie darauf basierend der Schiffbau. Diese werden auch **paläotechnische Industrien** genannt (im Gegensatz zu neotechnischen Industrien wie etwa chemische Industrie, Automobilindustrie oder Elektroindustrie).

- auf den wirtschaftlichen Bereich, sondern ist in starkem Maße auch durch
- soziale Folgeerscheinungen (Entstehung einer Industriegesellschaft etc.) gekennzeichnet.

Diese traditionellen Industriezweige sind auch diejenigen, die in Großbritannien seit der Zeit zwischen den beiden Weltkriegen durch einen Niedergang gekennzeichnet waren, wodurch die **Altindustriegebiete** (oder altindustrialisierte Räume, vgl. Kasten 3.18), die sich vor allem in der nördlichen Hälfte des Landes konzentrieren, erheblich negativ betroffen wurden. Zur Beschreibung dieses Prozesses benutzt man heute den Begriff „**De-Industrialisierung**", womit man einerseits erhebliche Verluste von Industriearbeitsplätzen in bestimmten (älteren, zumeist paläotechnischen) Industrien und Industrieräumen, insbesondere in Altindustriegebieten, meint, andererseits aber häufig auch den Übergang von der Industrie- zur Dienstleistungsgesellschaft kennzeichnet.

Ein weiterer Begriff ist „**Re-Industrialisierung**", womit meist die Neuindustrialisierung (häufig mit Ausbreitung bzw. Konzentration von *High Tech*-Betrieben) in Altindustriegebieten mit i. Allg. schrumpfenden paläotechnischen Schlüsselindustrien gekennzeichnet wird. De- und Re-Industrialisierung können jedoch zur gleichen Zeit bei gleichen Wirtschaftszweigen auftreten.

Wichtig ist auch die begriffliche Unterscheidung zwischen Industrieunternehmen und Industriebetrieb. Als **Unternehmen** (oder **Unternehmung**) gelten in der Wirtschaft allgemein rechtliche Wirtschaftseinheiten, die wirtschaftliche Zwecke (nachhaltige ertragbringende Leistungen) verfolgen; ein Unternehmen kann mehrere Betriebe umfassen. **Betriebe** (i. e. S.) sind rechtlich und wirtschaftlich unselbständige, i. Allg. örtlich getrennte Niederlassungen der Unternehmen. Dazu zählen Produktions-, Verwaltungs- und Hilfsbetriebe, z. B. für Montage und Reparaturen. Bei **Einbetriebsunternehmen** sind Unternehmen und Betrieb identisch. **Mehrbetriebsunternehmen** (oder Mehrwerksunternehmen) haben mehrere standörtlich getrennte Niederlassungen (Betriebe). Der Begriff Betrieb (i. w. S.) wird häufig auch als übergeordnete Bezeichnung (oberhalb von Unternehmung) genutzt (vgl. Betriebswirtschaftslehre).

Dem öffentlichen, zunehmend auch dem wissenschaftlichen Interesse gilt heute insbesondere das Verhalten sog. **multinationaler Unternehmen (MTU)**; zu den Merkmalen vgl. Kasten 3.19. Nach W. Gaebe/J. Maier (1984, S. 182) wurde der Anteil multinationaler Unternehmen an der Industrieproduktion der westlichen Länder bereits für den Beginn der 1980er Jahre auf mehr als ein Fünftel geschätzt, am Welthandel auf mehr als die Hälfte und an Auslandsinvestitionen auf mehr als drei Viertel. Laut H. Nuhn (1997, S. 138) hat sich die Zahl der multinationalen Unternehmen in den vergangenen zwei Jahrzehnten nahezu verfünffacht. Um 1990 besaßen 37.000 multinationale Konzerne rd. 170.000 Tochterunternehmen mit einem weltweiten Umsatz von 5,5 Bio. US $ (ebd.).

Ähnlich der Bezeichnung multinationales Unternehmen ist auch diejenige des sog. **transnationalen Unternehmens**, das ebenfalls über Ländergrenzen hinweg operiert. Formen der internationalen Zusammenarbeit sind z. B. Lizenzvergaben, Joint Ventures oder Auslandsdirektinvestitionen in Produktionsstätten, einschl. Dienstleistungsunternehmen (vgl. H. Leser 2001[12], S. 900).

„Der Aufbau von Produktionsstätten im Ausland ist ein (...) wichtiges Merkmal der Globalisierung" (H. Nuhn 1997, S. 137). Dabei hat sich in den vergangenen Jahrzehnten im Rahmen der zunehmenden internationalen Arbeitsteilung auch die Qualität der transnationalen Unternehmensbeziehungen deutlich verändert: „Neben der Nutzung von billigen Produktionsfaktoren und niedrigen Stückkosten bei Massenproduktion sind andere Aspekte, wie der Zugang zu technologischem Wissen und internen Märkten sowie effektiven Vertriebsnetzen, Zulieferkontrakten und speziellen hochrangigen produktionsbezogenen Dienstleistungen, wichtiger geworden" (ebd. , S. 138).

3.6.2 Ansätze empirischer industriegeographischer Analyse.

• **Mikroanalytischer Ansatz.** Dieser ist auf die Analyse individueller Unternehmen oder Betriebe ausgerichtet. Abb. 3.38 verdeutlicht, wie komplex die **inner- und zwischenbetrieblichen Verflechtungen von Industrieunternehmen** sein können, - insbesondere auch dann, wenn man noch deren jeweilige räumliche Differenzierung und

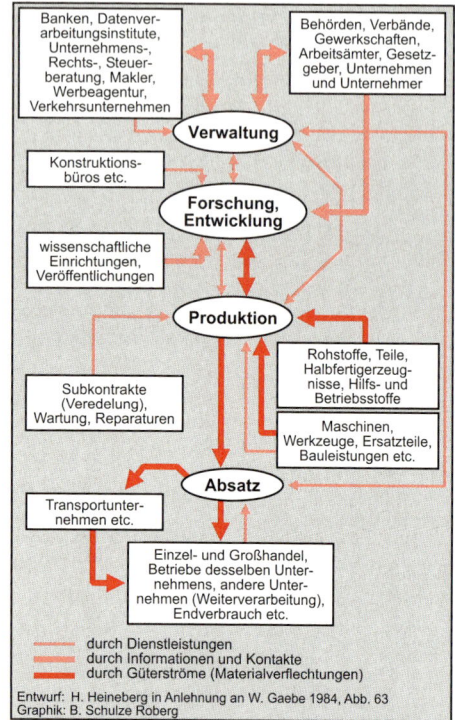

Abb. 3.38 Inner- und zwischenbetriebliche Unternehmensverflechtungen

zeitliche Entwicklung berücksichtigt. Wichtige interne und externe Verflechtungsbeziehungen ergeben sich durch Dienstleistungen, Informationen und Kontakte sowie Güterströme (Materialverflechtungen). Diese können empirisch im Einzelnen meist nur durch (eigene) Unternehmensbefragungen ermittelt werden. Es handelt sich dabei um die Untersuchung **mikroanalytischer**, d. h. **individueller Unternehmens- oder Betriebsdaten**, die i. Allg. gekoppelt wird mit der Ermittlung weiterer wichtiger Informationen, z. B. über die Beschäftigtenstruktur, Standortanforderungen des Unternehmens/ des Industriezweiges und Standortbewertungen durch Unternehmensleiter, Handlungsziele und -motive, Investitionsabsichten, räumliche und persönliche Beziehungen der Unternehmensleitung etc.

Es besteht also auf der Mikroebene ein großes Bündel an Erkenntnismöglichkeiten, denen Grenzen gesetzt sind durch die jeweilige Antwortbereitschaft der Unternehmen (z. B. beschränkte Rücklaufquoten von Fragebögen bei schriftlichen Unternehmensbefragungen) oder die Vergleichbarkeit von Befragungen (beispielsweise im Rahmen qualitativer Interviews); vgl. auch Anmerkungen über die sog. qualitative Sozialforschung unter 1.3.9.

Der mikroanalytische Ansatz empirischer Analyse in der Industriegeographie ist wichtig für spezielle Untersuchungen (Examensarbeiten, Umfragen z. B. durch die Industrie- und Handelskammern). Allerdings dürfen einzelbetriebliche Daten aus Datenschutzgründen nicht ohne weiteres veröffentlicht werden; dies gilt selbst für einfache Strukturmerkmale wie Beschäftigtenzahlen.

• **Makroanalytischer Ansatz (Industriestatistik, Maßzahlen und Indizes).** Eine weitere Grundlage empirischen industriegeographischen Arbeitens bildet die **amtliche Industriestatistik** bzw. die Statistik zum Produzierenden oder Verarbeitenden Gewerbe, die gewisse **Strukturdaten** (z. B. über Anzahl der Unternehmen, Betriebe und Beschäftigte), gegliedert nach bestimmten Raumeinheiten sowie Wirtschaftszweigen, -gruppen oder auch -branchen, beinhaltet. Es handelt sich dabei - wie etwa auch im Falle der Agrarstatistik - um sog. **aggregierte Daten**, die aus Gründen des Datenschutzes keine Aussagen über Einzelbetriebe erlauben dürfen. Ihre Aussagekraft ist weiterhin auch dadurch erheblich eingeschränkt, dass die Industriestatistik i. Allg. keine Verflechtungsdaten, beispielsweise über Güterströme oder Dienstleistungsbeziehungen (s. Abb. 3.38), bereithält. Sollten ausnahmsweise spezielle Erhebungen, z. B. durch In-

dustrie- und Handelskammern, in Gestalt von Außenhandels- oder Güterverkehrsstatistiken zur Verfügung stehen, so liegen diese ebenfalls nur in aggregierter Form vor. Es handelt sich also insgesamt um **Makrodaten mit begrenztem Informationsgehalt.** Angesichts des allgemeinen Mangels an geeigneten mikroanalytischen Daten, die meist in Form von Fallstudien oder häufig auch lediglich für einzelne Industriezweige oder -gruppen (z. B. für *High Tech*-Unternehmen) erhoben werden, beziehen sich die Analyseverfahren in der empirischen industriegeographischen Forschung häufig auf derartige Makrodaten. Um deren Aussagekraft zu erhöhen, wird eine Reihe von **Maßzahlen, Indizes oder auch Modellen** benutzt, die industrielle Daten mit anderen Variablen verknüpfen. Derartige Maßzahlen etc. besitzen im Wesentlichen lediglich beschreibenden Charakter; sie sollten kritisch benutzt oder interpretiert werden.

In Kasten 3.20 sind ausgewählte Maßzahlen und Indizes zur Beurteilung der Bedeutung der Industrie im Raum zusammengestellt; diese haben jeweils eine spezielle bzw. begrenzte Aussagekraft. Der sog. **Industriebesatz** gibt nicht einfach die Zahl der Betriebe oder Beschäftigten der Industrie in einem Raum an, sondern misst die Industriebeschäftigten an der Einwohnerzahl. Das Problem der Maßzahl **Industriedichte** besteht u. a. darin, dass die Beschäftigten sowohl die im Raum (z. B. in einer Gemeinde) wohnhaften Arbeitskräfte als auch die in den Raum Einpendelnden (Einpendler) umfassen, die Bezugsgrößen z. B. von 1000 Einw. oder der Fläche sich jedoch nur auf den (engeren) Raum beziehen. Dadurch kann beispielsweise der Wert des Industriebesatzes erhebliche Verzerrungen hervorrufen; dies gilt für dünn besiedelte Räume, in denen isoliert gelegene größere Industriebetriebe (mit großen Pendlereinzugsbe-

---

Kasten 3.20 Maßzahlen/ Indizes zur Beurteilung der Bedeutung der Industrie im Raum

Industriebesatz = Anzahl der Industriebeschäftigten pro 1000 Einw. eines Raumes

Industriedichte = Anzahl der Industriebeschäftigen pro Fläche (z. B. in qkm) eines Raumes

Betriebsindex BI = $\dfrac{\dfrac{\text{Zahl der Betriebe einer Region (R) (z. B. neue Bundesländer)}}{\text{Zahl der Betriebe in einem größeren Bezugsraum (z. B. BRD)}}}{\dfrac{\text{Zahl der Beschäftigten einer Region (R) (z. B. neue Bundesländer)}}{\text{Zahl der Beschäftigten in einem größeren Bezugsraum (z. B. BRD)}}}$

Beispiel:

Standort- oder Lokationsquotient = (LQ) $\dfrac{\dfrac{\text{Besch. (i. Wirtschaftsbereich etc.) in einer Region x 100}}{\text{Besch. (i. Wirtschaftsbereich etc.) im größeren Bezugsraum}}}{\dfrac{\text{Einw. in einer Region x 100}}{\text{Einw. des größeren Bezugsraums}}}$

Shift-Analyse (s. auch Kasten 3.21):

Regionalfaktor $\dfrac{b_t}{b_0} : \dfrac{B_t}{B_0}$, wobei

$b_{0,t}$ = z. B. Beschäftigte (oder BIP) in der Region (Teilraum) zum Zeitpunkt 0 bzw. t
$B_{0,t}$ = Beschäftigte des Gesamtraumes (Gesamtwirtschaft) zum Zeitpunkt 0 bzw. t

Regionalfaktor = Strukturfaktor x Standortfaktor

Strukturfaktor > 1 heißt: Wachstumsindustrien sind im Vergleich zur Gesamtwirtschaft überdurchschnittlich stark vertreten.
Standortfaktor > 1 heißt: relative Standortvorteile sind stärker als -nachteile.

(Zur Berechnung der Regional-, Struktur- und Standortfaktoren vgl. H. J. Müller, 1973, oder L. Schätzl Bd. 2, 2000[3], S. 80ff.)

---

reichen) extrem hohe Industriebesatz- oder -dichteziffern hervorrufen und somit etwa den Eindruck einer Industrieregion vermitteln können.

Wenig berücksichtigt, da i. Allg. nicht erhältlich, wird die Differenzierung der Beschäftigten nach beispielsweise Arbeitern, Facharbeitern, akademisch geschulten Angestellten usw. Von Interesse ist auch die - häufiger beachtete - Untergliederung nach weiblichen und männlichen Arbeitskräften in der Industrie.

Charakteristisch für die industrielle Struktur eines Raumes ist deren Differenzierung nach **Anzahl und Größe der Betriebe**. Für die Bildung von Indexzahlen hat die Zahl der Betriebe, beispielsweise gemessen an der Zahl der Beschäftigten, eine Bedeutung, z. B. als sog. **Betriebsindex** (Kasten 3.20).

Beispielsweise gilt für Bergbau/Gewinnung von Steinen und Erden sowie das Verarbeitende Gewerbe (zusammen) in Bezug auf die neuen Bundesländer (einschl. Berlin-Ost) im Verhältnis zur BRD insgesamt, dass der Betriebsindex für das Jahr 2000 größer als 1 ist, d. h. die mittlere Betriebsgröße (gemessen an der Zahl der Beschäftigten) liegt in den neuen Bundesländern unter dem Bundesdurchschnitt. Zur Berechnung dienten: Neue Bundesländer (7.849 Betriebe, rd. 612.000 Beschäftigte), Bundesrepublik Deutschland insgesamt (48.913 Betriebe, rd. 6.375.000 Beschäftigte) (nach Statist. Jahrbuch d. BRD 2001). Daraus ergibt sich BI = 1,67. Für die alten Bundesländer (41.064 Betriebe, rd. 5.762.000 Beschäftigte) berechnet sich BI als 0,93, d. h. die mittlere Betriebsgröße überschreitet hier den Bundesdurchschnitt.

Beweis für diese Aussagen: die durchschnittliche Zahl der Beschäftigten pro Betrieb beträgt in den neuen Bundesländern 612.000 : 7.849 = 77,97, in den alten Bundesländern: 5.762.000 : 41.064 = 140,32. Der Bundesdurchschnitt liegt bei 130,33 Beschäftigten pro Betrieb.

Es gibt weitere vielfältige Möglichkeiten, industriegeographisch relevante Variablen oder Indikatoren miteinander in Beziehung zu setzen. Eine häufig benutzte Indexziffer ist der sog. **Standort-** oder **Lokationsquotient (LQ)**, auch Lokalisationsquotient genannt; dieser misst nach W. Brücher (1982, S. 32) den Grad der räumlichen Konzentration einer industriellen Aktivität oder Erscheinung (z. B. Beschäftigte, Frauenarbeit oder Wertschöpfung), bezogen auf die räumliche Konzentration einer anderen Bezugsgröße (z. B. Bevölkerung, Fläche oder Erwerbspersonen) (Kasten 3.20).

Der LQ berechnet sich anhand der in Kasten 3.20 angegebenen Formel für die Wirtschaftsbereiche Bergbau/Gewinnung von Steinen und Erden sowie das Verarbeitende Gewerbe (zusammen) für die neuen Bundesländer (einschl. Berlin-Ost) für das Jahr 1999 als 0,50, für die alten Bundesländer dagegen als 1,11.

Bei einem LQ unter 1 ist die Konzentration der Industrie überdurchschnittlich gering, bei Werten über 1 dagegen überdurchschnittlich hoch. Es zeigt sich auch hinsichtlich dieses Indikators ein deutlicher West-Ost-Gegensatz in Bezug auf die Industriekonzentration in Deutschland.

Ein Verfahren zur quantitativen Darstellung regionaler industrieller Wachstumsunterschiede ist die sog. **Shift-Analyse** (Kästen 3.20, 3.21). Diese Methode erhebt zudem den Anspruch, Hinweise über Ursachen des räumlich differenzierten Wirtschaftswachstums zu liefern. Es handelt sich bei der Shift-Analyse um ein Beschreibungsmodell, mit dem Wachstumsunterschiede zweier oder mehrerer Räume innerhalb eines bestimmten Zeitraums quantitativ erfasst oder gemessen werden. Bei der Shift-Analyse bestimmt man einen **Regionalfaktor R**, der den Unterschied in der Entwicklung zwischen einem Teilraum und einem Gesamtraum ausdrückt, indem er das Wachstum zwischen den Zeitpunkten 0 und t mit der entsprechenden gesamtwirtschaftlichen Entwicklung vergleicht. Der Regionalfaktor misst also die Entwicklung der regionalen Beschäftigung an jener des Gesamtraumes. Bei R = 1 stimmt die regionale Beschäftigungsentwicklung mit der gesamtwirtschaftlichen überein. R < 1 deutet auf wachstumshemmende, R > 1 auf wachstumsfördernde regionale Besonderheiten hin.

Das Besondere der Shift-Analyse besteht darin, dass man den Regionalfaktor mathematisch-statistisch aufteilen kann in das Produkt von einem sog. Strukturfaktor mit einem sog. Standortfaktor (Kasten 3.21 mit Erläuterung). Der **Strukturfaktor** beschreibt die Entwicklung der Region unter der Annahme, dass Teilraum und Gesamtraum die gleiche Entwicklungsrate haben, d. h. die beobachteten Entwicklungsunterschiede werden allein auf die regionale Branchenstruktur zurückgeführt; der Strukturfaktor erfasst nur die Wirkungen der Branchenstrukturen. Der **Standortfaktor** dagegen beschreibt die Entwicklung unter der

---

Kasten 3.21 Schematische Veranschaulichung der Shift-Analyse

Es gibt unterschiedliche Situationen und Kombinationen der beiden Faktoren, je nachdem, ob sie Werte über oder unter 1 annehmen

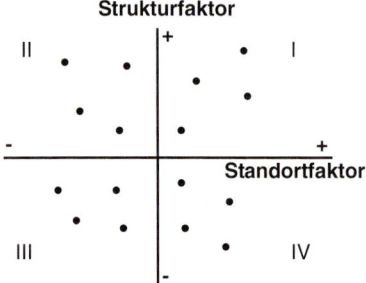

Quadrant I beispielsweise beinhaltet Teilräume, in denen positive Struktureffekte und positive Standortvorteile bestehen. D. h., Regionen, die darin lokalisiert sind, weisen einen überproportionalen Besatz an Wachstumsbranchen auf, die noch schneller wachsen als der Landesdurchschnitt dieser Branchen, und verfügen über relative Standortvorteile.

Annahme, dass Teilraum und Gesamtraum die gleiche Branchenstruktur haben, d. h. Entwicklungsunterschiede werden allein auf regionale Standortbesonderheiten zurückgeführt. Der Standortfaktor erfasst somit nur die Wirkungen des Standortes.

J. H. Müller (1973) hat auch kritisch auf Einschränkungen der Aussagekraft der Shift-Analyse hingewiesen:

- Je kleiner der Untersuchungsraum, um so stärker bestimmen neben systematischen Einflüssen Zufallseinflüsse den Standortfaktor.
- Je mehr Branchen einbezogen werden, um so mehr nimmt der Standorteinfluss ab.
- Wichtig ist die Wahl des jeweiligen Untersuchungszeitraums, z. B. wegen der möglichen Einflüsse konjunktureller Schwankungen.
- Je länger der Untersuchungszeitraum, um so mehr verändert sich die Branchenstruktur.

Insgesamt ergibt sich, dass die Shift-Analyse ein Beschreibungsverfahren mit analytischen Problemen ist. Struktur- und Standortfaktoren können nur grob interpretiert werden.

3.6.3 Industriegeographische Standorterklärungen.

• **Die klassische Industriestandorttheorie von Alfred Weber.** Alfred Weber ist der Begründer der industriellen Standorttheorie. Seine im Jahre 1909 unter dem Titel „Über den Standort von Industrien" veröffentlichte Raumwirtschaftstheorie war von ähnlicher innovatorischer Bedeutung wie diejenige von Thünens für die Agrarwissenschaften, insbesondere für die Agrargeographie (vgl.

Kasten 3.22 Industriegeographische Theorien nach W. Gaebe 1998

Mikroebene

• Normativ-deduktive Theorien:	Ermittlung des optimalen Standorts für Betriebe
	Beispiel: Industriestandorttheorie von A. Weber (3.6.3)
• Verhaltenswissenschaftliche Theorien:	Erklärung von Entscheidungen aufgrund von Information
• Handlungstheorien:	Erklärung ziel- und zweckgerichteter Handlungen
• Produktlebenszyklus-Theorie:	Entscheidungen aufgrund von Standortanforderungen und -qualität unter Berücksichtigung des Lebenszyklus eines oder mehrerer Produkte(s)(3.6.4)

Makroebene

• Struktur- und Verflechtungstheorien:	Erklärung von Verteilungsmustern und interregionalen Verflechtungen

3.5.2). Innerhalb der differenzierten industriegeographischen Forschungsansätze (vgl. Kasten 3.22) zählt die Standortlehre Webers zu den normativ-deduktiven Theorien, deren Ziel die Ermittlung des optimalen Standortes für Betriebe ist. Die Theorie ist im Sinne von W. Gaebe normativ, weil sie unterstellt, dass eine optimale Lösung für den Unternehmer unter genau spezifizierten, jedoch die Realität stark vereinfachenden Bedingungen gefunden werden kann; sie ist deduktiv, weil sie auf bestimmten Annahmen zu den Unternehmenszielen beruht. Für A. Weber war der kostenminimale der optimale Standort. Er unterstellte, dass ein Standort gewählt wird, bei dem die Transportkosten zwischen Beschaffungsmärkten (oder Materialfundorten) und Absatzmarkt minimiert werden. „Weber ermittelte zunächst den Produktionsstandort mit minimalen Transportkosten, dann Abweichungen von dem tonnenkilometrischen Minimalpunkt aufgrund von Arbeitskosten und Agglomerationsvorteilen aus einer Konzentration von Betrieben" (W. Gaebe 1998, S. 89; zur Weberschen Theorie vgl. auch H. Bathelt/ J. Glückler 2003², S. 124-127, L. Schätzl Bd. 1, 2003⁹, S. 37ff.).

Aus dem Gesagten geht hervor, dass Alfred Weber in seiner deduktiv abgeleiteten Theorie lediglich **drei Standortfaktoren**, die als Kostenvorteile definiert wurden, berücksichtigte, und zwar

(1) die **Transportkosten** (die eine zentrale Stellung in der Industriestandortlehre einnehmen),

(2) die **Arbeitskosten** und

(3) die sog. **Agglomerationsfaktoren** (bzw. Agglomerationsvorteile oder -wirkungen), die in dieser Reihenfolge (1-3) als bedeutend eingestuft wurden. Als Agglomerationsfaktoren bezeichnete er alle diejenigen Kostenvorteile, d. h. Vorteile der räumlichen Konzentration der Produktion, die daraus re-

---

Kasten 3.23 'Standortdreieck' mit 'tonnenkilometrischem Minimalpunkt' nach A. Weber (1909)

Der tonnenkilometrische Minimalpunkt P lässt sich innerhalb eines sog. **Standortdreiecks** berechnen (zur Berechnungsmethode vgl. im Einzelnen L. Schätzl, Bd. 1, 2001⁸, S. 37ff.), bestehend aus zwei Beschaffungsmärkten (oder Fundorten) für die Rohstoffe A und B sowie aus dem Absatzmarkt C für das Produkt

Standortdreieck

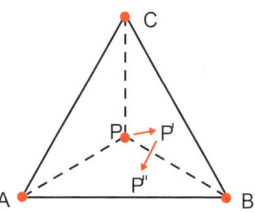

P = tonnenkilometrischer Minimalpunkt
P' = Verlagerung von P zu einem Standort
       mit niedrigeren Arbeitskosten
P" = Verlagerung von P' zu einem Standort
       mit günstigerem Agglomerationsfaktor

---

sultieren, „daß die Produktion in einer bestimmten Masse an einem Platz vereinigt vorgenommen wird" (A. Weber 1909, S. 123). Agglomerationsfaktoren wurden von A. Weber im Sinne von Lokalisationsvorteilen einer Branche definiert (H. Bathelt/ J. Glückler 2002, S. 127; vgl. auch Abb. 3.41 in diesem Band).

Da es das Webersche Ziel war, eine reine Theorie des Industriestandorts, unabhängig von irgendwelcher besonderen Wirtschaftsart, zu entwickeln, wurden sämtliche gesellschaftlich-kulturellen sowie naturgegebenen speziellen Standortfaktoren a priori aus der Betrachtung ausgeschlossen.

Grundlegende **vereinfachende Annahmen für die industrielle Standorttheorie** von A. Weber waren (u. a.):

(1) die homo oeconomicus-Prämisse (Verhalten der Handlungssubjekte);

(2) die Annahme eines Ein-Produkt-Betriebes mit einem punktförmigen, fest vorgegebenen Absatzmarkt und lediglich zwei ebenfalls punktförmigen Beschaffungsmärkten für Rohstoffe etc. (letztere sind bekannt und gegeben);

(3) die Annahme lediglich dreier ökonomischer Variablen, der sog. Standortfaktoren, als Orientierungsparameter bei dieser Wahl (s. oben).

(4) Das Transportsystem ist einheitlich. Es gibt keine Transportkostenunterschiede durch unterschiedliche Tarife oder Verkehrsmittel; die Transportkosten hängen ausschließlich vom Gewicht des Gutes und der Entfernung ab.

(5) Das wirtschaftliche, politische und kulturelle System ist im Betrachtungsraum homogen.

(6) Die räumliche Verteilung der Arbeitskräfte ist bekannt; die Arbeitskräfte sind immobil, die Lohnhöhe ist räumlich differenziert, bei einer gegebenen Lohnhöhe sind die Arbeitskräfte unbegrenzt verfügbar.

Auf der Grundlage dieser Prämissen stellte sich für A. WEBER das industriebetriebliche Standortphänomen dar als Optimierungs- bzw. Kostenminimierungsproblem im Rahmen des durch die betrieblichen Märkte gebildeten Standortdreieckes. Entscheidend war dabei die Berechnung des sog. **tonnenkilometrischen Minimalpunktes** als Standort mit der niedrigsten Transportkostenbelastung (vgl. Kasten 3.23).

ALFRED WEBER hat die im Produktionsprozess eingesetzten **Materialien** noch differenziert, und zwar in „Lokalisiertes Material" (unterteilt in „Reingewichtsmaterialien", die mit ihrem ganzen Gewicht in das Fertigerzeugnis eingehen, z. B. Edelmetalle wie Gold und Silber, und „Gewichtsverlustmaterialien", die mit ihrem Gewicht entweder überhaupt nicht in das Fertigungserzeugnis eingehen, wie z. B. Kohle oder Heizöl, oder

die als „Teilgewichtsverlustmaterialien" nur teilweise darin enthalten sind, wie z. B. Erze) und in sog. „Ubiquitäten", die überall verfügbar sind, d. h. an keinen bestimmten Fundort gebunden sind. Dies hat Konsequenzen für die jeweilige Lage des tonnenkilometrischen Minimalpunktes: Werden für den Produktionsprozess beispielsweise Ubiquitäten als Rohstoffe benötigt, die überall verfügbar sind, so kann die Produktion im Absatzort stattfinden, da nur dort keine Transportkosten entstehen. D. h., das Standortdreieck schrumpft in diesem Fall zu einem Punkt zusammen.

Für A. WEBER war der Transportkostenfaktor ausschlaggebend, denn er „schafft die optimalen transportmäßigen Produktionsplätze der Industrien, d. h. ihr „Orientierungsgrundnetz". Der branchenspezifische (!) Arbeitskostenfaktor führt diesem Grundnetz gegenüber nach der einen Seite eine Abweichung herbei, und zwar durch Heranziehen von Teilen der Produktion an die optimalen Arbeitskostenplätze; dies gilt, „wenn die Arbeitskostenersparnis den erhöhten Transportkostenaufwand übersteigt" (L. SCHÄTZL Bd. 1, 2003[9], S. 43). Das heißt, es erfolgt dann die Verlegung des Industriestandortes von P zu einem Standort mit niedrigeren Arbeitskosten P'. Der Agglomerationsfaktor bewirkt eine zweite Abweichung durch Kontraktion von Teilen der Produktion an Agglomerationsplätzen P" (Kasten 3.23).

• Kritik an der WEBERschen Theorie und der Bedeutungswandel klassischer Standortfaktoren. Die Kritik an der industriellen Standortlehre von A. WEBER bezieht sich nach L. SCHÄTZL (Bd. 1, 2001[8], S. 46) insbesondere auf die restriktiven Annahmen bei der Berücksichtigung der drei Standortfaktoren (Transportkosten, Arbeitskosten, Agglomerationsvorteile) sowie auch auf die

Vernachlässigung zusätzlicher Determinanten der industriellen Standortwahl. So entsprachen - wie auch bei anderen deduktiv abgeleiteten Theorien - die Annahmen teilweise nicht der Realität. Zunächst zu den Transportkosten:

Transportkosten sind „**Kosten der Raumüberwindung**" (Abb. 3.39). Sie beziehen sich einmal auf den **Antransport** von Rohstoffen, Energie und Zulieferteilen sowie auf den **Abtransport** der Zwischen- oder Fertigprodukte. Ihre Höhe bzw. Anteile am gesamten Umsatz eines Unternehmens hängen somit zunächst von der jeweiligen Produktionsausrichtung, aber auch - im Sinne von A. Weber - von den Entfernungen des Unternehmens in Bezug auf die Rohstoff- und Energiequellen sowie die Absatzmärkte ab. Transportkosten und Bedeutung des Transports für die Produktion bestimmen sich jedoch nicht nur - wie in den Modellen von A. Weber sowie etwa auch bei J. H. von Thünen (vgl. 3.5.2) und W. Christaller (3.7.4) vereinfachend zugrunde gelegt wurde - nach den metrischen Distanzen, sondern vor allem auch nach der jeweiligen **Transportzeit** (vgl. die Bedeutung heutiger *just-in-time*-Belieferung für inzwischen zahlreiche Industriebranchen, z. B. die Automobilindustrie). Zeit und damit die Kosten der Raumüberwindung variieren jedoch mit dem **Zustand, der Dichte etc. der Verkehrsverbindungen** sowie auch mit der jeweiligen **Tarifgestaltung**. Die Annahme der gleichmäßigen Zu- und Abnahme der Transportkosten entsprechend den linearen Distanzen ist also zu simpel und realitätsfern.

Bei dieser und aller weiterer Kritik ist zu beachten, dass die Theorie A. Webers sehr stark zeitbezogen ist. So vermochte die Theorie die bedeutende Schwerindustrie hinsichtlich ihrer Standortwahl um die Jahrhundertwende und auch danach recht gut zu

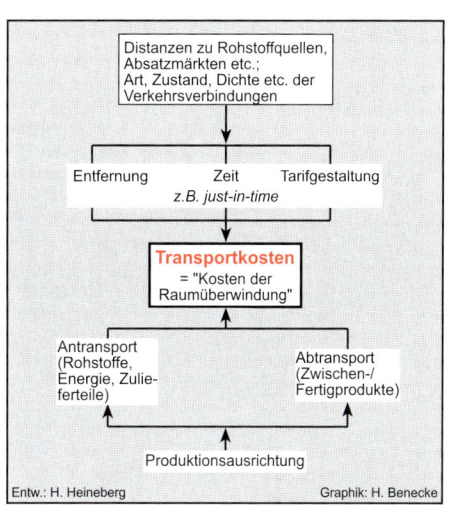

Abb. 3.39 Einflussfaktoren von Transportkosten in der Industrie

erklären. Die Standortwahl derartiger Betriebe beschränkte sich mehr oder weniger auf die Lagerstätten der Rohmaterialien Erz und Kohle (abhängig von Verkehrswesen und Technologie!). Die Eisen- und Stahlgewinnung war damals dominierend. Eisenbahn und Wasserstraßen waren konkurrenzlose Verkehrsträger. Die Industrie zog die Arbeitskräfte an. Es gab kaum Absatzprobleme. Umweltprobleme wurden nicht gesehen.

Das Beispiel der nordmexikanischen Stahlindustrie, die nach dem industriestandorttheoretischen Ansatz A. Webers von R. A. Kennelly (1954) untersucht wurde (vgl. dazu auch P. E. Lloyd/P. Dicken 1977[2], S. 134-137), ergab, dass der nach dem tonnenkilometrischen Minimalpunktansatz ermittelte optimale Standort der Stahlindustrie recht nahe dem Schwerindustriezentrum Monterrey im Nordosten Mexikos gelegen war. Hätte man anstelle der geradlinigen Distanzen zwischen Monterrey und den Hauptbeschaffungsmärkten (Eisenerz aus Durango, Schrottbelieferung aus Mexiko-Stadt und Monterrey, Koks aus Sabinas und Öl aus Tampico und Reynosa) realistischere

Die beiden Hochöfen der ThyssenKrupp Stahl AG gehören zu den leistungsfähigsten der Welt. Im Vordergrund ein Teil des Werkshafens zur Erzanlieferung.

Abb. 3.40
ThyssenKrupp Stahl AG, Duisburg, Werksbereich Schwelgern
Foto: ThyssenKrupp Stahl AG NC3853

Frachtraten genutzt, so wäre der Optimalpunkt noch näher an Monterrey gelegen (vgl. Fig. 4.7 und 4.8 in P. E. LLOYD/P. DICKEN 1977[2]).

Anhand der Eisen- und Stahlverhüttung im Ruhrgebiet oder in Großbritannien (vgl. H. HEINEBERG 1997[2]) lässt sich der **Bedeutungswandel der Transportkostenbelastung für die Schwerindustrie** verdeutlichen. Die eisen- und stahlschaffende Industrie war in Europa wegen der hohen Transportkostenbelastung in ihrer Standortverteilung von Anfang an stark rohstofforientiert. Da man früher zum Schmelzen einer Tonne Erz wenigstens zwei Tonnen Koks benötigte, es also billiger war, das Erz zur Kohle zu schaffen als umgekehrt, resultierte daraus eine Konzentration der Eisenverhüttung in den Steinkohlegebieten, in denen abbauwürdige verkokbare Kohlenschichten vorhanden waren (z. B. im Black Country bei Birmingham in England die sog. *Thick Coal*, im Ruhrgebiet: Bochumer Fettkohle). Von Bedeutung war auch die Entwicklung eines lokalen und regionalen Verkehrsnetzes (insbes. Wasserstraßen) für den Kohle- bzw. Koks-, Erz- und Kalksteintransport, wie sich anhand des dichten Kanalnetzes im Black Country/West Midlands mit den zahlreichen Standorten der ehemals kleinen Eisenhütten aufzeigen lässt (Abb. 4.27). In der Hochofentechnologie hat sich jedoch (insbesondere durch spätere Mitbenutzung von Erdöl oder Feinkohle) das Verhältnis Eisenerz : Koks von anfänglich 1 : 2 auf in jüngerer Zeit ca. 1 : 0,4 verändert. Entscheidender in der Transportkostenbelastung wurden somit mehr und mehr die Erzlieferungen. Wegen der vorwiegenden Erztransporte aus Übersee, etwa aus Liberia, Brasilien etc., besitzen somit die Hüttenwerke mit direktem See- oder leistungsfähigem Binnenwasseranschluss und Seeverbindung relative Standortvorteile. Aus diesem Grunde konzentriert sich heute die Roheisenherstellung in Großbritannien an küstennahen Standorten (vgl. H. HEINEBERG 1997[2], Abb. 60) oder innerhalb des Ruhrgebietes vor allem entlang der sog. Rheinschiene, d. h. im Raum Duisburg.

Noch größere Standortvorteile besitzen in dieser Hinsicht gegenüber dem Rhein-Ruhr-Raum die Küstenstandorte in Holland und Belgien oder in Großbritannien. Die jüngere Entwicklung ist bereits mehr und mehr dahin gegangen, Roheisen in den Erzabbaugebieten innerhalb verschiedener Entwicklungsländer, etwa in Indien, Brasilien oder in der VR China, zu produzieren. Hier schaffen die geringen Lohnkosten zusätzliche Standortvorteile.

In den rohstofffernen Produktionsräumen der westlichen Industrieländer, etwa im Ruhrgebiet, entstand daher in den vergangenen Jahrzehnten ein immer stärkerer Zwang zur Spezialisierung und Veredelung in der Stahlverhüttung (z. B. durch Errichtung leistungsfähiger Oxygen- und Elektrostahlwerke, die verschiedenste Sonderstähle produzieren) sowie auch in der Weiterverarbeitung; daraus ergibt sich heute innerhalb des Ruhrgebietes eine West-Ost-Differenzierung in Bezug auf die Produktionsausrichtung in der Stahlindustrie (Verhüttung am Rhein, stärker spezialisierte Betriebe der Weiterverarbeitung im mittleren und östlichen Ruhrgebiet); hinzu kam die Schließung einer Anzahl unrentabler Hüttenwerke, z. B. in Dortmund, Hattingen oder Oberhausen.

Für die Hüttenbetriebe im Ruhrgebiet bestehen jedoch gegenüber den stärker rohstofforientierten Hüttenstandorten an der Küste oder in den Entwicklungsländern mit Eisenerzlagerstätten zwei wichtige Standortvorteile: erstens existiert ein qualifiziertes **Facharbeiterpotenzial** (Standortfaktor Arbeit), und zweitens ist die **Nähe zu den Absatzräumen** der Verdichtungsgebiete in Mitteleuropa wichtig. Denn das Ruhrgebiet ist z. B. mit seinen zahlreichen Werken und Branchen der eisen- und stahlverarbeitenden Industrie, etwa des Schwermaschinenbaus, der Automobilproduktion etc., der größte Verbraucher von Eisen und Stahl in Mitteleuropa. Damit reduzieren sich die Kosten für den Abtransport der Fertig- bzw. Halbfertigprodukte erheblich. Die Standortbedingungen der Stahlindustrie können somit für das Ruhrgebiet auch heute noch ansatzweise mittels der Weberschen Industriestandortlehre erklärt werden.

Trotz verbesserter Verkehrsverbindungen und Möglichkeiten des Transports stellen - wie es das Beispiel der Eisen- und Stahlverhüttung zeigt - für einige Industriebranchen die Rohstofftransporte wie auch der Abtransport der Fertigprodukte immer noch eine erhebliche Kostenbelastung dar, die sich bei verschärfter Wettbewerbslage und dem Ansteigen anderer Produktionskosten, z. B. der Löhne, besonders negativ auswirken kann. Tatsache ist aber auch, dass der Anteil der sog. **transportkostenunempfindlichen Industriezweige**, deren Transportkostenanteil am Umsatz sehr gering ist, d. h. bereits weit unter 5 % liegt, immer mehr ansteigt. Dazu zählen zahlreiche Branchen der sog. neotechnischen Industriezweige, etwa der Elektro- und Elektronikindustrie, insbesondere aber moderne High Tech-Industrien. Die transportkostenunempfindlichen Zweige haben nach Schätzung der Prognos AG bereits im Jahre 1980 rd. 75 % der gesamten Industrie der BRD, gemessen an der Zahl der Industriebeschäftigten, ausgemacht; dieser Anteil dürfte heute noch wesentlich höher liegen. Bei der abnehmenden Transportkostenempfindlichkeit der Industrie, d. h. bei sinkender Transportkostenbelastung, werden nun die Unternehmer grundsätzlich freier in ihrer Standortwahl, was zugleich eine stärkere räumliche Dispersion industrieller Standorte - anstelle einer räumlichen Konzentration - begünstigt (sog. *„footloose industries"*). Das heißt zugleich, dass die Bedeutung der Transportkosten als raumdifferenzierender Faktor abnimmt und damit die übrigen Standortfaktoren ein relativ größeres Gewicht bekommen. Lokale oder etwa regionale Standortkonzentrationen, aber auch Standortveränderungen, beispielsweise von High Tech-Unternehmen (vgl. das Beispiel Großbritannien, s. Abb. 66 in H. Heineberg 1997[2]), sind damit nicht

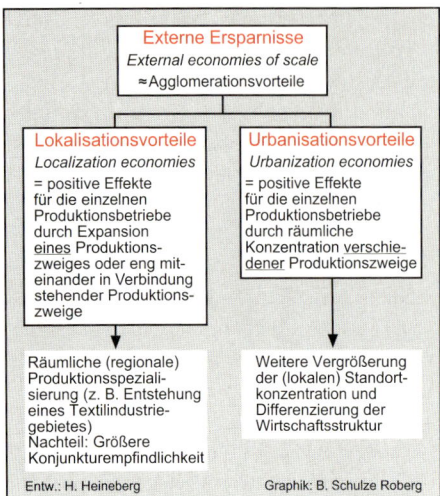

Abb. 3.41 Auswirkungen externer Ersparnisse auf industrielle Standortstrukturen

in Transportkosten oder deren Veränderungen, sondern in einer Vielzahl anderer Standortbedingungen (u. a. Verfügbarkeit qualifizierter Arbeitskräfte, Forschungstransfers mit Universitäten, Image des Standortes etc.) begründet.

Es war das Verdienst A. Webers, auf das **Phänomen der Agglomerationsfaktoren** oder - wie man heute sagt - der Agglomerationsvorteile aufmerksam gemacht zu haben. In ihnen sah er jedoch - ähnlich den Arbeitskosten - lediglich eine abweichende Kraft in Bezug auf den vorrangig durch Transportkosten bestimmten Standort eines Unternehmens. A. Weber hat sich nicht hinreichend tief mit der Natur der Agglomerationsökonomie beschäftigt (P. E. Lloyd/P. Dicken 1977[2], S. 287).

Die **Agglomerationsvorteile** (engl. *agglomeration economies*), die im folgenden differenzierter als bei Weber betrachtet werden sollen, sind sog. **externe Ersparnisse** (*external economies of scale*), die man in der englischsprachigen wirtschaftsgeographischen Literatur aufteilt in *localization*

economies, d. h. **Lokalisationsvorteile,** und *urbanization economies*, d. h. **Urbanisationsvorteile** (Abb. 3.41, vgl. auch E. Lauschmann 1976[3], H. Bathelt/J. Glückler 2003[2], S. 128). Unter Lokalisationsvorteilen versteht man die positiven Effekte, die sich bei Expansion eines Produktionszweiges (oder auch einer Reihe eng miteinander in Beziehung stehender Industrien) für die einzelnen Produktionsbetriebe an diesem Ort ergeben. Sie sind vor allem ein wichtiger Faktor für die räumliche (regionale) Produktionsspezialisierung, z. B. für das Entstehen eines Textilindustriegebietes. Mit anderen Worten: Lokalisationsvorteile sind „zugleich Ursache wie Wirkung der räumlichen Konzentration von Betrieben derselben Branche" (E. Lauschmann 1976[3], S. 44). Demgegenüber sind Urbanisationsvorteile „die positiven Effekte, die sich bei räumlicher Konzentration verschiedener Produktionszweige an einem Standort für die einzelnen Betriebe an diesem Ort bei weiterer Vergrößerung des Standortzentrums und Differenzierung seiner Wirtschaftsstruktur ergeben" (ebd., S. 45). Diese beiden Formen externer Ersparnisse können sich miteinander verbinden und damit quasi doppelt wirksam werden. Grundsätzlich wirken jedoch die Lokalisationsvorteile stärker regional, d. h. sie beeinflussen die regionalen Produktionsstrukturen und schaffen damit **räumliche bzw. regionale Produktionsspezialisierungen**, während sich die Urbanisationsvorteile stärker lokal auswirken. D. h. letztere beeinflussen die **Entwicklung der Standortzentren** und verstärken sich dabei selbst, bis schließlich Deglomerationstendenzen wirksam werden.

Zunächst einige **Beispiele** und weitere Erläuterungen zu den *localization economies*: Die Vorteile räumlicher Produktionsspezialisierungen wurden bereits in den frühen Industrialisierungsprozessen genutzt. Dies gilt z. B. in Bezug auf die Frühindustrialisierung für die Entwicklung der **Hütten-, Draht- und Kleineisenindustrie** mit ihren ausgeprägten räumlichen Produktionsspezialisierungen **im Märkischen Sauerland**, südlich des viel später entstandenen Ruhrgebietes (vgl. G. Rosenbohm 1975). Einige Industriegassen in den Tälern, wo bereits seit dem 14. Jh. die Wasserkraft genutzt wurde, spezialisierten sich auf die Drahtzieherei, wobei z. B. der Raum um Lüdenscheid grobe Drähte, der Raum um Altena mittelfeine Drähte und der Raum um Iserlohn feine Drähte, Stecknadeln etc. produzierten. Andere Täler betrieben die Schraubenproduktion, in wieder anderen konzen-

trierten sich Gesenkschmieden, Hammerwerke etc. Diese räumlichen Spezialisierungen bestehen z. T. heute noch.

Während der Industriellen Revolution wurden die Tendenzen zur regionalen Spezialisierung besonders deutlich, wofür Großbritannien, das Kernland der Industriellen Revolution, viele eindrucksvolle Beispiele liefert: z. B. die Konzentration der **Wollindustrie** im Industriegebiet von West-Yorkshire, auf der Ostseite der Penninen, während sich die **Baumwollindustrie** auf der Westseite der Penninen um Manchester herum entwickelte. Daneben gab es weitere regionale Spezialisierungen (vgl. H. Heineberg 1997[2], inbes. Abb. 55).

Als traditionelle Hauptstandortfaktoren dieser räumlichen Produktionsspezialisierungen werden immer wieder genannt: für die Rohstoffversorgung Baumwollimporte über Liverpool bzw. Wollproduktion in den Pennines; Wasserkraftnutzung im Bergland, später die Verwendung von Kohle aus den nah gelegenen Lagerstätten für den Antrieb der Dampfmaschinen; Möglichkeiten des Absatzes, vor allem in den sich rasch entwickelnden Verdichtungsgebieten. Diese Produktionsvorteile führten vor allem dazu, dass die traditionelle Textilindustrie in anderen (ländlichen) Gebieten Großbritanniens stark zurückging bzw. erlosch.

Die **positiven Effekte der** *localization economies* beruhen allgemein auf einer Reihe differenzierter Sachverhalte, die in Kasten 3.24 zusammengefasst sind.

Ein eindrucksvolles **Beispiel für ein kompliziertes Verbundsystem** bieten die ehem. Chemischen Werke Hüls in Marl (heute sog. Chemiepark Mark) im nördlichen Ruhrgebiet (Abb. 3.42), die mit zahlreichen Betrieben (z. B. Ethylen-Werken, Raffinerien) über ein umfassendes Rohrleitungsnetz verbunden sind (vgl. M. Czytko 2003, Abb. 8). Der Verbundraum umfasst

Abb. 3.42 Der 'Chemiepark Marl' in der Lippezone des (nördlichen) Ruhrgebiets

„Der mit Abstand größte Chemiebetrieb des Ruhrgebietes wurde am 9. Mai 1938 als Chemische Werke Hüls (CWH) im Zuge der Autarkiebestrebungen des Dritten Reichs in Marl gegründet. Die damalige IG Farbenindustrie war zu der Errichtung eines großen Werkes für die Produktion synthetischen Kautschuks gedrängt worden. Wichtige Standortfaktoren an der Lippe waren das billige und verfügbare Baugelände, der Wesel-Datteln-Kanal als Transportweg und Lieferant von Brauch- und Kühlwasser, ausreichende Kohle zur Elektrizitätserzeugung durch die Bergwerke Auguste Victoria und Brassert und der Erdgasbezug über eine Pipeline zunächst aus dem Erdgasfeld Bentheim, später aus anderen Quellen. Zu Beginn der Produktion spielte auch die Nähe zu den Hydrierwerken in Gelsenkirchen-Scholven eine Rolle, die Vorprodukte liefern konnten. Neben Kautschuk wurden aber auch schon früh weitere Produkte erzeugt wie z. B. Kunststoffe, Polystyrol, Lackrohstoffe oder Spezialfasern. Der ursprüngliche Kernbereich von 2000 x 800 m mit seinen in große Rechtecke aufgeteilten Anlagen wurden bis zur Gegenwart mehrfach erweitert. Trotz einiger Bombardierungen war das Werk 1945 betriebsbereit, wurde dann aber teilweise demontiert und von 1948 bis 1951 stillgelegt. Die weltweite Motorisierung und Nachfrage nach Buna ließen dann Ende 1951 die „Hüls AG" wiederaufleben". (...) „Die Entwicklung der Stadt (Marl) stand stets in engem Kontakt mit Umsatz und Steuerleistungen dieses Chemiekonzerns, der 1999 zusammen mit der Degussa AG zur Degussa Hüls AG fusioniert wurde. Die letzte Umfirmierung zur Degussa AG weist keinen Bezug mehr zum Standort Marl-Hüls auf" (H. M. Bronny/N. Jansen/B. Wetterau 2002, S. 49-50). Am Standort Chemiepark Marl waren 2003 ca. 10.400 Mitarbeiter beschäftigt, davon etwa 7.500 bezogen auf die 13 Gesellschaften des Degussa-Konzerns, der seit dem 9.2.01 zu den E.ON- und Ruhrkohle AG-Konzernen (46,5 %), ab 1.5.2004 zur RAG (50,1 %) gehört. Es werden mehrere Tausend Produkte hergestellt, die von Marl an verschiedene Chemiestandorte in Deutschland und Europa verteilt werden, da im Chemiepark Marl fast keine Fertigprodukte hergestellt werden.

nicht nur die wichtigsten Ruhrgebietsstandorte der Chemie zwischen Emscher und Lippe, sondern auch den Raum um Duisburg und darüber hinaus um Düsseldorf, Köln und sogar Bentheim im Emsland sowie Geleen in Holland. Die räumlichen Produktionsspezialisierungen und -konzentrationen der chemischen Industrie im nördlichen Ruhrgebiet stehen somit im engen Zusammenhang mit der Gründung des Groß-

Kasten 3.25 Positive Effekte der Urbanisationsvorteile in Anlehnung an E. Lauschmann 1976[3]

Urbanisierungsvorteile entstehen

(1) durch die **Vorteile großer, differenzierter, insbesondere großstädtischer Arbeitsmärkte**, die sich vor allem durch Zuwanderungen von Unternehmen und Arbeitskräften entwickeln. Großstädtische Arbeitsmärkte mit hohem Arbeitsplatzangebot üben bekanntlich eine hohe Anziehungskraft auf wanderungsbereite Arbeitskräfte aus. Die beruflichen und sozialen Aufstiegschancen sind in Großstadträumen im Allgemeinen größer als in ländlichen oder weniger verdichteten Räumen. Es bestehen hier bessere Möglichkeiten zum Arbeitsplatzwechsel. Eine besondere Anziehungskraft besitzen Großstädte oder großstadtnahe Gemeinden auf Gruppen mit hohem Sozialstatus, nicht nur wegen beruflicher Ansprüche, sondern auch wegen des i. Allg. höheren Kultur- und Unterhaltungsangebots in Großstädten etc. Für den Unternehmer bieten großstädtische Arbeitsmärkte den Vorteil des Vorhandenseins eines bestimmten Arbeitskräftepotenzials, das auch bei plötzlichen, z. B. aufgrund einer verbesserten Konjunkturlage vorzunehmenden Betriebsvergrößerungen eine schnelle Erhöhung der Beschäftigtenzahlen möglich macht. Von Vorteil ist auch, dass dabei die Ausbildungskosten nicht von den Unternehmern getragen werden müssen.

(2) Es sind externe Ersparnisse durch **Nutzungsmöglichkeiten öffentlicher Infrastruktureinrichtungen und -leistungen** gegeben: z. B. entwickeln sich in Verdichtungsräumen leistungsfähige Verkehrssysteme, öffentliche Versorgungs- und Entsorgungseinrichtungen etc., die von der Industrie genutzt werden können. Durch öffentliche Infrastrukturinvestitionen kann beispielsweise der Ausbau bestimmter Entwicklungsachsen und -schwerpunkte gefördert werden, wie es etwa im Rahmen der Landesplanung Nordrhein-Westfalens gefordert und realisiert wird (Landesentwicklungspläne). In vielen Staaten, wie in Großbritannien, wurden z. B. bestimmte neue räumliche Standortkonzentrationen der Industrie durch die Errichtung öffentlich (u. a. staatlich) geförderter Industrieansiedlungen (sog. *Industrial Estates* oder Industrieparks, bei uns neuerdings Technologieparks, Gründerzentren etc. genannt) gesteuert. Industrieparks mit guter Infrastrukturausstattung entstanden in Großbritannien vor allem im Zusammenhang mit dem Bau zahlreicher neuer Städte, die ebenfalls vom Staat finanziert wurden.

(3) Es entstehen *urbanization economies* durch die **Breite des privaten (unternehmensorientierten) Dienstleistungsangebotes**, wie es vor allem in Verdichtungsräumen besteht. Hierzu zählen größere Banken und Leasinggesellschaften, Einrichtungen der Rechts-, Wirtschafts- und Finanzberatung oder etwa des Distributionsgewerbes (z. B. Citylogistik oder andere spezielle Speditionsformen etc.), durch die industrielle Standortkonzentrationen beeinflusst werden.

Das häufige Fehlen derartiger Serviceeinrichtungen in peripher gelegenen Problem- bzw. Entwicklungsgebieten, z. B. Großbritanniens, ist u. a. ein wichtiger Grund dafür, warum im Allgemeinen - trotz hoher staatlicher Förderung - eine geringe Wanderungsbereitschaft moderner Wachstumsindustrien in derartige Räume besteht.

(4) Sind die **Vorteile räumlicher Nähe für die Entwicklung persönlicher Kontakte**, sog. *face-to-face*-**Kontakte**, zwischen einzelnen Geschäftspartnern sowie zwischen Geschäftspartnern und Kunden bzw. allgemein für die Entwicklung dichterer Informations- und Kommunikationssysteme nicht zu vergessen. Sie mindern nicht nur das Geschäftsrisiko, sondern bringen auch ökonomische Vorteile, die im Allgemeinen mit der Größe der Standortzentren zunehmen. Durch diese Möglichkeiten zu Fühlungsvorteilen verschiedenster Art sind wiederum die Verdichtungsräume bevorzugt.

(5) Seien unter den sonstigen externen Effekten, die raumdifferenzierend auf die Produktions- und Standortstrukturen wirken, noch genannt: die **politisch-institutionellen Rahmenbedingungen** und deren Veränderungen (z. B. Einbeziehung eines Standortraumes in regionale Förderprogramme, Maßnahmen im Rahmen des Finanzausgleichs etc.).

betriebes der ehemaligen Chemischen Werke Hüls vor dem Zweiten Weltkrieg.

Der **Nachteil räumlicher Produktionsspezialisierungen** besteht wohl vor allem in der größeren Konjunkturempfindlichkeit

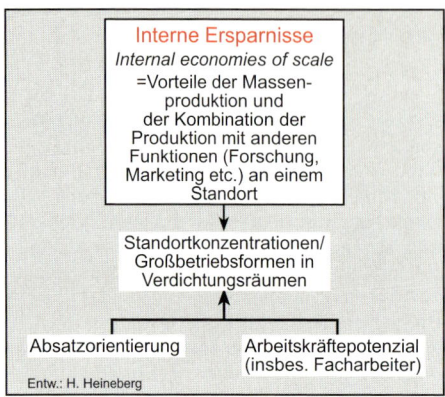

Interne Ersparnisse
Internal economies of scale
=Vorteile der Massen-
produktion und
der Kombination der
Produktion mit anderen
Funktionen (Forschung,
Marketing etc.) an einem
Standort

Standortkonzentrationen/
Großbetriebsformen in
Verdichtungsräumen

Absatzorientierung — Arbeitskräftepotenzial
(insbes. Facharbeiter)

Entw.: H. Heineberg

**Abb. 3.43 Auswirkungen interner Erspar-
nisse auf industrielle Standortstrukturen**

derartiger Industriegebiete. Auch dafür stellen die englischen Baumwoll- und Wollindustriegebiete herausragende Beispiele dar. Sie wurden durch den seit dem Ersten Weltkrieg anhaltenden, marktwirtschaftlich bedingten Export- und Produktionsrückgang in den beiden wichtigen Industriezweigen in eine ernsthafte Krise mit hoher Arbeitslosigkeit gestürzt, die bis heute - trotz erheblicher Unterstützung durch die staatliche regionale Wirtschaftsförderung - nicht vollends behoben werden konnte.

Positive Effekte der *urbanization economies* können ebenfalls auf verschiedene Weise entstehen; sie sind in Kasten 3.25 in Anlehnung an E. Lauschmann (1976[3]) systematisiert und erläutert.

Die oben im Einzelnen differenzierten externen Ersparnisse sind nicht zu verwechseln mit den sog. **internen Ersparnissen** (engl. *internal economies of scale*). Diese „entstehen, wenn bei Ausweitung des Produktionsvolumens und entsprechend wachsenden Betriebsgrößen die Durchschnittskosten pro Produktionseinheit sinken" (E. Lauschmann 1976[3], S. 42; vgl. Abb. 3.43). Man kann die internen Ersparnisse daher auch als **Vorteile der Massenproduk-**

tion bezeichnen. Die Möglichkeiten zur Nutzung der Massenproduktion sind jedoch branchenverschieden, d. h. sie hängen von den branchentypischen Kostenstrukturen ab, womit auch die sog. optimalen Betriebsgrößen je nach Branche variieren. Ein weiteres Sinken der Durchschnittskosten ist durch **Kombination der produktionstechnischen mit anderen Funktionen** - wie Forschung, Werbung, Finanzierung, Marketing - an einem Standort zu erwarten. Bekannte Beispielbranchen, die derartige interne Kostenvorteile i. Allg. stark nutzen, sind die Automobilfabrikation, chemische Industrie (z. B. BASF in Ludwigshafen) oder Elektroindustrie (Siemenswerke, u. a. in Berlin), deren Großbetriebe jeweils mehrere zehntausend Beschäftigte aufweisen können.

Dagegen können die internen Ersparnisse in anderen Branchen, z. B. in der Bekleidungsindustrie und im Maschinenbau, nur in begrenztem Umfang wirksam werden. Daher überwiegen in diesen Branchen Mittel- und Kleinbetriebe.

Wichtig ist nun, dass interne Ersparnisse konzentrationsfördernd wirken, während bei dem Überwiegen von Kleinbetrieben disperse Standortverteilungen zu erwarten sind. Es besteht damit also ein Zusammenhang zwischen der Betriebsgrößen- und Standortstruktur eines Produktionszweiges. Entscheidend für die **Entwicklung von Großbetriebsformen** an einem Standort bzw. in einem begrenztem Standortraum ist jedoch ein entsprechendes **Arbeitskräftepotenzial**, vor allem auch in Bezug auf qualifizierte Facharbeitskräfte. Deshalb tendieren derartige Werke bei Betriebsneugründungen bzw. Errichtung von Zweigbetrieben zu Verdichtungsräumen. Beispiel: Errichtung eines großen Zweigwerkes der Automobilbranche (Opel) in Bochum zu Beginn der 1960er Jahre, d. h. zu einer Zeit, als die Bergbaukrise eine große Zahl umschulungsfähiger Arbeitskräfte freisetzte. Die Opelwerke in Bochum beschäftigten schon nach kurzer Zeit knapp 20.000 Arbeitskräfte. Solche Zweigbetriebe sind daher vornehmlich arbeitskräfteorientierte Gründungen. Hinzu kommen noch die Vorteile anderer Standortfaktoren in Verdichtungsräumen, insbesondere die **Absatzorientierung**.

Mit der Ansiedlung derartiger Großbetriebe in Entwicklungsgebieten, die einen bestimmten Verdichtungsgrad und zugleich hohe Arbeitslosenanteile aufweisen, wird in der praktischen regionalen Wirtschaftspolitik häufig eine sog. **Wachstumspolwirkung** erhofft (vgl. auch 3.4.2). Ein Beispiel dafür stellt die frühere staatlich initiierte Ansiedlung von Automobilindustriewerken in britischen Wirtschaftsförderungsgebieten dar (vgl. im Einzelnen H. Heineberg 1997[2], S. 214f.).

Kommen wir zur industriellen Standorttheorie A. Webers zurück. Trotz gelegentlicher empirischer Nachweise des erklärenden Gehalts dieses frühen, innovativen Ansatzes lässt sich feststellen, dass diese Industriestandorttheorie - wie auch andere klassische Raumwirtschaftstheorien bzw. wirtschaftswissenschaftliche Standortlehren - zur Erklärung heutiger komplexer realer Standortverteilungen bzw. der Standortentscheidungen von Wirtschaftsunternehmen nicht ausreicht. Die Gründe für den relativ geringen Erklärungsgehalt derartiger Ansätze liegen - abgesehen von den z. T. sehr restriktiven Annahmen - zusammenfassend u. a. in folgendem:

(1) Es wird unter den verschiedenen Faktoren, die die Standortwahl industrieller Unternehmen bedingen bzw. beeinflussen, den **Transportkosten** generell eine zu große Bedeutung beigemessen. Unter den heutigen verbesserten Transport- und Kommunikationsbedingungen tritt nämlich dieser Faktor bei vielen Produktionsbranchen zugun-

sten anderer Standortgrundlagen stark in den Hintergrund.

(2) Wirklichkeitsfremd ist auch die Annahme unbegrenzter **Verfügbarkeit von Arbeitskräften** (z. B. in Volkswirtschaften mit Vollbeschäftigung).

(3) Auch wird in der Weberschen Theorie „die konzentrationsfördernde Wirkung der **Agglomerationsvorteile** unterschätzt" (L. Schätzl Bd. 1, 2003[9], S. 47).

(4) Es gibt eine Reihe weiterer wichtiger Standortfaktoren, deren jeweilige Bedeutung zudem häufig branchenspezifisch ist.

(5) Die **Verhaltensannahmen** bezüglich der Unternehmerentscheidungen sind zu einseitig und restriktiv (homo oeconomicus-Prämisse). Bereits unter 1.3.7 mit Kasten 1.12 wurde allgemein herausgestellt, dass der Ansatz des Optimierungsverhaltens, der den älteren Standortlehren und -theorien, zum großen Teil aber auch noch den neueren raumwirtschaftstheoretischen Ansätzen zugrunde liegt, heute sehr in Frage zu stellen ist. Wir wissen aufgrund neuerer verhaltens- und entscheidungstheoretisch ausgerichteter empirischer Untersuchungen, dass wirtschaftliche Entscheidungen, vor allem bezüglich der Standortwahl von Betrieben, nicht unbedingt einseitig vom wirtschaftlichen Rationalismus bestimmt werden. Unternehmer besitzen im Allgemeinen nur begrenzte Informationen über Standortalternativen, verfügen nur über eingeschränkte Raumwahrnehmungen und suchen ihre Standorte häufig nach bestimmten persönlichen Präferenzen auf (Gegensatz *optimizer - satisficer*).

Alfred Weber wollte seine Theorie ausdrücklich nur als ersten Schritt zur Erklärung des industriellen Standortphänomens verstanden wissen, dem ein zweiter Schritt in Form der Konzipierung einer realistischen Theorie folgen sollte. Dieser zweite Schritt ist jedoch von A. Weber nicht vollzogen

---

Kasten 3.26 Standortfaktoren der Industrie (mit Hierarchie) in einer Vollbeschäftigungsphase nach H. Brede 1971
(1) Arbeitskräfte (insbesondere quantitative Arbeitskräftereserven und regionale Lohnunterschiede; insgesamt > 30 % der Erstnennungen der Standortfaktoren) [Hinweis: die Bedeutung der Arbeitskräfte als Standortfaktoren wurde bis zur Gegenwart mit Zunahme der Arbeitslosigkeit immer weniger wichtig] **(2) Boden**, d. h. Bodenpreis und -quantität (insbes. Möglichkeiten der räumlichen Ausdehnung) sowie Bodenqualität; **(3) Absatzmarkt** (Nähe zu Absatzräumen, Meidung einer räumlichen Konkurrenzsituation); **(4) Grundstücksangebot**; **(5) Fühlungsvorteile** (z. B. Standorte von Zuliefer- bzw. Hilfsfunktionen, Standort des Haupt- oder eines Zweigwerkes); **(6) Persönliche Präferenzen** (z. B. Wohnort des Unternehmers und familiäre Bindungen, persönliche Ortsgebundenheit, Angebot an sozialen und kulturellen Einrichtungen); **(7) Steuervergünstigungen, öffentliche Vergünstigungen** (Grundsteuer u. Gewerbesteuer, Vergünstigungen durch die Gemeinde, staatliche Vergünstigungen im Rahmen von Industrieansiedlungen); **(8) natürliche Bedingungen**; **(9) Übernahme des Betriebes**; **(10) Transportkosten und Verkehrslage** (z. B. Autobahnanschluss, Nähe zu Bahnhöfen, Flughäfen etc.); **(11) Energieangebot** (Elektrizität, Gasverbundnetz, Pipelines) **(12) Sonstige Faktoren**.

worden (bzgl. der Weiterentwicklung der Industriestandorttheorie vgl. L. Schätzl Bd. 1, 2003[9], S. 48ff.).

• **Empirische Bestimmung industrieller Standortfaktoren.** Die Arbeit von H. Brede (1971) ist eine empirische wirtschaftswissenschaftlichen Studie zur industriellen Standortlehre. Deren Ergebnisse basieren auf einer umfassenden schriftlichen Befragung von Industrieunternehmen in der alten Bundesrepublik Deutschland, die in der damaligen Vollbeschäftigungsphase von 1955 bis 1964 ihren Betrieb oder Zweigbetrieb neu gründeten oder verlagerten. Die Untersuchung bezieht sich somit - und das ist zu beachten - auf eine Zeit industrieller Hochkonjunktur (mit Arbeitskräftemangel)! Damit wollte H. Brede vor allem die von A. Weber getroffenen Annahmen zur Theorie der industriellen Standortwahl auf ihre (damalige) Relevanz hin überprüfen. Das Ergebnis hierarchisch angeordneter **Standortfaktoren** industrieller Unternehmen (jeweils „ausschlaggebende Faktoren") ist in Kasten 3.26 zusammengefasst.

Beim Vergleich der industriellen Standortlehre A. Webers mit den empirischen Ergebnissen von H. Brede sind u. a. die zeitlichen Unterschiede zu beachten. Denn während zu Beginn dieses Jahrhunderts beispielsweise öffentliche Vergünstigungen für die Standortwahl von Unternehmen i. Allg. keine große Rolle spielten, da z. B. eine regionale Wirtschaftspolitik nicht existierte, kam in der damaligen Zeit der vorherrschenden paläotechnischen Industriezweige, die stark rohstoffabhängig waren, und unter den damaligen Verkehrsbedingungen den Transportkosten selbstverständlich eine größere Bedeutung zu. Daraus ergibt sich nun, dass Standortbedingungen in ihrer jeweiligen Bedeutung nicht nur räumlich, sondern auch zeitlich sehr variabel sein können.

• **Die Bedeutung „harter" und „weicher" Standortfaktoren** (Abb. 3.44). Heute unterscheidet man bei der Untersuchung und Bewertung der Standortvoraussetzungen von Unternehmen zwischen sog. harten und weichen Standortfaktoren; während die harten eher „messbar" oder quantifizierbar sind, kommt den weichen eine mehr qualitative Bedeutung in der persönlichen (subjektiven) Beurteilung zu. Vor allem wird den weichen

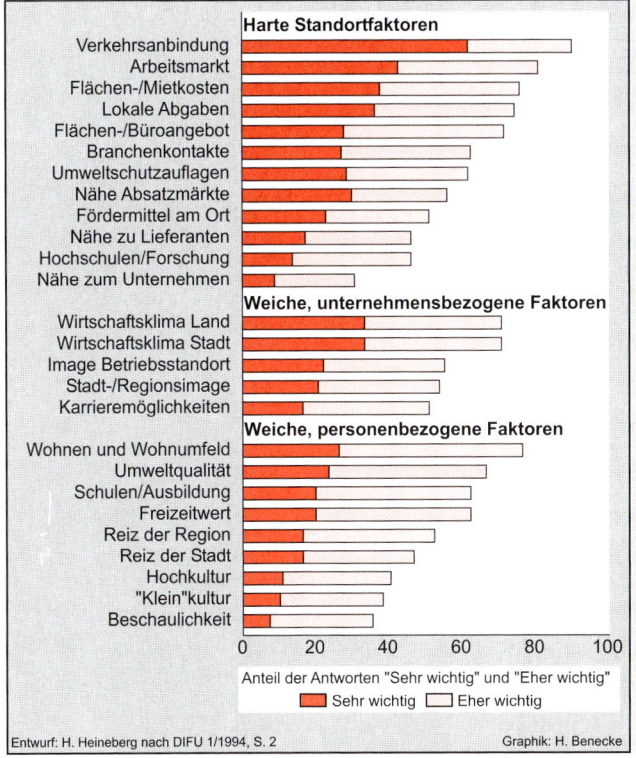

Unter den zehn **Standortfaktoren**, die die Unternehmen für die wichtigsten hielten, sind sechs „harte" (vgl. Rangfolgen aller Standortfaktoren in Klammern):
- Verkehrsanbindung (1),
- Arbeitsmarkt (2),
- Flächen- und Bürokosten (4),
- Kommunale Abgaben (5),
- Flächen-/Büroverfügbarkeit (8),
- Kontakte zu Unternehmen der gleichen Branche (10).

Zwei Standortfaktoren gehören zu den **„weichen, personenbezogenen"** (persönliche Präferenzen der Entscheider und der Beschäftigten):
- Wohnen und Wohnumfeld (3),
- Umweltqualität (9).

Zwei weitere Standortbedingungen zählen zu den **„weichen, unternehmensbezogenen"** Faktoren (dazu gehören generell z. B. das Verhalten der öffentlichen Verwaltung oder politischer Entscheidungsträger, die Arbeitnehmermentalität oder das Wirtschaftsklima):
- wirtschaftspolitisches Klima (6),
- Unternehmensfreundlichkeit der öffentlichen Verwaltung (7).

Abb. 3.44 Bedeutung „harter" und „weicher" Standortfaktoren nach einer Unternehmensumfrage 1993

Standortbedingungen, insbesondere auch in der öffentlichen Diskussion, ein immer größeres Gewicht eingeräumt. So sind diese etwa für viele Kommunen der Grund für aufwändige Investitionen beispielsweise in Kultur- und Freizeiteinrichtungen oder in Maßnahmen zur Imagepflege (Stadtmarketing); vgl. die Ergebnisse einer Untersuchung des Deutschen Instituts für Urbanistik (DIFU) aus dem Jahre 1993, in der knapp 2000 Unternehmen in der Bundesrepublik Deutschland nach ihren Standorteinschätzungen befragt wurden (DIFU 1994, 1995 sowie Abb. 3.44 mit Erläuterung und Abb. 3.45 in diesem Band). In der Einschätzung unternehmerischer Entscheider zeigt sich ein relativ hoher Stellenwert der wei-

chen Standortfaktoren. Jeweils die Hälfte der vom DIFU Befragten stimmte den Aussagen zu, dass „weiche Faktoren deshalb eine wichtige Rolle spielen, weil harte Standortfaktoren an sehr vielen Standorten gleichermaßen gut vorhanden sind", und dass „subjektive Präferenzen der Verantwortlichen für die Standortentscheidung eine erhebliche Rolle bei der Standortwahl spielen".

Die Standortfaktoren lassen sich auch nach ihrer **Wichtigkeit und Zufriedenheit** einteilen. Besonderes Augenmerk verdienen diejenigen Standortfaktoren, die als sehr wichtig beurteilt werden, mit denen die befragten Unternehmen aber weniger zufrieden sind, d. h. vor allem (s. Abb. 3.45):
- lokale Abgaben (kommunale Abgaben,

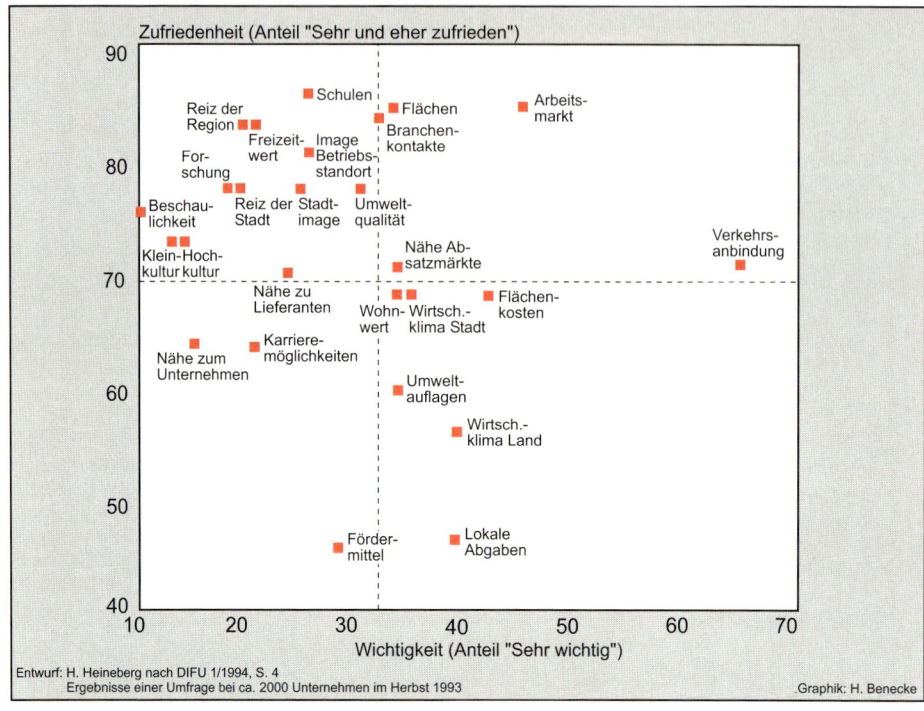

Abb. 3.45 Wichtigkeit und Zufriedenheit von/mit Standortfaktoren nach DIFU 1994

Steuern und Kosten),
- wirtschaftliches Klima im Bundesland,
- Flächen- und Bürokosten,
- Wirtschaftsklima der Stadt (Unternehmensfreundlichkeit der kommunalen Verwaltung),
- Umweltauflagen vor Ort,
- Wohnwert (Qualität von Wohnen und Wohnumfeld).

Zu beachten ist, dass es branchen- und sicherlich auch größenspezifische Unterschiede in Bezug auf derartige Bewertungen gibt.

Differenzen in der **Beurteilung der Wichtigkeit von Standortfaktoren** lassen sich auch **zwischen einzelnen Akteuren** ausmachen, so etwa zwischen den Unternehmern selbst und den für die kommunale Wirtschaftsförderung Verantwortlichen. Dies zeigen die Ergebnisse einer eigenen

jüngeren Wirtschafts- und Strukturanlayse in dem stärker mittelständig geprägten Kreis Coesfeld (Münsterland), die u. a. auf einer umfassenden, repräsentativen Unternehmensbefragung und auf persönlichen Interviews mit den „Wirtschaftsförderern" der Gemeinden des Kreises basiert (S. Ahrens/ H. Heineberg 1997). Die Rangfolge der (abgefragten, d. h. im Fragebogen aufgeführten) harten Standortbedingungen aus der Sicht der Unternehmen (nur für die zehn bedeutendsten Faktoren, mit Einstufung von Rangplätzen durch die Wirtschaftsförderer in eckigen Klammern) sind in Kasten 3.27 aufgeführt.

Tendenziell beurteilten die kommunalen „Wirtschaftsförderer" diejenigen Standortfaktoren als wesentlich wichtiger, die in ihren bzw. in den kommunalen Aufgabenbe-

Kasten 3.27	Rangfolge der Bedeutung harter Standortfaktoren der Unternehmen im Kreis Coesfeld nach S. Ahrens/H. Heineberg 1997

Für die 10 bedeutendsten Faktoren (mit Einstufung von Rangplätzen unter allen aufgeführten 22 Standortfaktoren durch die Wirtschaftsförderer in eckigen Klammern) ergab sich für die befragten Unternehmen folgende Rangfolge:
(1) Gewerbesteuerhebesatz [17],
(2) Verfügbarkeit und Qualifikation der Arbeitskräfte [8],
(3) Ver- und Entsorgungsstrukturen sowie Höhe der Gebühren [12],
(4) niedrige Boden- und Immobilienpreise [7],
(5) überregionale Straßenanbindungen (insbes. Autobahn) [5],
(6) Leistungsfähigkeit der Telekommunikationsinfrastruktur (ISDN, Glasfasernetz) [14],
(7) Erweiterungsmöglichkeit am eigenen Standort [2],
(8) Verfügbarkeit von Gewerbegrundstücken [1],
(9) gebietsinternes Straßennetz (Ortsstraßennetz und Grundstückserschließung)[6],
(10) Angebot beruflicher Aus- und Weiterbildungseinrichtungen (Berufsschulen etc.) [9].

Kasten 3.28	Rangfolge der Bedeutung weicher Standortfaktoren der Unternehmen im Kreis Coesfeld nach S. Ahrens/H. Heineberg 1997

Für insgesamt 9 aufgeführte weiche Standortfaktoren (Anworten der Unternehmen in runden, der 'Wirtschaftsförderer' in eckigen Klammern) ergab sich folgende Rangfolge:
(1) Wirtschaftsfreundliches Klima [1],
(2) Persönliche/private Kontakte, traditionelle Bindungen oder Heimatverbundenheit [2],
(3) Image der Region Münsterland/Kreis Coesfeld [7],
(4) gute Einkaufsmöglichkeiten [9],
(5) soziale Infrastruktur, insbes. Kindergärten/-tagesstätten [5],
(6) Allgemeinbildungsmöglichkeiten [4],
(7) Nähe zum Verdichtungsraum Rhein-Ruhr [6],
(8) Vielfalt der Kultur- und Freizeitangebote [3],
(9) Nähe zum Oberzentrum Münster [8].

reich fielen; dazu zählte z. B. Verfügbarkeit von Gewerbegrundstücken durch Gewerbegebiets- bzw. -flächenausweisungen. Eine große Abweichung ergab sich hinsichtlich des kommunalen Gewerbesteuerhebesatzes; diesem wurde seitens der Unternehmen eine sehr wichtige Bedeutung beigemessen, von den Wirtschaftsförderern, die die Politik der einzelnen Gemeinden zu vertreten hatten, dagegen eine eher unwichtige.

Insgesamt nicht so gravierende Unterschiede in den Beurteilungen durch die beiden Akteursgruppen im Kreis Coesfeld erfuhren die **weichen Standortfaktoren**, die übereinstimmend alle zwischen eher wichtig bis sehr wichtig eingestuft wurden (vgl. Kasten 3.28).

3.6.4 Ausgewählte jüngere Konzepte zur Erklärung des industriestrukturellen Wandels. Im Abschnitt 3.6.3 wurden Mängel klassischer industriegeographischer Erklärungsansätze am Beispiel der Industriestandortlehre von A. Weber aufgezeigt. Anschließend wurden anhand einer wichtigen empirischen Untersuchung von H. Brede sowie der Wirkung sog. harter und weicher Standortfaktoren bereits komplexere Erklärungskonzepte zur Standortwahl sowie zu Produktions- und Standortveränderungen von Industriebetrieben oder -unternehmen verdeutlicht. Jüngere, stärker verhaltenstheoretisch orientierte Ansätze gehen i. Allg. von den Unternehmerentscheidungen aus, die z. B. Investitions-, Mobilitäts- oder Ansiedlungsentscheidungen sind. Die auf diese Entscheidungen einwirkenden Faktoren oder Variablen sind meist sehr komplex. Sie können in zahlreiche Komponenten zerlegt werden.

Im Folgenden soll zunächst ein theoretischer Ansatz zur Erklärung des industrie-

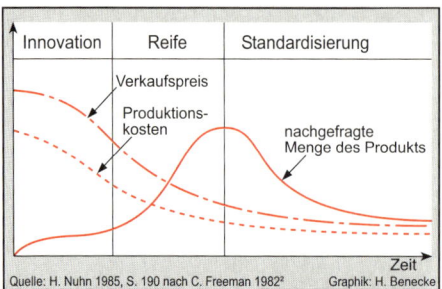

Abb. 3.46 Kosten-/Nachfrageentwicklung im Verlauf des (industriellen) Produktzyklus

In Wiederholung, aber auch in Ergänzung zu den Ausführungen unter 3.4.2 lassen sich die **drei Phasen des Produktzyklus-Modells** bzw. innerbetrieblicher Veränderungen wie folgt kurz charakterisieren (vgl. Abb. 3.46):

(1) In der **Innovationsphase** erfolgt nach der Entwicklung die Einführung des neuen Produktes mit geringer Stückzahl, jedoch hohen Verkaufspreisen, zumal auch nur ein bzw. wenige Anbieter den Markt beliefern. Die Unternehmensgewinne sind entsprechend hoch.

(2) **Reifephase**: Die hohen Gewinne, steigende Nachfrage und zunehmenden Kenntnisse über die Produkttechnologie führen dazu, dass neue Hersteller als Konkurrenten auftreten. Aufgrund der zunehmend niedrigeren Verkaufspreise sinken die Gewinnspannen. In dieser Phase erlangen das Produkt und das Herstellungsverfahren ihre endgültige Reife.

(3) **Phase der standardisierten Massenproduktion**: Die hohen Investitionen und sinkenden Gewinne drängen die kapitalschwachen Firmen aus dem Markt. Die Folge sind Unternehmenskonzentrationen.

strukturellen Wandels und damit auch der Standort- und Raum- bzw. Regionalentwicklung vertieft werden, der bereits unter 3.4.2 in einem ersten Überblick angesprochen wurde, und zwar die

• **Produktzyklus-Theorie**. Diese wurde von dem Wirtschaftswissenschaftler R. VERNON (1960) entwickelt, jedoch in der Literatur in unterschiedlicher Weise - insbesondere

was die Entwicklungsphasen innerhalb des Produktlebenszyklus angeht - behandelt (im Folgenden vor allem nach H. NUHN 1985).

Die Produktzyklus-Theorie liefert Ansätze zum Verständnis innerbetrieblicher Veränderungen und räumlicher Verlagerungen von Industriebetrieben. Da jedes Produkt nur eine bestimmte Lebensdauer besitzt, muss die Industrie immer neue Produkte entwickeln. Dabei ist die gesamte innerbetriebliche Organisation auf den Produktzyklus abzustimmen, der sich in vier (vgl. 3.4.2 mit Abb. 3.13) oder - wie im Folgenden - auch grob in **drei unterschiedliche Phasen** einteilen lässt, und zwar in die Phasen (1) Innovation, (2) Reife und (3) Standardisierung. Entgegen der früheren Darstellung des Produktlebenszyklus (Abbn. 3.12 u. 3.13) werden in dem Diagramm der Abb. 3.46 neben der nachgefragten Menge des jeweils hergestellten Produktes auch der Verkaufspreis und die Produktionskosten in ihrer zeitlichen Entwicklung veranschaulicht. Aus der Differenz zwischen dem Verkaufspreis und den Produktionskosten ergibt sich der Gewinn des Unternehmens oder Betriebes an der Herstellung des Produktes; dieser nimmt im Verlauf des Produktlebenszyklus tendenziell immer weiter ab.

Wichtig ist nun, dass sich mit dem Produktzyklus auch die **Bedeutung der einzelnen Produktionsfaktoren** und damit auch die **jeweilige Standortbindung** ändern (vgl. Abb. 3.46): So ist in der

(1) **Innovationsphase** das **wissenschaftlich-technische Know-how der hochqualifizierten Fachkräfte** sehr wichtig. Das Produkt muss i. Allg. noch häufiger den Marktbedürfnissen angepasst sein. Auch die **externen Dienstleistungen und Zulieferer** haben einen hohen Stellenwert. Das **Management** muss eine schnelle Kommunikation zwischen Herstellern, Zulieferern und Kunden organisieren. Weniger bedeutend sind

in der ersten Phase ungelernte Arbeitskräfte oder auch das Kapital. Günstige Standortvoraussetzungen bestehen in der Innovationsphase in der Nähe von Forschungszentren (z. B. Technologie- und Gründerzentren oder Wissenschaftsparks in Kombination mit vor allem technisch orientierten Hochschulen) und aufnahmefähigen Märkten (insbes. größere Verdichtungsräume).

(2) In der **Reifephase** sinkt die Bedeutung des wissenschaftlich-technischen Personals. Nun kommen dem Management und der Kapitalbeschaffung die Schlüsselfunktionen zu (u. a. Organisation der Massenproduktion, Sicherung der Märkte, Bereitstellung des Investitionskapitals). In dieser Phase haben somit die speziellen Standortfaktoren der Innovationsphase an Gewicht verloren; die Produktion kann dahin verlagert werden, wo die Marktstrategie es erfordert und ein Potenzial an ungelernten Arbeitskräften für die sich entwickelnde Massenproduktion zur Verfügung steht.

(3) Die **Standardisierungsphase** ist durch die serienmäßige Massenproduktion mit Routinetätigkeiten gekennzeichnet, die weitgehend von Technikern und angelerntem Personal ausgeführt werden. D. h. es sind weder hochspezialisierte Wissenschaftler noch spezielle Managementleistungen erforderlich; auch externe Leistungen sind von geringer Bedeutung. Günstigste Standorte bestehen dort, wo billige Arbeitskräfte und Infrastrukturen zur Verfügung stehen sowie geringe Abgaben und Steuern zu leisten sind.

Von Bedeutung ist weiterhin, dass sich der Produktzyklus für einzelne Produkte auf ganze **Produktgruppen und Industriebranchen** übertragen lässt. So gibt es innovative Wachstumsindustrien mit hohem technologischen und wissenschaftlichen Standard (inbes. High Tech-Branchen) sowie etwa auch Industrien in der Reife- oder Standardisierungsphase mit Stagnations-

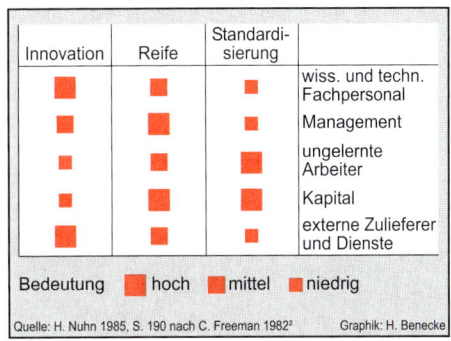

Abb. 3.47 Relative Bedeutung ausgewählter Produktionsfaktoren im Verlauf des (industriellen) Produktzyklus

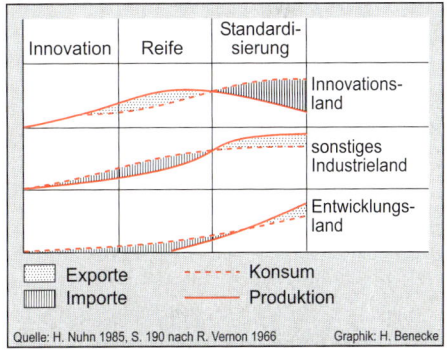

Abb. 3.48 Produktlebenszyklus: Hypothetische Entwicklung internationaler Wirtschaftsbeziehungen

und Schrumpfungstendenzen.

Die Phasen der Produktzyklus-Theorie lassen sich auch auf **internationale Wirtschaftsbeziehungen** beziehen; vgl. dazu Abb. 3.48 mit Kurven für Konsum und Produktion in Innovationsländern (z. B. USA), sonstigen Industrieländern und Entwicklungsländern mit Darstellung der in den drei Produktzyklus-Phasen jeweils dominanten Import- und Export-(Austausch-)Beziehungen. Die Abbildung zeigt, dass industrielle Innovationsländer gegenüber den übrigen Industrieländern einen Entwicklungsvorsprung haben. Die neu entwickelten Produkte werden erst für den eigenen (kaufkräftigen) Markt erzeugt, dann aber auch bald exportiert (z. B. Mikroelektronik-Produkte). Die Produkte werden zunächst in die übrigen Industrieländer exportiert, die mit einer Phasenverschiebung selbst zu produzieren beginnen. In der Standardisierungsphase verlagert sich die Produktion mehr und mehr in die Billiglohnländer. In das Ursprungs-Innovationsland fließen nunmehr Importe aus den sonstigen Industrie- sowie später auch aus Entwicklungsländern.

Die Produktzyklus-Theorie besitzt einen relativ hohen Erklärungsgehalt. Sie ist auch von Relevanz für die Regionalpolitik und Raumplanung, z. B. in Bezug auf die Initiierung technologischer Neuerungen an geplanten Standorten (Entwicklung von Technologiezentren, Wissenschafts-, Technologieparks etc. mittels öffentlicher Unterstützung). Voraussetzungen dazu sind - wie oben ausgeführt - hochqualifizierte Arbeitskräfte, der Zugang zu modernen Forschungseinrichtungen und Infrastruktur (externe Dienste) sowie Kapital als Starthilfe. Derartige Bedingungen sind besonders günstig in der Nähe von Hochschulstandorten mit Möglichkeiten der Technologietransfers.

• **Modelle der Unternehmensorganisation und -expansion** beinhalten die Darstellung der Entwicklungs- und Wachstumsphasen vom neu gegründeten Einbetriebsunternehmen bis zum multinationalen Konzern. Ein vereinfachtes Modell, das aufzeigt, „wie sich die **Unternehmensorganisation** mit dem Wachstum eines Unternehmens im Zeitablauf verändert", haben H. Bathelt/J. Glückler (2003[2], S. 174) in Anlehnung an P. Dicken/P. E. Lloyd (1990[3]) veröffentlicht. Darin werden beispielhaft drei Entwicklungsstufen unterschieden, „die durch eine steigende Komplexität und eine zunehmende Arbeitsteilung zwischen den verschiedenen

Entwicklungsebenen gekennzeichnet sind" (H. Bathelt/J. Glückler, ebd.):

(1) **Einprodukt-/Einbetriebsunternehmen:** z. B. als Neugründung; einfache, oftmals personengebundene Leitungsstruktur; „keine klare Trennung zwischen strategischer, administrativer und operativer Leitungsebene" (ebd.).

(2) **Einprodukt-/Mehrbetriebsunternehmen:** unternehmensinterne organisatorische Arbeitsteilung mit zunehmender Unternehmensgröße; eigenständige Abteilungen mit dezentralen Leitungsfunktionen der operativen Entscheidungsebene für spezifische Funktionsbereiche, z. B. für Produktion, Forschung und Marketing; höheres Maß an zentraler Kontrolle; als übergeordnete Entscheidungsebene einer Unternehmenszentrale (*headquarters*).

(3) **Mehrprodukt-/Mehrbetriebsunternehmen** mit produktspezifischen Divisionen (Geschäftsfeldern) anstelle funktionaler Abteilungen; Entwicklung einer dreistufigen Hierarchie der Leitungsfunktionen: „Auf der unteren Ebene werden von den einzelnen Geschäftsfeldern operative Leitungsfunktionen wahrgenommen. Die mittlere Ebene erfüllt koordinierende und administrative Funktionen. Auf der obersten Entscheidungsebene werden Nicht-Routineentscheidungen gefällt, die das Gesamtsystem betreffen, und es werden Unternehmensziele vorgegeben und überwacht" (H. Bathelt/J. Glückler 2003[2], S. 175).

„Aus den verschiedenartigen Bedarfsstrukturen der drei Entscheidungsebenen läßt sich nach Dicken & Lloyd (1990, Kap. 8) ein differenziertes Standortverhalten ableiten. Von den strategischen Leitungsfunktionen wird angenommen, dass sie hohe Anforderungen an flexible und qualitativ hochwertige Kommunikations- und Informationsnetze stellen und sich deshalb vorrangig auf große Metropolen mit Agglome-

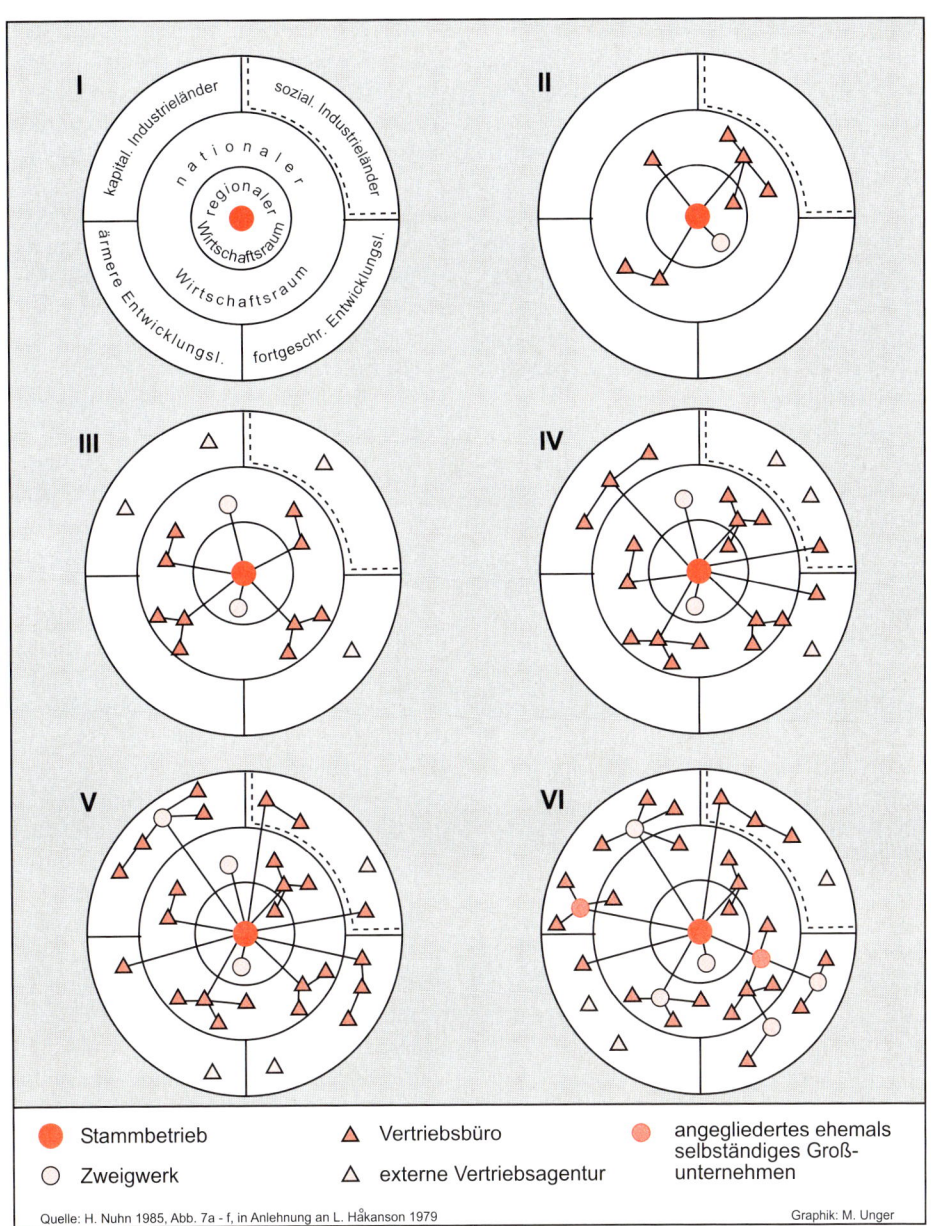

Abb. 3.49 Modell der Unternehmensexpansion und Raumdurchdringung nach Håkanson

rations- und Fühlungsvorteilen konzentrieren. Operative Leitungsfunktionen verzeichnen demgegenüber möglicherweise eine größere Standortvariabilität, da sie unterschiedliche Standortbedürfnisse haben. In Abhängigkeit von den strategischen Zielen und spezifischen Funktionen siedeln sie sich in Regionen mit entsprechenden Standortvorteilen an (W. Mikus 1978). Durch den Aufbau einer funktionalen Arbeitsteilung zwischen räumlich getrennten Unternehmenseinheiten besteht die Möglichkeit, bestimmte Unternehmensfunktionen in den Regionen mit jeweils besten Standorteigenschaften anzusiedeln" (H. Bathelt/J. Glückler 2003[2], S. 175).

L. Håkanson (1979) unterschied in einem „**Modell der Unternehmensexpansion und Raumdurchdringung**" (Abb. 3.49) verschiedene Entwicklungs- und Wachstumsphasen von einem regionalen Einbetriebs- zu einem multiregionalen Mehrbetriebsunternehmen (im Folgenden in Anlehnung an H. Nuhn 1985):

I. Neugründungsphase mit Markteintritt (Innovationsphase): Es handelt sich um ein neugegründetes Einbetriebsunternehmen (Stammbetrieb) mit eigener Produktentwicklung (Erfindung, Innovation); die Liefer- und Absatzbeziehungen bleiben weitgehend auf die Region (regionaler Wirtschaftsraum) beschränkt.

II. Erste Wachstumsphase mit Marktdurchdringung: Es erfolgen der Aufbau eines nationalen Vertriebsnetzes und die Errichtung eines, ggfs. auch mehrerer Zweigwerke(s) (neue Betriebe zur Überwindung von Produktionsengpässen am alten Standort); zugleich weitet sich das Management aus.

III. Phase der Marktausweitung: Erweiterung von Produktion (Massenproduktion) und Absatz (mit Verdichtung des Verkaufsnetzes) im Inland; Beginn des internationalen Vertriebs bzw. Exports (Zusammenarbeit mit Verkaufsorganisationen im Ausland, zunächst Einschaltung ausländischer Firmen als externe Verkaufsagenturen).

IV. Phase der Produktionsausweitung: Produktionserweiterung im Inland (ein-

schließlich Montage importierter Teile) und Errichtung eigener Verkaufsniederlassungen im Ausland.

V. Phase des Aufbaus eigener Produktionsstätten im Ausland bei zunehmender Nachfrage zunächst in kapitalistischen Industrieländern, danach in Schwellenländern. Zunächst handelt es sich oft um kleinere Betriebe zur Endmontage oder um den Aufkauf schwächerer Konkurrenzunternehmen. Zu den Gründen zählen: Senkung der Transportkosten sowie etwa die Umgehung von Zöllen, Importbeschränkungen und anderen Hindernissen (Beispiel: Ansiedlungen US-amerikanischer oder japanischer Firmen in EU-Ländern, insbesondere in Großbritannien).

VI. Phase verstärkter vertikaler Integration durch Angliederung von Zulieferbetrieben, Rohstoffproduzenten, Vermarktungsunternehmen (Großhandel etc.) bei gleichzeitiger weiterer konzernbezogener Diversifikation der Produktion und Neugliederung des Unternehmens in sektorale und regionale Einheiten mit dezentralen Leitungsfunktionen. Die strategische Kontrolle und die Investitionsentscheidungen verbleiben aber in der Hauptverwaltung, die in der Regel ihren Sitz im Ursprungsland behält.

Das Modell der Unternehmensexpansion und Raumdurchdringung muss relativiert werden, denn nicht jedes Unternehmen erreicht alle Stadien in dieser idealtypischen Sequenz. Nur wenige entwickeln sich auf der transnationalen oder globalen Maßstabsebene. Insgesamt ergeben sich aus dem Modell jedoch viele allgemeingültige Sachverhalte. Dies betrifft z. B. die zunehmende externe Kontrolle von Unternehmensteilen und damit auch von Regionen, insbes. bei Errichtung von Zweigwerken in Peripherräumen oder in Wirtschaftsförderungsgebieten. Diese sind gekennzeichnet durch angelernte Arbeitskräfte, fehlende Forschungs- und

Verwaltungseinheiten (mit höherer Berufs-qualifikation) und relativ geringe Multiplikatoreffekte; in Zeiten geringer Nachfrage werden Zweigwerke i. Allg. am ehesten betroffen (vgl. Automobilwerk in Schottland, H. Heineberg 1997[2], S. 214f.).

Für die **Erklärung der zunehmenden Inter- oder Transnationalisierung der Produktion** gilt, dass die traditionellen Standortfaktoren immer weniger bedeutsam werden; wichtiger sind politische Verhältnisse (Stabilität), Flexibilität auf dem Arbeitsmarkt, geringe Steuern, Gebühren und Zinsniveaus oder etwa das Währungsgefälle. Als Folge der transnationalen Vernetzungen und der wachsenden Kapitalmobilität (z. B. Auslandsdirektinvestitionen) sind umfangreiche Standortverlagerungen (insbes. die Rationalisierung und Schließung von Werken in den Altindustrieländern und Neueröffnung von Werken in sog. Billigländern) notwendig. Dadurch wird der Anstieg der Massenarbeitslosigkeit in Altindustrieländern beschleunigt.

Aus den Betrachtungen dieses Abschnitts ergibt sich zudem, dass die Industriegeographie stärker als bisher die internationale Ebene einbeziehen muss (vgl. E. Kulke 2006[2], Kap. 7).

• Industriedistrikte und innovative bzw. kreative Milieus. Jüngere industriegeographische Arbeiten haben sich anstelle der Untersuchung von Einzelunternehmen oder -betrieben stärker der räumlichen Organisation und Vernetzung von Produktionssystemen oder -strukturen (regionale Produktionsnetze, z. B. als sog. Industriedistrikte) gewidmet (im Folgenden in Anlehnung an H. Bathelt/J. Glückler 2003[2], S. 182ff.). Ein wichtiger Ausgangspunkt war die wissenschaftliche Diskussion um das sog. Dritte Italien, das zwischen dem vor allem auf Massenproduktion industrialisierter Güter

---

Kasten 3.29
Sozioökonomische Bedingungen für die industrielle Leistungsfähigkeit des Dritten Italien nach H. Bathelt/J. Glückler 2003[2], S. 187-188

(1) „**Flexible Spezialisierung und Kooperation**" der kleineren und mittleren Unternehmen, die „in wechselhaften Märkten mit industriellen Bedarfsstrukturen eher in der Lage (sind), sich fortlaufend an die Nachfragebedürfnisse anzupassen als große Unternehmen" (ebd., S. 187-188)

(2) „Räumliche Nähe" (...) „erleichtert kontinuierliche Abstimmungsprozesse in der Produktion, erhöht die Interaktionsdichte und verringert das Risiko opportunistischen Verhaltens. Durch hohe Informationsflüsse entstehen neue Ideen und kollektive Lernprozesse werden ermöglicht" (ebd. S. 188)

(3) „**Vertrauen und *embeddedness.*** Vertrauen ist eine wesentliche Voraussetzung für die Entstehung und Stabilität regionaler Produktionssysteme". (...) „Räumliche Nähe erleichtert den Prozess der Vertrauensbildung entscheidend, weil die Akteure gemeinsame Normen, Gewohnheiten, Konventionen und Traditionen teilen". (...) „Die Unternehmen sind eingebettet in ein spezifisches sozio-kulturelles Umfeld und können nicht losgelöst von diesem betrachtet werden" (ebd.).

(4) „***Institutional thickness.*** Neben einem akzeptierten Regelwerk und gemeinsamen Traditionen gibt es in den Industriedistrikten des Dritten Italien eine hohe Dichte formeller Institutionen: Technische Weiterbildungs- und Schulungseinrichtungen, spezialisierte Forschungslabors, gemeinsame Einkaufs- und Handelsorganisationen, Banken sowie Industrieverbände stärken den regionalen Produktionszusammenhang und ermöglichen den Aufbau einer kollektiven Ordnung. Die Einbindung in ein dichtes Netz sozio-institutioneller Beziehungen und Strukturen erzeugt im Sinne von Amin & Thrift (1994) eine wachstumsfördernde *institutional thickness*" (ebd.).

---

ausgerichteten Nordwesten (Industriedreieck Genua - Mailand - Turin) und dem zurückgebliebenen, noch stark landwirtschaftlich geprägten Mezzogiorno des südlichen Italien gelegen ist. Dieses in eine größere

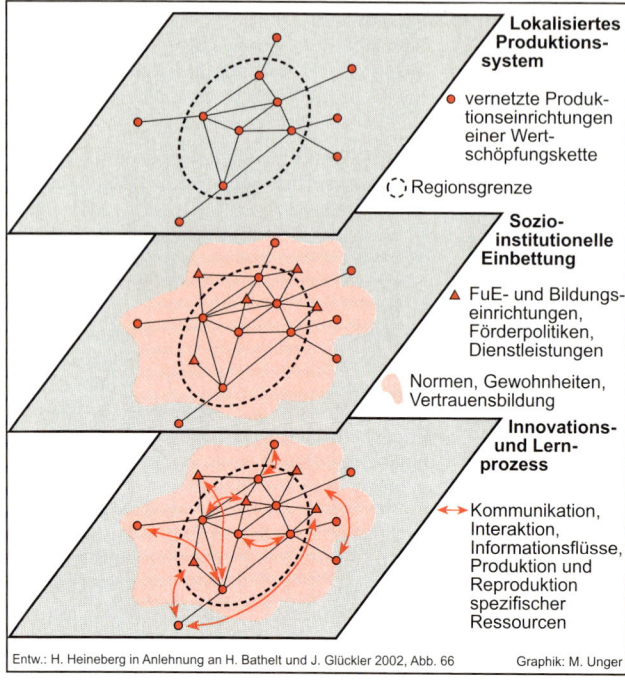

Entw.: H. Heineberg in Anlehnung an H. Bathelt und J. Glückler 2002, Abb. 66   Graphik: M. Unger

**Abb. 3.50
Innovatives Milieu
nach
H. Bathelt/J. Glückler**

In der Abb. 3.50 bedeuten nach H. BATHELT/J. GLÜCKLER (2003², S. 190-191):

(1) Lokalisiertes Produktionssystem
= Ballung von räumlich benachbarten Industrieunternehmen, Zulieferern, Kunden und Dienstleistungsbetrieben, die zu einem Beziehungsnetzwerk (vielfältige Güter-, Arbeitsmarkt-, Technologie- und Informationsverflechtungen) zusammengebunden sind. In dieser lokalisierten Form einer Wertschöpfungskette (oder eines substanziellen Teils davon) werden durch die räumliche Nähe Transaktionskostenvorteile (z. B. für Informationssuche und -beschaffung) erzielt. Lokalisierte Produktionssysteme fördern Kooperationen zwischen den Akteuren.

(2) Sozio-institutionelle Einbettung
bedeutet die Einbindung des lokalisierten Produktionssystems „in einen gemeinsam getragenen sozio-institutionellen Zusammenhang". (...) „Dabei führen informelle und formelle Informations- und Kommunikationsflüsse (...) zu einer gemeinsamen Wissensbasis. So entwickeln sich Routinen, Gewohnheiten, Verhaltensnormen, Technikkulturen, Vertrauensbeziehungen und gemeinsame Perzeptionen, die allgemein akzeptiert werden und damit eine Ordnung für gemeinsames Handeln schaffen". (...) Dazu tragen auch „formelle Institutionen wie etwa Schulungs- und Forschungseinrichtungen sowie öffentliche und private Förderprogramme (bei), die die Einbindung der Akteure in das Milieu ermöglichen" (ebd., S. 190).

(3) Innovations- und Lernprozesse
Wichtig für ein kreatives Milieu (Entstehung neuen Wissens, Förderung von Innovationen etc.) ist „Offenheit nach außen" (ebd., S. 190). „Ferner müssen intensive Interaktionen und Lernprozesse dazu beitragen, dass Wissen und Technologien sich schnell verbreiten können und spezialisierte Ressourcen und Qualifikationen entstehen" (ebd., S. 190-191). Entscheidend ist außerdem, „dass die Akteure in der Lage sind, spezifische Informationen und Ressourcen zu akquirieren und zu generieren" (ebd., S. 191).

Zahl von Industriedistrikten gegliederte Dritte Italien, das in den 70er Jahren des 20. Jh.s erhebliche industrielle Wachstumsraten (Erhöhung der Gesamtbeschäftigungszahl, große Dynamik von Unternehmensgründungen mit sinkenden Unternehmensgrößen) verzeichnete, basiert auf traditionellen Handwerksstrukturen und mittelständischen Unternehmen (Branchen Textil, Bekleidung, Schuhe, Leder etc.). Die ökonomischen und sozialen Prozesse bzw. Strukturen, die hinter der Leistungsfähigkeit dieser italienischen Industriedistrikte stehen, lassen sich nach H. Bathelt/J. Glückler in vier Punkten zusammenfassen (s. Kasten 3.29).

Die Übertragbarkeit der Industriedistrikte des Dritten Italien - insbesondere hinsichtlich ihres „modellhaften Charakters für eine neue Form der Regionalentwicklung in vernetzten Strukturen" - ist durchaus strittig (H. Bathelt/J. Glückler 2003², S. 188).

Parallel zu den Diskussionen über die Industriedistrikte Italiens entstand in den 1980er Jahren der **Ansatz des innovativen bzw. kreativen Milieus** (vgl. Abb. 3.50). „Ähnlich wie in den Arbeiten über das Dritte Italien werden hierbei innovative Unternehmen nicht isoliert betrachtet, sondern in ihrem lokalen Umfeld und den dortigen sozio-institutionellen Strukturen in Verbindung gebracht. (...) Insofern kennzeichnen beide Ansätze das Bemühen, sich von einer isolierten Unternehmensbetrachtung abzuwenden und Innovationsfähigkeit als Ergebnis kollektiven Handelns aus ökologischen und sozialen Prozessen zu verstehen" (H. Bathelt/J. Glückler 2003², S. 189).

Arbeiten der französischen Forschungsgruppe *GREMI (Group de Recherche Européen sur les Milieux Innovateurs)* der 1980er und 1990er Jahre, die eine Vorreiterrolle in Bezug auf die Entwicklung des Milieuansatzes einnehmen, hatten als Ausgangspunkt „zunächst nicht Regionen, die durch traditionelle Industriebranchen geprägt sind, sondern vor allem **Regionen mit großem Innovationspotenzial** und einer Ballung von Unternehmen in modernen High Tech-Sektoren. **Innovationen** werden hierbei als Ergebnisse arbeitsteiliger Prozesse verstanden, in denen eine Vielzahl von Akteuren zusammenwirken. Diese sind in komplexe Verflechtungsnetzwerke eingebunden, die eine starke soziale Verankerung aufweisen (...). In den **Netzwerken** gibt es Zugangsmöglichkeiten zu industriellen Kooperationspartnern, zu spezifischen Informationen, zu *know-how* und zu Finanzierungsquellen" (H. Bathelt/J. Glückler 2003², S. 190).

Bezugnehmend auf Arbeiten von O. Crevoisier/D. Maillat (1991), M. Fromhold-Eisebith (1995), A. Bramanti/R. Ratti (1997), E. W. Schamp (2000) u. a. stellen H. Bathelt/J. Glückler (2003², S. 190 f.) das sog. **lokalisierte Produktionssystem** (= Form der gebietsgebundenen Produktionsorganisation) als Ansatzpunkt für die **Konzeptionalisierung des innovativen bzw. kreativen Milieus** heraus. Dessen Hauptverflechtungsdimensionen sind in Abb. 3.50 dargestellt und in Anlehnung an H. Bathelt/J. Glückler (2003², S. 190-191) erläutert.

„Erfolgreiche Produktionssysteme spezialisieren sich auf einen Technologiebereich bzw. eine Wertschöpfungskette und richten ihre Aktivitäten, Interaktionen und Ressourcen gezielt darauf aus. Dies führt dazu, dass eine lokalisierte Wissensbasis entsteht, die nicht beliebig in andere Regionen übertragen werden kann. Dadurch ist es möglich, Spezialisierungen weiter zu entwickeln, Kompetenzen zu reproduzieren und die Wettbewerbsfähigkeit auszubauen. Dies setzt voraus, dass es innerhalb des Milieus enge Kommunikationsprozesse und Interaktionen gibt, die die Wissensdiffusion kana-

---

Kasten 3.30
Die geographische Analyse industrieller Strukturen befasst sich mit der (empirischen) Erfassung der Industriestandorte, den jeweiligen betrieblichen Struktur- und Funktionsmerkmalen (wie Produktionsrichtung, Betriebsgrößen- und Beschäftigungsverhältnisse, Zuliefer- und Absatzverflechtungen etc.) und im Zusammenhang damit, die sich wie die betrieblichen Strukturen und funktionalen Verflechtungen (z. B. Unternehmensnetzwerke) jedoch zeitlich sehr wandeln können. Neben der Erklärung von Standortverteilungen einzelner Industriebetriebe oder industrieller Konzentrations- und Dispersionserscheinungen (Industriestandorttheorien, Standortfaktorenkataloge) sowie des Handelns von industriegeographisch relevanten Akteuren im Raum gibt es noch weitere industriegeographische Untersuchungsaspekte wie etwa Erfassung und Interpretation der Auswirkungen neuer oder erweiterter Industriebetriebe auf die übrigen Raumstrukturen. Es sind aber auch die negativen Folgewirkungen von Betriebsstilllegungen bzw. rückläufiger Industrieentwicklung in einem Raum ein wichtiger Untersuchungsaspekt. Auch die sich ergebenden sog. räumlichen (regionalen) Disparitäten zwischen Regionen oder Ländern sowie innerhalb derselben sind von besonderem industriegeographischen Interesse.

---

lisieren und eine Anpassung von *know-how* an die spezifischen Bedürfnisse des Produktionssystems ermöglichen. Durch die Einbettung der Unternehmen und Akteure in allgemein akzeptierte sozio-institutionelle Zusammenhänge werden entsprechende Lernprozesse gefördert. Innovation ist somit das Ergebnis gemeinsamen Handelns von Akteuren, die in ein enges Beziehungsgeflecht – insbesondere mit regionalen Akteuren – eingebunden sind" (H. Bathelt/J. Glückler 2003[2], S. 191). In Kasten 3.30 sind einige inhaltliche Aspekte des Abschnitts 3.6 zusammengefasst.

Kasten 3.31 Literaturauswahl zur Ergänzung und Vertiefung des Abschnittes 3.6

• **Einführungen in die Industriegeographie/Forschungsberichte/Lehrbücher**:
W. Gaebe/J. Maier 1984[3], J. Maier 2005 (Einführungen); H. Nuhn 1985 (Forschungsbericht); W. Brücher 1982, E. Kulke 2004a (2006[2]), J. Maier/R. Beck 2000 (Lehrbücher); W. Gaebe 1988 (Lehrbuch m. didakt. Bedeutung)

• **Industrialisierung/Industrielle Revolution**:
H. Heineberg 1997[2] (Beispiel Großbritannien); G. Voppel 1990 (Industrialisierung d. Erde)

• **Industrie im Rahmen der Weltwirtschaft/Globalisierung**:
W. Flüchter 1998, E. Kross 1997, H. Nuhn 1999, 2001, E. W. Schamp 1997

• **Industriestandorttheorien**:
L. Schätzl 2001[8] (Lehrbuch zu Theorien); C. Freeman 1982[2], C. Vernon 1966 (Produktlebenszyklus-Theorie); L. Hakanson 1979 (Modell d. Unternehmensexpansion u. Raumdurchdringung); R. Sternberg 1995a (flexible Produktion u. Industriedistrikte); P. Gräf 2001 (flexible Standortentscheidungen); H. Bathelt/J. Glückler 2000, E. W. Schamp 2000 (vernetzte Produktion); H. Bathelt/J. Glückler 2002 (2003[2]), R. Grotz 1996, M. Fromhold-Eisebith 1995 (Industriedistrikte, innovative bzw. kreative Milieus u. Netzwerke)

• **Empirische industriegeographische (Regional-/Standort-)Analysen/Industriestandortbedingungen**:
H. Brede 1971, DIFU 1994, 1995, Th. Hauff 1995, E. Kulke 1990, J. H. Müller 1973

• **Industrie in Deutschland allgemein/Analysen ausgewählter Industriezweige**:
W. Gaebe 1998 (Ind. in Deutschland); H. Heineberg 1997[2], S. 175-211 (Entwicklung ausgewählter paläo-/neotechn. Industrien in Großbritannien); Th. Hauff 1995 (Textilindustrie d. Münsterlandes); H. Bertram/E. W. Schamp 1989, W. Gaebe 1993 (Automobilind.); D. Keeble 1991, S. Kinder 2000, R. Sternberg 1995b („High-Tech Industries" in GB/im internationalen Vergleich); G. Stenke 2002 (Innovative Milieus, Bsp. Siemens)

3.7 Einführung in die Geographie des tertiären (und quartären) Wirtschaftssektors und in die Zentralitätsforschung

3.7.1 Grundlegende Definitionen. Es handelt sich um einen Forschungskomplex der Anthropogeographie, der nicht ganz eindeutig zu bestimmen ist. So bestehen einerseits enge inhaltliche Zusammenhänge zwischen einer sog. Geographie des tertiären Sektors bzw. einer **Geographie des tertiären (und quartären) Sektors** oder **Geographie des Dienstleistungssektors** mit der sog. **Zentralitätsforschung.** Andererseits ist bereits die Zuordnung dieses Komplexes zur Wirtschaftsgeographie fraglich, denn wesentliche Inhalte sowohl der Geographie des tertiären Sektors als auch der Zentralitätsforschung werden auch im Rahmen der Stadtgeographie oder der Geographischen Stadtforschung behandelt (vgl. u. a. H. HEINEBERG 2006[3]a, 4.3, 7.5). Damit bildet dieser Abschnitt 3.7 quasi eine Brücke zwischen dem wirtschaftsgeographischen Kapitel 3 und dem stadtgeographischen Kapitel 6 in diesem Lehrbuch.

Zu den grundlegenden Definitionen zählen einmal die **Begriffe tertiärer und quartärer Sektor**, die auch häufig als **Dienstleistungssektor** (engl. *service sector*) zusammengefasst werden. Die Termini sowie jüngeren Entwicklungstendenzen des klassischen tertiären Sektors einerseits und der beiden Teilsektoren „tertiär" und „quartär" andererseits wurden bereits unter 3.2 definiert bzw. behandelt.

Eine **Geographie des tertiären (und quartären) Sektors** analysiert vor allem die Struktur sowie die Entwicklungs- und Standorttendenzen des tertiären/quartären Sektors oder Dienstleistungssektors sowie die zu-

grunde liegenden Standortfaktoren, aber auch deren räumliche Auswirkungen auf den verschiedenen räumlichen Maßstabsebenen. Allein schon aufgrund der enormen Ausweitung der Erwerbstätigkeit im Dienstleistungssektors kommt einer geographischen Beschäftigung mit diesem wichtigen Wirtschaftsbereich eine besondere Bedeutung zu.

Auch die **Zentralitätsforschung** beschäftigt sich mit tertiären bzw. quartären Funktionen und deren Angeboten in unterschiedlichsten Standorträumen, die man auch **Zentrale Orte** nennt. In der Zentralitätsforschung wird jedoch neben der Ausstattung der Zentralen Orte mit Einrichtungen des tertiären und quartären Sektors vorrangig die Inanspruchnahme zentraler Funktionen oder Zentraler Orte durch Konsumenten, Kunden etc. untersucht; deren Bedeutung und Reichweite dienen als Maß der **Zentralität**.

Die Zentralitätsforschung, aber teilweise auch die Geographie des tertiären Sektors, steht nun wiederum in einem engen inhaltlichen Zusammenhang mit der sog. **Städtesystemforschung** (s. unter 6.4.2), wodurch die Zusammenhänge noch komplexer werden.

Im Folgenden sollen einige der genannten Begriffe präzisiert werden:

Der **Dienstleistungssektor** bezieht sich in den Wirtschaftswissenschaften häufig auf **Dienstleistungen im weitesten Sinne**, d. h. auf Arbeitsleistungen, die ohne Zwischenschaltung eines Produktionsbetriebes an den Verbraucher abgegeben werden, z. B. Leistungen der Banken, von Versicherungen, des Handels, der Nachrichtenübermittlung, des Fremdenverkehrs, der Wirtschafts-, Rechts- und Steuerberatung etc. Wir haben hiermit also eine Zusammenfassung tertiärer und quartärer Funktionen. Problematisch bei der Abgrenzung all dieser Begriffe ist, dass auch in den primären und sekundären Wirtschaftssektoren z. T. **unternehmens- oder betriebsinterne Dienstleistungen** jedweder Art (z. B. für Forschung und Entwicklung, Verwaltung, Verkauf, Logistik) bestehen, die gegenüber dem operativen Bereich der Güterherstellung an erheblicher Bedeutung gewonnen haben. Diese sog. dispositiven Bereiche von Industriebetrieben werden jedoch in der Regel statistisch nicht gesondert ausgewiesen und zählen damit i. Allg. zum sekundären Sektor. Hinzu kommt das Problem, dass sich auch die Dienstleistungen von **Dienstleistungsfunktionen des Handwerks** nicht eindeutig trennen lassen.

Innerhalb der Geographie des tertiären Sektors oder auch der Stadtgeographie versteht man häufig unter Dienstleistungen **Dienstleistungen im engeren Sinne**, und zwar außerhalb des Handels, der sich ja durch den Warenverkauf an Kunden funktionell erheblich von beratenden oder anderen „echten" Dienstleistungen unterscheidet.

Nicht unproblematisch ist zudem die Untergliederung der Dienstleistungen, denn der Dienstleistungssektor zeichnet sich insgesamt durch eine **große Heterogenität** aus. In einer Darstellung der **Erwerbstätigenanteile nach Wirtschaftsabteilungen** für den Zeitraum 1970-1996 in Bezug auf die alten Bundesländer wird deutlich, dass sehr unterschiedliche Wirtschaftsgruppen des tertiären Sektors mit verschiedenartigen Wachstumstendenzen bestehen (s. E. Kulke 2005b, Abb. 11.3):

(1) **Handel** (Großhandel, Handelsvermittlung und Einzelhandel) mit einer geringen Zunahme von nur 23,1 % innerhalb von mehr als zweieinhalb Jahrzehnten zwischen 1970 und 1997, d. h. mit insgesamt eher stagnierender Entwicklung.

(2) **Verkehr und Nachrichtenübermittlung** mit einer geringen Abnahme von -1,2 % in dem o.g. Zeitraum.

(3) **Kreditinstitute/Versicherungsgewerbe** mit noch weniger Erwerbspersonen, aber erheblicher Expansion von 71,2 %.

(4) **Dienstleistungen von Unternehmen und freien Berufen**; zu dieser großen Wirtschaftsabteilung zählen unterschiedlichste, zumeist quartäre **unternehmensbezogene Dienstleistungen** wie Wirtschafts-, Ingenieur-, Rechts-, Steuerberatung etc., aber auch andere, häufig stärker haushalts- oder konsumentenorientierte freie Berufe wie Ärzte, einfache private Serviceleistungen etc. Diese waren insgesamt durch die stärkste Expansion mit 131,7 % Zuwachs gekennzeichnet. Nach E. Kulke (1995) zeigen die unternehmens- und produzentenorientierten Bereiche des Dienstleistungssektors insbesondere aufgrund der sich ändernden Bedürfnisse des Verarbeitenden Gewerbes starke Expansionsprozesse (ebd., S. 7). Dazu zählt u. a. der erheblich angestiegene Bedarf an Transport- und Kommunikationsleistungen und an anderen externen Dienstleistungen der Beratung unterschiedlichster Art (s. oben), der Werbung, Forschung und Entwicklung etc., die tendenziell mehr und mehr aus den produzierenden Unternehmen ausgelagert wurden bzw. noch werden. Daraus ergibt sich, dass die Wirtschaftsabteilung der Dienstleistungen von Unternehmen und freien Berufen in eine Vielzahl von Einzelberufen unterschiedlichster Qualität zu unterteilen ist.

(5) **Organisationen ohne Erwerbszweck zusammen mit Erwerbstätigen in privaten Haushaltungen** bilden eine relativ kleine Wirtschaftsabteilung, die zwischen 1970 und 1997 insgesamt um +82,3 % angewachsen ist. Dazu zählen u. a. Kirchen, religiöse und weltanschauliche Vereinigungen.

(6) **Gebietskörperschaften und Sozialversicherungen** sind in dem genannten Zeitraum mit nur +11,9 % relativ stagnierend.

Diese Grobgliederung des Dienstleistungssektors reicht für detailliertere, insbe-

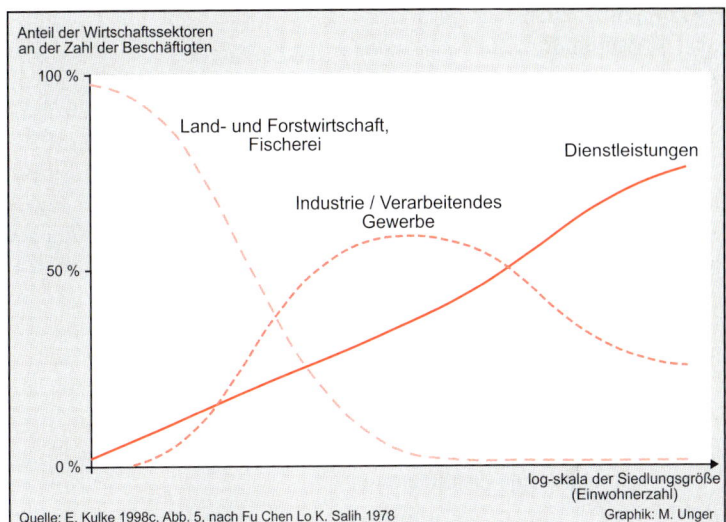

Anteil der Wirtschaftssektoren
an der Zahl der Beschäftigten

100 %

Land- und Forstwirtschaft,
Fischerei

Dienstleistungen

Industrie / Verarbeitendes
Gewerbe

50 %

0 %

log-skala der Siedlungsgröße
(Einwohnerzahl)

Quelle: E. Kulke 1998c, Abb. 5, nach Fu Chen Lo K. Salih 1978

Graphik: M. Unger

**Abb. 3.51
Wirtschaftliche
Prägung von
Siedlungsgrößen**

sondere kleinräumige empirische Analysen i. Allg. jedoch nicht aus; dazu sind genauere branchenspezifische Differenzierungen erforderlich.

Die geographische Analyse des Dienstleistungssektors lässt sich - wie bereits in der obigen Definition der Geographie des tertiären (und quartären) Sektors angedeutet wurde - hinsichtlich der Standort- oder Beschäftigungssituation auf verschiedenen **räumlichen Maßstabs- oder Betrachtungsebenen** vornehmen; dies gilt beispielsweise in Bezug auf internationale Standorte (z. B. Analyse der Dynamik internationaler Bank- und Finanzzentren), nach Entwicklungsländern oder hochentwickelten Industriestaaten, national z. B. bezüglich des Städtesystems, regional auf der Ebene von Verdichtungsräumen, lokal für Städte oder etwa innerstädtische Zentrensysteme bis herunter zu Mikrostandorten innerhalb kleinster Geschäfts- oder Dienstleistungsagglomerationen.

Grundsätzlich gilt, dass der **Beschäftigtenanteil im Dienstleistungssektor i. w. S. mit wachsender Siedlungsgröße** stark zu-

nimmt (vgl. Abb. 3.51 sowie im Einzelnen E. Kulke 1995). So wird die Wirtschaftsstruktur von Großstädten heute überwiegend von Dienstleistungen geprägt (z. B. in der Stadt Münster mit einem extremen Anteil der Beschäftigten im Dienstleistungssektor von rd. 80 %). Mit der Siedlungsgröße wachsen nicht nur die Beschäftigungsanteile, sondern zugleich auch die Differenzierung innerhalb der Dienstleistungen. So setzt sich der **tertiäre Sektor in kleinen Orten** i. Allg. aus kurzfristigen und distributiven Dienstleistungen zusammen; dazu zählen z. B. der Einzelhandel des täglichen Bedarfs, einfache Serviceleistungen wie Friseur oder ein lokales Postamt, die nur relativ kleine Einzugsbereiche (oder Marktgebiete) benötigen. **Mittelgroße Städte** verfügen zusätzlich über ein differenziertes Angebot an mittelfristig benötigten Einzelhandels- und Dienstleistungseinrichtungen (z. B. im Bildungs- und Gesundheitswesen). In **Großstädten** konzentriert sich darüber hinaus vor allem der quartäre Sektor mit hohen Anteilen haushalts- und vor allem auch unternehmens- oder produzentenorientierter

Funktionen. Letztere sind besonders ausgeprägt in **Weltstädten** *(global cities)* mit sehr hohen Anteilen an Beschäftigten im Banken- und Versicherungswesen (z. B. in Börsen), in internationalen Verwaltungen etc. Damit ergibt sich ein sehr enger Zusammenhang zwischen der Qualität angebotener Dienstleistungen i. w. S. und dem jeweiligen städtischen Siedlungs- und Zentrensystem.

Untersuchen wir Dienstleistungsfunktionen (i. w. S.) auf kleinräumiger Maßstabsebene, z. B. in Geschäfts- oder Bürozentren, Citygebieten oder in ähnelichen zentralen Standorträumen, so analysieren wir meist die sog. funktionalen Zentrums- oder Zentrenausstattungen. Unter **funktionaler Zentrenausstattung** soll im Folgenden die Gesamtheit der in einem zentralen Standortraum (einer Siedlung) konzentrierten Einrichtungen verstanden werden, die zentrale Güter bzw. zentralörtliche Funktionen (Waren, Dienste, Informationen) für entsprechende Versorgungsgebiete anbieten.

Dabei ist ein **zentraler Standortraum** eine räumliche Standortkonzentration zentraler Einrichtungen oder kurz: ein **Zentrum** (z. B. Stadtzentrum, Nebengeschäftszentrum) oder nach der traditionellen Bezeichnung der auf W. Christaller zurückgehenden Zentralitätsforschung: ein **Zentraler Ort**. Diesbezüglich besteht allerdings eine gewisse Begriffsverwirrung, denn Christaller verstand unter Zentralen Orten auch ganze Siedlungen. Von W. Christaller wurden in seinem bahnbrechenden Werk „Die Zentralen Orte in Süddeutschland" (1933) weiterhin nur Funktionen mit einem sog. **Bedeutungsüberschuss**, die also in ihrer Bedeutung über die jeweilige Siedlung hinausgehen, als zentrale Funktionen angesehen. Christaller definierte damit auch die sog. **Zentralität** als die relative Bedeutung einer Siedlung in Bezug auf das sie umgebende Gebiet oder als Grad, in dem der Ort zentrale Funktionen ausübt (sog. **relative Zentralität** als Bedeutungsüberschuss).

Hans Bobek hat in einem viel beachteten Vortrag auf dem Deutschen Geographentag 1967 mit dem Thema „Die Theorie der Zentralen Orte im Industriezeitalter" darauf hingewiesen, dass W. Christaller dabei ganz offensichtlich von der Vorstellung eines kleinen Landstädtchens inmitten eines großen agrarischen Umlandes ausgegangen sei, demgegenüber die Einwohnerschaft des Städtchens nicht ins Gewicht fällt (vgl. H. Bobek 1969). Bobek stellte zu Recht heraus, dass eine als Bedeutungsüberschuss definierte Zentralität heute ein unzulänglicher Gradmesser für die Bedeutung der z. T. sehr groß gewordenen Siedlungen bzw. Stadtgebiete ist. Nach Bobek kann Zentralität nur als absolute Gesamtbedeutung aller an einem Standort versammelten zentralen Einrichtungen verstanden werden (sog. **absolute Zentralität**). Diese lässt sich z. B. anhand der Gesamtzahl der Einwohner eines Versorgungsgebietes messen; diese können innerhalb und außerhalb geschlossener Siedlungen wohnen.

Zur Ableitung der Christallerschen Theorie der Zentralen Orte und zu weiteren Problemen der Theorieanwendung in der heutigen Empirie und Planungspraxis vgl. 3.7.4 sowie H. Heineberg 2006[3]a, Kap. 4.3.

3.7.2 Merkmale und Typisierung der funktionalen Zentrenausstattung am Beispiel des Einzelhandels.

Es gibt eine große Zahl von Untersuchungsansätzen zur Erfassung und Bewertung bzw. Typisierung der Funktionselemente Zentraler Orte, d. h. funktionaler Zentrenausstattungen (vgl. Definition unter 3.7.1). Zunächst können wir unterscheiden zwischen sog. primären und sekundären Merkmalen (vgl. Abb. 3.52): Unter **primären Merkmalen der funktionalen Zentrenausstattung** werden verstanden:

(1) die **Raumverteilung der Einrichtungen** (absolute und relative Häufigkeitsverteilungen, Standortverteilungen),

(2) **Betriebswirtschaftliche Merkmale bzw. Geschäftsprinzipien** (z. B. Betriebsgrößen, Sortimentsdimensionen, Branchendifferenzierung),

(3) **Einzugsbereiche** (räumliche Reichweiten, Einwohner etc.).

Sekundäre Merkmale sind insofern zweitrangig, als durch sie nicht die jeweilige Funktion des Einzelbetriebes wie auch der gesamten Zentrenausstattung qualitativ bestimmt werden. Ihnen kommt zu einem gewissen Grad nur eine indikatorische Bedeutung (als Ersatzindikatoren) zu. Sie lassen sich untergliedern in:

(1) **Physiognomische Merkmale** (z. B. „Aufmachung" der Geschäftsfassaden, Art der Außenreklame),

(2) **Grundstücks- und Mietpreise**,

(3) **Benutzer-/Besucherverkehr**.

Aus diesen Merkmalen und ihren unterschiedlichen Kombinationen lassen sich verschiedenste **Betriebstypen oder -formen** ableiten (s. unten).

Unter den betriebswirtschaftlichen Einzelmerkmalen ist die **Betriebsgröße** von ganz entscheidender Bedeutung für die Bestimmung von Betriebstypen des Einzelhandels. Die Abgrenzung der Betriebe nach ihrer Größe bereitet nun aber bestimmte Schwierigkeiten, weil es für die Gesamtheit aller in einem Unternehmen eingesetzten Produktionsfaktoren keinen direkten Maßstab gibt. Unter den Ersatzmaßstäben, die als unterschiedliche Betriebsgrößenkategorien gewertet werden können, wie Zahl der Beschäftigten, Höhe des jeweiligen Umsatzes, Wert des Wareneinsatzes, Flächengröße des Betriebes etc., ist durch Eigenerhebungen wohl am genauesten die **Geschäftsfläche** (eventuell auch die **Verkaufsfläche**) zu ermitteln. Es ist jedoch zu beachten, dass die Aussagekraft von Geschäftsflächengrößen für eine funktionale Betriebstypisierung branchenindividuell verschieden und damit insgesamt sehr unterschiedlich ist.

Das Geschäftsflächenprinzip der Betriebsgröße erhält in Verbindung mit den sog. **Sortimentsdimensionen** theoretisch ein anderes Gewicht. Einzelhandelsbetriebe lassen sich nach der Sortimentsbreite und -tiefe gliedern. Unter **Sortimentsbreite** subsumiert man die Zahl der geführten Warengruppen (z. B. Textilien, Hausrat, Kosmetika), während **Sortimentstiefe** die Vielfalt nach Größe, Farbe, Form, Herstellungsart etc. innerhalb einer Warengruppe kennzeichnet. Demzufolge können u. a. folgende **Betriebstypen des Einzelhandels** unterschieden werden: Geschäfte mit breitem und flachen Sortiment (z. B. Gemischtwarengeschäfte, kleine und mittlere Warenhäuser), mit breitem und tiefem Sortiment (große Warenhäuser und Versandhäuser), mit engem und tiefem Sortiment (Spezialgeschäfte wie Hut- und Wollgeschäfte, in der Regel auch Kaufhäuser) sowie mit engem und flachem Sortiment (z. B. kleine Nachbarschaftsläden, ambulanter Handel). Diese lassen sich z. T. noch weiter differenzieren.

Wohl wichtigstes betriebswirtschaftliches Einzelmerkmal, das bei Eigenerhebungen ebenfalls möglichst genau zu erfassen ist, ist die **Branchenzugehörigkeit** eines Einzelhandelsbetriebes (Fach- oder Spezialgeschäft). Durch die differenzierte Branchenerfassung lassen sich bereits gewisse **Spezialisierungsgrade des Einzelhandels** genauer kennzeichnen. Für kartographische Darstellungen und tabellarische Überblicksauswertungen bzw. Gesamtvergleiche funktionaler Zentrenausstattungen ist jedoch meist eine Zusammenfassung der einzelnen Branchen zu bestimmten sog. **Bedarfsgruppen** (auch **Branchen- oder Konsum-**

Kasten 3.32
Bedarfsgruppengliederung des Einzelhandels mit Beispielbranchen

In der Praxis leicht abgrenzbare und im Allgemeinen funktional zusammenhängende Bedarfsgruppen sind aufgrund eigener Untersuchungen:
(1) Lebens- und Genussmittel,
(2) Bekleidung und Textilien,
(3) Hausratbedarf (z. B. Haushaltwaren, Seifengeschäft),
(4) Körperpflege- und Heilbedarf (z. B. Apotheke, Drogerie),
(5) Bildung und Kunst (Antiquitäten, Kunstgegenstände, Bücher etc.),
(6) Unterhaltungsbedarf (z. B. Musikalien),
(7) Arbeits- und Betriebsmittelbedarf (u. a. Werkzeuge, spezielle Maschinen),
(8) Wohnungseinrichtungsbedarf (z. B. Möbel, Teppiche),
(9) Fahrzeuge,
(10) Schmuck- und Zierbedarf (Blumen, Uhren, Schmuck),
(11) Einzelhandelsgeschäfte mit Waren aller Art; diese lassen sich weiter untergliedern, z. B. in Gemischtwarengeschäfte, Kleinpreis-Warenhäuser und normale Warenhäuser.

Kasten 3.33
Bedarfsstufengliederung und Standorttendenzen des Einzelhandels

Bedarfsstufe 1: Geschäfte mit ausschließlich oder größtenteils langlebigen, hochwertigen und selten verlangten Warenangeboten. Beispiele sind: nur exklusive und sehr teure Modespezialartikel (u. a. exklusive Brautmoden innerhalb der Bedarfsgruppe 2: Bekleidung und Textilien). Geschäfte der Bedarfsstufe 1 tendieren zu Standorten mit günstiger Verkehrslage, v. a. in den Hauptgeschäftsstraßen einer Großstadt (z. B. Pelzgeschäfte, Juweliere), z. T. aber auch zu für den motorisierten Individualverkehr besonders gut erreichbaren bzw. für den ruhenden Verkehr gut geeigneten Standorten mit großen Betriebsflächen außerhalb der Stadtzentren (z. B. große Automobilsalons/Möbelhäuser an Ausfallstraßen).
Bedarfsstufe 2: Geschäfte mit mittelwertigen und/oder mittelfristig nachgefragten Warenangeboten. Beispiele sind: Reformwaren innerhalb der Bedarfsgruppe 1: Lebens- und Genussmittel, Damen- und Herrenhüte oder normale Damenmodeboutique innerhalb der Bedarfsgruppe 2: Bekleidung und Textilien. Auch die Einzelhandelsbetriebe der Stufe 2 bevorzugen die zentralsten Geschäftslagen einer Großstadt. Dies gilt besonders für die großen Bekleidungs- und Schuhkaufhäuser, aber auch für Spezialgeschäfte. Die relativ hohe Konsumhäufigkeit bewirkt, dass Branchen mit Waren mittlerer Konsumwertigkeit i. Allg. auch noch in Geschäftsstraßen mittleren Ranges (z. B. in einer Mittelstadt) gute Absatzbedingungen vorfinden, vor allem dann, wenn das Kundenpotenzial im Einzugsbereich über eine relativ hohe durchschnittliche Kaufkraft verfügt.
Bedarfsgruppe 3: Geschäfte mit geringwertigen, kurzfristig oder täglich verlangten Warenangeboten. Beispiele: normale Lebensmittel innerhalb der Bedarfsgruppe 1: Lebens- und Genussmittel, Drogerie mit breitem Angebot innerhalb der Bedarfsgruppe 4: Körperpflege- und Heilbedarf. Geschäfte der Bedarfsstufe 3 benötigen zur wirtschaftlichen Existenz hohe Kundenfrequenzen und Umsatzanteile. Sie tendieren daher vor allem zu lokalen Versorgungszentren in dicht besiedelten Wohngebieten oder zu größeren Nebengeschäftszentren, z. T. nutzen sie auch die großen Passantenströme in Hauptgeschäftsstraßen von Mittel- oder Großstadtzentren.

---

gruppen genannt) erforderlich, die auch der besseren Vergleichbarkeit bei statistischer und kartographischer Aufbereitung dienen. Dafür liegen in der Literatur, insbesondere in der Betriebswirtschaftslehre des Einzelhandels, verschiedene Gliederungen vor (vgl. Kasten 3.32).

Es lassen sich einzelne Branchen oder Branchenkombinationen innerhalb der einzelnen Bedarfsgruppen allein nach der Fristigkeit des Bedarfs voneinander unterscheiden. In neueren deutschsprachigen Arbeiten der Betriebswirtschaftslehre des Einzelhandels und - dadurch beeinflusst - auch in wirtschafts- und stadtgeographischen Einzelstudien wird daher häufig eine Einteilung der Einzelhandelsbetriebe nach der folgenden Bedarfsgliederung vorgenommen, die man als **Konsumhäufigkeit oder -fristigkeit** kennzeichnen kann:

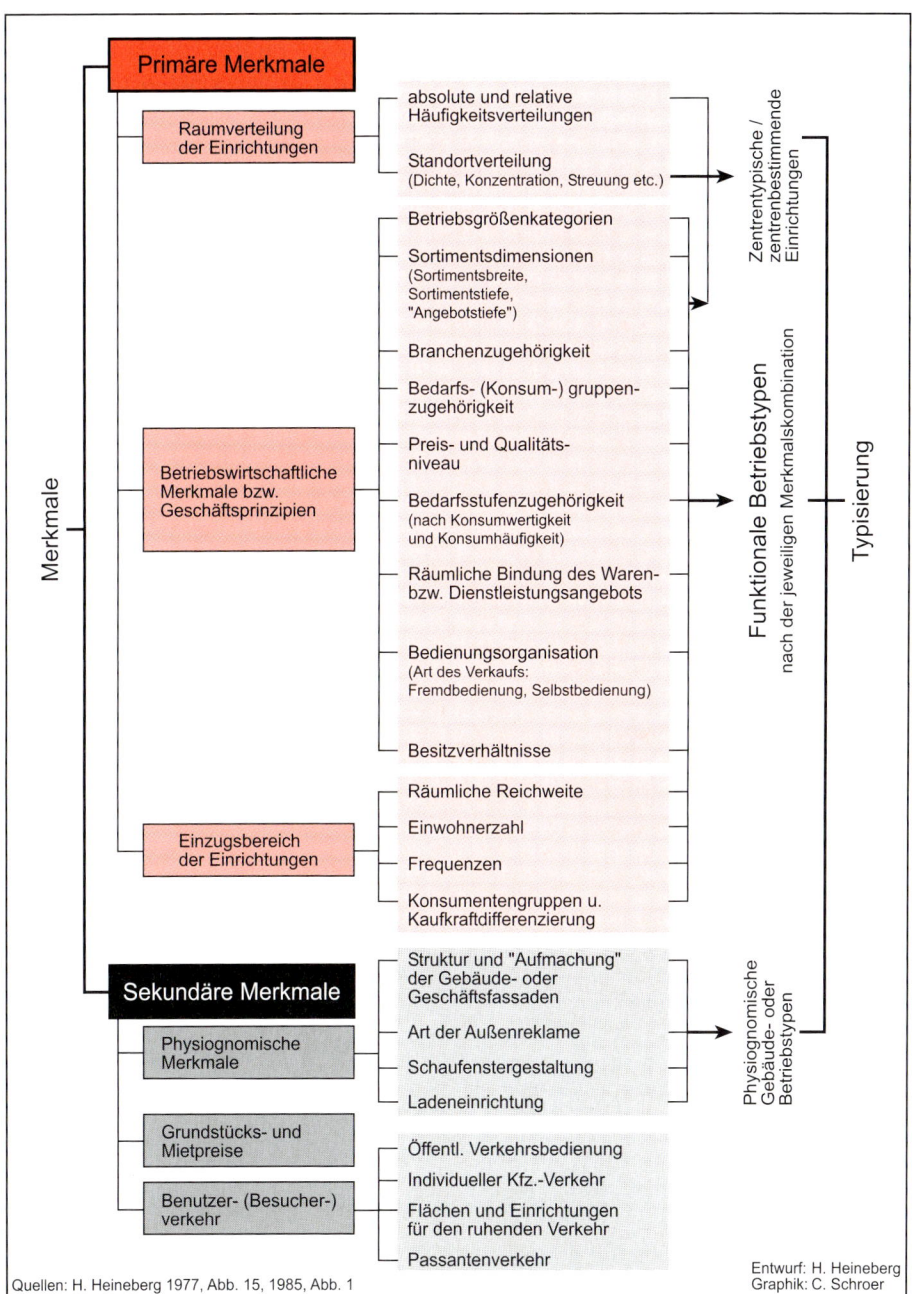

Quellen: H. Heineberg 1977, Abb. 15, 1985, Abb. 1

Entwurf: H. Heineberg
Graphik: C. Schroer

Abb. 3.52 Merkmale und Typisierung der funktionalen Zentrenausstattung

- Geschäfte für vorwiegenden kurzfristigen (oder täglichen) Bedarf,
- Geschäfte für vorwiegend mittelfristigen (oder periodischen) Bedarf und
- Geschäfte für vorwiegend langfristigen (oder episodischen) Bedarf.

Die Problematik bei der Zuordnung der Betriebe zu diesen drei Gruppen liegt nun aber besonders darin, dass sich die Geschäfte einer Branche nach der Art bzw. Qualität des Warenangebotes häufig erheblich voneinander unterscheiden, woraus auch unterschiedliche Standortbedingungen und -tendenzen resultieren können. Dieses **Preis- und Qualitätsniveau des Warenangebotes** wird in der Betriebswirtschaftslehre mit **Konsumwertigkeit** bezeichnet. Wichtig ist nun, dass sich aus der **Kombination von Konsumhäufigkeit und Konsumwertigkeit** eine Möglichkeit der Gliederung der Einzelhandelsbetriebe als sog. **Bedarfsstufengliederung** ergibt, die auch deren generelle Standorttendenzen besser berücksichtigt, als es die Konsumhäufigkeit allein vermag. Eine derartige kombinierte Bedarfsstufengliederung wurde erstmals von ARNOLD KREMER in einer frühen Untersuchung des Einzelhandels der Stadt Köln (1961) angewandt. In Anlehnung an diese methodische Konzeption lassen sich drei Bedarfsstufen des Einzelhandelsangebots unterscheiden (s. Kasten 3.33).

Je nach Kombination der o. g. bzw. in Abb. 3.52 berücksichtigten - vor allem primären - Merkmale lassen sich sog. **Betriebsformen oder -typen des Einzelhandels** bezeichnen. Beispiele aktueller Betriebstypen sind in Kasten 3.34 aufgeführt.

Von Bedeutung sind auch **moderne Standortagglomerationen** verschiedener Betriebstypen in Form von Shopping-Centern (Einkaufszentren), Fachmarktzentren, Galerien, Passagen u. ä..

Inbesondere in Bezug auf die Defintionen bzw. Abgrenzung von **Shopping-Centern und Einkaufszentren** besteht in der Literatur keine einheitliche Auffassung. Als Einkaufszentrum kann sowohl eine gewachsene als auch eine als Einheit geplante Ansammlung von Einzelhandels- und Dienstleistungsbetrieben, die als zusammengehörig empfunden werden, verstanden werden (BAG 1995[5], S. 170). Häufig wird der Begriff Shopping-Center mit Einkaufszentrum oder neues Einkaufszentrum gleichgesetzt (vgl. H. HEINEBERG/A. MAYR 1986). Dabei kann man unter Shopping-Centern oder (synonym) Einkaufszentren als Einheit geplante, errichtete und verwaltete neue, i. Allg. größere Agglomerationen von selbstständigen Einzelhandels- und Dienstleistungsbetrieben verstehen, die allerdings nach ihrer Lage, Größe und Angebotsstruktur weiter differenziert werden können; sie verfügen in der Regel über umfangreiche Parkmöglichkeiten (ebd.). Strittig ist die untere Größe eines Shopping-Centers. Während etwa die BAG (1995[5], S. 178) eine Mindest-Einzelhandels(geschäfts-)fläche von i. Allg. 10.000 m^2 nennt, sind H. HEINEBERG/A. MAYR (1986) bei der Untersuchung von insgesamt 21 neuen Einkaufszentren im Ruhrgebiet pragmatisch von einem unteren Schwellenwert von rd. 8.000 m^2 Geschäftsfläche ausgegangen; dieser entsprach der geringsten Größe der in jüngerer Zeit errichteten sog. cityintegrierten Shopping-Center im Ruhrgebiet.

In der genannten sowie in einer jüngeren Untersuchung der Einkaufszentren im Ruhrgebiet bzw. im Rhein-Ruhrgebiet (H. HEINEBERG/A. MAYR 1996) wurden entsprechend der jeweiligen innerstädtischen Lage folgende **Standorttypen der Shopping-Center** im Rhein-Ruhrgebiet unterschieden:

• **Zwischen- oder randstädtisches Regionalzentrum** (Beispiel: Ruhrpark-EKZ in

Kasten 3.34	**Beispiele aktueller Betriebstypen des Einzelhandels**
	(aus: BAG 1995[5], S. 167ff., nach „Katalog E", „Begriffsbestimmungen aus der Handels- und Absatzwirtschaft", Institut f. Handelswirtschaft an d. Univ. zu Köln)

- **Fachgeschäft**: branchenspezifisches oder bedarfsgruppenorientiertes Sortiment in großer Auswahl und in unterschiedlichen Qualitäten und Preislagen mit Bedienung und ergänzenden Dienstleistungen (z. B. Kundendienst); Beispiel: Bekleidungsfachgeschäft.
- **Spezialgeschäft**: das Warenangebot beschränkt sich auf einen Ausschnitt des Sortiments eines Fachgeschäftes und ist dabei tiefer gegliedert (z. B. Krawattengeschäft). Das Sortiment genügt besonders hohen Auswahlansprüchen. Charakteristisch sind neben Bedienung auch ergänzende Dienstleistungen. Eine Sonderform sind **Luxusspezialgeschäfte** (z. B. teure Brautmoden).
- **Fachmarkt**: meist großflächiger und i. Allg. ebenerdiger Einzelhandelsbetrieb mit breitem und oft auch tiefem Sortiment aus einem Warenbereich (z. B. Bekleidungsfachmarkt), einem Bedarfsbereich (z. B. Sportfachmarkt, Baufachmarkt) oder einem Zielgruppenbereich (z. B. Möbelfachmarkt für designorientierte Kunden) in übersichtlicher Warenpräsentation bei tendenziell mittlerem bis niedrigem Preisniveau. Weitere Merkmale sind: meist autoorientierter Standort, entweder isoliert oder in gewachsenen und geplanten Zentren, z. T. auch auf gewerbliche Kunden ausgerichtet (z. B. Installationsfachmarkt); i. Allg. Selbstbedienung, teilweise auch mit ergänzendem Dienstleistungsangebot. Ein **Spezialfachmarkt** führt Ausschnittssortimente aus dem Programm eines Fachmarktes (z. B. Fliesenfachmarkt, Holzfachmarkt).
- Ein **Kaufhaus** ist ein größerer Einzelhandelsbetrieb; er bietet überwiegend mit Bedienung Warenangebote aus zwei oder mehr Branchen, davon wenigstens aus einer Branche in tiefer Gliederung, an (z. B. Bekleidungskaufhaus).
- Ein **Warenhaus** ist ein großflächiger Einzelhandelsbetrieb (mind. 3.000 m² Verkaufsfläche); er bietet i. Allg. auf mehreren Etagen breite und überwiegend tiefe Sortimente mehrerer Branchen (meist Non-Food-Waren) mit tendenziell hoher Serviceintensität und eher hohem Preisniveau an. Hinzu kommen ergänzende Dienstleistungen (Gastronomie, Reisevermittlung, Finanzdienstleistungen). Die Verkaufsmethoden reichen von Bedienung (z. B. Fernsehbereich) über Vorwahlsystem (u. a. Bekleidung) bis hin zur Selbstbedienung (z. B. Lebensmittel). Die Standorte sind in der Innenstadt bzw. in größeren gewachsenen Zentren oder in Einkaufszentren.
- Ein **Selbstbedienungs-/SB-Warenhaus** ist ein großflächiger, meist ebenerdiger Einzelhandelsbetrieb (mind. 3.000 m², international sogar mind. 5.000 m²) mit umfassendem Sortiment (v. a. Lebensmittel); ganz oder überwiegend Selbstbedienung; kein kostenintensiver Kundendienst; hohe Werbeaktivität in Dauerniedrigpreis- oder Sonderangebotspolitik; grundsätzlich autoorientierte Standorte, entweder isoliert oder in gewachsenen und geplanten Zentren.
- Ein **Verbrauchermarkt** ist ein großflächiger Einzelhandelsbetrieb mit mind. 1000 m² Verkaufsfläche mit breiten und tiefen Sortimenten an Lebens- und Genussmitteln sowie an Gütern des kurz- und mittelfristigen Bedarfs überwiegend in Selbstbedienung. Weitere Merkmale sind: Dauerniedrigpreis- oder Sonderangebotspolitik; i. Allg. autoorientierte Standorte (Alleinlage oder in Einkaufszentren).
- Ein **Supermarkt** bietet auf einer Verkaufsfläche von mind. 400 m² Lebens- und Genussmittel (einschl. Frischwaren, z. B. Obst, Gemüse) und ergänzenden Waren des täglichen oder kurzfristigen Bedarfs anderer Branchen vorwiegend im Selbstbedienung an.
- Andere, z. T. neue Betriebsformen sind beispielsweise *Tele- oder Internet-Shopping* und **Fabrikläden** (*Factory Outlets*). 2005 existierten in Europa 118 sog. **Factory-Outlet-Centers**, davon allerdings nur vier in Deutschland (nach FAZ 21.7.2006); vgl. auch als relativ neue Standortagglomerationen unterschiedlicher Betriebsformen: Shopping-Center (s. unter 7.5.2), **Fachmarktzentren**, Galerien, Passagen u. ä.

Bochum, in unmittelbarer Nahlage zu Dortmund an einem Autobahnkreuz errichtet; mit rd. 126.000 m² Geschäftsfläche größtes Shopping-Center in Deutschland, Abb. 3.53). Kennzeichnend für derartige Regionalzentren ist eine Agglomeration von Fach- und Spezialgeschäften sowie größeren sog. Magnetbetrieben, und zwar von mehreren Kauf- und Warenhäusern, die über eine fußläufige sog. *Mall* miteinander verknüpft

Abb. 3.53 Ruhrpark-Einkaufszentrum/Bochum am „Ruhrschnellweg" (BAB 40, rechts, im Hintergrund die BAB 43), Foto: EPM Assetis GmbH, 2006

sind. Der Ruhrpark verfügt auch über eines der größtem Kino-Center Deutschlands (mit 18 Kinosälen, Großleinwänden etc.) sowie über rd. 7.500 kostenlose Parkplätze.

• **Neues Hauptgeschäftszentrum.** Ein Beispiel ist das in Oberhausen entstandene sog. CentrO. Das von einem britischen Investor auf einer ehemaligen Stahlindustriefläche errichtete, 1996 eröffnete große Oberhausener CentrO hat eine überdachte, klimatisierte zweigeschossige *Mall*, an der zahlreiche Einzelhandelsbetriebe mit Schwerpunkt Bekleidung angesiedelt sind. Als Magneteinrichtungen fungieren nicht nur Waren- und Kaufhäuser, sondern in der Nähe der *Mall* auch ein großer Gastronomiebereich. Hinzu kommen außerhalb des eigentlichen Shop-Bereichs u. a. ein Freizeitpark, ein großes Kino-Center, eine „Kneipenstraße", eine Mehrzweckhalle für größere Veranstaltun-

gen etc. (vgl. die Nutzungskartierung der Neuen Mitte Oberhausen in H.-W. WEHLING 2006, Abb. 3). Neben 10.500 kostenlosen Pkw-Stellplätzen, die die erhebliche Autoorientierung des Einkaufs- und Freizeitzentrums unterstreichen, existiert jedoch - anders als beim Ruhrpark-EKZ - eine gute, neu geschaffene Einbindung in das städtische ÖPNV-Netz. Defizite im funktionalen Sinne bestehen vor allem im gehobenen privaten Dienstleistungsbereich, weshalb das CentrO eine gewachsene Stadtmitte nicht ersetzen kann. Aufgrund der Kopplung von (erlebnisorientierten) Einzelhandels- und Freizeitfunktionen lässt sich das CentrO auch dem Typ eines modernen *Urban Entertainment Center* (UEC) zuordnen.

• **City- oder innenstadtintegriertes Einkaufszentrum** (seit Ende der 1970er Jahre im Rhein-Ruhrgebiet der weitaus vorherrschende Shopping-Center-Typ, Beispiele: Kö-Galerie in Düsseldorf oder Allee-Center in Hamm).

• **Stadtteilintegriertes Einkaufszentrum** (Beispiel: EKZ Altenessen, Essen).

Im Rhein-Ruhrgebiet beispielsweise wurden seit Ende der 1970er Jahre städtebaulich nichtintegrierte Shopping-Center „auf der Grünen Wiese" nicht mehr gebaut, - wenn man einmal von dem CentrO als sog. „Neue Mitte Oberhausen" absieht; statt dessen wurden vor allem **city- oder innenstadtintegrierte neue Einkaufzentren, Galerien** oder auch **Passagen** errichtet, die auch ein Gegengewicht zu den vormals dominanten peripheren neuen Einkaufszentren bilden sollten. Demgegenüber ist in Ostdeutschland die Entwicklung nach der Wende anders verlaufen: Hier entstanden in der ersten Phase des sog. **Transformationsprozesses** i. Allg. ungeplant zahlreiche, meist sehr autoorientierte suburbane Standorte neuer Einkaufszentren an den Stadträndern (**randstädtische Einkaufszentren**), dabei häufig in Autobahnnähe. Erst in jüngerer Zeit wurde versucht, die meist durch starke Kaufkraftverluste betroffenen Innenstädte durch neu geplante Einkaufszentren, Passagen etc. aufzuwerten (vgl. R. Pütz 1997, Abb. 36, auch wiedergegeben in H. Heineberg 2006[3]a als Abb. 7.22). Ein Beispiel für ein neues randstädtisches Shopping-Center in den neuen Bundesländern bildet der 1993 am westlichen Stadtrand von Magdeburg eröffnete sog. Elbe-Park (rd. 50.000 m[2] Verkaufsfläche, 2.700 Parkplätze).

3.7.3 Standortbedingungen privatwirtschaftlicher Einrichtungen des tertiären (und quartären) Sektors.

Die Bezeichnung dieses Abschnitts deutet an, dass öffentliche Einrichtungen in der folgenden Betrachtung ausgeschlossen sein sollen, und zwar aus diesen Gründen: In der bisherigen betriebs-

wirtschaftlichen Standorttheorie herrscht das erwerbswirtschaftliche Prinzip bzw. das **Rentabilitätsprinzip** vor, das sich auf die Gewinnmaximierung des Einzelbetriebes bezieht. Dieses Rentabilitätsprinzip im Rahmen des marktwirtschaftlichen Preismechanismus ist jedoch auf öffentliche Einrichtungen nicht anwendbar.

Die Systematisierung der Standortbedingungen privatwirtschaftlicher Einrichtungen des tertiären und quartären Sektors bzw. Dienstleistungseinrichtungen (i. w. S.) sowie die Verdeutlichung des Standortverhaltens ausgewählter quartärer Funktionen und das Aufzeigen differenzierter Standortfaktoren weisen Unterschiede zur klassischen betriebswirtschaftlichen Standortlehre auf, deren Ziel i. Allg. die Bestimmung rationell-optimaler Standorte aufgrund objektiver Kriterien ist. Bei der Interpretation real vorkommender Standortstrukturen ist jedoch zu berücksichtigen, dass die **Standortentscheidungen von Betriebsleitern** insbesondere aufgrund **subjektiver Raumwahrnehmung und Standortbewertungen** erfolgen und damit in der Regel nicht als rationell-optimal anzusehen sind (s. Abb. 3.54).

Eine andere mögliche schematische Darstellung von **Standortbedingungen oder -faktorengruppen** bildet die Abb. 4.3 „Standortfaktoren für kundenorientierte Dienstleistungsbetriebe" in E. Kulke (2006[2], M 5-3), in der als Haupt-Standortfaktoren die folgenden unterschieden bzw. weiter differenziert sind: Agglomerations-/Konkurrenzfaktoren (z. B. Konkurrenzanziehung, Nähe zu anderen Anbietern), beschaffungsorientierte Faktoren (u. a. Preis für Betriebsfläche, Flächenverfügbarkeit), planerische Faktoren (z. B. Darstellung im Bebauungs- oder Flächennutzungsplan), absatz-/nachfrageorientierte Faktoren (u. a. Nachfragepräferenzen, Imagewert/Repräsentation)

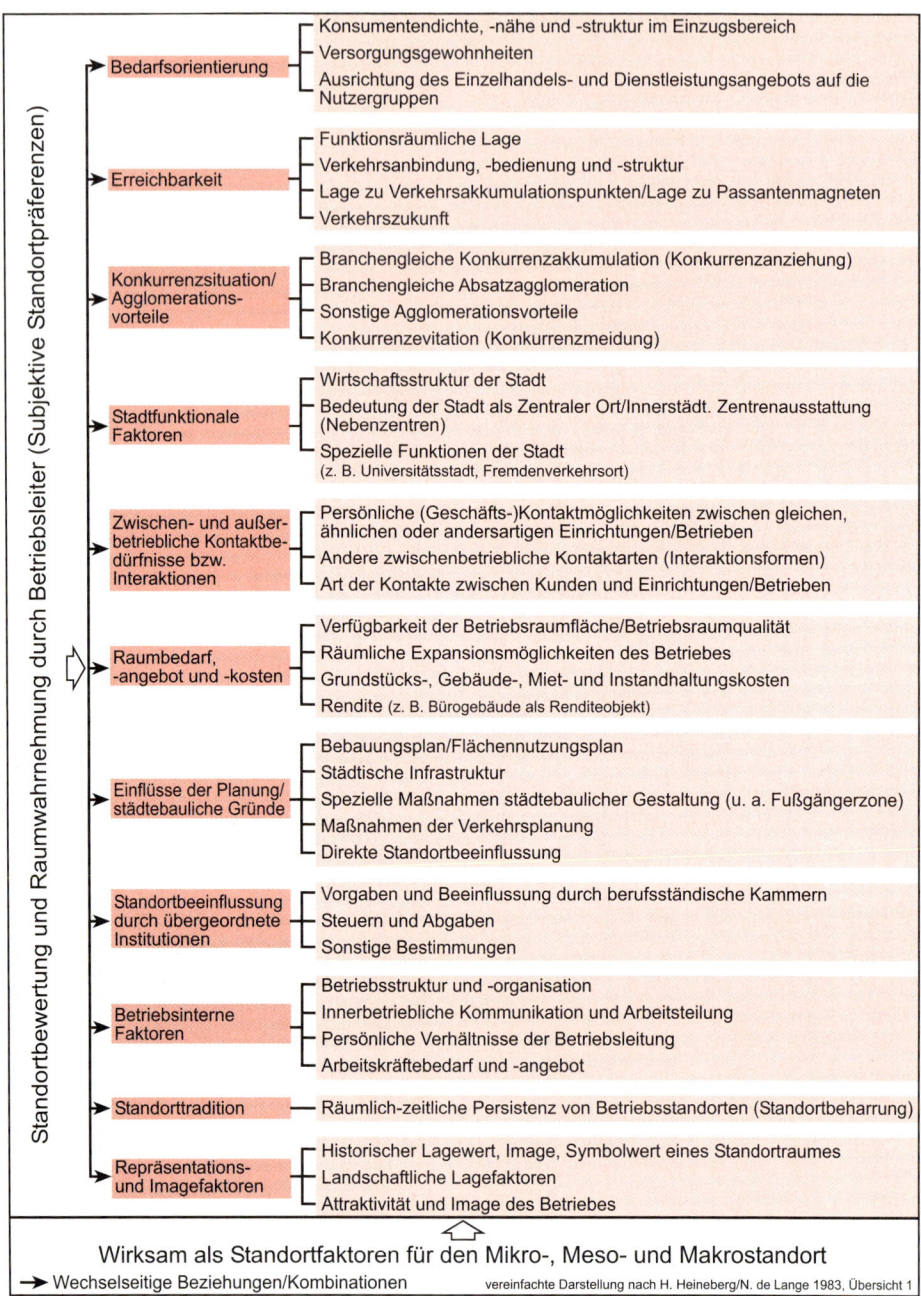

Abb. 3.54 Standortbedingungen privatwirtschaftlicher Einrichtungen des tertiären (und quartären) Sektors

Abb. 3.55 Walter Christaller 1893-1969
Aus: GZ 1968, S. 81

und individuelle Faktoren (wie persönliche Präferenzen der Betriebsleiter etc.). Zu Standortbedingungen und -tendenzen privatwirtschaftlicher Bürobetriebe vgl. weiterführend bzw. vertiefend N. DE LANGE 1989, S. 43 ff., dort insbesondere Abb. 3.4.

3.7.4 Theorie der Zentralen Orte nach WALTER CHRISTALLER (1933) und empirische Probleme der Zentralitätsforschung.
Die geographische Zentralitätsforschung wird häufig im Rahmen der Stadtgeographie behandelt (vgl. z. B. B. HOFMEISTER 1997[7], H. HEINEBERG 2006[3]a). Da die Theorie der Zentralen Orte im Grunde eine ökonomische Standorttheorie bzw. Raumwirtschaftstheorie darstellt, ist deren Berücksichtigung auch innerhalb eines wirtschaftsgeographischen Kapitels gerechtfertigt.

- **Ableitung der Zentrale-Orte-Theorie.** Unter 3.7.1 wurde bereits der **grundlegen-**

de Begriff „Zentraler Ort" diskutiert. Diese Bezeichnung wurde von WALTER CHRISTALLER bewusst neu geprägt, um damit zunächst ganz neutral einen Standort zu bezeichnen, der tertiäre Einrichtungen mit zentralen Funktionen aufweist. CHRISTALLER sprach vom Standort „zentraler Gewerbe, die notwendig an eine zentrale Lage gebunden sind". Bei der Anwendung seiner Theorie auf Süddeutschland übertrug CHRISTALLER jedoch unglücklicherweise den Begriff Zentraler Ort auf ganze Siedlungen, insbesondere auch auf ganze Städte, wodurch - wie bereits unter 3.7.1 angedeutet - einer Begriffsverwirrung Vorschub geleistet wurde. Dies war wohl dadurch mitbedingt, dass CHRISTALLER eine sog. Telefonmethode zur Bestimmung der Zentralität benutzte, die er jedoch nur für ganze Siedlungen anwenden konnte.

Die Anwendung des Prinzips der Zentralität auf ganze Siedlungen oder besser: Gemeinden liegt heute zahlreichen Landesentwicklungsplänen (z. B. in Nordrhein-Westfalen oder in der gemeinsamen Landesentwicklungplanung von Berlin-Brandenburg) sowie auch neueren Untersuchungen zugrunde (vgl. z. B. H. H. BLOTEVOGEL 1983, 1986, 1996c, s. auch unten).

Hauptanliegen WALTER CHRISTALLERS war es, mit Hilfe einer ökonomischen Theorie die Verteilung unterschiedlich großer Siedlungen zu erklären und Regelhaftigkeiten ihrer räumlichen Verteilung nach Größenkategorien zu erfassen; insofern lässt sich die Theorie auch in die geographische Stadtforschung einordnen. In der Theorie der Zentralen Orte wurden - ähnlich wie in anderen klassischen Raumwirtschaftstheorien (vgl. J. H. v. THÜNEN unter 3.3.2 und A. WEBER unter 3.6.3) - sehr **restriktive Verhaltensannahmen** (seitens der Konsumenten und Anbieter) **und räumliche Ausgangsbedingungen** zugrunde gelegt (Kasten

---

Kasten 3.35 Verhaltensannahmen und räumliche Ausgangsbedingungen in der Theorie der Zentralen Orte nach W. Christaller (1933) in Anlehnung an J. Deiters (1976)

Christaller ging von der **homo oeconomicus-Prämisse** aus, d. h. von der
(1) Annahme wirtschaftlich völlig rational handelnder Menschen (Anbieter und Konsumenten zentraler Güter),
(2) Annahme vollkommener Konkurrenz und vollständiger Information. Der homo oeconomicus verfügt über vollständige Gewissheit und Informationen über den wirtschaftlichen Erfolg seiner Handlungen sowie über alle Handlungsalternativen; d. h. auch, dass er auf Veränderungen der Marktbedingungen optimal reagiert. Diese Annahmen sind gekoppelt mit der
(3) Annahme der optimalen Gewinnmaximierung durch die Anbieter zentraler Güter und Dienste (d. h. auch, dass Verluste die Aufgabe des Geschäftsstandortes erzwingen) und der
(4) Annahme der optimalen Minimierung der Ausgaben für die Bedarfsdeckung durch die Konsumenten. Schließlich wird angenommen, dass
(5) die Summe dieser individuellen Optimierungen auch gesamtgesellschaftlich optimal ist, denn im Raum soll eine minimale Anzahl Zentraler Orte so verteilt sein, dass kein Gebietsteil unversorgt bleibt.
 Als außerordentlich beschränkte **räumliche Ausgangsbedingungen** wird in der Theorie außerdem eine äußerst vereinfachte Wirtschaft in einem homogenen Raum vorausgesetzt, in dem nahezu alles als konstant angesehen wird, wie Bodenfruchtbarkeit und Ressourcen, gleichmäßige Verteilung der Bevölkerung, des Einkommens, der Konsumbedürfnisse, gleichförmige Gestaltung des Verkehrsnetzes in allen Richtungen etc. Lediglich die Kosten zur Überwindung des Distanzwiderstandes, d. h. die **Fahrtkosten**, verändern sich; und diese werden - wie bei J. H. v. Thünen (s. 3.5.2) und A. Weber (s. 3.6.3) - vereinfachend als direkt proportional zur kürzesten Entfernung angenommen. Erst durch diese ebenfalls restriktive Annahme kann das Netz der Zentralen Orte rein geometrisch abgeleitet werden.

3.35).

 Walter Christaller benutzte zur geometrischen Ableitung seines bekannten hexagonalen Anordnungssystems der Zentralen Orte Begriffe der Reichweite zentraler Güter als räumliche Entsprechungen der in Kasten 3.35 aufgeführten Verhaltensannahmen. Er unterschied eine sog. **obere Grenze der Reichweite** als die Entfernung, die die dispers verteilte Bevölkerung im Ergänzungsgebiet zum Einkauf eines Gutes im Zentralen Ort zu überwinden bereit ist. Jenseits dieser Grenze wird das Gut wegen zu hoher Fahrtkosten überhaupt nicht mehr erworben oder in einem anderen Zentralen Ort günstiger eingekauft (Abb. 3.56 mit Erläuterungen). Als sog. **untere Grenze der Reichweite** bezeichnete Christaller jenen Gebietsteil um einen Zentralen Ort, der gerade so viele Konsumenten enthält, wie zum rentablen Angebot eines Gutes, d. h. zur öko-

nomischen Tragfähigkeit, notwendig sind. Diese untere Grenze der Reichweite ergibt sich also aus der Notwendigkeit, Geschäftsverluste zu vermeiden. Die für den Absatz eines Gutes mindestens notwendige Bevölkerungszahl im Absatzgebiet wird als **Schwellenbevölkerung** bezeichnet.

 Der Ausschnitt aus dem gesamten Christallerschen Schema oder Modell (Abb. 3.57) zeigt **drei wesentliche Eigenschaften des zentralörtlichen Systems**: nämlich,
(1) die Zentralen Orte stufen sich in hierarchisch geordneten Größenklassen, d. h. in **Zentralitätsstufen**, ab. Diese Größenklassen ergeben sich aus der Bündelung unterschiedlicher zentraler Funktionen in den Zentralen Orten und aus den oberen Grenzen der Reichweiten dieser zentralen Güter.
(2) Die Ableitung mit Hilfe der oberen Reichweite zentraler Güter ergibt eine voll-

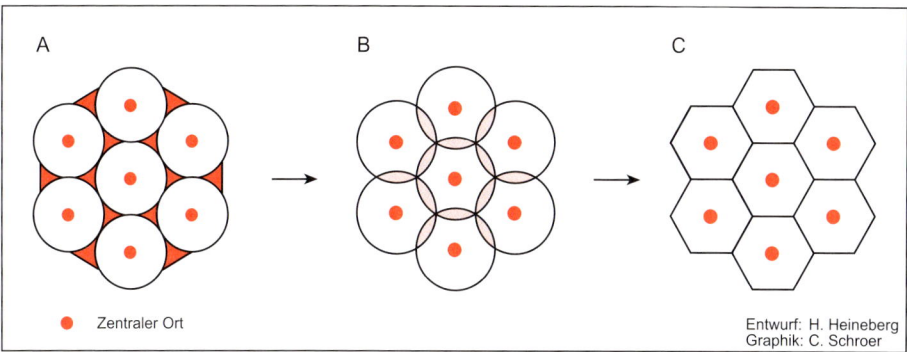

Abb. 3.56 Entwicklung des Hexagonalschemas zentralörtlicher Bereiche

Erläuterungen zu den Abbn. 3.56 und 3.57:
Aufgrund der sehr vereinfacht angenommenen Ausgangsbedingungen (vgl. Kasten 3.35) lassen sich die oberen Grenzen der Reichweite kreisförmig mit konstanten Radien je zentralem Gut darstellen (Abb. 3.56): z. B. zentrales Gut mit der oberen Grenze der Reichweite von 36 km. Unter der vorausgesetzten Bedingung der flächendeckenden Versorgung und einer geringstmöglichen Anzahl von Standorten genügt eine in Abb. 3.56/A dargestellte Verteilung der Einzugsbereiche Zentraler Orte nicht. Da nämlich eine minimale Anzahl Zentraler Orte so verteilt sein soll, dass kein Gebietsteil unversorgt ist, überlappen sich die durch die Reichweitegrenzen bestimmten Einzugsbereiche einzelner Zentraler Orte (Abb 3.56/B). In den Überschneidungsbereichen herrscht theoretisch also räumliche Konkurrenz zwischen den Geschäften. Die Abgrenzung der Marktgebiete in diesen Überschneidungsbereichen hängt jedoch von dem Bestreben der Konsumenten ab, die Einkaufswege zu minimieren, d. h. immer den nächstgelegenen Angebotsort zu wählen. Als Abgrenzung ergibt sich somit die geradlinige Verbindung zwischen den Schnittpunkten der Reichweitegrenzen (Abb. 3.56/C). Auf diese Weise entstehen die **hexagonalen Ergänzungsgebiete** verschiedener Güter bzw. Güterklassen der Zentralen Orte, d. h. verschiedener Größenordnung (J. Deiters 1976, S. 109).
Wie sieht es nun mit einem Gut der Reichweite von 35 km aus? In der Mitte zwischen den Zentralen Orten bliebe ein kleiner Gebietsteil unversorgt. Damit ist ein neuer Standort erforderlich. Dieser wird in möglichst großer Entfernung von den Konkurrenten errichtet (Gewinnmaximierung), d. h. in der Mitte des gleichseitigen Dreiecks, dessen Eckpunkte die bereits vorhandenen Zentralen Orte sind. Hier können Güter bis herunter zu einer Reichweite von 21 km eingekauft werden. Daraus ergibt sich in diesen Orten (C-Orte nach W. Christaller) eine **Bündelung unterschiedlicher zentraler Funktionen** zwischen 35 und 21 km oberer Reichweite; vgl. dazu das komplexere geometrisch abgeleitete System der Zentralen Orte in Abb. 3.57 sowie auch Tab. 4.1 in H. Heineberg 2006[3]a. B-Orte sind zugleich auch C-Orte sowie A-Orte auch B- und C-Orte. Entsprechend gibt es Bündelungen zentralörtlicher Funktionen geringerer Reichweite in den D-, E- oder F-Orten.

ständig **regelhafte, symmetrische räumliche Verteilung der Zentralen Orte und ihrer Ergänzungsgebiete**. Dies bedeutet auch beispielsweise, dass Zentrale Orte höherer Ordnung regelhaft weiter voneinander entfernt sind als Zentrale Orte niederer Ordnung.
(3) Zentrale Orte niederer Ordnung sind mit ihren Ergänzungsgebieten in den Ergän-zungsgebieten der Zentralen Orte höherer Ordnung gemäß einer bestimmten **Zuordnungsregel** enthalten. D. h., auf jeder Zentralitätsstufe enthält ein Ergänzungsgebiet drei Ergänzungsgebiete der nächstniederen Stufe, nämlich eines im Zentrum vollständig und weitere sechs an den Rändern zu je einem Drittel (s. Abb. 3.57). Daraus ergibt sich also der Zuordnungsfaktor

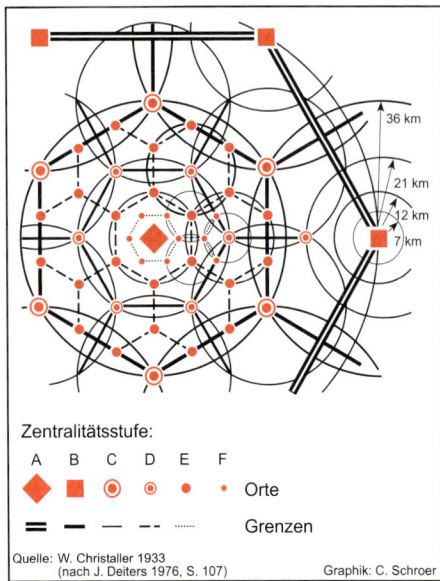

Zentralitätsstufe:

A B C D E F

◆ ■ ◎ ⊚ ● · Orte

═ ▬ ▬ ▬ ▬▬ ▬▬ ┄┄ Grenzen

Quelle: W. Christaller 1933
(nach J. Deiters 1976, S. 107)
Graphik: C. Schroer

**Abb. 3.57 Geometrische Ableitung des
Zentrale-Orte-Systems
nach W. Christaller**

K = 3.

• **Vergleich der Theorie der Zentralen
Orte mit der empirischen Wirklichkeit.**
Vergleicht man nun die oben dargestellten
Grundprinzipien der klassischen Theorie der
Zentralen Orte mit der empirischen Wirklichkeit bzw. mit den Ergebnissen empirischer (geographischer) Zentralitätsforschung, so ergeben sich zwar eine Reihe
prinzipieller Ähnlichkeiten mit dem Modell,
jedoch vor allem auch erhebliche Abweichungen. Dabei ist zu beachten, dass nicht
das Modell als solches falsch ist, denn es ist
ja unter Zugrundelegung ganz spezifischer
räumlicher Ausgangsbedingungen und Verhaltensannahmen der Konsumenten und Anbieter zentraler Güter entstanden. Man muss
vielmehr kritisch anführen, dass zunächst
einmal diese Ausgangsbedingungen und Verhaltensannahmen zu restriktiv sind, so dass
das Modell bzw. die Theorie allein deshalb
nicht die wirklichen komplexen Strukturen

und Prozesse zentralörtlicher Systeme hinreichend erfassen, d. h. abbilden bzw. erklären kann. In Anlehnung an J. Deiters (1976)
sollen im Folgenden einige Unzulänglichkeiten der Christallerschen Konzeption des
zentralörtlichen Systems kurz zusammengefasst sowie anschließend einige empirische
Probleme erläutert werden:

(1) Entgegen der Theorieannahme bezüglich
der räumlichen Ausgangsbedingungen, die
aus einem außerordentlich vereinfachten
Modell der Wirtschaftslandschaft bestehen,
zeigt die Realität beträchtliche **räumliche
Unterschiede** in der Bevölkerungsverteilung, in den Einkommens- und Kaufkraftverteilungen, in den Richtungsverzerrungen
der Erreichbarkeit Zentraler Orte etc. Diese
räumlichen Inhomogenitäten bewirken allein
bereits erhebliche Unregelmäßigkeiten in
der Verteilung und Größenstruktur Zentraler Orte. Diese Unregelmäßigkeiten können
jedoch - entgegen der vereinfachenden
Theorie - bislang nicht quantitativ bestimmt
werden.

(2) Auch die Verhaltensannahmen in der
klassischen Theorie sind - wie bereits angedeutet wurde - zu restriktiv. So wird etwa
die Nachfrage durch die Konsumenten nicht
nur durch die einfache distanzielle Entfernung zum Zentralen Ort, ausgedrückt in einfachen Fahrtkosten und bezogen auf jeweils
ein zentrales Gut, bestimmt, sondern es sind
auch **andere Gründe für das Aufsuchen
Zentraler Orte** ausschlaggebend, so etwa
die

•• **allgemeine Attraktivität des jeweiligen
Zentralen Ortes**.

Die von W. Christaller für die Ableitung
des Modells zugrunde gelegten oberen
Reichweiten werden in der Wirklichkeit vor
allem durch die

•• **Kopplung von Besorgungen** (auch **Aktivitätenkopplung** genannt) verzerrt, so
dass das von Christaller postulierte hierar-

chische Ineinanderpassen der Ergänzungsgebiete teilweise beseitigt wird. Aus der Kopplung von Besorgungen, d. h. den Mehrzweckfahrten, ergibt sich wohl allgemein, dass dadurch den niederrangigen Zentralen Orten in stärkerem Maße Kaufkraft entzogen wird. Dadurch erhält der jeweils höherrangige Zentrale Ort eine noch größere Bedeutung, als sie Walter Christaller ableitete. Daraus resultiert, dass das Angebot in höherrangigen Zentralen Orten stärker bevorzugt wird als das entsprechende in den niedrigeren Zentren. In diesem Zusammenhang ist neben der Kopplung von Besorgungen auch die empirisch feststellbare
•• **Mehrfachausrichtung der Konsumenten** auf mehrere Zentren bzw. Zentrale Orte unterschiedlichster Rangstufe zu erwähnen. Diese differenzierten Zentrenausrichtungen bzw. Aufspaltungen der Zentrenbeziehungen, die vor allem für großstädtische Verdichtungsräume, insbesondere für polyzentrische Verdichtungsräume, wie es z. B. das Rhein-Ruhrgebiet darstellt, charakteristisch sind, haben in den letzten Jahrzehnten ohne Zweifel erheblich zugenommen; dieses waren Folgen des gestiegenen Lebensstandards, der Entwicklung des motorisierten Individualverkehrs sowie der dadurch bewirkten Vergrößerung der Versorgungsdistanzen und Dezentralisierung großflächiger Betriebsformen. Dies hatte eine Zunahme der Konkurrenz unter den Zentren bzw. Zentralen Orten unterschiedlicher Hierarchie zur Folge.

Walter Christaller hat in dem empirischen Teil seiner klassischen Arbeit über Süddeutschland darauf verzichtet, die den Zentralen Orten zugehörigen Ergänzungsgebiete abzugrenzen bzw. zu untersuchen. Er hat selbst darauf verwiesen, dass diese nur sehr schwer feststellbar seien, und stellte die eigentliche Schwierigkeit heraus, die darin läge, dass die zentralen Funktionen entsprechend ihrer Art unterschiedliche Reich-

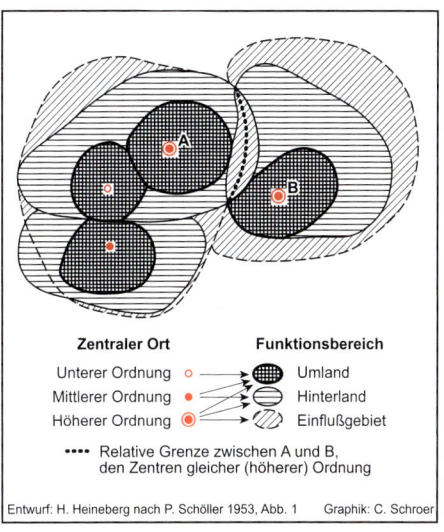

Zentraler Ort **Funktionsbereich**

Unterer Ordnung ○ → ● Umland
Mittlerer Ordnung ● → ◐ Hinterland
Höherer Ordnung ◉ → ◌ Einflußgebiet

•••• Relative Grenze zwischen A und B, den Zentren gleicher (höherer) Ordnung

Entwurf: H. Heineberg nach P. Schöller 1953, Abb. 1   Graphik: C. Schroer

Abb. 3.58 Dreigliederung des zentralörtlichen Systems

weiten hätten, die Grenzen häufig labil seien, verzahnt verliefen und Überschneidungen böten. Daher verzichtete er auch auf exakte Abgrenzungen der Ergänzungsgebiete Zentraler Orte und beschränkte sich auf die Erfassung der Zentralen Orte und ihres Zentralitätsranges.

Bezüglich der Ergänzungsgebiete Zentraler Orte besteht heute eine verwirrende **Vielfalt von Begriffsbildungen**, wozu bereits Christaller beigetragen hat. Er sprach selbst außer von Ergänzungsgebieten insbesondere von Marktgebieten, Ausstrahlungsgebieten oder Absatzgebieten. Bis zur Gegenwart ist in der Literatur noch eine Reihe von Begriffsbildungen hinzugekommen, die oftmals synonym oder unscharf definiert benutzt werden, wie Umland, Hinterland, Einflussbereich, Nahversorgungsbereich, Einzugsgebiet, zentralörtlicher Versorgungsbereich etc.

Der Stadtgeograph Peter Schöller hat sich in seinem bereits 1953 erschienenen bedeutenden Aufsatz „Aufgaben und Probleme der Stadtgeographie" um eine eindeuti-

---

Kasten 3.36 Stufung Zentraler Orte nach G. Kluczka 1970

Unterschieden wurden von Kluczka:

1. **Zentrale Orte höchster Stufe** als überregionale Verwaltungs-, Wirtschafts- und Kulturzentren im Range von Metropolen; diese verfügen über besondere überregionale Funktionen der Verwaltung, Wirtschaft und Kultur, des Nachrichten- und Verkehrswesens (Bsp.: Hamburg, München).

2. **Zentrale Orte höherer Stufe** (mit einem größeren Einflussgebiet) als Orte zur Deckung des allgemeinen episodischen und des speziellen Bedarfs, ausgestattet z. B. mit größeren Waren- und Kaufhäusern, Spezialgeschäften, Theatern, Museen, Sitzen von Behörden und Wirtschaftsverbänden, Hoch- und Fachschulen, Spezialkliniken etc. (Beispiele: Dortmund, Münster).

3. **Zentrale Orte mittlerer Stufe** als Orte (mit einem Hinterland) zur Deckung des allgemeinen periodischen und des normalen gehobenen Bedarfs. Sie verfügen über Einkaufsstraße(n) mit wichtigen Fachgeschäften, voll ausgebauter Höherer Schule und Krankenhaus mit Fachabteilungen, wichtigen unteren Behörden, Organisation von Handel, Handwerk und Landwirtschaft, Banken, Sparkassen, berufsbildenden Schulen, Theatersaal oder Mehrzweckhalle, wichtigen gehobenen Dienstleistungen wie Fachärzte, Rechtsanwälte, Steuerberater. Den Zentralen Orten mittlerer Stufe kommt die Hauptaufgabe der Versorgung der Bevölkerung zu (Beispiele: Coesfeld, Warendorf im Münsterland).

4. **Zentrale Orte unterer Stufe** als Orte (mit zentralörtlichen Bereichen unterer Stufe, d. h. Umland) zur Deckung des allgemeinen täglichen oder kurzfristigen Bedarfs, ausgestattet mit Verwaltungsbehörden niedersten Ranges (Kommunalverwaltung), Postamt, Kirchen, Einzelhandelseinrichtungen verschiedener Grundbranchen (einschl. z. B. Apotheke), praktischer Arzt, Zahnarzt, Sparkassenzweigstellen, oft bereits auch mit einem kleinen Krankenhaus.

Um diese Gliederung der Wirklichkeit noch besser anzupassen, wurden ergänzt zu diesen Normal- oder Hauptstufen noch drei **Zwischenstufen Zentraler Orte** unterschieden:

1. **Z. O. unterer Stufe mit Teilfunktion eines Zentralen Ortes mittlerer Stufe** als Orte zur Deckung des allgemeinen täglichen oder kurzfristigen Bedarfs mit einzelnen Einrichtungen eines Zentralen Ortes mittlerer Stufe wie z. B. Höhere Schule oder Fachkrankenhaus (Beispiele: Greven, Haltern im Münsterland).

2. **Z. O. mittlerer Stufe mit Teilfunktion eines Z. O. höherer Stufe**, ausgestattet mit einzelnen Einrichtungen eines Zentralen Ortes höherer Stufe wie z. B. Hochschule oder Großwarenhaus (Beispiele: Recklinghausen, Hamm).

3. **Z. O. höherer Stufe mit Teilfunktion eines Z. O. höchster Stufe** mit teilweiser Sonderausstattung eines Zentralen Ortes höchster Stufe, z. B. spezielle überregionale Verwaltungsfunktionen (Beispiel: Münster).

Außerdem wurde noch der Begriff des sog. **Selbstversorgerortes** für diejenigen Orte gewählt, die ihrer Ausstattung nach wohl Zentrale Orte sein könnten, die aus ihrer Nachbarschaft jedoch nur in geringem Umfang aufgesucht werden (hier hat also das problematische Prinzip des Bedeutungsüberschusses Pate gestanden).

---

ge Begriffsbildung bemüht. Schöller schlug eine Dreiergliederung des zentralörtlichen Systems, d. h. der Zentralen Orte und ihrer korrespondierenden Funktionsbereiche, vor, die seither in vielen Arbeiten Anwendung gefunden hat (s. Abb. 3.58). Danach ist ein **Einflussgebiet** dauernd dem Zentralen Ort höherer Ordnung in höheren Diensten verbunden, labil in mittleren Funktionen, ein **Hinterland** dauernd dem Zentralen Ort (mittlerer Ordnung) in mittleren, labil in unteren Funktionen und ein **Umland** eng und dauernd dem Zentralen Ort (unterer Ordnung) in unteren Funktionen.

Wenngleich sich diese Begriffsbildungen in der geographischen Literatur teilweise durchgesetzt haben, so muss doch kritisch angemerkt werden, dass diese Dreierstufung eine erhebliche Abstraktion bzw. Vereinfachung darstellt. Schöller bezog sich dabei auf verschiedene empirische Arbeiten der ersten Nachkriegszeit, die eine dreifache

Aufgliederung zentralörtlicher Systeme empirisch gefunden zu haben glaubten.

In den bedeutenden deutschen Arbeiten zur **empirischen Zentralitätsforschung der 1960er Jahre**, die in Gemeinschaftsarbeit des ehemaligen Zentralausschusses für deutsche Landeskunde und einer größeren Zahl geographischer Hochschulinstitute der BRD unter Leitung des damaligen Instituts für Landeskunde in Bad Godesberg (spätere Bundesforschungsanstalt für Landeskunde und Raumordnung, danach Bundesamt für Bauwesen und Raumordnung) durchgeführt wurden, wurde eine Vierergliederung Zentraler Orte - zugleich mit drei Zwischenstufen - zugrunde gelegt (vgl. G. Kluczka 1970 sowie Kasten 3.36).

Das Konzept der Zentralen Orte hat seit den 1960er Jahren - nicht zuletzt basierend auf den grundlegenden empirischen Arbeiten seitens der Geographie - eine erhebliche **praktische Bedeutung in der Raumplanung**, dabei insbesondere in der Landesentwicklungsplanung, als eines der wesentlichen Schlüsselkonzepte erlangt. Es wurde auch zu einer wesentlichen Grundlage der kommunalen Neugliederung im westlichen Deutschland zwischen Ende der 1960er Jahre und 1975.

Die praktische Bedeutung des Zentrale-Orte-Konzepts einschließlich der zentralörtlichen Gliederung für die Raum- und Siedlungsentwicklung wurde seit den 1980er Jahren in der Forschung kontrovers diskutiert. Trotz wachsender Kritik, z. B. an dem zu starren bzw. unflexiblen Zentrale-Orte-Modell, erlebte das - auch im Bundesraumordnungsgesetz als Grundsatz der Raumordnung verankerte - Konzept der Förderung Zentraler Orte seit Beginn der 1990er Jahre eine gewisse Renaissance, und zwar „aufgrund der deutschen Vereinigung und der Dynamik der europäischen Raumentwicklung". (...) „Nach dem Muster der

alten Bundesländer fand es Eingang in die Programme und Pläne der neuen Bundesländer, wo es insbesondere als Leitlinie für die weitreichenden Infrastrukturplanungen dient. Neue Aufgaben stellen sich auch auf der europäischen Ebene. Hier bildet der hierarchische Aufbau des Städtesystems einen wesentlichen Ausgangspunkt für erste Ansätze einer europäischen Raumordnungspolitik" (H. H. Blotevogel 1996b, S. 625). Zum jüngeren wissenschaftlichen Diskurs zur Fortentwicklung des Zentrale-Orte-Konzepts in der Raumordnung vgl. H. H. Blotevogel 2002a, 2004 sowie zusammenfassend H. Heineberg 2006[3]a, S. 98f.)

• **Methoden und Probleme der empirischen Erfassung zentralörtlicher Systeme.** Zur empirischen Erfassung zentralörtlicher Systeme, d. h. der hierarchischen Stufung von Zentralen Orten und zentralörtlichen Bereichsbildungen, können grundsätzlich folgende Aspekte berücksichtigt werden bzw. Methoden Anwendung finden:

(1) **Analyse der Ausstattung der Zentralen Orte mit zentralen Einrichtungen** mittels Erhebungs- und Kartiermethoden. Da eine Totalerhebung i. Allg. zu arbeitsaufwändig ist, wird meist ein Katalog repräsentativer Einrichtungen zugrunde gelegt, die als Indikatoren gelten können (**Katalogmethode**). Problematisch ist dabei die Auswahl der für eine bestimmte Zentralitätsstufe als repräsentativ anzusehenden Einrichtungen.

(2) **Erwerbs- oder Wirtschaftsstruktur der Zentralen Orte in Bezug auf den tertiären Sektor** (vgl. z. B. H. H. Blotevogel 1983, 1986).

(3) **Erfassung der zentralörtlichen Bereiche (Ergänzungsgebiete).** Zu unterscheiden sind zunächst Einzugsbereiche von zentralen Einrichtungen, für die feste Zuständigkeitsbereiche bestehen. Man spricht in

diesem Falle von der **gebundenen Zentralität**. Gemeint sind Zuständigkeitsbereiche von Verwaltungen, Behörden, Organisationen etc., die eindeutige Grenzen besitzen und leicht zu ermitteln sind. Diese bündeln sich häufig entlang bestimmter administrativer Grenzen, so dass sich oft relativ klare Bereichsabgrenzungen ergeben.

Weitaus schwieriger zu erfassen sind dagegen die freien zentralörtlichen Bindungen, die man auch als **freie Zentralität** bezeichnet (Einkaufs- und sonstige privatwirtschaftliche Dienstleistungsbeziehungen). **Methoden der Ermittlung der freien Zentralität** sind in Kasten 3.37 zusammengestellt.

Selbst wenn es gelingt, ein annähernd optimales Auswahlverfahren durchzuführen, so bestehen immer noch beträchtliche **methodische Probleme der Erfassung der freien Zentralität**, die in den bisherigen empirischen Beiträgen der Zentralitätsforschung nur teilweise gelöst sind. In Anlehnung an G. Heinritz (1977) lassen sich diese in drei Hauptpunkten zusammenfassen (vgl. auch G. Heinritz 1999b):

(1) **Problematik der Abgrenzung zentralörtlicher Bereiche**. Die mit der Operationalisierung der Bereichsabgrenzungen verbundenen Probleme werden überraschenderweise in der Literatur nur wenig angesprochen. Bereits einfache modellartige Darstellungen - wie etwa das Modell der räumlichen Organisation der innerstädtischen Zentren- und Nachfragestruktur von H. Köck (1992, 2.1/1) - zeigen z. B. vor allem bereits innerhalb einer Großstadt vielfältige

---

Kasten 3.37 Methoden zur Ermittlung der sog. freien Zentralität

• **Konsumentenbefragungen**
(1) im Zentralen Ort. Wichtig ist dabei eine geeignete Auswahl der Befragungsstandorte. Meist kann nur ein knapper Fragenkatalog Berücksichtigung finden;
(2) am Wohnort (= sog. **Umlandmethode**). Derartige Befragungen können entweder als (arbeits- und kostenaufwändige) **Vollerhebungen** oder als **Teilerhebungen** bzw. Stichproben durchgeführt werden; bei letzteren ist die Auswahl der zu befragenden Personen problematisch. Als Teilerhebungsverfahren kommen in Betracht: die sog. bewusste Auswahl oder die Zufallsauswahl (z. B. flächenbezogen) als echte Stichprobe. Letztere hat zwar den Vorteil, dass der sog. Stichprobenfehler quantifizierbar ist (Angabe von sog. Vertrauensintervallen für einen bestimmten Wahrscheinlichkeitsgrad); eine reine Stichprobenerhebung (ohne systematische Verzerrungen, z. B. durch Antwortverweigerungen) ist jedoch in der empirischen Praxis schwer zu realisieren.
(3) Befragungen über Schulklassen (Verteilung von Fragebögen). Der Vorteil derartiger Erhebungen besteht darin, dass sie wenig kostenaufwändig sind und zudem relativ hohe Antwortquoten liefern. Sie sind beliebt bei Examensarbeiten. Der Nachteil ist, dass nicht sämtliche Sozial- bzw. Bevölkerungsgruppen oder soziale Schichten erfasst werden, insbesondere kinderlose Ehepaare, Alleinstehende, Rentner.
• **Befragung von Schlüsselpersonen bzw. Gewährsleuten**, z. B. Bürgermeister, Lehrer, Geschäftsleute. Dieses Verfahren hat in der Umlandmethode von G. Kluczka Anwendung gefunden. Der Vorteil besteht darin: sie ist wenig kostenaufwändig mit i. Allg. hohen Antwortquoten und Möglichkeiten großräumiger Untersuchungen. Die Nachteile sind jedoch offenkundig: Das auf diese Weise gewonnene Datenmaterial kann massenstatistisch nicht behandelt werden; die Daten können stark subjektiv geprägt bzw. durch einseitige Sozialgruppenzugehörigkeit der Befragten verzerrt sein; das Verfahren erlaubt keine Aussagen über quantitative Ausprägungen der Versorgungsbeziehungen und keine Analyse der gruppenspezifischen Differenzierungen im Versorgungsverhalten.
• **Auswertung bestimmter Sekundärquellen**, z. B. von Auslieferungsbüchern bestimmter Einzelhandelsbetriebe, Änderungskarteien, evtl. auch von vorliegenden Kundenerhebungen in Warenhäusern; derartige sekundärstatistische Quellen sind jedoch nur selten verfügbar.
• **Auswertungen bestimmter Verkehrsbeziehungen** (Indikator), z. B. ÖPNV.

Überlappungen einzelner Einzugsbereiche innerstädtischer Zentren unterschiedlicher Hierarchie.

Ein anderes Beispiel sind die Zentrenausrichtungen lediglich der mittelfristigen Bedarfsdeckung in östlichen Ruhrgebiet (Kreis Unna) nach einer Untersuchung von S. Waluga (1989), die bereits andeutet, wie schwierig es ist, aufgrund der differenzierten Zentrenbeziehungen allein mittelzentrale Einzugsbereiche (Hinterlandgebiete) abzugrenzen. Es handelt sich um Aufspaltungen von Zentrenbeziehungen, wie sie insbesondere in großstädtischen Verdichtungsräumen mit polyzentrischer Struktur und erheblichen sozialstrukturellen Unterschieden charakteristisch sind.

Ein sehr anschauliches Beispiel für die Aufspaltung der Zentrenbeziehungen bezüglich verschiedener Sozialgruppen stammt aus dem englischsprachigen Lehrbuch von H. Carter 1981[3], Fig. 6-12 (wiedergegeben in H. Heineberg 2006[3]a, Abb. 4.13). Die Abbildung veranschaulicht Einkaufspräferenzen für Bekleidungseinkäufe, und zwar am Beispiel modern eingestellter Kanadier einerseits sowie für eine stark traditionsverhaftete Gruppe, nämlich die Religionsgemeinschaft der Mennoniten in einem Untersuchungsgebiet in Kanada andererseits. Die beiden Darstellungen zeigen die gleichen Verteilungen hierarchisch abgestufter Zentraler Orte mit ihren jeweiligen unterschiedlichen Einkaufsbeziehungen.

(2) **Die Problematik der Erfassung unterschiedlicher Intensitäten zentralörtlicher Beziehungen**. Darauf hat bereits besonders W. Meschede (1971) in einem methodisch interessanten Aufsatz aufmerksam gemacht: „Innerhalb des Einzugsgebietes können auf Grund von sprunghafter Zu- oder Abnahme des Intensitätsgefälles Grenzen auftreten, die viel größere Bedeutung haben und dementsprechend stärker bewertet werden müssen

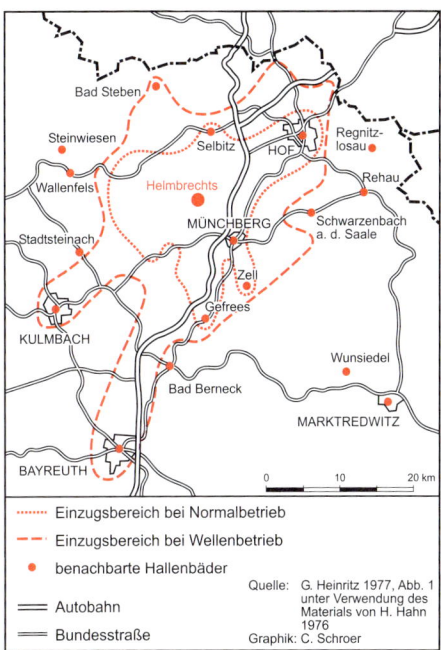

Einzugsbereich bei Normalbetrieb
Einzugsbereich bei Wellenbetrieb
● benachbarte Hallenbäder
Autobahn
Bundesstraße

Quelle: G. Heinritz 1977, Abb. 1 unter Verwendung des Materials von H. Hahn 1976
Graphik: C. Schroer

Abb. 3.59 Einzugsgebiet des Hallenbades in Helmbrechts

als die evtl. nur schwach ausgebildeten Außengrenzen" (ebd., S. 265).

Außerdem ist von Bedeutung, dass es (3) **rhythmische Veränderungen von zentralörtlichen Bereichen (kurzfristige Zentralitätsschwankungen)** gibt, auf die wiederum besonders W. Meschede anhand von Fallstudien hingewiesen hat. Derartige sich rhythmisch wiederholende Veränderungen eines Einzugsgebietes können sich im Tages- oder Wochengang, ja sogar im saisonalen Wechsel ergeben (z. B. Weihnachtseinkäufe, Winter- oder Sommerschlussverkauf). So ist etwa die durchschnittliche Distanz zwischen Wohnstandorten und Einkaufsorten am Samstag i. Allg. erheblich größer als an normalen Wochentagen.

Ein anderes Beispiel für die Attraktivitäts- und damit auch Einzugsbereichsveränderungen von bestimmten Einrichtungen sind z. B. deutliche Unterschiede des Einzugsbereiches eines Hallenbades bei Normalbetrieb und Wellenbetrieb (s. Abb. 3.59).

Diese kurzen Ausführungen sollten andeuten, dass Einzugsbereiche nicht als zu statisch angesehen werden dürfen. Die an bestimmten Beobachtungs- bzw. Befra-gungstagen vorgenommenen Stichproben- oder Vollerhebungen täuschen leicht statische Grenzverläufe vor, die im Zeitablauf in dieser Form teilweise gar nicht bestehen. Daraus ergibt sich auch, dass die Wahl des Befragungszeitraumes wohl begründet sein muss.

Kasten 3.38 Literaturauswahl zur Ergänzung und Vertiefung des Abschnittes 3.7

• **Einführung in die Geographie d. tertiären (und quartären) Sektors/Lehrbücher:**
E. Kulke 2005b (Einführung); G. Heinritz 1990 (tertiärer Sektor als Forschungsgebiet); P. Gräf 2003, E. Kulke 2004b (Dienstleistungen); G. Heinritz/K. E. Klein/M. Popp 2003, E. Kulke 2004a (2006²) (Lehrbücher)

• **Funktionale City-/Zentrenausstattungen (einschl. Standortbedingungen):**
B. Freund 2002, H. Heineberg 2006³a, J. Waldhausen-Apfelbaum 1998 (Entwicklung, Merkmale u. Standortbedingungen d. City/funktionalen Zentrenausstattung); BAG 1995⁵ (Standortfragen d. Handels); H. Heineberg 1977, 1985 (West-Ost-Vergleich am Beispiel d. ehem. geteilten Berlin); E. Giese 1999 (Bedeutungsverlust innerstädt. Geschäftszentren); R. Monheim 1999 (Nutzung u. Verkehrserschließung v. Innenstädten)

• **Entwicklung des deutschen Einzelhandels:**
E. Kulke 1996, 1998b, G. Meyer/R. Pütz 1997, R. Pütz 1997; A. Jenne 2006 (Einzelhandel in Grund- u. Mittelzentren)

• **Neue Einkaufszentren/Shopping-Center/Urban Entertainment Center:**
B. Falk 1998, U. Gerhard/U. Jürgens 2002, H. Heineberg/A. Mayr 1996 (Shopping-Center-Entwicklung in Deutschland, insbes. im Rhein-Ruhr-Gebiet); E. Giese 2003 (Auswirkungen integrierter großflächiger Shopping-Center auf den innerstädtischen Einzelhandel); M. Popp 2002 (Besucherverhalten zw. neuen u. traditionellen Einkaufszentren); B. Hahn 2002, 2006 (Einzelhandel/Shopping-Center in den USA)

• **Quartärer Wirtschaftssektor/Bürostandortforschung/Entwicklung d. Dienstleistungssektors:**
J. Gottmann 1961 (quartärer Wirtschaftssektor); E. Kulke 1995, P. Sedlacek 2003 (strukturelle u. räumliche Veränderungen im Dienstleistungssektor); H. Acker 1995, N. de Lange 1989, H. Heineberg/N. de Lange 1983, H. Heineberg 1987, H. Heineberg/C. Neubauer 2002, H. Heineberg/H.-U. Tappe 1994 (innerstädt. Standortentwicklung ausgewählter quartärer Dienstleistungsgruppen); E. Kulke 1998c, G. Enxing 1999 (unternehmensorientierte Dienstleistungen); V. Lo/E. W. Schamp 2001 (Finanzplätze auf globalen Märkten, Bsp. Frankfurt/M.), D. W. Rebitzer 1995 (internationale Steuerungszentralen)

• **Zur Einführung in die Zentralitätsforschung/Lehrbuch zur Zentralitätsforschung:**
H. H. Blotevogel 1995, H. Bobek 1969, J. Deiters 1976 (zur Einführung); G. Heinritz 1979 (Lehrbuch)

• **Klassische Theorie d. Zentralen Orte:**
W. Christaller 1933

• **Zentrale Orte und Städtesysteme/empirische Zentralitätsforschung:**
H. H. Blotevogel 1983, 1986, G. Heinritz 1977, 1999a, b, G. Kluczka 1970, W. Meschede 1971, S. Waluga 1989

• **Aktuelle Entwicklungstendenzen und Probleme der Zentralitätsforschung, insbes. in Bezug auf die Raumordnungspolitik:**
H. H. Blotevogel 1996a, 1996b, 1996c, 2002a, b, 2004, J. Deiters 1996a, 1996b, H. Gebhardt 1996a, 1996b

4 Einführung in die Verkehrsgeographie

Aufgabenfelder, Differenzierung von Verkehrsnachfrage, Verkehrsangebot und -erschließung

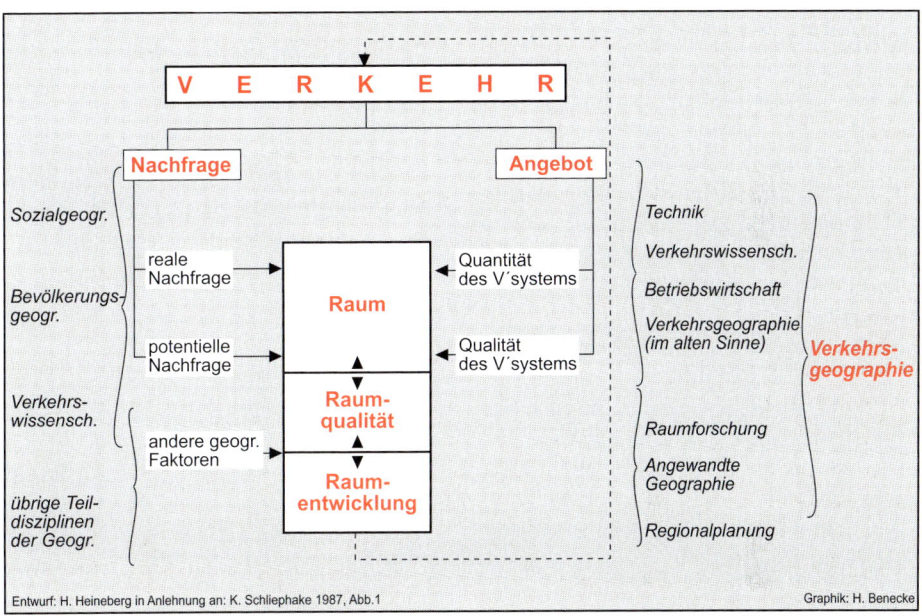

Abb. 4.1 Verkehr als Angebot-Nachfrage-System im Raum nach K. Schliephake

4.1 Grundlegende Begriffe und Aufgabenfelder der Verkehrsgeographie

4.1.1 Begriffsdefinitionen. Unter **Verkehr** versteht man die Raumüberwindung menschlicher Aktivitäten (Personen, Güter, Nachrichten) durch Verkehr und Kommunikation über kürzere oder längere Entfernungen. Man spricht daher anstelle der Verkehrsgeographie z. T. auch von der Geographie des Verkehrs- und Kommunikations-

verhaltens, im englischen Sprachraum von „*Transport Geography*", aber auch von „*Geography of Communications*".

Die Beweglichkeit (Mobilität) von Personen, Gütern und Nachrichten in ihrer erdräumlichen Distanzabhängigkeit ist eine der wichtigen Daseinsäußerungen des Menschen. Man rechnet den Verkehr daher - entsprechend der Konzeption der Münchener Schule der Sozialgeographie (s. 1.3.5 und Abb. 1.6) - auch zu den sieben Daseinsgrundfunktionen; der Verkehr stellt im strengen Sinne allerdings keine Daseinsgrundfunktion dar, denn er verbindet ja lediglich die anderen Funktionen unter- oder miteinander.

Der Verkehr wird heute im Rahmen der modernen Verkehrsgeographie als **Raumüberwindungssystem** oder auch als **Angebot-Nachfrage-System im Raum** betrachtet. Abb. 4.1 macht deutlich, inwiefern sich Verkehrsnachfrage und Verkehrsangebot weiter differenzieren lassen. So wird im Verkehrsangebot nach Quantität und Qualität des Verkehrssystems (s. auch 4.3), in Bezug auf die Verkehrsnachfrage nach realer und potenzieller Nachfrage (vgl. 4.2) unterschieden. Die **Differenzierung des Verkehrsangebots** bildet das eigentliche **Verkehrssystem** als Bestandteil der materiellen Infrastruktur. Dabei lassen sich unterscheiden:

• **Verkehrsmedien** (oder **Verkehrsträger**), d. h. Wasser, Land und Luft,

• **Verkehrswege**, bezogen auf die einzelnen Verkehrsmedien (z. B. Binnenwasserstraßen, Schiene, Straßen, Flugrouten), und die dazugehörigen

• **Verkehrsmittel** (Schiff, Motorfahrzeug, Eisenbahn, Flugzeug etc.) (vgl. K. Schliephake 1982, Abb. 22).

Auf diese Einteilungen soll weiter unten Bezug genommen werden. H. Nuhn (1994, Tab. 1) gliedert die Verkehrsmittel in Wasserfahrzeuge, Straßenfahrzeuge, Schienenfahrzeuge, Flugzeuge und Kommunikation, deren technologische Innovationen er über die vergangenen 200 Jahre darstellt.

Die **Verkehrsnachfrage** oder auch **Verkehrs- oder Transportbedürfnisse** des Menschen sind - entsprechend den Beziehungen zu den unterschiedlichen Grunddaseinsfunktionen bzw. den damit im Zusammenhang stehenden Aktivitäten - ebenfalls sehr differenziert.

Die Arten der **Verkehrsnachfrage** lassen sich in drei Hauptgruppen einteilen (vgl.

Abb. 4.2 Wichtige Einflussfaktoren des Verkehrsgeschehens

K. Schliephake 1982, Abb. 11, nach C. Kaspar 1977):

• **Personenverkehr** (Umzugsverkehr, Berufs- und Ausbildungsverkehr, Einkaufs- und Besucherverkehr, Naherholungs- und Fremdenverkehr mit weiteren Untergliederungen),

• **Güterverkehr** (Güter wie Stückgut, Schüttgut, Flüssigkeiten, Gase etc. sowie elektrische Energie),

• **Nachrichtenverkehr** (materielle Beförderung wie Post und Übermittlung durch elektrische Impulse).

Dieser Ansatz der Einteilung des Verkehrs lässt erkennen, dass hier u. a. der Naherholungs- sowie auch der Ferien- oder Fremdenverkehr der verkehrswissenschaftlichen Betrachtungsweise zugeordnet werden. Demgegenüber werden heute in der Geographie die Freizeit-, Naherholungs- und Fremdenverkehre in überwiegendem Maße von der sozialgeographisch orientierten Geographie der Freizeit und des Tourismus untersucht. Sie lassen sich nach K. Wolf/ P. Jurcek (1986, Abb. 5) weiter differenzieren.

Die Verkehrsgeographie hat auch wichtige **Einflussfaktoren des Verkehrsgeschehens** und deren wechselseitige Verflechtungen zu berücksichtigen (Abb. 4.2). So lässt sich die enorme Zunahme des Verkehrs in der Bundesrepublik Deutschland nach dem Zweiten Weltkrieg nur durch eine „Vielzahl miteinander verknüpfter Voraussetzungen" wie wirtschaftliches Wachstum und gestiegener Wohlstand, sozialer Wandel mit Veränderung der Lebensstile (vgl. 2.4.3), neue Produktionskonzepte, aber etwa auch technologische Neuerungen im Verkehrsgeschehen erklären (H. NUHN 1998, S. 199, vgl. auch M. HESSE 1993)

Die Abb. 4.1 macht auch deutlich, dass zu den Betrachtungsgegenständen der heutigen Verkehrsgeographie nicht nur die Nachfrage- und Angebotsseiten des Verkehrs gehören, sondern vor allem auch die **Wirkungen des Verkehrs auf den Raum** und damit auf die übrigen geographischen Strukturen und Funktionen (s. Raumqualität und Raumentwicklung). So verändern etwa die „neuen verkehrlichen Möglichkeiten (...) die räumlichen Beziehungsmuster und führen zu gewandelten Standortnetzen und Nutzungsstrukturen, die ihrerseits wieder Verkehr induzieren" (H. NUHN 1998, S. 199).

K. SCHLIEPHAKE betont in diesem Zusammenhang (1987, S. 201): „Vor diesem Hintergrund reicht eine Untergliederung nach Verkehrswegen/-medien (zu Land, zu Wasser und in der Luft), wie sie die klassische Verkehrsgeographie verwendete, heute nicht mehr aus. Die Verkehrsabläufe müssen vielmehr in allgemeiner oder regionaler Sicht als standortverbindende und zugleich raumprägende Prozesse in ihren individuellen und gesetzmäßigen Beziehungen zu den übrigen geographischen Strukturen gesehen werden".

Kasten 4.1   Aufgaben und inhaltlich-fachliche Verflechtungen der funktionalen Verkehrsgeographie nach K. Schliephake

„Diese funktionale Verkehrsgeographie soll die gegenseitige Abhängigkeit zwischen dem Verkehr als konkreter Erscheinung und räumlichem System und dem Raum in seiner natürlichen, bevölkerungsmäßigen und sonstigen vom Menschen geprägten Ausstattung im Hinblick auf die Erklärung der heutigen Raumstrukturen, ihrer (historischen) Entstehung und möglichen zukünftigen Entwicklung herstellen und - wenn möglich - auch quantifizieren. Dabei muß sie auch die durch die Nachbarwissenschaften analysierten Einflüsse wirtschaftlicher, sozialer, politischer und historischer Mechanismen mitverarbeiten" (K. SCHLIEPHAKE 1982, S. 42).

4.1.2 Einordnung und Forschungsrichtungen der Verkehrsgeographie. In der älteren Richtung einer sog. **morphogenetischen Verkehrsgeographie** wurden der Verkehr in seiner Anpassung an die Naturgestalt der Erde (vor allem Relief) und die Verkehrswege als physiognomische Erscheinungen betrachtet bzw. untersucht.

Die modernere Richtung einer sog. **funktionalen Verkehrsgeographie** hat sich seit Ende der 1950er Jahre herausgebildet. Sie beschäftigt sich mit
- dem Verkehr selbst als „räumliches System"
- und den räumlichen Wirkungen des Verkehrs (= primäre Wirkung des Verkehrs) (K. SCHLIEPHAKE 1982, S. 41; vgl. Kasten 4.1).

Die funktionale Betrachtungsweise in der Verkehrsgeographie lässt sich sowohl der Wirtschafts- als auch der Sozialgeographie zuordnen; sie steht aber auch in einem engen inhaltlichen Zusammenhang mit der **Verkehrswissenschaft** als Teilbereich der Volkswirtschaftslehre oder der Wirtschaftswissenschaften.

Es lassen sich, z. T. in Anlehnung an K. Schliephake, mehrere **Arbeitsrichtungen der** heutigen, überwiegend funktionalen **Verkehrsgeographie** unterscheiden:

(1) **Quantitative Verkehrsgeographie**: Beeinflusst von der anglo-amerikanischen Geographie werden in quantitativen Analysen (zahlenmäßig) die Zusammenhänge zwischen einzelnen verkehrlichen und räumlichen Erscheinungen untersucht. Charakteristisch sind die Benutzung spezieller statistischer Methoden und der Datenverarbeitung (z. B. Netzwerkanalyse) sowie die Erarbeitung modellhafter Beziehungen, die auch der Prognose dienen können.

(2) **Geographie der verkehrsräumlichen Aktivitäten des Menschen.** Diese ist stark sozialwissenschaftlich beeinflusst; sie geht von den Individuen und Gruppen mit ihren Nachfragen nach Verkehrsleistungen im Rahmen der Daseinsgrundfunktionen aus.

Inwieweit der Verkehr mit den einzelnen Teilbereichen menschlicher Daseinsäußerungen verbunden ist, zeigt das **Beispiel des Personenverkehrs** mit den vom Wohnstandort ausgehenden Aktivitäten und den jeweiligen Verkehrsströmen nach Fahrzwecken (s. Abb. 4.3).

Seit den 1970er Jahren hat sich eine Wende von den bis dahin dominierenden funktionalen Ansätzen hin zu einer **verhaltensorientierten verkehrsgeographischen Forschung** entwickelt: man spricht von aktionsräumlichen, entscheidungs- und handlungsorientierte Ansätzen (vgl. J. Maier/H.-D. Atzkern 1992, S. 18-22).

(3) **Stärker ökonomisch orientierte Verkehrsgeographie**. Diese untersucht den Verkehr im Spannungsfeld von Angebot und Nachfrage sowie die Raumwirksamkeit des Verkehrs aus den regionalen Unterschieden in Verkehrsqualitäten und -quantitäten, wie sie vom Nachfrager gewünscht und gewertet werden (K. Schliephake 1982, S. 43).

Die moderne Verkehrsgeographie wurde nicht nur von der Quantitativen Geographie und der Sozialgeographie bzw. den Sozialwissenschaften sowie der Verkehrswissenschaft als Teil der Wirtschaftswissenschaften beeinflusst, sondern in jüngerer Zeit auch von

(4) **ökologischen oder umweltbezogenen Forschungsansätzen** (u. a. auch der Landschaftsökologie), die sich z. B. „mit der Frage der Flächeninanspruchnahme und den Umweltbelastungen durch den Individualverkehr beschäftig(en) (...)" (K. Schliephake 1987, S. 201).

Hinzu kommt die erhebliche jüngere Beeinflussung der Verkehrsgeographie wie auch der Verkehrswissenschaften insgesamt durch die akuter gewordenen Probleme der Verkehrspolitik und -planung, Siedlungsplanung und Raumordnung. Aspekte, die in den vergangenen Jahren besonders im Vordergrund standen, und auch von einer

(5) **Angewandten Verkehrsgeographie** großenteils berücksichtigt wurden, waren z. B.

• die Verkehrsberuhigung in Wohngebieten, u. a. im Zusammenhang mit der Stadterneuerung und Wohnumfeldverbesserung, mittels Einführung von Tempo 30-Zonen etc.,

• die Erhaltung und der Ausbau eines attraktiven ÖPNV, nicht nur in Verdichtungsgebieten, sondern auch im ländlichen Raum, u. a. mittels regionaler Verkehrsverbundsysteme, Einführung von Nachtbussen, Anruf-Sammeltaxis (AST) u. a. differenzierten Systemen der Verkehrsbedienung,

• die Entwicklung von Konzeptionen für zentrale Güterverteilsysteme, für Citylogistik etc.; bereits in der jüngeren Vergangenheit, vor allem jedoch in der Zukunft, spiel(t)en

• beispielsweise internationale Verkehrskonzepte in einem vereinten Europa eine große Rolle.

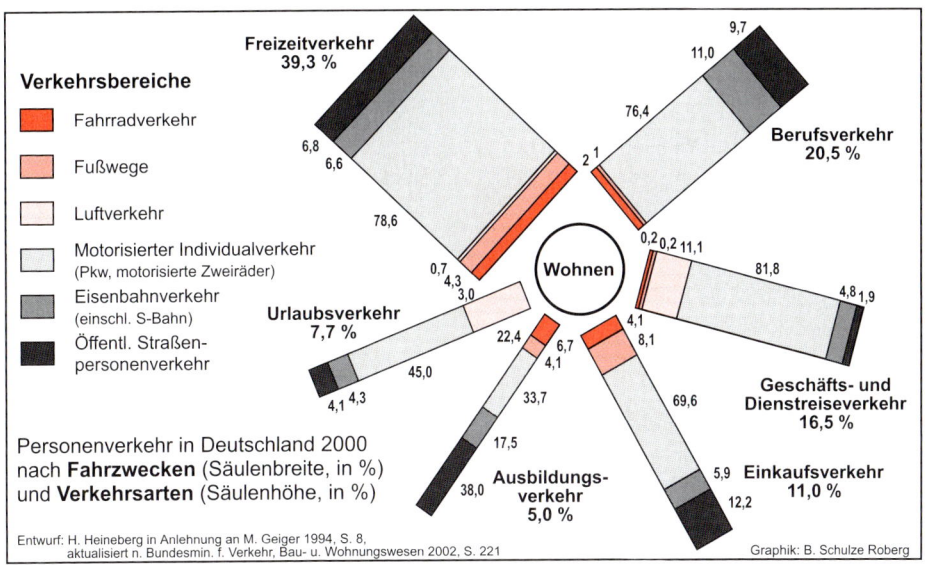

Abb. 4.3 Personenverkehr in Deutschland 2000 nach Fahrzwecken (Säulenbreite, in %) und Verkehrsarten (Säulenhöhe, in %)

4.2 Bedeutung und Differenzierung der Verkehrsnachfrage

4.2.1 Verkehrsspannung und Verkehrsströme am Beispiel des Personenverkehrs.

Grundsätzlich gilt, dass die Verkehrsnachfrage nicht vom Verkehrsangebot zu trennen ist (s. Abb. 4.1); denn beispielsweise kann eine potenziell vorhandene Nachfrage, die zunächst nicht befriedigt werden kann, durch eine Verbesserung des Verkehrsangebotes plötzlich in Erscheinung treten (Beispiel: neue Straßen erzeugen neuen Verkehr).

Zu unterscheiden ist also zwischen

(1) einer **potenziellen Verkehrsnachfrage**, d. h. einer sog. **Verkehrsspannung** oder einer Affinität zwischen zwei Punkten, zwischen denen eine Personen-, Güter- oder Nachrichten-Verkehrsnachfrage besteht (diese potenzielle Verkehrsnachfrage setzt sich zusammen aus einer Summe individu-

eller Verkehrsbedürfnisse, s. K. Schliephake 1982, S. 114), und

(2) einer **realen**, d. h. tatsächlich realisierten bzw. durch Angebot befriedigten **Verkehrnachfrage** und ihrer Bündelung (tatsächlicher Verkehrsstrom); ein **Verkehrsstrom** ist demnach die Summe der tatsächlich erfolgten Bewegungen von Personen, Gütern oder Nachrichten innerhalb eines bestimmten Betrachtungszeitraumes, z. B. zwischen zwei (oder mehreren) Punkten, d. h. von der **Verkehrquelle** zum **Verkehrsziel** hin.

Solche tatsächlichen Verkehrsströme „ereignen sich, wenn die Verkehrsspannung größer ist als die ihr entgegenstehenden Verkehrswiderstände" (K. Schliephake 1982, S. 115). Diese sog. **Verkehrswiderstände** ergeben sich u. a. durch

• natürliche Widerstände oder Barrieren (u. a. topographische Hindernisse),
• ökonomische Widerstände (Kosten),
• politische und andere administrative Wi-

derstände (Grenzen, Vorschriften etc.).

Welches sind nun die **Hauptauslöser des Verkehrs**, die die Verkehrsnachfrage bedingen? Dazu zählt in Bezug auf den Personenverkehr die **räumliche Bevölkerungsmobilität** (s. 2.6), d. h. insbesondere das Bedürfnis oder die Notwendigkeit des Menschen nach Ortsveränderung, u. a. in Gestalt der

• **Wohnsitzmobilität** oder **Wanderungen**; wesentlich wichtiger in Bezug auf den Verkehr sind jedoch die

• **Tagesmobilitäten** oder sog. **Zirkulationen**, d. h. die unterschiedlichsten aktionsräumlichen Beziehungen zwischen Wohn- und anderen Standorten. Innerhalb der Tagesmobilität sind die **Pendlerverkehre** der Berufs- und Ausbildungspendler - dabei insbesondere die Beziehungen zwischen Wohnung und Arbeitsplatz - quantitativ von besonderer Bedeutung. Die Erfassung der Intensität und Reichweiten der Berufspendlerverkehre, für die auch i. Allg. amtliche Statistiken aufgrund der Volkszählungen (soweit sie stattfinden) zur Verfügung stehen, war bereits Schwerpunkt zahlreicher geographischer Untersuchungen. Die Berufspendlerverkehre (einschließlich des ruhenden Verkehrs) belasten in (Groß-)Stadträumen nicht nur die Kerngebiete, vor allem zu bestimmen Stoßzeiten morgens und nachmittags, sondern mehr und mehr auch die sub- und exurbanen Zonen sowie zwischenstädtische Verkehrsverbindungen (vgl. z. B. F. Bluth 1993, Abb. 7).

Schwieriger zu erfassen ist der meist auch täglich stattfindende, dabei sehr differenzierte **Geschäftsverkehr**, d. h. beispielsweise die tägliche Fahrt des Unternehmers zu seinem Betrieb, alle dienstlichen Gänge, Fahrten und Besorgungen von Angestellten, Fahrten zu Besprechungen, Konferenzen etc., die täglichen Fahrten von Lebensmittelhändlern zu Großmärkten etc.

Die unterschiedlichsten Formen und Intensitäten der Tagesmobilität, wozu auch ein beträchtlicher Anteil des **Einkaufs- oder Versorgungsverkehrs** sowie nicht zuletzt des besonders stark zugenommenen **Freizeitverkehrs** (Abbn. 4.3, 4.6 und 4.7) zählt, sind von besonderer Bedeutung für die täglichen Verkehrsstaus und damit auch für die heutigen **Probleme der Verkehrsplanung**, insbesondere innerhalb von Städten.

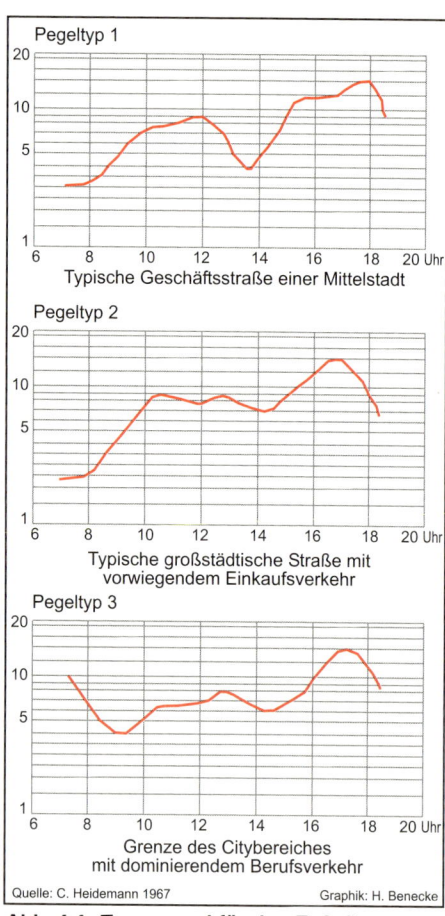

Abb. 4.4 Tagespegel für den Fußgängerverkehr in verschiedenen Geschäftslagen (Mittel-/Großstädte)

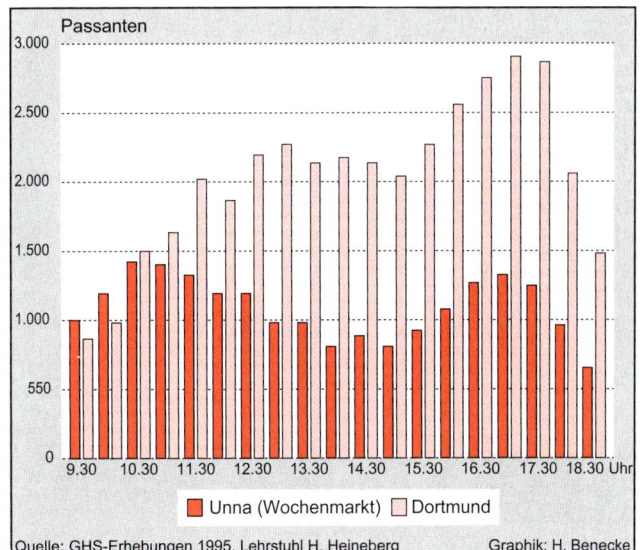

Abb. 4.5
Mittelzentrum Unna und Oberzentrum Dortmund: Tagesgänge der in Hauptgeschäftsbereichen erfassten Passanten am 10.10.1995 im Vergleich
(in Unna war an dem Tag morgens Wochenmarkt)

Die Hauptprobleme des intrakommunalen Verkehrs bestehen i. Allg. während der täglichen Spitzenzeiten (früh morgens und am späten Nachmittag, vgl. K. SCHLIEPHAKE 1982, Abb. 15 auf S. 54). Charakteristische Merkmale der Tagesmobilität, die allerdings nach Wochentagen unterschiedlich sein kann, lassen sich z. B. in Bezug auf den Einkaufs- und Besucherverkehr für unterschiedliche Zentrentypen (u. a. Ober- und Mittelzentren, geplante Shopping-Center) empirisch nachweisen; vgl. Abb. 4.4 mit Darstel-

Abb. 4.6 zeigt für den Personenverkehr die Zunahmen der sog. **Erlebnis- und Zweckverkehre** seit 1960, die im deutlichen Gegensatz stehen zu den Kostenanteilen der Kfz-Haltung am Einkommen. Dabei gilt, dass die Erlebnisverkehre (Freizeit, Urlaub) in jüngerer Zeit weiterhin stark angestiegen sind, während bei den Zweckverkehren (Beruf, Geschäft, Einkaufen, Ausbildung) im Kfz-Verkehr tendenziell eine gewisse Stabilisierung eingetreten ist. Mit steigendem Einkommen und größer werdender Freizeit werden vor allem die auf die Naherholung bezogenen Verkehrsaktivitäten noch erheblich weiter zunehmen.

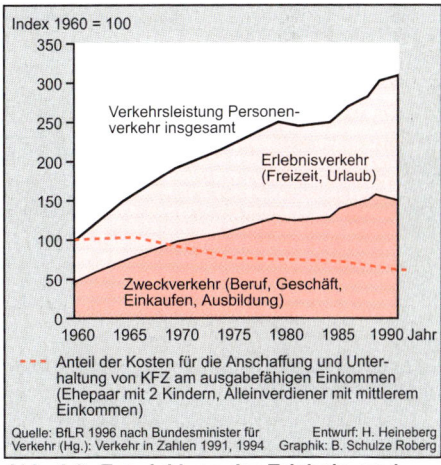

Abb. 4.6 Entwicklung der Erlebnis- und Zweckverkehre im Verhältnis zu den Kfz-Unkosten in der BRD seit 1960

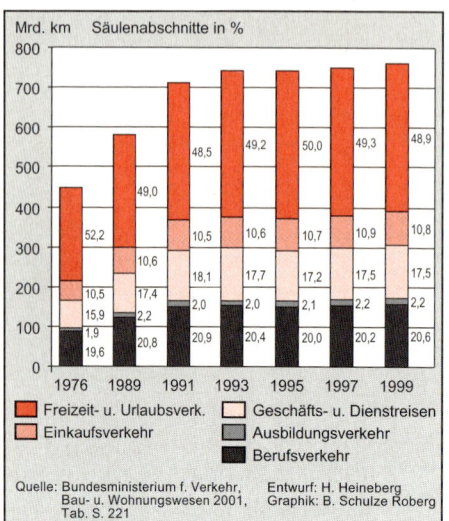

Abb. 4.7 Jährlich in der BRD gefahrene Pkw-Kilometer nach Verkehrszwecken 1976-1999

lung typischer Tagespegel für Fußgängerverkehre in Groß- und Mittelstädten sowie Abb. 4.5.

Die aktuellen Diskussionen über die Alternative zwischen dem ÖPNV und dem motorisierten Individualverkehr sind in erheblichem Maße auf die **bessere Steuerung und Bewältigung bzw. Begrenzung der Tagesmobilität**, insbesondere in Bezug auf den Individualverkehr, ausgerichtet. Dies geschieht vor dem Hintergrund, dass die Verkehrsnachfragen bzw. -leistungen nicht nur im Personen-, sondern vor allem auch im Güterverkehr tendenziell wachsend sind.

Bereits um 1980 wude geschätzt, dass an Schönwetter-Wochenenden 40 % der Großstädter „ins Grüne" fahren (durchschnittliche Reisereichweite 56 km!). Der freizeit- und urlaubsbezogene sog. **Erlebnisverkehr** (vgl. Abb. 4.6 mit Erläuterung und Abb. 4.7), der in Deutschland knapp 50 % der jährlich gefahrenen Pkw-Kilometer ausmacht, findet im Tagesverlauf glücklicherweise meist zu anderen Zeiten statt als der Einkaufs- und Berufsverkehr; allerdings treten im Jahresverlauf erhebliche Konzentrationen des Urlaubsverkehrs innerhalb von vor allem zwei Sommermonaten auf, wodurch die Kapazitätsengpässe nicht nur im Fernstraßennetz, sondern auch bereits teilweise im Flugangebot deutlich spürbar geworden sind.

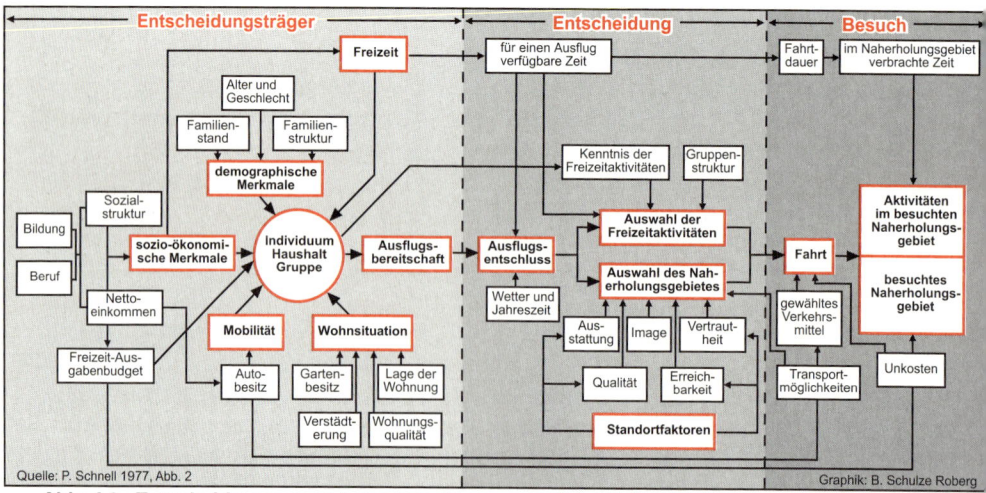

Abb. 4.8 Entscheidungs- und Auswahlschema zum Naherholungsverhalten nach P. Schnell

4.2.2 Analyse des Verkehrsverhaltens am Beispiel des Naherholungsverkehrs. Um die speziellen Verkehrsnachfragen und tatsächlichen Verkehrsaktivitäten - z. B. bezogen auf einzelne Daseinsgrundfunktionen - empirisch erfassen und erklären zu können, bedarf es unterschiedlichster Analyseansätze. Dazu zählt der verhaltens- und entscheidungstheoretische Ansatz im Rahmen einer „Geographie der verkehrsräumlichen Aktivitäten des Menschen" (vgl. 4.1.2); dieser lässt sich z. B. anhand eines Entscheidungs- und Auswahlschemas zur Analyse des Naherholungsverhaltens (einschl. Fahrten, Fahrtdauer, Verkehrsmittelwahl) am Beispiel des Naherholungsraumes Münster und seiner Wochenend-Besucher aufzeigen (vgl. Abb. 4.8). Die tatsächlich realisierte Verkehrsnachfrage ist - wie es der von P. Schnell vertretende Analyse- und Erklärungsansatz zeigt - oft Ausdruck subjektiv verschiedener Aktivitäten und damit empirisch schwer zu erfassen bzw. nur teilweise zu quantifizieren.

4.2.3 Evaluierung der Verkehrsspannung, insbes. mit Hilfe des Gravitationsmodells.
• **Empirische Analysen:** „Eine Möglichkeit zur Erfassung der Verkehrsspannung wäre die empirische Befragung der potentiellen Nachfrager zu einem schaffenden/zu verbessernden Verkehrsangebot: 'Wie oft würden Sie mit der Bahn von A nach B fahren, wenn die Fahrpreise um 50 % gesenkt werden?'" (K. Schliephake 1982, S. 114). Es gibt allerdings erhebliche empirische Probleme bei solchen repräsentativen Abschätzungen des Meinungsbildes; auch sind die zu Befragenden bei derartigen Problemstellungen häufig überfordert, weil die individuelle Vorstellung potenzieller zukünftiger Verkehrsbedürfnisse bei geänderten Rahmenbedingungen oft sehr eingeschränkt ist. Dennoch sind gut geplante empirische Untersuchungen auf der Basis von persönlichen Interviews durchaus in der Lage, Abschätzungen des Nachfragepotentials nach Verkehr unter bestimmten Rahmenbedingungen vorzunehmen, und häufig verkehrspolitisch auch notwendig; vgl. z. B. die empirische Analyse des Nachfragepotentials in Bezug auf die Planung eines neuen Haltepunktes an der Bahnstrecke Münster - Gronau durch S. Thiesing/H. Heineberg 1998. Allerdings sind derartige Erhebungen meist zeit- und kostenaufwändig.

• **Anwendung des Gravitationsmodells:** Man hat nach brauchbaren einfacheren Methoden der Evaluierung der Verkehrsspannung gesucht, die auch der Verkehrsprognose dienen können. Einen solchen Ansatz liefert das sog. **Gravitationsmodell**, das bereits 1891 von Lill in Wien und 1929 von Reilly modifiziert veröffentlicht wurde; es wurde vor allem in der Literatur des englischsprachigen Raumes immer wieder zitiert und auch abgewandelt. Die Grundidee entspricht dem Newtonschen Gravitationsgesetz in der Physik: Je größer zwei benachbarte Massen (z. B. Städte mit Einwohnerzahlen) und je geringer ihre Distanz zueinander, umso stärker ist ihre jeweilige Anziehung und damit die Häufigkeit von Interaktionen (vgl. Kasten 4.2 und Abbn. 4.9-4.11).

Die durch das Gravitationsmodell ausgedrückte Beziehung (sog. **Distanzabnahmefunktion**, engl. „*distance decay function*") zwischen zwei Städten verläuft häufig nicht linear, sondern exponentiell oder hyperbolisch (Abb. 4.9/1). Die Relation zwischen Interaktionen (z. B. *messages*) und Distanzen zwischen jeweils zwei Städten lässt sich in einem doppeltlogarithmischen Diagramm als lineare Beziehung darstellen (s. Abb. 4.9/2).

Insgesamt gesehen ist das Gravitations-

Kasten 4.2   Das Gravitationmodell zur Evaluierung der Verkehrsspannung

Bereits 1949 hat G. Zipf festgestellt, dass sich telegraphische Telefonkontakte, Eisenbahn-, Bus- und Luftpassiertransporthäufigkeiten nach einer Formel fassen lassen, die dem Gravitationsmodell entspricht:

$$\frac{P_1 \cdot P_2}{D_{12}},$$

wobei P_1 und P_2 beispielsweise die Einwohnerzahlen zweier Städte sind und D_{12} deren Distanz voneinander.

Das Gravitationsmodell - auch Gelegenheits- oder Potenzialmodell genannt - lässt sich bezüglich potenzieller **Interaktionen zwischen beliebig vielen Städten** wie folgt schreiben:

$$I_{ij} = \frac{P_i \cdot P_j}{D_{ij}},$$ wobei I_{ij} = Interaktionen zwischen i und j.

Zwei amerikanische Sozialwissenschaftler (Stewart 1947 und Zipf 1949) untersuchten mit diesem Ansatz Interaktionen bei einer ganzen Reihe von Phänomenen (Wanderungen, Gütertransporte, Informationsaustausch etc.). Einige Autoren haben versucht, das Modell mit Konstanten zu gewichten, damit es besser der Realität (z. B. den Unterschieden des Mobilitätsverhaltens der Bevölkerung zwischen einzelnen Regionen, u. a. sesshafte Land-, mobilere Stadtbevölkerung) angepasst wird. So lassen sich die Distanzen quadrieren:

$$I_{ij} = \frac{P_i \cdot P_j}{D_{ij}^2}$$

Diese Formel wurde 1929 von Reilly benutzt. Noch allgemeiner gilt:

$$I_{ij} = k \, \frac{(P_i \cdot P_j)^l}{D_{ij}^m}$$

Die Konstanten k, l und m sind schwierig zu bestimmen, und zwar in der Regel durch empirische Erfassung bestimmter Interaktionen.

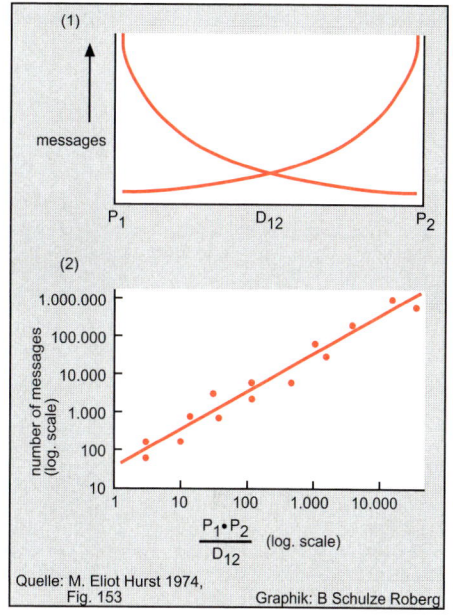

Quelle: M. Eliot Hurst 1974, Fig. 153   Graphik: B Schulze Roberg

Abb. 4.9   Graphische Darstellung des Gravitationsmodells nach M. Eliot Hurst

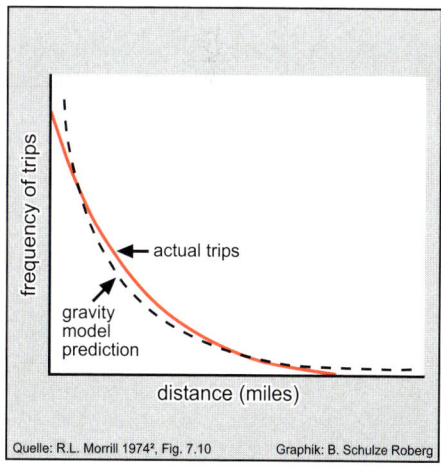

Quelle: R.L. Morrill 1974², Fig. 7.10   Graphik: B. Schulze Roberg

Abb. 4.10   Fahrten zu Krankenanstalten in Chicago in Abhängigkeit von der Distanz nach R. L. Morrill

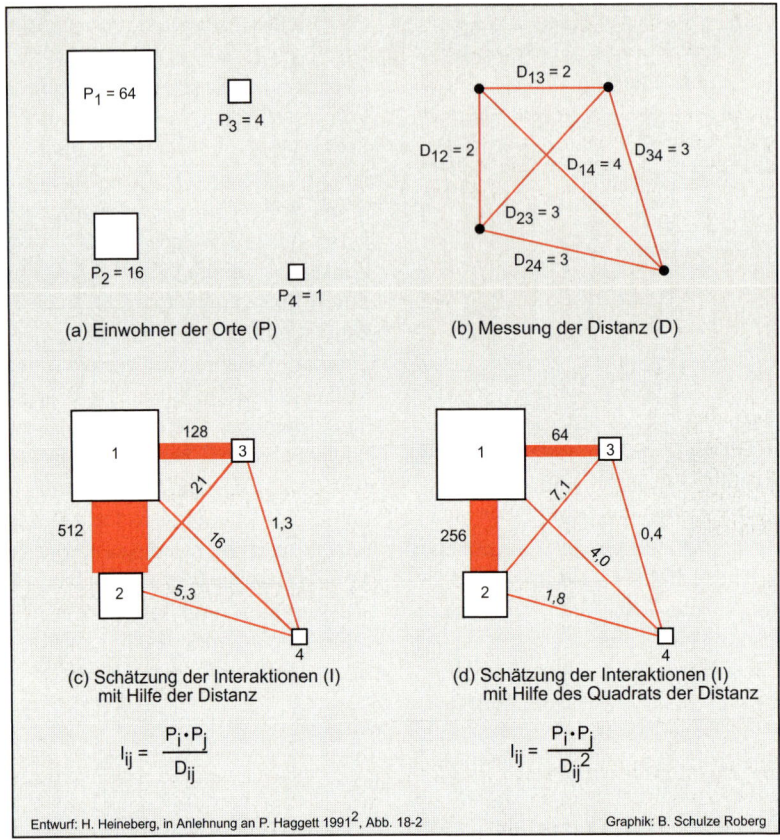

Abb. 4.11 Gravitationsmodell der Interaktionen zwischen Bevölkerungs-schwerpunkten

modell mit seinen verschiedenen Varianten als ein mögliches Erklärungs- und Prognoseinstrument für Umfang und Bestimmungsgründe von Bewegungen im Raum anzusehen (vgl. Schliephake 1982, S. 115). Es lässt sich grundsätzlich nicht nur auf Bewegungen von Personen, sondern auch auf den zweiten wichtigen Fall, nämlich die räumliche Mobilität von Gütern, anwenden. Anstelle der metrischen Distanz können auch Kosten- oder Zeitdistanzen berücksichtigt werden.

Die o. g. Analyse von Interaktionen zwischen Bevölkerungsschwerpunkten muss jedoch sehr kritisch gesehen werden, denn es gibt eine ganze Reihe von Einflussfaktoren auf die (regionale oder lokale) Verkehrsnachfrage, die nicht immer zu quantifizieren, als wichtige Ursachen jedoch interpretierbar sind (zum Gravitationsmodell und seiner Kritik vgl. P. Haggett 1973, S. 48ff.).

4.2.4 Regional und lokal differenzierte Verkehrsnachfragen. Zu den Hauptaussagen dieses Abschnitts zählt, dass es regional und lokal unterschiedliche Verkehrsnachfragen - gemessen z. B. in Fahrten pro Einw. im Jahr - gibt; vgl. dazu die Fahrtenhäufigkeiten mit Bahn und Bus im Städtevergleich nach einer DIFU-Studie von 1991

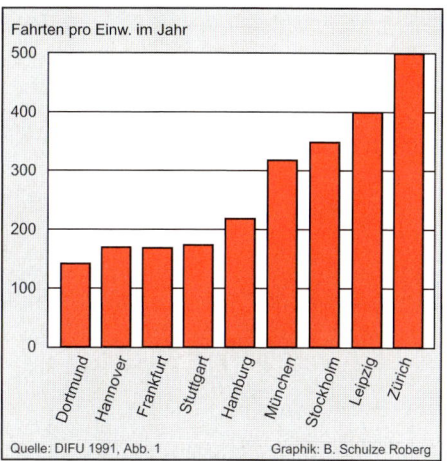

Abb. 4.12 Fahrtenhäufigkeit mit Bahn und Bus im Städtevergleich

über Verkehrskonzepte in europäischen Städten (Abb. 4.12). Untersucht wurden einzelne europäische Großstädte, bei denen die Realisierung einer zukunftsweisenden Verkehrskonzeption am weitesten vorangeschritten war; dazu zählten u. a. Zürich und Stockholm. Diese Städte wurden mit anderen, großenteils weniger fortschrittlichen westdeutschen Städten sowie etwa auch mit der ostdeutschen Stadt Leipzig hinsichtlich der Inanspruchnahme der umweltfreundlichen Verkehrsmittel Bus und Bahn - gemessen an Fahrten pro Einwohner - verglichen. Dabei nahmen Dortmund, Hannover, Frankfurt und Stuttgart die untersten Rangplätze ein. Die Situation in Leipzig dürfte sich inzwischen durch die jüngere Konkurrenz und stark gestiegene Inanspruchnahme des Pkws erheblich verschlechtert haben. Die bedeutenderen Fahrtenhäufigkeiten mit ÖPNV-Systemen in den Fallstudien-Städten, wozu neben Zürich und Stockholm auch Groningen in den Niederlanden oder Freiburg in Deutschland zählten, bedeutet konkret, dass die größere Nutzung des ÖPNV einen um ein Viertel bis ein Drittel geringeren Autoanteil am Gesamtverkehr gegenüber den

vergleichbaren westdeutschen Großstädten zur Folge hatte. Als Hauptursachen für diese Unterschiede können allerdings nicht allein attraktivere Angebote in den ÖPNV-Systemen gelten, sondern auch spezielle Nachfragen danach.

Die vom DIFU untersuchten Fallbeispiele mit zukunftsweisenden ÖPNV-Verkehrskonzepten zeichnen sich jedoch nicht nur durch überdurchschnittlich hohe Fahrtenhäufigkeiten im ÖPNV aus, sondern auch durch die Nutzung des umweltfreundlichen Verkehrsmittels Fahrrad. So liegt der Anteil der Einwohner in Groningen, die werktäglich das Fahrrad benutzen, bei 40 % (vgl. Abb. 4.13). Dieser Anteil übersteigt deutlich die Verhältnisse in Deutschlands sog. fahrradfreundlichsten Städten (z. B. Stadt Münster mit rd. 30 % Fahrradverkehr). Dieses Beispiel zeigt, dass unterschiedliche räumliche Ausgangsbedingungen und politische Einflüsse - in diesem Falle verschie-

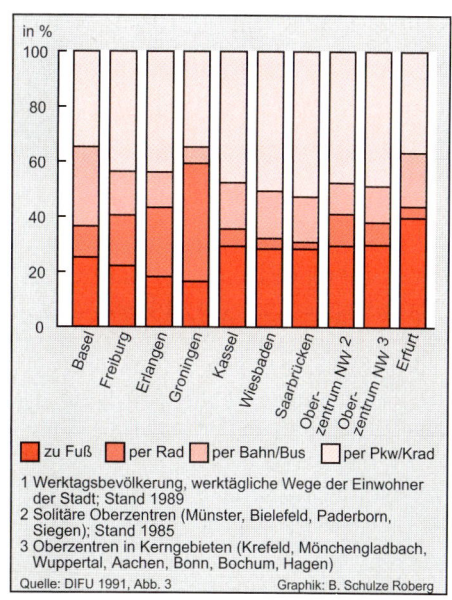

Abb. 4.13 Verkehrsmittelnutzung im Städtevergleich (Großstädte > 300.000 E.)

Fast drei Viertel der Erwerbstätigen, die in der Bundesrepublik Deutschland in Gemeinden unter 10.000 Einwohnern wohnen, nutzen - in vielen Fällen mangels Alternativen durch den ÖPNV - das Auto als Verkehrsmittel auf dem Weg zur Arbeit. Dieser Anteil ist in Großstädten über 100.000 Einw. mit rd. 53 % deutlich geringer; hier kommt mit 23 % dem Öffentlichen Personenverkehr ein größeres Gewicht als auf dem Lande (4 %) zu. Ausgeglichen sind in beiden Raumkategorien (mit jeweils 16 %) die Anteile der Fahrradfahrer und Fußgänger unter den Erwerbstätigen auf dem Weg zur Arbeit.

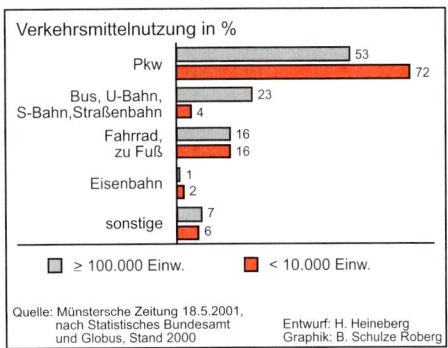

Abb. 4.14 Verkehrsmittelnutzung für den Arbeitsweg in Großstädten und kleineren Gemeinden der BRD

dene politische Förderungen des nichtmotorisierten Verkehrs sowie auch der Verkehrserziehung - zu erheblich voneinander abweichenden Formen der Verkehrsmobilität führen können.

Eine jüngere Erhebung des Statistischen Bundesamtes verdeutlicht, dass es in Bezug auf die Verkehrsnachfragen auch **Stadt-Land-Unterschiede** gibt (Abb. 4.14 mit Erläuterung).

Ähnliche Unterschiede in der Verkehrsmittelwahl lassen sich auch für den Einkaufs- und Besucherverkehr von Oberzentren sowie Mittel- und Grundzentren im ländlichen Raum nachweisen, wie es anhand von repräsentativen Befragungen in der City des Oberzentrums Münster sowie in Geschäftsstraßen ausgewählter Mittelzentren des Münsterlandes (Emsdetten und Lüdinghausen) ermittelt wurde (Abb. 4.15). Dabei ergaben sich auch deutliche Differenzierungen des Verkehrsverhaltens hinsichtlich der in den jeweiligen Städten wohnhaften Kunden und Besucher sowie derjeniger in großenteils 'ländlich geprägten' Einzugsbereichen mit jeweils deutlich höheren Anteilen der Pkw-Benutzung. Auffällig ist auch die Bedeutung des Radverkehrs in den 'fahrradfreundlichen' Ober- und Mittelzentren des Münsterlandes sowie - im Fall der Stadt Münster - auch des Bus- und Bahnverkehrs. Demgegenüber ist der ÖPNV für Einkäufe

bzw. Besuche der Hauptgeschäftsbereiche der untersuchten Mittelzentren von sehr untergeordneter Relevanz.

Dass die verkehrliche Erreichbarkeit, insbesondere mit dem Pkw, nur eine Voraus-

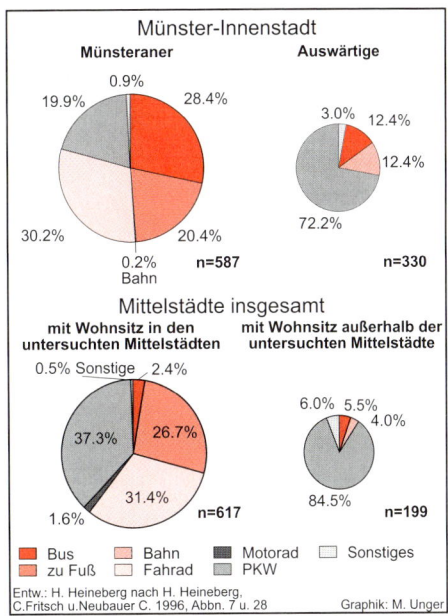

Abb. 4.15 Herkunft und Verkehrsmittelwahl der Kunden und Besucher der City des Oberzentrums Münster (I) und ausgewählter Mittelzentren (II) des Münsterlandes

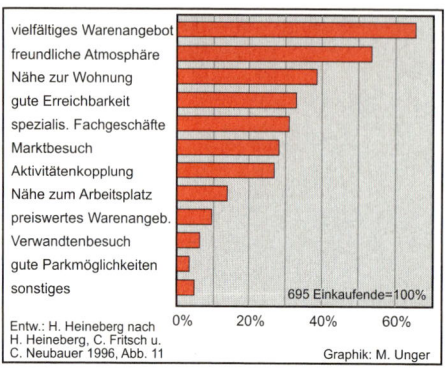

Entw.: H. Heineberg nach
H. Heineberg, C. Fritsch u.
C. Neubauer 1996, Abb. 11

Graphik: M. Unger

Unter den speziellen Besuchsmotiven nannten die in der münsterschen City befragten Kunden und Besucher am häufigsten die Angebotsvielfalt des (Fach-)Einzelhandels (vielfältiges Warenangebot) sowie auch die „freundliche Atmosphäre" der Innenstadt als Indikatoren für die besondere Einzelhandelsakzeptanz und die Aufenthaltsqualität der City. Deutlich weniger häufig wurde das Motiv der „guten Erreichbarkeit" erhoben. „Gute Parkmöglichkeiten" rangieren in der Bewertung durch die Einkaufenden an unterster Stelle der Rangskala der aufgeführten speziellen Besuchsmotive.

Abb. 4.16 Spezielle Besuchsmotive zum Einkauf in der City des Oberzentrums Münster

setzung für lebendige Stadtzentren ist, zeigt Abb. 4.16 anhand der Besuchsmotive befragter Kunden der City des Oberzentrums Münster. Noch wichtiger erscheinen die Nutzungs- bzw. Angebotsvielfalt sowie die Aufenthalts- und Erlebnisqualität der City.

4.2.5 Ökonomisch bestimmte Nachfrage nach Güterverkehrsleistungen.
Ein wichtiger Unterschied zwischen der räumlichen Mobilität von Personen und derjenigen von Gütern besteht darin, dass die Nachfrage nach Güterverkehrsleistungen in noch viel stärkerem Maße ökonomisch bestimmt ist. Daher sind in den (klassischen) Raumwirtschaftstheorien und -modellen die Trans-

portkosten immer eine ganz entscheidende Variable (vgl. die entsprechenden Abschnitte über Raumwirtschaftstheorien in 3.4.2).

Die **ökonomische Funktion des Verkehrssystems** ist es, die Lücke zwischen Produzenten und Verbrauchern von Gütern und Informationen zu schließen. Bei der Betrachtung der ökonomischen Funktion eines Transportsystems sind jedoch - wie bereits unter 3.6.3 herausgestellt wurde - häufig weniger die **Distanzen** als solche entscheidend, sondern die **Kosten für den Transport**, heute vor allem auch die **Transportzeit** (z. B. *just-in-time*-Belieferung, u. a. in der Automobilindustrie; Zeit- und Kostengewinn durch Telefax- oder E-mail-Ver-

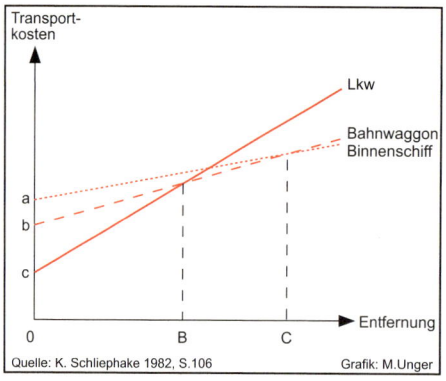

Quelle: K. Schliephake 1982, S.106   Grafik: M.Unger

Abb. 4.17 Gesamttransportkosten und Entfernungen im Gütertransport

Abb. 4.17 zeigt vereinfacht die tonnenkilometrischen Gesamttransportkosten der drei ausgewählten Verkehrsmittel Lkw, Bahn und Binnenschiff für den Gütertransport. Die Abschnitte Oa, Ob und Oc auf der Y-Achse repräsentieren die unterschiedlichen sog. **Stationskosten**, die für den Lkw am niedrigsten und für das Binnenschiff wegen des häufig zweimaligen Umladens des Gutes (Hafen- und Umschlagskosten) am höchsten sind. Bei niedrigen Stationskosten ist nach dieser Übersichtsgrafik der Lkw für kürzere Distanzen am billigsten, auf mittleren Entfernungen ist es die Bahn, auf größeren das Binnenschiff.

bindungen anstatt Telefon) sowie die **Angebotsqualität des Transports** (s. unten).

Die **Kostenermittlung für Distanzüberwindungen von Gütern** und deren räumliche Auswirkungen ist ein schwieriges Problem. Die Kosten lassen sich grundsätzlich in Bau- und Betriebskosten auf der Angebotsseite (z. B. Straßenbau und -unterhaltung, Flughafenausbau, hohe Investitionen in Fluggeräte) sowie in unmittelbar bei der Nachfrage (d. h. beim Transport) anfallende Kosten differenzieren. Jedoch sind die Kosten der Angebotsseite häufig vom Staat getragene oder subventionierte Infrastrukturkosten, die für die einzelnen Verkehrsträger verschiedenartig sein und pro Transportleistung häufig gar nicht quantifiziert werden können. Auch gehen unterschiedliche öffentliche Folgelasten durch verschiedenste Verkehrsträger (z. B. Umweltschäden durch Verkehrsemissionen) nicht in derartige Berechnungen ein.

Wichtig ist zur **Kostenberechnung des Güterverkehrs**, dass für den Verkehrsnachfrager neben dem eigentlichen **Transportentgelt** als **Streckenkosten** weitere fixe Kosten in Gestalt sog. **Stationskosten**, d. h. für den Zu- und Abgang (bzw. Be- und Entladung) zum Verkehrsmittel, für Verwaltung, Buchung etc., entstehen (vgl. Abb. 4.17 mit Erläuterung).

Grundsätzlich gilt, dass die Transportkosten nicht nur von der Nachfrage, sondern auch vom Verkehrsangebot abhängig sind, wobei das Spiel zwischen beiden starken Schwankungen unterliegen kann. Um diesen Transportkostenschwankungen zu entgehen, haben z. B. große Konzerne (Ölgesellschaften, Stahlwerke etc.) oft eigene Seeschiffsflotten, oder sie chartern fremde Schiffe mit langfristigen Verträgen (= Einfluss der Nachfrageseite).

Die Nachfrage nach Verkehr lässt sich bezüglich eines (speziellen) Gütertransports je-

doch nicht nur durch Kostendifferenzierung bestimmen, denn der Nachfrager nach einem Verkehrsangebot verlangt - ähnlich wie auch beim Personenverkehr - bestimmte Qualitäten des Transportangebots wie z. B. Flexibilität, Bequemlichkeit, Fahrplanmäßigkeit, Pünktlichkeit und Schnelligkeit, Quell-Ziel-Verkehr bzw. Punkt-zu-Punkt-Belieferung ohne Unterbrechung (Umladung) oder auch Verkehrssicherheit.

Die starke absolute und relative Zunahme des Straßengüterverkehrs - im Gegensatz zum stark rückläufigen Anteil des Eisenbahn- sowie abgeschwächter auch des Binnenschifffahrtsverkehrs in den vergangenen Jahrzehnten (Abb. 4.18) - zeigt, dass der

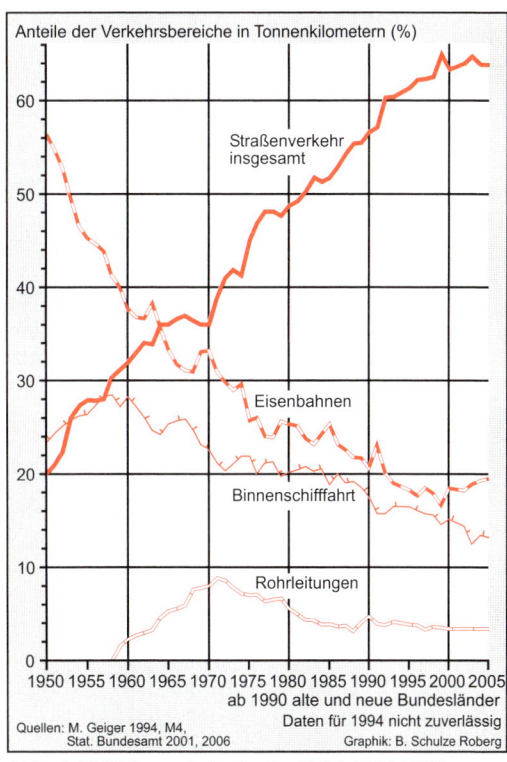

Abb. 4.18 Güterverkehr in der BRD 1950-2005: Entwicklung der Anteile der Verkehrsbereiche in Tonnenkilometern in %

Lkw-Verkehr in Bezug auf die genannten Kriterien i. Allg. deutliche Vorteile besitzt. Hinsichtlich des Zeitraums 2001-2015 ist in der Bundesrepublik Deutschland mit einer Zunahme des Straßengüterverkehrs von knapp +52 % (Personenverkehr rd. +18 %) zu rechnen, während der Güterverkehr auf Bahnen nur um +26 % (Personenverkehr knapp +11 %) anwachsen wird (FOCUS 10.12.01, nach INST. F. VERKEHRSWISS.).

Das Verkehrsangebot bildet das eigentliche Verkehrssystem, das sich nach den Verkehrswegen und -mitteln (in Bezug auf die Verkehrsmedien Wasser, Land und Luft) differenzieren lässt (s. 4.1.1). **Aufgabe des Verkehrssystems** ist die Verkehrserschließung eines Raumes (z. B. einer Region) entsprechend den jeweiligen Anforderungen. Nach Aufgabe und Organisationsform unterscheidet man **Individualverkehr** und **öffentlichen Verkehr**.

Das (Personen-)Verkehrsangebot lässt sich weiter gliedern nach der Distanz (**Distanzsysteme**). So kann man unterscheiden:
• **Nahverkehr** als Orts- oder Regionalverkehr, in Deutschland bis zu 50 km;
• **Fernverkehr** als innerstaatlicher und zwischenstaatlicher Verkehr über große Distanzen. Zwischen Nah- und Fernverkehr steht der im öffentlichen Verkehr i. Allg. nicht näher definierte Regionalverkehr.

Die Verkehre lassen sich auch nach zwei Formen des Verkehrsablaufs unterteilen: **gebrochener und ungebrochener Verkehr** (gebrochener Verkehr z. B. in Seehäfen oder auf Flugplätzen, ungebrochener Verkehr = „Punkt-zu-Punkt-Belieferung").

4.3 Bedeutung und Differenzierung des Verkehrsangebotes

4.3.1 Merkmalsdifferenzierung anhand des öffentlichen Personennahverkehrs

(**ÖPNV**). Das **Beispiel des ÖPNV** verdeutlicht, dass in der Realität zahlreiche Merkmalskombinationen in Bezug auf die **Angebotsstruktur, -determinanten oder -qualität** von Bedeutung sind (zur Angebotsqualität vgl. Kasten 4.3). Dabei differiert die Bewertung der Angebotsqualität mit den unterschiedlichen subjektiven Wahrnehmungen, Ansprüchen etc. der (potenziellen) ÖPNV-Kunden. Zudem erlangt jedes Angebot im ÖPNV seine Bedeutung in Relation zur Angebotssituation der konkurrierenden Verkehrsmittel (insbes. des Pkw) und zum sozioökonomischen Umfeld.

In Bezug auf die zeitliche Verfügbarkeit, speziell die **Bedienungshäufigkeit** bzw. **Regelmäßigkeit** des öffentlichen Personenverkehrs, unterscheidet bereits das Personenbeförderungsgesetz von 1961 folgende Arten (vgl. R. SCHULTE 1983, Abb. 2):
(1) **Allgemeiner Linienverkehr** (oder fahrplanmäßiger Verkehr) bei regelmäßiger Verkehrsleistung ohne (kurzfristige) Berücksichtigung der tatsächlichen Nachfrage; die Verkehrsleistung muss für jedermann zugänglich sein; i. Allg. feste Fahrpläne, Zwischenhaltestellen zwischen Ausgangs- und Endpunkt; Konzessionspflichtigkeit einzelner Linien;
(2) **Sonderformen des Linienverkehrs/ Sonderlinienverkehr** mit eingeschränkter Zugänglichkeit (Markt- und Theaterfahrten, Schülerfahrten oder Werkverkehre);
(3) **freigestellter Schülerverkehr**, auch Schülerspezialverkehr genannt, betrifft unentgeltliche (genehmigungspflichtige) Schülerbeförderungen, die im Auftrag des Schulträgers mit gekauften oder angemieteten Fahrzeugen zum und vom Unterricht erfolgen. Diese Schülerverkehre stellen vor allem **im ländlichen Raum** häufig die einzigen regelmäßigen Verbindungen zwischen Ortsteilen und Grundzentren dar. Sie sind insofern umstritten, als in der Regel keine

Kasten 4.3	Merkmale der Angebotsqualität des ÖPNV u. Schienengebundenen Personennahverkehrs (SPNV)

- Art des öffentlichen Verkehrsmittels (z. B. Bus, Straßenbahn, S-Bahn, U-Bahn),
- zeitliche Verfügbarkeit: Bedienungshäufigkeit, Regelmäßigkeit und Betriebsdauer der Verkehrsleistung,
- Beförderungsgeschwindigkeit: Fahrt- und Wartezeiten,
- Direktheit der Reise oder Umstiegsnotwendigkeit, Umwegfahrten,
- Art der Verknüpfung verschiedener Verkehrsarten/-mittel (Verkehrsverbundsysteme, Verkehrsverknüpfungspunkte, Mischformen des Personenverkehrs, u. a. zwischen konventionellem fahrplangebundenen Linienverkehr und Anruf-Sammeltaxis etc.),
- Zuverlässigkeit: Fahrplantreue, Anschlusssicherheit,
- Tarifniveau/-struktur,
- Service/Komfort/Information, einschl. Übersichtlichkeit von Liniennetz, Fahrplan, Fahrscheinerwerb, Komfort des Verkehrsmittels, Fahrgastinformation u. a.,
- Zugänglichkeit/Erreichbarkeit/Qualität von Haltestellen: Zu- und Abgangszeit in Bezug auf Siedlungsschwerpunkte, Haltestellenabstand, -ausstattung etc.;

zu weiteren Merkmalen d. Angebotsqualität vgl. Erläuterung zu Abb. 4.20, Kasten 4.4, Chr. Schnippe 1999 u. L. Trostorf 2002.

anderen Fahrgäste befördert werden dürfen und zudem durch diese Art der Schülerbeförderung dem öffentlichen Linienverkehr häufig die Hauptnutzergruppe und damit die Haupteinnahmequelle entzogen werden. Bei der Beurteilung des Verkehrsangebotes, z. B. im ländlichen Raum, sind derartige Differenzierungen der Verkehre daher sehr wichtig.

(4) **Gelegenheits- oder Bedarfsverkehr** mit Taxen, Frauen-, Nacht- oder auch Gemeinschaftstaxen, Bedarfsverkehr für Ausflugsfahrten etc.

Nach der amtlichen Statistik der BRD wurden zum Beispiel im Jahre 2000 vom Allgemeinen Linienverkehr rd. 7,5 Mrd. Personen (mit gut 48 Mrd. Personenkilometern) befördert, von den Sonderformen des Linienverkehrs einschließlich freigestellter Schülerverkehre 224 Mio. (3,69 Mrd. Personenkilometer) sowie vom Gelegenheitsverkehr 82 Mio. Personen (25,8 Mrd. Personenkilometer) (Statist. Bundesamt 2001).

Der ÖPNV weist häufig noch beträchtliche generelle **Angebots- bzw. Bedienungsdefizite** auf. Zu den empirischen festgestellten Mängeln des ÖPNV können unzureichende Fahrtenhäufigkeiten mit eventuell fehlendem Taktverkehr (Fahrtenangebot), geringe Flexibilität, fehlende oder unzureichend ausgestattete Haltestellen, ungünstige Tarifgestaltungen, mangelhafte Kundeninformation u. a. zählen.

Im ÖPNV hat es in den vergangenen Jahren jedoch eine ganze Reihe von **Verbesserungen der Angebotssysteme** - in Bezug auf die in Kasten 4.3 aufgeführten und weitere Merkmale der Angebotsqualität - gegeben. Dazu zählen beispielsweise der Ausbau von **Verkehrsverbundsystemen in Stadtregionen** (z. B. im Rhein-Ruhr-Gebiet, vgl. Kasten 4.11) oder die Entwicklung von Angebotskomponenten für **bedarfsorientierte Betriebsweisen.** Zu den letzteren zählen beispielsweise sog. bedarfsgesteuerte Bussysteme mit flexiblen Fahrplänen und/oder flexiblen Linienführungen; damit ergibt sich eine gegenüber konventionellen Linienbussen erhöhte örtliche und zeitliche Verfügbarkeit bei möglichst direkter Berücksichtigung der individuellen Fahrtwünsche (vgl. J. Fiedler 1992).

Bei der **bedarfsorientierten Bedienungsform** des ÖPNV lassen sich nach B. Schuster (1993) **hierarchische Verkehrsnetze** voneinander unterscheiden, wobei jeweils feste oder auch bedarfsabhängige Haltestellen bedient werden (vgl. Abb. 4.19):

• **Linienbetrieb**: bei starker Nachfrage mit Verbindungsfunktion einer Linie,
• **Richtungsbandbetrieb**: räumlich und zeitlich stark variierende Nachfrage, Überlagerung von Verbindungs- und Erschließungsfunktion,
• **Flächenbetrieb**: schwache Nachfrage in stark zersiedelten Gebieten, Erschließungsfunktion.

Wichtig ist dabei die Abstimmung der ÖPNV-Produkte auf die jeweils zu bedienenden Kundengruppen oder die zu erschließenden Räume auch durch **andere neue, marktgerechte „Produktlinien"** (vgl. Kas-

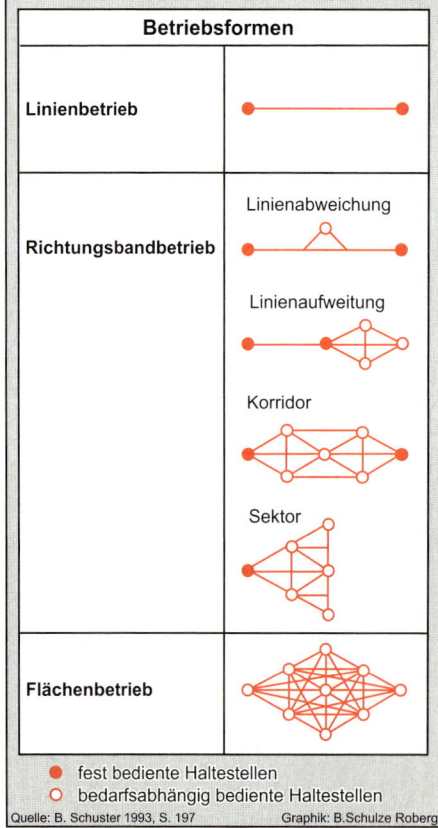

Abb. 4.19 Betriebs- und Netzformen im bedarfsorientierten ÖPNV

Kasten 4.4	Das differenzierte Bedienungsmodell der Regionalverkehr Münsterland GmbH (RVM), Stand 2002
„Produkt"	**„Produktmerkmal"**
SchnellBus **S**	Schneller komfortabler Regionalverkehr im Takt
	- Musik- und Radioprogramme per Kopfhörer an jedem Sitzplatz - Lese-Service mit kostenlosen Zeitungen und Zeitschriften - Klimaanlage und Teppichbodenqualität
RegioBus **R**	Regionalverkehr im 30- oder 60-Minuten-RegioTakt mit Anschluss an Bus- und Bahnverbindungen an zentralen Verknüpfungspunkten
DirektBus **D**	Einzelne beschleunigte Fahrten
	- als Ergänzung zum RegioBus insbesondere für den Berufsverkehr oder - als Ergänzung zum SchnellBus
StadtBus **S**	Stadtverkehr mit modernen Standard- oder Midibussen in Niederflurtechnik im 15-, 20- oder 30-Minuten-Takt
NachtBus **N**	- mit Rendezvous-Anschluss, Umweltkarte und Stadtfahrplan Freizeitverkehr in den Abend- und Nachtstunden am Wochenende
TaxiBus **T**	Bedarfs-Linienverkehr mit Kleinbus oder Taxi
	- nach telefonischer Anmeldung als Tagesbedienung in der Fläche im 60-Minuten-Takt oder - als Anschlusslinie zum RegioBus, NachtBus oder StadtBus mit Anmeldung im Bus
AnrufSammel- **Taxi** **AST**	Ergänzung zum Bus in den Abend- und Nachtstunden, am Wochende auch tagsüber
	- Einstieg an jeder Haltestelle nach Fahrplan, Ausstieg an der Haustür, - telefonische Anmeldung 30 Min. vor der Abfahrtszeit
BürgerBus **B**	Linienverkehr im ländlichen Raum mit Kleinbussen u. ehrenamtlichen BusfahrerInnen

Abb. 4.20 Der neue Liniennetzplan des Stadtbus-Systems der Stadt Rheine/Westfalen

Merkmale des neuen Stadtbus-Systems der Stadt Rheine (nach R. SCHULTE/U. RENNSPIESS/ G. STILLING, 1999, u. mündl. Auskunft durch G. STILLING, Jan. 2000) sind:

• **Direkte, gerade Linienführungen zwischen Wohngebieten und Innenstadt** (übersichtlich, keine Schleifen, bis auf C4)

• **Taktverkehr** ohne Ausnahme (10 Bus-Radiallinien, ergänzt durch fünf sog. TaxiBus-Linien mit vorheriger Bestellung, jeweils im 30-Min.-Takt; weitere bedarfsorientierte Ergänzung durch AnrufSammelTaxi/AST, bereits seit 1992),

• **Beschleunigungsmaßnahmen**, um Taktzeiten einhalten zu können (Lichtsignalanlage-Beeinflussung, Vorfahrtsregelungen, Fahrkarten-Vorverkauf, drei Ein- bzw. Aussteigetüren in den Bussen etc.),

• **moderne Stadtbusse**,

• **Zentraler Bustreff** ('Rendezvous-Haltestelle') zwischen Bahnhof sowie Rathaus und Fußgängerzone, mit An- und Abfahrten bzw. Umsteigemöglichkeiten jeweils zu den Minuten 15/45; in unmittelbarer Nähe dazu ein

• **Stadtbus-Center** (Fahrgastinformation, Online-Fahrplanauskunftssystem, Fahrkartenverkauf u.a.)

• **einfache Fahrpreise** (einschl. 'Abo-Karte', die zugleich Ermäßigung für Bäder und kostenlose Benutzung der Stadtbücherei erlaubt),

• **attraktive Haltestellen**,

• **intensive Vermarktung:**

(1) einheitliches Erscheinungsbild (*Corporate Design*) aller Stadtbus-Bestandteile in blauem Farbton (Fahrzeuge außen und innen, Dienstkleidung, Haltestellen, Stadtbus-Center, Informationsmaterialien, sog. Streuartikel wie Stadtbus-Uhr, CD mit Stadtbus-Song etc.),

(2) grundlegend neu entwickelte Fahrgastinformation (Netzpläne, auch in den Stadtplan gedruckt, verschiedene Fahrpläne, elektronische Fahrplanauskunft),

(3) intensiver Dialog mit BürgerInnen über Vorund Nachteile des neuen Stadtbus-Systems,

(4) Medienpräsenz durch Aktionen,

(5) Veranstaltungspräsenz, z. B. Stadtbus-Fest zum Start im Sept. 1997

• **Stadtbus-Manager**

ten 4.4), z. B. durch
- **Schnellbuslinien** mit beschleunigtem Fahrweg, komfortabler Ausstattung, sehr guter Vertaktung auf nachgefragten Relationen in Richtung Oberzentrum, inbesondere für Berufspendler, oder
- „**BürgerBus**" als ehrenamtlich betriebenes Verkehrsangebot im ländlichen Raum.

Ein vorbildliches sog. **differenziertes Bedienungsmodell** für den öffentlichen Personenverkehr wurde im vergangenen Jahrzehnt von der Regionalverkehr Münsterland GmbH (RVM) entwickelt (vgl. H. Riedle 1997, W. Linnenbrink 1998 sowie Kasten 4.4).

Erhebliche Bemühungen um Angebotsverbesserungen im ÖPNV, insbesondere seit der Regionalisierung des öffentlichen Personenverkehrs (ab 1996), sind in den vergangenen Jahren von einzelnen Kreisen, Städten und Gemeinden - häufig ebenfalls mit Pilotcharakter - ausgegangen. Dazu zählt beispielsweise das in der Mittelstadt Rheine/ Westfalen seit 1997 neuentwickelte Stadtbus-System (Abb. 4.20 mit Erläuterung).

Dieses zeichnet sich nicht nur durch konsequente neue Linienführungen - anstatt eines früher unübersichtlichen, unattraktiven, zeitaufwändigen Netzes -, sondern durch eine Vielzahl weiterer, miteinander verknüpfter, vor allem auch qualitativer Angebotsmaßnahmen aus, die die inzwischen wesentlich gesteigerte Attraktivität und Akzeptanz des öffentlichen Nahverkehrs in der Stadt Rheine ausmachen.

4.3.2 Darstellungsformen des Verkehrsangebotes. Wie bereits der Abschnitt 4.3.1 mit den Abbn. 4.19 und 4.20 verdeutlicht hat, bestehen auch Möglichkeiten der Typisierung und Darstellung des Verkehrsangebotes nach der **Netztopologie**; dies betrifft die Differenzierung der sog. Knoten- und Strecken(= Kanten)-Verteilungen, z. B. in Bezug auf bestimmte Netzstrukturtypen. Im Bus- oder Eisenbahnnetz beispielsweise wären die **Knoten** die einzelnen Haltestellen bzw. Bahnhöfe und die sog. **Kanten** die diese verbindenden Strecken. Dabei lassen sich als einfache netztopologische Dar-

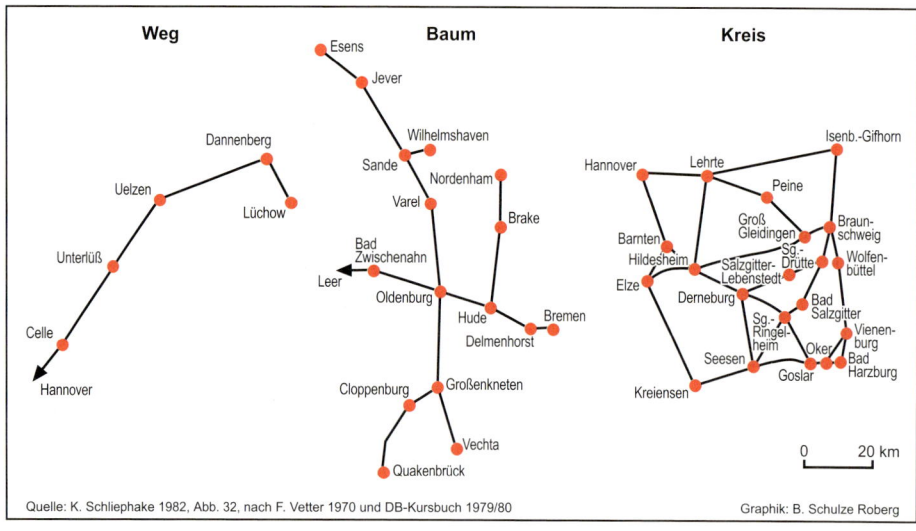

Quelle: K. Schliephake 1982, Abb. 32, nach F. Vetter 1970 und DB-Kursbuch 1979/80   Graphik: B. Schulze Roberg

Abb. 4.21 Typen netztopologischer Darstellungen von Verkehrswegen

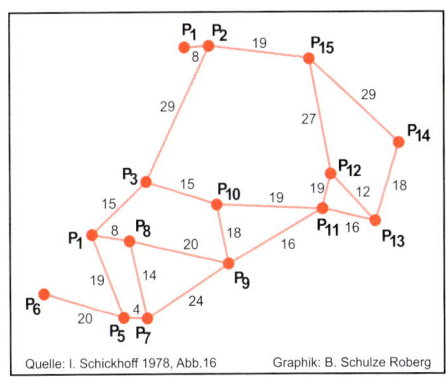

Abb. 4.22 Das Eisenbahnnetz der 'Randstad Holland' mit der den Kanten jeweils zugehörigen Netzlänge

stellungen „Wege", „Bäume" oder „Kreise" unterscheiden (vgl. Abb. 4.21). Das von I. SCHICKHOFF (1978) untersuchte niederländische Intercity-Netz oder das Eisenbahnnetz der 'Randstad Holland' entsprechen dem Typus der Kreis-Netztopologie (Abb. 4.22).

Man spricht auch einfach von der **Netzgestaltung**, wenn man die räumliche Anordnung der Knoten und Strecken sowie die Art der Verflechtung der Strecken zu einem Streckensystem meint. Dabei ist nicht die begriffliche Charakterisierung bestimmter Netzstrukturen entscheidend, sondern die Möglichkeit der Analyse derartiger Netze (auch **Graphen** genannt) hinsichtlich des Grades der Verknüpfung der Knoten und Kanten mittels Indexberechnungen sowie auch in Bezug auf die Optimierung netztopologischer Strukturen.

Zur **Indexberechnung** oder Anwendung anderer quantitativer Methoden im Rahmen der verkehrsgeographischen Netzwerkanalyse benötigt man Elemente der sog. mathematischen Graphentheorie (Teilgebiet der Topologie); vgl. dazu die anwendungsbezogenen graphentheoretischen Untersuchungen von I. SCHICKHOFF (1978) am Beispiel des Schienennetzes der Niederlande.

Diese beinhalten u. a. unterschiedlichste Methoden zur **Berechnung des Grades der sog. Konnektivität** zwischen allen Punkten (Knoten) eines durch geradlinige Kanten abstrahierten Verkehrsnetzes. Beispiele für das Konnektivitätsmaß sind der sog. Eta-Index als Verhältnis von der Gesamtlänge des Netzes in km, geteilt durch die Anzahl der Kanten, oder der sog. Theta-Index als Gesamtlänge des Netzes dividiert durch die Anzahl der Knotenpunkte.

Abb. 4.23 stellt drei Graphen (Optimierung von Netzen) dar, die unterschiedliche Minimierungen oder Maximierungen des Streckennetzes oder der Summe der Entfernungen zwischen allen Eckpunkte nicht nur erkennen, sondern auch berechnen lassen. In ähnlicher Weise veranschaulicht Abb. 4.24 einige mögliche **kostenminimale Netzlösungen** für fünf Orte.

Es gibt auch Beispiele für regionalbezogene und raumtypische **Verkehrsnetzmodelle und deren zeitliche Entwicklung**, z. B. in Bezug auf den Aufbau und die Entstehung von Verkehrsnetzen **in Entwicklungsländern** (s. Abb. 4.25 mit Erläuterung).

Netztopologische Darstellungen lassen sich grundsätzlich für alle Verkehrswege und -arten entwickeln (beispielsweise auch für Luftverkehrswege). Konkrete **Darstellungen des Verkehrsangebotes innerhalb von Verkehrsnetzen** bedienen sich jedoch häufig zusätzlicher Informationen, z. B. Berücksichtigung des Ausbaustandes und/oder der Ausbauplanung des Verkehrsnetzes (Beispiel: langfristiges Leitschema des gesamteuropäischen Hochgeschwindigkeitsnetzes der Bahn, Abb. 4.37). Häufig werden auch Verkehrsfrequenzen bzw. Fahrtenhäufigkeiten mit netztopologischen Strukturen verknüpft. Ein themakartographisch gelungenes Beispiel ist die Darstellung des Weltluftverkehrs für das Jahr 1969 (Abb. 4.26). Berücksichtigt wurden der (zu der Zeit noch

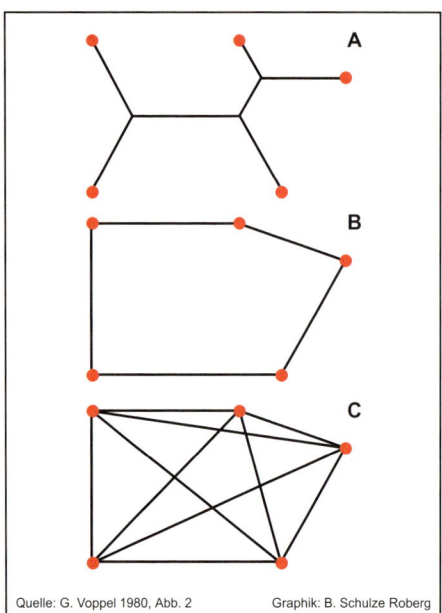

Quelle: G. Voppel 1980, Abb. 2   Graphik: B. Schulze Roberg

A = Minimierung des Streckennetzes, aber
    Maximierung der Summe der Entfernungen
    zwischen allen Eckpunkten
B = sog. Route des Handlungsreisenden
C = Minimierung der Entfernungen zwischen
    allen Eckpunkten, Maximierung des
    Streckennetzes

Abb. 4.23 Beispiele von Netztopologien

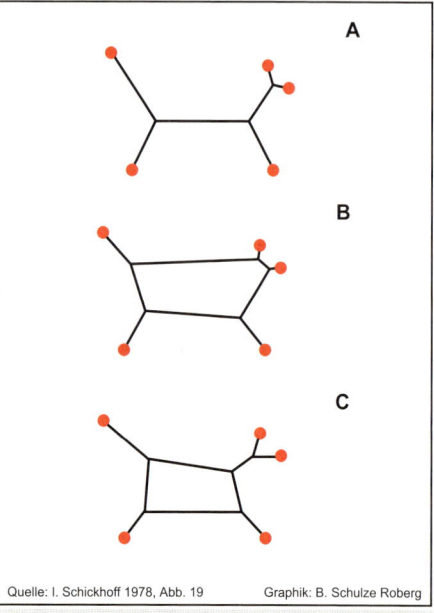

Quelle: I. Schickhoff 1978, Abb. 19   Graphik: B. Schulze Roberg

A = baukostenmäßig optimale Lösung (vgl. auch
    Abb. 4.23/A)
B und C = kostenminimale Lösungen, wenn Zahl
und Größe der angenommenen Verkehrsspan-
nungen variieren

**Abb. 4.24 Einige der für fünf Orte
          möglichen kostenminimalen
          Netzlösungen**

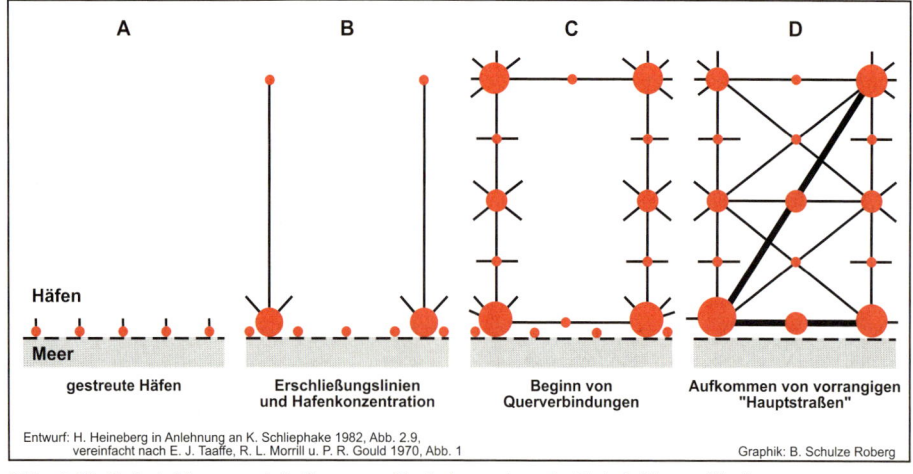

Entwurf: H. Heineberg in Anlehnung an K. Schliephake 1982, Abb. 2.9,
    vereinfacht nach E. J. Taaffe, R. L. Morrill u. P. R. Gould 1970, Abb. 1

Graphik: B. Schulze Roberg

Abb. 4.25 Entwicklung und Aufbau von Verkehrsnetzen in Entwicklungsländern

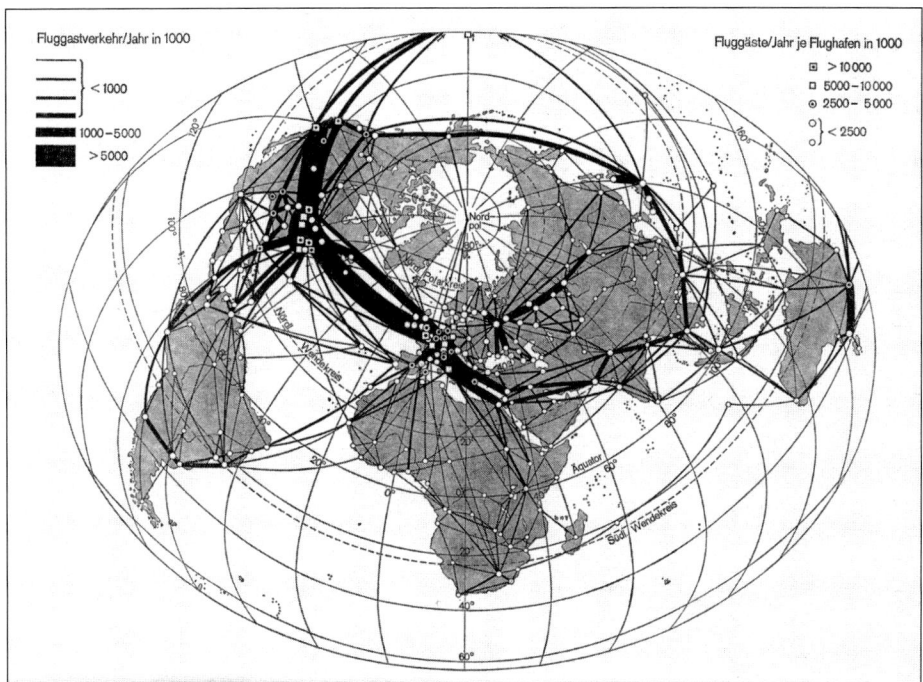

Abb. 4.26 Weltluftverkehr 1969 (aus: G. Fochler-Hauke 1972³)

geringe) Fluggastverkehr/Jahr in 1.000 sowie Fluggäste/Jahr je Flughafen in 1000. Wenngleich diese Karte genau genommen die Verkehrsnachfrage widerspiegelt, so ist die jedoch auch eine Darstellung der Verkehrsangebote, denn das damalige Strecken-netz und die Leistungsfähigkeit des Flugverkehrs haben in starkem Maß dieses Verteilungsbild mitbestimmt.

Erläuterung zu Abb. 4.25:
Dargestellt sind typische Merkmale der Verkehrsnetzentwicklung anhand von Nigeria und Ghana:
(1) Phase seit Eindringen der Kolonisation im 16. Jh. bis Ende des 19. Jh.s: In dieser Phase gab es lediglich eine Anzahl kleiner Häfen als Handelsstützpunkte mit jeweils einem kleinen Hinterland, aber ohne Kontakte untereinander.
(2) Phase bis zum Ersten Weltkrieg: Eisenbahnen erschlossen von ausgewählten Häfen aus rohstoffreiche Standorte des Hinterlandes. Da sie weitgehend dem Transport zu/vom „Mutterland" dienten, waren Querverbindungen nicht notwendig.
(3) Zwischen den beiden Weltkriegen kam es mit dem Vordringen marktorientierter Flächen-nutzungen (Kakao, Kaffee, Holz) zum Bau von Nebenstraßen. Es entstanden neben den Haupt-ausfuhrhäfen auch im Hinterland kleine Zentren.
(4) Phase: Aufbau einer nationalen Wirtschaft. Die an der Küste und im Hinterland gelegenen Zentren, die nunmehr nicht mehr ausschließlich auf die ehemalige Kolonialmacht orientiert waren, ergänzten sich gegenseitig. Ihre Verflechtungen wurden durch Straßen-, Schienen- und Flugquer-verbindungen akzentuiert.

4.4 Verkehrserschließung sowie räumliche Wirkungen durch Verkehrswege und -mittel

Im Folgenden geht es um die geographische Relevanz von Verkehrswegen und -mitteln unter zwei Aspekten:

(1) als **raumrelevante Verkehrserschließungssysteme** einschließlich der Berücksichtigung der (räumlichen) Voraussetzungen, ihrer Entwicklung (u. a. Abhängigkeit von dem jeweiligen Stand der Technologie), ihres Potenzials (Vor- und Nachteile) für die Nutzer und ihrer konkreten Probleme;

(2) ihr **räumlicher Wirkungsgrad** (vgl. G. VOPPEL 1980, S. 40).

4.4.1 Beispiel: Binnenschifffahrt.
Hinsichtlich der **räumlichen Voraussetzungen** ist das Verkehrsmittel Binnenschiff bzw. die Binnenschifffahrt am stärksten vom natürlichen Potenzial für den Wegeausbau abhängig. Dies bedingt hohe Verkehrswegeinvestitionen, denen jedoch gegenüber anderen Verkehrsträgern relativ niedrige Transportkosten gegenüberstehen.

• Die **Entwicklung und Bedeutung der Binnenschifffahrt** lassen sich wie folgt charakterisieren:

Im **Mittelalter** und in der **frühen Neuzeit** waren Binnenwasserstraßen Leitlinien für den (über-)regionalen Güterverkehr, zugleich auch entscheidende Ansatzpunkte für Stadtgründungen.

Zeitalter der Industrialisierung: Zu Beginn der Industrialisierungsphase waren die auf Flüssen verkehrenden Kähne das einzige für größere Transportmengen leistungsfähige Verkehrsmittel. Im Merkantilismus bzw. in der Epoche der Industriellen Revolution wurde daher dem Ausbau von Flüssen und Kanälen eine besondere Aufmerk-

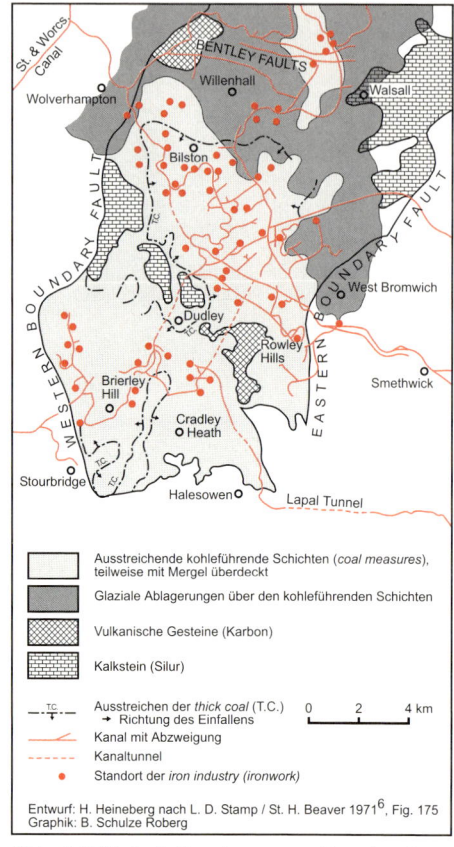

Ausstreichende kohleführende Schichten (*coal measures*), teilweise mit Mergel überdeckt

Glaziale Ablagerungen über den kohleführenden Schichten

Vulkanische Gesteine (Karbon)

Kalkstein (Silur)

Ausstreichen der *thick coal* (T.C.) → Richtung des Einfallens

Kanal mit Abzweigung

Kanaltunnel

• Standort der *iron industry (ironwork)*

0   2   4 km

Entwurf: H. Heineberg nach L. D. Stamp / St. H. Beaver 1971[6], Fig. 175
Graphik: B. Schulze Roberg

Abb. 4.27 Rohstoffvorkommen, Kanalsystem und Eisenhütten im *Black Country* um die Mitte des 19. Jh.s

samkeit geschenkt (G. VOPPEL 1980, S. 94). Klassisches **Beispiel** ist **England**: Hier lag die Blütezeit des Kanalbaus in der Zeit der Industriellen Revolution zwischen ca. 1760 -1820; es handelte sich um die privatwirtschaftliche Errichtung eines differenzierten, vor allem in den Industriegebieten sehr engmaschigen Kanalsystems mit zumeist sehr schmalen Kanälen unterschiedlichster Breite, ausgestattet mit Schleusensystemen, Kanaltunneln etc. (vgl. Abb. 4.27 mit dem Beispiel des *Black Country* in England sowie H. HEINEBERG 1997[2], S. 186f.). Die Binnenwasserstraßen (Kanäle in Verbindung mit Flüssen) waren ganz entscheidende Transportwege, vor allem für Kohletransporte zu den Eisen verarbeitenden Standorten (*ironworks*) und damit zur flächenhaften Erschließung einzelner Industrieregionen. Die wirtschaftliche Bedeutung des englischen Kanalnetzes ging jedoch bereits ab den 40er Jahren des 19. Jh.s aufgrund der zunehmenden Konkurrenz durch die Eisenbahn mehr und mehr zurück (vgl. H. Heineberg 1997[2], Abb. 55/IV). Nach dem 2. Weltkrieg verfiel das Kanalsystem weitgehend, in jüngerer Zeit erfuhr es jedoch eine zunehmende Nutzung durch Freizeitboote. Der jüngste Trend ist die Revitalisierung von Teilen des englischen Kanalnetzes im Rahmen der Stadterneuerung und modernen Stadtbildgestaltung sowie der Stadtimage- und Stadtkulturpflege. Es wird damit mehr und mehr durch den Freizeitverkehr in Wert gesetzt und bildet ein wichtiges Naherholungspotenzial.

Frankreich verfügt über ein noch bedeutenderes Binnenschifffahrtsnetz (Gesamtlänge 6.051 km gegenüber lediglich 1.153 km im Vereinigten Königreich von Großbritannien und Nordirland, nach Statist. Bundesamt 2001) (s. Abb. 4.28 mit Erläuterung). Allerdings kam auch in Frankreich die Innovation des Kanalwesens zu früh, so dass die Eisenbahn seit Mitte des 19. Jh.s die Binnenschifffahrtswege, die - ähnlich wie in Großbritannien - dem technischen Fortschritt nicht schnell genug angepasst werden konnten, weitgehend ausschaltete. Da jedoch die französischen Kanäle eine um ein Vielfaches größere Tragfähigkeit als die englischen haben und Frankreich auch bestrebt war, das Wasserstraßensystem teilweise weiter auszubauen, konnten sich die Kanäle vergleichsweise besser behaupten und sind daher z. T. noch in Funktion.

In den **Niederlanden**, die für die Entwicklung eines Fluss- und Kanalnetzes na-

Die Entwicklung eines großräumigen, weitmaschigen Kanalsystems in Frankreich geht vor allem auf das 18. und 19. Jh. zurück (G. Voppel 1980, S. 94). Im Wesentlichen entstanden Verknüpfungen von Flüssen untereinander, also Ansätze zur Netzbildung.
Der Güterverkehr auf Binnenwasserstraßen ist heute in Frankreich relativ gering (lt. Statist. Bundesamt 2001: lediglich rd. 7 Mrd. tkm gegenüber 62,2 Mrd. tkm in Deutschland und 40,7 Mrd. tkm in den Niederlanden im Jahre 1997).

Abb. 4.28
Binnenschifffahrts-wege in Frankreich

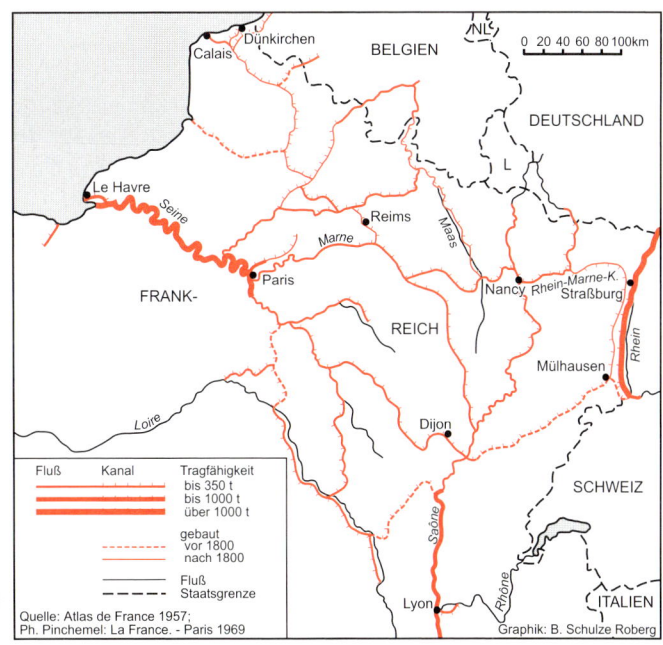

turräumlich besonders begünstigt sind, konnte ein leistungsfähiges Binnenschifffahrtssystem ausgebaut werden, das auch heute noch mit anderen Landverkehrsmitteln konkurrieren kann. Mit einer Länge von über 5.000 km übertreffen die Binnenschifffahrtswege deutlich das Eisenbahnnetz (über 2.800 km). Von den Wasserwegen bestehen 840 km aus Flüssen, 3.750 km aus Kanälen und der Rest (460 km) aus Navigationsrouten durch das Ijsselmeer und das Wattenmeer. In Abb. 4.29 ist wegen der Tragfähigkeitsgrenze von mindestens 1.000 t lediglich die Hälfte aller Binnenschifffahrtswege in den Niederlanden dargestellt.

Auch hinsichtlich der beförderten Güter übertrifft in den Niederlanden das Binnenschifffahrtsnetz (1997: 40,714 Mrd. tkm) ganz erheblich das Schienennetz (3,778 Mrd. Tariftonnenkilometer im Jahre 1998, nach Statist. Bundesamt 2001). Von herausragender Bedeutung innerhalb des Binnenschifffahrtsverkehrs ist der Anteil von rd. 61 % der beförderten Güter (24, 941 Mrd. tkm) durch den grenzüberschreitenden Verkehr; dies betrifft in großem Maße die Schiffsverkehre zwischen dem Welthafen Rotterdam und dem Rhein-Ruhr-Gebiet sowie weiter rheinaufwärts.

Nach M. Ernst (1994) werden 85 % der Gesamtdurchfuhr zwischen den niederländischen Seehäfen und dem Hinterland per Binnenschiff bewältigt. Große Schubverbände mit bis zu 18.000 t Ladung, die auf dem Rhein zwischen den Niederlanden und Deutschland verkehren, können Gütermengen von etwa 650 Fernlastzügen aufnehmen (ebd., S. 22; vgl. Abb. 4.31). Am Grenzübergang Niederlande/Deutschland verkehren täglich ca. 600 Schiffe mit rd. 15 Mio. t Ladung (vgl. Abbn. 4.29 und 4.30).

In **Deutschland** hatte der Binnenschifffahrtsverkehr auf Flüssen eine sehr wichtige historische Bedeutung, insbesondere in

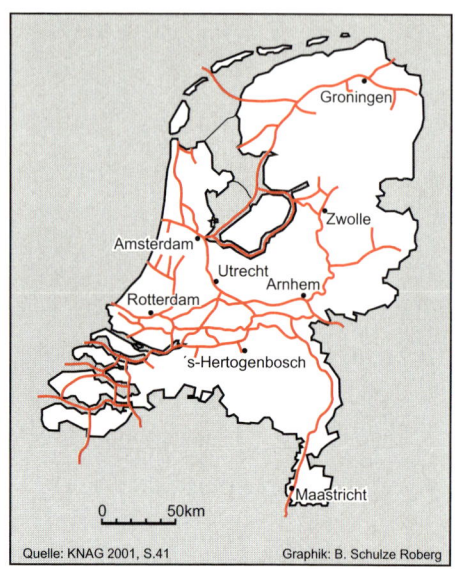

Abb. 4.29 Binnenschifffahrtswege in den Niederlanden
(für Schiffe mit Tragfähigkeiten ab 1.000 t)

der Industrialisierungsphase. So war der relativ schmale Fluss Ruhr im Südteil des Ruhrgebietes in der Zeit des frühen Kohleabbaus zeitweise einer der am meisten befahrenen Schiffahrtswege Europas (Ende 18./frühes 19. Jh., Schiffbarmachung unter Friedrich d. Großen um 1780 durch Schleusenbau zwecks Steigerung des Kohleabsatzes).

• **Die Bedeutung des Rheins**: Der 623 km lange Rhein (deutscher Abschnitt), der zwischen Rheinfelden und Emmerich schon seit Mitte des 18. Jh.s für den Schiffsverkehr ausgebaut ist (vgl. H. Nuhn/M. Hesse 2006, s. 106), ist für die deutsche Binnenschifffahrt der wichtigste Wasserweg. Zusammen mit seinen z. T. durch Staustufen ausgebauten Nebenwasserstraßen (Mosel, Main, Neckar, Wesel-Datteln-Kanal, Rhein-Herne-Kanal, Rhein-Seitenkanal) ist er wegen der Lage des Stromgebietes, seiner natürlichen Schiff-

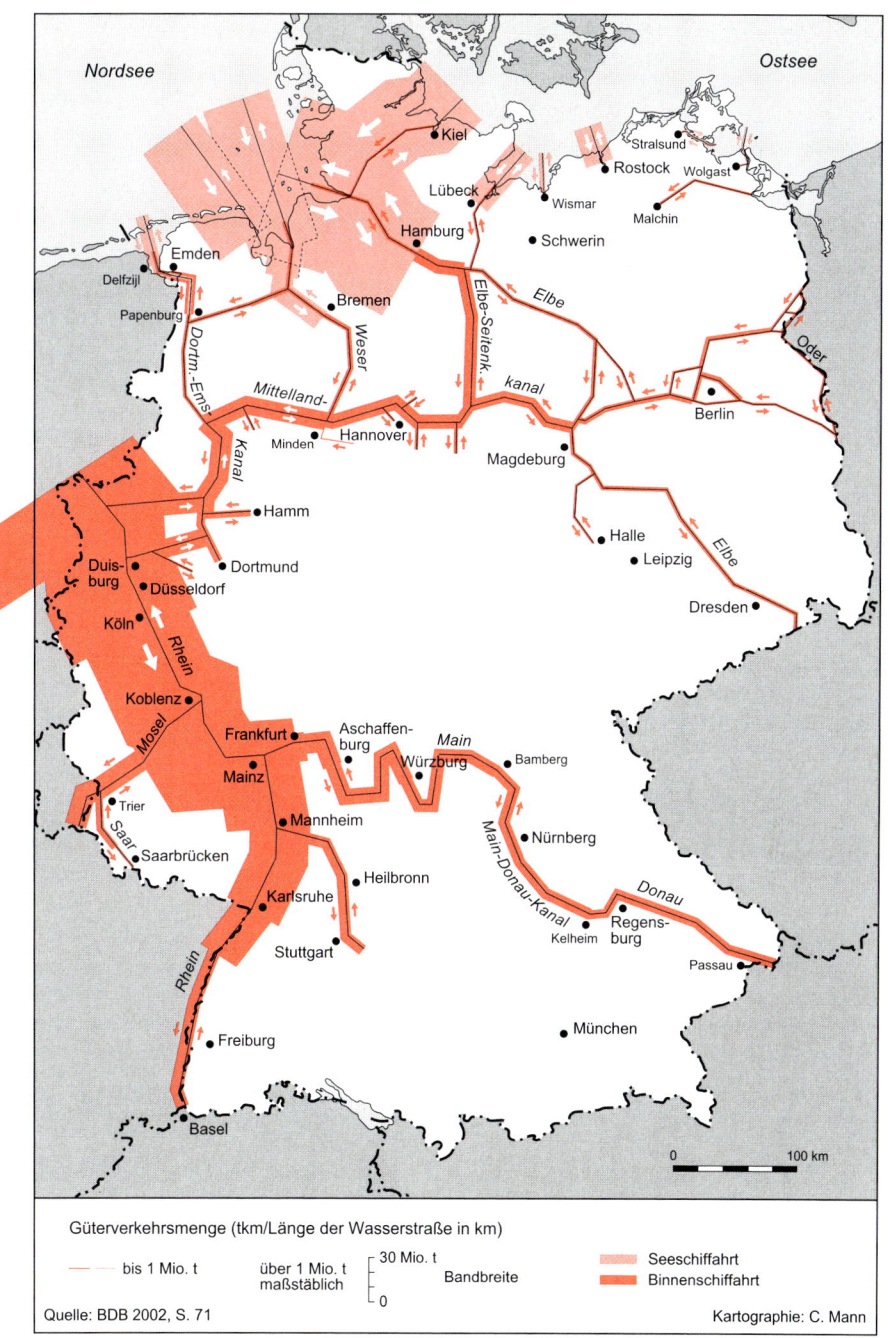

Güterverkehrsmenge (tkm/Länge der Wasserstraße in km)

bis 1 Mio. t

über 1 Mio. t
maßstäblich

30 Mio. t
Bandbreite
0

Seeschiffahrt

Binnenschiffahrt

Quelle: BDB 2002, S. 71

Kartographie: C. Mann

Abb. 4.30 Güterverkehrsdichte auf deutschen Wasserstraßen
(aus: H. Nuhn/M. Hesse 2006, Abb. 2.4.5)

Abb. 4.31 Kohle-Schubschiff auf dem Rhein bei Duisburg (Foto: R. Felden, BO)

Abb. 4.32 DeCeTe Container-Terminal, Duisburger Hafen (Foto: R. Felden, BO)

fahrtseignung sowie auch aufgrund seiner Verbindung mit dem niederländischen Seehafen Rotterdam als Verkehrsweg sehr bedeutend. Der Rhein ist nicht nur Deutschlands, sondern auch Europas wichtigster Binnenschifffahrtsweg. So entfielen in 2000 von dem gesamten Güterverkehr auf den

deutschen Binnenwasserstraßen von rd. 66,5 Mrd. tkm zwei Drittel (66,7 %) auf den Rhein. Als nächst bedeutender Binnenschifffahrtsweg folgte der Main mit dem erst 1992 fertiggestellten Main-Donau-Kanal (bis Kelheim) mit nur gut 4 Mrd. tkm; auf die drittwichtigste Wasserstraße, den Mittel-

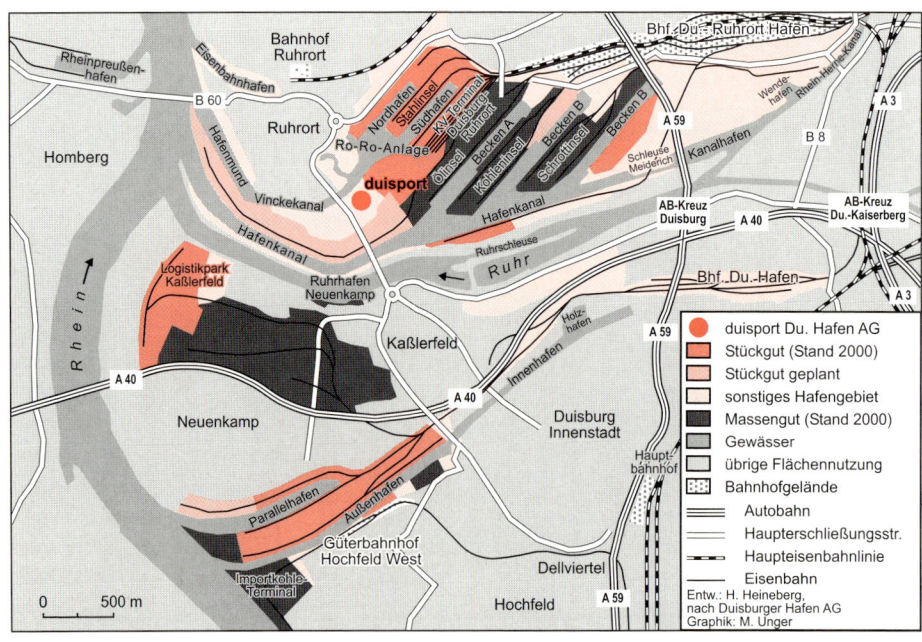

Abb. 4.33 „duisport"-Hafenplan (ohne das neue logport-Gelände südl. d. Kartenausschnitts)

landkanal, entfielen nur rd. 3,1 Mrd. tkm (STATIST. BUNDESAMT 2001; zur Entwicklung des Ausbaus und der Bedeutung der Haupt-Binnenwasserstraßen vgl. H. NUHN/M. HESSE 2006, S. 105ff.).

Der Rhein ist auch von großer Bedeutung hinsichtlich seiner Wirkung auf die Lokalisierung von Industriebetrieben und die Siedlungsentwicklung (G. VOPPEL 1980, S. 96). Entlang des Rheins sind die Schwerchemie, Schwerindustrie (Eisen- u. Stahlindustrie), Zementindustrie oder etwa auch Kraftwerke (Kühlzwecke!) angesiedelt. Charakteristisch ist zudem die Städteaufreihung auf beiden Seiten des Rheins (linksrheinisch bereits seit der römischen Zeit).

- **„duisport", der größte Binnenhafen der Welt**. Die herausragende Bedeutung des Rheins lässt sich vor allem anhand der zahlreichen Häfen mit ihrem Güterverkehr, ihren gewerblichen Ansiedlungen und modernen Infrastukturen ablesen. Allen voran steht der Duisburger Binnenhafen - seit März 2000 unter dem Markennamen **„duisport"** der Duisburger Hafen AG agierend (vgl. Abbn. 4.32, 4.33 und Kasten 4.5). In jüngerer Zeit hat der Duisburger Hafen eine grundlegende Neuorientierung vom Massengüter- hin zu einem höherwertigen Stückgutumschlag und zugleich zu einem multifunktionalen Handels- und Dienstleistungszentrum erfahren. Dazu trug u. a. die Gründung der Vermarktungsgesellschaft Logport Logistic-Center Duisburg (1999) auf dem linksrheinisch erworbenen Gelände des früheren Krupp-Hüttenwerks mit seinem neuen logistischen Herzstück, dem DIT Duisburg Intermodal Terminal (2002 eröffnet), bei (in Abb. 4.33 nicht dargestellt). Dieses 120.000 qm große Terminal ist eine trimodale Schnittstelle zwischen den Verkehrsträgern Schiff, Bahn und Lkw. Das Terminal ist ein sog. Hinterland-Hub

---

Kasten 4.5 „duisport" - Hafenausstattung

Größe
Grundfläche 1.000 ha (davon ca. 265 ha Logport Logistic Center Duisburg)
21 Hafenbecken (über 180 ha Wasserfläche)
40 km Uferlänge (davon 16 km Umschlagufer mit Gleisanschluss)

Serviceeinrichtungen
4 Container-Terminals und zwei Terminals für den Kombinierten Bahnverkehr
10 Container-Brücken (bis 55 t)
8 wasserüberkragende Hallen (für nässegeschützten Umschlag)
Kohlenmisch- und Verladeanlage
5 Importkohleterminals
5 Stahl-Service-Center für die Bearbeitung von Stahlprodukten
2 Roll-on-/Roll-off-Anlagen
Freihafen (seit 1991)
1,1 Mio. m² überdachte Lagerfläche, davon ca. 450.000 m² Lagerhausfläche f. Kontraktlogistik (incl. logport-Gelände)
ca. 0,6 Mio. m³ Tankraum für Flüssiggüter
19 Anlagen für Flüssiggutumschlag
122 Krananlagen bis 50 t
Umschlagplatz für Schwer-/Sperrgut mit stationärem Kran bis 300 t Tragfähigkeit und einem mobilen Raupenkran bis 100 t

Logistikzentren
logport (ab 1999)
Logistikzentrum Kasslerfeld (ab 1991)
Logistikzentrum Ruhrort

PCD Packing-Center Duisburg (seit 1998)
Seefestes Verpacken hochwertiger Waren
Stuffen und Strippen von Containern
Speditionelle Leistungen

Quelle: www.duisport.de, Sept. 2006

(Güterverteilzentrum) für die großen Seehäfen Antwerpen und Rotterdam. Neben den insgesamt 21 Hafenbecken - in Verbindung mit einer Vielzahl weiterer moderner Serviceeinrichtungen wie zwei weiterer Logistikzentren oder mit dem PCD Packing-Center-Duisburg - , die von der Duisburger Hafen AG als „öffentliche Häfen" betrieben werden, operieren im Raum Duisburg noch acht Privathäfen. So existiert im Duisburger Norden der Eisenerz-Hafen Schwelgern der „Thyssen Krupp AG"; hier wurden z. B. 2002 17 Mio. t Erze und Metallabfälle angeliefert, die im Rotterdamer Hafen von Seeschiffen auf Schubschiffe (bis zu 16.000-18.000 t Tragfähigkeit) umgeladen wurden (vgl. Abb. 4.31). Im Süden Duisburgs wurden z. B. im Jahre 2002 rd. 8 Mio. t Erze und Metallabfälle im Hafen von Krupp-Mannesmann umgeschlagen.

Die von der Duisburger Hafen AG jährlich veröffentlichten Umschlagszahlen für einzelne Güter beziehen sich lediglich auf die eigenen „öffentlichen" Hafenanlagen. Nach wie vor nehmen Massengüter (2005: 11,8 Mio. t), darunter in erster Linie Kohle mit 4,4 Mio. t und Mineralöl/chemische Rohstoffe mit 4,3 Mio. t, einen erheblichen Anteil des Umschlages ein. Allerdings ist deren Transportaufkommen rückläufig (2004-2005 -4%), während Stückgüter (2005: 11,9 Mio. t, davon Eisen/Stahl/NE-Metalle 4,8 Mio. t und Container 7,1 Mio. t) den Massengutumschlag bereits übertroffen haben und 2004-2005 sogar ein Wachstum von +19 % verzeichneten. Von den 45 Mio. t. Gesamtumschlag (2005) der Duisburger Hafen AG entfielen 14,8 Mio. t auf den Schiffsverkehr sowie 8,9 Mio. t auf den Bahn- und sogar 21,3 Mio. t auf den Lkw-Verkehr. Der Gesamtumschlag aller Duisburger Häfen (einschl. der privaten Werkshäfen) belief sich 2005 auf rd. 96 Mio. t (Daten nach www.duisport.de).

Die Duisburger Häfen verfügen über eine optimale Anbindung an die Verkehrsträger Wasser (Rhein, zugleich auch Seehafen, über den Rhein-Herne-Kanal Tor zum west- bzw. nord- und ostdeutschen Wasserstraßennetz), Schiene, Straße (Nahlage zu mehreren Autobahnen) und Luft (u. a. Flughäfen Düsseldorf und Köln-Bonn) innerhalb des größten europäischen Verdichtungsraumes, des Rhein-Ruhr-Gebietes. Neben den vielfältigen eigenen Einrichtungen der Duisburger

Hafen AG (Kasten 4.5) haben sich in dem Binnenhafen über 200 private Firmen als Mieter angesiedelt.

Die Duisburger Häfen führen nicht nur unter den Rheinhäfen (zweitwichtigster ist Köln mit ca. knapp 15 Mio. t Umschlag 2004), sondern sind zugleich der größte Binnenhafen der Welt.

• **Das deutsche Kanalsystem** entstand vergleichsweise spät, wurde dafür jedoch - zum Beispiel im Vergleich zu Großbritannien oder Frankreich - wesentlich tragfähiger angelegt sowie auch noch in der Nachkriegszeit erheblich ausgebaut und ergänzt. Vor allem in Norddeutschland entstand eine umfassende Vernetzung zwischen Fluss- und Kanalsystemen. Im **Ruhrgebiet**, das heute über das bedeutendste Kanalsystem in Deutschland verfügt, wurde dieses erst ab Ende des 19. Jhs. entwickelt: Der Dortmund-Ems-Kanal wurde erst 1899 in Betrieb genommen (Errichtung insbesondere wegen der Erzbelieferung des östlichen Ruhrgebietes); er ist heute mit dem Europa-Schiff 1.350 t befahrbar, allerdings nicht mehr wettbewerbsfähig gegenüber dem Verkehr mit großen Schubschiffverbänden auf dem Rhein. So betrug der Verkehr auf dem Dortmund-Ems-Kanal z. B. 2000 einschließlich der Ems bis zur Seegrenze bei Emden lediglich 1,8 Mrd. tkm (nach Statist. Bundesamt 2001). Heute besteht zum erheblichen Teil ein gebrochener Verkehr ins östliche Ruhrgebiet (Schubschifffahrt auf dem Rhein, Schiene ab Duisburg). Der Rhein-Herne-Kanal wurde 1914 fertiggestellt. Er wurde vorwiegend als Kohlenkanal geplant und entwickelte sich zwischenzeitlich zur verkehrsreichsten künstlichen Wasserstraße Europas; seine Transportleistung ist heute jedoch vergleichsweise gering (z. B. 2000: rd. 0,57 Mrd. tkm, nach ebd.). Der sog. Lippe-Seitenkanal nahm in seinem östlichen Abschnitt

---

Kasten 4.6 **Vor- und Nachteile sowie Chancen des Binnenschifffahrtsverkehrs, insbes. in der Bundesrepublik Deutschland**

Zu den **Vorteilen des Binnenschifffahrtsverkehrs**, der vor allem auf den Transport von flüssigen und trockenen Massengütern ausgerichtet ist, zählt zweifelsohne seine

(1) **Umweltfreundlichkeit**:
Enorm geringer Energieverbrauch bei nur wenig Lärm- und Abgaserzeugung. Nach jüngeren Berechnungen des Energieverbrauchs (Kilojoule je Tonnenkilometer) steht das Binnenschiff noch etwas günstiger gegenüber der Eisenbahn da, ist jedoch wesentlich umweltschonender als der Lkw-Verkehr. Energieverbrauch: Binnenschifffahrt 464 kJoule/tkm, Eisenbahn 566 kJoule/tkm und Güterfernkraftverkehr 2.290 kJ/tkm (nach F. v. STACKELBERG 1999).

(2) **Sicherheit** (seltene Schiffsunfälle, relativ hohe Sicherheit bei Gefahrguttransporten).

(3) Die gewerbliche Binnenschifffahrt ist auf dem Rheinstromgebiet und auf bestimmten anderen Wasserstraßen aufgrund internationaler Abkommen von der **Mineralölsteuer** befreit (BMVBW 2001b, S. 13).

(4) Großes **Transportvolumen** (ein Motorschiff mit 2000 t Tragfähigkeit ersetzt 67 Lkw oder 50 Eisenbahnwaggons, nach H. NUHN/M. HESSE 2006, S. 100) **und beträchtliche Kapazitätsreserven**; allein in Deutschland bestehen rd. 7.300 km Bundeswasserstraßen, davon 6.900 km Binnenwasserstraßen bzw. rd. 5.000 km für den internationalen Gütertransport.

Weitere positive Nutzeffekte des Binnenschifffahrtsverkehrs sind u. a.:

(5) **Günstige Transportkosten** pro Tonne (geringer Personaleinsatz/Treibstoffbedarf);

(6) gut einkalkulierbare **Transportzeiten**, keine Einschränkung an Sonn- und Feiertagen;

(7) positive **Auswirkungen auf die regionale und lokale gewerbliche Entwicklung**.

Von Bedeutung sind auch

(8) die sekundären Wirkungen der mit den Wasserstraßen gleichzeitig erzielten **wasserwirtschaftlichen Effekte**,

(9) die mit den künstlichen Binnenschifffahrtswegen geschaffenen **Erholungsflächen** (Wassersport) und **touristischen Möglichkeiten** (Fahrgastschifffahrt) sowie

(10) die **Energiegewinnung** an Staustufen.

Gegenüber den Verkehrsmitteln Lkw und Bahn hat das Binnenschiff jedoch vor allem die folgenden **Nachteile (Probleme der Nutzung)**:

(1) die **geringe Geschwindigkeit** (10-20 km/Stunde), weshalb es eine untergeordnete Bedeutung für den Stückgutverkehr hat;

(2) die **wenig flächendeckende Wirkung** des Wasserstraßennetzes (geringe Netzdichte) mit häufig großen Umwegen (gegenüber dem Landverkehr), die oft eine Brechung des Verkehrs bewirken;

(3) die **Witterungsabhängigkeit** (Eis, Hoch- und Niedrigwasser, Nebel);

(4) aufgrund des häufig schlechten Ausbaustands der Wasserstraßen (v. a. in den neuen Bundesländern), wegen geringer Abladetiefen (2,50-2,80 m), unzureichender **Brückendurchfahrhöhen und Kapazitäten der Abstiegsbauwerke (Schleusen, Hebewerke)** sind insbesondere im Kanalnetz moderne 2-lagige Containerverkehre nur eingeschränkt oder überhaupt nicht durchführbar.

(5) Große **Überkapazitäten** (insbesondere durch den Kauf preisgünstiger, 30-40 % billigerer Schiffe aus Osteuropa verschärft);

(6) lange Zeit subventionierte **Bahntarife** entlang der Wasserstraßen;

(7) Eindringen **ausländischer Konkurrenz** (ab 1995 freier Zutritt zum deutschen Markt).

Weitere **Möglichkeiten bzw. Chancen der Binnenschifffahrt** bestehen durch:

Ausbau der Wasserwege und kombinierter Ladeverkehre (z. B. Wasserstraße/Bahn, vgl. z. B. Duisburger Häfen, s. Kasten 4.5), Benutzung neuer Umschlagtechniken (sog. bi- oder multimodale Transportbehälter als Weiterentwicklung der Container) und der **neuen Logistik von Güterverkehrszentren** als Schnittstellen von mindestens zwei verschiedenen Verkehrsträgern mit Zusammenfassung logistischer Betriebe wie Transportunternehmen, Spediteure und Lageristen.

---

als Datteln-Hamm-Kanal ebenfalls 1914 seinen Betrieb auf, im Westteil (Wesel-Datteln-Kanal, 2000: 0,88 Mrd. tkm) jedoch erst 1931. Mit diesem Kanal erfolgte die Erschließung des nördlichen Ruhrgebietes für Massengutfrachten; der Lippe-Seitenkanal hat außerdem die Aufgabe, aus der Lippe und aus dem Rhein das westdeutsche Kanalnetz mit Wasser zu versorgen.

Dass in der **Verkehrspolitik des Bundes** das Wasserstraßennetz - wenngleich auch sehr nachrangig hinter dem Eisenbahn- und Straßennetz - von erheblicher Bedeutung ist, zeigen der Verkehrsausbauplan im „Verkehrsprojekt Deutsche Einheit" nach der Wiedervereinigung sowie auch der Bundesverkehrswegeplan (BVWP) 1992, der für den umweltfreundlichen Verkehrsträger Wasserstraße erhebliche Investitionsmittel vorsah (insbes. für das System Mittellandkanal/Elbe-Havel-Kanal/Havel); allerdings blieb die praktische Umsetzung des BVWP bislang defizitär. Zu den Verkehrsausgaben des Bundes in den vergangenen Jahrzehnten, differenziert nach den einzelnen Verkehrsmitteln, vgl. Abb. 4.34; seit 1996 stehen den Ländern gemäß Regionalisierungsgesetz erhebliche Mittel des Bundes für den ÖPNV zur Verfügung.

- **Aktuelle Entwicklungstendenzen der Binnenschifffahrt**. Trotz der Vorteile als kostengünstige und umweltfreundliche Verkehrsart (vgl. im Einzelnen Kasten 4.6) sowie beträchtlicher Entwicklungspotenziale ist die Binnengüterschifffahrt in den Industriestaaten - mit Ausnahme der Niederlande, Belgiens und Deutschlands - i. Allg. von relativ geringer Bedeutung, da sie in starkem Maße vor allem durch den flexibleren Straßengüterverkehr verdrängt oder stark eingeschränkt worden ist.

In letzter Zeit hat auf den deutschen Binnenwasserstraßen der Güterverkehr, gemessen als **Transportleistung in tkm**, in einigen Jahren zugenommen (z. B. 1995: knapp 64 Mrd. tkm, 2000: 66,5 Mrd. tkm als jüngeres Maximum, 2005: rd. 64 Mio. t), aller-

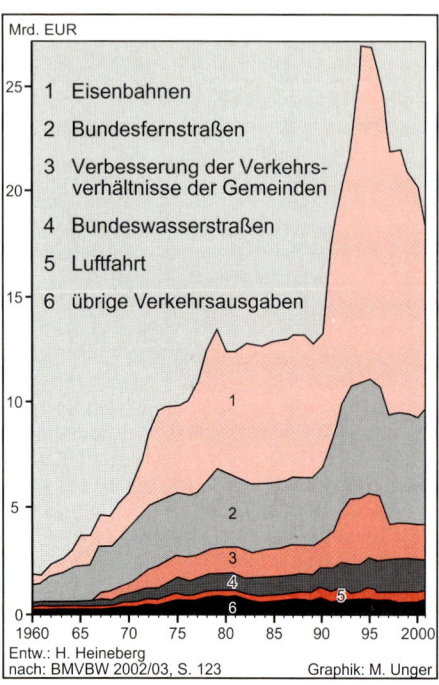

Abb. 4.34 Verkehrsausgaben des Bundes 1960-2001

dings lag das Wachstum unter der durchschnittlichen Verkehrszunahme des gesamten Güterverkehrs. Während die Verkehrsleistungen im gewerblichen Straßengüterverkehr z. B. von 1995 bis 2005 um rd. 30 % stiegen und die der Bahn um 13,5 %, erzielte die Binnenschifffahrt im gleichen Zeitraum lediglich einen Zuwachs von 0,2 % (STATIST. BUNDESAMT 2006). In Relation zu anderen Verkehrsträgern konnte die Binnenschifffahrt in Deutschland ihren Marktanteil nicht behaupten, denn während z. B. im Jahre 1995 noch 16,5 % der gesamten Güterverkehrsleistung auf Binnenwasserstraßen abgewickelt wurde, lag der Anteil 2005 bei nur noch 13,2 % (vgl. Abb. 4.18).

Innerhalb der Schifffahrt ist der **Marktanteil** von in Deutschland registrierten Binnenschiffen rückläufig; so sank der Anteil der deutschen Binnenflotte an der auf den

---

Kasten 4.7 Die Binnenschifffahrt in der zukünftigen Verkehrspolitik und Logistik

„Die Güterverkehrsleistung in Deutschland wird den jüngsten Verkehrsprognosen der Bundesregierung zufolge bis zum Jahr 2015 um weitere 64 Prozent steigen. Wesentliche Ursachen für dieses Wachstum sind die fortschreitende wirtschaftliche Globalisierung, die (...) Osterweiterung der EU sowie der Internet-Handel.

Das Gros des Verkehrswachstums entfällt dabei auf den Straßengüterverkehr. Der Anteil des Lkw an den Güterverkehrsleistungen in Deutschland beträgt aktuell 63,6 Prozent, während auf die Schiene 19,6 und auf Wasserwege 16,8 Prozent entfallen. Ohne eine sinnvolle Regulierung würde das Volumen des Straßengüterverkehrs weiter ansteigen bis auf 69,5 Prozent im Jahr 2015 - zu Lasten von Bahn (16,3 Prozent) und Binnenschiff (14,3 Prozent).

Ziel der Verkehrspolitik muss es daher sein, die Entwicklung zu Gusten von Bahn und Binnenschiff zu verändern, um den drohenden Verkehrskollaps abzuwenden. Dazu trägt ein fairer und produktiver Wettbewerb erheblich bei. Die Voraussetzungen dafür zu schaffen, ist ebenfalls Aufgabe der Politik. Rund 30 Prozent des erwarteten Wachstums im Straßengüterfernverkehr sollen künftig vorrangig über die Schiene abgewickelt werden. Doch auch das System Binnenschiff/Wasserstraße spielt in den verkehrspolitischen Überlegungen eine gewichtige Rolle: Bis 2005 soll das Kombiverkehrsaufkommen auf 14,6 Millionen Tonnen ansteigen, derzeit liegt es bei 10,5 Millionen Tonnen.

Ob die Binnenschiffahrt diese Erwartungen erfüllen und am prognostizierten Verkehrswachstum partizipieren kann, hängt aber nicht allein von der politischen Unterstützung und den infrastrukturellen Voraussetzungen ab. Entscheidend ist ein hohes Maß an Eigeninitiative. Es müssen Lösungen entwickelt werden, dass sich die Binnenschifffahrt noch stärker als bisher zu einem integralen Bestandteil logistischer Transportketten etabliert.

Weitere Potenziale für Binnenschiff und Containerterminals liegen in einem verstärkten Angebot von ganzheitlichen Logistiksystemen. Die DeCeTe Duisburger Container-Terminalgesellschaft beispielsweise hat ein ausgefeiltes Port-to-door-Konzept entwickelt, um Lücken in Transportketten zu schließen und die geforderte Hub-Funktion optimal erfüllen zu können: Das Unternehmen agiert dabei als neutraler Netzwerkbetreiber und organisiert auf Basis eines umfassenden Know-hows Transporte vom Seehafen bis zum Empfänger beziehungsweise Versender tief im Binnenland.

Entscheidende Kriterien in der logistischen Kette sind Wirtschaftlichkeit und Servicegrad. Ein Beispiel: In einer modernen Container-Linienreederei betragen die Kosten für den Betrieb der eigenen und gecharterten Schiffe nur noch rund 20 Prozent, während der Leer- und Ladungstransport der Container auf dem Landweg mehr als ein Drittel der Kosten ausmacht. Dieses Einsparpotential gilt es durch optimierte Transportwege und effiziente Vor- und Nachläufe zu aktivieren.

Um komplette Logistiklösungen anbieten zu können, bedarf es strategischer Partnerschaften und Kooperationen. Dafür müssen sich Binnenschifffahrt und Schiene noch stärker als bisher vernetzen. Erste Voraussetzung ist das Überwinden traditioneller Denkmuster: Aufgrund gewachsener Strukturen sind beide Verkehrsträger Konkurrenten beim Transport von Massengütern - mit der Folge, dass die in vielen Bereichen durchaus vorhandenen Synergien wenig oder gar nicht genutzt werden. Dabei könnten wesentlich mehr Sendungen gebündelt und damit die Schnittstellen sowie die Vor- und Nachläufe optimiert werden. Nur wenn durch mehr Teamgeist und eine intensivere Kooperation gemeinsame Transport- und Logistikangebote kreiert werden, entstehen profitable Win-Win-Situationen für den Verkehrsträger. Eine weitere Grundvoraussetzung für mehr Effizienz ist die Implimentierung moderner Informations- und Kommunikationstechnologien.

Fest steht: Die Binnenschifffahrt ist ein Verkehrträger mit gut ausgebildeten Mitarbeitern und modernen Schiffen. Diese Stärken muss sie ins rechte Licht rücken: Klagen aus den eigenen Reihen über eine stiefmütterliche Behandlung seitens der Politik sind eher kontraproduktiv. Wenn es gelingt, diese Stärken und das vorhandene logistische Know-how deutlich zu machen, könnten Binnenschifffahrt und Containerterminals künftig wesentlich stärker als bisher in multimodale Logistikkonzepte eingebunden werden und sich ihren Anteil am Verkehrswachstum sichern" (R. Bartsch, Geschäftsführer der Container-Terminalgesellschaft mbH (DeCeTe) Duisburg 2001).

Binnenwasserstraßen erbrachten Transportleistung von 44,4 % (1991) auf 35,2 % (2000). Zugleich verringerten sich die **Binnengüterschiffsflotte** zwischen 1992 und 2000 um knapp 900 Schiffe oder 27 % auf 2.488 Einheiten (ohne Schub- und Schleppschiffe sowie Trägerschiffsleichter) und deren Tragfähigkeit um 740.000 t oder knapp 19 % auf 2,6 Mio. t (BMVBW 2001b, S. 7). Die günstigeren Rahmenbedingungen für die niederländische Binnenschifffahrtsflotte (z. B. Förderung von Investitionen mit Hilfe sog. Staatsgarantien) haben dazu geführt, dass deren Marktanteil in Deutschland im vergangenen Jahrzehnt deutlich gewachsen ist und seit 1994 die (sinkenden) Beförderungsanteile deutscher Schiffe zunehmend überragt (vgl. BMVBW 2001b, S. 15).

In Deutschland hat sich in jüngerer Zeit erfreulicherweise der **Containerverkehr** mit Binnenschiffen - von 5,7 Mio. t im Jahre 1996 auf 10,5 Mio. t im Jahre 2000 - nahezu verdoppelt. Dies betrifft allerdings das Hauptaufkommen auf dem Rhein mit den Verbindungsfunktionen Richtung Rotterdam und Antwerpen (BMVBW 2001c, Abb. auf S. 17). Ein umfassende Verlagerung des Güterverkehrs von der Straße auf die Binnenschifffahrt hat sich allerdings nicht ereignet (s. Abb. 4.18; vgl. auch H. NUHN 1998, S. 227f.); zu den zukünftigen Potenzialen der Binnenschifffahrt im Rahmen von Verkehrspolitik und Logistik s. Kasten 4.7.

4.4.2 Beispiel: Eisenbahn. Der traditionsreiche - fast 170 Jahre alte - Eisenbahnverkehr kann ebenfalls unter den verschiedensten Aspekten der Verkehrserschließung und Raumwirksamkeit betrachtet werden. Nach der Binnenschifffahrt wurde die Eisenbahn ab Mitte des 19. Jh.s zunächst - und dies für lange Zeit - zum wichtigsten Verkehrsmittel für den Landtransport. Allerdings hat die Eisenbahn in den vergangenen Jahrzehnten gegenüber dem sehr stark angewachsenen Autoverkehr erheblich an Bedeutung eingebüßt. Im Eisenbahnverkehr stehen sich „Hochgeschwindigkeitstechnik und Dampfromantik, Streckenaus- und -neubau sowie Netzrückbau" (H. KREFT-KETTERMANN 1988, S. 1) in starken Gegensätzen gegenüber.

• **Die Entwicklung des Eisenbahnwesens:** Die konkreten Verkehrserschließungen durch die Eisenbahn sind i. Allg. nur durch eine Vielzahl von Ursachen in einem Bündel politischer, wirtschaftlicher, physischgeographischer und anderer Einflussfaktoren zu erklären. Die erste Entwicklung des Eisenbahnwesens im Zeitalter der Industrialisierung war bereits aufs Engste mit diesem neuen wirtschaftlichen Entwicklungsprozess verbunden. „Die Schienenbahnen waren bis zum Beginn des 20. Jahrhunderts neben der Binnenschiffahrt, deren räumliche Erschließungsfunktion aber meist eng begrenzt ist, das einzige leistungsfähige Landverkehrsmittel für mittlere Entfernungen und für Ferndistanzen. In den früh industrialisierten Staaten Europas und in Nordamerika sowie seit 1872 in Japan mußten sich die meisten industriellen Betriebe mit ihrem Standort auf die Eisenbahnen ausrichten, und ebenso konnte der Bergbau den Anschluß an die Weltwirtschaft nur erreichen, wenn er durch Eisenbahnen erschlossen worden war" (G. VOPPEL 1980, S. 80; vgl. beispielsweise die frühen Verbindungen der wichtigsten Industriegebiete Großbritanniens untereinander sowie auch mit der Hauptstadt London). D. h., die Eisenbahnen hatten mit ihrer Verkehrserschließung und ihren Transportkostenvorteilen von Anfang an eine sehr **stark raumprägende Wirkung**, denn sie begünstigten die Niederlassung von Industriebetrieben entlang ihres Streckennetzes, wobei sie auch - entsprechend der weiteren Netzentwicklung - eine Auflocke-

Kasten 4. 8 Vor- und Nachteile des Eisenbahnverkehrs, insbes. in der Bundesrepublik Deutschland (nach K. SCHLIEPHAKE 1982, G. VOPPEL 1980 u. a.)

Zu den unbestrittenen systembedingten **Vorteilen** oder Stärken **des Eisenbahnverkehrs** zählen
(1) die **eigene Infrastruktur**, die dem Verkehrsmittel eine Unabhängigkeit verleiht,
(2) die relativ schnelle **Punkt-zu-Punkt-Belieferung**
(3) bei gewachsener und immer noch weiter ansteigender **Reisegeschwindigkeit**,
(4) die **Umweltfreundlichkeit** (relativ geringer Energieverbrauch),
(5) die **geringe Witterungsempfindlichkeit**,
(6) die relative **Sicherheit** als Verkehrsmittel;
(7) die Eisenbahn bildet i. Allg. das **Rückgrat für den ÖPNV**, vor allem in großen Ballungsräumen (z. B. im Rhein-Ruhr-Gebiet);
(8) die **Bahnhöfe** liegen i. Allg. günstig zu den Stadtzentren.

Trotz dieser und anderer Vorteile hat die Eisenbahn eine ganze Reihe von **Nachteilen** oder Schwächen, die sich vor allem mit der stark zugenommenen Konkurrenz durch den Straßenverkehr gezeigt haben und heute auch nur teilweise behoben werden können.
(1) So sind **Eisenbahnbau und -unterhaltung sehr kapitalintensiv** (v. a. hohe Anfangsinvestitionen, hohe Kosten der Bahnhöfe), d. h. es fallen insgesamt hohe Vorhaltungskosten (Stationskosten) für eine ausschließlich von der Bahn benutzte Infrastruktur an. Eine Rentabilität ist nur bei hoher Nutzungsintensität gegeben. Die **Betriebskosten** der Bahn sind stark angestiegen (die 1994 durch Bahnreform gegründete Deutsche Bahn AG ist auf Rentabilität bedacht).
(2) Trotz einer bedeutenden Netzentwicklung bis zum 1. Weltkrieg, die auch zu einer Dezentralisierung von Industrie beigetragen hat, ermöglicht die Eisenbahn - gegenüber dem Straßenverkehr - **keine Flächenerschließung** (K. SCHLIEPHAKE 1982, S. 87, nennt dies sogar eine geringe Netzbildungsfähigkeit); insbesondere bestehen die Kontakte zwischen dem Schienenverkehrsmittel und der Nachfrage nur an einzelnen Punkten, den Bahnhöfen. Hinzu kommen
(3) **Geld- und Zeitverluste** beim Zusammenstellen der Zugeinheiten, z. T. hohe Umladungskosten bei gebrochenem Verkehr etc.
(4) Gegenüber dem Straßenverkehr ist der Eisenbahnverkehr deutlich **weniger flexibel**, z. B. bei der *just-in-time*-Belieferung von Industriebetrieben.

Schon seit Jahrzehnten kreiste in einigen Staaten Europas, insbesondere auch in der Bundesrepublik Deutschland, die verkehrspolitische Diskussion um den
(5) **Rückzug der Bahn „aus der Fläche"**. In der Tat waren zahlreiche Nebenbahnen - insbesondere in ländlichen Räumen - betriebswirtschaftlich gesehen völlig unrentabel geworden (stagnierende oder sogar rückläufige Nachfrage im ländlichen Raum, steigende Betriebskosten, stark wachsende Konkurrenz des Straßenverkehrs; vgl. G. VOPPEL 1980, Abb. 7: Eisenbahnnetz in Nordwestdeutschland mit Stilllegungen zwischen 1953 und 1978). Dies resultierte z. T. auch daraus, dass viele sog. Nebenbahnen erst sehr viel später als die Hauptlinien entstanden sind und somit die entsprechenden Räume auch nicht mehr so stark gewerblich prägen konnten.
(6) Das Eisenbahnsystem benötigt vergleichsweise **lange Vorlaufzeiten bei der Planung von Strecken oder** selbst **bei Fahrplänen** und deren Umsetzung.

Gravierende **Mängel im Eisenbahnnetz** bestanden **in den neuen Bundesländern**. Dies wurde vor allem bei der politischen Wende bzw. Vereinigung deutlich. Es betraf den **schlechten Ausbau der Ost-West-Verbindungen** (die Schienenverkehrswege wurden nach der politischen Teilung Deutschlands in starkem Maße auf die ehemalige Hauptstadt Ost-Berlin ausgerichtet; insbesondere war der industrialisierte Süden der ehem. DDR sowohl im Schienen- als auch im Straßenverkehr sehr schlecht mit dem Westen und Süden Deutschlands verknüpft). Hinzu kamen in der früheren DDR der **geringe Anteil elektrifizierter Strecken** sowie die **mangelhafte Unterhaltung der Bahn** wie die stark beeinträchtigte Stabilität und technische Durchlassfähigkeit des **Gleisnetzes** (u. a. ein erheblicher Anteil sog. Langsamfahrstrecken) sowie die veraltete und damit störanfällige **Sicherungstechnik**. Diese und andere Mängel im Eisenbahnsystem der neuen Bundesländer wurden inzwischen durch ganz erhebliche Investitionen des Bundes, insbesondere im Rahmen des Programms „Verkehrsprojekte Deutsche Einheit", weitgehend behoben.

Abb. 4.35 Der neue französische TGV-Bahnhof in Avignon und der TGV (Train à Grande Vitesse) als bedienungsfreundlicher Superschnellzug (Fotos: H. Heineberg 2002)

rung des Standortgefüges ermöglichten. Die Verteilung der Industrie etwa um die Jahrhundertwende war in großem Maße ein Spiegelbild der Streckenentwicklung der Eisenbahn. Die Flächenausdehnung der Eisenbahn hat in den Industriestaaten bis zum 1. Weltkrieg angehalten.

Von erheblicher Bedeutung war auch die **technologische Entwicklung der Bahn**. Wenngleich die Erfindung und Entwicklung der Eisenbahn revolutionär waren (vgl. die Basisinnovation 'Dampfkraft' in der „Theorie der langen Wellen" unter 3.4.2), so darf man sich jedoch über die Schnelligkeit und Leistungsfähigkeit der Eisenbahn zur damaligen Zeit im Vergleich zu heute keine falschen Vorstellungen machen: K. Schliephake (1982, S. 86-87) gibt dazu einige interes-

sante Details: „Um die Jahrhundertwende brauchten Güterzuglokomotiven alle 60 km, Schnellzuglokomotiven alle 180 km neues Wasser, Tagesleistungen von 200 bis 300 km pro Lok waren Ausnahmen. Auch der hohe Energieverbrauch (...) zwang zu häufigen Bekohlungs- und Reinigungshalten". Es bestand daher ein sehr enges Netz sog. Bahnbetriebswerke (z. B. 1949 noch 283 mit durchschnittlich 390 Mitarbeitern auf dem Gebiet der alten BRD, die z. T. erheblichen Einfluss auf Arbeitsmarkt und Siedlungsentwicklung ihrer Standorte hatten).

Erst mit der Ablösung der Dampflokomotiven durch Elektro- und Dieselloks (in den alten Bundesländern 1977 abgeschlossen) wurden die Leistung und der Energieverbrauch (bis zu 75 % weniger als Dampfloks) der Bahn erheblich verbessert, so dass nunmehr längere Strecken ohne technischen Halt durchfahren werden konnten.

In der modernen Eisenbahntechnologie wurde als erstes Land Japan führend, das 1964 zwischen Tôkyô und Ôsaka den sog. Shinkansen einführte, der mit einer Höchstgeschwindigkeit von (damals) 210 km/h jahrzehntelang der schnellste Zug der Erde war. Diese Schnellzugstrecke wurde in den 1970er und 1980er Jahren durch neue Linien, darunter auch Superschnellzugverbindungen, ergänzt. In Europa, und zwar in Frankreich, wurde erst 1981 durch den TGV (Train à Grande Vitesse) auf der 400 km langen Strecke Paris-Lyon das Hochgeschwindigkeitszeitalter eröffnet; 1989 folgte ein zweites französisches Schnellbahnsystem von Paris in Richtung Westen und Südwesten (Train Atlantique) sowie in jüngerer Zeit die Anbindung des südlichen Frankreich (Avignon/Marseille) an den TGV (vgl. Abb. 4.35). In Italien fahren seit 1988 Hochgeschwindigkeitszüge (ETR 450: Mailand-Rom-Neapel), in Schweden seit 1990 (X 2000 Stockholm-Göteborg) etc. In Deutschland fanden erste Versuchsfahrten mit dem Intercity-Express (ICE) 1988 statt; man erreichte damals eine Höchstgeschwindigkeit von rd. 407 km pro Stunde. Die Linien für den seit Anfang der 1990er Jahre eingesetzten ICE wurden in der Zwischenzeit z. T. aus- oder auch neu gebaut (z. B. Hannover-Kassel-Würzburg, 2002: Köln-Frankfurt mit einer Geschwindigkeit von 300 km/h). Für die Zukunftstechnologie des Transrapids, der ursprünglich erstmals zwischen Hamburg und Berlin verkehren sollte, liegt in Bezug auf Deutschland noch keine endgültige Entscheidung vor; vorgesehen ist eine Transrapidverbindung Münchens mit dem Flughafen, während die Planung einer sog. Metrorapid-Strecke für das Rhein-Ruhr-Gebiet (Dortmund - Düsseldorf) aus finan-

ziellen Gründen nicht mehr verfolgt wird (Entscheidung Juni 2003).

- **Die Eisenbahn im Rahmen der Verkehrspolitik.** Die Eisenbahn spielt im Rahmen der jüngeren Verkehrspolitik in Deutschland, insbesondere seit der deutschen Vereinigung, eine herausragende Rolle. Bereits 1991 wurden im Vorgriff auf den Gesamtdeutschen Verkehrswegeplan vom Bundeskabinett im Rahmen des bereits erwähnten Programms „Verkehrsprojekte Deutsche Einheit" 29 Mrd. DM für Ausbau und Verbesserung des Schienennetzes vorgesehen (gegenüber ca. 23 Mrd. DM für Straßen und ca. 4 Mrd. DM für Wasserwege); lt. Bundesschienenwegeausbauprogramm und Bundesverkehrswegeplan 1992 sollten bis zum Jahre 2012 in den Neu- und Ausbau des Schienennetzes (DB/DR) rd. 118 Mrd. DM investiert werden, demgegenüber für Bundesfernstraßen rd. 109 Mrd. DM und für Bundeswasserstraßen nur rd. 16 Mrd. DM (zu den Gesamtausgaben des Bundes für die Eisenbahn zwischen 1960 und 2000 vgl. Abb. 4.34). Der Hintergrund ist der, dass die neuen Bundesländer hinsichtlich der Schienen- und auch Straßennetze einen qualitativ sehr niedrigen Standard aufwiesen; nicht nur der bauliche Zustand der Verkehrswege war stark verbesserungsbedürftig, sondern es machten sich auch in der Ausrichtung der Verkehrsnetze in erheblichem Maße die politischen Gegebenheiten der letzten 40 Jahre bemerkbar (vgl. BMBAU 1991, S. 65 ff.). Zu den Vor- und Nachteilen des Eisenbahnverkehrs, insbesondere zu den ehemaligen Mängeln des Bahnnetzes in den neuen Bundesländern, vgl. Kasten 4.8.

Die **Ausbauplanung des Eisenbahnnetzes zwischen West- und Ostdeutschland** bezog bzw. bezieht sich zum einen - ähnlich wie beim Binnenwasserstraßen- und Straßennetz - u. a. auf

(1) die **Herstellung leistungsfähiger West-Ost-Schienenverbindungen** durch Verbesserung sowie Neuausbau von Trassen. Zum anderen wurde die Verkehrspolitik des Bundes auf die Verbesserung der Angebotsseite der Bahn mittels

(2) Ausbau eines **Kombinierten Verkehrs Schiene/Straße** ausgerichtet. So konnte die Deutsche Bahn AG erhebliche Zuwächse im Kombinierten Ladeverkehr (d. h. vor allem im sog. **Huckepackverfahren** sowie auch im **Containerverkehr**) erfahren. Nach dem Bundesraumordnungsbericht von 1991 sollten die in diesem System verkehrenden Direktzüge die elf großen Wirtschaftszentren der alten Bundesländer mit den 14 aufkommenstärksten Umschlagterminals des Kombinierten Verkehrs sowie mit weiteren 19 Umschlagbahnhöfen verbinden. „Auf bestimmten Fernrelationen soll der Kombinierte Verkehr unter Einbeziehung der Schnellbahnstrecken dadurch einen Vorsprung von ein bis zwei Stunden vor dem Lkw-Transport auf der Straße bekommen und zu weiteren Aufkommenssteigerungen führen. Auf den Neu- und Ausbaustrecken werden dabei Güterzüge Geschwindigkeiten von 120 bis 160 km/h erreichen" (BMBAU 1991, S. 149). Geplant wurden in diesem Zusammenhang

(3) der **Ausbau und die Verbindung sog. Umschlagterminals mit Umschlagbahnhöfen** (vgl. Abb. 4.36); für das Gebiet der neuen Bundesländer wurde der Ausbau eines Netzes neuer sog. **Güterverkehrszentren** einschließlich großer Rationalisierungs- und Erneuerungsmaßnahmen in den bestehenden Terminals geplant, und zwar insbesondere zur Stärkung der größeren Wirtschaftszentren bzw. Zentralen Orte. Angestrebt wurde keine Flächendeckung, sondern es sollten

(4) **effiziente Verbindungen der wichtigs-**

> **Kasten 4.9 Jüngere organisatorische Veränderungen im deutschen Eisenbahnverkehr**
>
> Im Zuge der sog. **Bahnstrukturreform** wurden zum 1.1.1994 die westdeutsche „Deutsche Bundesbahn (DB)" und die „Deutsche Reichsbahn (DR)" zur neuen „Deutsche Bahn AG" zusammengeschlossen, deren alleiniger Eigentümer die Bundesrepublik Deutschland ist. Wichtig sind zudem die Neuorganisation des Bahnkonzerns in verschiedene Unternehmensgruppen (z. B. DB Netz AG oder DB Cargo AG) mit Partnerunternehmen für spezielle Leistungsangebote (beispielsweise die Bahntrans GmbH für Stückgutverkehre, die Transfracht International (TFI) für Containerverkehre oder die KOMBIVERKEHR AG für Kombinierte Verkehre; zur Neuorganisation des Bahnverkehrs vgl. im Einzelnen C. P. WOITSCHÜTZKE 2000[2], S. 108ff. sowie H. NUHN/M. HESSE 2006, S. 84ff.).
>
> Eine weitere bedeutende Veränderung im deutschen Eisenbahnwesen ergab sich am 1.1.1996 durch die **Übertragung des schienengebundenen Personennahverkehrs** vom Bund auf die Länder, die ihrerseits im Rahmen der Regionalisierung teilweise (Beispiel: Nordrhein-Westfalen) Kompetenzen an Kreise/kreisfreie Städte mit der Möglichkeit der Schaffung von Verkehrsverbünden und anderer Verbesserungen des ÖPNV abgegeben haben.

---

ten Wirtschaftszentren geschaffen werden; geplant wurden ein **Kernnetz** mit festen Fahrplänen von Terminal zu Terminal, dazu ein **Ergänzungsnetz** für besondere Anforderungen sowie ein Ergänzungsnetz programmierter Logistikzüge und Einzelwagen aus Gleisanschlüssen im konventionellen Ladungsverkehr.

Von Bedeutung für die Verbesserung der Wettbewerbsfähigkeit der Bahn ist auch

(5) der **Ausbau partnerschaftlicher Kooperationen mit der Privatwirtschaft** (Vorbild im Stückgutgeschäft ist die Kooperation Bahn-Trans = Kooperation mit Thyssen-Haniel). Wichtig für die Zukunft sind auch

(6) **Verbesserungen** in der Terminaltechnik, der Betriebsführung, der Wagentechnik und

Abb. 4.36 Umschlagbahnhöfe für den Kombinierten Verkehr in Deutschland

(7) der Vernetzung der Systeme **mit grenz-überschreitendem Verkehr**, denn in diesem Verkehr gibt es die höchsten Zuwachsraten; je länger die Strecke und je mehr die Warenströme gebündelt werden können, um so wettbewerbsfähiger wird das System Eisenbahn gegenüber dem Lkw.

Seit der **Bahnreform** mit Gründung der **Deutschen Bahn AG**, die am 1.1.94 durch Fusion aus der Deutschen Bundesbahn und der Deutschen Reichsbahn entstand, hat es eine Reihe weiterer organisatorischer Veränderungen gegeben, die auch für die Zukunftsentwicklung des Eisenbahnverkehrs

von Bedeutung sind (s. Kasten 4.9 sowie H. Nuhn/M. Hesse 2006, Abb. 2.2.16). „Unter der Gesamtzielsetzung, mehr Verkehr auf die Schiene zu bringen, sind als weitere Eckpunkte der Bahnreform die Öffnung des Schienennetzes für Dritte und die Übertragung der Aufgaben- und Ausgabenverantwortung für den **Schienenpersonennahverkehr** auf die Bundesländer zum 1. Januar 1996 (**Regionalisierung**) zu nennen. Seither ist im Personen- wie im Güterverkehr der Wettbewerb eröffnet. Heute gibt es in Deutschland fast 200 Unternehmen im Regionalverkehr, die eine Zulassung als

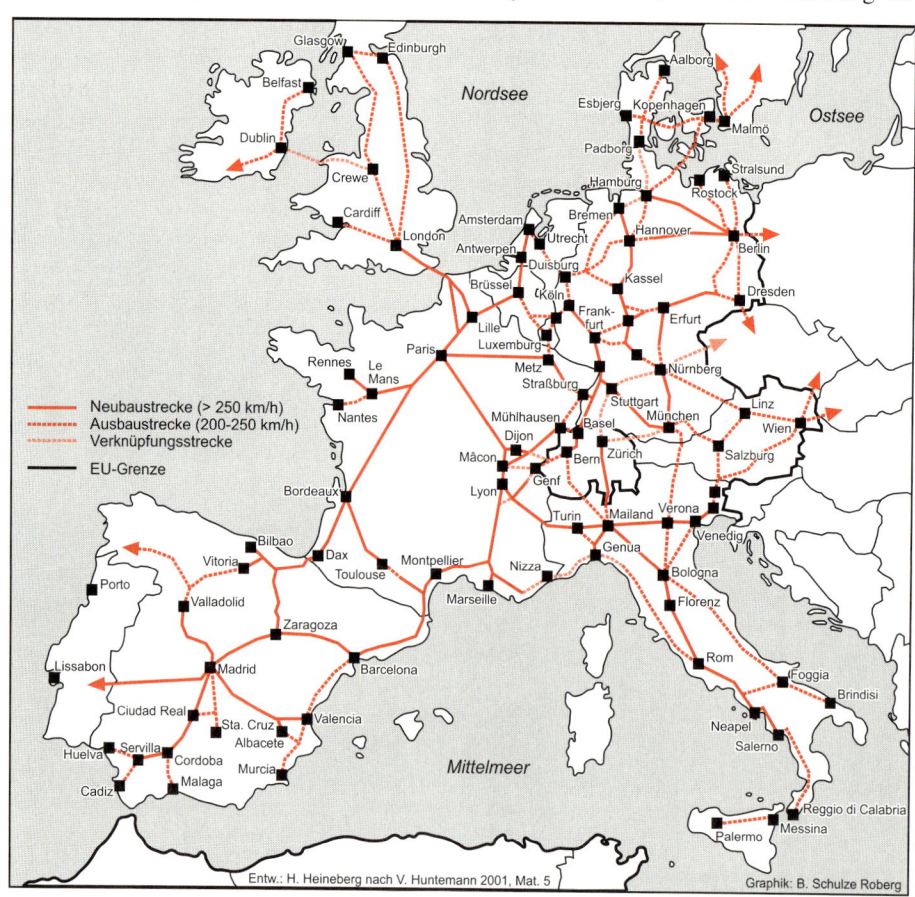

Abb. 4.37 Das europäische Hochgeschwindigkeitsnetz bis 2010

**Kasten 4. 10   Ausbau eines
Hochgeschwindigkeitsnetzes
in Europa**

Grundüberlegungen sind:
(1) durch **verkürzte Reisezeiten** (HGV =
Hochgeschwindigkeitsverkehr >=200 km/h)
**Konkurrenz zum Flugzeug auf mittleren Ent-
fernungen** zu schaffen. Vor allem sollen die
größeren Verdichtungsräume miteinander verbunden werden, d. h. angestrebt wird.
(2) eine **Verbesserung der Interaktionen im
hochrangigen Städtesystem** (vor allem zwischen den sog. Europäischen Metropolen; vgl.
Abb. 6.14);
(3) die Verkehrsströme Europas verlaufen **entlang bestimmter Korridore**, in denen auch
der HGV die größte Wirkung erzielen kann (vgl.
auch H. Heineberg 2006[3]a, Abb. 3.9);
(4) es gibt im Netz einige **„Schlüsselstellen"**,
die **als Tore zu peripher gelegenen Regionen** dienen (mit größten Investitionen, u. a.
Kanaltunnel, Überquerung der Meerengen in
der Ostsee, Alpentunnel, d. h. neue Eisenbahn-
tunnel und Modernisierung bestehender
Alpenquerungen),
(5) schrittweiser Ausbau bis ca. 2015.
Im Jahre 1998 verfügte Europa über fast 3.000
km Hochgeschwindigkeitsstrecken (davon 46
% in Frankreich, 17 % in Spanien, 15 % in
Deutschland, 11 % in Polen, 9 % in Italien und
2 % in Belgien); bis 2002 war eine Erweiterung auf rd. 5.800 km vorgesehen, bis zum Jahr
2015 soll ein europaweites Hochgeschwindigkeitsnetz von rd. 35.000 km Gesamtlänge fer-
tig gestellt sein (nach V. Huntemann 2001)

Bundesländern standen 1996 nach dem Regionalisierungsgesetz für den ÖPNV 8,7 Mrd. DM aus dem Mineralölsteuereinkommen zur Verfügung, ab 1997 jährlich ca. 12 Mrd. DM (FAZ 6.1.96).

Wie bereits angedeutet, sind Ausbau bzw. mögliche Angebotsverbesserungen des deutschen Eisenbahnverkehrs auch im grenzüberschreitenden, d. h. sogar im Rahmen einer **gesamteuropäischen Eisenbahn-Verkehrsplanung (Gemeinschaft Europäischer Bahnen)** zu sehen. Diese zielt auf den **Ausbau eines Hochgeschwindigkeitsnetzes** in Europa, das zunächst vor allem dem Personenverkehr dienen wird (vgl. Abb. 4.37 und Kasten 4.10). **Probleme der Realisierung** bestehen u. a. in den gewaltigen Investitionen und in der Problematik technischer Kompatibilität.

Eine wichtige Etappe im Aufbau eines europäischen Hochgeschwindigkeitsnetzes der Bahn bildet die Fertigstellung eines 300 km langen Streckenabschnitts zwischen Paris und Straßburg der französischen Bahn SNCF (2006). Auf ihm sollen ab 2007 ICE3-Züge und TGV zwischen Deutschland und Frankreich fahren; ab 2008 sind die Züge auf der komplett fertigen Strecke nonstop 320 km/h schnell. Dadurch werden sich die Fahrtzeiten zwischen den beiden Ländern erheblich verkürzen und die Konkurrenz zum Luft- und Straßenverkehr wachsen.

• **Die Eisenbahn in anderen Staaten.** Der o. g. Prozess des Ausbaus und des späteren zunehmenden Rückzugs der Eisenbahn aus der Fläche sowie der jüngeren Modernisierungs- und Ergänzungsmaßnahmen einschließlich der Entwicklung von Hochleistungsstrecken sowie rationeller Formen der Kooperation der Bahn mit anderen Verkehrsträgern, insbesondere dem Lkw-Verkehr, gilt nicht weltweit: So sind in den **nicht oder schwach industrialisierten Staaten bzw.**

Eisenbahnverkehrsunternehmen (EVU) oder als Eisenbahninfrastrukturunternehmen (EIU) haben. Mit ihrer Zulassung durch das Eisenbahnbundesamt (EBA) oder die zuständigen Aufsichtsbehörden der Länder erwerben die Betriebe die Berechtigung zur Nutzung der Streckeninfrastruktur der DB Netz AG und anderer Betreiber öffentlicher Eisenbahninfrastruktur. Die große Anzahl der nichtbundeseigenen Eisenbahnen (NE-Bahnen) und ihre vielfältigen Geschäftsaktivitäten führen heute zu einer gewissen Unübersichtlichkeit des Schienenverkehrsmarktes" (B. Schinke u. a. 2002, S. 21). Den

Gebieten der Erde Eisenbahnnetze nur in Ausnahmefällen ausgebaut worden; dazu zählen z. B. Indien oder die La-Plata-Länder in Südamerika. Im Allg. wurden nur spezielle Stichbahnen zur Erschließung bestimmter Räume entwickelt (vgl. Abb. 4.25), um die Vorkommen welthandelsfähiger mineralischer Rohstoffe oder agrarischer Güter mit Seehäfen zu verbinden. Teilweise erfolgte ein erst späterer Ausbau, z. B. in Sibirien oder China.

Es gibt auch Staaten auf dieser Erde, die das Eisenbahnzeitalter völlig übersprungen haben. Als Beispiel kann Afghanistan gelten; dort enden die Eisenbahnen an den Grenzen des 650.000 qkm großen Staates. Das Fehlen von Eisenbahnlinien bedeutet jedoch den Ausschluss gewisser Industrieansiedlungen und vor allem die Unmöglichkeit der Aktivierung von Bodenschätzen (die Substitution der Eisenbahn ist diesbezüglich

durch andere Verkehrsmittel nur eingeschränkt möglich).

Die folgenden Abschnitte 4.4.3-4.4.4 sind vor dem Hintergrund der starken absoluten und relativen Wachstumsraten des Straßenverkehrs gegenüber umweltfreundlicheren Verkehren zu sehen.

4.4.3 Beispiel: Stadtbahn-Systeme im Rahmen der regionalen und innerstädtischen Verkehrsplanung.

• Beispiel Rhein-Ruhr-Gebiet. Bereits im Jahre 1909 schlossen sich Städte und Kreise im Rhein-Ruhr-Gebiet zusammen, um eine **Stadtbahn** zu bauen. Der sich rasch entwickelnde, industriell geprägte Verdichtungsraum stellte besondere Anforderungen an die Verkehrsplanung, denn hier bestand kein dominierendes Zentrum, auf das alle Verkehrsströme sternförmig zusammenliefen. Erst 1967 legte das Land Nordrhein-

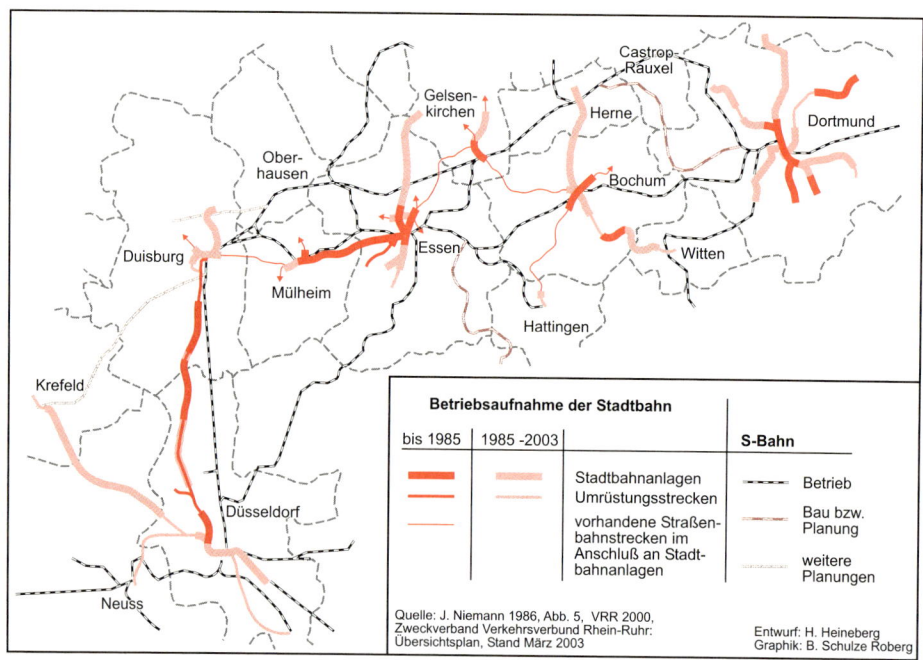

Abb. 4.38 Entwicklung des Stadtbahn- und S-Bahnnetzes im Rhein-Ruhr-Gebiet

**Kasten 4.11 Jüngere Verbesserungs-
maßnahmen und Merkmale
des ÖPNV-Systems im
Verkehrsverbund Rhein-Ruhr**

• Integration der verschiedenen Anbieter des ÖPNV zum **Verkehrsverbund Rhein-Ruhr (VRR) seit 01.01.1980** (erster Verkehrsverbund in NRW und zweitgrößter in Europa, nach dem Raum Frankfurt); betrifft 19 kreisfreie Städte und fünf Kreise mit 7,5 Mio. Einwohnern mit ihren 24 Verkehrsunternehmen, darunter drei Eisenbahnverkehrsgesellschaften. Auf 800 Linien verkehren werktäglich rd. 4 Mio. Fahrgäste, 1,1 Mrd. pro Jahr; 11.000 Haltestellen, 12.000 km Liniennetz, 40.000 Mitarbeiter f. Busse.

• **Differenziertes Bedienungsangebot**: Stadtlinien, CityExpress, Städteschnellbusse, Straßenbahnen, S- und U-Bahnen (bzw. Stadtbahnen), Regionalbahnen, Regionalexpresszüge der Bahn, Wuppertaler Schwebebahn, Nacht-Express, Anruf-Sammel-Taxi (für Schwachverkehrszeiten); bereits 9,4 Mrd. DM investiert; von 300 km Strecken sind 95,7 km voll ausgebaut und 74 km Umrüstung von Straßenbahn- auf Stadtbahnstrecken.

Weitere, **neuere Qualitätsverbesserungen**:

• Bau von rd. 8000 Park-and-ride-Plätzen und 8000 Fahrradstellplätzen (davon 1000 mit Fahrradboxen);

• Anschaffung moderner, komfortabler Fahrzeuge;

• behindertengerechte Bahnsteige;

• car-sharing (VRR-Kunden können sich zu günstigeren Preisen einen Pkw mieten);

• Elektronische Fahrplanauskunft (EFA); soll zu einem integrierten System PEM (= Persönl. Elektron. Mobilitätsberater) ausgebaut werden;

• seit Regionalisierung des Nahverkehrs 1996 entfiel die Monopolstellung der DB; es wurden der Zweckverbund VRR und seine Tochtergesellschaft VRR GmbH zuständig für die Planung und Organisation des SPNV und Koordinierung des Gesamtverkehrs im ÖPNV (samt einheitlichen Tarifen und Integralem Taktfahrplan);

• Ausbau des Schnellverkehrsnetzes von S-Bahn und Stadtbahn;

• am 01.01.1990 wurde aus dem Unternehmensverbund ein Kommunalverbund (wichtiger Kooperationspartner für die Verkehrspolitik und Stadtentwicklung);

• Verbesserungen der Service- und Sicherheitsdienstleistungen.

Westfalen in seinem Generalverkehrsplan die Schaffung eines Nahverkehrsverbundnetzes im größten europäischen Verdichtungsraum, dem Rhein-Ruhr-Gebiet, fest; im sog. Entwicklungsprogramm Ruhr von 1968 verankerte die Landesregierung den „Aufbau eines regionalen Stadtbahnnetzes". Das in den 196oer Jahren bestehende Schienennetz verband im Ruhrgebiet vor allem die großen Industriestandorte in West-Ost-Richtung; die neuen Stadtbahnstrecken sollten daher insbesondere neue Nord-Süd-Verbindungen schaffen.

Nach Gründung einer „Stadtbahngesellschaft Ruhr" im Jahre 1969 durch zahlreiche Ruhrgebietsstädte begannen bereits im gleichen Jahr die ersten Bauarbeiten in Duisburg, Dortmund und Essen (vgl. im Folgenden Abb. 4.38). Nachdem 1972 auch Düsseldorf der Gesellschaft beigetreten war, wurde diese in Stadtbahngesellschaft Rhein-Ruhr (SRR) umbenannt. Die SRR erarbeitete Richtlinien für den Stadtbahnbau und -betrieb; für Planung und Betrieb wurden die Städte zuständig. Neben einem neuen **Stadtbahnsystem** erhielt auch das neue **S-Bahnsystem** der damaligen Deutschen Bundesbahn eine erhöhte Neubaupriorität, beides zu Lasten der traditionellen Straßenbahn, deren ehemals dichtes Streckennetz erheblich reduziert bzw. ausgedünnt wurde. Bereits 1977 wurde die erste Versuchsstrecke der Stadtbahn zwischen Essen und Mülheim-Heißen in Betrieb genommen. 1982/83 war die S-Bahn im Ruhrgebiet in einem ersten Teilnetz in Betrieb (Reisegeschwindigkeit rd. 60 km/h). 1990 fusionierte die SRR mit dem **Verkehrsverbund Rhein-Ruhr (VRR)** (vgl. Kasten 4.11 mit Stand ca. 2001) zur VRR-GmbH; die Stadtbahn wurde einheitlich als „U-Bahn" bezeichnet. Mit den beiden schienengebundenen Verkehrssystemen wurde in der Folgezeit eine große Zahl von Zentralen Orten und Siedlungsschwerpunkten miteinander verbunden. Die Trassen der neuen Stadtbahn verlaufen außerhalb der Innenstädte oberirdisch, z. T. auch in Hochlage, in den Innenstädten als U-Bahn. Die Reisegeschwindigkeit beträgt im Durchschnitt 40 km/h. Allerdings ist das im Rhein-Ruhr-Gebiet auf rd. 300 km Länge konzipierte Netz der Stadtbahn (Investitionsvolumen bis 1999 von 10,83 Mrd. DM, nach VRR 2000) noch nicht fertiggestellt; damit ist das ursprünglich gesetzte Ziel nicht erreicht. „Wegen der zunehmenden Verkehrsprobleme und der langen Bauzeit sowie der hohen Finanzierung im Stadtbahnbau werden zunächst die bestehenden Staßenbahnlinien durch Maßnahmen wie Ampelvorrangschaltung und Gleisabmarkierungen beschleunigt" (www.stadtbahn-rhein-ruhr.de/Stadtbahn.html).

Zu den **Vorteilen der beiden schienengebundenen Nahverkehrssysteme** zählen moderne, schnelle und pünktliche Verkehrssysteme, die vor allem für die Erreichbarkeit der Oberzentren von Bedeutung sind. Es wurde vor allem beim Stadtbahnbau auch die Verbindung mit funktioneller Aufwertung von Innenstadtgebieten im Zusammenhang mit Stadterneuerungs- und Verkehrsberuhigungskonzepten (Beispiele: Herne, Dortmund) und ÖPNV-Verkehrsverknüpfungspunkten (Beispiel: Gelsenkirchen) genutzt. Stadtbahn- und S-Bahnstrecken leisten zudem einen wertvollen Beitrag zur Umwelt- und Lebensqualität; so ersetzt ein einziger Stadtbahnzug mit drei Wagen 300 Pkws, die im Durchschnitt mit 1,4 Personen besetzt sind.

Zu den **Nachteilen** (die allerdings z. T. behoben sind), insbesondere der **Stadtbahn**, im Rhein-Ruhr-Gebiet zählen:
- der sehr hohe Kostenaufwand, vor allem für die unterirdische Verkehrsführung der Stadtbahn (Bergbauschadensgebiet!),

---

Kasten 4.12 Strategien zur Lösung innerstädtischer Verkehrsprobleme (in Anlehnung an M. Geiger 1994)

- **Fußgängerzonen:** Einrichtung und Ausweitung
- **Fahrradwege:** Ausbau von Radwegenetzen/-verbindungen, Anlage fahrradgerechter Straßen; Fahrrad-Parkhäuser
- **ÖPNV:** Ausbau des ÖPNV-Netzes, Bevorrechtigung gegenüber dem motorisierten Individualverkehr (MIV), Busspuren etc.
- **Behinderung des MIV:** Verringerung der Anzahl der Parkplätze, Erhöhung der Parkplatzgebühren in den Innenstädten, zeitweilige oder ständige Sperrung der Innenstadt etc.
- **Verkehrsberuhigung:** Geschwindigkeitsbegrenzung, Mischverkehre in den Fußgängerzonen etc.
- **Park-and-ride-Anlagen:** Kombination von MIV und ÖPNV oder auch Radverkehr, insbes. f. Berufspendler
- **Lenkung des Güterverkehrs:** Fahrbeschränkungen für Lieferverkehre, Einrichtung von Güterverteilzentren am Stadtrand, Citylogistik
- **Verbesserung des Verkehrsflusses:** elektronisch gesteuerte Leitsysteme, Parkleitsysteme zur Einschränkung des Parksuchverkehrs
- **Ausbau von Durchgangs- oder Ausfallstraßen:** Durchgangsverkehr auf Stadttangenten etc.

- die radiale Ausrichtung auf die Oberzentren mit beschränktem Vernetzungsgrad der Stadtperipherien untereinander (Verkehrserschließungsdefizite),
- die relativ weiten Abstände der Haltepunkte (insbes. gegenüber Straßenbahn/Bussen),
- die geringe Stadtwahrnehmung der Benutzer bei unterirdischen Strecken,
- der z. T. parallele Verlauf zu leistungsfähigeren Schnellstraßen,
- die (vor allem kostenbedingte) Reduzierung der ursprünglichen Netzplanung (s. oben),
- die (zunächst) zu geringe Verknüpfung mit Park-and-ride (P+ R)-Anlagen (letztere sind

---

Kasten 4.13 Fußgängerzonen in Stadtkernen

Fußgängerzonen sind in unseren Städten zunächst nicht gegen den Pkw-Verkehr in den Stadtkernen allgemein, sondern in Ergänzung zum Konzept der autogerechten Stadt konzipiert worden (Beispiele Essen oder Dortmund). In Essen wurden zuvor bereits in den 1930er Jahren zentrale Citystraßen (Kettwiger und Limbecker Straße) für den Autoverkehr gesperrt. Mit dem Wiederaufbau und der Cityentwicklung in der Nachkriegszeit wurde der Ausbau weiterer Fußgängerzonen in Ergänzung zum Konzept der autogerechten Stadt vorgenommen. Dies galt nicht nur für Essen und Dortmund, sondern für viele andere Groß- und Mittelstädte. Dies erfolgte durch Anlage breiter Innenstadttangenten, von City- bzw. Altstadt-Durchgangsachsen, im Innern durch die Anlage von Parkhäusern, häufig in Verbindung mit großen neuen Warenhäusern, Tiefgaragen etc. Die Fußgänger erhielten mit den fußläufigen Hauptgeschäftsbereichen eine Art „Reservat".

Hinzu kamen bauliche Verbesserungen (Möblierungen etc.) in den Fußgängerzonen, die eine hohe Aufenthaltsqualität zur Folge hatten. Nach R. Monheim (u. a. 1980) ergab sich eine ganze Reihe von positiven Verbesserungen durch die Einführung und Ausweitung von Fußgängerzonen im Zusammenhang mit der Aufenthaltsqualität (z. B. Stärkung der Freizeitfunktion, des Stadtimages, der Wirtschaftsförderung für den Handel (Stadtmarketing) und auch für den Fremdenverkehr), mit der Erhöhung der Bodenrendite etc.

Häufig geht die planerische Tendenz - zumindest bei vielen Großstädten - zu einer noch stärkeren Einschränkung des motorisierten Individualverkehrs und Parkraumangebotes in Innenstädten (Stichwort: autoarme Innenstadt). Dagegen opponieren häufig die Vertreter des Einzelhandels, die bereits in vielen Fällen die Wiedereinführung von Merkmalen der autogerechten Stadt (z. B. durch Bau neuer Parkhäuser am Cityrand) erreicht haben.

---

fenenen Verkehrsverbundes Rhein-Ruhr (VRR) sind in Kasten 4.11 zusammengefasst. Ziel der Schaffung des Verkehrsverbundes war es, den ÖPNV für die Kunden zu verbessern, und zwar u. a. durch die Einführung eines Tarifverbundes bei gleichzeitiger Entwicklung eines differenzierten Bedienungsangebots und zahlreicher weiterer neuer Qualitätsverbesserungen.

4.4.4 Weitere Strategien zur Lösung innerstädtischer Verkehrsprobleme. Die Verbesserung und damit Attraktivitätssteigerung des ÖPNV bzw. SPNV ist eine von vielen Maßnahmen zur Lösung innerstädtischer Verkehrsprobleme, d. h. insbesondere der Erschließung der Innenstädte durch stadtverträgliche Verkehre. In Kasten 4.12 sind unterschiedliche - heute häufig in Kombination miteinander verfolgte, z. T. aber auch strittige - Strategien aufgelistet, unter denen die Ausweisung von Fußgängerzonen zu den älteren Maßnahmen zählt (Kasten 4.13).

Zu den jüngeren Konzepten zur Entlastung insbesondere der Innenstädte vom **Wirtschaftsverkehr** - d. h. von allen „Güter- und Personenbewegungen einer Stadt, die im Vollzug erwerbswirtschaftlicher und dienstlicher Tätigkeiten durchgeführt werden" (R. Eberl u.a. 1998, S. 551) - zählt die **Citylogistik**. Diese lässt sich definieren „als die bedarfsgerechte Gestaltung des in die Innenstadt fließenden Wirtschaftsverkehrs unter der Berücksichtigung ökologischer Anforderungen und ökonomischer Randbedingungen" (ebd.). Allerdings sind die Einspareffekte bzw. Bündelungspotenziale des Transports durch Citylogistik, an der eine ganze Reihe von Akteuren mit unterschiedlichen Zielsetzungen (u. a. unterschiedlichste Transportdienstleister, Einzelhändler, Handwerker) beteiligt ist, (noch) relativ gering (vgl. P. Oexler 2002).

allerdings auch strittig!).

Jüngere Entwicklungstendenzen zur Verbesserung des ÖPNV-Systems (einschließlich moderner Stadtbahnsysteme) im Rhein-Ruhr-Gebiet im Rahmen des 1980 geschaf-

Kasten 4.14 Literaturauswahl zur Ergänzung und Vertiefung des Kapitels 4

• **Einführung in Verkehr und Kommunikation/Entwicklung und Forschungsansätze der Verkehrsgeographie/Forschungsberichte**:
J. Deiters/P. Gräf/G. Löffler 2001, M. Hesse 2001, H. Nuhn 1994a, K. Schliephake 1982, 1987, K. Schliephake/T. Schenk 2005

• **Atlas/Lehrbücher der Verkehrsgeographie/Geographie des Transports**:
IfL 2001 (Atlas); G. Fochler-Hauke 1972[3], B. Hoyle/R. Knowles 1998[2], J. Maier/H.-D. Atzkern 1992, G. Voppel 1980, H. P. White/M. L. Senior 1983, C. P. Woitschützke 2000[2] (Lehrbücher)

• **Lehr-/Handbücher der Transportwirtschaft/Verkehrswissenschaft**:
G. Aberle 2000[3], H. Boes/M. Hesse 1996, C. Kaspar 1977

• **Verkehrsnachfrage und -verhalten**:
J. Fiedler 1992 (Berufsverkehr); J. Deiters 1992 (Auto-Mobilität); C. Heidemann 1967, R. Monheim 1980, 1999, 2000 (Fußgängerverkehr, Innenstadtbesucher-Verkehr); H. Heineberg/C. Fritsch/ Chr. Neubauer 1996 (Kunden- u. Verkehrsverhalten in Ober- u. Mittelzentren); S. Thiesing/H. Heineberg 1998 (Kundenpotentialanalyse); E. Kulke 1994 (Einzelhandel u. Verkehr); R. Briegel 2002, M. Gather/A. Kagermeier 2002, P. Jurczek 1998, P. Schnell 1977, K. Wolf/P. Jurczek 1986 (Freizeit-mobilität/-verkehr, Fremdenverkehr)

• **Verkehrsangebot (einschl. ÖPNV)**:
W. Linnenbrink 1998 (grenzüberschreitender ÖPNV); H. J. Niemann 1986, Stadtbahnges. Rhein-Ruhr 1987 (Stadtbahn im Rhein-Ruhr-Gebiet); R. Schulte/U. Rennspiess/G. Stilling 1999 (Stadt-bussystem); P. Pez 2002, R. Schulte 1983 (ÖPNV im ländlichen Raum); Chr. Schnippe 1999, L. Trostorf 2002 (Qualitätsmanagement im ÖPNV); I. Schickhoff 1978, F. Vetter 1970 (graphen-/netztheoretische Untersuchungen)

• **Verkehrsplanung und -politik (einschl. Verkehrsberichte d. Bundesministeriums f. Verkehr/BMV bzw. d. Bundesministeriums f. Verkehr, Bau- u. Wohnungswesen/BMVBW)**:
BMV 1965 (Bundesverkehrspolitik 1945-1969); BMVBW 2000b, 2003 (Bundesverkehrsbericht/ -wegeplan), DIFU 1991 (Verkehrskonzepte in europäischen Städten); BMBau 1992 (Verkehrs-projekte Deutsche Einheit); BMVBW 2001b, G. v. Haus 1999, H. St. Seidenfus 1998 (deutsche Binnenschifffahrt, Binnenhafen-Logistik); BMVBW 2001c (Kombinierter Verkehr); H. Riedle 1997; B. Schuster 1993 (ÖPNV-Konzepte); BMVBW 2000a (Ausbau d. Schienenwege); M. Spangen-berg/T. Pütz 2002 (raumordnerische Anforderungen an Schienenpersonenverkehr); B. Schinke/ T. Hempe/B. Kolodzinski 2002 (Regionalbahnen im Wettbewerb); G. Girnau 1991 (S-Bahn-Bau/ -Betrieb); R. Eberl/K. E. Klein/P. Oexler 1998, U. Hatzfeld/M. Hesse 1994, P. Oexler 2002, P. Pez 1995, L. Thoma 1995 (City-/Stadtlogistik, innerstädtische Verkehrsberuhigung); M. Hesse 1993, M. Hesse/R. Lucas 1991, P. Jakubowski/M. Zarth 2002, R. Kreibich 1996, R. Kreibich/R. Nolte 1996 (nachhaltige/zukunftsfähige Verkehrsentwicklung/-planung)

• **Verkehrserschließung sowie räumliche Wirkungen durch Verkehrswege und -mittel**:
M. Fromhold-Eisebith 1994, M. Geiger 1994, V. Huntemann 2001, W. Pleiner 2001 (Verkehr in Europa); IfL 2001, H. Nuhn 1998 (Verkehr/ Kommunikation in Deutschland); K. Gather/A. Kager-meier/M. Lanzendorf 2001 (Verkehrsentwicklung in d. neuen Bundesländern); H. Nuhn 1994b (Seeverkehr: Strukturwandlungen u. Auswirkungen auf europ. Häfen); M. Ernst 1994, G. v. Haus 1999, H. Nuhn 2001, M. Schlegel 1999, H. St. Seidenfus 1998, F. v. Stackelberg 1999, E. Wirth 1998 (Binnenhäfen/-schiffahrt: Entwicklung u. aktuelle Probleme, multifunktionale Logistik- u. Güterverkehrszentren in Binnenhäfen); C. Hübschen/H. Kreft-Kettermann 1993, P. Jakubowski/M. Zarth 2002, M. Kreft-Kettermann 1988, K. Schliephake 2001a (Eisenbahnnetz/-verkehr); C. Hüb-schen 1999, D. Schwarz 1996 (Nutzungsmöglichkeiten aufgegebener Eisenbahnstrecken); K. Schliephake 2001b (Straßennetz/-verkehr); U. Hoffmann 2001, A. Mayr 2003 (Flughäfen i. Deutsch-land); E. J. Taaffe/R. L. Morrill/P. R. Gould 1970 (Verkehrsausbau in unterentwick. Ländern)

• **Verkehrsstatistik**:
BMVBW (Verkehr in Zahlen, jährl.), Statistisches Bundesamt (Statist. Jahrbücher)

5 Einführung in die Geographie ländlicher Siedlungen

Ländlicher Raum, Typen und Verbreitung ländlicher Siedlungen und Fluren, Dorferneuerung

Abb. 5.1 „Dorfvisionen der Dorferneuerungsförderung seit etwa 1975/80 entsprechend dem neuen Leitbild der 'erhaltenden Dorferneuerung', womit eine sinnvolle Kontinuität der gewachsenen dörflichen Lebenswelt angestrebt wird"
(G. Henkel 1996, Abb. 5)

5.1 Grundlagen

5.1.1 Einordnung der Geographie ländlicher Siedlungen. Unter 1.2.2 wurde die Problematik der Gliederung der Anthropogeographie/Humangeographie in traditionelle bzw. neuere Teildisziplinen angesprochen. Dabei wurde in Bezug auf die **Siedlungsgeographie** als einem traditionellen Hauptzweig zunächst eine Unterscheidung getroffen zwischen einer **Geographie ländlicher Siedlungen** und der **Stadtgeographie** (oder **Geographische Stadtforschung**) (Abb. 1.4). Entsprechend dem Titel des Lehrbuchs von C. LIENAU (1995[2]) „Die Siedlungen des ländlichen Raumes" ließe sich die erstgenannte Teildisziplin der Siedlungsgeographie auch als **Geographie der Siedlungen des ländlichen Raumes** bezeichnen.

Im deutschen Sprachraum werden ländliche Siedlungen auch von der traditionellen sog. **Genetischen Kulturlandschaftsforschung** untersucht. Denn die Erforschung ländlicher Siedlungen wird in stärkerem Maße als andere anthropogeographische Teildisziplinen in historisch-genetischer Sicht betrieben. So bestand in den vergangenen Jahrzehnten ein besonderes Interesse an Problemen der Landnahme in urgeschichtlicher oder mittelalterlicher Zeit; insbesondere wurden auch Lage und Gestaltung von Dörfern, einschließlich ihrer Fluren untersucht, die seit Jahrhunderten verschwunden sind (Wüstungen/**Wüstungsforschung**).

Außerdem sind in der jüngeren Forschungsentwicklung Ansätze zu einer komplexen „**Geographie des ländlichen Raumes**" unter Einbezug aktueller Fragestellungen erkennbar. Dazu zählt etwa die Berücksichtigung der Raumordnungsprobleme und Kommunalpolitik im ländlichen Raum

---

Kasten 5.1 Differenzierung von Siedlungskategorien nach G. SCHWARZ 1989[2]

(1) Ländliche Siedlungen im eigentlichen Sinne:
- Lagerplätze der Wildbeuter und Sammler,
- Zeltlager der Jäger und Hirtennomaden,
- standfeste Orte der Halbnomaden,
- Wohnplätze der Sesshaften, sofern sie auf Hack- oder Pflugbau, Garten- o. Plantagenbau, Fischfang oder Pelztierzucht beruhen, unter Hinzuziehung der jeweiligen Wirtschaftsfläche,

Im Zusammenhang damit steht eine Typisierung bzw. Bestimmungsmöglichkeit der ländlichen Siedlungen nach der wirtschaftlichen Betätigung ihrer Bewohner, d. h. durch ausschließliche oder auch überwiegende Betätigung in den Wirtschaftszweigen Landwirtschaft, Forstwirtschaft, Fischerei, Sammelwirtschaft (zu beachten ist dabei u. a. das Problem der Schwellenwertbildung).

(2) Zwischen Land und Stadt stehende Siedlungen, die in der Regel eine gewisse funktionale Einseitigkeit aufweisen:
- Gewerbe- und Industrieansiedlungen vor Einsetzen der Industrialisierung (z. B. Bergbau- oder Hüttensiedlungen, waldgewerbliche Siedlungen, ländliche Siedlungen mit Hausindustrie bzw. -gewerbe),
- durch die Industrie hervorgerufene oder umgeformte Siedlungen der modernen Zeit (mit ähnlichen Untertypen wie holzwirtschaftliche, bergwirtschaftliche, fischereiwirtschaftliche u. a. Siedlungen),
- Verkehrssiedlungen (z. B. Raststationen, Hafenplätze, durch Eisenbahnknotenpunkte entstandene Siedlungen),
- Fremdenverkehrs-Siedlungen,
- Wohnsiedlungen (Wohnvororte),
- Schutz- und Herrschaftssiedlungen (Burgen, Paläste, Schlösser etc.),
- Kultstätten und Kultsiedlungen
(3) Städte.

(z. B. Dorferneuerung, Flurbereinigung, aber auch Probleme der Industrieentwicklung, des Ausbaus Zentraler Orte, Probleme der Freizeitnutzung, Kulturlandschaftspflege); s. F. BRÖCKLING/U. GRABSKI-KIERON/C. KRAJEWSKI 2004, G. HENKEL 2004[4]a.

Trotz dieses komplexeren Ansatzes bleibt nach wie vor die Abgrenzung zur Stadtgeographie ein Problem, was vor allem daraus resultiert, dass eine eindeutige Unterscheidung von sog. ländlichen oder städtischen Siedlungen nicht möglich ist (vgl. Stadt-Land-Kontinuum unter 5.1.2 sowie Erläuterungen des Stadtbegriffs unter 6.2.1).

5.1.2 Eigenschaften ländlicher Siedlungen, jüngere Prozesse der Dorfentwicklung und Funktionen des ländlichen Raumes.

In dem bislang umfassendsten deutschsprachigen Lehrbuch (oder besser: Handbuch) zur Siedlungsgeographie („Allgemeine Siedlungsgeographie") von G. SCHWARZ (1989⁴) werden die **Siedlungen** in drei Hauptkategorien unterschieden (zur Differenzierung vgl. Kasten 5.1):

(1) ländliche Siedlungen im eigentlichen Sinne,

(2) zwischen Land und Stadt stehende Siedlungen (mit dem Zusatz: nicht ländliche, teilweise stadtähnliche Siedlungen)

(3) Städte.

Problematisch an dieser Lehrbuch-Typologie ist u. a., dass einerseits ländliche Siedlungen heute in den stärker verstädterten bzw. industrialisierten Räumen Europas mit verschiedenen Typen der zweiten Kategorie kombiniert auftreten, z. B. verstädterte Orte im ländlichen Raum mit einem erheblichen Anteil an reiner Wohnbebauung (etwa für Auspendler in benachbarte Großstädte bzw. Industriegemeinden). Andererseits besitzen einige der unter (2) genannten Typen städtischen Charakter (wie viele Fremdenverkehrsorte), so dass auch eine eindeutige Trennung der Kategorien „zwischen Land und Stadt stehende Siedlungen" und „Städte" z. T. nicht möglich ist.

Eine geographische Teildisziplin als „Geographie der zwischen Land und Stadt stehenden Siedlungen" oder als eine „Geo-

---

> **Kasten 5.2 Eigenschaften ländlicher Siedlungen** (in Anlehnung an C. LIENAU 1995²)
>
> - Besonderer **Rechtsstatus** (vor allem historisch),
> - **Dominanz landwirtschaftlicher Nutzflächen/anderer nicht überbauter Flächen** gegenüber der Siedlung (im engeren Sinne),
> - **geringe Größe und innere Differenzierung**,
> - **geringe oder fehlende Zentralität**,
> - **geringe Verflechtungen untereinander, stärkere Interaktionen mit Städten**,
> - nennenswerter **Anteil an landwirtschaftlichen, dagegen geringer an gewerblichen/industriellen Arbeitsplätzen**,
> - **geringere Vielfalt und Qualität der Arbeitsplätze**,
> - **Pendlerdefizit** (negativer Pendlersaldo),
> - **relativ geringe Wirtschaftskraft und Entwicklungsdynamik**,
> - **sozial noch überschaubare (ländliche) Gesellschaft** (u. a. Nachbarschaftshilfe, soziale Kontrolle),
> - von der Stadt **verschiedene Wohnformen** (Vorherrschen von Ein- und Zweifamilienhäusern);
>
> vgl. auch G. HENKEL 2004⁴a, S. 30ff.

---

graphie der teilstädtischen Siedlungen", wie es P. SCHÖLLER einmal gefordert hatte, hat sich u. a. wohl aufgrund dieser Abgrenzungsschwierigkeiten bislang nicht entwickelt.

Da die Übergänge zwischen ländlichen und städtischen Siedlungen - vor allem aufgrund der verbreiteten jüngeren Verstädterungs- bzw. Urbanisierungsprozesse - insbesondere in Industriestaaten, häufig auch bereits in Entwicklungsländern, fließend sind, sprechen wir von einem **Stadt-Land-Kontinuum**. Trotz dieses Stadt-Land-Kontinuums ist es jedoch durchaus sinnvoll, engere Bestimmungskriterien für ländliche und städtische Siedlungen aufzustellen (zu städtischen Siedlungen vgl. 6.2.1).

Allgemeine Eigenschaften ländlicher Siedlungen (im engeren Sinne) sind in Kasten 5.2 in Anlehnung an C. LIENAU (1995²)

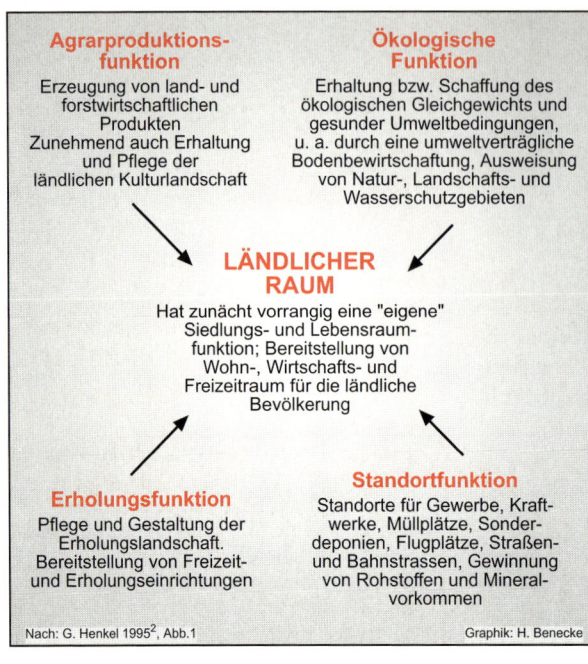

Agrarproduktions-funktion

Erzeugung von land- und forstwirtschaftlichen Produkten Zunehmend auch Erhaltung und Pflege der ländlichen Kulturlandschaft

Ökologische Funktion

Erhaltung bzw. Schaffung des ökologischen Gleichgewichts und gesunder Umweltbedingungen, u. a. durch eine umweltverträgliche Bodenbewirtschaftung, Ausweisung von Natur-, Landschafts- und Wasserschutzgebieten

LÄNDLICHER RAUM

Hat zunächt vorrangig eine "eigene" Siedlungs- und Lebensraum-funktion; Bereitstellung von Wohn-, Wirtschafts- und Freizeitraum für die ländliche Bevölkerung

Erholungsfunktion

Pflege und Gestaltung der Erholungslandschaft. Bereitstellung von Freizeit- und Erholungseinrichtungen

Standortfunktion

Standorte für Gewerbe, Kraft-werke, Müllplätze, Sonder-deponien, Flugplätze, Straßen- und Bahnstrassen, Gewinnung von Rohstoffen und Mineral-vorkommen

Nach: G. Henkel 1995[2], Abb.1

Graphik: H. Benecke

Der ländliche Raum hat zwar zunächst vorrangig eine „eigene" Siedlungs- und Lebensraumfunktion einschließlich der Bereitstellung von Wohn-, Wirtschafts- und Freizeitraum für die ländliche Bevölkerung. Zugleich hat er aber auch (übergeordnete) Agrarproduktions-, ökologische, Erholungs- und Standortfunktionen (u. a. Gewerbe- und unterschiedlichste Infrastrukturfunktionen) zu gewährleisten - und dies insbesondere auch für die städtische Bevölkerung und Wirtschaft.

Abb. 5.2
Funktionen des ländlichen Raumes in der Industrie- und Dienstleistungsgesellschaft

aufgelistet. Trotz des aufgeführten Bündels an Bestimmungskriterien wird es - wie bereits angedeutet - immer schwieriger, vor allem in Industriestaaten mit hohem Verstädterungs- bzw. Urbanisierungsgrad, von ländlichen Siedlungen oder Dörfern im traditionellen Sinne zu sprechen, denn unsere überkommene bäuerliche Kulturlandschaft ist in den vergangenen Jahrzehnten unter anderem durch folgende **jüngere Prozesse in der Dorfentwicklung** (demographische und soziale Veränderungen) gekennzeichnet gewesen (vgl. P. Jahnke 1993), u. a.:

• zunehmende Trennung von Wohn- und Arbeitsort, z. B. durch angewachsene außerlandwirtschaftliche Beschäftigungen bei starker Entwicklung der Zahl der Auspendler,

• wachsende soziale Loslösung vom Dorf, d. h. Verringerung der Identifikation der Bewohner mit ihrem Dorf, mit dem Brauchtum etc.,

• Verlust bodenständiger Bautradition,

• Abwanderung insbesondere jüngerer Bevölkerungsgruppen, teilweise als Folge der festen Sozialhierarchie (Klassengesellschaft mit Groß- und Kleinbauern), der (unbarmherzigen) Sozialkontrolle („Überwachung" durch Verwandtschaft, Bekanntschaft, Nachbarschaft).

Allerdings gibt es auch gewisse Gegenbewegungen, häufig initiiert durch:

• positive Wirkungen der jüngeren Dorferneuerung, der problemorientierten, zielgerichteten Planung, die auch neue Eigeninitiativen, Eigenverantwortung zur Lösung von Zukunftsaufgaben etc. hervorgebracht hat,

• neue außerlandwirtschaftliche Funktionen, z. B. durch Fremdenverkehr oder naturverträglichen Dorftourismus,

• Entwicklung eines neuen Regionalbewusstseins, mitbedingt durch ein verbessertes Bildungswesen, veränderte Sozialstrukturen, Möglichkeiten der Mobilität und dadurch veränderte Lebens-, Verkehrs-, Versorgungs-sowie Kultur- und Erwerbsformen. Dies führt zur Entstehung eines „**Regionalen Dorfes**" (mit neuer regionaler Identität). Das Regionale ist zum allgemeinen Entwicklungsprinzip des ländlichen Raumes geworden; daran hat auch die jüngere Dorferneuerungsplanung einen erheblichen Anteil gehabt. Damit erfolgt eine

• Nutzung auch endogener Aktivitäten in der ländlichen Region (vgl. 3.4.2), d. h. auch einer „Planung von unten" bei gleichzeitiger Erhaltung dezentraler Raum- und Siedlungsstrukturen im ländlichen Raum mit allerdings teilweise neuen Aufgaben und neuer regionaler Identität. Wichtig ist dabei u. a. auch die

• Sicherung der natürlichen Lebensgrundlagen für die ökologische und ökonomische Entwicklung der jeweiligen Region.

Nach G. Henkel (2004[4]a) hat der **ländliche Raum in der heutigen Industrie- und Dienstleistungsgesellschaft** verschiedenartige Funktionen zu erfüllen (s. Abb. 5.2 mit Erläuterung).

Zu untersuchen sind aber nicht nur Strukturen und Funktionen ländlicher Siedlungen bzw. des ländlichen Raumes, sondern auch **aktuelle Probleme**. Dazu zählen etwa Abwanderungen aus Dörfern in peripheren Lagen (Abb. 5.3/II) oder Versorgungsschwierigkeiten in Bezug auf den ÖPNV; so sind vom fehlenden oder geschrumpften Personennahverkehr nicht nur die sozial Schwachen, sondern auch die Alten und Jugendlichen (ohne Pkw-Besitz) betroffen. Z. T. gibt es diesbezüglich neue Initiativen zur Verbesserung der öffentlichen Verkehrsinfrastruktur (z. B. Bürgerbus, Ruftaxi, Nachtbuslinien, Mitfahrerorganisationen; vgl. dazu 4.3.1). Hinzu kommen etwa auch andere Defizite in der Versorgung (geringe Tragfähigkeit von Dorfläden, Postämtern etc.).

Erforderlich ist somit heute ein sehr differenziertes Verständnis für Strukturen, Funktionen, Probleme und Zusammenhänge in ländlichen Siedlungen bzw. im ländlichen Raum. Die - in dem folgenden Abschnitt zu behandelnden - klassischen Fragestellungen bzgl. der Genese und des Gestaltwandels ländlicher Siedlungen müssen in erheblichem Maße ergänzt werden durch moderne sozialgeographische und planungsbezogene Aspekte, nicht nur auf der örtlichen (lokalen), sondern auch auf der regionalen Ebene (vgl. im Einzelnen G. Henkel 2004[4]a sowie auch Abschnitt 5.4).

Die für diesen Einführungsband schematisierte **Übersicht ausgewählter Untersuchungsmerkmale ländlicher Siedlungen** (vgl. Abb. 5.4), die sich stärker an klassischen Fragestellungen der Geographie ländlicher Siedlungen orientiert, kann durch verschiedenste, oben angedeutete Aspekte, Kennzeichen und Probleme der Siedlungen des ländlichen Raumes ergänzt werden.

5.2 Ländliche Siedlungen in Mitteleuropa: Entwicklung und Typisierung nach der Wohnplatzgestalt sowie Systematisierung wichtiger Flurformen

5.2.1 Merkmale ländlicher Siedlungen.
Nach E. Glässer (1969) beschäftigen sich siedlungsgeographische Untersuchungen der ländlichen Siedlungen vor allem mit folgenden „klassischen" Aspekten:

• Grundrissgestaltung von Ort und Flur sowie deren Genese,

• Haus- und Gehöftformen,

• Wüstungen, d. h. Orts- und Flurwüstungen,

• Sozialstruktur (bzw. -verhältnisse).

Raumordnung im ländlicher Raum

Hinzu kommen kommen heute vor allem auch:
- Probleme der Raumordnung und Raumplanung (z. B. Dorferneuerung, Flurbereinigung, vgl. 5.4),
- Bedeutung nichtagrarwirtschaftlicher Raumfunktionen (Freizeitnutzung, Industrialisierung etc.),
- Gemeindetypisierung.

Wie der Einleitungsabschnitt 5.1 sowie Abb. 5.4 zeigen, lassen sich noch weitere Strukturen, Funktionen und Probleme ländlicher Siedlungen benennen (z. B. Infrastruk-

tur). Für die Geographie ländlicher Siedlungen ist jedoch die Beschäftigung mit der Entwicklung und den Formen ländlicher Siedlungen nach wie vor ein wichtiger Themenkomplex (z. B. auch als Grundlage für Karteninterpretationen).

Die **Bezeichnung „ländliche Siedlung"** und deren Betrachtung orientieren sich im folgenden zunächst an der „klassischen" Definition von M. Born (1977). Danach setzt sich eine ländliche Siedlung aus einem ländlichen Wohnplatz (Ortschaft mit bestimmten Anteilen landwirtschaftlich tätiger Bevölke-

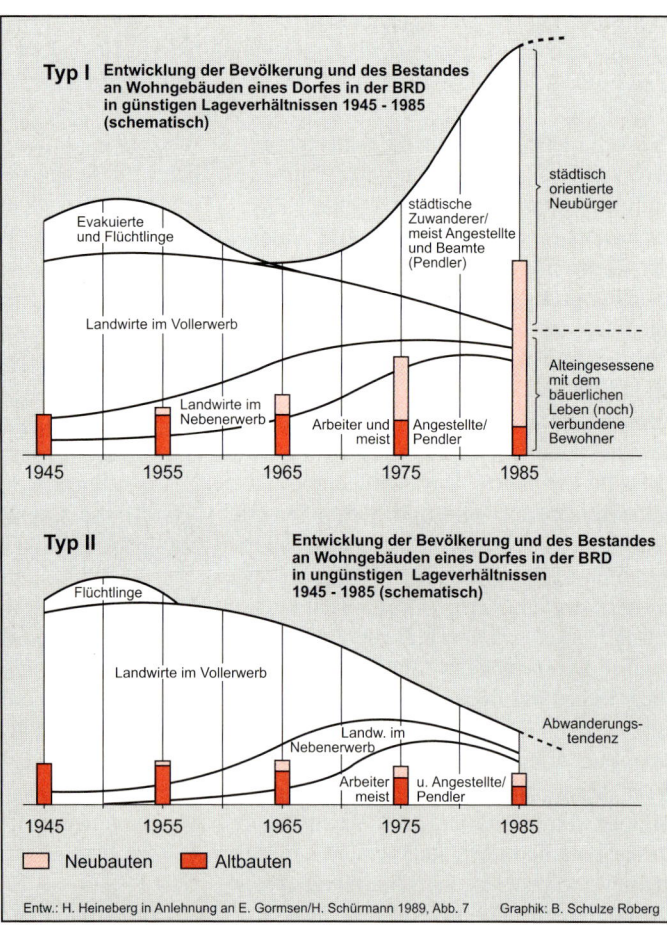

Wie stark die Entwicklung von Dörfern oder ländlichen Gemeinden im regionalen Kontext allein von der Lagegunst (insbesondere in Bezug auf städtische Verdichtungsräume) abhängig ist, zeigt das „lagebezogene Entwicklungsmodell ländlicher Gemeinden" von E. Gormsen aus: E. Gormsen u. H. Schürmann 1989

Typ I Entwicklung der Bevölkerung und des Bestandes an Wohngebäuden eines Dorfes in der BRD in günstigen Lageverhältnissen 1945 - 1985 (schematisch)

städtisch orientierte Neubürger

städtische Zuwanderer/ meist Angestellte und Beamte (Pendler)

Evakuierte und Flüchtlinge

Landwirte im Vollerwerb

Alteingesessene mit dem bäuerlichen Leben (noch) verbundene Bewohner

Landwirte im Nebenerwerb

Arbeiter und Angestellte/ meist Pendler

1945   1955   1965   1975   1985

Typ II Entwicklung der Bevölkerung und des Bestandes an Wohngebäuden eines Dorfes in der BRD in ungünstigen Lageverhältnissen 1945 - 1985 (schematisch)

Flüchtlinge

Landwirte im Vollerwerb

Abwanderungstendenz

Landw. im Nebenerwerb

Arbeiter   u. Angestellte/ meist Pendler

1945   1955   1965   1975   1985

☐ Neubauten   ■ Altbauten

Abb. 5.3 Lagebezogenes Entwicklungsmodell ländlicher Gemeinden

Entw.: H. Heineberg in Anlehnung an E. Gormsen/H. Schürmann 1989, Abb. 7   Graphik: B. Schulze Roberg

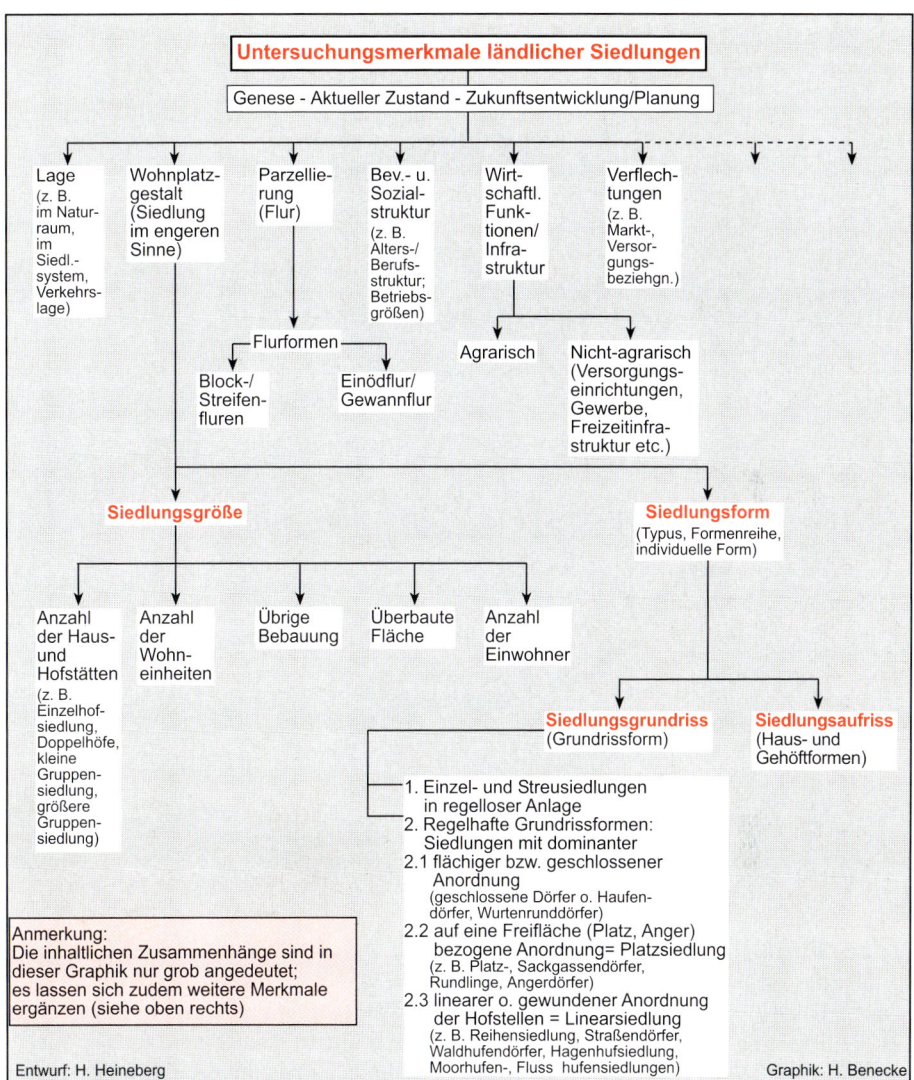

Abb. 5.4 Untersuchungsmerkmale ländlicher Siedlungen

rung bzw. auch mit Relikterscheinungen früherer landwirtschaftlicher Betätigung) und der Wirtschaftsfläche (Flur) zusammen; eine ländliche Siedlung im engeren Sinne wäre ein ländlicher Wohnplatz ohne Berücksichtigung der Flur. Vgl. auch die schematische Darstellung des „Territoriums einer ländlichen Siedlung" nach C. Lienau 1995[2] (s. Abb. 5.5 in diesem Band).

Zu den „klassischen" Untersuchungsmerkmalen ländlicher Siedlungen zählen - wie oben in Anlehnung an E. Glässer angedeutet - die

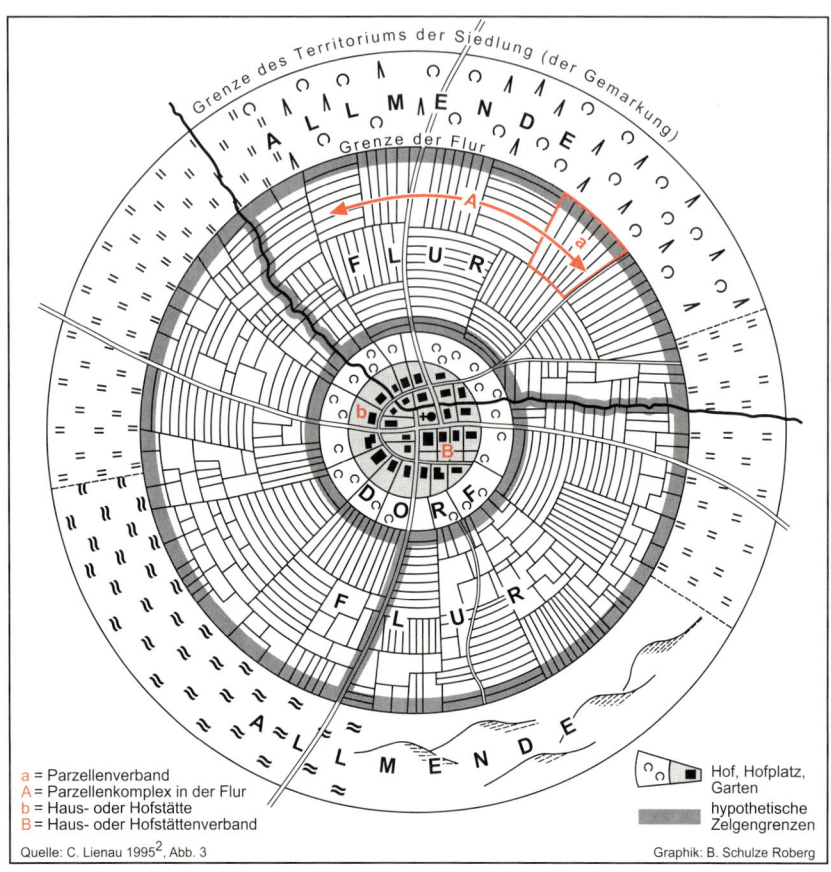

a = Parzellenverband
A = Parzellenkomplex in der Flur
b = Haus- oder Hofstätte
B = Haus- oder Hofstättenverband

Hof, Hofplatz, Garten

hypothetische Zelgengrenzen

Quelle: C. Lienau 1995[2], Abb. 3   Graphik: B. Schulze Roberg

Abb. 5.5 Schematische Darstellung des „Territoriums einer ländlichen Siedlung"

(1) **besitzmäßigen Parzellierungen** zum Zwecke des Wohnens und des Wirtschaftens (Parzelle = kleinste Besitzeinheit) sowie die (2) **Typisierung der Wohnplatzgestalt** (nach C. Lienau: Heim- u. Hofstätten), die im Folgenden zunächst ausführlicher berücksichtigt werden sollen.

Wohnplatz und Flur werden meist gemeinsam betrachtet bzw. zusammen dargestellt. Dabei ist jedoch zu beachten, dass zwar in bestimmten Gebieten Mitteleuropas eine Zusammengehörigkeit bestimmter Wohnplatz- und Flurformen in Abhängigkeit spezifischer ethnischer, wirtschaftlich-sozialer oder politischer Gegebenheiten (wie territorial- oder grundherrschaftlicher Einflüsse) durchaus bestand (M. Born 1970, S. 369-370), jedoch die grundsätzliche Übereinstimmung bestimmter Flurformentypen mit speziellen Siedlungstypen nicht zutreffend (E. Glässer 1969, S. 164). So ist etwa einem Haufendorf nicht etwa nur eine gewannartige Flur oder beispielsweise einem Weiler nicht nur eine Blockgemengeflur zuzuordnen.

Im Folgenden soll zunächst die Gestaltung der Flur außer acht gelassen werden (vgl. dazu 5.2.4).

Siedlungsgröße

5.2.2 Typisierung nach der Siedlungsgröße. Die **Größe ländlicher Siedlungen** ergibt sich vor allem aus der jeweiligen **Anzahl der Haus- und Hofstätten** (oder Hofstellen); weitere Merkmale können sein: Anzahl der Wohneinheiten, übrige Bebauung, Umfang der überbauten Fläche oder Anzahl der Einwohner (vgl. Abb. 5.4). Nach der Anzahl der Haus- und Hofstätten (häufig auch vereinfachend **Hofstellen** genannt) lassen sich unterscheiden:

(1) **Einzelhofsiedlungen** (Einzelsiedlung) als isolierte Wohn- und Wirtschaftseinheiten. Derartige Siedlungen wurden bei vielen Flurbereinigungen (der ersten Nachkriegszeit) als **Aussiedlerhöfe** neu geschaffen. Genetisch sind sie jedoch i. Allg. wesentlich älter und bereits für das Spätmittelalter nachweisbar. Einzelhofsiedlungen sind heute insbesondere in Nordwestdeutschland mit hohen bis sehr hohen Anteilen vertreten (Abbn. 5.6 und 5.7).

Liegen zwei Einzelsiedlungen bzw. -höfe in direkter Nachbarschaft zueinander, so spricht man von

(2) **Doppelhöfen** (Doppelsiedlung). Es handelt sich um selbstständige bzw. getrennte Wohn- und Wirtschaftseinheiten. Sie sind zu unterscheiden von den **Paar- oder Zwiehöfen** in den Alpen (mit jeweils einem Betrieb verbundene Gehöftform).

Doppelhöfe stellen eine Übergangserscheinung von der Einzelsiedlung zur Gruppensiedlung dar. Ursachen der Entstehung sind folgende: Sie sind

• häufig durch Teilung von Einzelhöfen („Urhöfen") entstanden. Von den Teilungshöfen erweist sich der größere oder auch relief- und bodenbegünstigtere meist als der Urhof gegenüber dem sog. Halberben oder den kleineren Viertel- oder Achtelerben. Das wird häufig auch durch die Namensgebung unterstrichen, wie

Große............... und Kleine............
Ober................. und Nieder............
Alt.................. und Neu...............
Ausschlaggebend können

• auch lokale Naturgunstfaktoren (z. B. nahegelegene Wasserstellen, besondere Beckenlage) sowie
• rückläufige Siedlungsentwicklungen (partielle Wüstungen) sein.

(3) **Kleine bis große Gruppensiedlungen.** Für die Gruppensiedlungen gibt es verschiedene Bezeichnungen, die auch von der Grundrissgestaltung abhängig sind. Kleine lockere Gruppensiedlungen von 3 bis zu 10 oder sogar 20 Haus-/Hofstätten mit unregelmäßiger Gestalt nennen einige Autoren **Weiler** (dieser Begriff ist jedoch nicht eindeutig definiert). Größere Gruppensiedlungen bezeichnet man gewöhnlich als **Dorf**; zu den Größenklassen ländlicher Gruppensiedlungen in Mitteleuropa - gemessen an der jeweiligen Anzahl der Haus- und Hofstätten - vgl. C. Lienau 1995[3], Tab. 3.

Eine zusammenfassende Bezeichnung ist auch **Streusiedlung** für Einzelsiedlungen und kleine Gruppensiedlungen in regelloser Anlage (vgl. M. Born 1977, Abb. 22). Damit kommen wir bereits zu dem nächsten wichtigen Kriterium, d. h. der

5.2.3 Typisierung der Siedlungsformen: regellose und regelhafte Grundformen mit ihrer Genese und Verbreitung.
Die **Siedlungsform** (oder der **Siedlungsgrundriss**) resultiert aus der Zuordnung der Haus- und Hofstätten zu Straßen und Plätzen als Verkehrsflächen sowie zu Freiflächen, aus der Gestalt und Größe der bebauten Flächen bzw. der Gebäude, aus Abstand und Lage der Gebäude zueinander, dem Abschluss des Wohnplatzes gegen Wirtschaftsflächen etc.

• **Einzel- und Streusiedlungen.** Einzelsiedlungen (oder Einzelhofsiedlungen) bil-

Einzelhöfe treten fast überall auf

den in Mitteleuropa keine besonders häufige ländliche Siedlungsform; sie sind jedoch in NW sowie z. T. auch im SO und SW Deutschlands vorherrschend. „Einzelhöfe mit arrondiertem Besitz wurden und werden im Laufe der Zeit immer häufiger und fehlen heute keinem Gebiet gänzlich" (H. EL-LENBERG 1990, S. 163) (zur Verbreitung vgl. Abbn. 5.6. u. 5.7).

Genese: Im Mittelalter bildeten Einzelsiedlungen Ausnahmeerscheinungen gegenüber den Gruppensiedlungen. Allerdings sind z. B. im Kernmünsterland Einzelhöfe in der Mehrzahl **Altsiedelplätze** (häufig als Gräftenhöfe angelegt).

Von größerer Bedeutung sind die während der **frühneuzeitlichen Ausbauperiode**, d. h. zwischen Mitte des 15. und Ende des 17. Jh.s und danach geschaffenen Einzelsiedlungen. Deren Träger waren

(1) unterbäuerliche Nach- und Spätsiedler in den sog. Gemeinen Marken und Allmenden, z. B. die Einzelhöfe und Blockfluren (Kampfluren) der sog. Markkötter in Nordwestdeutschland,

(2) adlige Grundherren mit beispielsweise

den Gutsbildungen des Adels, die vor allem im 17. Jh. im östlichen Schleswig-Holstein, Mecklenburg und Pommern entstanden sind, und

(3) Landesherren. Zur Zeit des absolutistischen Landesausbaus im 18. Jh. wurden auch Einzelsiedlungen von Bauern und Nachsiedlern durch den Landesherrn gelenkt.

(4) Einzelsiedlungen entstanden zudem bei den Allmendeaufteilungen Nordwestdeutschlands im 18. und 19. Jh. (durch Neusiedlung, Aussiedlung oder Arrondierung).

(5) Auch in der neueren Zeit erfolgten durch Aussiedlungen und Flurbereinigungen Anlagen von Einzelhöfen, wenngleich auch in der Gegenwart Gruppensiedlungen insgesamt zweckmäßiger erscheinen als Einzelsiedlungen (insbesondere wegen der geringeren Infrastrukturkosten).

In Nordwestdeutschland treten Einzelsiedlungen häufig mit kleinen Gruppensiedlungen oder Gehöftgruppen bis hin zu lockeren, unregelmäßigen Haufendörfern gemischt auf (= **Streusiedlungen**).

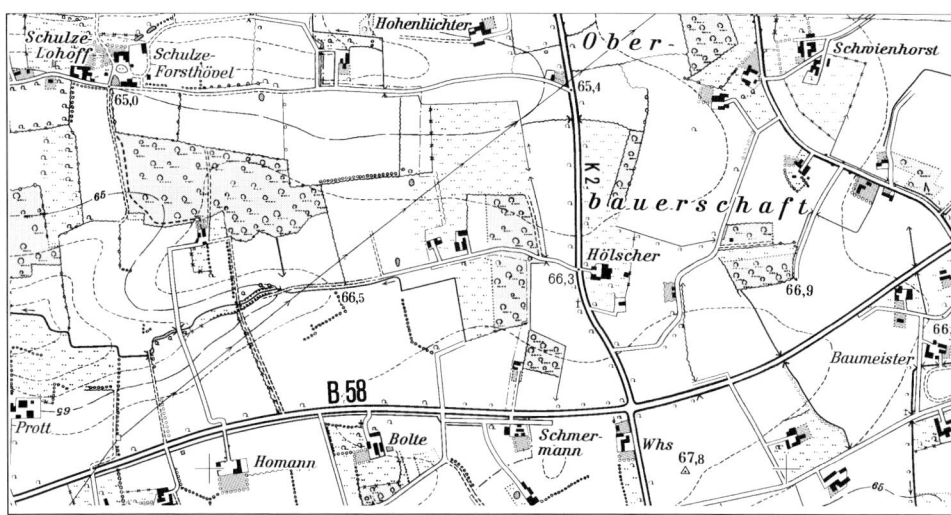

Abb. 5.6 Einzelhöfe und kleine Gehöftgruppen im Münsterland (Ausschnitt aus TK 1:25.000, Bl. 4211; Wiedergabe m. Genehm. d. Landesvermessungsamtes Nordrhein-Westfalen)

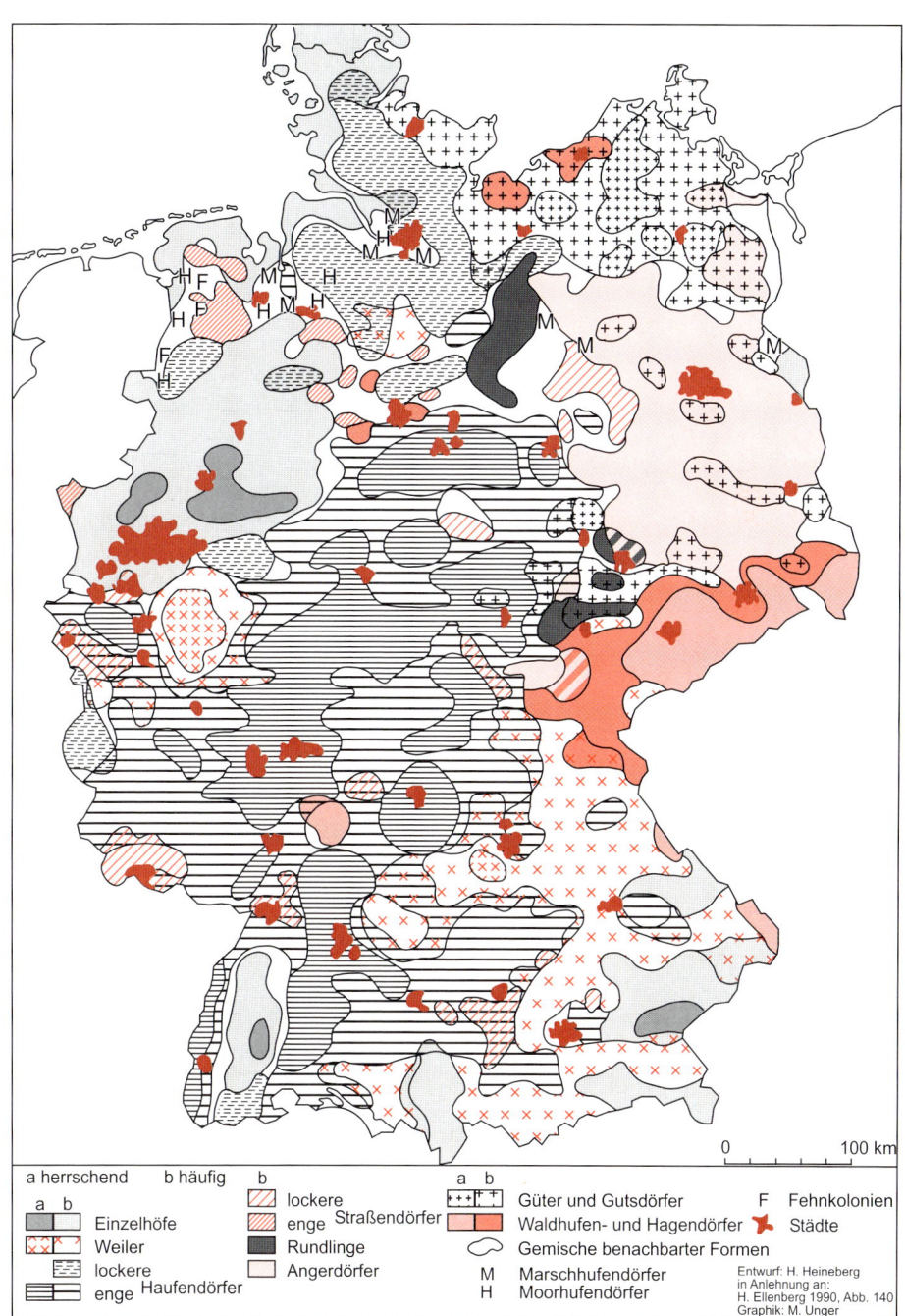

a herrschend   b häufig

- Einzelhöfe
- Weiler
- lockere / enge Haufendörfer
- lockere / enge Straßendörfer
- Rundlinge
- Angerdörfer
- Güter und Gutsdörfer
- Waldhufen- und Hagendörfer
- Gemische benachbarter Formen
- M Marschhufendörfer
- H Moorhufendörfer
- F Fehnkolonien
- Städte

Entwurf: H. Heineberg
in Anlehnung an:
H. Ellenberg 1990, Abb. 140
Graphik: M. Unger

Abb. 5.7 Dorfformen in Deutschland - grobe Übersicht (nach H. Ellenberg 1990, Abb. 140)

Streusiedlungen mit ehemals gemeinsamer Flurnutzung sind in Nordwestdeutschland die sog. Eschsiedlungen, die nach W. MÜLLER-WILLE (1944) als **Drubbel** bezeichnet werden. Merkmale des Drubbels sind: geringe Größe, ausschließlich Zusammensetzung aus bäuerlichen Höfen, Fehlen von zentralörtlichen (Mittelpunkts-)Funktionen; es handelt sich meist um Gruppen von 3-15 Höfen, die am Rande der Eschflur (oder des Esches) gelegen sind. **Esche** sind inselförmige, oft elliptisch ausgebildete, relativ trockene Fluren auf meist leicht bearbeitbaren sandigen Böden (durch jahrhundertelange **Plaggendüngung** um 1-2 m erhöht); charakteristisch war ehemals der 'ewige' Roggenanbau. Esche waren früher Langstreifenfluren mit sog. Gemengelage der Parzellen. Dabei bestand **Flurzwang**: d. h., die schmalen Streifen mussten gleichzeitig bestellt und abgeerntet werden.

Der Drubbel ist nicht - wie W. MÜLLER-WILLE (1944) zunächst angenommen hatte - primäre Siedlungsform bzw. der in Streifen parzellierte Esch nicht die älteste Fluraufteilung. H. HAMBLOCH (1960) hat dargestellt, dass in der vormittelalterlichen Zeit zunächst locker verteilte Höfe mit blockförmigen Ackerlandparzellen vorhanden waren (sog. Einödgruppen; zur Einödlage vgl. 5.2.4). Im frühen Mittelalter erfolgte dann der Übergang von der Einödgruppe zur Streusiedlung durch intensivere Nutzung und streifige Parzellierung der Esche. Bei den neuzeitlichen Parzellierungen entstanden meist breitstreifige Einteilungen der Esche.

• **Regelhafte Grundformen**. Nach der Anordnung der Hofstätten zueinander, zu Freiflächen und zum Wegenetz sind (in Anlehnung an H. UHLIG/C. LIENAU 1972, C. LIENAU 1995[2]) zu unterscheiden:

Siedlungen mit dominant

(1) flächiger bzw. geschlossener Anordnung (mit unregelmäßiger Grundrissgestaltung: **geschlossene Dörfer** oder **Haufendörfer**; mit regelhafter: Schachbrettsiedlungen, geregelte Straßennetzanlage u. ä.),

(2) auf eine Freifläche (Platz, Anger) bezogener (polarer) Anordnung (**Platzsiedlung** oder **platzbestimmte Siedlung**),

(3) linearer oder gewundener Anordnung (**Linearsiedlung** als kettenförmige Aufreihung der Haus- und Hofstätten, wobei der

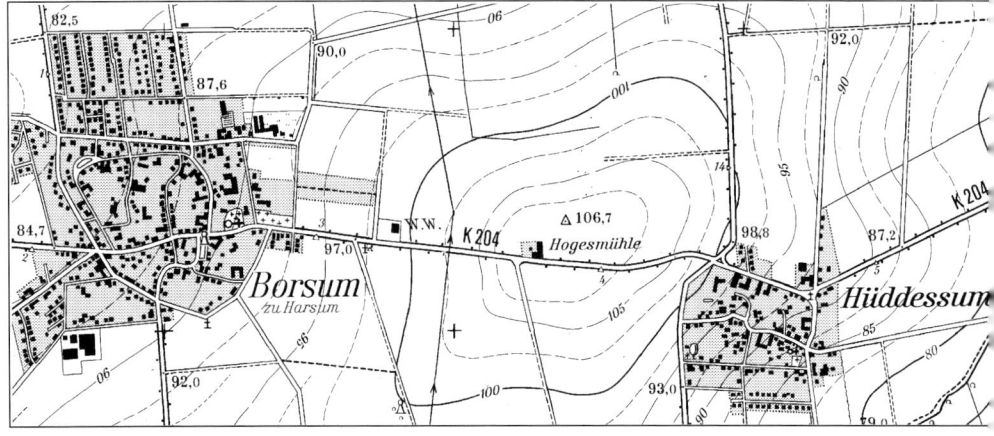

Abb. 5.8 Haufendörfer im Landkreis Hildesheim/Niedersachsen (Ausschnitt aus TK 1:25.000, Bl. 3726; Wiedergabe mit Genehmigung des Landesvermessungsamtes Niedersachsen)

Siedlung gewöhnlich ein ortsprägendes Zentrum fehlt).

Zu (1): **Ländliche Siedlungen mit dominanter flächiger bzw. geschlossener Anordnung** weisen als **Haufendörfer** eine kompakte, dabei jedoch nicht unbedingt gleichförmige Bebauung auf einem flächigen Areal auf. Es lassen sich lockere und enge Haufendörfer unterscheiden (s. Abb. 5.8 sowie H. Ellenberg 1990, Abbn. 123 u. 125). Durch jüngeres Wachstum (Verstädterung) sind die Außengrenzen geschlossener Dörfer häufig überwunden worden (M. Born 1977, S. 117). Dadurch wurde der Ortsgrundriss oft aufgelockert. Kennzeichnend ist auch eine ausgeprägte soziale Differenzierung der Bevölkerung.

„Das Haufendorf ist nach formal-physiognomischen wie historisch-genetischen Gesichtspunkten eine der charakteristischen und am weitesten verbreiteten Siedlungsformen im mitteleuropäischen Raum" (E. Glässer 2000, S. 5). Haufendörfer sind typische Siedlungsformen der fruchtbaren, offenen Lössbörden (im Altsiedelraum), die den Mittelgebirgen vorgelagert sind, z. B. der Braunschweig-Hildesheimer Börde oder Soester Börde (Abb. 5. 8).

Für die Entwicklung geschlossener Dörfer können verschiedene Hauptphasen der Grundausbildung und des Wachstums unterschieden werden. Für das nordwestliche Mitteleuropa hat W. Müller-Wille (1944) belegt, dass der Drubbel bzw. Altweiler die Vorform des geschlossenen Dorfes bzw. Haufendorfes ist (vgl. auch K. H. Schröder/ G. Schwarz 1978[2], S. 51). Ähnliches gilt auch für das östliche Mitteleuropa, wofür die geradlinige Entwicklung nachgewiesen wurde vom Einzelhof (bzw. Höfegruppen) über den Weiler bis zum Haufendorf, hier allerdings durch das Zusammenwachsen benachbarter Weiler (ebd., S. 53). Haufendörfer können auch aus Planformen entstanden sein, wie Fortadorf, Rundling, Reihensiedlung, Straßensiedlung u. a.

Faktoren der „Verdorfung" waren Bevölkerungswachstum, Höfeteilungen etc. Darüber hinaus wurde die Dorfentwicklung auch durch die Wüstungserscheinungen des späten Mittelalters erheblich beeinflusst (sowohl Verkleinerungen als auch Vergrößerungen bestehender Dörfer).

Zu (2) **Ländliche Siedlungen mit dominant auf eine Freifläche bezogener Anordnung**. Unter den Gruppensiedlungen, deren Grundrissgestalt durch die Anordnung der Hofstätten um eine Freifläche bestimmt ist, lassen sich (a) **Platzdörfer** von den (b) stärker linear ausgerichteten **Angerdörfern** unterscheiden (s. unten). Platzdörfer können nach der Art der Gehöftreihung in **Rechteckplatzdörfer** und **Rundplatzdörfer** eingeteilt werden. Gemeinsame Merkmale sind: Sie entstanden in der Regel als Planformen bei gelenkten Siedlungsvorgängen. Sie weisen fast immer nur relativ kleine Gehöftzahlen auf. Verbindendes Merkmal ist weiterhin die in der Mitte gelegene Freifläche, die i. Allg. im Gemeindebesitz ist und ursprünglich verschiedene, häufig jedoch nicht eindeutig zu bestimmende Funktionen hatte (als Nachtweide, Versammlungsplatz zur Rechtsprechung etc.).

Ein Beispiel für Rechteckplatzdörfer (o. rechteckiges Platzdorf) ist das **Fortadorf**, das sich im Mittelalter in Dänemark, Schleswig und auf Fehmarn verbreitet und sich bis heute auf Fehmarn überwiegend erhalten hat. Forta ist der rings von Höfen umgebene Platz, der nicht bebaut werden durfte. Er diente als Zugang zu den Höfen, ferner als Tränkstelle (künstliche Teiche) und als Sammelplatz für das Vieh. Die Masse dieser Platzsiedlungen hat in Dänemark und Schleswig allerdings den Platzdorfcharakter im Laufe der Zeit eingebüßt, insbesondere durch Bebauung des später funktionslos

Es gibt cek viele versl. Arten von Dörfern Ö

266   **5** EINFÜHRUNG IN DIE GEOGRAPHIE LÄNDLICHER SIEDLUNGEN

gewordenen Forta.

Unter den Rundformen, den **Rundplatzdörfern**, sind die etwas langgestreckten hufeisenähnlichen Gehöftreihungen die häufigste Form. Im Gegensatz zu den Rechteckformen besteht nur ein sackgassenförmiger Zugang (daher z. T. auch **Sackgassendorf** genannt). Die Hofstätten, d. h. die Parzellierungen für Wohn- und Wirtschaftsgebäude, die im hinteren Teil meist als Garten oder Obstwiese genutzt werden, besitzen häufig langgestreckte Formen in sektoraler Anordnung. Bekannteste Form ist der in seiner Entstehung umstrittene **Rundling**, der besonders stark im Hannoverschen Wendland/Niedersachsen verbreitet ist (Abb. 5.9). Genetisch bestehen Beziehungen zu frühen Stadien der mittelalterlichen deutschen Ostkolonisation (planmäßige Ansiedlungen gleichberechtigter Bauern) und zu slawischen Volksstämmen, den Wenden, im deutsch-slawischen Grenzraum (s. H. ELLENBERG 1990, Abb. 128a). Der fast kreisrunde Dorfplatz war gemeinsamer Wirtschaftsraum für alle Dorfbewohner. Um den Dorfplatz eines Rundlings im Hannoverschen Wendland sind niedersächsische Bauernhäuser (mit den Wirtschaftsteilen zum Dorfplatz hin gerichtet) gruppiert. Die Rundlinge zeichnen sich auch durch ihre jeweilige charakteristische Lagesituation aus: Am Rande von relativ trockenen Geestplatten (als Ackerland genutzt) bzw. von Feuchtgebieten (z. T. mit Auenwald) gelegen (s. Abb. 5.9); sektorale Flauaufteilungen bestehen vor allem in den Feuchtgebieten. Der früher einzige Ausgang war auf das Ackerland gerichtet. Heute bestehen häufig zwei Ausgänge.

In der äußeren Gestalt den Rundlingen ähnlich, im Aufbau jedoch davon sehr verschieden, sind die **Wurtdörfer** (oder **Wurtenrunddörfer**), die sich in den niederländischen und deutschen Seemarschen zwischen Zuidersee und Wesermündung mit klarer Vorherrschaft in Westfriesland (Holland) und nördlich Emden (in der Krummhörn) entwickelt haben (vgl. H. ELLENBERG 1990, Abb. 128a, sowie Abb. 5.7 in diesem Band). Wurtenrunddörfer sind jedoch keine Platzdörfer (etwa Rundlinge!), sondern sie zählen zu den geschlossenen Dörfern.

Gegenüber den o. g. Platzdörfern können die **Angerdörfer** über eine relativ große Gehöftzahl verfügen. Charakteristisch für ihre

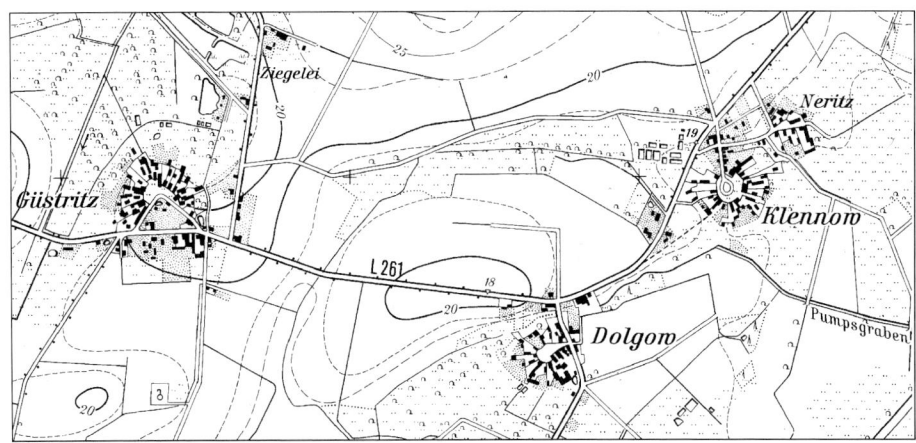

Abb. 5.9 Rundlinge im Hannoverschen Wendland/Niedersachsen (Ausschnitt aus TK 1:25.000, Bl. 3032; Wiedergabe mit Genehmigung des Landesvermessungsamtes Niedersachsen)

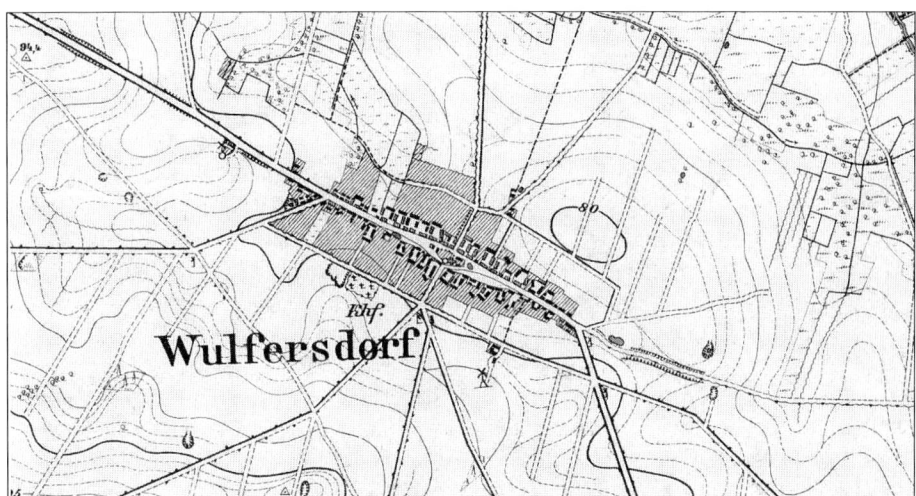

Abb. 5.10 Angerdorf Wulfersdorf im Kreis Ost-Prignitz im Jahre 1879
(Ausschnitt aus TK 1:25.000, Bl. 1312, hg. 1881; Wiedergabe mit Genehmigung d. Staatsbibliothek zu Berlin)

Gestalt ist die längsgestreckte, meist lanzettförmige Freifläche (z. T. mit Teich), der **Anger**, der die Längsachse für die Doppelreihe der Gehöfte bildet (s. Abb. 5.10). Wenngleich Angerdörfer im heutigen Deutschland schon im frühen Mittelalter in den Altsiedelgebieten entstanden sind, so wurden sie vor allem eine wichtige Siedlungsform des Hochstadiums der deutschen Ostkolonisation (13. Jh.). Während der deutschen Ostsiedlung sind große Angerdörfer in Pommern, Brandenburg, Sachsen, Schlesien und Ostpreußen gegründet worden. Angerdörfer wurden vor allem auch als Rodungsformen (ähnlich den Waldhufendörfern) bevorzugt. Ausgereifteste Formen sind die **Straßenangerdörfer**; zur Verbreitung der Angerdörfer in Deutschland vgl. Abb. 5.7 sowie H. Ellenberg 1990, Abb. 129.

Zu (3): **Ländliche Siedlungen mit dominant linearer oder gewundener Anordnung der Haus- und Hofstätten** werden herkömmlich als Reihe oder Zeile bezeichnet: **Reihensiedlungen** sind lockere lineare Siedlungen. Je nach der Dichte der Wohnstätten unterscheidet man z. B. **Reihenweiler** oder **Reihendorf**: Reihenweiler sind weilergroße Aufreihungen der Höfe (entlang eines Weges, einer Straße oder anderer Leitlinien) im Abstand von in der Regel jeweils 50-150 m; Reihendörfer dagegen sind mittelgroße Gruppensiedlungen, die oft quer durch die gesamte Gemarkung verlaufen (einseitig, beidseitig, aber auch mehrreihig). Sonderformen sind **Zeilensiedlungen** als kurze, dicht gebaute lineare Siedlungen oder **Straßensiedlungen**. Der Begriff Straßensiedlung umfasst linear gestreckte Siedlungen, deren Häuser sich - durch geringe Abstände voneinander getrennt - entlang verschiedenster Formen von Verkehrswegen aufreihen (befestigte Straße, Weg, Gasse, Sackgasse etc.); vgl. als Beispiel Abb. 5.11 mit Erläuterung. Einige Autoren sprechen daher genauer auch von Straßen-, Wege-, Gassen-, Sackgassendörfern etc. Die letztgenannnten als Typ mit blind endender Straße (ggf. auch mit Verbreiterung) ähneln den Rundlingen.

Abb. 5.11 Straßendorf Freimersheim in der pfälzischen Oberrheinebene um 1840
(aus: H. Liedtke, G. Scharf u. W. Sperling 1973, Bl. 67, in d. Farben verändert)

Das Straßendorf in der pfälzischen Oberrhein-ebene - wiedergegeben als Verkleinerung der Pfälzischen Flurkarte 1:25.000 von 1838 - ist ein Beispiel für eine Wachstumsform im Alt-siedelgebiet (Zustand um 1840). Es besteht aus Zwei-, Drei- oder Vierseithöfen. Die Wohnhäu-ser stehen giebelseitig zur Straße, dahinter er-strecken sich die Wirtschaftsgebäude mit quer-stehender Scheune (Typ des mitteldeutschen Gehöftes). Daran schließen Hausgärten als in-nerste Nutzungszone an, nach S schmal par-zellierte Weingärten und Äcker, nach N anschlie-ßend eine Niederung. Die Endung -heim ver-weist auf die Gründung zur Zeit der fränkischen Landnahme (5. - 7. Jh.). Entwicklung des Stra-ßendorfes: Zunächst 8 - 9 locker aneinander

gereihte Höfe. Spätestens seit dem Mittelalter: Anlage zusätzlicher kleiner Bauernstellen mit et-was Eigenbesitz und Pachtland. Die früh-neuzeitliche Entwicklung, vor allem seit dem 17. Jh., führte zur Aufteilung der ursprünglichen Hof-güter unter viele Pächter, die später Eigentümer wurden. D. h., an die Stelle großer Höfe traten die geschlossenen Reihen kleiner Haken- oder Dreiseithöfe, deren Grundrisstypen somit eben-falls neuzeitlich sind. Bei den Aufteilungen wur-den die großen Ackerblöcke in zahlreiche Strei-fen zerlegt (Gewanne). Ebenso wurde die ehe-mals gemeinschaftlich genutzte „Obere Viehwei-de" in gleich breiten Streifen an die Bauern ver-teilt (nach H. LIEDTKE, G. SCHARF U. W. SPERLING 1973, S. 152).

Für die **Entstehung der Straßendörfer** gilt, dass sie in allen Siedlungsperioden des Mittelalters und der Neuzeit als primäre oder sekundäre Formen entstanden sein können

(M. BORN 1977, S. 141). Sie entwickelten sich sowohl im Altsiedelgebiet wie auch als Neugründungen während der deutschen Ostkolonisation. Auch in der frühneuzeitlichen Ausbauphase sind Straßendörfer entstanden. Für den absolutistisch gelenkten Landesausbau wurden schematische Ausführungen des Straßendorfes bevorzugt.

Die Darstellung der **Verbreitung der** (lockeren und engen) **Straßendörfer** in Abb. 5.7 (vgl. auch H. Ellenberg 1990, Abb. 138) zeigt im östlichen Mitteleuropa ein ab der Elbe-Saale-Linie einsetzendes massenhaftes Auftreten. Die Mehrzahl der Straßendörfer und sonstiger linearer Formen ist auf planmäßige Gründungen in der Zeit der Ostkolonisation zurückzuführen. Es gibt jedoch auch Wege- und Straßendörfer als Wachstumsformen, z. B. Entwicklung aus einer Reihensiedlung (Hufenlängsteilung mit Hö-

feverdichtung), sowie auch Plan- und Wachstumsformen von Straßendörfern und ähnlichen linearen Dorfformen. Im westlichen Mitteleuropa beispielsweise häufen sich schnurgerade Straßendörfer in der Kölner Bucht (grundherrliche Siedlungen).

Die meisten linearen Dörfer des westlichen Mitteleuropa dürften jedoch wohl durch Wachstum entstanden sein. Dabei gibt es zwei Arten von Leitlinien: (1) natürliche Leitlinien a) der Geländegestalt (z. B. entlang einer schmalen Terrasse), b) an der Grenze zwischen trockenem Ackerland und feuchten Bezirken; (2) durch Straßen gegebene Leitlinien.

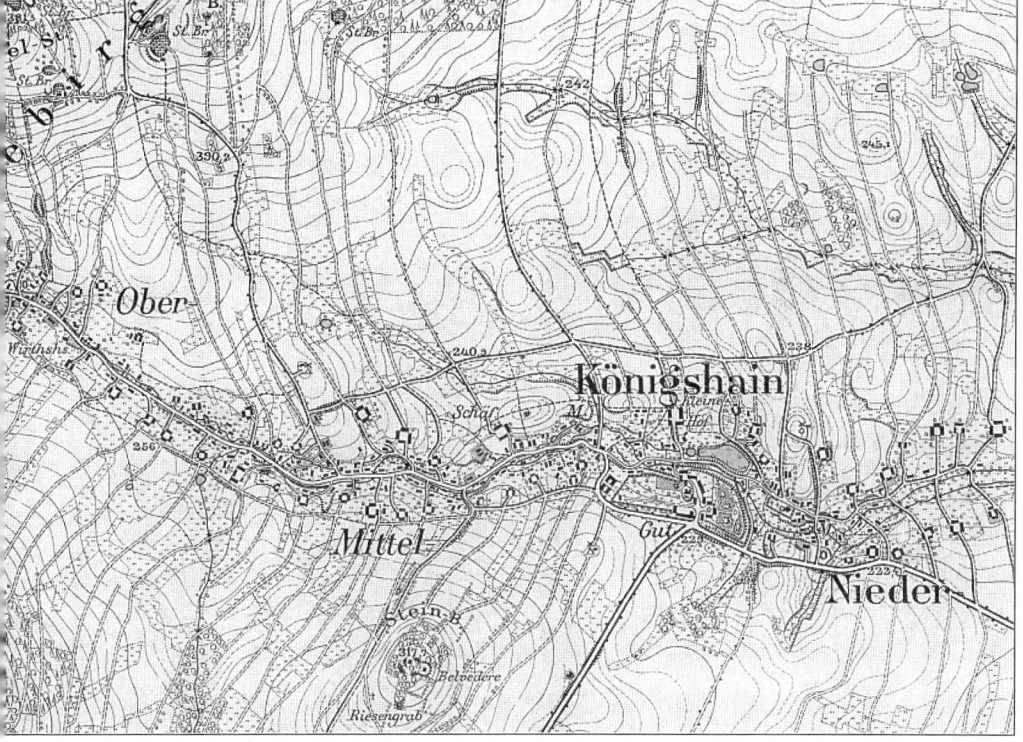

Abb. 5.12 Waldhufendorf im Königshainer Gebirge (nordwestl. von Görlitz) im Jahre 1886
(Ausschnitt aus TK 1:25.000, Blatt 2815, hg. 1888; Wiedergabe mit Genehmigung d. Staatsbibliothek zu Berlin)

Neben den formalen lassen sich unter den Reihensiedlungen genetisch oder funktional unterschiedliche Kriterien zur Abgrenzung bestimmter linearer Typen nennen: z. B. die **Hufendorf-Begriffe** wie Waldhufen-, Marschhufen-, Moorhufendörfer etc. Dies sind Begriffe, die neben der Ortsform auch die Flurform mit umfassen. Die Bezeichnung „Hufe" deutet bereits auf die gelenkte Anlage hin.

Das **Waldhufendorf** ist eine mittelalterliche Kolonisationsform unter deutschem Recht auf gerodetem Waldland (vgl. Abb. 5.12). Die Hufe (fränkische Hufe = 24,2 ha) war die rechtlich fixierte Parzelle eines Hofes, die von der Siedlungsachse (Straße, Bachaue) bzw. dem Hof aus als langgestreckte Breitstreifeneinödflur bis zur Gemarkungsgrenze verlief, wobei alle Kulturarten einbegriffen waren. Die Verbreitung des Waldhufendorfes lässt sich kennzeichnen als quer durch das östliche Mitteleuropa verlaufender Gürtel (Erzgebirge - Karpaten); jedoch ist es z. T. auch im westlichen Mitteleuropa, beispielsweise im Odenwald, zu finden (vgl. Abb. 5.7 sowie H. ELLENBERG 1990, Abb. 132).

Die Waldhufensiedlungen lassen sich in eine Reihe von regionalen und genetischen Varianten weiter untergliedern (vgl. H. UHLIG/C. LIENAU 1972, S. 68ff.). Die **Hagenhufensiedlungen** stellen eine (regionale) Variante des Waldhufentyps dar. Hagenhufendörfer sind vom Grundherren planmäßig angelegte Rodungsdörfer des 13. Jh.s (Parallelerscheinung zur großen Ostkolonisation und zur Errichtung der Marschhufendörfer im Bereich der Nordsee). Diese sind regional vor allem auf das (frühere) Territorium der Grafschaft Schaumburg-Lippe (zwischen den Bückebergen und dem Steinhuder Meer), den Raum nördlich Hannover sowie auf küstennahe Gebiete Mecklenburgs und Pommerns beschränkt. Die

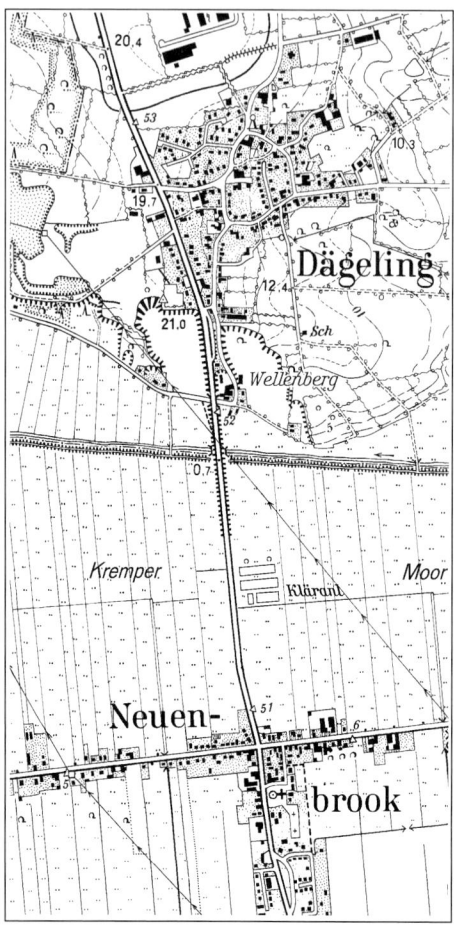

Abb. 5.13 Marschhufendorf Neuenbrook im Elbe-Stör-Flußmarschengebiet und das Geestranddorf Dägeling
(Ausschnitt aus d. TK 1:25.000, Blatt 2123, Wiedergabe mit Genehmigung des Landesvermessungsamtes Schleswig-Holstein)

Das locker gebaute Geestranddorf Dägeling kontrastiert mit dem in der eingedeichten Flussmarsch gelegenen Marschhufendorf Neuenbrook, dessen West-Ost-Ausdehnung von 6 km Länge weit über die rechten und linken Blattränder hinausreicht. Nach Süden hin erstreckt sich eine jüngere Siedlungserweiterung (CHR. DEGN/U. MUUSS 1979, S. 154).

Siedler (sog. Häger, an deren Spitze die Hagenmeister standen) bildeten geschlossene Dorfgemeinschaften mit eigenem Recht (Hägerrecht). Leitlinie bildete beim Beispiel Hülshagen im ehemaligen Schaumburg-Lippe ein Bach (vgl. E. Schrader 1965[3], Bl. 94, oder H. H. Seedorf 1977, Bl. 85). Die Länge der Höfereihe (Hagen) entsprach derjenigen der Gemarkung. Nieder- und Ober-Hülshagen waren ehemals getrennte Hagensiedlungen. Die nach beiden Seiten durch Rodung erschlossenen Hufen waren ursprünglich gleich groß. Später erfolgten Teilungen der Vollhöfe sowie Ansiedlungen neuer Siedlerschichten, darunter auch Besitzlose; dieser Prozess führte zu Verdichtungen der Hagenhufendörfer.

Ein anderes Beispiel ist das Hagenhufendorf Wiedensahl mit doppelseitiger Anordnung der Gehöfte. Es handelt sich um eine planmäßige Anlage aus absolutistischer Zeit; das Flurbild wurde durch Verkoppelung völlig umgestaltet (s. E. Schrader1965[3], Bl. 94).

Marschhufendörfer sind in den westlichen Küstenlandschaften Mitteleuropas an See- und Flussmarschen gebunden (vgl. Abb. 5.13 und H. Ellenberg 1990, Abb. 134). Die Höfe reihen sich an einer (meist hinter dem See- oder Flussdeich entlang verlaufenden) Straße als Leitlinie auf. Daran schließen sich Hufen genormter Breite an. Die Anlage der Deiche ab ca. 1000 . Chr. führte zur Entstehung von Deichrandreihen- und Marschhufendörfern. Die sich regelmäßig erstreckenden sog. Streifeneinödparzellen sind meist durch ebenso geradlinig verlaufende Entwässerungsgräben in mehrere Betriebsparzellen unterteilt. Bei der Abmessung der Marschhufenfluren lag das fränkische Hufenmaß (24,2 ha) zugrunde.

Das Beispiel des Ausschnitts aus einem schleswig-holsteinischen Kartenblatt der TK 25 (Abb. 5.13, vgl. auch Chr. Degn/U. Muss

---

Kasten 5.3 Unterschiede zwischen der (1) holländischen Fehn- und (2) deutschen Hochmoorkultur

Zu (1): Hauptmotiv war nicht die Land-, sondern die Torfgewinnung; die Stadt Groningen kaufte ab 1599 systematisch die nördlichen Moorflächen in den Niederlanden auf; Maßnahmen seit Anfang des 17. Jh.s: Abtorfen, Torftransport auf neu angelegten Kanälen;

Zu (2): Hauptmotiv war die Kulturlandgewinnung; Maßnahmen ab Anfang des 18. Jh.s: Tiefpflügen, jedoch erst in der zweiten Hälfte des 19. Jh.s Intensivierung durch Einsatz von Dampfpflügen und künstlicher Düngung. Gutes regionales Beispiel für die deutsche Hochmoorkultur: Bourtanger Moor beiderseits der deutsch-holländischen Grenze (vgl. E. Schrader 1965[3], Bl. Nr. 51). Auf dem ganzen holländischen Anteil des Bourtanger Moores ist bis auf den Sandboden abgetorft worden. Der sandige Boden eignet sich gut für den Kartoffelanbau (s. zahlreiche Kartoffelmehlfabriken). Dagegen ist das deutsche Hochmoorgebiet leer und unfertig. „Die älteren Moorsiedlungen wie Lindloh und Hebelermeer mit ihren 5 Meter schmalen und bis zu 5 km langen Mooräckern zeigen noch das Bild der alten Hochmoorwirtschaft. Das am südlichen Süd-Nord-Kanal gelegene Fehndorf ist erst 1890 entstanden und durch die Initiative holländischer Einwanderer 1911 nach holländischen Muster in Wieken ausgebaut" (...) „Ansatzpunkte für eine neuzeitliche Hochmoorkultur sind Schöninghsdorf (1872 von privater Seite gegründet) und die 1888 entstandene staatliche Siedlung „Provinzialmoor" (ebd.).

1979, Bl. Nr.70) zeigt den Gegensatz zwischen einem Marschhufendorf, das im 13. Jh. im Elbe-Stör-Flussmarschengebiet entstand, und einem lockeren Geestranddorf. Siedlung und Straße des sehr langgestreckten Marschhufendorfes Neuenbrook liegen auf einem etwas erhöhten Baugrund, der durch den Aushub des parallel zur Straße verlaufenden Kanals und der senkrecht abzweigenden Gräben aufgeschütet wurde.

Während Waldhufen-, Hagenhufen- und Marschhufendörfer bereits im Mittelalter entstanden sind und mit der Hufe ein bestimmtes Feldmaß zugrunde gelegt wurde, wurde der Hufenbegriff in bestimmten neuzeitlichen linearen Siedlungstypen als reiner Formbegriff verstanden, so in den Begriffsbildungen Moorhufen- oder Flusshufensiedlung. **Moorhufendörfer- oder -siedlungen** oder **Moorkolonien** sind vor allem in Hochmoorgebieten Nordwestdeutschlands verbreitet (s. Kasten 5.3 sowie Abb. 5.7). Moorhufensiedlungen sind erstmals schon im 14. Jh. in Niederungsmooren der Weserflussmarsch entstanden. Meist sind es jedoch junge Kolonisationsdörfer (18./19. Jh.), und zwar lockere lineare Siedlungen mit hofanschließender Streifenflur aus meist kurzen Breitstreifen.

Ein besonderer Typ dieser Siedlungen sind die **Fehnkolonien** Ostfrieslands und (W.-)Hollands, die seit ca. 1600 n. Chr. planmäßig angelegt wurden (Kasten 5.3). Beherrschende Grundelemente sind die Kanäle (mit Seitenkanälen), die der Entwässerung und (ursprünglich) dem Torftransport dienten. Entlang der Kanäle besteht eine reihenförmige Bebauung, die sich oft über die ganze Gemarkung zieht.

Es gibt in Niedersachsen auch Reihensiedlungen, die sich zwischen Moor und Marsch, auf der Nahtstelle zwischen beiden Landschaftstypen, erstrecken. Beispiele aus dem Bereich der Unterweser, die bereits im 11. und 12. Jh. entstanden snd, lassen auf eine planmäßige Besiedlung schließen.

• **Das Modell der Siedlungsformentypen nach Martin Born.** Bei diesem typengenetischen Ansatz, der die Quintessenz des Lehrbuches von M. Born (1977) ausmacht, geht es darum, allgemeinere Grundzüge der Entwicklung von Orts- und Siedlungsformen in Mitteleuropa modellhaft zu erfassen und letztendlich auch zu erklären (vgl. Abb. 5.14 u. Kasten 5.4). Die modellhaft-schematische

Darstellung unterschiedlicher Varianten gleicher (ländlicher) Siedlungsformentypen durch Born hat nicht nur einen erheblichen forschungsmethodischen Wert, sondern ist auch von besonderer didaktischer Bedeutung; so ist sie beispielsweise von großer Hilfe bei Karteninterpretationen hinsichtlich der Einordnung und auch genetischen Cha-

---

Kasten 5.4 Stadien innerhalb einer Siedlungsformenreihe nach M. Born (1977)

(1) Initialform:
- das Ordnungsprinzip der Siedlungsgestaltung ist erkennbar;
- Beschränkung der Parzellierung auf Teile bzw. Kernbereiche des Siedlungsareals;
- insgesamt unausgereifte Gestaltung der Einzelbestandteile.

(2) Grundform:
- Regelhaftigkeit der Fluraufteilung (nicht Erweiterungsform des Initialstadiums).

(3) Hochform:
- zu den Merkmalen der Grundform tritt eine größere Sorgfalt in der Parzellengestaltung durch geradlinige Grenzen;
- zum wichtigsten Grundsatz bei der Anlage der Flur werden ihre Übersichtlichkeit und Messbarkeit;
- durch mehr oder weniger zentrale Standortwahl der Dorfanlage wird auch die Flurstruktur bestimmt.

(4) Ergänzungsform:
- unterscheidet sich von der Hochform vor allem durch andere Parzellen- und Besitzgrößen oder durch den Verzicht auf einzelne Formenmerkmale.

(5) Kümmerform:
- Gegensatz zwischen Gestaltungsprinzip und Größe der Siedlung;
- Kümmerformen vermögen die Größe von Initialformen durchaus zu erreichen, sie besitzen jedoch Gestaltungsmerkmale der Grund- und Hochformen;
- daher oft bemerkenswerte Regelhaftigkeit der Parzellierung im gesamten Siedlungsbereich;
„Kümmerformen sind Kleinformen unter Beibehaltung des in der Grund- oder Hochform erreichten Gestaltungsprinzips" (H.-J. Nitz 1980, S. 86).

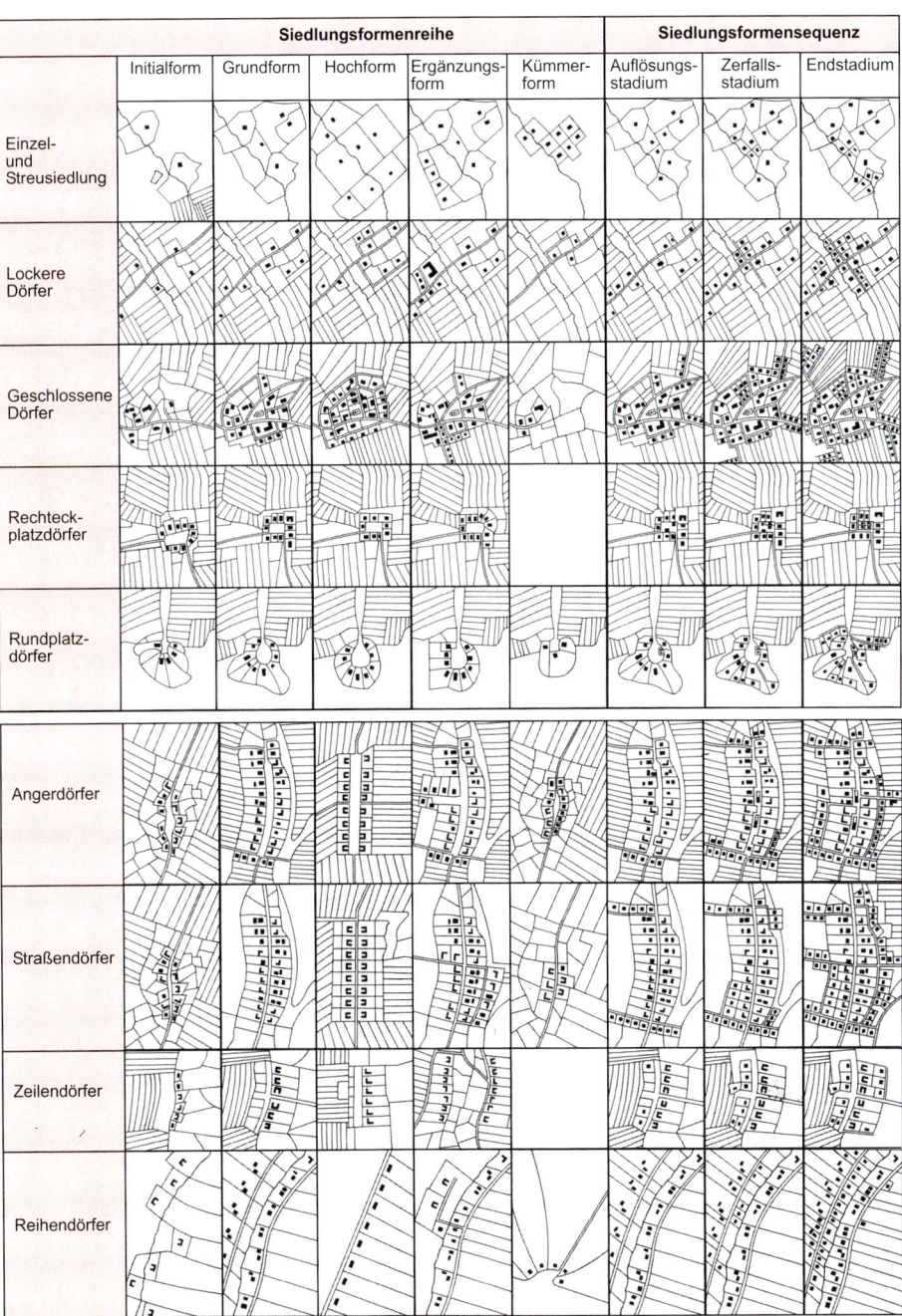

Abb. 5.14 Formenreihen und Formensequenzen wichtiger ländlicher Siedlungsformen nach M. Born (aus: M. Born 1977, Abbn. 22 und 23 mit eigenen Ergänzungen)

rakterisierung grundlegender Siedlungsformen. Verwirrend sind zunächst jedoch für den nicht mit der Methodik und Terminologie von M. Born Vertrauten die Einordnung und Erklärung der in den Schemata der Siedlungsformentypen aufgeführten acht Begriffe: von der Initialform bis zum Endstadium. Im Folgenden sollen die grundlegenden Begriffe des Bornschen Konzeptes kurz erläutert werden (vgl. Kästen 5.4 und 5.5 sowie im Einzelnen M. Born 1977, auch H.-J. Nitz 1979, 1980 und C. Lienau 1995², S. 181-182). M. Born definiert **Siedlungsformentypen** als Siedlungsformen mit gleichen Prinzipien der Parzellierung und Besitzverteilung. Eine **Siedlungsformenreihe** bedeutet die Ordnung der Ausgangs- oder Gründungsformen ländlicher Siedlungen nach dem Reifegrad ihrer Gestaltung; dabei handelt es sich um Siedlungsformen gleicher Konzeption, aber unterschiedlicher Gestaltung, wobei die (nicht unbedingt chronologische) Entwicklung von Grundmerkmalen nur eines Siedlungsformentypus unter Berücksichtigung dreier Formenelemente veranschaulicht wird: Baugrundstücke der Gehöfte, Orts- und Flurformen sowie Gefüge der Siedlungen.

Wichtig ist, dass die Ursachen, die hinter der Entwicklung solcher Siedlungsformenreihen stehen, nicht so einfach zu systematisieren sind. Wie H.-J. Nitz (1980) ausführt, können sie im wirtschaftlichen Bereich liegen, aber auch im siedlungstechnischen Fortschritt, in der Veränderung der Agrarverfassung usw. Weiter schreibt Nitz zu dem Bornschen typengenetischen Konzept: „Der *methodische* Fortschritt, den dieser Ansatz eröffnet, liegt m. E. darin, daß erst das Erkennen solcher Formenreihen überhaupt die Frage nach den dahinterstehenden Gestaltungskräften aufwerfen läßt, ebenso Fragen nach der „Art des Siedlungsvorgangs (...)", und so ganz neue Erkenntnisse über sied-

---

Kasten 5.5   Stadien innerhalb einer Siedlungsformensequenz nach M. Born (1977)

Am Anfang einer Formensequenz steht das
(1) Auflösungsstadium:
- Die Siedlungsform verändert sich durch Zunahme der Parzellierung und Gemengelage oder durch das nicht mehr strikte Befolgen von Regeln der Besitzverteilung;
- das Grundmuster der primären Siedlungsform wird hierdurch nicht berührt; primäre Parzellengrenzen bleiben erhalten.
(2) Zerfallsstadium:
- die Grundmerkmale der Siedlungsform wirken noch bestimmend, aber primäre Parzellengrenzen werden aufgegeben: die ursprüngliche Parzellierung wird nur noch in Sonderarealen oder einzelnen Parzellen gewahrt.
(3) Endstadium:
- Veränderungen vollziehen sich nur noch im Rahmen der neuen Parzellierungsweise;
- zahlreiche Parzellenteilungen oder -absplitterungen, aber es bildet sich keine andere Siedlungsform mehr heraus.

---

lungsgestaltende Prozesse zu gewinnen sind" (ebd., S. 86).

Eine **Siedlungsformensequenz** (s. Kasten 5.5) bedeutet nach M. Born eine typische Abfolge von - verschieden weit fortgeschrittenen - Umformungen (oder Veränderungen) einer Ursprungsform (= Umformungsstadium), welche eine Siedlung quasi in einem Alterungsprozess durchlaufen kann; dabei erfolgt die Einordnung in bestimmte Stadien der Formensequenz anhand charakteristischer Merkmale der Beharrung und Veränderung einer Primärform. Diese typischen Umformungsstadien wurden durch den Vergleich zahlreicher Siedlungen ermittelt.

Abb. 5.15 stellt in Anlehnung an H.-J. Nitz (1979) und C. Lienau (1995², Abb. 32) eine schematische Darstellung von Formenreihen und -sequenzen in der Flurformenentwicklung am Beispiel der Veränderung einer Blockflur zu einer Gewannflur

Fluren = Nutzflächen

dar, die die Unterschiede zwischen Siedlungsformenreihe und -formensequenz gut veranschaulicht (vgl. dazu 5.2.4). Auch in Bezug auf die Formensequenzen interessiert den historisch arbeitenden Siedlungsgeographen, welches die auslösenden oder steuernden Faktoren waren oder sind, die solche regelhaft auftretenden Umformungsprozesse ausgelöst oder bestimmt haben. In der Regel gehört dazu ein ganzer Ursachenkomplex, z. B. das Bevölkerungswachstum, die Realteilungssitte, die Besitzmobilität oder die Ausbreitung bestimmter Wirtschaftsformen (beispielsweise frühere Dreifelderwirtschaft in Form der Dreizelgenwirtschaft; **Zelge** bedeutet die unter Flurzwang gleichartig und gleichzeitig genutzten Teile einer Gemengefeldflur) (vgl. H.- J. Nitz 1980, S. 88).

5.2.4 Systematisierung wichtiger Flurformen.

Fluren enthalten im weitesten Sinne
(1) **Nutzflächen mit dauerhafter Besitz-**parzellierung und
(2) **Nutzflächen im Gemeinschafts- oder Genossenschaftsbesitz** (Allmenden oder Gemeine Marken mit meist nur extensiver Nutzung). Die Zweitgenannten rechnet man im Allgemeinen nicht zu den Fluren. M. Born (1977, S. 34) weist jedoch zu Recht darauf hin, dass diese Einschränkung unzulässig ist, da es z. B. noch in der frühen Neuzeit ländliche Siedlungen gab, deren gesamte landwirtschaftliche Nutzfläche Gemeinschaftsbesitz war und keine dauerhaften Parzellierungen aufwies. Diesen ländlichen Siedlungen hätte nach der einschränkenden Definition also eine Flur gefehlt!

Die **Bezeichnungen von Flurformen** beziehen sich (in Anlehnung an M. Born 1977, S. 35 ff., C. Lienau 1995[2], S. 78f.) auf:
(1) den vorherrschenden **Parzellengrundriss oder -umriss** (oft nicht identisch mit sichtbaren Nutzungsgrenzen!) (s. Kasten 5.6).
(2) Gliederung in **Parzellenverbände und -komplexe**. Beispiel: gereihte Streifenfluren

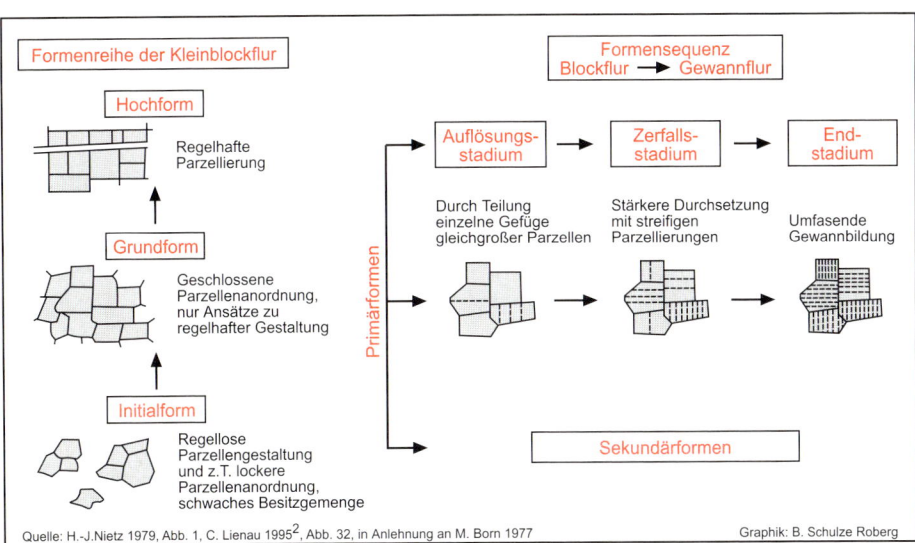

Abb. 5.15 Schematische Darstellung von Formenreihe und Formensequenz in der Flurformenentwicklung nach H. J. Nitz und C. Lienau

= Streifensysteme, deren Parzellen z. B. senkrecht zu einer natürlichen Leitlinie (Bach, Terrassenrand) oder einer künstlichen Begrenzung (Straße) aufgereiht sind.

Der Unterschied zwischen Parzellenverband und -komplex wird in der schematischen Darstellung des Territoriums einer ländlichen Siedlung nach C. Lienau (1995[2]) verdeutlicht (s. Abb. 5.5).

M. Born (1977, vgl. dort Abb. 41) unterscheidet beispielsweise zwischen einteiligen und mehrteiligen Streifenfluren.

(3) Grundprinzip der **räumlichen Besitzverteilung** (**Parzellenlage**): Diesbezüglich lässt sich unterscheiden zwischen

(3.1) **Einödlage mit Einödflur**, d. h. einer jeweils geschlossenen Lage des Besitzes der einzelnen Betriebe. Für Streifenfluren mit Einödlage des Besitzes und Hofanschluss der Einzelparzellen ist der Begriff der **Hufenflur** üblich.

(3.2) **Gemengelage mit Gewannflur** (Gemengelage des Besitzes oder Besitzgemenge). Unter **Gewann** versteht man einen Verband gleichlaufender, streifenförmiger, gebündelter Besitzparzellen (Streifenverband), deren Besitzer ihr Land in Gemengelage haben. Unterbegriffe sind z. B. Plangewannflur (schematische Gewannfluren mit geometrisch geformten und gleichförmig parzellierten Gewannen), kreuzlaufende Gewannflur (z. B. mit hangsenkrechten und hangparallelen Parzellierungen), kleinparzellierte Gemengefluren etc.

Bei starker Gemengelage bestehen Bewirtschaftungsprobleme: eine geordnete Rotation (Fruchtfolge) kann im Allgemeinen nicht ohne Zelgenbewirtschaftung und Flurzwang erreicht werden.

Vor der Agrarischen Revolution war in weiten Teilen Mittel- und Westeuropas die Dreizelgenbrachwirtschaft oder auch Dreifelderwirtschaft verbreitet. D. h., die Flur war meist in drei große Felder aufgeteilt, wo-

Kasten 5.6 Flurformen: Parzellengrundrisse und Flurbezeichnungen		
Grundtypen:	**Blöcke**	**Streifen**
Flurbezeichnung:	Blockfluren	Streifen-fluren
		(Grenze bei Streifenfluren: Seitenverhältnis 1:2,5)
weitere Differen-zierung:	Groß- u. Kleinblock-fluren (regelmäßig o. unregel-mäßig)	Lang-, Kurz-, Breit-, Schmal-streifen-fluren

von jeweils eines brach lag. Die beiden anderen wurden mit Winter- und Sommergetreide bestellt. Die Felder waren in Gewanne aufgeteilt, d. h. kleinparzelliert, und wurden gemeinschaftlich bestellt, geerntet und anschließend beweidet; vgl. H. Heineberg 1997[2], Abb. 23/I sowie Abb. 23/II mit Zustand eines britischen Modelldorfes vor und nach der Flurbereinigung, die in Großbritannien in der zweiten Hälfte des 18. Jh.s und in der ersten Hälfte des 19. Jh.s mittels Parlamentsgesetzen durchgeführt wurde.

5.3 Haus- und Gehöftformen in ländlichen Siedlungen Mitteleuropas

Für Geographen, die sich mit ländlichen Siedlungen beschäftigen, sind nicht nur die Erforschung und Kenntnisse der Entwicklung der Siedlungs- und Flurformen in der Grundrissebene von Bedeutung, sondern auch der Gestaltung des Siedlungsaufrisses, der **Haus- und Gehöftformen**. Letztere bilden nicht nur wesentliche Bestandteile der individuellen Prägung und Identität einer Siedlung im ländlichen Raum, sondern lassen sich auch - trotz enormer Gestaltdifferenzierung - wiederum nach Verbreitung und Formtypen charakterisieren. Die Kenntnisse historischer Abläufe, räumlicher Zusammenhänge und der Einzelformen typischer Haus- und Gehöftformen sowie auch Einzelaspekte ihrer strukturellen Bestimmung sind wichtige Grundlagen für Belange der heutigen erhaltenden Dorferneuerung und Baupflege; denn wenn man etwas erhalten will, muss man auch wissen, was bewahrenswert ist.

Geographen haben sich traditionsgemäß nicht nur mit der Morphogenese städtischer Siedlungen, sondern auch mit der Aufrissgestaltung und deren Entwicklung in ländlichen Siedlungen beschäftigt. Leider wurde dieses heute für planerische Belange sehr wichtige Feld der historisch-genetischen Hausforschung in ländlichen Räumen in den vergangenen Jahrzehnten jedoch mehr und mehr der Volkskunde, Architektur und Kunstgeschichte sowie für ältere Siedlungsstrukturen der Vor- und Frühgeschichte überlassen (vgl. auch den Bedeutungsschwund der morphogenetischen Stadtforschung in der Nachkriegszeit, s. 6.1.2.). Es gibt daher kaum jüngere geographische Arbeiten zur historisch-geographischen Hausforschung.

C. Lienau (1995[2]) spricht von **Behausungsformen** (s. dort Kap. 4.1); mit diesem - wie er selbst sagt - wenig schönen Terminus werden die Begriffe Haus, Hof, Gehöft, Hütte, Zelt oder Windschirm zusammengefasst. Eine Einführung in das **bäuerliche Anwesen** Mitteleuropas ermöglicht das Studium eines älteren Aufsatzes von K.-H. Schröder (1974); vgl. auch H. Ellenberg (1990).

Anstelle von Behausungsformen oder bäuerlichem Anwesen soll im Folgenden in Bezug auf Mitteleuropa von **Haus- oder Gehöftformen** in ländlichen Siedlungen gesprochen werden (vgl. auch traditionelle Bauernhaustypen in G. Henkel 2004[4]a, S.

Kasten 5.7 Untersuchungsaspekte der Hausforschung in ländlichen Siedlungen

Untersuchungsgesichtspunkte für „bäuerliche Anwesen" nach K. H. Schröder (1974):
(1) Form/physiognomische Merkmale (Größe, Grundriss, Aufriss, Dachform und Baustoff, Stellung zur Straße, Verhältnis der Wohn- und Wirtschaftsteile zueinander),
(2) Funktion,
(3) Typisierung und Typenverbreitung (genetische Typenuntersuchung).

Gestaltung von Haus- und Gehöftformen („Behausungsformen")
nach C. Lienau (1995[2]):
(1) Behausungsart (z. B. Hütte, Haus), Bauweise, Konstruktionsformen, einschl. Dach- und Wandgestaltung;
(2) Verbindung der Bauten mit dem Untergrund (z. B. bodenvage oder bewegliche Behausungen wie Zelte, Wohnboote bzw. bodenfeste mit unterschiedlichen Formen: u. a. Pfahlbauten oder gestelzte Häuser wie Holz- oder Fachwerkbau auf Steinsockel),
(3) Anordnung der Räumlichkeiten (Raumaufteilung und Ausstattung),
(4) Baulichkeiten des Gehöftes und deren Zuordnung zueinander.

243ff.). Dabei sollen nicht nur die eigentlichen Bauten, sondern prinzipiell auch deren Grundstücke mitberücksichtigt werden.

Zu den Untersuchungsaspekten der **Hausforschung in ländlichen Siedlungen** (für „bäuerliche Anwesen" nach K. H. Schröder 1974 bzw. für „Behausungsformen" nach C. Lienau 1995[2] vgl. Kasten 5.7) sowie zur **Typisierung der (traditionellen) Haus- und Gehöftformen in Mitteleuropa** nach K. H. Schröder (1974) siehe Abb. 5.16 und Erläuterungen in Kasten 5.8.

Zu den Untersuchungsgesichtspunkten ländlicher Haus- und Gehöftformen zählt nicht nur deren Klassifikation, sondern auch die Analyse ihrer **Verbreitungsmuster und Genese**. In Bezug auf die Verbreitung der von K. H. Schröder (1974) unterschiede-

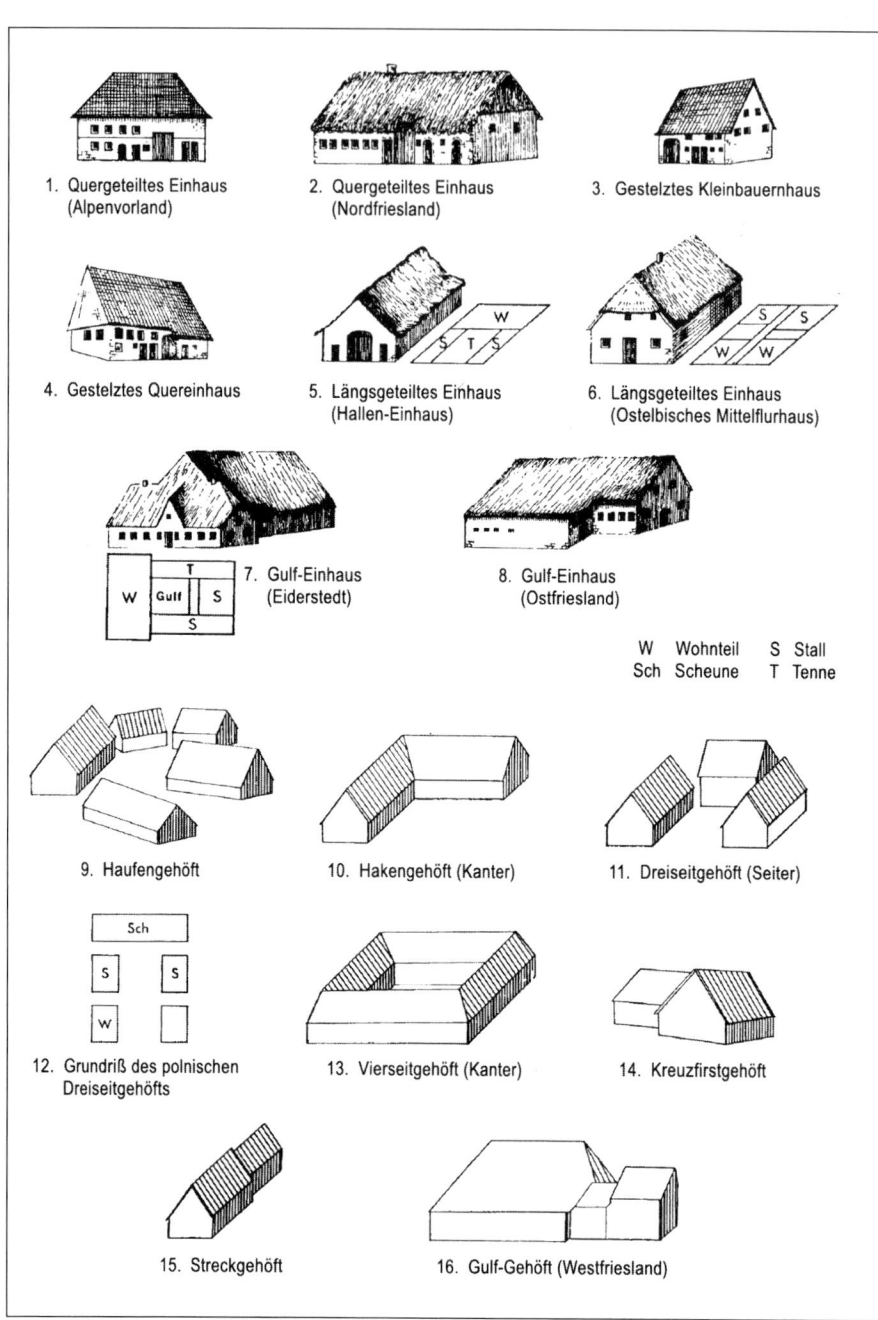

1. Quergeteiltes Einhaus (Alpenvorland)
2. Quergeteiltes Einhaus (Nordfriesland)
3. Gestelztes Kleinbauernhaus
4. Gestelztes Quereinhaus
5. Längsgeteiltes Einhaus (Hallen-Einhaus)
6. Längsgeteiltes Einhaus (Ostelbisches Mittelflurhaus)
7. Gulf-Einhaus (Eiderstedt)
8. Gulf-Einhaus (Ostfriesland)

W   Wohnteil   S   Stall
Sch Scheune   T   Tenne

9. Haufengehöft
10. Hakengehöft (Kanter)
11. Dreiseitgehöft (Seiter)
12. Grundriß des polnischen Dreiseitgehöfts
13. Vierseitgehöft (Kanter)
14. Kreuzfirstgehöft
15. Streckgehöft
16. Gulf-Gehöft (Westfriesland)

Abb. 5.16 Typen traditioneller bäuerlicher Haus- und Gehöftformen nach K. H. Schröder 1974 (aus G. Henkel 1999³, Abb. 43)

Kasten 5.8 Traditionelle bäuerliche Haus- und Gehöfttypen in Mitteleuropa (Auswahl) nach K. H. SCHRÖDER 1974 (vgl. dazu Abb. 5.16 sowie zur Verbreitung Abb. 5.17)

Einhausformen:
(1) **Quergeteiltes Einhaus**
- Langbau; Wohnung und Wirtschaftsteile durch senkrecht zur Firstlinie verlaufende Innenwände getrennt,
- es gibt eine Vielzahl von Einzeltypen.

(2) **Gestelztes Einhaus**
- ebenfalls Querteilung, jedoch Wohnteil ganz oder überwiegend im ersten Stock (d. h. „gestelzt"),
- Einzeltypen: gestelztes Kleinbauernhaus (ausschließlich Stallung unter den Wohnräumen) und gestelztes Quereinhaus

(3) **Längsgeteiltes Einhaus (Hallen-Einhaus)**
- mit Mittellängsdiele, zu deren Seiten (ehem.) die Ställe und in deren Front der Wohnteil liegen,
- auch als „Niedersachsenhaus" bekannt, Untergliederung in Zwei-, Drei- und Vierständerbauten (vgl. H. ELLENBERG 1990, Abb. 97); in Nordwestdeutschland seit dem 18. Jh. starke Verdrängung dieses Typs durch das anpassungsfähigere Gulfhaus.

(4) **Gulf-Einhaus** (vgl. H. ELLENBERG 1990, Abb. 93 a und b)
- mit dem (in Ostfriesland 'Gulf' genannten) Bergeteil, der vom Erdboden bis zum Dach reicht,
- zu den Einzeltypen zählt der sog. Hauberg Eiderstedts

Gehöftformen:
(1) **Regelloses Gehöft**
- keine bestimmte Anordnung der zugehörigen Bauten,
- wichtigster Einzeltyp: Haufengehöft (vor allem in Bayern)

(2) **Regelgehöft**
- alle Gehöftformen mit schematischer Anordnung der Einzelbauten,
- Einzeltypen sind:

(2.1) **Winkelgehöfte** (Einzelbauten schließen den rechteckigen Hofplatz nach zwei, drei oder allen Seiten ab): Zusammenfassung zu Haken-, Dreiseit- und Vierseitgehöften, weitere Untergliederung nach **Kantern** (durchlaufender First durch Zusammentreffen der Dächer) und **Seitern** (kein durchlaufender First);

(2.2) **Regulierte Zwiegehöfte** (nur zwei Gebäude in regelhafter Stellung): dazu zählen Parallel- und Kreuzfirstgehöfte (rechtwinklig aneinander gefügte Wohn- und Wirtschaftsbauten, Winkelzwiegehöfte).

(2. 3) **Zwittergehöft**: neben dem Hauptbau (Einhaustyp) bestehen noch weitere Einzelbauten als wesentliche Bestandteile des Gehöftes; zu den Einzeltypen mit z. T. mehreren Varianten gehört das Hallenhaus-Gehöft, z. B. Gulf-Gehöft (u. a. zweiteiliger „Vorhaustyp")

---

nen Hauptgruppen liegt im gleichen Aufsatz eine generalisierte Darstellung für Mitteleuropa vor, die bereits wesentliche Muster der räumlichen Verteilung einzelner Einhaus- und Gehöfttypen aufzeigt (vgl. Abb. 5.17). Differenziertere Verbreitungskarten traditioneller Haus- und Gehöfttypen finden sich in H. ELLENBERG (1990); vgl. dort die Beispielkarten zur Verbreitung der Hallenhäuser und Gulfhäuser (ebd., Abbn. 97 und 93a/b) sowie auch die Verbreitungsareal-

karte in J.-B. HAVERSATH/A. RATUSNY 2002a.

Die Kenntnisse regionaltypischer ländlicher Haus- und Gehöftformen sind nicht nur von akademischem Wert, sondern sie besitzen unmittelbare Bedeutung für die Praxis; letzteres gilt nicht nur im Sinne von Grundlagenforschung für die erhaltende Dorferneuerung, sondern etwa auch für die Dokumentation typischer Formen in einer großen Zahl von Freilichtmuseen, mit denen häufig auch volkskundliche Forschungsarbeiten verbun-

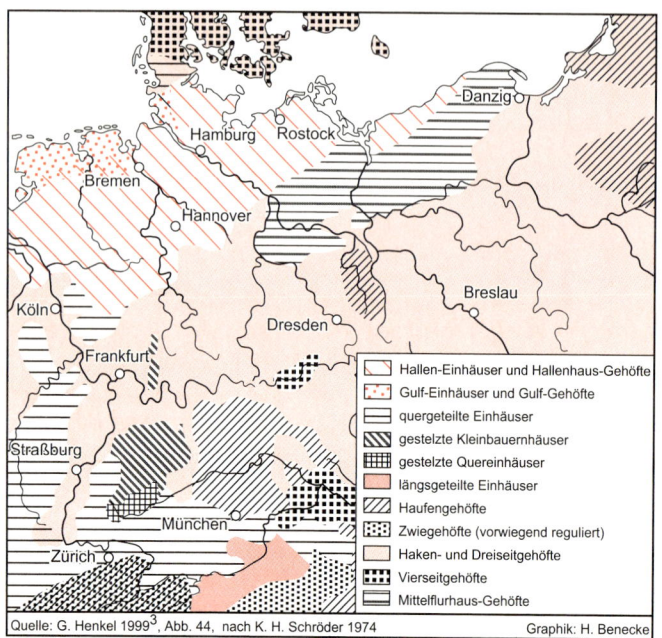

Quelle: G. Henkel 1999[3], Abb. 44, nach K. H. Schröder 1974   Graphik: H. Benecke

**Abb. 5.17
Verbreitung bäuerlicher
Haus- und Gehöfttypen
in Mitteleuropa**

den sind (z. B. in Cloppenburg/Niedersachsen oder in Detmold/Nordrhein-Westfalen, u. a. in Verbindung mit volkskundlichen Forschungen über ehemalige Lebensbedingungen in historischen bäuerlichen Haustypen).

Von ebensolchem Interesse sind auch genauere Kenntnisse regionaltypischer Besonderheiten der **Baumaterialien und Einzelelemente der Hausgestaltung**. Beispiel: Schiefer- oder Ziegelverkleidungen von Bauernhauswänden (meist Fachwerkhäusern) mit ihren regionalen Verbreitungen (s. H. ELLENBERG 1990, Abb. 76). Bezüglich der vielfältigen physisch-ökologisch und anthropogen bedingten Einflussfaktoren auf die Gestaltung von Bauernhäusern und -höfen vgl. H. ELLENBERG 1990, Abb. 325, oder deren besser gestaltete Umzeichnung in: G. HENKEL 2004[4]a, Abb. 54.

Auch hinsichtlich der **Genese der ländlichen Haus- und Gehöftformen** liegt eine Fülle von geographischen, vor allem aber volkskundlichen Einzelergebnissen vor, auf

die hier nur hingewiesen werden kann. So hat sich die Forschung z. B. damit beschäftigt, wie sich aus dem Haufengehöft als allgemeinem Typ des Frühmittelalters verschiedene andere Formen entwickelt haben. Ein solcher Entwicklungsprozess ist die sog. Regulierung des Haufengehöftes, und zwar das Entstehen zunächst eines Dreiseitgehöftes aus dem Haufengehöft. Dieses Dreiseitgehöft ist in das ostdeutsche Kolonisationsgebiet übertragen worden und findet sich daher dort in einer großen Häufigkeit.

Weiterhin ist erwiesen, dass sich aus dem frühmittelalterlichen Haufengehöft auch Einhaustypen als zweite Entwicklungslinie herausgebildet haben. Beispielsweise ist die Grundform der Gulf-Einhäuser (und der Gulf-Gehöfte) in Südfriesland aus einem Gehöft mit Wohnstall- und Scheunenbau entstanden.

Eine große Rolle bei der Typenbildung haben agrarsoziale Wandlungen, insbesondere auch **Einflüsse der Erbsitten** (z. B. Realerbteilung), gehabt. So ist das Hakengehöft, beispielsweise mit seiner besonderen Verbreitung in Südwestdeutschland, durch Realerbteilungen entstanden, die sich nicht nur auf die Grundstücke, sondern auch auf die Gebäude erstreckt haben. Die räumliche Verbreitung von Erbsitten ist auch sehr wichtig im Rahmen aktueller Prozesse der Flurbereinigung und Dorferneuerung (s. 5.4).

Für eine Reihe der in diesem Abschnitt behandelten traditionellen Haus- und Gehöftformen gilt, dass diese im 20. Jh. erheblichen an Bedeutung verloren haben (beispielsweise das Niederdeutsche Hallenhaus), „da sie vielfach nicht mehr den heutigen Betriebserfordernissen und Wohnbedürfnissen entsprechen. Vorteile besaßen die Gehöftformen, die sich mit ihrem großen Bauvolumen leichter als die Einhaustypen an die gewandelten Funktionen anpassen konnten. Sehr begrenzt und vielfach unmöglich waren für die Landwirtschaft Umbauten und Erweiterungen in den dichtbebauten ländlichen Siedlungen Mittel- und Süddeutschlands. Hier blieb die landwirtschaftliche Aussiedlung für viele der einzige Weg, den Betrieb zu erhalten. Die alten, funktionslos gewordenen Gebäude wurden einfach abgerissen. Viele ältere Bauernhäuser, aus denen die landwirtschaftlichen Funktionen abgezogen wurden, sind jedoch für neue Zwecke um- und ausgebaut worden. Häufig bleibt in der Physiognomie der Gebäude ein bäuerlicher Charakter erhalten, obwohl deren landwirtschaftliche Nutzung längst durch eine andere - meist reine Wohnfunktion - abgelöst wurde. Seit etwa 1930 haben sich bei den landwirtschaftlichen Neubauten moderne Formen durchgesetzt und damit die traditionellen Bauernhaustypen abgelöst" (G. HENKEL 2004[4]a, S. 246, 248).

5.4 Flurbereinigung und Dorferneuerung als Ordnungsaufgaben

5.4.1 Flurbereinigung und Dorferneuerung im fachübergreifenden Kontext.

F. J. LILLOTTE (1983), früherer Präsident des Landesamtes für Agrarordnung in Nordrhein-Westfalen, E. BATZ (1990) von der Technischen Hochschule Darmstadt oder etwa auch der Geograph G. HENKEL (1979a/1979b) betonen, dass für das Verständnis der Voraussetzungen und Probleme der Neuordnung im ländlichen Raum die **Kenntnisse der jeweiligen historischen Entwicklung und Grundlagen** von besonderer Bedeutung sind. Dies gilt auch für die gesetzlichen Grundlagen und Einzelmaßnahmen der Flurbereinigung und Dorferneuerung sowie für deren Verhältnis zueinander. „Die heutige Stellung und die Funktion der Flurbereinigung sind sehr stark von der historischen Entwicklung geprägt" (E. BATZ 1990, S. 35).

Bei modernen praxisorientierten Fragestellungen in Bezug auf ländliche Siedlungen und Fluren und deren Neuordnung sind die Kenntnisse und Methoden der genetisch orientierten Betrachtungsweise der Siedlungsgeographie zwar notwendig, aber nicht hinreichend. Denn **Flurbereinigung und Dorferneuerung sind fachübergreifende Gebiete**, die nicht von der Siedlungsgeographie allein, sondern am ehesten interdisziplinär bearbeitet werden können (einschließlich der Fachplanung, Landschaftsökologie etc.). Über die Leistungsfähigkeit der genetischen Siedlungsgeographie für die Dorferneuerung informiert G. HENKEL (1979b).

Flurbereinigung und Dorferneuerung sind zudem auch gute Anwendungsbeispiele dafür, wie sehr sich im Laufe der Zeit Leitbilder der Raumordnung und Raumplanung - in Abhängigkeit von unterschiedlichsten sozioökonomischen Rahmenbedingungen - ändern können bzw. sich auch verändert haben. Daher soll der Leitbilddarstellung (Ziele) im Folgenden auch ein besonderes Gewicht beigemessen werden.

Dass die Flurbereinigung und die damit im Zusammenhang stehende Dorferneuerung jedoch praxisorientierte Arbeitsfelder sind, an denen sich Geographen in besonderem Maße beteiligen können und sollten, drückt folgendes Zitat von F. J. Lillotte (1983, S. 289) aus: „Hierin zeigt sich bereits die **Bedeutung der Geographie für die Flurbereinigung**. Anliegen der Geographie ist es, für Vergangenheit und Gegenwart die Landschaftsstruktur mit ihren Elementen zu beschreiben, die Zusammenhänge zwischen den Elementen aufzuzeigen und zu begründen, die vorhandene Landschaftsstruktur mit den Strukturen anderer ländlicher Gebiete zu vergleichen und zukunftsorientierte, d. h. prognostische Aussagen über die Landschaftsstruktur und ihre Elemente zu machen. Der Geograph ist aufgrund seiner Kenntnisse über die natürlichen Landschaftselemente in der Lage, dem Flurbereiniger wichtige Fakten zur natürlichen Eignung des Flurbereinigungsgebietes zu vermitteln. Darüber hinaus nimmt sich die Geographie der Aufgabe an, die wirtschafts- und sozialstrukturellen Aspekte zu untersuchen. Die daraus entwickelte Raumdiagnose liefert wichtige Hinweise für die Bestimmung der bisherigen und zukünftigen Flurverhältnisse nach ihren physisch-geographischen und kulturgeographischen Voraussetzungen. Ein geographischer Beitrag dieser Art erhält in der heutigen Zeit umso größere Bedeutung, als die Belange der Landespflege bei der Flurbereinigung in Konkurrenz zu wirtschaftlichen Erfordernissen treten können. Dem dabei auftretenden Zielkonflikt zwischen Ökonomie und Ökologie muß sich der Flurbereiniger stellen".

5.4.2 Flurbereinigung: Entwicklung, Veränderungen der Leitbilder sowie gegenwärtige Ziele und Maßnahmen.

Flurbereinigung ist zunächst einmal kein modernes Problem. Sie fand z. B. bereits während der **Agrarischen Revolution**, vor allem zunächst in Großbritannien (ca. 1760 - 1845 mittels zahlreicher *Enclosure Acts*), Anwendung; es gab hier allerdings auch schon frühere *enclosures* (= Einhegungen/Zusammenlegungen) zur Durchsetzung von Innovationen in der Landwirtschaft (u. a. Aufgabe der Dreifelderwirtschaft zugunsten einer profitableren Feldgraswirtschaft mit der Möglichkeit individueller Bewirtschaftungen). Hauptziel war die Produktionsverbesserung in der Landwirtschaft, verbunden mit einer umfassenden Neuorganisation der Flur- und Siedlungsverteilung (Auflösung der traditionellen Gewannfluren zugunsten von Blockfluren mit Hecken- und Trockensteinmauer-Einfriedigungen, neues Wegenetz, Aussiedlerhöfe etc.), was zum gegenwärtigen Erscheinungsbild britischer Agrarlandschaften führte (vgl. im Einzelnen H. Heineberg 1997[2], S. 88ff. mit Abb. 23).

Die Wurzeln und Entwicklung der Flurbereinigung und der entsprechenden Gesetzgebungen sind in **Deutschland** aufgrund der komplizierten historischen Territorialentwicklung sehr unterschiedlich (vgl. E. Batz 1990, der dies an anhand von Preußen, Hessen und Bayern aufzeigt). Wichtig waren - wie Kasten 5.9 zusammenfassend aufzeigt - grundlegende agrarreformerische Veränderungen im 19. Jh.. Erst mit dem neuen Umlegungsgesetz von 1936 und der darauf basierenden **Reichsumlegungsordnung von 1937** wurde eine erste reichseinheitliche Gesetzesgrundlage für die Flurbereinigung geschaffen. Der sehr kurz gehaltene Gesetzestext von 1936 beinhaltet einige aufschlussreiche Formulierungen. So wird neben der (1) **Grundstückszusammenlegung**

vor 1937 gewisse Umverteilung von Land

Kasten 5.9 Zur Entwicklung der Flurbereinigung in Deutschland bis 1937
(in Bezug auf territoriale Unterschiede nur beispielhaft)

In Preußen war die zunehmende Vorherrschaft der adligen Grundbesitzer gegenüber den verarmten sowie mehr und mehr abhängigen Bauern, v. a. nach dem 30-jährigen Krieg, eine wichtige Voraussetzung für **frühe Gemeinheitsteilungen** (insbes. unter Friedrich dem Großen, der von den Maßnahmen in Großbritannien beeinflusst war). In Westfalen beispielsweise wurde innerhalb des Bistums Münster im Jahre 1763 eine **Markenteilungsordnung** erlassen, die als erste grundlegende Maßnahme zur Neuordnung der Fluren Gemeinheitsteilungen vorsah. Diese sollte nach F. J. LILLOTTE (1983, S. 290) u. a. zur Linderung der Folgen des 30-jährigen Krieges und zur Schaffung von Neubauernstellen beitragen, indem der Landesherr die Teilbarkeit der gemeinen Feld- und Holzmarken zwischen Grundherren und übrigen Interessenten anordnen konnte.

Die eigentliche **Bauernbefreiung**, die erst zu Beginn des 19. Jh.s als Folge der französischen Revolution einsetzte (STEIN-HARDENBERGsche Agrarreformen), war die Grundlage für eine **Gesamtregulierung der gutsherrlich-bäuerlichen Verhältnisse**. Allerdings erbrachten die durch diese Neuregelungen veranlassten Aufteilungen gemeinschaftlichen Eigentums wiederum Teilstücke, so dass die Folge erhebliche **Besitzzersplitterungen** waren (E. BATZ 1990, S. 36-37). Zur Beseitigung dieses landeskulturell unerwünschten Zustandes ermöglichte (zwar) die 1821 in Preußen verabschiedete „**Gemeinheitsteilungsordnung**" Neueinteilungen der Feldmarken einschließlich der Anlage von Wegenetzen, jedoch war die Einleitung eines Verfahrens zur bloßen Beseitigung der Besitzzersplitterung noch ausdrücklich ausgeschlossen (ebd., S. 37). Mit der Gemeinheitsteilungsordnung von 1821 war aber eine Reihe wichtiger **landeskultureller Verbesserungen** möglich (u. a. Entwässerung durch Grabenbau, Anlage von Wallhecken als unverrückbare Grenzen, Aufforstungen), wodurch sich z. B. die heute bekannte Parklandschaft des Münsterlandes erklären lässt.

Erst ein 1872 verabschiedetes neues **preußisches Zusammenlegungsgesetz** ließ **Grundstückszusammenlegungen** - unabhängig von der Teilung gemeinschaftlichen Eigentums - als alleinige Maßnahme zu. Solche Zusammenlegungen, die sich zu einer Schwerpunktaufgabe entwickelten, sind z. B. innerhalb der ehemaligen Preußischen Provinz Westfalen vor allem in Ostwestfalen, einem durch Haufendörfer und Gewannfluren geprägten Gebiet, durchgeführt worden.

Neben der Gemeinheitsteilung und der Aufhebung der Besitzzersplitterung, die somit vorrangige, im 19. Jh. aufeinander folgende Leitziele der Flurbereinigung waren, kam im Zeitalter der Industrialisierung und modernen Verkehrsentwicklung ein anderer Aspekt zum Tragen, nämlich die Schäden, die der Landwirtschaft durch Eisenbahn-, Kanalbau oder andere neue Anlagen im öffentlichen Interesse entstanden. So hielt es der Gesetzgeber mit seiner für ganz Preußen einheitlich geschaffenen **Preußischen Umlegungsordnung von 1920** für zulässig, die durch Errichtung von öffentlichen Anlagen für die einzelnen landwirtschaftlichen Grundeigentümer entstandenen Bewirtschaftungserschwernisse durch Umlegungen zu entschädigen (vgl. F. J. LILLOTTE 1983, S. 292).

War somit die Flurbereinigung seit 1920 zunächst nur auf die Beseitigung privatwirtschaftlicher Nachteile ausgerichtet, so verlagerte sich der Schwerpunkt der Zielsetzung der Flurbereinigung mit einem neuen Umlegungsgesetz von 1936 zugunsten der Förderung öffentlicher Belange. Die auf diesem Gesetz basierende **Reichsumlegungsordnung von 1937**, mit der die preußische Umlegungsordnung abgelöst und erstmals eine reichseinheitliches Recht der Flurbereinigung geschaffen wurden, entstand nach der nationalsozialistischen Machtübernahme (1933). Machtpolitische Vorstellungen, die zu Autarkiebestrebungen in der Nahrungsmittelversorgung geführt hatten, und die Ideologie von „Blut und Boden" fanden ihren deutlichen Niederschlag in der Agrarpolitik (E. BATZ 1990, S. 41).

(Feld- oder Flurbereinigung) bestimmt, „alle Maßnahmen zur Erweckung der im Boden schlummernden (2) Wachstumskräfte einschließlich der Anlage von Wegen, Gräben, Ent- und Bewässerungen, Kultivierung von Ödland und dergleichen von Amts wegen

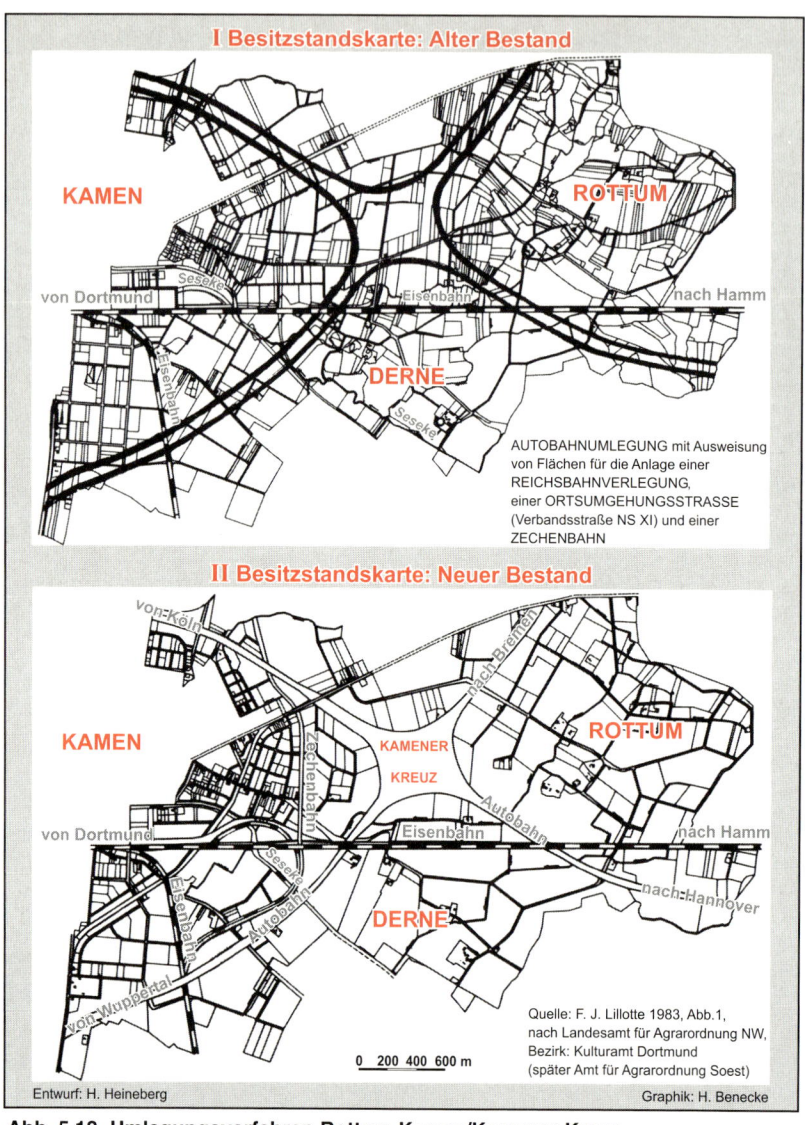

Abb. 5.18 Umlegungsverfahren Rottum-Kamen/Kamener Kreuz

(durchzuführen)". Außerdem heißt es im gleichen Paragraphen 1 „Für die neuen gemeinschaftlichen Anlagen (Wege, Gräben u. ä.) und die dem gemeinsamen Wohle dienenden Unternehmen (Autobahnen u. ä.) - bei letzteren gegen Entschädigung - werden den Teilnehmern Abzüge in Land gemacht". Die Reichsumlegungsordnung hatte somit nicht nur eine erweiterte, sondern zugleich auch eine auf die (3) **Förderung öffentlicher Belange** bezogene Zielsetzung. Sie war noch in der ersten Nachkriegszeit von Bedeutung, denn bis 1953 fehlte in der Bundesrepublik Deuschland ein eigenes, neues Flurbereinigungsgesetz.

F. J. LILLOTTE (1983) beschreibt in seinem Beitrag über die **Flurbereinigung in Westfalen** ein typisches Beispiel für ein nach der Reichsumlegungsordnung von 1937 durchgeführtes Flurbereinigungsverfahren, das im Bereich des nach dem Kriege neugeschaffenen Autobahnkreuzes Kamener Kreuz gelegen ist (Abb. 5.18). Das sog. Umlegungsverfahren Rottum-Kamen, das 1938 eingeleitet wurde, wurde erst 1958 beendet. Es bewirkte neben beträchtlichen Arrondierungen landwirtschaftlicher Flächen, Umgestaltungen im Entwässerungsnetz und der Anlage neuer Wege u. a. auch die Ausweisung von Flächen für eine Bahnverlegung, eine Ortsumgehungsstraße und eine Zechenbahn.

Wichtigstes **Ziel der Agrarpolitik im westlichen Nachkriegsdeutschland** war die Versorgung der hungernden Bevölkerung mit Nahrungsmitteln, die zunächst wegen Devisenmangels nicht importiert, sondern im eigenen Lande produziert werden mussten. Daraus wird verständlich, dass die moderne Flurbereinigung nach dem Zweiten Weltkrieg bis in die 1960er Jahre hinein vor allem eine produktionssteigernde Zielsetzung und damit eine vorrangige agrarische Aufgabe erhielt. Das 1953 verkündigte und am 1.4. 1954 in Kraft getretene neue **bundeseinheitliche Flurbereinigungsgesetz** sah vor, die Einleitung eines Flurbereinigungsverfahrens ausschließlich von landwirtschaftsbetrieblichen Verbesserungen abhängig zu machen. Durch Flurneuordnungen sollten die alten Parzellen- und Flurformen insbesondere dem modernen Maschineneinsatz angepasst werden: Schaffung großer Flächen; Beseitigung von Ackerrainen, Hecken, Hohlwegen etc.; Entwicklung eines rationellen Wegenetzes: möglichst geradlinig, befestigt; Bodenmeliorationen (Dränage), damit schwere Maschinen arbeiten können (es gibt auch Auswirkungen des Maschineneinsatzes auf Fruchtfolgen, Spezialisierung etc.). D. h., die Flurbereinigung sollte die Voraussetzungen für eine **technisch-fortschrittliche Landbewirtschaftung** schaffen.

Neben dieser klassischen Aufgabe der Flurbereinigung gestand das neue Gesetz den Flurbereinigungsbehörden jedoch eine weitgehende **Berücksichtigung öffentlicher Interessen** bei der Durchführung des Verfahrens zu. Das Flurbereinigungsgesetz von 1953 war damit schon ein modernes Gesetz, das auch den veränderten Verhältnissen im ländlichen Raum Rechnung trug und damals zudem das einzige Gesetz zur koordinierten Regelung flächendeckender räumlicher Vorstellungen einschließlich ihrer bodenordnerischen Umsetzung war (E. BATZ 1990, S. 43). So trat schon in den 1950er und 1960er Jahren ein neuer Aufgabenkatalog hinsichtlich der zunehmenden außeragrarischen Raumansprüche hinzu, wie es am Beispiel des Verfahrens Rottum-Kamen/ Kamener Kreuz teilweise zum Ausdruck kam: Der linienhafte Flächenbedarf beim Bau von Autobahnen, Straßen und Kanälen erforderte den Einsatz von Flurbereinigungen (z. B. entlang der BAB 1 zahlreiche neue Höfe!). Weitere Gründe für Flurbereinigungen waren: Bereitstellung von Flächen für den Städtebau, für wasserwirtschaftliche Anlagen, für Freizeit- und Erholungseinrichtungen etc.

In den 1970er Jahren wurde die Flurbereinigung durch neue (bau- und bodenrechtlichen) Bestimmungen erweitert: Die **Novellierung des Flurbereinigungsgesetzes** (von 1953/54) **im Jahre 1976**, das noch heute gültig ist (zu den Zielen und Inhalten vgl. Kasten 5.10).

Gründe

Schaffung großer Flächen für Maschinen seit 1954

Wie sehr sich die Flur (einschließlich der zugehörigen Infrastruktur des Wegenetzes) durch eine umfassende Flurbereinigung ändern kann, zeigt das Beispiel des Flurbereinigungsverfahrens von Saerbeck im nördlichen Münsterland, das 1971 auf der Grundlage des alten Flurbereinigungsgesetzes eingeleitet und später nach dem novellierten Gesetz weitergeführt wurde (vgl. F. J. Lillotte 1983, s. dort Abbn. 4 und 5):
• die besitzrechtlich ehemals sehr zersplitterte Eschflur wurde völlig neugeordnet (Schaffung größerer, zweckmäßig gestalteter Wirtschaftseinheiten); zugleich
• die Verbreiterung, Befestigung und Ergänzung des unzureichenden Wegenetzes; auf dem unteren Teil der Abb. 4 in Lillotte (1983) nicht zu sehen sind

• die Neuordnung des Gewässernetzes (Vorfluter, Nachregulierung) sowie bodenverbessernde Maßnahmen (Tiefumbruch, Dränung); zu den landespflegerischen Maßnahmen zählten u. a.:
• die Sicherstellung einer ökologisch wertvollen Talaue, Anlage von Hecken, Wallhecken und Böschungsbepflanzungen, Sicherung und Optimierung von Feuchtwiesen, Ausweisung weiterer Flächen für den Naturschutz; entsprechend der o. g. dritten Zielsetzung wurde die
• Förderung der Freizeit- und Erholungsplanung durch Ausweisung von Flächen für ein Fischgewässer und einen Badesee geleistet, von Sportanlagen, Ausweisung eines Naherholungsgebietes; hinzu kam die
• weitere Förderung der Infrastruktur und

Kasten 5.10   Zu den Zielen des novellierten Flurbereinigungsgesetzes der Bundesrepublik Deutschland von 1976

Paragraph 1 des Flurbereinigungsgesetzes stellt die folgenden drei sachlich eng miteinander zusammenhängenden Zielgruppen heraus:

(1) „**Verbesserung der Produktions- und Arbeitsbedingungen in der Land- und Forstwirtschaft**". Damit ging es nicht mehr - wie noch beim Gesetz von 1953 - um die Produktionsausweitung, sondern um die Verbesserung der Produktivität und Einkommenslage durch Senkung des Betriebsaufwands in der Landwirtschaft.

(2) „**Förderung der allgemeinen Landeskultur**". D. h., nunmehr sollte die Landwirtschaft unter Sicherung der Naturgrundlagen betrieben werden; Landeskultur umfasst damit alle Maßnahmen der Agrarstruktur und der Landespflege unter Berücksichtigung der ökologischen Ausgleichsfunktionen des ländlichen Raumes (F. J. Lillotte 1983, S. 295). Auf der Grundlage des novellierten Flurbereinigungsgesetzes, das die inzwischen gewandelten gesellschaftspolitischen Leitbilder widerspiegelt, wurde den Belangen des Naturschutzes und der Landschaftspflege eine hohe Bedeutung zugemessen.

Als Beispiele dafür können **ökologische Maßnahmen** innerhalb von zwei Flurbereinigungsverfahren in Westfalen dienen (vgl. F. J. Lillotte 1983): In den Verfahren Beelen, Greffen und Versmold II wurden „nicht nur vorhandene Biotope erhalten, sondern viele neue, den Anforderungen des Naturschutzes entsprechende Gewässerbiotope in den verschiedensten Größen mit jeweils wechselnden Böschungsneigungen und unterschiedlichen Wassertiefen angelegt" (ebd., S. 296, vgl. dort auch Abb. 2: Hesselbiotop). „In Abstimmung mit den Landschaftsbehörden ist die Flurbereinigung dabei den Anregungen des Naturschutzes gefolgt, die Biotope und andere Landschaftsbestandteile in einer Vernetzung miteinander in Beziehung zu bringen" (ebd., vgl. dort auch Abb. 3: Gewässer- und Biotopnetz).

(3) „**Förderung der Landentwicklung**". Dieses umfassendste Teilziel beinhaltet die Planung, Vorbereitung und Durchführung aller Maßnahmen, welche dazu geeignet sind, die Wohn-, Wirtschafts- und Erholungsfunktionen des ländlichen Raumes zu erhalten und zu verbessern (= echte landesplanerische Zielsetzung; vgl. F. J. Lillotte 1983, S. 296-297, E. Batz 1990, S. 45).

Abb. 5.19 Flurbereinigung Aulendorf/Kreis Coesfeld: Landschaftsentwicklung durch Vernetzung von Hecken, Baumreihen, Uferstreifen und Biotopen

Erläuterung zu Abb. 5.19 (nach: Amt für Agrarordnung Coesfeld 1998, S. 26-31):
Das Flurbereinigungsgebiet Aulendorf, das sich über ein hügeliges bis flachwelliges Gebiet an den
Ausläufern der Baumberge in dem Einzel- bzw. Streusiedlungsgebiet der Münsterländer Parklandschaft erstreckt, ist ca. 1.700 ha groß. Der Anstoß zum Flurbereinigungsverfahren kam wegen
der starken Besitzzersplitterung bzw. der über Jahrzehnte erfolgten zahlreichen privaten, dabei
häufig rechtlich nicht abgesicherten Grundstückstausche aus der Landwirtschaft. Im Jahre 1988
wurde ein „Vereinfachtes Flurbereinigungsverfahren" eingeleitet. Neben einer großzügigen Neuordnung der Besitzverhältnisse galt es die Landschaftsstruktur im Bestand (z. B. die engmaschige
Heckenstruktur) zu sichern. Wegen der vielfältigen Interessenkonflikte (insbesondere intensive
Landbewirtschaftung versus Landschaftsschutz) bedurfte es vieler Verhandlungen; erst 1996 wurden die neuen Grundstücke von den Landwirten in Besitz genommen. Wegen der besonders engmaschigen Strukturen liegen viele Landschaftselemente wie Hecken, Böschungen oder Gräben
häufig innerhalb zusammengelegter Grundstücke. Zahlreiche Hecken, Bäume, Biotopflächen etc.
wurden ergänzt und miteinander vernetzt.
Im gesamten, über den Kartenausschnitt weit hinausreichenden Flurbereinigungsgebiet wurden 13 km Hecken und 5,4 km Baumreihen mit einem Flächenbedarfs von 7,2 ha ausgewiesen;
vernetzt damit wurden weiterhin 22 Biotope mit zusammen 8 ha. Entlang der Hauptgewässer
wurden Uferstreifen (zwischen 5 und 10 m breit) geschaffen, die als Pufferzonen zwischen den
intensiv bewirtschafteten Flächen nicht nur als Lebensräume für Fauna und Flora, sondern in
erster Linie dem Gewässerschutz dienen. Eine Aktion „Hofbegrünung" stellte Flurbereinigungs-
teilnehmern kostenlos Pflanzgut zur Verfügung (12.500 Jungpflanzen für Hecken und Flurgehölze,
400 Obstbäume für Obstwiesen und -baumreihen sowie 300 Hofeichen).
Das Bodenordnungsverfahren Aulendorf hat nicht nur erhebliche Verbesserungen der Agrarstruktur, sondern auch der Landschaftsbilanz (Naturschutz) bewirkt.

Dorferneuerung, u. a. durch Aussiedlung von landwirtschaftlichen Betrieben aus Ortslagen, Landbereitstellung für Baugebiete sowie für den Straßenbau, Ausweisung einer Kläranlage etc.

„Seit Mitte der 80er Jahre präsentiert sich die Flurbereinigung bundesweit als hervorragendes Instrument für Naturschutz und Landschaftspflege, zum Arten- und Biotopschutz, zum Boden- und Erosionsschutz, zur Wasserrückhaltung, zur Erhaltung und Entwicklung der Kulturlandschaft sowie zur Dorferneuerung" (G. Henkel 1999[3], S. 168; vgl. als Beispiel Abb. 5.19 mit Erläuterung).

5.4.3 Dorferneuerung: Entwicklung, Voraussetzungen und Ziele. Die heutige Dorferneuerung ist eine komplexe Aufgabe, die der Verbesserung der Lebensverhältnisse im ländlichen Raum dienen soll. Auch die Dorferneuerung ist - wie die Flurbereinigung - kein ausschließlich aktuelles Problem, wenngleich die Erneuerung der Dörfer in den letzten Jahrzehnten im Rahmen der Bestrebungen zur ländlichen Neuordnung erheblich an Bedeutung gewonnen hat (E. Batz 1990, S. 202). Insbesondere haben die **Verbesserungen der Ortslagen** in Zusammenhang mit der Flurbereinigung eine logische Fortsetzung bekommen.

Die Ordnung der Ortslagen war schon früher wesentlicher Bestandteil ländlicher Strukturmaßnahmen, allerdings hatten z. B. bei den gutsherrlich-bäuerlichen Auseinandersetzungen im 19. Jh. die Maßnahmen in der Flur absolute Priorität (vgl. 5.4.2).

Die **Reichsumlegungsordnung von 1937** enthält in der Aufgabenstellung die **Ordnung der Ortslage**, die auch schon vorher in einzelnen Landesgesetzen zu finden ist. Dies setzt sich in dem **Flurbereinigungsgesetz von 1953** fort (dort hieß es lediglich: Ziel „ist Auflockerung der Ortslagen"). Demzufolge gab es zahllose **Aus-**siedlungen von Höfen** in die Flur zwecks Förderung der landwirtschaftlichen Produktion. Die **Novellierung des Flurbereinigungsgesetzes** im Jahre **1976** stellte erstmals die **Dorferneuerung** als wichtige Aufgabe der Flurbereinigung heraus. Die Notwendigkeit der modernen (erhaltenden) Dorferneuerung ist im Zusammenhang mit Tendenzen der negativen Siedlungsentwicklung im ländlichen Raum zu sehen (vgl. G. Henkel 1979a, S. 14). Zusammenfassung der Aussagen von G. Henkel:

In den alten Dorfbereichen lassen sich nachweisen:

(1) Verluste wertvoller überlieferter Bausubstanz,

(2) Zerstörung der Individualität, insbes. durch modernen Einheitsbaustil,

(3) Zersiedlungen,

(4) Entwicklung zu städtischen Vororten.

Gründe für die Substanzverluste unserer Dörfer waren u. a.:

(1) Der Denkmalschutz war zu einseitig auf historische Stadtkerne, Schlösser etc. ausgerichtet; die Kultursubstanz der Dörfer wurde demgegenüber vernachlässigt;

(2) die Fortschrittsgläubigkeit der Landbewohner (Übernahme neuartiger Bauformen und -materialien);

(3) Planungsfehler: Zerstörung spezifischer ästhetischer Eigenschaften des Ortes (z. B. durch Flächensanierung, Straßenbegradigungen und -verbreiterungen, Asphaltierung, Errichtung von Bürgersteigen, Beseitigung alter Bäume); allgemeine Vernachlässigung der erhaltenden Dorferneuerung, insbesondere gegenüber Stadterhaltungsmaßnahmen.

Zum jüngeren Wandel des Leitbildes und zur modernen Zielsetzung der Dorferneuerung schreibt E. Batz (1990, S. 205): „Der Inhalt der Dorferneuerung hat sich seit den Anfangsjahren stark gewandelt. Auch hier vertrat man zunächst wie bei der Stadtsanierung die Auffassung, das Heil liege im

„Wir machen unser Dorf häßlich"

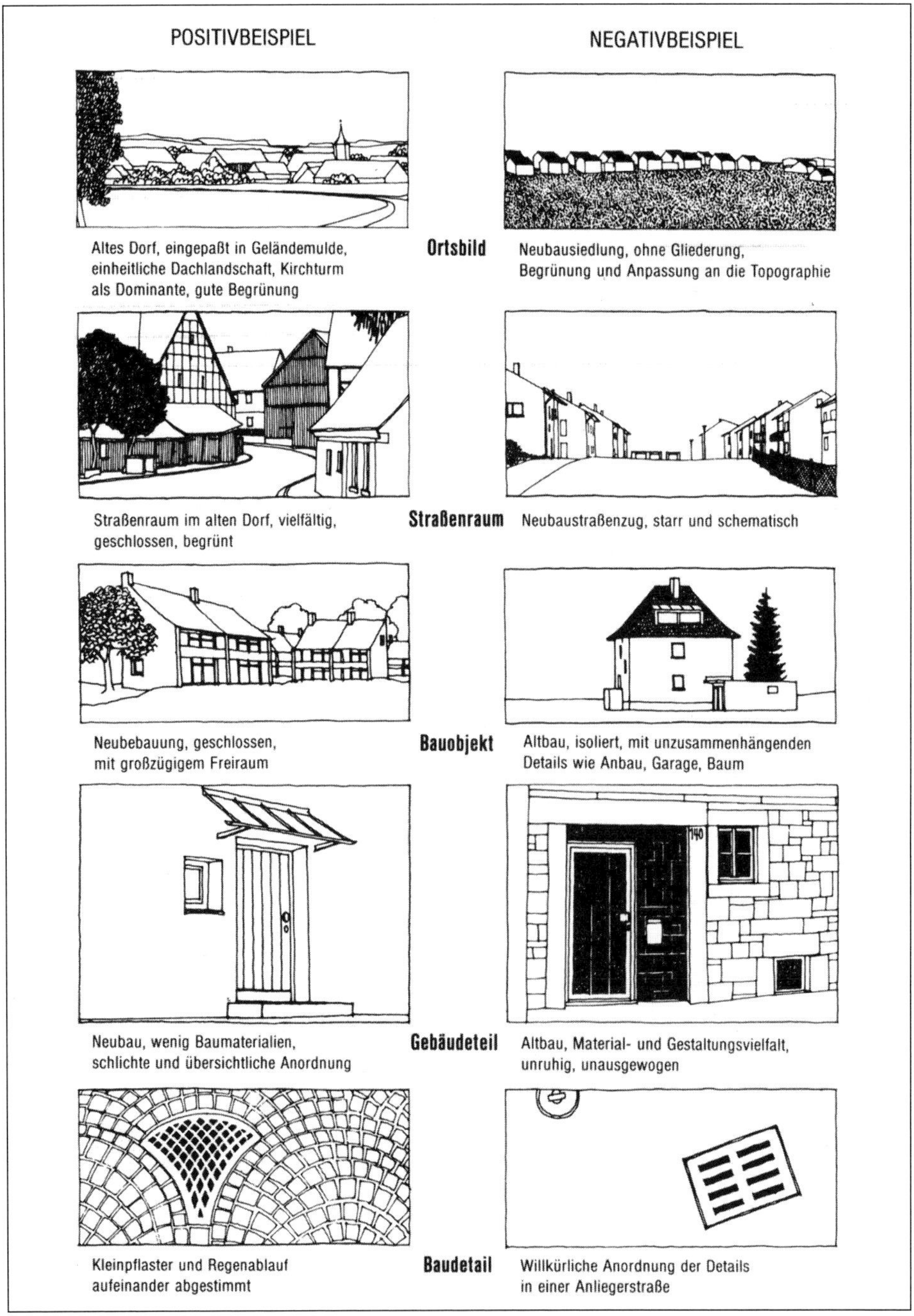

POSITIVBEISPIEL		NEGATIVBEISPIEL
Altes Dorf, eingepaßt in Geländemulde, einheitliche Dachlandschaft, Kirchturm als Dominante, gute Begrünung	**Ortsbild**	Neubausiedlung, ohne Gliederung, Begrünung und Anpassung an die Topographie
Straßenraum im alten Dorf, vielfältig, geschlossen, begrünt	**Straßenraum**	Neubaustraßenzug, starr und schematisch
Neubebauung, geschlossen, mit großzügigem Freiraum	**Bauobjekt**	Altbau, isoliert, mit unzusammenhängenden Details wie Anbau, Garage, Baum
Neubau, wenig Baumaterialien, schlichte und übersichtliche Anordnung	**Gebäudeteil**	Altbau, Material- und Gestaltungsvielfalt, unruhig, unausgewogen
Kleinpflaster und Regenablauf aufeinander abgestimmt	**Baudetail**	Willkürliche Anordnung der Details in einer Anliegerstraße

Abb. 5.20 Unterschiedliche Perspektiven der Dorfgestaltung - Positiv- und Negativbeispiele
(aus G. Henkel 1999³, Abb. 64)

vollen Abbruch und in der Neubebauung. Es gibt durchaus Beispiele für solche Flächensanierungen in Dörfern. Diese Maßnahmen waren ohne Bebauungsplan sicher nicht zulässig. Demgegenüber ist heute die Objektsanierung die übliche Methode. Sie ist in der Lage, das historisch gewachsene Bild des Dorfes zu erhalten und auch wiederherzustellen. Dabei spielen Vorstellungen der Denkmalpflege eine ganz entscheidende Rolle. Man muß sich bei der Planung deshalb mit der Historie der Bauentwicklung auskennen, um die schützenswerten Teile echt definieren zu können. Hierbei kann es um Einzelobjekte oder auch um ganze Ensembles gehen, die einen vollen Straßenzug ausmachen." (ebd., S. 205).

Zur **Dorfgestaltung** und zu den bedeutsamen **Baudetails** eines Dorfes gehören nach G. HENKEL 2004⁴a u. a. (vgl. Abb. 5.20 in diesem Band):
(1) Ortsbild und Ortslage: Einpassung in die Topographie, abwechselnde Perspektiven, einheitliche Dachlandschaft, lokalspezifische Baumaterialien;
(2) Gebäudegruppen, Straßenräume, Ensemblebildung: Rhythmus des Straßen- und Wegeverlaufs, Platzbildungen, Stellung der Gebäude zueinander;
(3) Gebäude und Bauteile: Baustil, Dächer, Farbgebung, Baudetails wie Hauseingänge, spezielles Baumaterial (heute häufig Kunststoffverkleidungen), Gitter, Beschläge;
(4) Straßendetails: Akzentuierung der Straßen- und Hofräume durch Bodenbelag und Begrünung, Bepflasterung, Brunnen, Bäume/Büsche.

Auf allen Betrachtungsebenen lassen sich typische und individuelle Kennzeichen des Dorfes benennen. Dabei muss ein Dorf nicht unbedingt Museumscharakter haben bzw. erhalten. Allgemein gilt, dass in der modernen Entwicklung die Details oftmals unbeachtet geblieben sind. D. h., Dorfgestaltung beginnt im Detail.

Die Beispiele der städtebaulichen Gutachten für die ostwestfälischen Haufendörfer Haaren und Fürstenberg aus dem Jahre 1970, erstellt von der quasistaatlichen Landesentwicklungsgesellschaft NRW, zeigen, welche politischen, aber auch wissenschaftlichen Vorstellungen von der Dorfsanierung vor rund 40 Jahren vorherrschten (vgl. G. HENKEL 2004⁴a, S. 304ff. und Abbn. 76a-c): „Gekennzeichnet vom Idealziel der Verstädterung, geringer Wertschätzung der überlieferten dörflichen Bau- und Sozialstrukturen, insgesamt von Entindividualisierung und Maßlosigkeit gegenüber dem Dorf. Mit „städtebaulichen" Eingriffen wie Ladenstraßen, Terrassenbauten, Fußgängerzonen, überdimensionalen Flachdachblöcken werden die typischen westfälischen (mittelgroßen) Haufendörfer Haaren und Fürstenberg in geradezu klassischer Weise verfremdet" (ebd., S. 306). Glücklicherweise hat die ab 1975 einsetzende Kritik bewirkt, dass diese „vorgesehene maßlose Dorfsanierung weitgehend unterblieb" (ebd.).

Seit ca. 1975 hat das **Dorf** im westlichen Deutschland allgemein und zunehmend eine **neue Wertschätzung** erfahren, die „sich u. a. in innovativen Zielvorgaben und Förderprogrammen der Fachplanungen niederschlägt" (ebd.). Wichtige Grundlagen dazu boten (nach G. HENKEL 2004⁴a, S. 306f.):
(1) das **Bundesraumordnungsprogamm** (1975) und die ihm folgenden Planungsgesetze der Länder, die ausdrücklich gleichwertige Lebensbedingungen und die Beseitigung von Disparitäten im ländlichen Raum forderten;
(2) das **Europäische Denkmalschutzjahr** von 1975, das zunächst wohl in den Städten, verspätet aber auch auf dem Lande eine neue Bewusstseinsänderung in Bezug auf die Erhaltung und Wiederbelebung überkommener Bausubstanzen zur Folge hatte;

Zu ergänzen wäre in diesem bereits sehr differenzierten Ziel- und Maßnahmenkatalog insbesondere der Aspekt der nachhaltigen Dorfentwicklung im Sinne der Agenda 21.

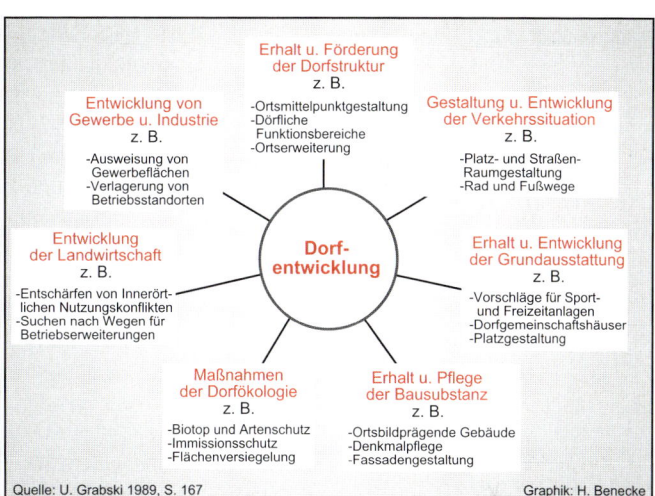

**Abb. 5.21
Aspekte und Maß-
nahmen der Dorf-
entwicklung
nach U. Grabski**

(3) die o. g. **Novellierung des Flurbereinigungsgesetzes** von 1976, das von der früheren sog. Ortsauflockerung als Teilmaßnahme Abstand nahm und erstmals „die komplexe Aufgabe der Dorferneuerung als wesentlichen Bestandteil der Flurbereinigung (§ 37)" nannte (ebd., S. 307);
(4) die Aufnahme der Dorferneuerung in das sog. **Zukunftsinvestitionsprogramm des Bundes und der Länder (ZIP)** zur Verbesserung der Agrarstruktur und des Küstenschutzes im Jahre 1977. „Der politische Impuls des Programms eröffnete auf breiter Front ein Nachdenken über Inhalte und Verfahren der Dorferneuerung bzw. Dorfentwicklung (...) sowie über den Stellenwert des Dorfes in unserer Gesellschaft" (ebd.).
(5) Hinzu kommt in jüngerer Zeit das mehr und mehr verfolgte **Prinzip nachhaltiger Entwicklung** (auch) in vielen ländlichen Gemeinden mit Erstellung einer **Lokalen Agenda 21** mit (zunächst noch) ökologischer Schwerpunktsetzung (ebd., S. 389ff.). Nachhaltige Siedlungs- oder Raumentwicklung ist auch eine neue Vorschrift im novellierten **Bundesraumordnungsgesetz mit Wirkung vom 01.01.1998.**

(6) Seit den Beschlüssen der EU zur sog. Agenda 2000 im Jahre 1999 verfolgt die EU-Agrarpolitik zur Förderung des ländlichen Raumes durch den sog. Europäischen Ausrichtungs- und Garantiefonds für die Landwirtschaft (EAGFL-Verordnung) einen eigenständigen Ansatz der Strukturentwicklung (T. BÜHNER 2001/2002, S. 5). Das Förderspektrum mit den drei Maßnahmen zur Verbesserung der Wettbewerbsfähigkeit der Agrarwirtschaft, der ländlichen Entwicklung sowie der Umwelt- und Ausgleichsmaßnahmen betrifft auch die Flurbereinigung und Dorferneuerung.

In Anlehnung an G. HENKEL (1979b, 1999[3]) und U. GRABSKI (1989) lassen sich unterschiedliche **Sektoren bzw. Aufgaben der Dorferneuerungsförderung** unterscheiden - von der Verbesserung der landwirtschaftlichen Betriebsverhältnisse bis hin zur ökologischen bzw. nachhaltigen Dorfentwicklung (s. Abb. 5.21 und Kasten 5.11).

Das vom nordrhein-westfälischen MINISTERIUM FÜR UMWELT, RAUMORDNUNG UND LANDWIRTSCHAFT (MURL) über fünf Jahre geförderte **Modellprojekt „Ökologisches Dorf der Zukunft"** (vgl. Abschlussbericht

Kasten 5.11 Aufgaben der Dorferneuerungsförderung
in Anlehnung an G. HENKEL (1979b, 1999[3], 2004[4]) und U. GRABSKI (1989) u. a. (vgl. auch Abbn. 5.20-5.23)

(1) **Verbesserung der landwirtschaftlichen Betriebsverhältnisse**;

(2) **Verbesserung der örtlichen Verkehrsverhältnisse (Dorfstraßen und -plätze)**; dazu zählen heute die Herausnahme des Verkehrs aus der Ortslage, der Rückbau überdimensionierter Straßen, die Verkehrsberuhigung; Dorfstraßen und -plätze sollen wieder zu vielschichtigen Lebensräumen der Dorfbewohner gestaltet werden (s. Abb. 5.22);

(3) **Verbesserung der kommunalen Grundausstattung bzw. Infrastruktur** (vgl. das Beispiel Saerbeck unter 5.4.2);

(4) **Förderung der dörflichen nicht-landwirtschaftlichen Arbeitsplätze** (Gewerbe und private Dienstleistungen);

(5) **Verbesserung der baulichen Ordnung** Dorfbildpflege einschl. Maßnahmen der Denkmalpflege. Wichtig ist die erhaltende Dorferneuerung. Dazu zählt z. B. die ländliche Hausgestaltung unter Berücksichtigung regionaltypischer und ökologischer Bauformen; eine besondere Bedeutung kommt dabei der Dorfmitte zu (vgl. Abb. 5.22). Wichtig ist die Aufstellung einer Ortsbild- oder Gestaltungssatzung; das Hauptproblem bildet in vielen Fällen die Verödung/Entleerung der alten Dorfbereiche bzw. -kerne;

(6) **Förderung der Dorfgemeinschaft** (Gemeinschaftsleben) einschließlich selbsttragender Bürgerprojekte; dazu zählt insbesondere auch die Mitwirkung der Dorfbewohner bei der Planung und Durchführung der Dorferneuerung;

(7) **Maßnahmen der Dorfökologie** (u. a. Begrünung und Gewässer, z. B. Offenlegung verrohrter Dorfbäche) bzw. **nachhaltigen Dorfentwicklung** im Sinne der Agenda 21. G. HENKEL 1999[3] weist zu Recht darauf hin, dass „die Dörfer und Städte nur nachhaltig sein (können), wenn sie eine dauerhafte Balance zwischen ökonomischen, ökologischen und kulturell-sozialen Interessen finden" (ebd.; vgl. auch Abb. 88 in G. HENKEL 2004[4]a).

(8) **Aktionen wie „Unser Dorf soll schöner werden"**

MURL 1998) zeigt beispielhaft anhand der beiden Modelldörfer Benroth in der Gemeinde Nümbrecht (Oberbergischer Kreis) sowie Ottenhausen in der Stadt Steinheim (Kreis Höxter), inwieweit neben ökonomischen und sozialen Zusammenhängen heute vor allem auch die ökologisch orientierte Entwicklung der Dörfer berücksichtigt und damit zugleich angestrebt wird, ein größeres ökologisches Verständnis in der Bevölkerung zu fördern.

„Die **Handlungsfelder der ökologisch orientierten Dorfentwicklung** sollten sich entsprechend den jeweiligen örtlichen Gegebenheiten aus der folgenden Übersicht ableiten:

- Flächennutzung: Siedlungsstruktur, Klima, Boden, Wasser, Landschaftspflege und Naturschutz, Fremdenverkehr und Sport;
- Landwirtschaft: Kooperationsmodelle, ökologischer Landbau, Dienstleistungslandwirtschaft, nachwachsende Rohstoffe;
- Verkehr: Verkehrsberuhigung, Entsiegelung, Fuß- und Radwege, Ortseinfahrten, ÖPNV;
- Abwasser und Abfall: Abfallvermeidung und -verwertung, Reststoffbeseitigung, Abwasservermeidung, Klärschlamm;
- Energieversorgung: Reduzierung des Primärenergieeinsatzes, Einsatz regenerativer Energien, Biogas, Kraft-Wärme-Koppelung;
- Bauen, Wohnen und Wohnumfeld: Einsatz umweltverträglicher, gesundheitsfördernder und einheimischer Baustoffe, Reduzierung der Eingriffe in den Naturhaushalt und das Ortsbild, Erhaltung charakteristischer Bauformen, Sicherung von Freiflächen, Wohnumfeldverbesserung, Denkmalpflege, frauen- und familiengerechte Dorfentwicklung" (ebd., S. 9; vgl. auch die im Anhang wiedergegebenen differenzierten Ausschreibungsbedingungen zum Modellprojekt „Ökologisches Dorf der Zukunft" sowie die differenzierten Ergebnisse im o. g. Band).

„Je nach dem Umfang der Mängel, die in einer Grobanalyse festgestellt werden, unterscheidet man die objektweise, die bereichsweise und die umfassende Dorferneuerung" (E. Batz 1990, S. 206). **Objektweise Dorferneuerung** ist die Verbesserung von individuell festzulegenden Einzelobjekten (Bauplanung genügt). **Bereichsweise Dorferneuerung** befasst sich mit den im Zusammenhang zu betrachtenden Einzelobjekten in einem oder mehreren Bereichen des Dorfes; hierbei ist eine intensive Planung unter Beachtung der Verbindung zur Gesamtortslage erforderlich. **Umfassende Dorferneuerung** heißt: Das Dorf wird in der Gesamtheit mittels städtebaulicher Planung berücksichtigt.

Eines der vielen bei der Dorferneuerung anstehenden Probleme ist, „nutzlos gewordene Gebäude einer anderen Verwendung zuzuführen, ohne den Charakter dieses Dorfes entscheidend zu wandeln. Hierfür bieten sich in der Nähe der Ballungsgebiete durchaus Lösungsmöglichkeiten an, in den peripheren Räumen wird dies zu einem echten Problem" (E. Batz 1990, S. 205): Dort ist der Verfall der historischen Bausubstanz vorprogrammiert; Mittel des Denkmalschutzes reichen zur Erhaltung i. Allg. nicht aus.

„Um sicherzustellen, daß Dorferneuerung jeweils nur auf der Basis eines qualifizierten Konzepts durchgeführt wird, wurde von Bund und Ländern der **Dorferneuerungsplan** institutionalisiert" (G. Henkel 2004[4]a, S. 308). Dieser besteht aus drei Teilen: (1) individuelle Bestandsanalyse eines Dorfes (Erfassung sozio-kultureller, baulich-formaler, ökonomischer und ökologischer Dorfstrukturen, z. B. eine Ortsbildanalyse oder -inventarisierung, für die spezielle

Abb. 5.22 Wülferoder Dorfplatz nach abgeschlossener Platzgestaltung (aus: K. Hoyer 1987)

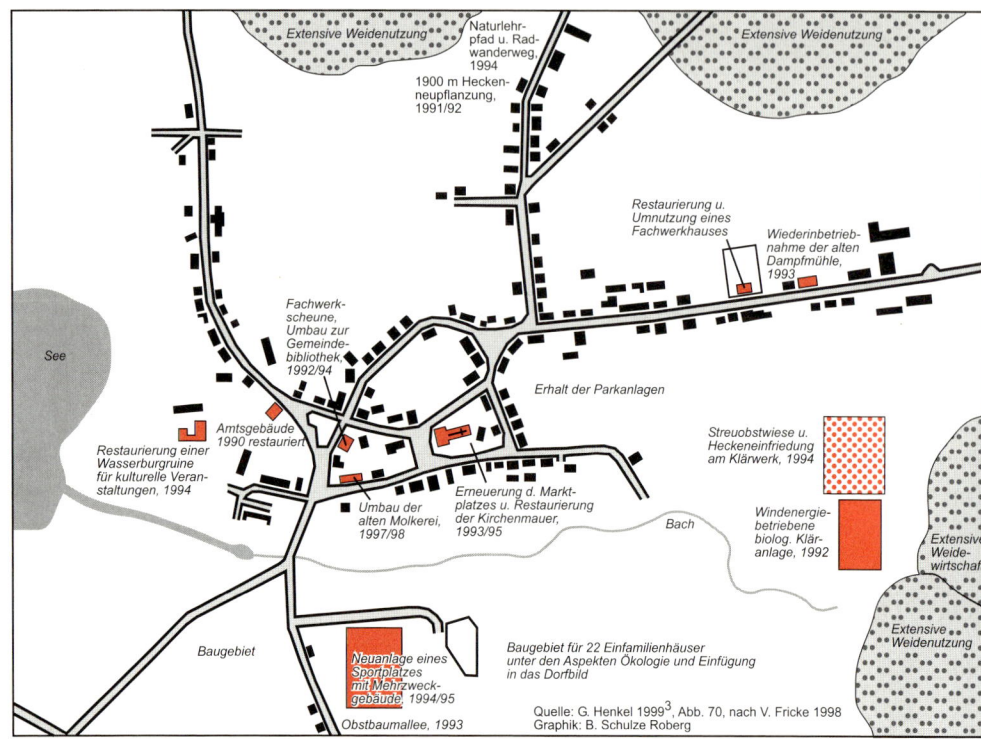

Naturlehr-
pfad u. Rad-
wanderweg,
1994

1900 m Hecken-
neupflanzung,
1991/92

Extensive Weidenutzung

Extensive Weidenutzung

Restaurierung u.
Umnutzung eines
Fachwerkhauses

Wiederinbetrieb-
nahme der alten
Dampfmühle,
1993

Fachwerk-
scheune,
Umbau zur
Gemeinde-
bibliothek,
1992/94

See

Erhalt der Parkanlagen

Amtsgebäude
1990 restauriert

Streuobstwiese u.
Heckeneinfriedung
am Klärwerk, 1994

Restaurierung einer
Wasserburgruine
für kulturelle Veran-
staltungen, 1994

Umbau der
alten Molkerei,
1997/98

Erneuerung d. Markt-
platzes u. Restaurierung
der Kirchenmauer,
1993/95

Bach

Windenergie-
betriebene
biolog. Klär-
anlage, 1992

Extensive
Weide-
wirtschaft

Baugebiet

Neuanlage eines
Sportplatzes
mit Mehrzweck-
gebäude, 1994/95

Baugebiet für 22 Einfamilienhäuser
unter den Aspekten Ökologie und Einfügung
in das Dorfbild

Extensive
Weidenutzung

Obstbaumallee, 1993

Quelle: G. Henkel 1999[3], Abb. 70, nach V. Fricke 1998
Graphik: B. Schulze Roberg

Abb. 5.23 Dorferneuerung mit ökologischen Schwerpunkten in Gerswalde/Brandenburg von 1990-1998

Kenntnisse der Historischen Siedlungsgeographie erforderlich sind);
(2) Bestandsbewertung mit -prognose;
(3) Planungskonzept mit Maßnahmen- und Kostenplan. Siehe dazu und zu der heutigen Dorferneuerungspraxis im Einzelnen G. Henkel 2004[4]a, S. 208ff.; vgl. auch die Entwicklung eines Dorferneuerungsplans in K. Hoyer 1987 (s. auch Abb. 5.22) sowie zu den Leitbildern und Merkmalen der Dorfentwicklung und Dorferneuerung in Westdeutschland mit einigen Vergleichen zu der früheren DDR Kasten 5.12.

„In der ehemaligen DDR hat es eine der Dorfsanierung oder Dorferneuerung vergleichbare staatliche Förderung nicht gegeben. Die Modernisierungs- und Bauaktivitäten in den Dörfern konzentrierten sich auf die neu errichteten LPG-Wirtschaftsgebäude, die Geschoßwohnungsbauten und öffentliche Einrichtungen wie Kulturhäuser und Kindergärten. Die Pflege und Modernisierung der „privaten" Bausubstanz blieb den begrenzten Möglichkeiten der Eigentümer überlassen. Durch das Fehlen der Förderprogramme zur Modernisierung und Ortspflege vermittelten die alten Dorfbereiche bei der Wiedervereinigung 1990 teilweise das (malerische) Bild der 50er Jahre, teilweise aber auch des Verfalls.

In allen neuen Bundesländern sind inzwischen einschlägige Ämter für Landwirtschaft und ländliche Neuordnung o. ä. eingerichtet worden. Diese haben einmal die Neuvermessung und Neugestaltung der Flur entsprechend der sich nun bildenden Besitz-

Kasten 5.12 Leitbilder und Merkmale der Dorfentwicklung in Westdeutschland (mit Vergleichen zur DDR) nach dem Zweiten Weltkrieg (aus: H. R. Bork/G. Henkel 2002, S. 60)	
„1945/50- 1965:	• Neubausiedlungen am Dorfrand • „Ortsauflockerung" • Aussiedlung landwirtschaftlicher Betriebe in die Flur • Bodenreform und landwirtschaftliche Produktionsgenossenschaften (LPG) in der DDR
1965-1976/77:	• „Dorfsanierung", unter anderem Flächensanierung, Gebäudemodernisierung, Straßenausbau zum autogerechten Dorf, städtebauliche Arroganz gegenüber dem Dorf • „Wachsen oder Weichen" für die Landwirtschaft • Reformen nach dem Zentrale-Orte-Modell, unter anderem Kommunale Gebietsreform, Zentralisierungen von Schule, Polizei, Post, Krankenhaus • starke Arbeitsplatz- und Infrastrukturverluste • Industrialisierung der Landwirtschaft in der DDR • Insgesamt Phase starker Fremdbestimmung des Dorfes
1977-1990:	• „Erhaltende Dorferneuerung" kommt dem überlieferten Dorf- und Flurbild zugute, Revitalisierung der Ortskerne • Bürgerinitiativen bringen Innovationen zum Denkmal- und Naturschutz • anhaltende Infrastrukturverluste
1990 bis heute:	• Betonung der endogenen Potenziale des Dorfes, ökologisch, ökonomisch, kulturell-sozial und politisch • Renaissance der Heimatvereine und anderer lokaler Aktivitäten, unter anderem Errichtung von Heimatstuben, geschichtlichen und naturkundlichen Lehrpfaden und Dokumentationen • wachsendes Selbstbewusstsein des Dorfes • Nachhaltigkeit und Lokale Agenda 21, das Dorf erkennt seine Nachhaltigkeitsvorteile gegenüber der Stadt • Bürgerbüro - Bürgerladen - KOMM-IN; neue Versuche, die Infrastrukturverluste in Dörfern zu stoppen

strukturen und im Sinne einer ökologischen Flurbereicherung sowie einer sinnvollen Feldwegeerschließung zur Aufgabe. Dazu kommt das im Westen bewährte Förderprogramm der ganzheitlichen Dorferneuerung, für das seit 1990 zu Recht große finanzielle und personelle Mittel bereitgestellt werden. Die Ergebnisse können sich bereits jetzt sehen lassen. Die Dorferneuerung hat in den neuen Ländern nicht nur quantitativ, sondern auch qualitativ ein hohes Niveau erreicht, z. B. hinsichtlich ganzheitlicher und innovativer Konzepte" (G. Henkel 2004[4]a, S. 319); vgl. das brandenburgische Beispiel Gerswalde in Abb. 5.23.

Kasten 5.13 Literaturauswahl zur Ergänzung und Vertiefung des Kapitels 5

• **Zur Einführung in die Geographie ländlicher Siedlungen/Forschungs- und Tagungsberichte/ Sammelband:**
A. Borsdorf/K. Zehner 2005 (Einfü3hrung in die Siedlungsgeographie); J. Niggemann 1984, E. Gormsen 1989 (Einführung in den Strukturwandel ländlicher Siedlungen); M. Born 1970, E. Glässer 1969, G. Henkel 2001, C. Lienau 1989, H.-J. Nitz 1980, 1984, W. Schenk 2000 (Forschungsberichte); H.-J. Nitz 1979 (Forschungsbericht über das wissenschaftliche Werk von M. Born); G. Henkel 2004b (Bericht über 27 Jahre interdisziplinärer Arbeitskreis Dorfentwicklung); G. Henkel 1983 (Sammelband mit Forschungsbeiträgen)

• **Lehrbücher zur Geographie ländlicher Siedlungen/Geographie des ländliches Raumes:**
M. Born 1977, Dt. Inst. f. Fernstudien an d. Universität Tübingen 1988-1990, C. Lienau 1995², G. Schwarz 1989⁴ (Lehrbücher zur Geogr. ländlicher Siedlungen/Dorfentwicklung); G. Henkel 1999³, 2004⁴ (Lehrbuch zur Geogr. d. ländlichen Raums); F. Bröckling/U. Grabski-Kieron/C. Krajewski 2004 (Stand u. Perspektiven d. dt.-sprachigen Geogr. d. ländlichen Raums)

• **Entwicklung und Neuordnung ländlicher Räume in Deutschland/ländliche Regionalentwicklung:**
E. Gormsen/H. Schürmann 1989, U. Grabski-Kieron 2000, R. Wiessner 1999 (Strukturforschung im ländlichen Raum); E. Batz 1990, H. R. Bork/G. Henkel 2002, H. Bucher 2004, G. Henkel 1984b, 1996 (Entwicklung(sperspektiven)/Neuordnung d. ländlichen Raums); F. Bröckling 2004, T. Bühner 2001/2002 (ländliche Regionalentwicklung)

• **Dörfer/ländliche Siedlungen/Siedlungsformen:**
K. Friedrich/B. Hahn/H. Popp 2002, E. Glässer 2000, K. H. Schröder/G. Schwarz 1978² (ländliche Siedlungsformen mit ihrer Entwicklung u. Verbreitung); J.-B. Haversath/A. Ratusny 2002b, IfL 2002 (traditionelle Ortsgrundrissformen u. neuere Dorfentwicklung); H. Uhlig/C. Lienau 1972 (Terminologie der Siedlungen des ländliches Raums); W. Leitner 1981, H. Ruppert 1985, W. Rösener 1999 (Dörfer im Wandel); B. Vits 1999 (Sozialgenese von Haufendörfer)

• **Dorfentwicklung und Ökologie:**
U. Grabski 1989, Ministerium f. Umwelt, Raumo. u. Landwirtschaft d. Landes Nordrhein-Westfalen 1998, U. Grabski-Kieron/J. Knieling 1998

• **Dorfentwicklung unter dem Einfluss von Großstädten/Urbanisierung:**
F. Dückmann 2004, G. Henkel 2000, K. Hoyer 1987, Landschaftsverband Westfalen-Lippe, Westfälisches Amt f. Landes- u. Baupflege 1998

• **Flur und Flurformen:**
H. Uhlig/C. Lienau 1978² (Terminologie)

• **Haus- und Gehöftformen/bäuerliche Anwesen in ländlichen Siedlungen Mitteleuropas:**
J.-B. Haversath/A. Ratusny 2002a, K. H. Schröder 1974 (Bauernhaustypen); H. Ellenberg 1990 (Bauernhäuser aus ökologischer u. historischer Sicht)

• **Flurbereinigung und Dorferneuerung/Dorfmarketing in Deutschland:**
F. J. Lillotte 1983, E. Weiss 1989 (Entwicklung der Flurbereinigung/ländlichen Bodenordnung); G. Henkel 1979a (Flurbereinigung u. Dorferneuerung); G. Henkel 1979b (Dorferneuerungsplan u. genetische Siedlungsgeographie); G. Henkel 1982, 1984a, 1999a, A. Herrenknecht 1999 (Dorferneuerung, Entwicklung der Dorferneuerung); G. Heinritz/R. Wiessner 1997 (Dorferneuerung u. Bürgerbeteiligung); M. Knievel/C. Täube 1999 (ganzheitliche u. geistige Dorferneuerung); H. Rakow 1999 (Dorferneuerung in Ostdeutschland); K. H. Schneider 1999 (Dorferneuerung in Westdeutschland); P. Jahnke 1993 (Dorferneuerung u. regionale Identität); H. Schürmann 1999 (Dorfmarketing)

6 Einführung in die Stadtgeographie

**Stadtforschung, Verstädterung und Agglomerations-
räume, Städtesysteme und Städtetypen,
Modelle und Theorien der Stadtentwicklung**

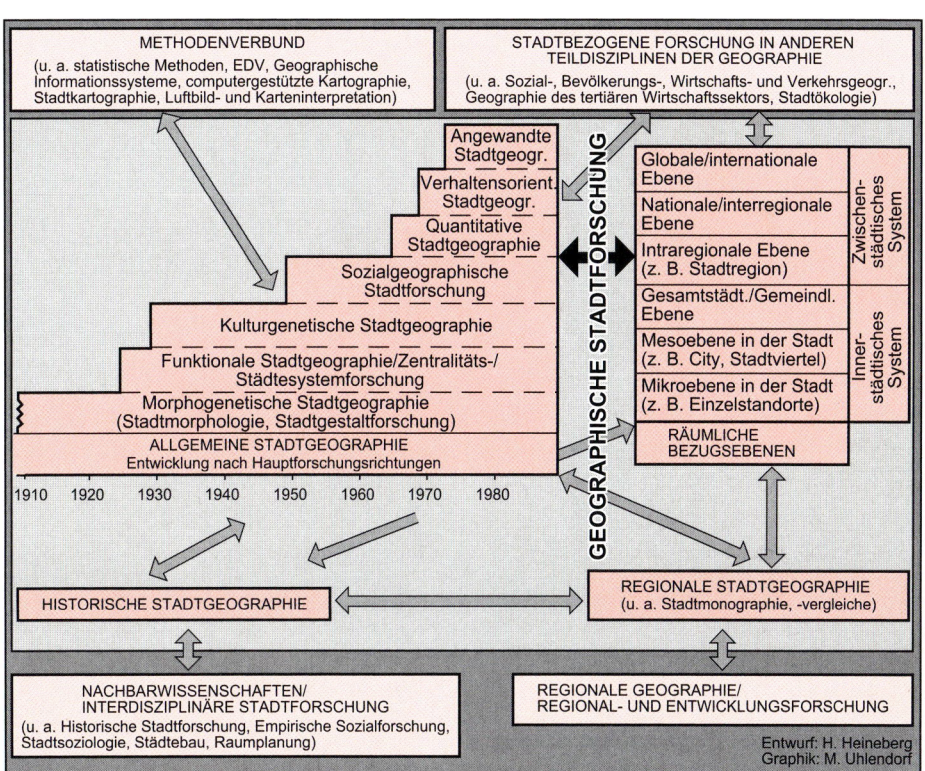

Abb. 6.1 Die Stadtgeographie im Rahmen der interdisziplinären Stadtforschung

6.1 Stadtgeographie im Rahmen interdisziplinärer Stadtforschung

6.1.1 Stadtgeographie und Stadtforschung. Die **Stadtgeographie** ist eine der traditionsreichsten und wichtigsten Teildisziplinen der Anthropogeographie/Humangeographie. Ihr Ziel ist die raumbezogene Erforschung städtischer Strukturen, Funktionen, Prozesse und Probleme. Mit ihren Aufgaben überschneidet sie sich jedoch inhaltlich mit einer Reihe weiterer **Teilgebiete der Geographie**, z. B. mit der Bevölkerungsgeographie (u. a. Analyse gruppenspezifischer Mobilität in Wohngebieten) oder etwa mit der Geographie des tertiären Wirt-

Interdisziplinarität der Stadtgeo (handwritten)

schaftssektors (z. B. Standortfragen des Einzelhandels oder von Bürodienstleistungen).

Gebräuchlich ist heute auch die Bezeichnung **Geographische Stadtforschung** als übergreifende und integrierende Bezeichnung bzw. als Anteil der Geographie an der (raumbezogenen) interdisziplinären Stadtforschung (Abb. 6.1). Denn **Stadtforschung** wird heute nicht nur in den Geistes- und Sozialwissenschaften, sondern auch in der Planungspraxis und Kommunalpolitik immer mehr als interdisziplinäres Wissenschaftsbzw. Arbeitsgebiet angesehen. Daran beteiligen sich zahlreiche **andere Wissenschaftsdisziplinen**, darunter vor allem die Politik- und Verwaltungswissenschaften, Rechtswissenschaften (insbes. Bau- und Planungsrecht), Städtebau, Stadt- und Sozialgeschichte, Stadtökonomie, Stadtplanung und Architektur, Stadtsoziologie, Verkehrswissenschaft sowie auch die Volkskunde.

6.1.2 Forschungsrichtungen der Allgemeinen Stadtgeographie. Die Allgemeine Stadtgeographie ist heute durch eine Reihe von **Hauptforschungsrichtungen** geprägt, die sich in der Wissenschaftsentwicklung seit Ende des 19. Jh.s herausgebildet haben (Abb. 6.1). Über die Anzahl und Benennungen einzelner Forschungszweige bestehen unterschiedliche Auffassungen (vgl. z. B. H. FASSMANN 2004, s. 16ff., H. HEINEBERG 2006[3]a, Kästen 1.1, 1.2). Die Forschungsfelder der Stadtgeographie sind nicht nur durch vielfältige Beziehungen untereinander, sondern auch durch erhebliche inhaltliche Überlappungen gekennzeichnet: In stadtgeographischen Untersuchungen stellt die Kombination unterschiedlicher Forschungsansätze heute eher die Regel als die Ausnahme dar. Dies gilt vor allem für inhaltlich umfassende Stadtmonographien, komplexere Gesamtdarstellungen einzelner Verdichtungsräume oder auch für Untersu-

chungen regionaler oder nationaler Städtesysteme (**Regionale Stadtgeographie**).

• **Die morphogenetische Stadtgeographie** (auch **Stadtmorphologie** genannt) ist die disziplingeschichtlich älteste Arbeitsrichtung; sie hat die Analyse der **Stadtgestalt** sowie die Genese der Formelemente der Städte zum Forschungsgegenstand (morphogenetisch = Gestalt bildend). Dies betrifft folgende Merkmale, die auch einzeln oder in unterschiedlicher Kombination für **morphogenetische Stadtgliederungen** berücksichtigt werden können:
• Grundrissgestaltung (historisches Straßennetz und Parzellenstruktur, s. Abb. 6.2),
• Aufrissgestaltung (historische Haus- und Bautypen, s. Abb. 6.3),
• historische Raumstruktur und Sichtbeziehungen sowie
• kulturhistorische, stadtentwicklungsgeschichtliche und bauepochale Phänomene; dazu zählen die historische Stadtentstehung, -entwicklung und Städtetypen in Mitteleuropa (vgl. im Einzelnen H. HEINEBERG 2006[3]a).

Die morphogenetische Stadtgeographie hat sich in den vergangenen Jahrzehnten u. a. auch an der Grundlagenforschung zur Stadterneuerung und -erhaltung sowie an der Stadtimagepflege beteiligt. Zu Entwicklung, Bedeutung und Stellung der geographischen Stadtmorphologie im interdisziplinären und internationalen Rahmen vgl. H. HEINEBERG 2006b.

• **Die funktionale Stadtgeographie** besitzt ebenfalls eine längere Tradition. Bereits in den 1920er und 1930er Jahren wurden sog. **funktionale Raumeinheiten** innerhalb der Städte (z. B. City, Wohnviertel, Industrie- und Gewerbegebiete) und deren raumzeitliche Veränderungen untersucht bzw. abgegrenzt (**funktionale Stadtviertel**).

morphogenetische Stadtgeo: Stadtgestalt (handwritten)

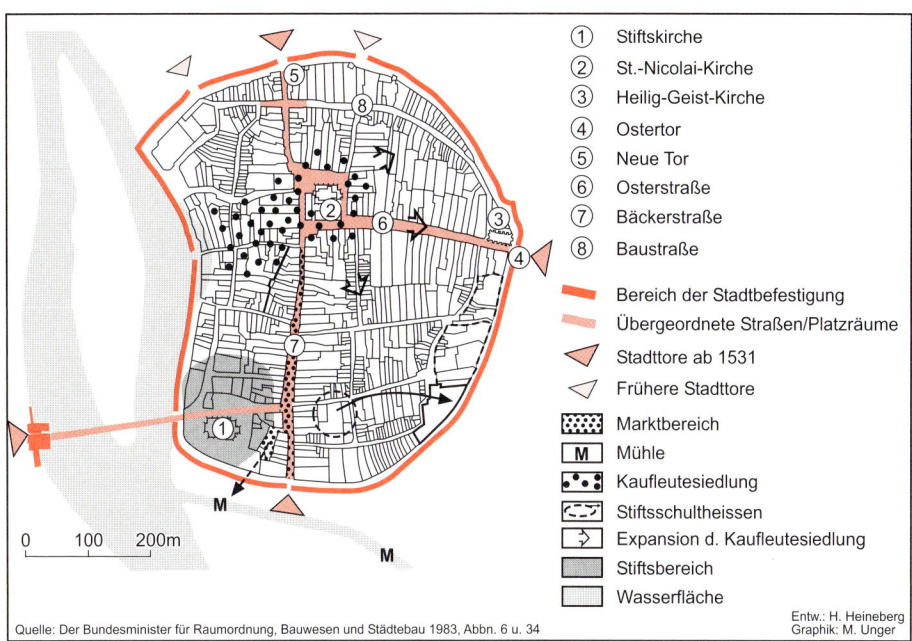

① Stiftskirche
② St.-Nicolai-Kirche
③ Heilig-Geist-Kirche
④ Ostertor
⑤ Neue Tor
⑥ Osterstraße
⑦ Bäckerstraße
⑧ Baustraße

━━━ Bereich der Stadtbefestigung
━━━ Übergeordnete Straßen/Platzräume
◁ Stadttore ab 1531
◁ Frühere Stadttore
▨ Marktbereich
M Mühle
•‥• Kaufleutesiedlung
⌐‿⌐ Stiftsschultheissen
↱ Expansion d. Kaufleutesiedlung
▨ Stiftsbereich
☐ Wasserfläche

0   100   200m

M

M

Quelle: Der Bundesminister für Raumordnung, Bauwesen und Städtebau 1983, Abbn. 6 u. 34

Entw.: H. Heineberg
Graphik: M. Unger

Abb. 6.2   Altstadt von Hameln: Historische Parzellenstruktur und Stadtgrundriss

Abb. 6.3   Altstadt von Hameln: Historische Bausubstanz und Aufenthaltsqualität in der Osterstraße (Fußgängerbereich) Foto: H. Heineberg 9.8.2000

Kasten 6.1 Citybildung und -entwicklung

Citybildung beinhaltet den Funktionswandel des zentralst gelegenen Standortraumes einer Stadt (meist Großstadt). Dieser Wandel ist durch eine zunehmende Konzentration von Einzelhandels- sowie öffentlichen und privaten Dienstleistungseinrichtungen mit erheblicher zentralörtlicher Bedeutung und (zumindest in der frühen Entwicklung) eine dadurch bedingte starke Abwanderung oder Verdrängung der Wohnbevölkerung gekennzeichnet. Die Bevölkerungsabnahme wird häufig als (negatives) Merkmal der Citybildung gewählt, zumal sie auch datenmäßig oft gut zu erfassen ist. Der Citybildungsprozess ist zudem durch eine Reihe weiterer Merkmale wie Ansteigen der Bodenpreise, Zunahme der Verkehrsdichte, Verdichtung der Bebauung etc. charakterisiert (nach H. HEINEBERG 2006³a, S. 169f.; zu Citymerkmalen vgl. Kasten 6.2 in diesem Band).

Neuere Untersuchungen innerhalb der funktionalen Stadtgeographie haben sich z. B. den folgenden Problemstellungen und Aspekten gewidmet:

• der historischen Dimension der gesamten Citybildung bzw. -entwicklung (Kasten 6.1) sowie der **funktionalen Cityausstattung** (vgl. Citydefinition in Kasten 6.2 sowie Abb. 6.4),

• speziellen Dienstleistungs- und **Büronutzungen** sowie deren Standortdynamik, -persistenz und -dekonzentration,

• der Planung, Standortentwicklung und -problematik, Ausstattung, Typisierung und

---

Kasten 6.2 Citydefinition

City (engl. *city centre* oder *downtown*) ist in erster Linie ein Funktionsbegriff. City ist der zentralst gelegene Teilraum (zentraler Standortraum) einer größeren Stadt (meist Großstadt) mit einer räumlichen Konzentration hochrangiger zentraler Funktionen des tertiären und quartären Sektors, deren Standorte

• vielfältig miteinander in Beziehung stehen, d. h. sog. **Standort- oder Funktionsgemeinschaften** (z. B. von Einzelhandel, Gastronomie, Arztpraxen etc. in einer Hauptgeschäftsstraße) bilden,

• i. Allg. räumlich gegliedert sind und damit sog. **funktionale Viertel** ausmachen (z. B. Bankenviertel, Hauptgeschäftsstraßen) und

• durch eine differenzierte Entwicklungsdynamik gekennzeichnet sind. Zu diesen **Citymerkmalen** treten weitere hinzu, die mit unterschiedlichem, vom jeweiligen Stadttyp abhängigen und auch aufgrund historischer Funktionen bestimmten Gewicht den „Funktionsraum City" prägen:

• Abnahme der Wohnbevölkerung seit Beginn des modernen Citybildungsprozesses (2. Hälfte des 19. Jh.s);

• Überwiegen der **Tag-** gegenüber der **Nachtbevölkerung** (letztere umfasst als Wohnbevölkerung z. B. zugewanderte, familiär ungebundene, in der City beschäftigte Bevölkerungsgruppen);

• geringer Anteil des Verarbeitenden Gewerbes; allerdings bestehen in Citygebieten durchaus bestimmte produzierende Gewerbebranchen (beispielsweise Druckereien, Bekleidungsgewerbe), dabei häufig an historisch-persistenten Standorten;

• eine insgesamt **hohe Arbeitsplatzdichte**;

• die besondere **Verkehrsstellung und -belastung**: hohe Dichten des öffentlichen Personennahverkehrs, des Fußgänger- und z. T. auch noch des motorisierten Individualverkehrs (MIV) sowie in einer Reihe von Städten auch des Fahrradverkehrs (Beispiele: die Städte Erlangen, Freiburg, Münster oder vor allem auch niederländische Städte);

• flächenbeanspruchende Einrichtungen für den **ruhenden Verkehr** (große Parkplätze, Parkhäuser etc.);

• **hohe Boden- und Mietpreise** mit relativ großen Bodenwertzuwachsraten;

• besondere **physiognomische Merkmale**: u. a. hohe Bebauungsdichte, großer Repräsentationsaufwand, Schaufensterdichte, Geschäftspassagen, Arkaden, cityintegrierte Shopping-Center (nach H. HEINEBERG 2006³a, S. 170).

Inanspruchnahme **neuer Einkaufszentren** oder **großflächiger Einzelhandelseinrichtungen** an häufig peripheren Standorten (vgl. im Einzelnen H. HEINEBERG 2006³a, Kap. 7, sowie 3.7.2 in diesem Band).

Grundsätzlich gilt, dass eine wachsende Anzahl von Beiträgen der funktionalen Stadtgeographie eine wesentliche Bedeutung als Grundlagenuntersuchungen für die Kommunal- oder Stadtplanung besitzt.

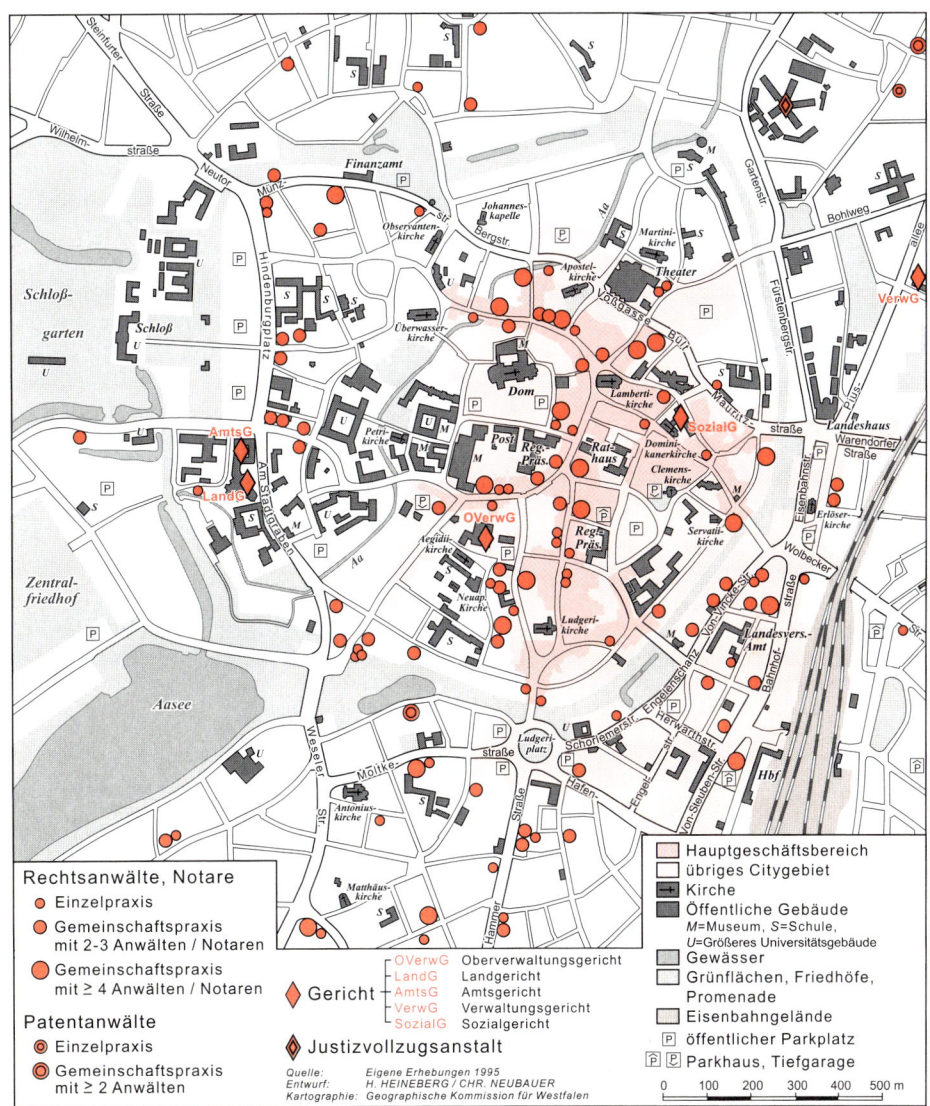

Abb. 6.4   Münster-Innenstadt: City, Hauptgeschäftsbereich und ausgewählte Merkmale der funktionalen Ausstattung (Nutzungen) 1995

Theorie d. zentralen Orte

• **Zentralitätsforschung**. Bereits in dem klassischen Beitrag von H. Bobek über „Grundfragen der Stadtgeographie" (1927) finden sich Ausführungen über die Reichweiten von Funktionen. Allerdings gelang es erst dem Geographen W. Christaller (Abb. 3.55) mit seinem Werk über „Die zentralen Orte in Süddeutschland" (1933), einschließlich der theoretischen Ableitung seiner bahnbrechenden **Theorie der Zentralen Orte** (vgl. 3.7.4), die funktionalen Stadt-Land-Beziehungen, d. h. vor allem die sog. **zentralörtlichen Verflechtungen** (oder **Zentralität**), in den Vordergrund stadtgeographischer Analyse zu stellen.

Nicht nur in Deutschland, sondern weltweit wurde bis heute eine Flut von (interdisziplinären) Arbeiten der Zentralitätsforschung veröffentlicht. Die Theorie der Zentralen Orte hat aber nicht nur in der Stadtforschung, sondern auch in der Raumordnung und -planung (Landesentwicklungsplanung, Regional- und Kommunalplanung) eine Schlüsselstellung eingenommen. Von der Geographie sind dazu wesentliche anwendungsbezogene Grundlagenarbeiten beigetragen worden. Zum jüngeren wissenschaftlichen Diskurs um die Fortentwicklung des Zentrale-Orte-Konzepts in der Raumordnung s. H. H. Blotevogel 2002a, c, 2004 und zusammenfassend H. Heineberg 2006³a, S. 98f.

Da die Theorie der Zentralen Orte auch „als Standorttheorie absatzorientierter Betriebe, d. h. insbesondere des tertiären Wirtschaftssektors, und ihrer Marktgebiete" (H. H. Blotevogel 1995, S. 1117) gilt, wird sie in diesem Band im Rahmen der Wirtschaftsgeographie behandelt (vgl. 3.7.4 sowie ausführlicher H. Heineberg 2006³a, Abschnitt 4.3).

• **Städtesystemforschung** (vgl. 6.4.2). Die moderne Städtesystemforschung hat ihre Wurzeln in der Zentralitätsforschung. Man kann ein zentralörtliches System als einen Spezialfall eines allgemeineren, arbeitsteilig organisierten Städtesystems auffassen (H. H. Blotevogel 1983). Dabei sind nicht nur Bestandsaufnahmen regionaler Städtesysteme, d. h. vor allem der Beziehungen zwischen den Städten, von besonderer Relevanz, sondern insbesondere auch die Entstehung regionaler, nationaler oder internationaler **Städtesysteme**, deren prozessuale Veränderungen und zukünftige Entwicklung sowie deren Bedeutung für Belange der Raumordnung.

• **Kulturgenetische Stadtgeographie**. Die kulturgenetische Betrachtungsweise innerhalb der Stadtgeographie reicht mit ihren ersten wegweisenden Arbeiten in die Zwischenkriegszeit zurück. Die kulturgenetische Stadtgeographie hat sich allerdings - wie die Zentralitätsforschung - erst seit den 1950er Jahren zu einer der bedeutendsten Arbeitsrichtungen entwickelt. Untersucht werden kulturraumspezifische Unterschiede u. a. der Urbanisierungsprozesse (Verstädterung) oder etwa der inneren Gliederung der Städte. Dem kulturgenetischen Konzept liegt nach B. Hofmeister (1980) „die Auffassung zugrunde, daß die von der einzelnen Kultur her gegebenen Voraussetzungen und Ausgangspositionen für die allgemein ähnlich verlaufenden Urbanisierungsprozesse einschließlich der inneren Differenzierung der Städte in jedem Kulturraum andere sind (...)" (ebd., S. 5). Von Bedeutung sind insbesondere zahlreiche Arbeiten, die die Entwicklung von Modellvorstellungen sog. **kulturgenetischer oder kulturraumspezifischer Stadttypen** zum Ziel haben. Zu grundlegenden Stadtstruktur- oder Stadtentwicklungsmodellen vgl. 6.5 sowie H. Heineberg 2006³a, Kap. 5 und 11, B. Hofmeister 1996³; zur jüngeren Reorientierung der

Humangeographie (speziell auch der Stadtgeographie) auf das Kulturelle (*Cultural Turn(s)*) s. 1.3.11 in diesem Band.

• **Sozialgeographische Stadtforschung**. Die sozialgeographische Ausrichtung der Anthropogeographie im deutschsprachigen Raum wurde wesentlich durch H. BOBEK (1948) beeinflusst (vgl. 1.3.5 mit Abb. 1.7); sie hat auch zu der Entwicklung einer sozialgeographischen Stadtforschung geführt.

Die Berücksichtigung menschlicher oder **sozialer Gruppen** und Gesellschaften in städtischen Räumen unter prozessualem Aspekt erfolgte in der Geographischen Stadtforschung in stärkerem Maße allerdings erst ab Ende der 1960er Jahre, d. h., nachdem sich die sog. **Münchener Schule der deutschen Sozialgeographie** etabliert hatte (vgl. u. a. K. RUPPERT/F. SCHAFFER 1969).

Den Arbeiten der Münchener Schule muss eine große Innovationswirkung in der deutschen Anthropogeographie, insbesondere auch in der Stadtgeographie, zugeschrieben werden. Die aus sozialgeographischer Perspektive betriebene Stadtforschung beschäftigte sich fortan mit den Daseinsgrundfunktionen oder **Grundfunktionen** (vgl. Kasten 1.8) innerhalb städtisch geprägter Räume, bezogen auf die Aktivitäten von sozialen Gruppen, Schichten oder anderen Merkmalsgruppen. Von erheblicher Bedeutung sind auch die differenzierten Planungsbezüge der sozialgeographischen Stadtforschung im Rahmen der Angewandten Stadtgeographie (s. unten).

Die deutsche Sozialgeographie oder sozialgeographisch orientierte Stadtgeographie darf nicht verwechselt werden mit der sog. *social geography* bzw. *urban social geography* im englischsprachigen Raum, die sich zumeist aktuellen **sozialen Problemen in Städten**, wie z. B. Armut, Ghettobildung oder Rassenkonflikten in Großstädten, wid-

> **Kasten 6.3 Definition „*Gentrification*"**
>
> „Unter Gentrification versteht man einen stadtteilbezogenen Aufwertungsprozeß, der auf der Verdrängung unterer Einkommensgruppen durch den Zuzug wohlhabenderer Schichten basiert und zu Qualitätsverbesserungen im Gebäudebestand führt" (I. HELBRECHT 1996b, S. 2, nach R. J. JOHNSTON 1994[3], S. 216). *Gentrification* im weiteren Sinne beinhaltet auch die mit sozialen Veränderungen einhergehende bauliche, funktionale und symbolische Aufwertung einzelner Stadtviertel (C. KRAJEWSKI 2004, 2006).

met. Eine derartige Arbeitsrichtung beginnt sich innerhalb der deutschen Geographischen Stadtforschung erst in jüngerer Zeit abzuzeichnen (u. a. Arbeiten zur Armut in Städten, z. B. A. FARWICK 1998, 2001, B. HAHN 2003, B. KLAGGE 1998, 2005).

Einen anderen neuen, in der englischsprachigen, aber auch in der deutschen sozialwissenschaftlichen und geographischen Stadtforschung ebenfalls schon weiter verbreiteten Schwerpunkt bildet die Untersuchung **städtischer Lebensstile**, - ein Phänomen, das die klassische soziale Schichtung überlagert bzw. erheblich modifiziert (vgl. z. B. A. KLEE 2001). Ein weiteres, mit der Lebensstilforschung in Zusammenhang stehendes jüngeres Thema der sozialgeographischen sowie vor allem auch der soziologischen Stadtforschung ist die sog. *Gentrification*, die bislang wohl am stärksten von der nordamerikanischen Stadtforschung, in jüngerer Zeit aber auch von der deutschen Stadtgeographie untersucht wurde (z. B. F. FRIEDRICH 2000, I. HELBRECHT 1996b, C. KRAJEWSKI 2006; vgl. Kasten 6.3).

• **Quantitative (und theoretische) Stadtgeographie**. Die Benennung dieser Forschungsrichtung - insbesondere im Vergleich zu den bisher genannten Phasen - ist strittig. Damit kann jedoch besonders herausgestellt

Daseinsgrundfunktionen / Lebensstile / Gentrification

werden, dass die jüngere Geographische Stadtforschung, vor allem beeinflusst durch die Geographie im angelsächsischen Raum, in verstärktem Maße quantitativ und theoretisch orientiert ist. Die Anwendung geostatistischer Methoden, die **EDV-Realisierung** und die Überprüfung bestehender Teiltheorien und Modelle zur Stadtentwicklung sind heute zur Selbstverständlichkeit geworden und kommen in den meisten Forschungszweigen der Stadtgeographie zur Anwendung (z. B. die Benutzung multivariater statistischer Verfahren wie Faktoren- und Clusteranalysen zur sozialräumlichen

---

Kasten 6.4 Forschungsrichtungen der Allgemeinen Stadtgeographie (links) **und Möglichkeiten der inneren Gliederung von Städten** (rechts)

Morphogenetische Stadtgeographie (Stadtmorphologie) auch: **Stadtgestaltforschung**	**morphogenetische (oder morphologische) Stadtgliederungen** = räumliche Gliederungen nach Aufriss- und Grundrissstrukturen oder **Gliederungen nach der Stadtgestalt**
Funktionale Stadtgeographie	**Gliederungen nach Gebäude-/Flächennutzung** oder **funktionale Stadtgliederung** = räumliche Gliederungen nach den jeweils vorherrschenden Nutzungen oder Raumfunktionen bzw. Funktions-Vergesellschaftungen
Sozialgeographische Stadtforschung (Sozialraumanalyse/Faktorialökologie/ quantitative Stadtgeographie)	**Sozialräumliche Stadtgliederungen** = räumliche Gliederungen nach sozialen, sozioökonomischen oder auch demographischen Merkmalen
Zentralitätsforschung (Analyse innerstädtischer Zentralität)	**Funktionsräumliche Stadtgliederungen** = räumliche Gliederungen nach Funktions- oder Kommunikationsbereichen
Verhaltensorientierte Stadtgeographie	**Aktionsräumliche Stadtgliederungen** = räumliche Gliederungen nach den Aktivitäten einzelner Individuen (oder Gruppen) zwischen Wohnstandort(en) und anderen Funktionsstandorten (z. B. Arbeitsplätze, Einkaufsorte, Vereinsstandorte) **Stadtgliederungen nach der subjektiven Raumwahrnehmung**
Angewandte Stadtgeographie	**planungsbezogene Stadtgliederungen** z. B. Abgrenzung sanierungsbedürftiger Gebiete
Weitere spezielle Gliederungsmöglichkeiten:	z. B. nach Bodenwerten, Mietpreisen, Gebäudewerten oder nach Verkehrsdichte, Verkehrsvolumen

menschliches Handeln als Aktion, nicht Reaktion

Gliederung von Städten) oder etwa die Anwendung **Geographischer Informationssysteme** (GIS) bei der Analyse unterschiedlichster Aspekte der stadträumlichen Gliederung sowie Stadtentwicklung und -planung (vgl. N. DE LANGE 2000, 2003; zu quantitativ-analytischen Methoden in der Humangeographie s. P. REUBER/C. PFAFFENBACH 2005).

• **Verhaltens- und handlungsorientierte Stadtgeographie.** Die **verhaltensorientierte (behavioristische) Stadtgeographie** beschäftigt sich seit Anfang der 1970er Jahre insbesondere mit
• der Wahrnehmung und Bewertung städtischer Strukturen und Standorte (z. B. Geschäfte, Gebäude, Straßenräume, Stadtviertel, Ferienorte) sowie mit
• den Zusammenhängen zwischen Raumwahrnehmung/-bewertung (auch Raumerleben, lokale Identifikation mit einem Stadtviertel etc.) und raumrelevantem Verhalten von Individuen oder speziellen Gruppen; dazu zählen beispielsweise Untersuchungen des Einkaufs-, Wohn- und Freizeitverhaltens. Zentrale Forschungsthemen des verhaltenswissenschaftlichen Ansatzes der Stadtgeographie sind somit die Raumwahrnehmung, die Analyse von lokalen Images etc. sowie deren Beziehungen zur Standortwahl und zu anderen raumbezogenen Aktivitäten des Menschen.

Aufbauend auf der verhaltenswissenschaftlich orientierten Stadtgeographie lässt sich diese im Sinne von B. WERLEN konzeptionell durch einen **handlungstheoretischen Ansatz** erweitern (vgl. B. WERLEN 1998 sowie Abschnitt 1.3.10 und Abb. 1.16 in diesem Band).

Nach dem handlungstheoretischen Konzept von J. SCHEINER und Mitarb. (1999) ist „menschliches Handeln (...) nicht in erster Linie Reaktion, wie dies die Münchener

Sozialgeographie postuliert hat (H. RUPPERT/ F. SCHAFFER 1969, S. 211), sondern Aktion". Die Autoren schlussfolgern: „Die Logik des Handelns muß Bestandteil aktionsräumlicher Forschung werden" (ebd., S. 63); s. auch H. HEINEBERG 2006[3]a, S. 21 mit Abb. 1.2 und Erläuterungen.

• **Angewandte Stadtgeographie.** Seit ca. 1970 hat sich schließlich auch die **Angewandte Stadtgeographie** als eine stärker planungs- oder praxisbezogene Arbeitsrichtung entwickelt; so gehören etwa vorbereitende Untersuchungen zur Stadterneuerung ebenso zum Aufgabenfeld der Stadtgeographie wie beispielsweise Analysen zur Wohnumfeldverbesserung. Nach F. SCHAFFER (1986) ist diese Richtung der Stadtgeographie ein „praxisbegleitender Forschungsprozess, aus dem auch ein neuer Beitrag zu Methodologie und Theorie des Faches erwartet wird. Hauptziel bleibt jedoch die Entwicklung von Gestaltungskonzepten für eine meist erst zu schaffende räumliche Realität" (ebd., S. 183).

In Kasten 6.4 sind die o. g. Hauptforschungsrichtungen der Allgemeinen Stadtgeographie im Zusammenhang mit Möglichkeiten bzw. Aspekten der inneren Gliederung von Städten im Überblick dargestellt. Die innerstädtische Gliederung ist eine der räumlichen Betrachtungs- bzw. Untersuchungsdimensionen (vgl. 6.1.3).

6.1.3 Räumliche Bezugssysteme und Raum-Zeit-Bezüge. Es lassen sich bei stadtgeographischen Betrachtungen und Untersuchungen **zwischenstädtische und innerstädtische räumliche Bezugssysteme (Maßstabsebenen oder -dimensionen)** unterscheiden. Die innerstädtische Ebene kann in Mikro- (Einzelstandort), Meso- (Stadtviertel) und Makroebenen (Gesamtstadt, Stadtregion) unterteilt werden. Besonders

wichtig sind einzelne **Ansätze innerstädtischer Gliederung**, die sich großenteils auf die unter 6.1.2 aufgezeigten Hauptforschungsansätze beziehen lassen (vgl. dazu und zu den differenzierten Methoden im Einzelnen H. HEINEBERG 2006³a, Kap. 1.4 mit Abb. 1.3). Untergliedern lässt sich auch das zwischenstädtische System, und zwar in die globalen bzw. internationalen, die nationalen bzw. interregionalen und die intraregionalen Ebenen (z. B. Stadtregion).

Stadtgeographische Untersuchungen berücksichtigen neben dem Raum auch die **Zeit**, und zwar in Gestalt von Prozessanalysen, Längs- und Querschnittsstudien, Analysen zyklischer oder rhythmischer Phänomene für unterschiedlich lange Zeiträume etc.; dies betrifft insbesondere die **Historische Stadtgeographie.**

6.2 Stadtbegriffe und Dimensionen der Verstädterung/Urbanisierung

6.2.1 Der mehrdimensionale Stadtbegriff. **Die Stadt** lässt sich weder im Rahmen der Stadtgeographie noch interdisziplinär und erst recht nicht international oder global eindeutig definieren. Dem Stadtbegriff können, je nach Kulturraum der Erde und Entwicklungsstand, verschiedene Bestimmungskriterien zugrunde gelegt werden. Heute sind zudem - insbesondere in hoch verstädterten Industriestaaten - die Übergänge zwischen städtischen und ländlichen Siedlungen fließend (sog. **Stadt-Land-Kontinuum**).

● **Der umgangssprachliche Stadtbegriff** ist sehr diffus, z. B. „wir gehen/fahren in die Stadt" (gemeint ist oftmals die Innenstadt oder das Stadtzentrum) oder etwa „er ist bei der Stadt (d. h. in der Stadtverwaltung) beschäftigt".

● **Der statistisch-administrative Stadtbegriff** wird in den einzelnen Staaten der Erde sehr unterschiedlich nach **Einwohnerschwellenwerten** festgelegt. Am gebräuchlichsten sind Mindesteinwohnerwerte zwischen 2.000 und 5.000 Einw., so beispielsweise für die Bundesrepublik Deutschland 2.000, die USA 2.500 und Österreich 5.000 Einw.; allerdings gibt es auch erheblich davon abweichende Schwellenwerte, wie z. B. für Dänemark und Island mit lediglich 200 oder Japan mit größer oder gleich 50.000 Einwohnern.

Von Bedeutung ist weiterhin, dass die jeweiligen statistisch-administrativen Stadtbegriffe, die für die Industriestaaten im Zeitalter fortgeschrittener Industrialisierung und Verstädterung, d. h. häufig bereits im 19. Jh., definiert wurden, nicht auf frühere historische Zeitabschnitte übertragbar sind.

● **Der historisch-juristische Stadtbegriff.** Die Entstehung der mittelalterlichen deutschen und europäischen Stadt kam in der Verleihung des **Stadttitels** (Gemeinde mit Stadttitel) zum Ausdruck. D. h., die Stadt erhielt damit (vom Landesherren) einen Rechtstitel verliehen, mit dem sich auch wirtschaftlich bedeutsame Privilegien, wie z. B. das Abhalten eines Marktes oder die Stapelung von Waren, verbanden. Durch die Aufhebung der Rechtsunterschiede zwischen Städten und Nichtstädten aufgrund der deutschen **Gemeindeordnung** von 1935 ist das „Stadtrecht" in Deutschland zu einem inhaltsleeren Titel geworden (F. GORKI 1974). Wichtiger in funktionaler Hinsicht ist gegenwärtig dagegen in Deutschland die Unterscheidung zwischen sog. **kreisfreien** und **kreisangehörigen Städten**, da im letzteren Fall bestimmte Verwaltungsfunktionen vom jeweiligen Kreis übernommen werden.

• **Der soziologische Stadtbegriff** ist grundsätzlich auf die Menschen in der Stadt gerichtet. Es ist eine facettenreiche Sichtweise, so dass es keinen einheitlichen soziologischen Stadtbegriff gibt. Die Stadt oder die Gemeinde wird als sozialer Lebensraum (mit einem sozialen Interaktionsnetz, mit lokaler Ortsbezogenheit etc.) und aus Sozialräumen zusammengesetzt gesehen.

• **Andere nicht-geographische Stadtbegriffe.** Zu nennen sind z. B. volkswirtschaftliche, archäologisch-prähistorische, verkehrswissenschaftliche, kommunalwissenschaftliche, architekturwissenschaftlich-kunstgeschichtliche, volkskundliche oder auch komplexere historische Stadtbegriffe mit jeweils unterschiedlichen Definitionen (vgl. auch R. STEWIG 1983).

• **Der geographische Stadtbegriff** ist komplex. Als quantitative und qualitative Bestimmungskriterien gibt es eine Vielzahl von Merkmalen mit unterschiedlichen Kombinationsmöglichkeiten (Kasten 6.5). Als eines der wichtigsten Merkmale von Städten gilt ein jeweiliges Mindestmaß an Zentralität.

Probleme der Abgrenzung zwischen sog. städtischen und ländlichen Siedlungen ergeben sich vor allem aufgrund der zahlreichen qualitativen Merkmale, die je nach Raum und Zeit variabel sind und für die meist keine allgemeingültigen „harten" Schwellenwerte gelten (zu ländlichen Siedlungen s. C. LIENAU 1995[2], G. HENKEL 2004[4]).

Inwieweit der Stadtbegriff hinsichtlich der Einzelkriterien zu modifizieren ist, zeigt sich am Beispiel der Bezeichnung **Weltstadt** („*global city*") (vgl. Kasten 6.6 sowie zur Globalisierung in der Stadtentwicklung auch H. HEINEBERG 2006[3]a, Kap. 12 mit zahlreichen weiterführenden Literaturverweisen).

Kasten 6.5 Merkmale des geographischen Stadtbegriffs

• größere Siedlung (z. B. nach der Einwohnerzahl),
• Geschlossenheit der Siedlung (kompakter Siedlungskörper),
• hohe Bebauungsdichte,
• überwiegende Mehrstöckigkeit der Gebäude (zumindest im Stadtkern),
• deutliche funktionale innere Gliederung (z. B. mit City oder Hauptgeschäftszentrum, Wohnvierteln, Naherholungsgebieten),
• besondere Bevölkerungs- und Sozialstruktur (z. B. überdurchschnittlich hoher Anteil an Einpersonenhaushalten),
• differenzierte innere sozialräumliche Gliederung,
• Bevölkerungswachstum v. a. durch Wanderungsgewinn (in Entwicklungsländern allerdings auch durch z. T. sogar dominante natürliche Bevölkerungsentwicklung),
• hohe Wohn- und Arbeitsstätten-/Arbeitsplatzdichte,
• Dominanz sekundär- und tertiärwirtschaftlicher Tätigkeiten bei gleichzeitig großer Arbeitsteilung,
• Einpendlerüberschuss (positiver Pendlersaldo),
• Vorherrschen städtischer Lebens-, Kultur- und Wirtschaftsformen (z. B. spezielle kulturelle Bedarfsdeckung der Bewohner),
• Mindestmaß an Zentralität, z. B. mindestens mittelzentrale (Teil-)Funktionen,
• relativ hohe Verkehrswertigkeit (Bündelung wichtiger Verkehrswege, hohe Verkehrsdichte),
• weitgehend künstliche Umweltgestaltung mit z. T. hoher Umweltbelastung.

6.2.2 Stadtgrößenklassen werden i. Allg. nach Einwohnerschwellenwerten definiert; die Bezeichnungen und jeweiligen Abgrenzungen (z. B. **Großstadt** ab 100.000 Einw.) können jedoch zwischen einzelnen Staaten oder Kulturräumen sehr unterschiedlich sein.

Der Begriff **Metropole** wird „häufig für die führende(n) städtische(n) Agglomeration(en) eines Landes verwendet, in der/denen sich die wichtigsten politischen, sozialen, wirtschaftlichen und kulturellen Einrichtungen konzentrieren. **Metropolisierung** meint demnach die zunehmende Konzentration der genannten Einrichtungen auf ein oder wenige städtische(s) Zentrum/Zentren eines Landes" (W. TAUBMANN 1996, S. 5).

D. BRONGER (1989) hat sich um eine für Industrie- und Entwicklungsländer brauchbare **Definition von Metropole** bemüht: eine Mindestgröße von 1 Mio. Einw. auf einem Gesamtraum mit einer Mindestdichte von 2.000 Einw./km² und einer monozentrischen Struktur.

In jüngerer Zeit hat sich die Bezeichnung **Megastadt** für die größte städtische Siedlungskategorie durchgesetzt. Für die Gegenwart grenzt D. BRONGER (1996, S. 74-75) Megastädte mit einer Einwohnerzahl von mindestens 5 Mio., einer Mindestdichte von 2.000 Einw./km² und mit einer monozentrischen Struktur ab; nach der Definition der UNITED NATIONS werden 8 Mio. Einw. vorausgesetzt (vgl. UN 1993).

Für die Metropolisierung und auch für die **Megapolisierung** gilt, dass sie als weltumspannende Prozesse Phänomene des 20. Jh.s sind. Dabei bestehen charakteristische Unterschiede zwischen den Industrie- und Entwicklungsländern. Nach D. BRONGER (1996, S. 77) ist bislang noch keine einzige Megastadt aus der „Dritten Welt" in den Rang einer Weltstadt (s. 6.2.1 mit Kasten 6.6) auf-

---

Kasten 6.6 Merkmale einer Weltstadt (*global city*)

- große Einwohnerzahl (meist Mio.-stadt),
- Sitz bedeutender nationaler u. v. a. auch internationaler Institutionen (z. B. Regierung, internationale Behörden),
- Finanzzentrum (Banken, Börsen, Versicherungen) u. a. unternehmensorient. Dienstleistungen mit weltweiten Vernetzungen,
- Sitz von Konzernzentralen bedeutender transnationaler Unternehmen,
- Publikations-, Kommunikations- und Kulturzentrum (Verlage, Telekommunikationszentrum, Rundfunk- und Fernsehanstalten, Theater, Museen etc.) von Weltrang,
- sehr günstige Verkehrslage mit großem Anteil am nationalen Verkehr und mit bedeutendem internationalen Verkehr (z. B. internationaler Flughafen, großer Hafen),
- weltweiter Bekanntheitsgrad etc.

---

gestiegen. D. h., gegenüber der von der Einwohnerzahl gegebenen Vormachtstellung, auch **demographische** *Primacy* genannt, bezieht sich die jeweilige Überkonzentration an politisch-administrativen, wirtschaftlichen, sozialen und kulturell-wissenschaftlichen Funktionen, die sog. **funktionale** *Primacy*, in den Megastädten der „Dritten Welt" lediglich auf die nationale Maßstabsebene (ebd.) (s. auch 6.2.3).

6.2.3 Verstädterung oder Urbanisierung sind sehr komplexe Begriffe, die zudem in unterschiedlichster Weise definiert werden. Häufig werden - wie in diesem Lehrbuch -

	Stadtbevölkerung in Mio.				Verstädterungsgrad in %			
	1970	1990	2006	2025	1970	1990	2006	2025
Global	1.352	2.282	3.146	5.187	37	43	48	61
Entwicklungsländer	654	1.401	2.189	4.011	25	34	41	57
Industrieländer	698	881	936	1.177	67	73	77	84

Tab 6.1 Stadtbevölkerung und Verstädterung der Erde 1970-2025
(nach United Nations 1993 und DSW 2002, 2006)

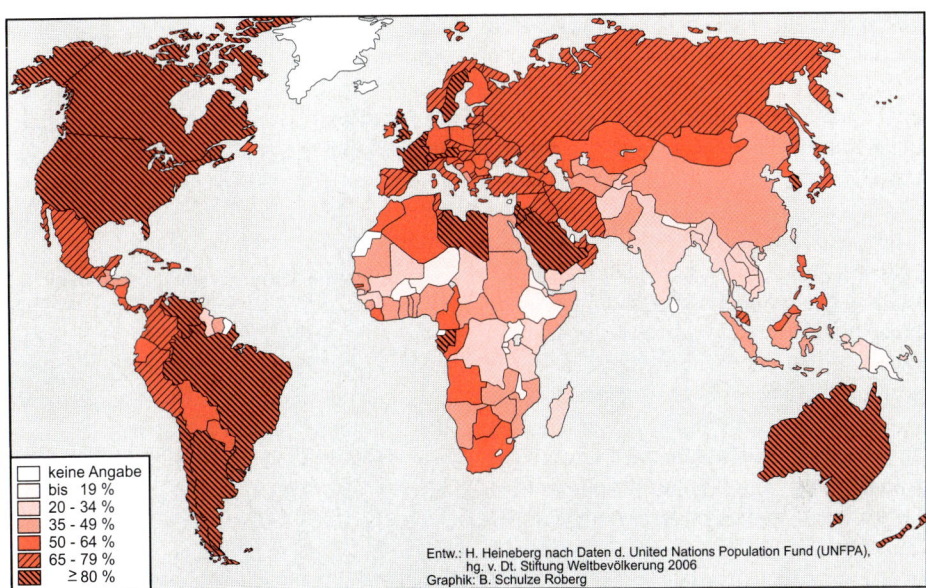

Abb. 6.5 Verstädterungsgrad in den Staaten der Erde um 2005

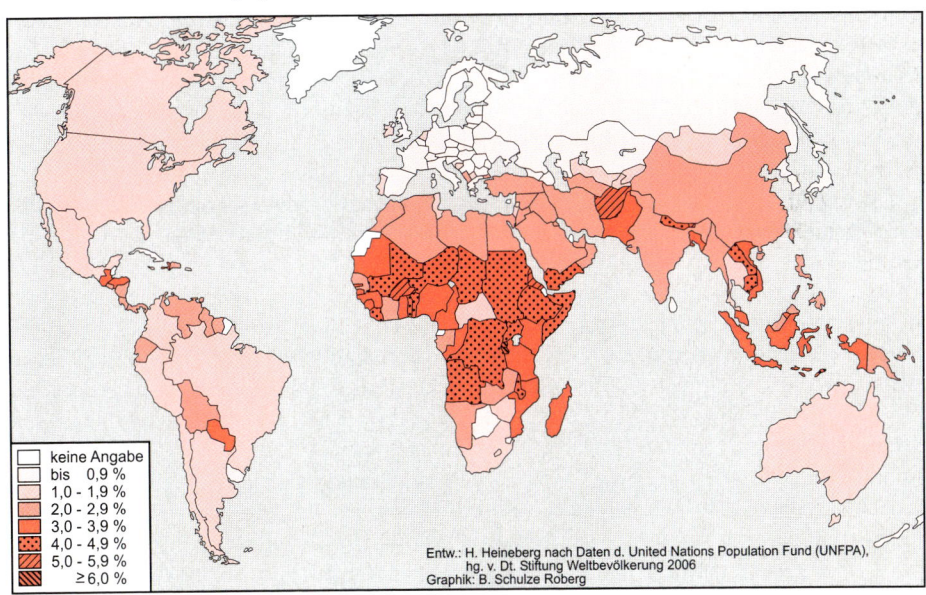

Abb. 6.6 Wachstumsrate der städtischen Bevölkerung in den Staaten der Erde 2005-2010

Verstädterung und Urbanisierung synonym benutzt. Es lassen sich die folgenden **Dimensionen der Verstädterung** oder **Ansätze der Urbanisierungsforschung** unterscheiden:

• **Demographische Verstädterung** bedeutet die (steigenden) Anteile der in Städten lebenden Bevölkerung eines Gebietes, Landes oder Staates. Verstädterung kann sowohl einen Zustand als auch einen Prozess bedeuten. Daher lässt sich genauer unterscheiden zwischen Verstädterung als demographischer Zustand, **Verstädterungsgrad** oder **-quote** genannt (= Anteil der Stadtbevölkerung an der Gesamtbevölkerung eines Gebietes, Landes oder Staates, vgl. Abb. 6.5 und Tab. 6.1), und Verstädterung als demographischer Prozess, der sog. **Verstädterungsrate** (= Zuwachsrate der städtischen Bevölkerung bzw. des Verstädterungsgrades, s. Abb. 6.6). Der Verstädterungsgrad in Deutschland, gemessen an dem in Gemeinden mit mehr als 2.000 Einw. lebenden Bevölkerungsanteil, machte 1939 erst 68 % aus. Der heutige Wert für die Bundesrepublik Deutschland beträgt aufgrund des „DSW-Datenreport 2006" (nach POPULATION REFERENCE BUREAU, Washington) 88 %, nach dem „Weltbevölkerungsbericht 2006" im internationalen Vergleich lediglich 75 % (UNFPA/DSW 2006).

Die o. g. internationalen Datenquellen für den Verstädterungsgrad und die Verstädterungsrate (s. Abbn. 6.5 und 6.6) beruhen häufig auf Schätzungen. Die **internationale Vergleichbarkeit** wird durch die z. T. sehr unterschiedlichen statistischen Schwellenwerte zur Abgrenzung von Städten oder *urban areas* sowie nicht zuletzt auch durch die sehr verschiedenen Ländergrößen als **räumliche Bezugseinheiten** erschwert.

Abb. 6.5 verdeutlicht, dass die Spannweite der **nationalen Unterschiede in Bezug auf den Verstädterungsgrad** ganz erheblich ist. Die allgemein zwischen den Industrie- und Entwicklungsländern bestehenden Gegensätze im Verstädterungsgrad werden durch deutliche Unterschiede innerhalb der weniger entwickelten Länder überlagert.

Abb. 6.6 veranschaulicht die - gegenüber den Industriestaaten mit ihren hohen Verstädterungsquoten - besondere Dynamik der **Verstädterung** in zahlreichen **Entwicklungsländern** (Verstädterungsraten). „Während in der Dritten Welt jährliche Zuwachsraten von mehr als 5 % nicht selten sind (...), nimmt die städtische Bevölkerung der meisten Industrieländer sehr viel langsamer zu" (J. BÄHR 2004[4], S. 68). Jährliche Wachstumsraten von 6 % entsprechen - bei in Zukunft konstanten Werten - einer Verdopplungszeit der städtischen Bevölkerung innerhalb von weniger als 12 Jahren!

Zurzeit leben lt. DSW (2006) 48 % der Weltbevölkerung, d. h. absolut rd. 3,15 Mrd. Menschen, in Städten; nach UNFPA/DSW 2006 sind es 49 % bzw. abs. 3,2 Mrd.. Nach UN-Schätzungen wird dieser Anteil bis zum Jahre 2025 weltweit auf 61 % ansteigen. Dabei sind bislang und auch für die Zukunft erhebliche **Unterschiede zwischen den Industrie- und Entwicklungsländern** insgesamt festzustellen. Zwar ist der Verstädterungsgrad der Industrieländer (2006) mit durchschnittlich 77 % noch wesentlich höher als in den Entwicklungsländern mit lediglich 41 %, und auch für das Jahr 2025 werden noch beträchtliche Abweichungen in der demographischen Verstädterung erwartet (84 % bzw. 57 %). Allerdings wird die Absolutzahl der städtischen Bevölkerung der weniger entwickelten Länder in den kommenden Jahrzehnten weiter dramatisch ansteigen (2025: rd. 4 Mrd. Stadtbewohner in Entwicklungsländern).

Von besonderem Interesse ist auch der **historische Vergleich** der demographischen Verstädterung und Stadtentwicklung **zwischen Industrie- und Entwicklungsländern**. Diesbezüglich lassen sich u. a. folgende Unterschiede feststellen (in Anlehnung an W. TAUBMANN 1985, H. SCHRAND 1992, J. BÄHR 1993, 2004[4]):

• Die demographische Verstädterung in den Entwicklungsländern verläuft nicht einfach zeitlich versetzt zu der früheren Verstädterung in den Industrieländern.

• Die Verstädterungsraten sind in Entwicklungsländern heute mehr als doppelt so hoch wie in den meisten europäischen Ländern in der Zeit ihres raschesten Wachstums in der zweiten Hälfte des 19. Jh.s.

• Das Städtewachstum der Industrienationen im 19. Jh. war in erster Linie eine Folge der Zuwanderungen (Land-Industrie- bzw. Land-Stadt-Wanderungen). Demgegenüber spielten die Geburtenüberschüsse in den Industriestädten des 19. Jh.s eine wesentlich geringere Rolle; die Sterberaten waren noch relativ hoch. Charakteristisch war die geringe Lebenserwartung; sie lag z. B. in Liverpool und Manchester im Jahre 1841 bei nur 26 Jahren.

• Auf den Städten der Entwicklungsländer liegt heute ein doppelter Druck: hohe Zuwanderungen (meist 40-50 % des Zuwachses) und hohes natürliches Bevölkerungswachstum. In den Entwicklungsländern werden natürliche Wachstumsraten erreicht, wie sie Europa und Nordamerika nie kannten, und die nationalen Durchschnittswerte werden in den Städten noch übertroffen. Letzteres resultiert daraus, dass die Sterblichkeit in den Städten i. Allg. niedriger ist als auf dem Lande und die Geburtenraten - bedingt durch die jugendliche Altersstruktur - den Landesdurchschnitt übersteigen. „Aber auch das Wanderungspotential ist - namentlich in Afrika und Asien - bei weitem noch nicht erschöpft. Das zeigt sich schon daran, daß - trotz rascher Verstädterung - die ländliche Bevölkerung ebenfalls noch wächst" (J. BÄHR 1993, S. 472). Diese Landbevölkerung bildet zugleich aber wiederum ein Potenzial für die weitere Verstädterung (Teufelskreis!).

• Die Problematik liegt nun - im Gegensatz zur Situation der Industrieländer im 19. Jh.

- u. a. darin, dass die Städte den vom Lande Abgewanderten i. Allg. keine oder nur sehr beschränkte wirtschaftliche Alternativen (Arbeitsplätze, insbesondere in der Industrie) bieten können.

• In den Entwicklungsländern konzentriert sich heute das Städtewachstum und damit die demographische Verstädterung sehr viel stärker auf Groß- und Millionenstädte oder sog. Megastädte (s. 6.2.1), als dies in den Industrieländern bei etwa gleich großem Verstädterungsgrad der Fall war. Charakteristisch für die Verstädterung in Entwicklungsländern ist daher heute die **Metropolisierung** (z. B. die Entwicklung von Millionenstädten) und darüber hinaus die **Megapolisierung** (z. B. Stadtentwicklung über 5 Mio., s. 6.2.2).

Noch um die Wende vom 19. zum 20. Jh. war die Zahl der Metropolen bzw. Millionenstädte mit nur 13 weltweit gering; auf sie konzentrierten sich lediglich 2 % der Weltbevölkerung. Zwar hat sich die Metropolisierung bis zum 2. Weltkrieg erheblich beschleunigt, jedoch betrug der Metropolisierungsgrad lediglich 4,3 %. In den folgenden Jahrzehnten wuchs die Zahl der Metropolen oder städtischen Agglomerationsräume über 1 Mio. Einwohner jedoch dramatisch an, vor allem in den Entwicklungsländern:

• Besonders gravierend war dabei die Vergrößerung der Anzahl der Großmetropolen oder Megastädte über 5 Mio. oder gar 8 Mio. Einw., die sich in sehr starkem Maße in Asien entwickelten.

• Während die Metropolisierung bis weit in das 20. Jh. weitestgehend auf die Erste Welt beschränkt blieb, kehrte sich dieses städtische Wachstumsphänomen in den vergangenen 40 bis 50 Jahren mehr und mehr zugunsten der Entwicklungsländer um. Dort wuchsen die Vergroßstädterung, Metropolisierung und Megapolisierung dramatisch

Tab. 6.2 Megastädte der Welt 1975, 2000 und 2015 (Projektion), Einw. in Mio.

1975	2000	2015
Tôkyô (19,8)	Tôkyô (26,4)	Tôkyô (26,4)
New York (15,9)	Mexico City (18,1)	Mumbai/Bombay (26,1)
Shanghai (11,4)	Mumbai/Bombay (18,1)	Lagos (23,2)
Mexico City (11,2)	São Paulo (17,8)	Dhaka (21,1)
São Paulo (10)	Shanghai (17)	São Paulo (20,4)
	New York (16,6)	Karatschi (19,2)
	Lagos (13,4)	Mexico City (19,2)
	Los Angeles (13,1)	New York (17,4)
	Kolkata/Kalkutta (12,9)	Jakarta (17,3)
	Buenos Aires (12,6)	Kolkata/Kalkutta (17,3)
	Dhaka (12,3)	Delhi (16,8)
	Karatschi (11,8)	Manila (14,8)
	Delhi (11,7)	Shanghai (14,6)
	Jakarta (11)	Los Angeles (14,1)
	Ôsaka (11)	Buenos Aires (14,1)
	Manila (10,9)	Kairo (13,8)
	Peking (10,8)	Istanbul (12,5)
	Rio de Janeiro (10,6)	Peking (12,3)
	Kairo (10,6)	Rio de Janeiro (11,9)
		Ôsaka (11)
		Tianjin (10,7)
Quelle: UNFPA/DSW2001		Hyderabad (10,5)
		Bangkok (10,1)

an. Der in Bezug auf die Verstädterung sonst so typische Kontrast zwischen den Industrie- und Entwicklungsländern hat sich völlig verwischt (vgl. H. HEINEBERG 2006³a).

• Nach jüngeren Prognosen des UN POPU-LATION FUND wird im Jahre 2015 die Mehr-zahl der 23 Megastädte oder **Riesen-Ag-glomerationen** mit über 10 Mio. Einw. auf Entwicklungsländer entfallen, und zwar vor allem auf Asien (Tab. 6.2).

• Während in den großen städtischen Ag-glomerationen der Industrieländer in den vergangenen Jahrzehnten eine Umstruktu-rierung in Form der Suburbanisierung und der darüber hinausgehenden Exurbanisie-rung statt fand (s. unten), ist die Mehrzahl der Metropolen der Dritten Welt durch ei-nen bis heute anhaltenden **innerstädtischen Verdichtungsprozess** geprägt. Beispiels-weise übertreffen nach D. BRONGER (1996,

Abb. 2) die Einwohnerdichtewerte von Bombay City (1990 gut 46.000 Einw./km²) diejenigen von Central London (1990 rd. 8.000 Einw./km²) um fast das Sechsfache. Zu den Folgen der fortlaufenden innerstäd-tischen Verdichtung zählt „die rasant zuneh-mende Verkehrsbelastung, verbunden mit einem Grad der Luftverschmutzung, von der die Megastädte des „Nordens" bislang ver-schont geblieben sind" (ebd., S. 79).

• Gleichzeitig sind insbesondere die Groß-städte, Metropolen und Megastädte in den Entwicklungsländern durch ein **enormes städtisches Flächenwachstum** gekenn-zeichnet, das vor allem mit der raschen Ent-stehung und Ausbreitung randstädtischer Hütten- bzw. Marginalsiedlungen verbunden ist. Darauf und auf die **innerstädtischen Slums** entfallen heute rd. 40-50 % der Be-völkerung in derartigen großstädtischen Ag-

Einwohnerdichte

glomerationen. Dieses Wachstum ist i. Allg. kaum kontrollierbar.

Im Rahmen der demographischen Verstädterung wurde bereits ein weiteres Phänomen angesprochen, und zwar die

- **Verstädterung als Städteverdichtung**; diese bedeutet die **Verdichtung des Siedlungs- bzw. Städtesystems** oder einfach die Zunahme der Städtezahl in einem bestimmten Raum. So können sich etwa ländliche oder teilstädtische Siedlungen durch Bevölkerungszunahme und bauliche Expansion zu Städten entwickeln. Häufig erfolgt „eine **Umklassifizierung** bisher als „ländlich" eingestufter Siedlungen nach Überschreiten einer bestimmten Einwohnerzahl bzw. als Folge von Eingemeindungen" (J. BÄHR 1993, S. 472).

Ein anderer Erklärungsansatz bezieht sich auf die Wirtschaft als Hauptausgangspunkt der Entwicklung und Verdichtung von Städtesystemen.

Wie stark die Verdichtung innerhalb des Städtesystems, insbesondere in unserem mitteleuropäischen Raum, historisch (und territorialpolitisch) determiniert ist, zeigt beispielhaft die Darstellung der Flächengrößen und Entstehungsphasen westfälischer Städte seit dem Mittelalter nach C. HAASE 1984[4] (s. Abb. 8.10 in H. HEINEBERG 2006[3]a). Deutlich wird auch anhand einer Darstellung der Stufen der Stadtentstehung nach H. STOOB (1990), wie stark das mitteleuropäische Städtesystem während des Hochmittelalters ausgebaut bzw. verdichtet worden ist (Abb. 6.7).

Von Bedeutung für die Verdichtung des Städtesystems nicht nur in heutigen Industriestaaten, sondern häufig auch in Entwicklungsländern, sind auch **neuere planmäßige Stadtgründungen** (**Neue Städte**), die oftmals raumordnungspolitisch in bestimmten Zeitphasen zur Entlastung von Metro-

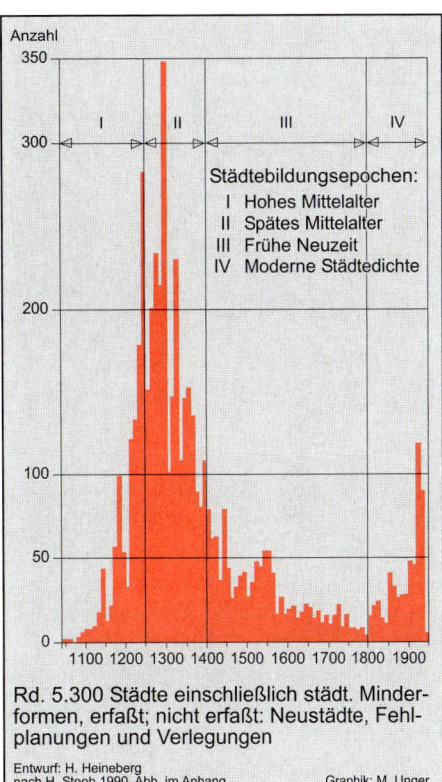

Rd. 5.300 Städte einschließlich städt. Minderformen, erfaßt; nicht erfaßt: Neustädte, Fehlplanungen und Verlegungen

Entwurf: H. Heineberg
nach H. Stoob 1990, Abb. im Anhang   Graphik: M. Unger

Abb. 6.7   Stadtentstehung und Städtebildungsepochen in Mitteleuopa

polen angelegt wurden. Als Beispiel dafür können die Planung und der Ausbau von insgesamt 28 *New Towns* in Großbritannien (davon 21 in England, zwei in Wales und fünf in Schottland) gelten, die in drei Entwicklungsphasen ab 1946 entstanden sind (vgl. H. HEINEBERG 2006[3]a, Abb. 2.9 mit Erläuterung).

In Frankreich entstanden - ebenfalls als neues Element der Stadtplanung - lediglich neun Neue Städte (*Villes Nouvelles*), von denen allein fünf im Großraum von Paris errichtet, die übrigen bei Lille, östlich von Rouen, im Osten von Lyon und westlich von Marseille zur Entlastung der jeweiligen

Großstadt angelegt wurden.

Gegenüber Großbritannien und Frankreich hat es in der früheren Bundesrepublik Deutschland kein übergreifendes Planungskonzept für die Errichtung Neuer Städte gegeben; hier ist es nur vereinzelt zu derartigen Stadtneugründungen (z. B. Espelkamp, Sennestadt oder Wulfen in Nordrhein-Westfalen) mit unterschiedlichsten Voraussetzungen gekommen.

Ausbau und Verdichtung des Städtesystems durch Planung und Errichtung Neuer Städte spielten in den (ehemaligen) **sozialistischen Ländern** im Einflussbereich der früheren Sowjetunion eine bedeutende Rolle. Sie wurden, insbesondere zur Stärkung der Grundstoffindustrien, als **Industriestädte** geplant, wie es die Beispiele Eisenhüttenstadt, Schwedt (petrochemisches Zentrum mit Erdölpipeline-Verbindung zur ehemaligen Sowjetunion), Halle-Neustadt (Chemiestandort von Leuna) und Neu-Hoyerswerda (neue Wohnstadt zum Ausbau des früheren Braunkohlenkombinats „Schwarze Pumpe" in der Niederlausitz) in der ehemaligen DDR zeigen.

Nicht nur in westlichen Industrieländern und in (ehemaligen) sozialistischen Staaten, sondern auch in **Entwicklungsländern** wurde das Städtesystem durch Neue Städte verändert bzw. verdichtet. Dies betrifft beispielsweise die Gründung neuer Industriestädte in Mexiko oder von Brasilia als völlig neu geplante Verwaltungs- und Regierungsmetropole Brasiliens.

Der Prozess der Städteverdichtung steht im Zusammenhang mit der folgenden Dimension der Verstädterung:

- **Physiognomische Verstädterung**, d. h. Verstädterung als **Städtewachstum und Städteumstrukturierung**. Diese beinhaltet die arealmäßig-bauliche Expansion städtischer Siedlungsformen bei häufig gleichzei-

tiger Umstrukturierung und Erneuerung bestehender Städte. Die physiognomische Verstädterung hat in den verschiedenen **historischen Phasen der Stadtentwicklung** bis hin zur Gegenwart unterschiedlichste Formen angenommen, u. a.:

- Mittelalterliches Städtewachstum in Mitteleuropa (**Typ der mittelalterlich gewachsenen Stadt**) (s. 6.4.1).
- Besondere Formen mittelalterlicher Stadterweiterungen durch Gründung einer zweiten Stadt oder sogar mehrerer (zunächst selbständiger) Städte, häufig auch als **Alt- bzw. Neustadt** bezeichnet (z. B. Berlin-Cölln als mittelalterliche **Doppelstadt**, Braunschweig oder Bremen als mittelalterliche **Gruppenstädte**).
- Umfangreiche systematische **Stadterweiterungen im 19. Jh.**; beispielsweise entwickelte sich in Berlin um die mittelalterliche Doppelstadt und drei frühneuzeitliche Städte auf der Grundlage des Hobrecht-Plans von 1862 der sog. Wilhelminische Ring als stark verdichtetes **Mietskasernenviertel** mit einer maximalen Dichte von 130.000 Einw./qkm und hoher Einwohner-Arbeitsplatzdichte. Zeitgleich zur Entwicklung des Wilhelminischen Rings entstanden außerhalb der Stadt (zw. 1863 und 1913) ausgedehnte **Landhaus- oder Villenkolonien** (gehobene, im gartenstädtischen Stil errichtete Wohnsiedlungen für vorwiegend einkommenskräftige Schichten) als neues Stadtrandphänomen (vgl. H. HEINEBERG 2006[3]a, Abb. 2.11).
- In Nordamerika wird das - in der Zwischenkriegszeit unter dem Einfluss der frühen Verbreitung des Kraftfahrzeugs, aber auch der allgemeinen Wohlstandsentwicklung eingetretene - starke Ausufern der Kernstädte innerhalb der Stadtregionen (sog. *Metropolitan Areas*) in die Randgemeinden in Gestalt großflächiger **Vororte** (*suburbs*) oder **Vorortzonen** (*suburban zones*) mit **Subur-**

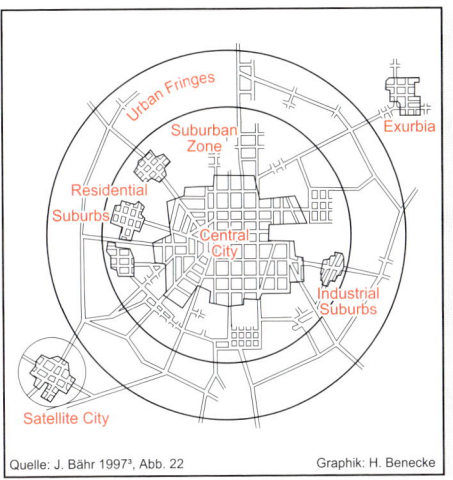

Central City = administratives Gebiet der Kernstadt
Suburban Zone = **suburbaner Raum**
Residential Suburbs = Wohnvororte (mit hohen Auspendleranteilen)
Industrial Suburbs = „Arbeitsvororte" (mit niedrigen Auspendleranteilen)
Urban Fringes = dünner besiedelte, noch städtisch, d. h. von der Kernstadt beeinflusste Randzonen (verstädterte Randzonen)
Satellite City = Satellitenstadt/Trabantenstadt
Exurbia = **exurbane Gemeinde**, d. h. kleine, entfernter gelegene Gemeinde mit zunehmender Einwohnerzahl und wachsender Anzahl von Arbeitsplätzen sowie mit hohem Anteil an statushohen Auspendlern in die Kernstadt

Quelle: J. Bähr 1997³, Abb. 22   Graphik: H. Benecke

Abb. 6.8 Modell eines US-amerikanischen Metropolitangebietes nach A. Boskoff

banisierung (*suburbanization*) bezeichnet (Abb. 6.8).

• Der Prozess der Stadterweiterung in Gestalt der modernen Suburbanisierung setzte im westlichen Deutschland ab ca. 1960 ein, in den neuen Bundesländern dagegen erst nach der Vereinigung (s. unten). **Suburbanisierung** wurde von J. FRIEDRICHS und H.-G. V. ROHR (1975) als die gegenwärtige Phase der Expansion der Städte in ihr jeweiliges Umland in hochindustrialisierten Ländern definiert. Dieser Prozess schließt gleichzeitig die intraregionale Dekonzentration von Bevölkerung (**Bevölkerungssuburbanisierung**), Produktion (**Gewerbe- oder Industriesuburbanisierung**) sowie Handel und Dienstleistungen (**tertiäre Suburbanisierung**), darüber hinaus auch von Infrastruktur ein. Tertiäre Suburbanisierung bedeutet z. B. die Dezentralisierung des Einzelhandels (vor allem durch den sog. großflächigen Einzelhandel) oder etwa auch von Bürobetrieben (Bürostandortdekonzentration).

Während innerhalb des ab ca. 1960 einsetzenden modernen Suburbanisierungsprozesses in der alten Bundesrepublik Deutsch-

land i. Allg. die Bevölkerungssuburbanisierung der tertiären Suburbanisierung voranschritt, war dies in den neuen Bundesländern nach der Wende im Rahmen einer **„nachholenden Suburbanisierung"** umgekehrt der Fall.

Die Dekonzentration von Bevölkerung und wirtschaftlichen Funktionen geht heute in vielen westlichen Industriestaaten bereits weit über den suburbanen Raum (bzw. die Suburbanisierung) hinaus. Findet die Verlagerung des Siedlungs- und Bevölkerungswachstums von Großstadtregionen in benachbarte, noch überwiegend ländlich strukturierte oder „zwischenstädtische" Regionen statt, die jedoch durch den Berufspendlerverkehr noch mit der jeweiligen Stadtregion verbunden sind, so spricht man von **Exurbanisierung**. Gründe für die Exurbanisierung sind vor allem in der Bevorzugung derartiger Räume für das Wohnen, zunehmend auch bereits für das Gewerbe, zu suchen (vgl. Abb. 6.8 mit *Exurbia* sowie H. HEINEBERG 2006³a).

Zur Kennzeichnung der baulichen und auch sozioökonomischen Umformung des heute in Industriestaaten i. Allg. über den suburbanen Raum hinausgehenden weiteren Stadtumlandes ist seit den 1960er Jahren in der Stadtforschung Frankreichs, später auch der Schweiz und Belgiens, der Begriff **Periurbanisierung** (*périurbanisation*) eingeführt worden (vgl. H. HEINEBERG 2006[3]a, S. 46f. mit Kasten 2.5 und Abb. 2.15). Diese Bezeichnung deckt sich inhaltlich großenteils mit Sub- und Exurbanisierung. R. AL-LAIN (2004, S. 190) bestätigt, dass der Begriff *périurbain* aus stadtmorphologischer Sicht nicht präzise zu bestimmen ist; charakteristisch in der Art der Bebauung ist das absolute Vorherrschen von Eigenheimen.

Der sich seit jüngerer Zeit in städtischen Agglomerationen (im Verhältnis zu den Kernstädten) abzeichnende Dezentralisierungs- oder auch Transformationsprozess wurde von dem Städtebauer TH. SIEVERTS (1999[3], 2003) – in Bezug auf Europa - als „Auflösung der kompakten historischen europäischen Stadt" zugunsten „einer ganz anderen, weltweit sich ausbreitenden neuen Stadtform der verstädterten Landschaft oder der verlandschafteten Stadt" gekennzeichnet. Diesen neuartigen, dezentralisierten Siedlungstyp beschrieb SIEVERTS zur Vereinfachung mit **„Zwischenstadt"**; letztere wurde nicht als Leitbild, sondern als – von der Planung bislang vernachlässigte - Realität bezeichnet. Wenngleich SIEVERTS ganz maßgeblich die jüngere Debatte um die zukünftige Siedlungsstrukturentwicklung und deren Leitbilder mit beeinflusst hat, so blieb der Terminus „Zwischenstadt" z. T. vage (vgl. M. HESSE 2004 sowie H. HEINEBERG 2006[3]a, Kasten 2.6).

Suburbanisierung und Exurbanisierung bzw. Periurbanisierung mit dem Bedeutungszuwachs nicht nur des Wohnens, sondern auch anderer städtischer Funktionen (u. a. auch von Freizeiteinrichtungen) an peripheren Standorten waren in den vergangenen Jahrzehnten auch mit differenzierten

Veränderungen (Gegenmaßnahmen) **im Stadtinneren** der jeweiligen Kernstadt verbunden: z. B. Attraktivitätssteigerung von City- oder Innenstadtgebieten durch verschiedenste städtebauliche Maßnahmen (u. a. Passagen, cityintegrierte Shopping-Center, s. 3.7.2), Verbesserung der Wohnbedingungen in Altbauvierteln durch Stadtsanierung und -erhaltung, Wohnumfeldverbesserung einschließlich Verkehrsberuhigung.

In den Entwicklungsländern ist der jüngere Prozess der Stadtexpansion, vor allem der großen Metropolen und Megastädte, einerseits auf das rasche Wachstum von **randstädtischen Hütten- oder Marginalsiedlungen** unterer Einkommens- und Sozialschichten begrenzt, die durch legale, semilegale oder auch nicht-legale Landbesetzungen entstehen. Dieser Prozess ist jedoch - anders als in den Industriestaaten - meist nur wenig mit einer Industriesuburbanisierung, beschränkt mit einer tertiären Suburbanisierung und sehr defizitär mit einem Infrastrukturausbau verbunden. Hinzu kommen erhebliche stadtökologische Probleme, und zwar nicht nur durch fehlende Abwasserleitungen, sondern i. Allg. auch durch ebenfalls nicht vorhandene öffentliche Müllentsorgung und andere Umweltbelastungen (vgl. z. B. R. WEHRHAHN 1993 am Beispiel lateinamerikanischer Großstädte).

Im Gegensatz dazu sind - wie es etwa die Stadtentwicklungsmodelle für die lateinamerikanische Großstadt (s. 6.5.2) zeigen - in vielen Metropolen der Entwicklungsländer ausgedehnte **Oberschichtviertel** mit hervorragender Infrastruktur, häufig ausgestattet mit modernen Shopping-Centern und z. T. auch mit gehobenen Arbeitsplätzen (Bürodekonzentration), entstanden und zur Stadtperipherie hin gewachsen. In jüngerer Zeit sind diese insbesondere als nach außen abgeschlossene, bewachte Wohnanlagen, als sog. *Gated Communities*, errichtet.

Marginalisierung (handwritten note in top margin)

Kasten 6.7 Marginalität und Marginalsiedlungen in Entwicklungsländern

„**Marginal**" ist nach G. MERTINS (1984, S. 435) „einerseits im bausubstantiellen und im räumlichen Sinne zu verstehen, als randstädtische, minderwertige Siedlungsflächen, wobei dieser Begriff stets die sozio-ökonomische Situation mit einbezieht".

"Marginal" bezieht sich andererseits aber auch auf die unzureichende, eben marginale Beteiligung der Bevölkerung dieser Siedlungen an politischen und ökonomischen Entscheidungen. Dies schließt eine sehr geringe Partizipation am Wirtschaftswachstum ein. Darüber hinaus ist der Begriff „marginal" ein Kennzeichen für Unterprivilegierung, allzu häufig auch für Diskriminierung im soziokulturellen Bereich" (ebd.).

Marginalsiedlungen in Entwicklungsländern sind Elendssiedlungen mit
· mangelhafter Bausubstanz,
· hohen Einwohnerdichten,
· unzureichender Wohn- und öffentlicher Infrastruktur sowie
· mit hohen Anteilen an Erwerbspersonen mit niedrigen und/oder unregelmäßigen Einkommen (ebd., S. 434f.; vgl. ausführlicher auch J. BÄHR/G. MERTINS 1995, S. 139ff., 2000).

• „**Counterurbanization**" (engl. auch *counterurbanisation*, dt. **Counterurbanisierung** oder ungenau mit „Gegenurbanisierung" übersetzt). Seit den 1970er Jahren hat sich in den hoch entwickelten westlichen Industrieländern, zunächst beobachtet in den USA, häufig eine Tendenz zur Stagnation bzw. zu Bevölkerungs- und Arbeitsplatzverlusten der größeren Verdichtungsräume zugunsten des Wachstums von Mittel- und Kleinstädten sowie auch von ländlichen Gemeinden in häufig peripherer Lage oder zwischen den Verdichtungsräumen durchgesetzt. In der englischen Literatur spricht man diesbezüglich auch von einem *nonmetropolitan population growth* (vgl. das Beispiel Großbritannien in H. HEINEBERG 1997[2], S. 250 und Abb. 75).

Als Erklärungsansätze für das nichtmetropolitane Einwohnerwachstum bzw. die *Counterurbanization* kommen in Frage: Zunahme der Ruhestandswanderungen und der Fernpendler (in Großbritannien vor allem nach London), die Dezentralisation von Arbeitskräften zugunsten der Beschäftigung in ländlichen Räumen (u. a. *High Tech*-Beschäftigung, beispielsweise in England insbesondere im Wachstumsgebiet des sog. *Western Crescent* um London).

• **Soziale Verstädterung** umfasst qualitative Merkmale der Verstädterung und bedeutet Adaption und räumliche Ausbreitung städtischer Sozial-, Wohn-, Lebens- und/oder Wirtschaftsformen. Von der Sozialgeographie der Münchener Schule (vgl. 1.3.5) wurden die Gesamtheit aller Faktoren, die städtische Lebens-, Wirtschafts- und Verhaltensweisen ausmachen, bzw. der Zustand hoher Intensität **städtischer Lebensformen** mit **Urbanität** schlechthin bezeichnet (im Gegensatz zu „**Ruralität**"); unter **Urbanisierung** wird im sozialgeographischen Zusammenhang der Prozess der Ausbreitung (Diffusion) der Urbanität verstanden.

Indikatoren sozialer Verstädterung können etwa Bevölkerungsdichte, Berufsstruktur, Stadt-Land-Wanderungen, Berufspendlerverkehr, aber auch (in negativer Hinsicht, meist in Entwicklungsländern) Slumbildung, soziale Marginalität der Bevölkerung (**Marginalsiedlungen**, s. Kasten 6.7), Massenarmut, Kinderkriminalität etc. sein.

In Bezug auf großstädtische Marginalsiedlungen bestehen prinzipiell deutliche Unterschiede zwischen sog. *Slums* sowie **rand- und innerstädtischen Hüttenvierteln**. „Letztere lassen sich nach Boden- und Baurechtformen in illegale, semilegale und legale Ansiedlungen gliedern" (...) „Als *Slums* werden allgemein die degradierten ehemaligen Wohnviertel der Ober-, Mittel-

#Counterurbanization   *Urbanität* (handwritten notes in bottom margin)

und - vielfach ehemalige Arbeiterquartiere umfassend - der Unterschicht im Innenstadtbereich bezeichnet". Zu den **Kriterien** für *Slums* zählen die „zimmerweise Aufteilung der Wohnungen oder Häuser und der größtenteils nachträglich erstellten Hinterhofbehausungen", die „zimmerweise Vermietung oder Untervermietung, oft auch nur von Schlafstätten", ein „starkes Auftreten sozialer Anomien (Diebstahl, Raub, Überfall, Schmuggel, Rauschgiftdelikte, Prostitution etc.)" (G. Mertins 1984, S. 437).

Einher mit der **(sozialen) Marginalisierung** geht in den Großstädten der Dritten Welt die zunehmende **soziale Polarisierung**, vor allem zwischen Unter- und Oberschichten; diese äußert sich i. Allg. auch in ausgeprägter räumlicher Trennung der entsprechenden Wohnviertel (**Wohnsegregation**). Interne Polarisierungen lassen sich für Metropolen (bzw. Weltstädte) in Industriestaaten und Entwicklungsländern in Gestalt „wirtschaftliche(r) und soziale(r) Polarisierung zwischen den internationalisierten und den lokalen Stadtquartieren und ihrer Bewohner" nachweisen (W. Taubmann 1996, S. 8). In jüngerer Zeit hat in vielen Metropolen, insbesondere in Entwicklungsländern, die (sozialräumliche) **Fragmentierung der Stadtstrukturen** sehr deutlich zugenommen. Dies äußert sich z. B. in Lateinamerika durch in einer stark angewachsenen und weiter expandierenden Zahl „privatisierter und abgeschotteter Zellen, die vielfach in starker Dualität zueinander stehen", d. h. als ein „kleinräumiges Muster aus „Inseln der Reichen" im „Meer der Armen"", z. B. als exklusive *shopping malls*, neue *CBDs*, aber vor allem auch als neu geplante abgeschottete oder auch nachträglich abgesperrte Wohnviertel (*Gated Communities*, s. auch oben). Diese Entwicklung ist durch eine ganze Reihe von Einflussfaktoren bedingt, u. a. durch die Globalisierung, nationalstaatliche neoliberale Politik, das Sicherheitsbedürfnis der Bevölkerung, die Spekulation in den Bau- und Immobilienbranchen (vgl. K. Meyer-Kriesten/J. Plöger/J. Bähr u. a. 2004, J. Plöger 2006, H. Heineberg 2006[3]a, 6.6 mit Abb. 6.43 in diesem Band).

Speziell für Entwicklungsländer ist häufig auch der Prozess der **Verländlichung** oder **Verdörflichung der Städte** (auch als **intra-urbane Ruralisierung** bezeichnet) charakteristisch; damit sind das Vordringen ländlicher Wirtschafts-, Siedlungs- und Wohnweisen sowie die Ausbreitung ländlicher Verhaltensformen und Sozialorganisationen in den Städten gemeint. **Verstädterung als Detribalisierung** kennzeichnet demgegenüber die allmähliche Loslösung der in die Stadt abgewanderten Gruppen von den sozialen und wirtschaftlichen Bindungen an das Herkunftsland (Stamm etc.) in diesen Ländern.

Eine sinkende (soziale) Urbanität, z. B. durch Bevölkerungsentleerung großstädtischer Agglomerationen, wird als **Desurbanisierung** (oder De-Urbanisierung) bezeichnet (vgl. 6.3.1 mit Abb. 6.9 und Erläuterung).

Der seit jüngerer Zeit zu beobachtende Wandel in der Nutzung innerstädtischer Altbaugebiete, der ein Resultat veränderter Berufssituationen, neuer Lebensstile etc. bestimmter (neuer) Haushaltstypen (z. B. beruflich erfolgreiche *Yuppies*, Alternativler, Zunahme der *Single*-Haushalte) in vielen Großstädten westlicher Industriestaaten ist, wird **Reurbanisierung** genannt; damit im Zusammenhang steht auch der jüngere Prozess der sog. *Gentrification* (s. 6.1.2 mit Kasten 6.3).

• Auch die Dimension **funktionale Verstädterung** ist vielschichtig. So kann dies die Abhängigkeit der Stadtentwicklung oder der Entstehung städtischer Agglomerationen von der Entwicklung wichtiger Funktionen

Slums

soziale Polarisierung

Hipster -> Reurbanisierung

Tertiärisierung

> **Kasten 6.8 Nutzungsmischung im Städtebau**
>
> „**Nutzungsmischung** umfaßt (...):
> • funktionale Durchmischung von Stadtquartieren (Verflechtung von Wohnstandorten und Arbeitsplätzen, Versorgungs- und Freizeiteinrichtungen),
> • Durchmischung verschiedener sozialer Schichten, Haushaltstypen und Lebensstilgruppen sowie
> • baulich-räumliche Durchmischung"
> (J. ARING/ST. SCHMITZ/C-C. WIEGANDT 1995, S. 510).
>
> Nutzungsmischung gründet in einer ganzen Reihe von Erwartungen, die an dieses neue Leitbild gebunden sind, u. a.
> „• Minderung des Verkehrszuwachses, gleichmäßige Auslastung der Verkehrsinfrastruktur, Förderung des Fuß- und Fahrradverkehrs,
> • Reduzierung der Schadstoffbelastung, des Flächen- und Energieverbrauchs,
> • soziale Absicherung des städtischen Wachstums durch parallele Entwicklung von Wohn- und Arbeitsstätten,
> • Stabilisierung von Stadtteilen durch Vermeidung und Ausgleich großer sozialräumlicher Ungleichgewichte,
> • Schaffung lebendiger, „urbaner" Stadtquartiere" (J. JESSEN 1995, S. 391).
>
> J. ARING/ST. SCHMITZ/C.-C. WIEGANDT (1995, S. 510) fassen die **Ziele der Nutzungsmischung** wie folgt zusammen:
> „• Schaffung von Urbanität,
> • Erhöhung städtischer Qualitäten,
> • Begünstigung urbaner Vielfalt,
> • Abbau von Segregation,
> • Integration benachteiligter Sozialgruppen und Vermeidung von Verkehr".

bedeuten. Dies beinhaltet verschiedene Teilaspekte: So bezeichnet **industrielle Verstädterung** allgemein das Städtewachstum unter dem Einfluss der Industrialisierung (vor allem seit dem 19. Jh.). **Tertiäre** oder **tertiärwirtschaftliche Verstädterung** kennzeichnet demgegenüber die Abhängigkeit der Entwicklung städtischer Verdichtung vom tertiären Sektor, d. h. von Handel und Dienstleistungen. Aber auch die industriellen und tertiärwirtschaftlichen Verstädterungen lassen sich wiederum in Teilprozesse bzw. -begriffe aufgliedern, beispielsweise - bezüglich des tertiären Sektors - in Citybildung (s. 6.1.2 mit Kasten 6.1), tertiäre Suburbanisierung, Bürostandortdekonzentration etc. Selbst der primäre Wirtschaftssektor ist funktional von der Verstädterung beeinflusst (,,**urbanisierte Landwirtschaft**" wie Reiterhöfe, Treibhauskulturen etc. am Rande von Großstädten).

Die funktionale Verstädterung äußert sich z. B. in den Entwicklungsländern durch die ausgeprägte **funktionale *Primacy* von Metropolen und Megastädten** nationaler Bedeutung (vgl. 6.2.2).

D. BRONGER (1996) hat eine Reihe von Indikatoren der funktionalen *Primacy* für Metro Manila/Philippinen einschließlich ihrer Entwicklung in den letzten 30 Jahren berechnet. Dabei ergab sich, dass sich die *Primacy* von Metro Manila auf einem hohen Niveau gehalten, in Bezug auf eine Reihe von Indikatoren sogar noch weiter gesteigert hat; dies gilt beispielsweise für den Außenhandelswert, das Bruttoinlandsprodukt, den Pkw-Besitz, für Telefonanschlüsse etc. als Indikatoren.

Funktionale Verstädterung hat unter dem **Aspekt städtebaulicher Funktions- oder Nutzungsmischung** im Rahmen des **Leitbildes einer nachhaltigen Stadtentwicklung** einen neuen Stellenwert erhalten (Kasten 6.8). Bis in die jüngere Vergangenheit hinein galten im deutschen Städtebau noch die Leitideen der sog. **funktionellen Stadt** oder des **Funktionalismus im Städtebau**, wie sie in der sog. Charta von Athen programmatisch dokumentiert wurden (s. H. HEINEBERG 2006[3]a, S. 128ff.). Dieses Leitbild hat sich nachhaltig u. a. auf die Baugesetzgebung und den Städtebau der Nachkriegszeit im westlichen Deutschland, aber etwa auch in der ehemaligen DDR ausge-

„Desintegration einst verflochtener Funktionsstandorte"

wirkt. Im Rahmen des rasanten Flächenwachstums unserer Städte und Stadtregionen konnten sich Entmischungsprozesse ungebremst entwickeln. Es handelte sich dabei um die zunehmende räumliche Desintegration der einst eng verflochtenen Funktionsstandorte für Wohnen, Arbeiten, Versorgung und Freizeit. Beispiele dafür sind: Einfamilienhausviertel ohne Versorgungs- und Arbeitsfunktionen sowie insbesondere Einkaufszentren auf der „Grünen Wiese", Bürostandortdekonzentration, industrielle bzw. gewerbliche Entwicklung an peripheren Standorten, Freizeit- und Vergnügungsparks oder kommerzielle Sportangebote (Squash, Schwimmen, Tennis etc.), die in der Regel für den Nutzer nur mit dem Pkw erreichbar sind (J. JESSEN 1995, S. 395).

In jüngerer Zeit wurden im Rahmen der Konzepte nachhaltiger Stadtentwicklung immer mehr Forderungen nach Funktions- oder Nutzungsmischung im Städtebau gestellt (s. Kasten 6.8).

6.3 Analyse städtischer Agglomerations- oder Verdichtungsräume

6.3.1 Analyse von Agglomerationsräumen.

• **(Städtische) Agglomeration** bedeutet im internationalen Sprachgebrauch allgemein ein verstädtertes Gebiet mit einer gewissen Kernbildung, einer bestimmten Flächenausdehnung und einer größeren Mindestbevölkerungszahl, beispielsweise von 250.000 Einw.. Bisher haben sich jedoch keine allgemein gültigen Schwellenwerte für die einzelnen verwendeten Abgrenzungskriterien durchsetzen können. Das Wort Agglomeration wird in verschiedenen Zusammensetzungen meist recht vage benutzt, z. B. **Bevölkerungsagglomeration, Siedlungs-**agglomeration, städtische Agglomeration, Industrieagglomeration**, oder einfach als **Agglomerationsraum**. Größere städtische Agglomerationen werden häufig auch als **Metropolitangebiete, -regionen** o. ä. bezeichnet (z. B. Europäische Metropolitan- oder Metropolregionen, s. Abb. 6.14).

• **Phasenmodell von Agglomerationsräumen nach** WOLF GAEBE (Abb. 6.9 mit Erläuterung). Das ursprünglich von britischen und niederländischen Regionalwissenschaftlern ausgearbeitete Modell beschreibt Veränderungstendenzen der Bevölkerungs- und Beschäftigtenentwicklung in Agglomerationsräumen; diese werden als „städtische Räume mit mindestens einer halben Million Einwohner bezeichnet, die durch mehrere politisch-administrative Raumeinheiten (Gemeinden oder Kreise) gebildet werden, also über die Fläche einer Stadt im administrativen Sinne hinausgehen. Diese städtischen Räume werden (...) in Kernstadt und Umland gegliedert (strukturell unterschiedliche, funktional aber zusammengehörige und vielfach verflochtene Räume)" (W. GAEBE 1991, S. 3). Die in Abb. 6.9 modellhaft dargestellten (...) „vier Entwicklungsphasen der Verdichtungsräume müssen (...) nicht aufeinander folgen. Zwar folgt häufig der Urbanisierungsphase eine Suburbanisierungsphase. Urbanisierung, Suburbanisierung und Desurbanisierung können in einem Land zeitgleich auftreten, ebenso Desurbanisierung und Reurbanisierung (Beispiel USA)" (W. GAEBE 1991, S. 15). Fraglich ist jedoch der gleichzeitige starke Bevölkerungs- und Beschäftigungsrückgang im Umland in der Reurbanisierungsphase.

6.3.2 Verdichtungsraumkategorien in der Bundesrepublik Deutschland.

• **Ballungsgebiete**. Diese wurden in den 50er Jahren des 20. Jh.s seitens der Raum-

Phasenmodell von Gaebe

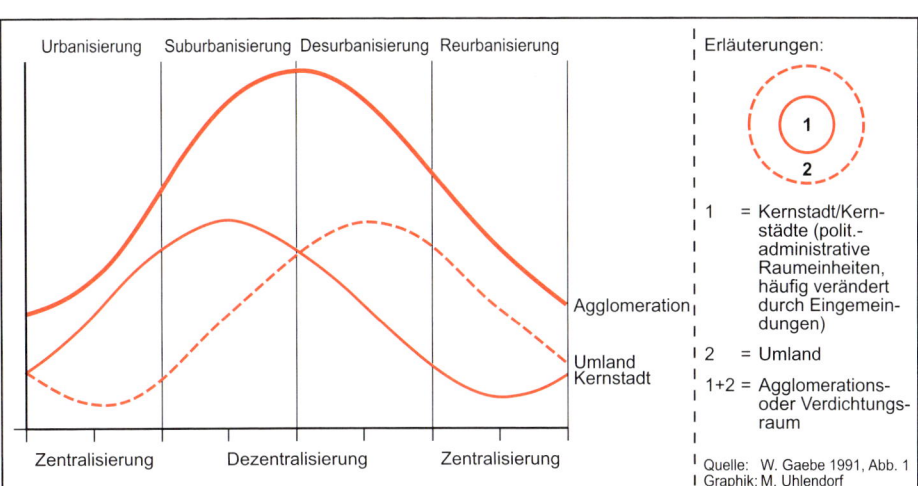

Abb. 6.9 Modell der Bevölkerungs-/Beschäftigungsentwicklung in Agglomerationsräumen

Erläuterung zu Abb. 6.9:

Nach W. Gaebe (1987, 1991) lassen sich **vier Veränderungsphasen von Agglomerationsräumen** unterscheiden (vgl. auch Erläuterung in H. Heineberg 2006³a, S. 56ff.):

(1) **Urbanisierungsphase**. Diese ist durch starkes Bevölkerungs- und Beschäftigtenwachstum in der Kernstadt aufgrund innerregionaler Konzentration von Bevölkerung und Arbeitsplätzen charakterisiert. Zuerst in Großbritannien, im 19. Jh. auch in anderen Staaten Europas und in den USA waren die Städte durch starke Bevölkerungszunahmen (rd. 1-2 % pro Jahr) gekennzeichnet, die v. a. durch Zuwanderungen bedingt waren; dieser Bevölkerungszuwachs ist heute in den großen Städten der Schwellen- und Entwicklungsländer mit etwa 3-6 % pro Jahr noch wesentlich größer (vgl. 6.2.3)!

(2) **Suburbanisierungsphase.** Diese ist durch eine relativ stärkere Bevölkerungs- und Beschäftigungszunahme im Umland als in der Kernstadt aufgrund innerregionaler Dekonzentration von Bevölkerung und Arbeitsplätzen gekennzeichnet (s. 6.2.3). Der Prozess der Suburbanisierung setzte nach W. Gaebe in den Industrieländern bereits im 19. Jh. ein, und zwar als wellenförmige Standortverschiebung von Haushalten und Betrieben; in den USA zogen etwa ab 1830, in Europa ab der 2. Hälfte des 19. Jhs. wohlhabende Haushaltungen aus der Innenstadt an den Stadtrand, zunächst noch als räumlich und soziologisch sehr begrenzte Umzüge. Bereits im 19. Jh. erfolgten schon Industrie-Standortverlagerungen an den Stadtrand. Die Suburbanisierung des tertiären Sektors setzt(e) im Rahmen des Dekonzentrationsprozesses in den Agglomerationsräumen i. Allg. am spätesten ein.

(3) **Desurbanisierungsphase**. Des- oder De-Urbanisierung bedeutet „absolute Bevölkerungs- und Beschäftigungsabnahme im gesamten Agglomerationsraum, da die Zunahme im Umland die Verluste in der Kernstadt nicht mehr ausgleicht. (...) Eine Reihe ehemals wachstumsstarker Räume verliert nicht nur in der Kernstadt, sondern insgesamt Bevölkerung und Arbeitsplätze" (W. Gaebe 1991, S. 8). Dies gilt vor allem für Agglomerationsräume mit industrieller Monostruktur (z. B. Bergbau, Montanindustrie).

(4) **Reurbanisierungsphase**. Reurbanisierung kennzeichnet nach W. Gaebe (1991, S. 9) eine relative Bevölkerungs- und Beschäftigtenzunahme in der Kernstadt (s. 6.2.3). „Seit den 70er Jahren nehmen in vielen Industrieländern, aber auch in Schwellenländern, private und öffentliche Erhaltungs- und Erneuerungsinvestitionen in den Kernstädten zu (Sanierung und Rekonstruktion historischer Stadtstrukturen), sowohl in Agglomerationsräumen mit Bevölkerungs- und Arbeitsplatzverlusten als auch in wachsenden Räumen der Urbanisierungs- und Suburbanisierungsphase".

forschung definiert als Gebiete mit einem großstädtischen Kern und einer Konzentration von über 500.000 Einw. in einem Gebiet von ca. 500 km² bei einer durchschnittlichen Bevölkerungsdichte von 1.000 Einw./km². Es wurden also recht schematisch bestimmte Strukturschwellenwerte zugrunde gelegt, Verflechtungsmerkmale blieben gänzlich unberücksichtigt.

Ballungsgebiete lassen sich in zwei unterschiedliche Typen gliedern:

Einkernballungen oder **monozentrische Ballungsgebiete** (z. B. Hamburg oder München) und **Mehrkernballungen** oder **polyzentrische Ballungsgebiete** (z. B. Rhein-Ruhr-Gebiet).

• **Stadtregionen** wurden in der Bundesrepublik Deutschland seitens der Raumforschung definiert und auch modellartig gegliedert (Abb. 6.10 mit Erläuterung): Das **Modell der Stadtregion von O. Boustedt** (1970²) wurde in Anlehnung an Modelle und Stadtregionsgliederungen aus den USA mit einer Differenzierung in Raumeinheiten bzw. Zonen entwickelt (vgl. Ähnlichkeiten mit dem Modell von A. Boskoff, 1970, s. Abb. 6.8).

Auf der Grundlage des Modells der Stadtregion wurden vergleichbare Volkszählungsdaten (umfangreiche Tabellenwerke) für die Jahre 1950, 1961 und 1970 veröffentlicht, die uns wesentliche Einsichten in die Entwicklungsdynamik innerhalb der städtischen Verdichtungsgebiete in der ehemaligen Bundesrepublik Deutschland vermitteln. Das Stadtregionskonzept hat jedoch keine Fortsetzung mehr gefunden, da die durch kommunale Gebietsreformen in der Bundesrepublik Deutschland in den 1970er Jahren entstandenen Großgemeinden ungeeignete, d. h. i. Allg. zu große räumlich-statistische Bezugseinheiten darstellen.

In der amtlichen Raumordnung der ehe-

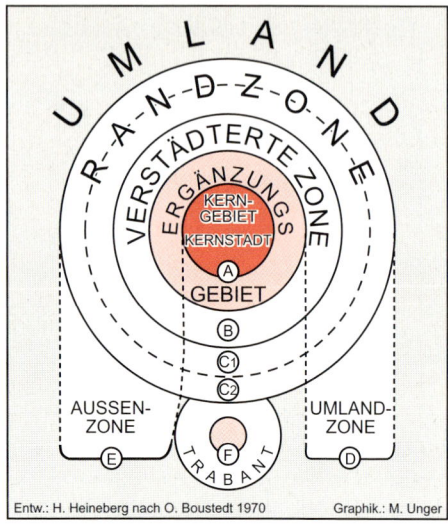

Entw.: H. Heineberg nach O. Boustedt 1970   Graphik.: M. Unger

Abb. 6.10 Modell der Stadtregion von O. Boustedt

In dem Modell der Stadtregion (Abb. 6.10) bedeuten:

Kernstadt = Verwaltungsgebiet der zentralen Stadtgemeinde(n),

Ergänzungsgebiet = die um die Kernstadt gelegenen Gemeinden, die der Kernstadt im Siedlungscharakter, in struktureller und funktionaler Hinsicht weitgehend ähneln. Kernstadt und Ergänzungsgebiet werden als **Kerngebiet** der Stadtregion zusammengefasst.

Verstädterte Zone: weist bereits eine erheblich aufgelockerte Siedlungsstruktur, jedoch noch eine ausgesprochen gewerbliche Erwerbsstruktur der Wohnbevölkerung auf, die zum überwiegenden Teil im Kerngebiet arbeitet (Pendler).

Randzone = weitere Umlandgemeinden in der äußeren Zone der Stadtregion; in ihr nimmt der Anteil landwirtschaftlicher Erwerbspersonen zur Peripherie hin allmählich zu. Der Pendlerverkehr ist auch von der Randzone aus noch überwiegend auf das Kerngebiet ausgerichtet.

maligen Bundesrepublik Deutschland wurde (nach dem Beschluss des Hauptausschusses der Ministerkonferenz für Raumordnung vom 21.11.1968) der Begriff Verdichtungsraum als verbindlich erklärt:

• **Verdichtungsräume** wurden durch folgende Mindestgrößen definiert bzw. abgegrenzt: 100 km^2 Fläche, 150.000 Einw. und durchschnittliche Bevölkerungsdichte des Gesamtraumes von 1.000 Einw./km^2. Innerhalb dieses Rahmens wurden noch weitere Einzelmerkmale berücksichtigt, darunter das Kriterium der sog. **Einwohner-Arbeitsplatzdichte**, definiert als EAD = (1.250 Einw. + Arbeitsplätze)/km^2.

Im Jahre 1993 wurde gemäß Beschluss des Hauptausschusses der Ministerkonferenz für Raumordnung eine **Abgrenzung der Verdichtungsräume in Deutschland einschließlich der neuen Bundesländer** vorgenommen (vgl. H. HEINEBERG 2006^{3}a, Abb. 3.5). Die (vorläufigen) Einwohnerdaten für das Jahr 1991 zeigen, dass unter den ersten 10 Verdichtungsräumen allein sieben zu den alten Bundesländern gehören. Der größte Verdichtungsraum ist mit 11,14 Mio. Einw. Rhein-Ruhr, und zwar mit großem Abstand zu den nächstfolgenden: Berlin 3,99 Mio., Rhein-Main 2,77 Mio., Stuttgart 2,72 Mio., Hamburg 2,09 Mio., München 1,93 Mio., Rhein-Neckar 1,32 Mio., Nürnberg/Fürth/Erlangen 1,12 Mio., Chemnitz/Zwickau 1,07 Mio., Halle/Leipzig 1,03 Mio. Einw. etc. Der Verdichtungsraum mit der größten durchschnittlichen Bevölkerungsdichte von gut 2.000 Einw./km^2 ist Berlin, wohingegen das Rhein-Ruhr-Gebiet als einwohnermäßig weitaus größter deutscher Verdichtungsraum eine durchschnittliche Dichte von lediglich rd. 1.240 Einw./km^2 aufweist.

Die Kategorie der Verdichtungsräume ist auf Bundesebene heute faktisch raumplanerisch bedeutungslos, jüngere Daten stehen nicht zur Verfügung; sie ist durch die folgenden Gebietstypen ersetzt worden:

• **Siedlungsstrukturelle Gebietstypen**. Für die Bundesrepublik Deutschland wurde erstmals im Raumordnungsbericht der Bundesregierung von 1986 (BMBAU), eine Karte veröffentlicht, die sog. siedlungsstrukturelle Gebietstypen beinhaltet. Sie stellte ein neues „Beobachtungsraster" für die Analyse der differenzierten und sich ständig wandelnden Entwicklungen der Bevölkerungs- und Siedlungsstruktur dar und basiert auf der sog. Laufenden Raumbeobachtung der (ehem.) BUNDESFORSCHUNGSANSTALT FÜR LANDESKUNDE UND RAUMORDNUNG (BfLR, heute BBR). Das Analyseinstrument der siedlungsstrukturellen Gebietstypen wurde nach der Vereinigung auf die neuen Bundesländer übertragen, nach den dort 1995 vorgenommenen Gebietsreformen jedoch nach „landesscharfen" Raumordnungsregionen neu abgegrenzt (BBR 1999a, S. 1).

Die Analyseregionen wurden in drei sog. **siedlungsstrukturelle Regionstypen** untergliedert, und zwar in die Grundtypen I: '**Agglomerationsräume**', II: '**Verstädterte Räume**' und III: '**Ländliche Räume**'; diesen wurden sieben differenzierte Regionstypen zugeordnet (vgl. BBR 1999a, Karte II, und H. HEINEBERG 2006^{3}a, Kasten 3.3 mit Definitionen).

Für intraregionale Vergleiche ist eine zweite Untergliederung, und zwar nach sog. **siedlungsstrukturellen Kreistypen**, geeignet (s. Abb. 6.11). Dabei wird nach sog. **Kernstädten** (kreisfreie Städte >100.000 Einw.) und sonstigen Kreisen (typisiert nach Bevölkerungsdichteklassen) unterschieden (vgl. H. HEINEBERG 2006^{3}a, Kasten 3.4 mit Abgrenzungskriterien).

Für die genannten siedlungsstrukturellen Gebietstypen des BBR stehen aktuelle Daten zur Verfügung, die in der Vergangenheit im zweijährigen Turnus von der (früheren) BfLR bzw. seit 1998 vom BBR sogar jährlich veröffentlicht wurden. Das Analyseinstrument hat sich für Vergleiche zwischen den einzelnen Gebietskategorien sowie auch

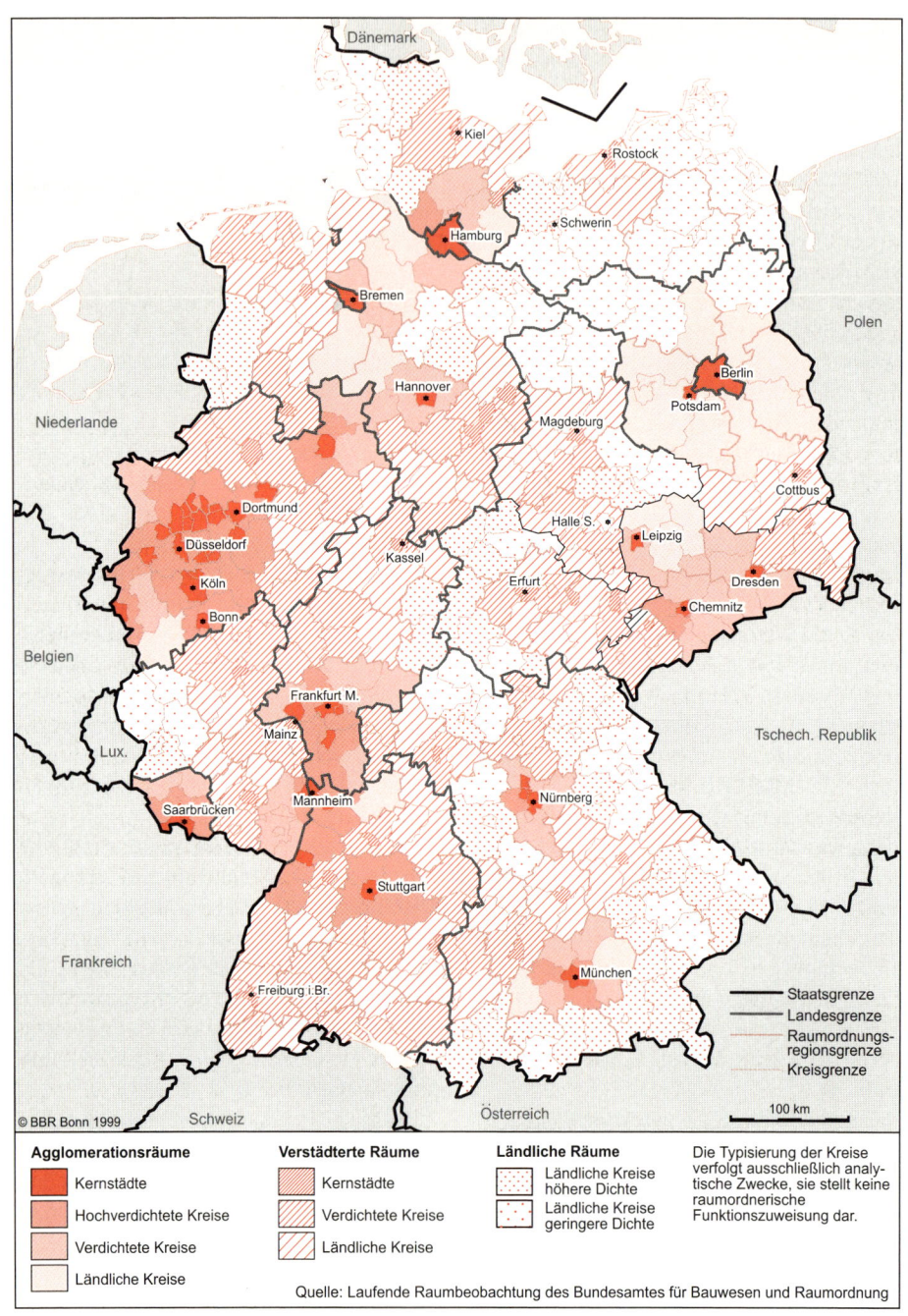

Die Typisierung der Kreise verfolgt ausschließlich analytische Zwecke, sie stellt keine raumordnerische Funktionszuweisung dar.

Agglomerationsräume
- Kernstädte
- Hochverdichtete Kreise
- Verdichtete Kreise
- Ländliche Kreise

Verstädterte Räume
- Kernstädte
- Verdichtete Kreise
- Ländliche Kreise

Ländliche Räume
- Ländliche Kreise höhere Dichte
- Ländliche Kreise geringere Dichte

Staatsgrenze
Landesgrenze
Raumordnungs-regionsgrenze
Kreisgrenze

© BBR Bonn 1999

Quelle: Laufende Raumbeobachtung des Bundesamtes für Bauwesen und Raumordnung

Abb. 6.11 Siedlungsstrukturelle Kreistypen in Deutschland

für zeitvergleichende Analysen - seit 1991 auch zwischen den alten und neuen Bundesländern - bewährt.

Daten des BBR (2002) zeigen, dass von den rd. 82,3 Mio. Einwohnern der Bundesrepublik Deutschland (2000) mit rd. 43 Mio. mehr als die Hälfte der Bevölkerung (= 52,2 %) in Agglomerationsräumen lebte (Abb. 6.12). Dieser siedlungsstrukturelle Regionstyp macht mit 96.296 km² jedoch nur rd. 27 % der Gesamtfläche der BRD aus; demgegenüber verteilten sich rd. 28,6 Mio. (= 34,7 %) auf sog. Verstädterte Räume sowie lediglich 10,7 Mio. (= rd. 13 %) auf sog. Ländliche Räume, auf die allerdings rd. 30,4 % der Fläche der BRD entfallen. Wie Abb. 6.12 weiterhin zeigt, ist der Bevölkerungsanteil der Agglomerationsräume in den alten Bundesländern mit rd. 53,5 % deutlich höher als im östlichen Deutschland (lediglich 47,4 %). Entsprechendes gilt auch für die Verstädterten Räume (mit 35,3% gegenüber 32,6 %), so dass der Bevölkerungsanteil Ländlicher Räume in den neuen Bundesländern mit 20 % nahezu doppelt so hoch ist wie in der westlichen BRD (11,2 %); jüngere Daten (meist für den 31.12.2003 mit Vergleichsmöglichkeiten zu 1995) stehen mit dem Programm INKAR auf CD-ROM für ca. 800 Indikatoren zu zahlreichen Themenbereichen und für unterschiedlichste räumliche Bezugsebenen mit tabellarischen und thema-kartographischen Darstellungsmöglichkeiten zur Verfügung, vgl. BBR 2005a.

Die Daten der **Bevölkerungsentwicklung** der siedlungsstrukturellen Kreistypen ergeben auch interessante Aufschlüsse über die Differenzierung **innerhalb der Agglomerationsräume**, insbesondere auch hinsichtlich des West-Ost-Vergleichs. Während die Bevölkerungsentwicklung in den Kernstädten der Agglomerationsräume in Deutschland insgesamt und speziell auch in den alten Bundesländern 1980-1990 bzw.

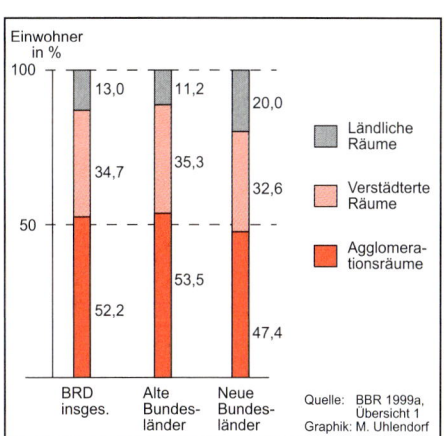

Abb. 6.12 Bevölkerungsverteilung nach siedlungsstrukturellen Regionstypen in der Bundesrepublik Deutschland im Jahre 2000

auch in jüngerer Zeit (1990-2002) nur leicht rückläufig war, ging sie im östlichen Deutschland mit -4,7 % (1990-2002) deutlicher zurück. Diese negative Einwohnerentwicklung gilt für alle siedlungsstrukturellen Raumkategorien. Die Kernstädte der größeren Agglomerationsräume im westlichen Deutschland mit i. Allg. negativen natürlichen Bevölkerungssalden konnten seit den 1980er Jahren ihre Einwohnerzahlen nur durch massive Zuwanderungen (Zuzug ausländischer Bevölkerung und Umzüge aus Ostdeutschland) stabilisieren (M. HESSE/ST. SCHMITZ 1998, S. 436). „Aus diesem Phänomen auf eine Reurbanisierung im Sinne einer allgemeinen Zurückwanderung in die Stadt zu schließen, wäre jedoch verfehlt. Denn nach wie vor ist der Fortzug der deutschen Bevölkerung aus der Stadt ins Umland, vor allem der Familien mit Kindern, erheblich" (...) „Während die Kernstädte ihre Einwohnerzahl etwa konstant halten, boomen die Umlandgemeinden, schreitet die Suburbanisierung unvermindert fort" (ebd.). Die Einwohnerzahlen für die einzelnen siedlungsstrukturellen Gebietstypen verdeutli-

trotzdem noch Suburbanisierung

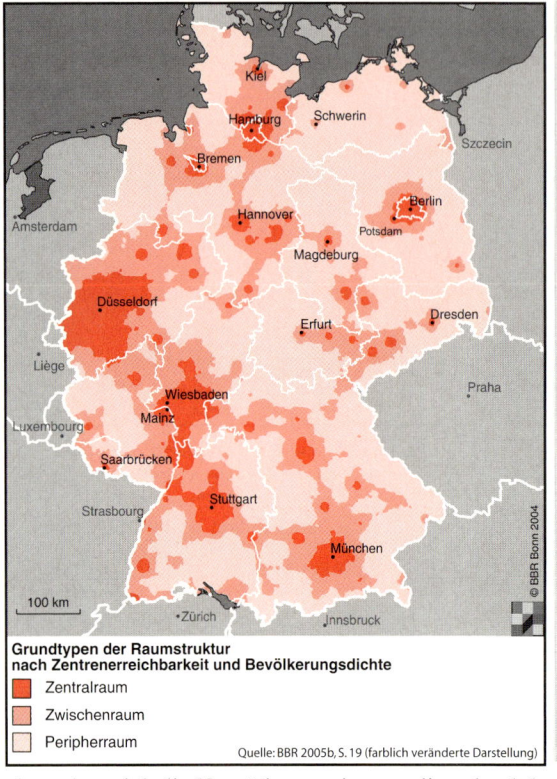

Grundtypen der Raumstruktur
nach Zentrenerreichbarkeit und Bevölkerungsdichte

- ■ Zentralraum
- ▨ Zwischenraum
- □ Peripherraum

Quelle: BBR 2005b, S. 19 (farblich veränderte Darstellung)

© BBR Bonn 2004

„Der enge Zusammenhang zwischen Verkehrs- und Siedlungsentwicklung hat historisch zu großen, zusammenhängenden städtischen Siedlungsgebieten und Siedlungs- und Verkehrskorridoren geführt, die über Landes- und Staatsgrenzen hinweggreifen. Große zusammenhängende **Zentralräume** wie die Regionen Hamburg, Berlin, Rhein-Ruhr, Rhein-Main, Stuttgart und München treten innerhalb der Zentralraumkategorie deutlich hervor. (...) „Zwischen den Zentralräumen und ihren Kernen (bestehen) mehr oder weniger stark ausgeprägte korridorartige **Zwischenräume** in einer punktaxialen Raumstruktur". Die dünnbesiedelten „**Peripherräume** sind über das gesamte Bundesgebiet verteilt". (...) Allerdings ist „diese Raumkategorie nicht - oder nur annähernd - mit den ländlichen Räumen gleichzusetzen" (BBR 2005b, S. 19).

Abb. 6.13
Grundtypen der Raumstruktur nach dem Raumordnungsbericht 2005 des Bundesamtes für Bauwesen und Raumordnung (BBR)

chen, dass sich die Verstädterung im westlichen Deutschland von den Kernstädten im Rahmen eines allgemeinen Sub- und Exurbanisierungsprozesses aus nach außen, d. h. in immer weitere „ländliche Gebiete" verlagert, und zwar innerhalb der Agglomerationsräume von den hoch verdichteten Kreisen mit zunehmenden Wachstumsraten bis in die Ländlichen Kreise sowie entsprechend auch innerhalb der Verstädterten Räume in die Verdichteten Kreise und Ländlichen Kreise.

In den alten Bundesländern sind es vor allem die ländlich geprägten Regionen, die sich durch eine besondere 'Familienattraktivität' auszeichnen; bevorzugtes Wanderungsziel (der Altersgruppen unter 18 Jahren und der 20-<50jährigen) sind dabei vor allem die ländlich geprägten Kreise im Um-

land der Agglomerationen (BBR 1999a, S. 44).

• Grundtypen der Raumstruktur nach Bevölkerungsdichte und Zentrenerreichbarkeit. In dem jüngsten Raumordnungsbericht (2005) des BBR wurde eine neue Typisierung der Raumstruktur in Deutschland dargestellt und im Einzelnen methodisch begründet (BBR 2005b, S. 15ff. mit Themakarten). Diese basiert auf der Überlagerung von Bevölkerungsdichte und Zentralität. Da sie unabhängig von den Grenzverläufen administrativer Einheiten konzipiert wurde, zeigen die entsprechenden kartographischen Darstellungen der Bevölkerungsdichte und Zentrenerreichbarkeit (v. a. in Bezug auf Oberzentren und höherrangige europäische Zentren) sowie die darauf basierende Karte

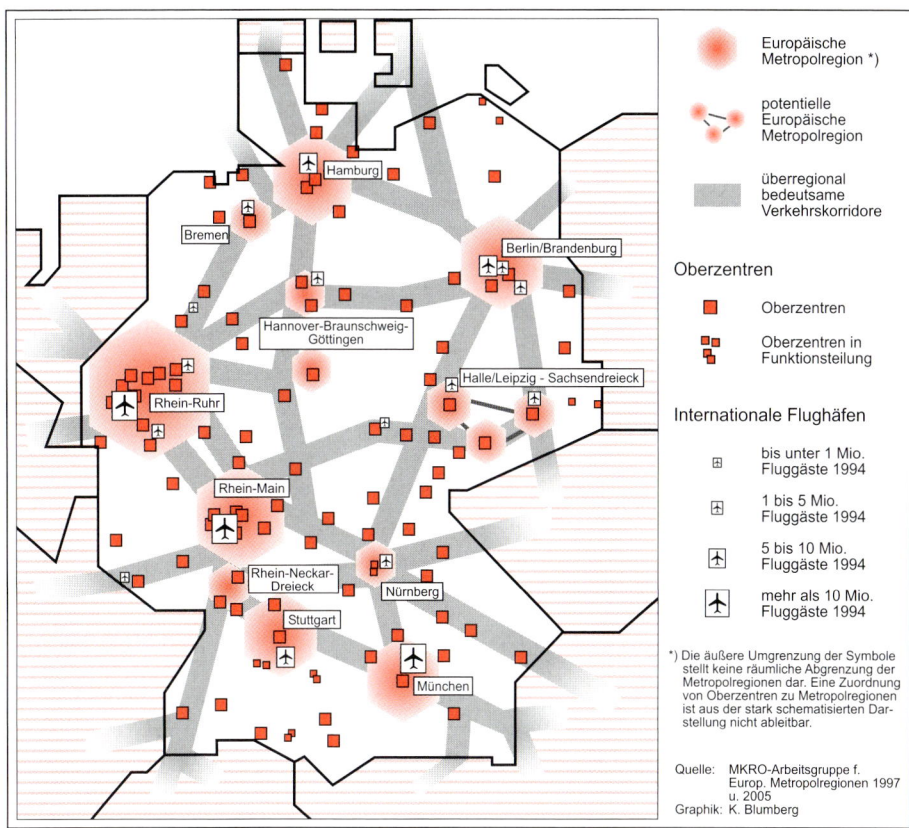

Abb. 6.14 Europäische Metropolregionen in Deutschland

der Grundtypen der Raumstruktur (Abb. 6.13) mit ihrer Differenzierung in sog. Zentral-, Zwischen- und Peripherräume kontinuierliche Abstufungen. Die Abb. 6.13 verdeutlicht besser als diejenige der o. g. siedlungsstrukturellen Gebietstypen (Abb. 6.11) die großen, zusammenhängenden städtischen Siedlungsgebiete sowie Siedlungs- und Verkehrskorridore der **Zentralräume**. Diese weisen eine durchschnittliche Bevölkerungsdichte von 1000 Einw./km² auf. Die zweite Raumkategorie, die sog. **Zwischenräume**, verfügt zwar über keine eigenen großen Bevölkerungspotenziale, ist aber trotzdem durch gute Zugänglichkeiten zu den bedeutenden Zentren gekennzeichnet; in den

Zwischenräumen lebt ein Viertel der deutschen Bevölkerung mit einer durchschnittlichen Dichte von etwa 200 Einw./km². Demgegenüber sind die **Peripherräume** mit unter 100 Einw./km² wesentlicher dünner besiedelt; sie nehmen immerhin 58 % der Fläche des Bundesgebietes ein, und darin lebt ein knappes Viertel der Bevölkerung.

• **Europäische Metropolregionen.** Gemäß ihrem Entschluss zur „Bedeutung der großen Metropolregionen Deutschlands für die Raumentwicklung in Deutschland und Europa" vom 3.6.1997 sieht es die Ministerkonferenz für Raumordnung „als notwendig an, das Konzept der europäischen Metropolregionen innerhalb Deutschlands wie auch auf europäischer Ebene und in Zusammenarbeit mit den Mitgliedstaaten weiterzuentwickeln und abzustimmen. **Europäische Metropolregionen** sollen Bestandteil des in Vorbereitung befindlichen europäischen Raumentwicklungskonzepts sein" (MKRO-Arbeitsgruppe f. europ. Metropolregionen 1997, S. 52; vgl. Abb. 3.9 in diesem Band). „Das vorwiegend auf weltweite Vernetzung ausgerichtete Konzept der Metropolregionen bedeutet keine zusätzliche Stufe zum bestehenden Zentrale-Orte-System in Deutschland. Es stellt vielmehr eine Ergänzung hinsichtlich einiger herausragender Raumfunktionen dar" (ebd.). Aus der schematischen Darstellung europäischer

Metropolregionen mit ihrem Verbundnetz geht hervor, „daß es sich bei den Metropolregionen nicht um Raumeinheiten mit festen Außengrenzen handelt, sondern um funktionale Verflechtungsräume mit Ausstrahlungen auf ihr weiteres Umland" (ebd.).

Der herausragenden Stellenwert, den Metropolen oder Metropolregionen nicht nur in der Raumordnungspolitik, sondern auch in der interdisziplinären Raumforschung (einschließlich der Geographie) heute besitzen, ergibt sich vor allem wohl aus der - von Politik, Wirtschaft und Wissenschaft mehr und mehr wahrgenommenen - bedeutenden Rolle der **Metropolen im Rahmen des Globalisierungsprozesses** (s. 6.6 sowie H. Heineberg 2006[3]a, S. 71 und Kap. 12).

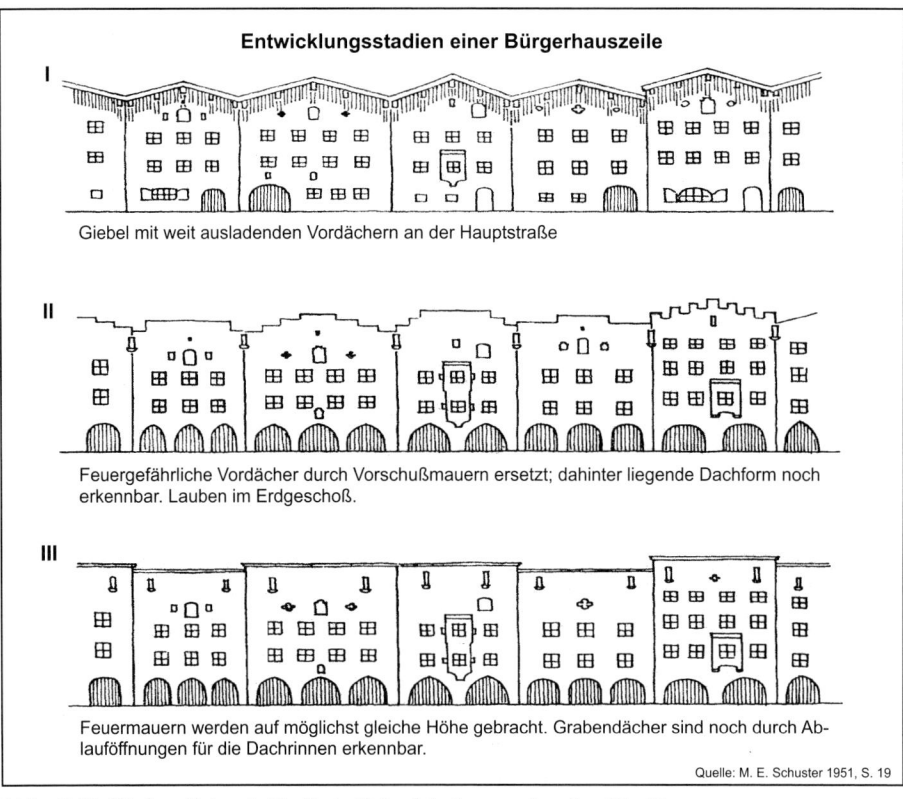

Abb. **6.15** Die Inn-Salzach-Stadt als Beispiel eines regionalen Stadttyps

6.4 Städtetypen und Städtesysteme

6.4.1 Städtetypen. Städte lassen sich nach unterschiedlichsten Merkmalen oder Kriterien sowie Methoden typisieren. Dazu zählt etwa die bereits unter 6.2.2 behandelte Typisierung nach Stadtgrößenklassen. Im Folgenden werden weitere Typisierungsansätze berücksichtigt.

• **Lagetypen von Städten.** Einer der frühesten Ansätze der Städte- oder Stadttypisierung ist die Charakterisierung der Städte nach ihrer jeweiligen geographischen oder topographischen Lage. W. GEISLER (1924) - ein Vertreter der klassischen morphogenetischen Stadtgeographie (s. 6.1.2) - unterschied diesbezüglich als **topographische Lagen der Stadt**:
• Oberflächenlage (z. B. Hochflächenlage, Hanglage, Mulden- und Kessellage),
• Flusstallage (z. B. Talstraßenlage, Flussinsellage),
• Seenlage (z. B. Halbinsel-/Insellage),
• Urstromtallage (z. B. Terrassenlage, Niederungslage),
• Meerlage (beispielsweise Küsten-, Buchten-, Förden-, Hafflage)

Andere Autoren sprechen bezüglich der Lagetypen z. B. von Küstenstadt, Passstadt, Talmündungsstadt, Stadt in Brückenlage, in politischer Grenzlage, in Verkehrsmittelpunktlage. Diese deskriptiven geographischen und topographischen Lagecharakterisierungen, für die sich noch zahlreiche weitere Einzeltypen in den verschiedenen Kulturräumen der Erde finden lassen, liefern häufig wichtige Erklärungsansätze für die Stadtentstehung, aber auch für deren spezielle Funktionen im Rahmen des Städtesystems und für die innere Gliederung von Städten.

• **Regionale Stadttypen.** Neben Lagetypen lassen sich sog. regionale Städte- oder Stadttypen, d. h. Charakterisierungen der Städte nach ihren regionalspezifischen Besonderheiten, dabei meist nach dem Baucharakter, unterscheiden. P. SCHÖLLER hat diesem Aspekt der Städtetypisierung in seinem 1967 veröffentlichten Buch über „Die deutschen Städte" eine besondere Beachtung geschenkt. SCHÖLLER unterschied mehrere **eigenständige städtebauliche Formenkreise**, z. B. fränkische Städte, bayrische und alpenländische Städte, westniederdeutsche Städte, deutsche Küstenstädte; vgl. Abb. 6.15 mit dem Beispiel der Inn-Salzach-Stadt einschließlich städtebaulicher Entwicklungsstadien.

• **Funktionale Stadttypen** sind **Städte mit besonderen Funktionen** oder - im Sinne der Städtesystemforschung (s. 6.4.2) - mit einer **Funktionsspezialisierung im Städtesystem**. Dazu zählen:
• **Städte mit besonderen politischen Funktionen**. In der historischen Stadtentwicklung sind dies z. B. Residenz- und Burgstädte (diese stehen in Europa am Beginn der Entwicklung des Städtewesens überhaupt), Festungs- und Garnisonsstädte oder territoriale Zentren. Heute unterscheiden wir Hauptstädte (u. a. auch von Bundesländern), Stadtstaaten (z. B. Singapur) bzw. jegliche Verwaltungsmittelpunkte.
• **Städte mit besonderen kulturellen Funktionen**. Dazu zählen u. a. Tempelstädte, Bischofsstädte, Wallfahrtsstädte, Klosterstädte, Universitätsstädte.
• **Städte mit besonderen Wirtschafts- und Verkehrsfunktionen**, beispielsweise (ehemalige) Ackerbürgerstädte, Agrarstädte (Agrostädte) im Mittelmeerraum, Handels- oder Fernhandelsstädte (u. a. ehem. Hansestädte, Karawanenstädte, Zentrale Orte bestimmter Hierarchie, s. 3.7.4), Industrie-

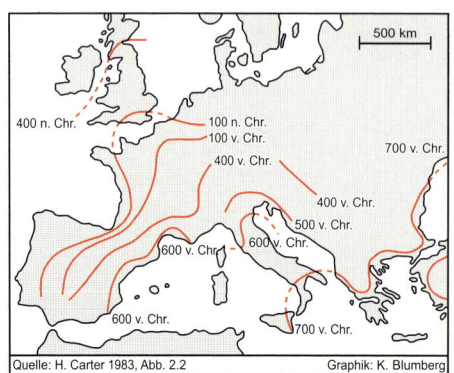

Quelle: H. Carter 1983, Abb. 2.2   Graphik: K. Blumberg

Abb. 6.16 Diffusion der antiken griechisch-römischen Stadtkultur in Europa

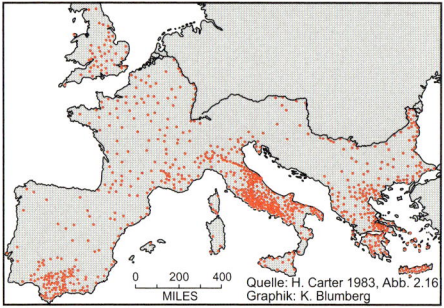

Quelle: H. Carter 1983, Abb. 2.16
Graphik: K. Blumberg

Abb. 6.17 Städteverteilung im römischen Reich

oder auch Verkehrsstädte, z. B. mit dominanten Hafenfunktionen, Eisenbahnstädte etc.

Funktionale Klassifikationen von Städten lassen sich somit nach einer Vielzahl ökonomischer oder sozioökonomischer und anderer funktionaler Merkmale vornehmen, z. B. nach statistischen Merkmalen der Volks- und Arbeitsstättenzählungen. Dazu zählen spezielle **Gemeindetypisierungen** nach sozioökonomischen Merkmalen; vgl. etwa die Untersuchung der „Städtetypisierung in Nordrhein-Westfalen" von N. DE LANGE (1980), die mit Hilfe sog. multivariater Faktoren- und Clusteranalysen zu **komplexen funktionalen Städtetypen** gelangte, z. B. Dienstleistungs- und Verwaltungszentren, multifunktionale Dienstleistungs- und In-

dustriemetropolen, Industriestädte singulärer Wirtschaftsstruktur.

Die bisher genannten Klassifikationen stehen auch in einem inhaltlichen Zusammenhang mit einem weiteren Typisierungsansatz:

• **Historische oder historisch-genetische Stadttypen** lassen sich nach sog. **Stadtentstehungsphasen** oder **-schichten** differenzieren, die je nach Kulturraum der Erde sehr verschieden sein können. Bezogen auf Europa, insbesondere Mitteleuropa, kann z. B. eine Reihe **historischer Stadttypen bis zum Ende des Mittelalters** unterschieden werden (Kasten 6.9) (vgl. auch Abbn. 6.16-6.19). Um ca. 1450 hatte die Stadtentwicklung in Mitteleuropa einen gewissen ersten Abschluss gefunden. Die Zahl der Stadtgründungen war - im Vergleich zum Hochmittelalter - bereits stark zurückgegangen und nahm auch in der Folgezeit bis ca. 1800 kontinuierlich weiter ab (vgl. Abb. 6.7; zu den Ursachen s. H. HEINEBERG 2006[3]a, S. 208). Trotz der geringen Zahl an Stadtgründungen lässt sich auch eine Reihe bedeutender **frühneuzeitlicher Stadttypen** unterscheiden. Neben den Ausläufern der mittelalterlichen Minderstadt und den Kolonisationsstädten aus der Endphase der deutschen Ostkolonisation (östliches Mitteleuropa und Osteuropa) waren es vor allem die Berg-, Exulanten- und Fürstenstädte (vgl. Kasten 6.10 sowie Abbn. 6.20 und 6.21). Von Bedeutung ist, dass sich die deutschen Fürstenstädte nicht nur durch ihre geplanten, rational gestalteten Grundriss- und Aufrissstrukturen hervorheben, sondern insbesondere auch durch ihre **kulturellen Funktionen** (Akademien, Theater und Museen, künstlerische Tradition), die sich ebenfalls großenteils erhalten haben (vgl. P. SCHÖLLER 1967, S. 39).

Kasten 6.9 Stadtentstehungs- und -entwicklungsphasen in Europa, insbesondere in Mitteleuropa, bis zum Ende des Mittelalters

1. Antike griechische Stadt (polis)
Ausbreitung seit 7. Jh. v. Chr. vor allem in Kleinasien, Unteritalien und Sizilien, seit 6. Jh. v. Chr. auch an der (heutigen) spanischen und südfranzösischen Mittelmeerküste. Städteneugründungen im Mittelmeerraum erfolgten nach ca. 450 v. Chr. großenteils im regelmäßigen **Rechteckraster** in Anlehnung an das von HIPPODAMUS beim Wiederaufbau von Milet in Kleinasien ab 479 v. Chr. entwickelte geometrische Straßenraster (**Hippodamisches Schema**). Innerhalb des Straßenrasters (Rechtecke) erfolgten Nutzungszuweisungen für öffentliche Gebäude, Hafengebiete, Wohnflächen, militärische Einrichtungen (J. HOTZAN 2004[3], S. 25).

2. Römische Stadt
Ausbreitung des römischen Städtesystems bis nach ganz Gallien, in das nordwestliche Germanien und nach England (bis zum 1. Jh. n. Chr.) (Abb. 6.16); größte Blüte der römischen Städte im 3. bis 4. Jh. (spätrömische Zeit). Städte römischen Ursprungs verteilten sich im Gebiet des späteren Deutschen Reichs entlang dem ganzen Rheinlauf (größtenteils auf der linken Rheinseite: u. a. Köln, Mainz, Worms, Straßburg, Basel) sowie entlang dem rechten Donauufer (u. a. Regensburg) (Abb. 6.17). Die römischen Städte hatten sich z. T. an Militärsiedlungen (Lager und Kastelle) angelehnt (**Lagerstädte**), teilweise waren sie - wie Köln und Trier - aus rein bürgerlichen Motiven erwachsen (**bürgerliche Städte**). Einen speziellen Stadttyp bildeten **Bäderstädte** (Beispiele: Aachen und Wiesbaden).

Merkmale der römischen Stadt:
Lagesituation: meist in der Ebene, an den römischen Heerstraßen angelegt;
Grundriss: Normalschema war (griechisch-römischer Tradition folgend) die quadratische oder rechteckige Grundrissgestaltung in Gitternetzaufteilung mit allerdings häufigen, meist geländebedingten Abweichungen. Die durch die rechtwinklige Straßeneinteilung geschaffenen **Quartiere** hießen **insulae**. Regelmäßig führte durch die Stadt eine Nord-Süd-Achse (**cardo**), die i. Allg. von einer Ost-West-Achse (**decumanus**) gekreuzt wurde. Mittelpunkt der Stadt bildete das **Forum**, ein rechteckiger Platz, meist am Schnittpunkt der Hauptstraßen gelegen. Am Forum oder in dessen Nähe lagen die größeren öffentlichen Gebäude (Gericht, Verwaltung, Palast); andere (Tempel, Theater, Amphitheater, Thermen) hatten ihre Standorte oft außerhalb des von Wall und Graben sowie vier befestigten Toren eingerahmten engeren Stadtbereichs.
Zerfall der römischen Städte während der Zeit der Völkerwanderungen in Mittel- und Westeuropa; z. T. siedlungsgeschichtliche Kontinuität römischer Stadtgrundrisse oder von Einzelbauwerken.

3. Mittelalterliche Stadt
Merkmale der Stadt des Mittelalters waren u. a. die abwechslungsreiche, d. h. zumeist unsymmetrisch gegliederte, dichte sowie durch Burgbauten und Türme vertikal betonte Bebauung. Es lassen sich folgende Entwicklungsphasen mittelalterlicher Städte in Mitteleuropa unterscheiden:
3.1 Frühmittelalterliche Keimzellen (8./9. Jh.) der Stadtentwicklung waren zum einen (karolingische) **Königshöfe** entlang von Heer- und Handelsstraßen; sie waren befestigt und galten als Burgen oder Pfalzen. Gründungskerne waren zum anderen **Domburgen** der Bischofssitze (in Sachsen z. B. Bremen, Hamburg, Minden, Münster, Osnabrück, Paderborn) oder **Klosterburgen** (u. a. in Hameln oder Helmstedt). Daneben traten - meist in Anlehnung an eine Burg - **kaufmännische Siedlungen**, die **Wiks**. Burg und Kaufmannssiedlung waren zunächst i. Allg. getrennte Raumgebilde (Abb. 6.18). Die Entfaltung des eigentlichen gemeindlichen Lebens des Wik begann erst in der Ottonischen Zeit (ab 10. Jh.), als sich die Kaufleute zu Gilden zusammenschlossen (**Kaufmannsgilden**).
3.2 Mutterstädte (bis ca. 1150). Der Begriff wurde von H. STOOB (1956, S. 33) geprägt, und zwar als die „neben Fürstenpfalz oder Kirchenburg erwachsene, mühsam mit ihr verschmolzene, vielgliedrige und vielgestaltige Siedlung der königlichen Kaufleute. Die Mutterstädte hatten sich bis ca. 1150, ausgehend vom Maas-Schelde-Raum (Gent, Antwerpen etc.), über das Rheinland bis in die Ostmarken an Elbe und Saale, Main und Donau ausgebreitet (ebd.).

Kasten 6.9   Stadtentstehungs- und -entwicklungsphasen in Europa, insbesondere in Mitteleuropa, bis zum Ende des Mittelalters (Fortsetzung)

Im 11. Jh. war schon die Entwicklung des gewerblichen **Marktwesens** erfolgt, was die Entstehung einer breiten Schicht für den Markt arbeitender, selbstständiger Handwerker voraussetzte. Der Markt wurde zum Kern der mittelalterlichen Bürgerstadt. Die Individualität der mittelalterlichen Stadt fand ihren Ausdruck insbesondere in der **Gestaltung der zentralen Markt- und Platzräume.** Im Prinzip gehen die Marktanlagen des 11. und 12. Jh.s (vor allem langgestreckte rechteckige Platzformen, planmäßige Straßenmarktanlagen in Rechteck-, Dreiecks- und Keilform) auf die alte Handelsstraße zurück. Wie es das Beispiel Münster (Abb. 6.18) zeigt, veränderten die Städte im Mittelalter durch **Stadterweiterungen** (v. a. seit der zweiten Hälfte des 11. Jh.s und im 12. Jh.) häufig ihre ursprüngliche Form. Besondere Formen der Stadterweiterungen (früh-)mittelalterlicher Städte bestanden darin, dass sich neben der städtischen Ansiedlung eine zweite oder sogar mehrere (zunächst) selbstständige Städte entwickelten (**Doppelstädte**, Beispiele: Hamburg, Brandenburg, oder **Gruppenstädte**, Beispiele: Hildesheim, Bremen, Braunschweig).

3.3 Gründungsstädte älteren Typs entstanden nach dem Vorbild der Mutterstädte teilweise bereits ab ca. 1120 n. Chr. (i. Allg. zwischen 1150 und 1250) als planmäßig angelegte Stadtanlagen in jeweils günstiger Verkehrslage; es waren - wie die Mutterstädte - überwiegend Fernhandelsstädte, die von Kaufleuten getragen wurden. Die Städtegründungen waren vor allem „Instrumente kaiserlicher und fürstlicher Machtpolitik" (H. Stoob 1956, S. 33). Ein bedeutendes Beispiel ist das 1120 durch die Zähringer gegründete Freiburg i. Breisgau. Freiburg wurde so geplant, dass es in seiner gesamten Länge von einer überall gleich breiten Handelsstraße (mit drei Hauptmärkten) durchschnitten wurde. Der zähringische Stadtplan ist nicht nur im Südwesten des Reiches nachgeahmt worden (Beispiele: Breisach, Worms, Dinkelsbühl), sondern auch in Norddeutschland (Beispiele: Lippstadt, Lemgo).

Bei der Neugründung der Kaufmannssiedlung Lübeck durch Heinrich den Löwen (1158) wurden zur Entlastung des Marktes schmale Parallelstraßen angelegt (Abb. 6.19). Durch die Anlage von Längs- und Querstraßen (**Rückgrat- und Rippenstraßen**) um den Markt herum wurde dieser nun mehr und mehr zum eigentlichen Mittelpunkt der Stadt erhoben. Damit wurde ein neues Stadtplansystem eingeleitet, das im 13. Jh. zahlreiche Stadtgründungen nicht nur im Westen, sondern vor allem auch im neu kolonisierten Osten beherrschen sollte: das System der **Zentralanlage des Marktes**. Mit dem Übergang zum quadratischen Markt wurde die Regelmäßigkeit der Stadtanlage noch gesteigert, besonders in den deutschen Gründungsstädten östlich der Elbe (**Kolonisationsstädte**).

3.4 Territoriale Klein- und Zwergstädte entstanden als bescheidenere Gründungen jüngeren Typs zwischen 1200 und 1300, vor allem nach 1250, in einer großen Dichte über das gesamte Reichsgebiet wie auch über den Kolonialraum verteilt. Daraus resultiert in erster Linie die maximale Häufigkeit der Stadttitelverleihungen in Abb. 6.7. Es handelte sich vorwiegend um landesherrliche Gründungen zur Stärkung der jeweiligen Territorialmacht. Die neu gegründeten Klein- und Zwergstädte (mit i. Allg. unter 20 ha, vielfach sogar nur unter 10 ha Fläche) entstanden daher häufig in den Grenzzonen rivalisierender Territorien und zwar oft in Schutzlage auf Hochflächen und Berghöhen, am Fuße von Burgen, dabei meist in schlechter Verkehrslage. Die Befestigung wurde weitgehend zum Selbstzweck, hinter der die wirtschaftliche Funktion (Fernhandel) stark zurücktrat. Beispiele für historische Festungskleinstädte in Westfalen sind Eversberg im Sauerland oder Haltern und Dorsten an der Lippe, jeweils in ehemals territorialer Grenzlage errichtet (vgl. H. Heineberg 2006[3]a, Abb. 8.10).

3.5 Minderstadt - in den historischen Quellen „als **Freiheit** (*liberté, ville libre*), Flecken, Wikbold/ Weichbild, Tal, Städtlein, in Franken, Bayern und Österreich bevorzugt als Markt bezeichnet" (F. Irsigler 1999, S. 29) - wurde von H. Stoob 1956 als Begriff eingeführt, um damit spätmittelalterliche Stadtgründungen (ca. 1300-1450) zu benennen, die vorwiegend in kleinen, territorial zersplitterten Gebieten erfolgten. Kennzeichnend waren das Fehlen einer Befestigung, ihre Beschränkung auf lokale Nahmarktfunktionen sowie oft auch die Verkürzung ihrer Privilegien. Minderstädte waren damit i. Allg. städtische Siedlungen minderen Rechts.

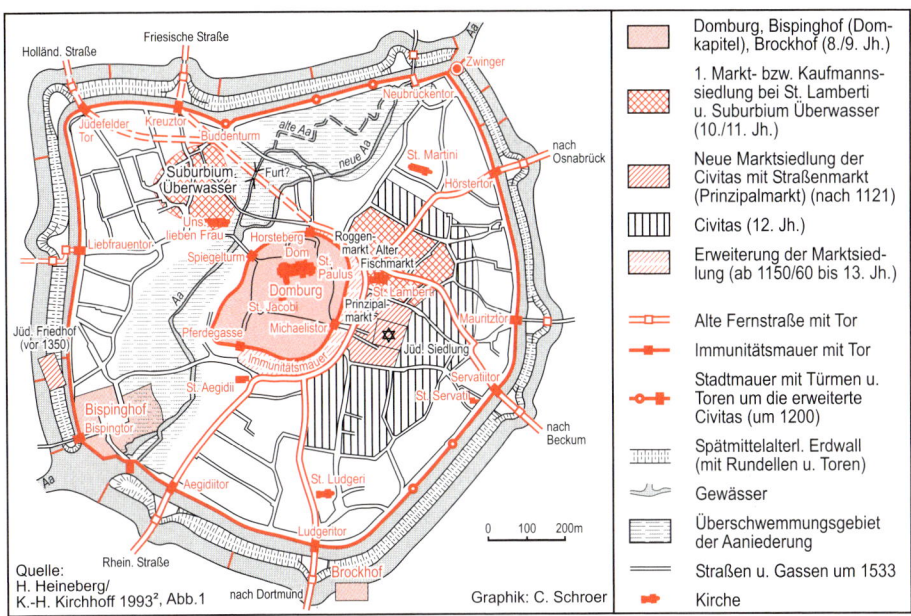

Domburg, Bispinghof (Dom-kapitel), Brockhof (8./9. Jh.)

1. Markt- bzw. Kaufmanns-siedlung bei St. Lamberti u. Suburbium Überwasser (10./11. Jh.)

Neue Marktsiedlung der Civitas mit Straßenmarkt (Prinzipalmarkt) (nach 1121)

Civitas (12. Jh.)

Erweiterung der Marktsiedlung (ab 1150/60 bis 13. Jh.)

Alte Fernstraße mit Tor

Immunitätsmauer mit Tor

Stadtmauer mit Türmen u. Toren um die erweiterte Civitas (um 1200)

Spätmittelalterl. Erdwall (mit Rundellen u. Toren)

Gewässer

Überschwemmungsgebiet der Aaniederung

Straßen u. Gassen um 1533

Kirche

Quelle: H. Heineberg/ K.-H. Kirchhoff 1993², Abb.1

Graphik: C. Schroer

Abb. 6.18 Münster: Mittelalterliche Stadtentwicklung

Das obige Beispiel Münster zeigt die Lage der frühmittelalterlich entstandenen, (ehemals) befestigten Domburg und der daneben gelegenen ersten Markt- bzw. Kaufmannssiedlung. In Münster war neben den älteren Märkten (Roggenmarkt, Alter Fischmarkt) nach 1121 ein neuer größerer Straßenmarkt (Prinzipalmarkt) als Mittelpunkt einer erweiterten, befestigten Civitas entstanden, die die Domburg halbkreisförmig umschloss. Mit Aufhebung der Wehranlagen der Domburg (ab ca. 1150/60) und der Stadterweiterung durch Errichtung einer neuen Stadtbefestigung in einem größeren Abstand um die frühmittelalterlichen Kerne konnten das Gelände auf der Westseite des Prinzipalmarktes sowie dessen bogenförmige Verlängerungen von Kaufleuten (meist Patriziern) besiedelt werden. Die beiden Keimzellen (Domburg und Kaufmannssiedlung) waren damit verschmolzen. Die schmale Parzellierung dieses (schon damals wertvollen) Geländes hat sich bis heute erhalten; sie wird durch die geschlossene Aufreihung schmaler Bogenhäuser deutlich.

Abb. 6.19 Lübeck: Mittelalterl. Stadtanlage in Rippenform (K. Gruber 1976², mit eigenen Ergänzungen)

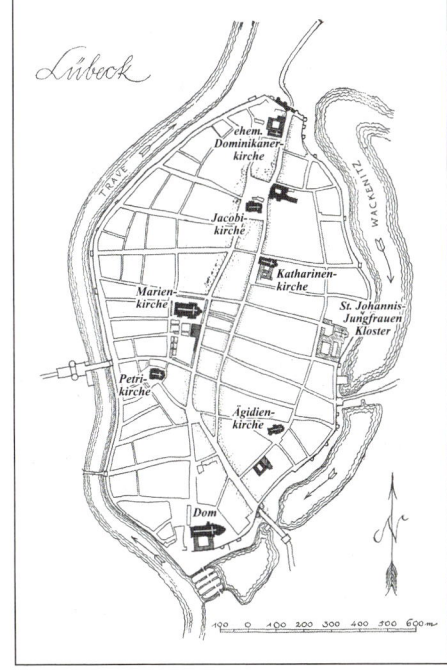

Kasten 6.10 Frühneuzeitliche Stadtentwicklung und Stadttypen in Mitteleuropa

1. Bergstädte (v. a. des 15. und 16. Jh.s) waren an Erzfunde gebunden; sie waren landesfürstliche Gründungen mit gewissen Rechten bürgerlicher Autonomie. Bei den Bergstädten des 15. und 16. Jh.s handelte es sich um die zweite Welle derartiger Gründungen (nach mittelalterlichen Bergstadtgründungen wie Goslar um 970 n. Chr.), beispielsweise im Harz, im Erzgebirge, in den Sudeten, im Böhmerwald und in den Alpen. Beispiele: Zellerfeld (1526) und Clausthal (1530) im Harz.

2. Exulantenstädte (Flüchtlingsstädte) (16. bis 18. Jh.) waren räumlich an landesfürstliche Gebiete mit protestantischem Glaubensbekenntnis gebunden. Triebkraft zur Gründung derartiger Städte war die Flucht aus dem Machtbereich der Gegenreformation (H. STOOB 1956). Die Flüchtlingsgruppen - häufig in Neustädten oder neuen Stadtgründungen angesiedelt - kamen z. B. aus Böhmen (Böhmische Brüder) in den Raum Schlesiens und Polens, aus Flandern in das Niederrhein- und das nordwestdeutsche Küstengebiet, aus Frankreich (Hugenotten) in das Rheingebiet oder über Hessen nach Sachsen bis in die Mark.

Beispiele für Exulantenstädte: Altona (bei Hamburg) oder Friedrichsdorf, Homburg, Neu-Hanau, Neu-Isenburg u. a. um die alte Kaiserstadt Frankfurt. Exulantenstädte wurden häufig nach dem fördernden Fürsten benannt (z. B. Friedrichsstadt an der Eider; z. T. hat sich in den Städtenamen das „Gefühl neugewonnener Sicherheit" niedergeschlagen wie bei Freystadt in Posen, Glückstadt an der Elbe oder Freudenstadt im Schwarzwald (H. STOOB 1956, S. 38).

3. Fürstenstädte entstanden entweder als rein administrative Zentren (**Residenzstädte**) oder aus militärischen Gründungen (**Festungs- oder Garnisonsstädte**). Beispiele für Residenzstädte sind Karlsruhe, Pyrmont, Wolfenbüttel oder Neustrelitz bzw. für Festungs- oder Garnisonsstädte Rendsburg in Schleswig-Holstein oder Neu-Breisach im Oberelsass. Die Bürger dieser Fürstenstädte waren vor allem Beamte, Soldaten oder Hof- und Heereslieferanten (H. STOOB 1956, S. 39).

In Deutschland begann ab ca. 1520 mit dem Stilwandel von der Spätgotik zur italienisch beeinflussten **Renaissance** eine Zuwendung zur symmetrisch-horizontal gegliederten, weitläufigeren Stadtgestaltung; derartige rational durchdachte, geometrische Raumaufteilungen (Straßensystem im Quadratnetz, Rechteckschema etc. mit rechteckigen Plätzen und Verbindungsachsen) sind nicht nur für die Stadterweiterungen des 16. bis 18. Jh.s, sondern vor allem für die gänzlich neu geplanten Fürstenstädte charakteristisch, die im Geist des Absolutismus (17./18. Jh.) entstanden sind. Die stark horizontale Betonung im Aufbau der Fürstenstadt ergab sich auch aus den veränderten Kriegs- bzw. Befestigungstechniken. Vor allem das von dem Franzosen S. LE PRESTRE DE VAUBAN (1633-1707) in der zweiten Hälfte des 17. Jhs. weiterentwickelte, sternförmig vorgeschobene **Bastionssystem** mit dem Prinzip des flankierenden Schutzes und freiem Schussfeld bedingte eine weitgestaffelte horizontale Anlage des gesamten Befestigungsgürtels einer Stadt (**Vaubansches System**).

Die innere Gliederung der Fürstenstadt zeigt in der Renaissancestadt (16./17. Jh.) und in derjenigen des Barocks (Ende des 17. - 18. Jh.) voneinander abweichende Grundkonzeptionen. Idealtyp einer **Renaissancestadt** war in Deutschland das frühere, nach dem **Zitadellenkopfschema** angelegte Mannheim (Abb. 6.20). Der symmetrisch geplante Grundriss der Idealstadt des 16. und 17. Jh.s war mit einer einheitlichen Gestaltung der Baukörper (Aufriss) verbunden: geschlossene, i. Allg. traufenständige Bebauung (traufständiges Dach), wobei die individuelle Ausgestaltung der einzelnen Fassaden in den Hintergrund trat.

In der **Barockstadt** trat zu der symmetrischen Ordnung der Stadtfläche nach geometrischen Figuren die Ausrichtung der Grundrissstruktur auf die Schlossanlage des absoluten Fürsten. Die Macht des Fürsten sollte sich in der Stadtgestaltung widerspiegeln: „Alleinige Aufgabe des Straßennetzes und der Freiflächen der idealtypischen barocken Residenzstadt war die Hinführung zum absoluten Richtpunkt der Stadt, zum Schloß. Eine annähernde Verwirklichung dieser Forderungen war nur bei einer Neuanlage möglich" (H. FRIEDMANN 1968, S. 27). Ein herausragendes Beispiel dafür bildet Karlsruhe (Abb. 6.21).

Im barocken Städtebau waren i. Allg. strenge **Bauvorschriften** gültig, die die Grundriss- und Aufrissstrukturen festlegten, z. B. die meist einheitliche Gestaltung der Baukörper oder die bauliche Staffelung (Stockwerkszahlen), wodurch auch die ständische Gliederung der Bevölkerung zum Ausdruck gebracht wurde.

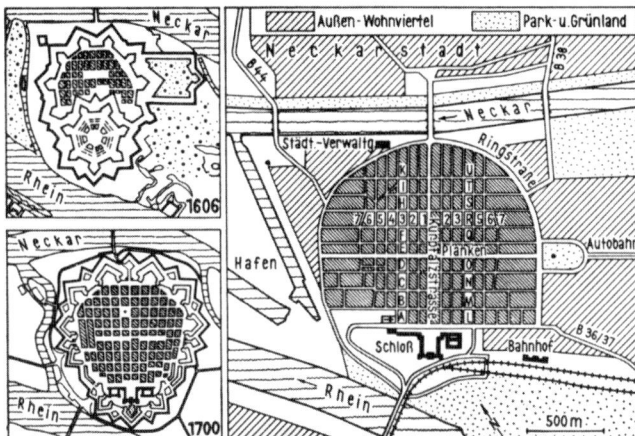

Abb. 6.20
Drei Pläne aus der Ent-
wicklung Mannheims
(aus: F. Fezer und
U. Muuß 1971, S. 24)

Die Talebene mit dem Zufluss des Neckars in den Rhein kam dem Bau einer modernen Festung, wie sie zu der Zeit v. a. auch von Holländern errichtet wurde, sehr entgegen. Die Rationalität als Grundsatz einer allumfassenden Planung zeigte sich im früheren Mannheim (in Abb. 6.20 oben links) nicht nur in der Anlage der Bastionssysteme, sondern auch in den Grundrissstrukturen der beiden selbstständigen Baukörper, der **Zitadelle** und der **Bürgerstadt**: Das kreisförmig angelegte Innenfeld der sternförmigen Zitadelle wurde um einen großen freien (Alarm-)Platz in ein System rautenförmiger Baublöcke aufgeteilt, während die ebenfalls befestigte Bürgerstadt in rechteckige Baublöcke gegliedert wurde (letztere sind bis heute erhalten). Um in Mannheim, das (nach zweimaligen Zerstörungen im 17. Jh.) im Jahre 1720 kurpfälzische Residenzstadt geworden war, dem barocken Ideal entgegenzukommen, wurde der große Schlossbau (auf dem Gelände der ehemaligen Zitadelle) so gestaltet, dass dieser von allen Längsachsen der Stadt aus einsichtig war; dies war eine städtebauliche Kompromisslösung, denn das Straßennetz (Rechteckschema) der älteren Bürgerstadt konnte nicht mehr abgeändert werden (Abb. 6.20 unten links und rechts).

Neben den o. g. historischen Stadttypen lassen sich auch für das Industriezeitalter sowie für die jüngere Vergangenheit Stadttypen und spezielle Stadtentwicklungsprozesse unterscheiden (vgl. dazu H. HEINEBERG 2006³a, Kap. 9 und 10).

● **Kulturraumspezifische Stadttypen.** Im Rahmen der Stadtforschung auf der internationalen oder globalen Ebene wurden insbesondere seitens der Stadtgeographie im deutschsprachigen Raum auch sog. kulturraumspezifische Stadttypen unterschieden, denen i. Allg. die kulturgenetische Betrachtungsweise zugrunde liegt (vgl. den Ansatz der kulturgenetischen Stadtgeographie unter 6.1.2 sowie die Darstellungen und Erläuterungen ausgewählter kulturraumbezogener

Stadttypen unter 6.5.2).

6.4.2 Städtesysteme und Städtenetze.
● **Städtesysteme: Systembeziehungen und Systemelemente.** Der Ausdruck **Städtesystem** oder **städtisches Siedlungssystem** bezeichnet die Gesamtheit der Städte eines Raumes, z. B. eines Kulturerdteils, eines Staates oder einer Region; dabei sind die Beziehungen (sog. Systembeziehungen) zwischen den einzelnen Städten (als Elemente des Systems) von Bedeutung.

In Anlehnung an D. BARTELS (1979) lassen sich zwei Gruppen von **Systembeziehungen** unterscheiden: sog. **Interrelationen und Interaktionen zwischen Städten** (vgl. im Einzelnen Kasten 6.11). Abb. 6.22 zeigt das Beispiel von Interaktionswegen und der

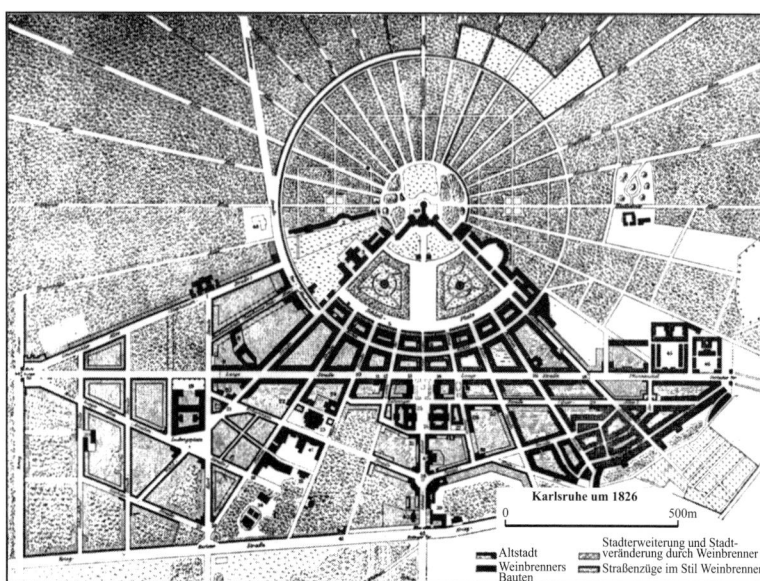

Karlsruhe um 1826

0   500m

Altstadt

Weinbrenners Bauten

Stadterweiterung und Stadt-veränderung durch Weinbrenner

Straßenzüge im Stil Weinbrenners

Abb. 6.21 Barockstadt Karlsruhe 1826 (aus: A. E. J. Morris 1972, Fig. 7.16)

Karlsruhe weist das wohl vollendetste Schema einer barocken Stadt in Deutschland auf. Die Mitte wird vom Barockbau des fürstlichen Schlosses beherrscht, der ab 1715 in der neuen Stadt Karlsruhe (vom Markgrafen Karl Wilhelm) errichtet wurde. Vom Kreis um den Schlossturm als Zentrum strahlten 32 Wege aus, davon 23 als Alleen in den Hardtwald, der als fürstliches Jagdrevier diente; die Ost-West verlaufende Straße, die das Fächermuster quert, ist älter als die Radialstraßenplanung.

Intensität von Kommunikationsbeziehungen (Interaktionsströme, gemessen in Gigabits je Sekunde) anhand der wichtigsten interkontinentalen Internet-Verbindungen im globalen Städtesystem.

• **Stadtgrößen-Rangfolgen und Polarisationsgrad von Städtesystemen.** Ein deskriptives Verfahren zum Vergleich des Entwicklungsstandes von Städtesystemen auf der Grundlage von Bevölkerungsdaten ist die Analyse von **Stadtgrößen-Rangfolgen** oder die Analyse der Beziehungen zwischen Einwohnergrößen und Rangplätzen von Städten eines Raumes (Land, Staat etc.). Zur graphischen Darstellung der Stadtgrößen-Rangfolgen werden in einem Diagramm auf der y-Achse die Einwohnerzahl (Stadtgröße) und auf der x-Achse der Rangplatz (entsprechend der Einwohnerrangfolge) der je-

weiligen Stadt eingetragen (vgl. Abb. 6.23, obere Diagrammreihe). Werden diese x- und y-Werte logarithmiert und die einzelnen „Punkte" im Diagramm, d. h. die Städte, miteinander verbunden, so erhält man für das jeweilige Städtesystem eine Kurve. Bei einem ausgewogenen Städtesystem (mittlere Graphik oben in Abb. 6.23), wie es z. B. annäherungsweise hinsichtlich der USA sowie angenähert auch für die Ranggrößenverteilung im Städtesystem des vereinigten Deutschland der Fall ist, liegen im doppeltlogarithmischen Diagramm alle „Punkte" auf einer Geraden mit der Steigung -1 (vgl. dazu H. HEINEBERG 2006[3]a, S. 76ff. mit Abbn. 4.3-4.5). Man spricht in diesem Fall von einer **idealtypischen Ranggrößenverteilung**. Bei der Dominanz einer einwohnermäßig absolut führenden Haupt- oder Großstadt, einer sog. **Primatstadt** bzw. ei-

Kasten 6.11 Systembeziehungen in Städtesystemen nach D. BARTELS 1979

(1) Interrelationen zwischen Städten:
• **räumliche Lagebeziehungen**, gemessen in verschiedenen Distanzen, z. B. metrische in Kilometern, aber auch Zeit- oder Kostendistanzen;
• **Größen- oder Teilhabe-Relationen**, z. B. als Einwohneranteile, Wirtschaftskraftverhältnisse, bezogen auf das nationale Ganze; sie sind i. Allg. abgeleitet aus oder überführbar in absolute(n) Größenkennzeichnungen der Elemente wie Einwohnergrößen der Städte;
• **Strukturrelationen**, z. B. Unterschiede der strukturellen Dimensionen, wie etwa Beschäftigtenanteile der einzelnen Städte in verschiedenen Wirtschaftssektoren, oder in der zentralörtlichen Ausstattung.

(2) Interaktionen zwischen Städten:
• **Interaktionswege** als Verkehrswege jeder Art wie auch als Informationskanäle jeglicher Funktion zwischen den Systemelementen, z. B. von Intercity-Eisenbahnverbindungen, Breitband-Kabelvernetzungen, Telefonverbindungen;
• **Interaktionsströme** als tatsächliche Austausch- und Kommunikationsbeziehungen jeder Art wie z. B. Güteraustausch, Kapitaltransfers, Wanderungen, Personenverkehrsströme oder Pendlerverflechtungen, Informations- oder Datenflüsse (Abb. 6.22), Innovations- und Ausbreitungsbewegungen;
• **Machtbeziehungen** als Ausdrucksformen der gesellschaftlich-organisatorischen Abhängigkeiten einzelner Städte voneinander, z. B. „Hauptstädte", „Landesmetropolen", kreisangehörige Stadt.

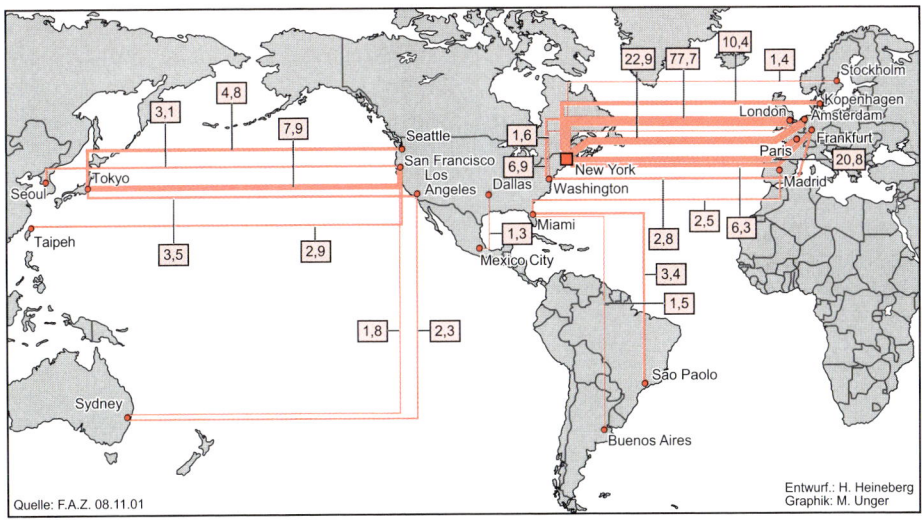

Abb. 6.22 Die wichtigsten interkontinentalen Internet-Verbindungen im globalen Städtesystem

ner **Primatverteilung**, wie es z. B. für zahlreiche Entwicklungs- und Schwellenländer mit jeweils einer herausragenden Hauptstadt bzw. Metropole typisch ist, ergibt sich eine obere Spitze im Kurvenverlauf (wie tendenziell in Graphik oben rechts in Abb. 6.23). Falls in einem Städtesystem eine übergeord- nete Primatstadt fehlt und relativ viele Großstädte mittlerer Größenordnung (z. B. zwischen rund 200.000 und 500.000 Einw.) vorhanden sind, so geht die Ranggrößenkurve in eine annähernd konvexe Form über. Letzteres gilt in etwa für die Städteverteilung in den alten Bundesländern (vgl. Graphik oben

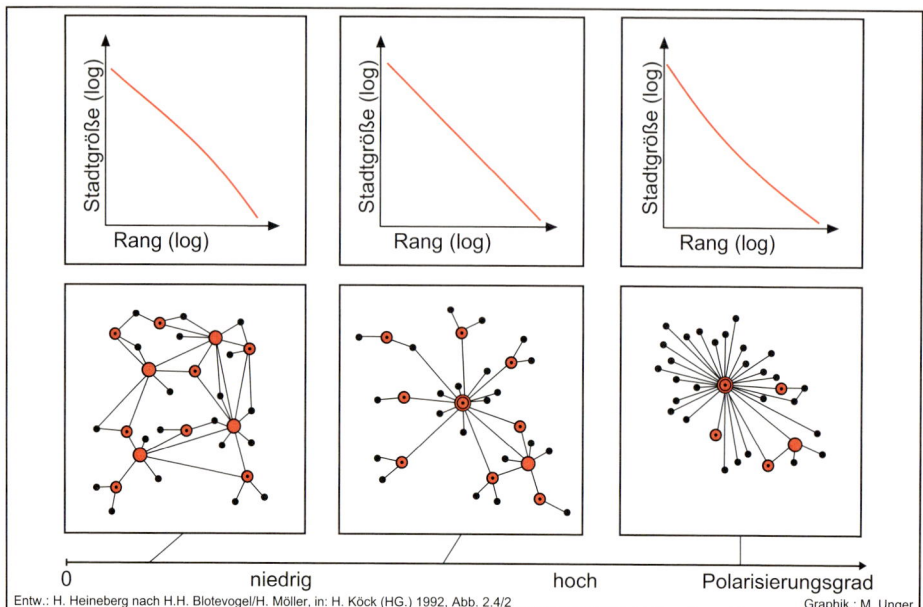

Entw.: H. Heineberg nach H.H. Blotevogel/H. Möller, in: H. Köck (HG.) 1992, Abb. 2.4/2

Graphik.: M. Unger

Abb. 6.23 Unterschiede des Polarisationsgrades von Städtesystemen nach H. H. Blotevogel

links in Abb. 6.23).

In Abb. 6.23 sind **Strukturtypen von Städtesystemen** nicht nur nach der jeweiligen Einwohner-Ranggrößenverteilung (obere Reihe der Graphiken), sondern auch nach dem mit dieser korrespondierenden sog. **Polarisationsgrad** (untere Reihe der Graphiken) modellartig dargestellt. Den größten Polarisierungsgrad weist ein Städtesystem mit einer Primatverteilung auf, den niedrigsten ein solches mit einer hierarchischen Größenverteilung (vgl. im Einzelnen H. H. Blotevogel/H. Möller 1992, S. 119 ff.).

• **Städtenetze.** Für die Städtesystemforschung ist nicht nur die Analyse der Struktur von Städtesystemen, sondern auch deren Vernetzung in Gestalt sog. **Städtenetze** von Interesse. Städtenetze sind von besonderer Bedeutung im Rahmen der jüngeren raumordnungspolitischen Diskussion, und zwar etwa in Deutschland im regionalen

oder nationalen Rahmen sowie auch auf der Ebene der EU (z. B. Netz sog. Eurocities oder auch Europäischer Metropolregionen, s. Abb. 6.14).

In Anlehnung an K. R. Kunzmann 1995 und A. Priebs (1996) lassen sich folgende **Typen von Städtenetzen** unterscheiden:
(1) **Funktionales Städtenetz**; diese Bezeichnung bezieht sich auf ein System von in vielfältiger Weise funktional untereinander verknüpften Städten in einem Raum (vgl. Definition Städtesystem zu Beginn dieses Abschnitts 6.4.2).

(2) **Strategisches Städtenetz.** „Bei diesem Typ von Städtenetzen handelt es sich im wesentlichen um strategische Allianzen, die von mehreren Städten eingegangen werden, um netzinterne Vorteile zu erreichen und/oder die gemeinsame Außendarstellung zu verbessern" (A. Priebs 1996, S. 36). Dabei steht die gemeinsame, selbstorganisierte Bewältigung eines alle beteiligten Städte betreffenden Problems, z. B. ein gemeinsames

Auftreten gegenüber der Landesregierung, dem Bund oder der EU, im Vordergrund (ebd., nach K. R. KUNZMANN 1995); wichtig ist die „bewußte, tendenziell auf Dauer angelegte Zusammenarbeit zur Erreichung raumwirksamer Ziele" (A. PRIEBS 1996, S. 36). Strategische Städtenetze lassen sich nach K. R. KUNZMANN einteilen in **intraregionale und interregionale/internationale Städtenetze**.

(3) **Normative Städtenetze**. Beispielsweise sollen die Städte Dresden, Leipzig und Chemnitz/Zwickau durch den Ausbau ihrer räumlichen Verflechtungen zur **Europäischen Cityregion „Sachsendreieck"** entwickelt werden, um die Wettbewerbsfähigkeit des Freistaats Sachsen innerhalb Europas zu stärken. „Noch weitergehender werden dort auf ober-, mittel- und unterzentraler Ebene **Städteverbünde** als „Sonderformen" Zentraler Orte unterschieden. Sachsen ist damit das bislang einzige Bundesland, das Städtenetze bzw. -verbünde nicht alleine „von unten" wachsen läßt, sondern in der

Landesplanung Zielaussagen zur Vernetzung und kooperativen bzw. komplementären Wahrnehmung zentralörtlicher Funktionen vorgibt" (A. PRIEBS 1996, S. 37).

Mit dem Aufbau intraregionaler Städtenetze wurden laut Beschluss der Ministerkonferenz für Raumordnung im Jahre 1995 in Deutschland auf der Bundesebene zunächst in **elf „Modellregionen"** Erfahrungen gesammelt.

6.5 Modelle und Theorien der Stadtentwicklung

6.5.1 Klassische sozialökologische Stadtmodelle.

• **Das Ringmodell der Stadtentwicklung von E. W. BURGESS** von 1925/1929 (**Burgess-Modell**, vgl. im Folgenden Abb. 6.24) zählt bis heute zu den wichtigsten Stadtstrukturmodellen in der Stadtforschung. Es wurde ursprünglich am Beispiel von Chicago entwickelt. Chicago wurde seit ca. 1890 von

BURGESS ging von zwei grundlegenden Annahmen aus:
(1) „Städte verändern sich ständig unter dem Einfluß der Konkurrenz um die Standortvorteile";
(2) „Städte sind integrale Einheiten, in denen kein Teilgebiet sich verändern kann, ohne daß daraus Folgen für alle anderen Teilgebiete entstehen" (B. HAMM 1982, S. 85).

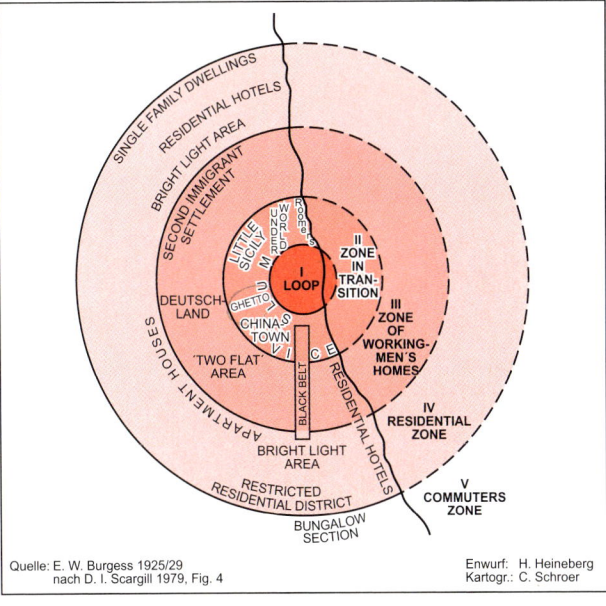

Abb. 6.24
Ringmodell der
Stadtentwicklung von
E. W. Burgess

Quelle: E. W. Burgess 1925/29 nach D. I. Scargill 1979, Fig. 4

Enwurf: H. Heineberg
Kartogr.: C. Schroer

mehreren großen Einwanderungswellen überrollt und zeichnete sich durch ein hemmungsloses Wachstum aus. Die Zuwanderer begannen, sich vor allem in den von Verfall bedrohten Wohngebieten in der Nähe des *„Loop"*, d. h. des Stadtzentrums, anzusiedeln; dort konnten die Zuwanderer herkunftsmäßig homogene Gruppen bilden und ihre kulturellen Traditionen weiterführen (**Wohnsegregation, Ghettobildung**).

Diese sog. **Übergangszone** (*Zone in Transition*) war gleichzeitig auch durch eine Invasion von Geschäften und Leichtindustrie charakterisiert. Um sie lagerten sich weitere, halbringförmig angeordnete Zonen, Wohngebiete mit nach außen zunehmendem Sozialstatus der Bewohner, d. h. zunächst eine **Arbeiterwohnzone** (*Zone of Workingmen's Home*), dann eine *„Residential Zone"* als **Mittelschicht-Wohngebiet** und daran anschließend die sog. **Pendlerzone** (*Commuters Zone*) mit Vororten (*Suburbs*) und Satellitenstädten.

Dabei nahm E. W. BURGESS u. a. an, dass die Nutzungen und Bevölkerungsgruppen nicht gleichmäßig über die gesamte Stadt verteilt sind, sondern dass vielmehr in jeder Zone bestimmte Nutzungen bzw. Gruppen dominieren. Die Stadtentwicklung wurde vor allem auf die Expansion der ökonomisch stärkeren gewerblichen, d. h. der tertiärwirtschaftlichen Nutzung (tertiärer Sektor) des *Central Business District* (*CBD* = Hauptgeschäftsbezirk) innerhalb der City zurückgeführt.

Das BURGESS-Modell ist damit kein statisch-strukturelles Modell, sondern ein **Prozessmodell**. Mit dem städtischen Wachstum dehnen sich die einzelnen ringförmig angelegten Zonen von innen nach außen, d. h. zur Peripherie hin, aus. BURGESS nahm an, dass die Ausdehnung der Stadt tendenziell in alle Richtungen gleichmäßig erfolgt.

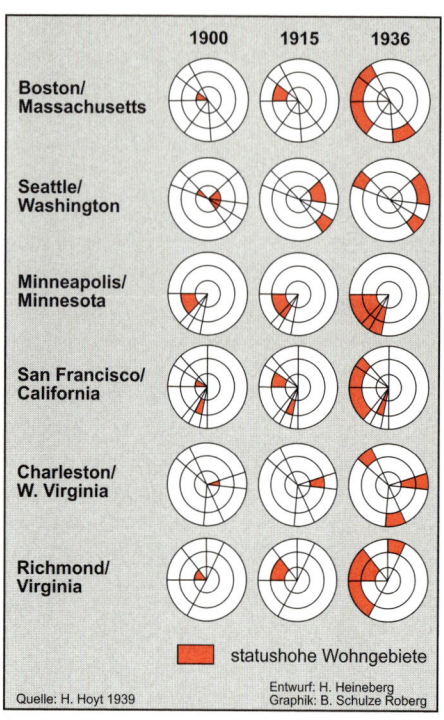

Abb. 6.25 **Veränderungen in den Standorten statushoher Wohngebiete nach H. Hoyt**

Ein weiteres Charakteristikum des Ringmodells ist, dass BURGESS lediglich das Stadtzentrum berücksichtigt; „auf andere ‚Zentren" geht er gar nicht ein" (I.-H. HOLZ 1994, S. 26). Außerdem werden topographische und verkehrsbedingte (Transport-)Unterschiede vernachlässigt. BURGESS differenziert auch nicht zwischen mehreren Zentren und ihren Wirkungen aufeinander (ebd.). I.- H. HOLZ stellt weiterhin heraus, dass das Ringmodell von BURGESS als erste Theorie den Faktor „Boden" als zentrierenden Faktor einführt (ebd., S. 24).

L. F. SCHNORE (1972) veränderte das BURGESS-Modell in einen sog. *reverse-Burgess type*, um den umgekehrt verlaufenden Sozialgradienten in den westeuropäischen und angloamerikanischen Städten der vor-

aus: Die Hoyt: homogene Sektoren

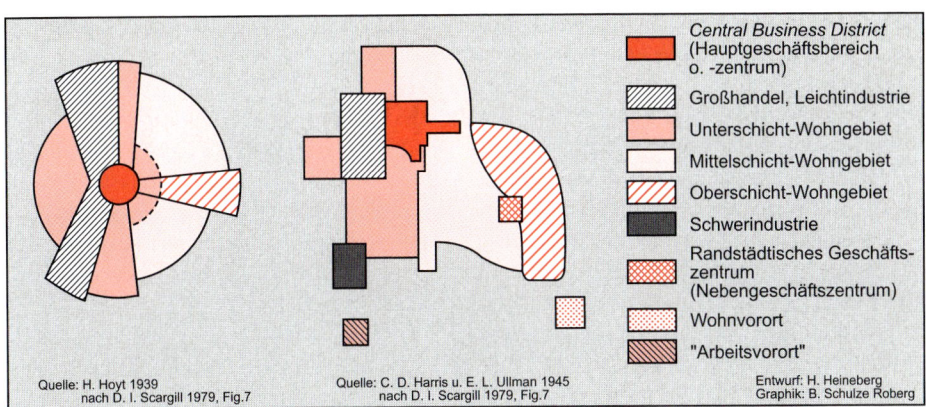

Central Business District
(Hauptgeschäftsbereich
o. -zentrum)

Großhandel, Leichtindustrie

Unterschicht-Wohngebiet

Mittelschicht-Wohngebiet

Oberschicht-Wohngebiet

Schwerindustrie

Randstädtisches Geschäfts-
zentrum
(Nebengeschäftszentrum)

Wohnvorort

"Arbeitsvorort"

Quelle: H. Hoyt 1939
nach D. I. Scargill 1979, Fig.7

Quelle: C. D. Harris u. E. L. Ullman 1945
nach D. I. Scargill 1979, Fig.7

Entwurf: H. Heineberg
Graphik: B. Schulze Roberg

Abb. 6.26 Das Sektorenmodell von H. Hoyt (links) und das Mehrkerne-Modell von C. D. Harris und E. L. Ullman (rechts)

industriellen Zeit zu beschreiben (vgl. auch den Typ der lateinamerikanischen Kolonialstadt, s. Kap. 6.5.2). Danach durchlaufen die Städte weltweit bestimmte Entwicklungsphasen in Richtung auf ein für alle gleichartiges Spätstadium. So wandelt sich die lateinamerikanische Stadt mit früher großem Anteil der gehobenen Schichten im Stadtzentrum (*reverse-Burgess type*) allmählich zu einer Stadt mit der für Angloamerika charakteristischen Struktur (*Burgess type*).

• **Das Sektorenmodell von H. Hoyt** (1939) ist ein zweites grundlegendes sozialräumliches Stadtmodell (s. Abb. 6.26, links). Es basiert auf der empirischen Untersuchung der räumlichen Mietpreisstruktur 30 US-amerikanischer Städte (zwischen 1900 und 1936), dabei insbesondere auf der Lage von Wohngebieten der oberen Mittelschicht und Oberschicht (Abb. 6.25). Die empirischen Ergebnisse belegten die These, dass die Entwicklung von Wohngebieten unterschiedlicher Miethöhe einem sektoralen Muster von der Stadtmitte zur Peripherie folgt. Die Ausdehnung von Wohngebieten hoher Miete erfolgt nach den Thesen von Hoyt entlang bestehender Verkehrswege mit jeweils schnellstem Transport oder in Richtung auf

freies, höher gelegenes Land oder der Wohnstandorte der statushöchsten Bewohner der Stadt etc.

H. Hoyt kam zu einer Ablehnung des Ringmodells von Burgess (s. Abb. 6.24). Nach dem von ihm - aufgrund der o. g. Mietpreis- bzw. Wohngebietsuntersuchungen - entworfenen Sektorenmodell gliedern sich die Städte in relativ **homogene Sektoren** (Abb. 6.26, links); dies gilt vor allem für Industriegebiete und anschließende Arbeiterwohngebiete, die sich hauptsächlich entlang wichtiger Verkehrsleitlinien entwickeln. Umgekehrt meiden die wohlhabenden Schichten die Industrie- und Arbeiterwohnsektoren und siedeln sich ihrerseits in den dazwischen befindlichen Sektoren mit einer deutlichen Tendenz zur Peripherie hin an.

„Im Gegensatz zu E. W. Burgess führt H. Hoyt die Stadtentwicklung - zumindest überwiegend - auf die Veränderungen in den Wohnstandorten der statushohen Bevölkerungsgruppe zurück, E. W. Burgess dagegen auf die Expansion der ökonomisch stärkeren gewerblichen Nutzung im *CBD*, vor allem des tertiären Sektors. Insofern entwickelt(e) H. Hoyt eher ein Modell der Wohnstandortwahl der statushohen Bevölkerung einer Stadt" (J. Friedrichs 1983[3],

S. 108) bzw. genauer: der US-amerikanischen Stadt (vgl. auch 6.5.2).

Eine andere Hypothese von H. HOYT lautet: „Wenn Wohngebiete hoher Miete von ihren Bewohnern verlassen werden, dringen Bevölkerungsgruppen des nächstniedrigen Status in die leerstehenden Gebäude ein (*„filtering"*)" (J. FRIEDRICHS 1983[3], S. 107). Durch diesen **Filtereffekt** ergibt sich nach HOYT auch für andere Bevölkerungsgruppen ein sektorales Anordnungsmuster ihrer Wohngebiete (ebd., S. 108).

Somit ist (auch) das HOYTsche Sektorenmodell nicht statisch konzipiert, sondern (wie das Ringmodell von E. W. BURGESS, s. oben) als Modell der Stadtentwicklung zu betrachten. Wie beim BURGESS-Modell entwickelt sich die Stadt „um das zentrale städtische Zentrum ohne Berücksichtigung der Einflüsse anderer Zentren" (I.-H. HOLZ 1994, S. 28).

• **Das Mehrkerne-Modell von C. D. HARRIS und E. L. ULLMAN** (1945) ist das dritte klassische Stadtentwicklungsmodell (Abb. 6.26, rechts). In ihrer Mehrkerne-Theorie wird von der Hypothese ausgegangen, dass mit der Größe der Stadt auch die Zahl und Spezialisierung ihrer sog. **Kerne** (Stadtmitte, peripher gelegene Geschäfts-

zentren, wie Shopping-Center, Kulturzentren, Parks, kleine Industriezentren etc.) wachsen.

Es werden im Mehrkerne-Modell auch Unterschiede zwischen dem zentralen Stadtgebiet (v. a. *CBD*, hohe Arbeitsstättenkonzentration) und den peripher gelegenen Nutzungseinheiten (insbesondere bezüglich der Oberschichtwohngebiete, aber auch der Industriebezirke) deutlich.

Mit dem Mehrkerne-Modell wird versucht, die zentralörtlichen Funktionen einer Stadt zu berücksichtigen. Eine grundlegende Schwäche des Modells besteht darin, dass der Begriff „Kern" nicht eindeutig definiert ist; auch sind in dem Modell nicht die einzelnen „Kerne" berücksichtigt, sondern vor allem die Gebiete verschiedener Nutzung. In dem Mehrkerne-Modell von C. D. HARRIS und E. L. ULLMAN geht es weniger darum, die räumlichen Verteilungen unterschiedlicher sozialer Strukturen darzustellen, wenngleich auch diesbezüglich eine gewisse zentral-periphere Abfolge existiert.

Das Mehrkerne-Modell ist weniger ein Modell der Stadtentwicklung als vielmehr der Stadtstruktur, wenngleich es auch häufig zu den Stadtentwicklungsmodellen gezählt wird. Insgesamt wird das Modell den in Wirklichkeit häufig vorkommenden

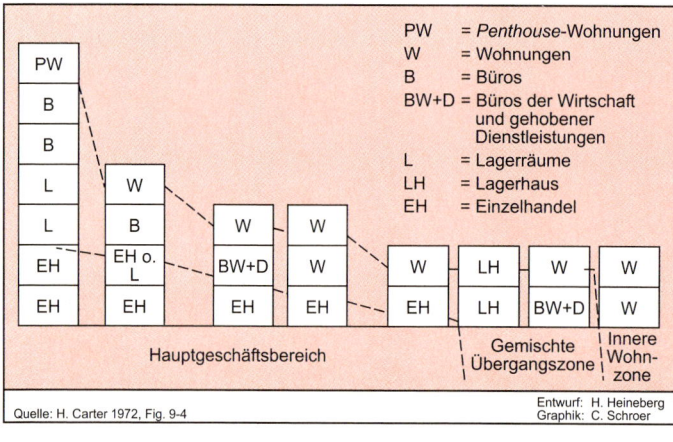

			PW	= *Penthouse*-Wohnungen
			W	= Wohnungen
			B	= Büros
			BW+D	= Büros der Wirtschaft und gehobener Dienstleistungen
			L	= Lagerräume
			LH	= Lagerhaus
			EH	= Einzelhandel

Abb. 6.27 Modell der vertikalen und horizontalen Nutzungsdifferenzierung in drei inneren Zonen der Stadt nach H. Carter

Quelle: H. Carter 1972, Fig. 9-4

Entwurf: H. Heineberg
Graphik: C. Schroer

„mehrkernigen" Stadtstrukturen eher gerecht als die beiden zuerst genannten Modelle von BURGESS und HOYT.

• **Das Modell der vertikalen und horizontalen Nutzungsdifferenzierung nach H. CARTER.** Einen grundsätzlichen Mangel aller drei o. g. Modelle - insbesondere des Ringmodells von E. W. BURGESS - stellt die Nichtberücksichtigung der dritten Dimension, d. h. der **vertikalen Differenzierung bzw. Abfolge der Nutzungen**, dar. H. CARTER (1972) hat den Zusammenhang zwischen Nutzung und Gebäudehöhe in einem einfachen Modell für lediglich drei innere Zonen einer Stadt dargestellt (Abb. 6.27). Die vertikalen Veränderungen der Nutzungen ähneln den horizontalen. „Nutzungsarten, die wegen der hohen Kosten im Wettbewerb um die erwünschten, zentral gelegenen Standorte unterliegen, werden auf die Übergangszone oder die gemischt genutzte Randzone um den *Central Business District* abgedrängt, oder sie ziehen sich auf die oberen Stockwerke zentral gelegener Gebäude zurück" (ebd., S. 171).

Zur weiteren Kritik an den drei klassischen Stadtentwicklungsmodellen bzw. -theorien der Chicagoer Schule der Sozialökologie vgl. H. HEINEBERG 2006[3]a, S. 115ff. sowie J. FRIEDRICHS 1983[3]. Zum Einsatz von Stadtmodellen im Geographieunterricht - am Beispiel der lateinamerikanischen Stadt (s. auch unten) - s. E. KROSS 2006. Zu weiteren allgemeinen Theorien und Modellen der Stadtstruktur und -entwicklung, z. B. Bodenrentenmodelle, Modelle der Stadt- und Verkehrsentwicklung oder Modelle der Stadtentwicklung und Wanderungsmobilität, vgl. H. HEINEBERG 2006[3]a, S. 117ff..

6.5.2 Neuere Modelle zur Stadtstruktur und -entwicklung in ausgewählten Kulturerdteilen.
• **Das Kulturerdteilkonzept.** Die Analyse von Stadtstrukturen und -entwicklungsprozessen basiert vor allem auf der kulturgenetischen Betrachtungsweise in der Stadtgeographie (s. 6.1.2). Bezugsräume bilden ausgewählte **größere Kulturräume** oder **Kulturerdteile**, für deren kulturgenetische Stadttypen insbesondere eine Vielzahl von Modellvorstellungen (Stadtstruktur- oder -entwicklungsmodelle) entworfen worden ist. Diese stellen häufig eine Kombination der unter 6.5.1 erläuterten drei klassischen sozialökologischen Modelle - allerdings mit meist unterschiedlichen inhaltlichen Ergänzungen wie etwa Wanderungsströme - dar.

Das von A. KOLB (1962) vertretene Konzept der Kulturerdteile wurde von B. HOFMEISTER (1982b, 1996[3]) für den interkulturellen Vergleich von Stadtstrukturen modifiziert; unterschieden wurden von B. HOFMEISTER (1996[3], S. 75ff.) der europäische, russische, chinesische, orientalische (und israelische), indische, südostasiatische, tropisch-afrikanische, lateinamerikanische, anglo-amerikanische, südafrikanische, australisch-neuseeländische und japanische Kulturraum.

Wohl wissend, dass das Konzept der sog. Kulturerdteile und deren räumliche Abgrenzungen im jüngeren fachlichen Diskurs strittig sind (vgl. H. POPP 2003) und im Sinne einer neuen Kulturgeographie (s. 1.3.11) heute z. B. stärker die Beziehungen zwischen „globalen und lokalen Kräften" im Vordergrund stehen (F. MEYER 2003, S. 65), so können größere Kulturräume doch als „Raumkonstrukte" zur Orientierung dienen. Für die Stadtstrukturen und -entwicklung in verschiedenen Kulturerdteilen bzw. größeren Kulturräumen (z. T. für einzelne Staaten) liegt zudem eine Vielzahl von - vor allem

Nach B. Hofmeister (1996[3], S. 128) kann der Wolkenkratzer „als die erste eigenständige Leistung der amerikanischen Architektur und als Symbol für die amerikanische Gesellschaft und ihren way of life angesehen werden".

Abb. 6.28
New York -
Wolkenkratzer-
bzw.
Hochhausbebauung
in Manhattan
(Vordergrund)
Foto: W. Döhrmann

auch deutschsprachigen Veröffentlichungen - vor.

Im Folgenden werden die Stadtstrukturen und -entwicklung in drei ausgewählten größeren Kulturräumen bzw. Kulturerdteilen - vor allem anhand jüngerer Stadtmodelle - jeweils knapp erläutert. Dabei sollen auch komplexe **Beziehungen zwischen Kulturraum und Stadt**, insbesondere in historischer, sozialer (z. B. religiöser, ethnischer), politischer (d. h. auch rechtlicher), ökonomischer und technischer Hinsicht sowie in Bezug auf internationale Einflüsse der „**Verwestlichung**" (verwestlichte Stadt) und die jüngere Globalisierung, berücksichtigt werden. Für detailliertere Beschreibungen einzelner kulturerdteilbezogener Stadtstrukturmodelle vgl. J. Bähr/U. Jürgens 2005, B. Hofmeister 1996[3] sowie auch H. Heineberg 2006[3]a, Kap. 11 (die US-amerikanische, lateinamerikanische und islamisch-ori-

entalische, indische, japanische, chinesische und südafrikanische Stadt) mit den dort in Kasten 11.14 aufgelisteten weiterführenden Literaturhinweisen (vgl. auch Kasten 6.13 in diesem Band).

• **Die US-amerikanische Stadt** lässt sich in Anlehnung an B. Hahn 2002, B. Hofmeister 1971, L. Holzner 1990/1996, I. Helbrecht 1996a, R. Schneider-Sliwa 2002, R. Hahn 1991, 2002[2] und andere durch eine Reihe von Merkmalen charakterisieren (vgl. im Folgenden Abbn. 6.28-6.31). Kennzeichnend ist zunächst

• das **junge Alter** der US-amerikanischen Städte, deren Entwicklung im 17. und 18. Jh. an der Atlantikküste einsetzte und erst nach 1820 mit der großflächigen Ost-West-gerichteten Landerschließung durch Zuwanderer aus Europa ein größeres Ausmaß erlangte (zu den einzelnen Stadtentwicklungsphasen vgl. zusammenfassend R. Hahn

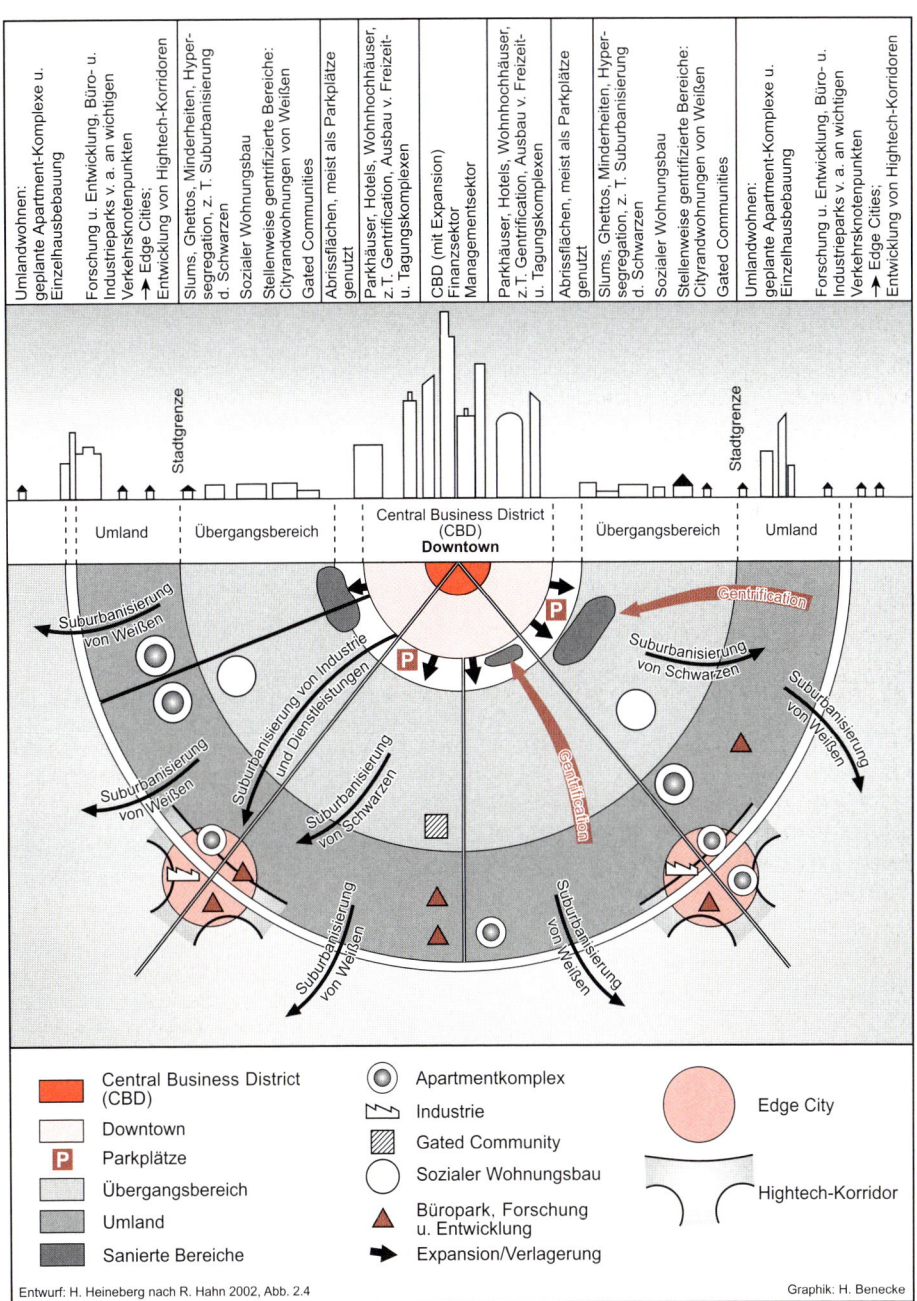

Abb. 6.29 Modell der US-amerikanischen Stadt nach R. Hahn

Entwurf: H. Heineberg nach R. Hahn 2002, Abb. 2.4

Graphik: H. Benecke

2002², S. 34-35).

Zu den typischen **physiognomischen Merkmalen**, d. h. der Aufriss- und Grundrissgestaltung, zählt:

• die Hochhaus- oder **Wolkenkratzerbebauung** in den Großstadtkernen (*Downtowns* mit *Central Business District*, abgek. *CBD*, s. Abb. 6.28) sowie in jüngerer Zeit auch in den Außenstadtzentren bzw. *Edge Cities* im Stadtumland. Hinzu kommt

• das schachbrettartige **orthogonale Straßennetz**, das den Städten eine Einförmigkeit verleiht (im Modellschema der Abb. 6.29 nicht berücksichtigt).

Die überkommenen Gitternetz- und Diagonalsysteme bedingen in den Innenstädten - zusammen mit der enormen Massierung von Arbeitsplätzen in den Hochhäusern der *CBDs* und dem hohen Motorisierungs- und Mobilitätsgrad der Bevölkerung -

• **Probleme für den motorisierten Verkehr**, die nur teilweise durch Ausweisung von Einbahnstraßen behoben werden konnten. Kennzeichnend ist auch die außerordentliche Flächenbeanspruchung des ruhenden Verkehrs. In vielen Hauptgeschäftsbezirken (*CBDs*) und in *CBD*-nahen Innenstadtgebieten US-amerikanischer Großstädte nehmen Parkplätze heute zwischen rd. einem und zwei Drittel(n) der jeweiligen Gesamtfläche ein. Diese Freiflächen entstanden vielfach durch Flächensanierungen (*slum clearance*, vor allem zwischen 1954 und 1974) in der durch (früheren) baulichen und sozialen Verfall gekennzeichneten *Zone in transition* im Sinne von Burgess (vgl. Abb. 6.24), in der sich noch keine hochwertigeren Nutzungen angesiedelt haben (vgl. auch das Kernstadtmodell von R. Schneider-Sliwa 2002, Abb. 6.30 in diesem Band).

In den vergangenen Jahrzehnten kontrastierten in den *Downtowns* US-amerikanischer Großstädte

---

Kasten 6.12 Maßnahmen zur Attraktivitätssteigerung US-amerikanischer *CBDs*

• Planung einer größeren Kompaktheit, d. h. einer reduzierten Ausdehnung bzw. höheren wirtschaftlichen Ausnutzung auf einer kleineren Gesamtfläche, z. B. durch Beschränkung des Einzelhandels auf nur wenige Baublöcke (u. a. Errichtung moderner Shopping-Center bzw. geschlossener *Shopping Galerias*); in jüngerer Zeit erfolgte auch eine
• Konzentration auf punktuelle Strategiegebiete (*urban enterprise zones*) in *Downtown*-nahen Bereichen (R. Schneider-Sliwa 1999, S. 47);
• Errichtung öffentlicher Bauten in einem neuen *Civic Center*, Bau moderner Kongresszentren, von Museen oder Theatern, Hotels bzw. *Downtown Motels*, von Luxus-Wohnanlagen (in jüngerer Zeit auch als nach außen abgeschlossene sog. *gated communities*) oder etwa auch von großen Sportarenen in *CBD*-Nähe, häufig in Form von **Megaprojekten**;
• Imageverbesserung durch interessante architektonische Gestaltung (Individualisierung der Aufrissgestaltung der Städte);
• Aufwertung des Stadtimage zu einer „*first class American city*" und einem *Corporate Center*. „Als *Corporate Center* gelten die Städte, die eine Konzentration von Konzernhauptverwaltungen aufweisen" (ebd.);
• Umgestaltungen des veralteten gitterförmigen Verkehrsnetzes (Bau von Erschließungsstraßen, Abweichen von geraden Linienführungen, Errichtung von Fußgängerzonen etc.);
• Prägung der Stadtstrukturen nach den Vorstellungen von **public-private partnerships**, die ab ca. Mitte der 1980er Jahre die traditionellen Stadtentwicklungsbehörden fast gänzlich abgelöst und „neue Entscheidungsstrukturen, Formen und Mechanismen der Planung" installiert haben (ebd.).

• **Funktionsverluste der *CBDs*** mit **jüngeren Revitalisierungsmaßnahmen** (postmoderne Transformation). Waren Erscheinungen des wirtschaftlichen Verfalls (*commercial blight*) sowie der räumlichen Schrumpfung von *CBDs* u. a. durch Überalterung der Bausubstanz, durch die allgemeine starke Bevölkerungssuburbanisie-

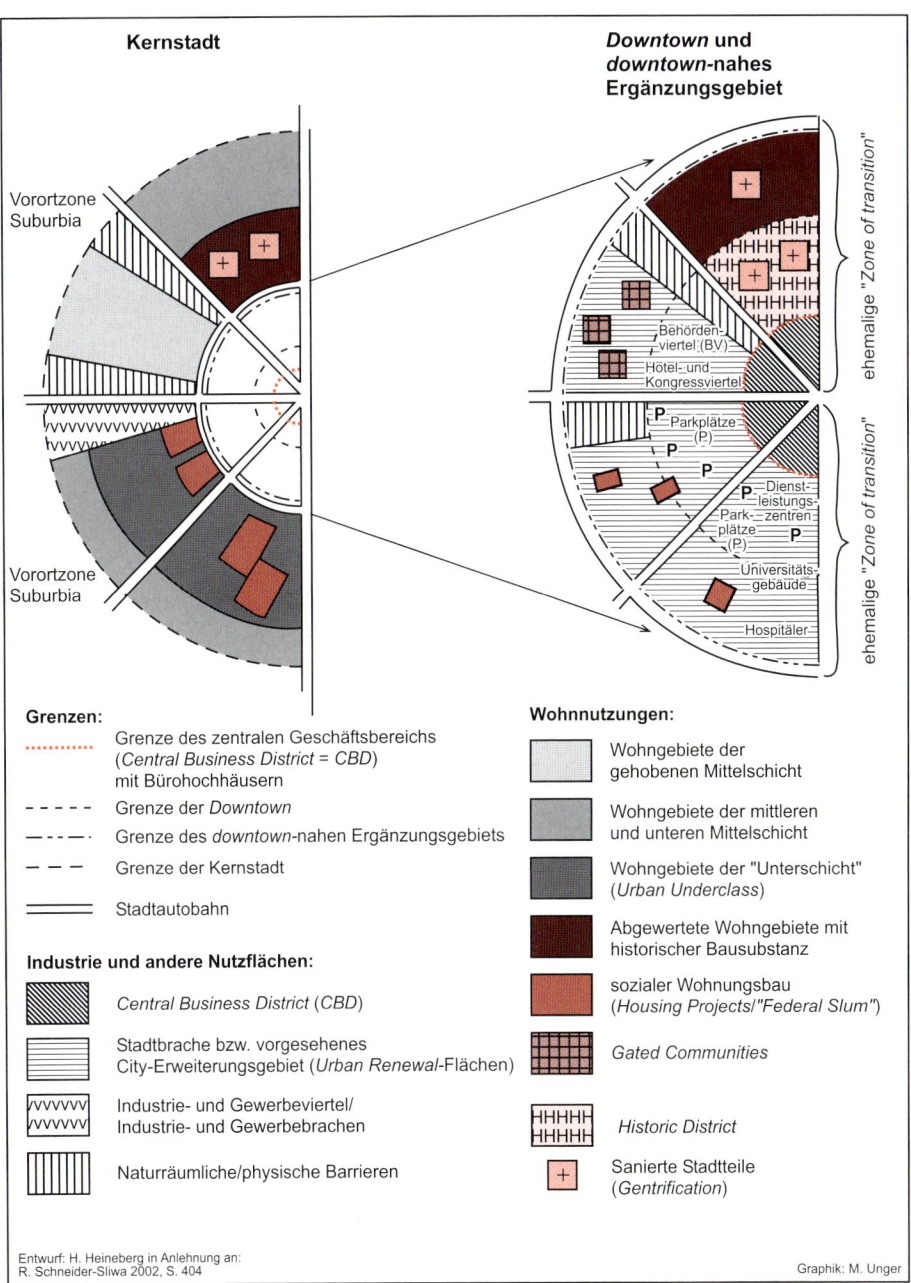

Abb. 6.30 Die US-amerikanische Stadt: Strukturmodell der Kernstadt der 1990er Jahre nach R. Schneider-Sliwa

rung, das Entstehen autofreundlicher Shopping-Center (Abb. 6.31) oder neuer großer *Edge Cities* an peripheren Standorten etc. (s. unten) bedingt, so wurden insbesondere durch die Großstadt- bzw. Sanierungspolitik des Bundes und der Kommunen sowie durch „die Stadtentwicklungsprioriäten lokaler Planungsallianzen und ihrer jeweiligen Macht- und Planungsstrukturen (*Urban Regimes*)" (R. SCHNEIDER-SLIWA 1999, S. 47) vielfältige neue bauliche Strukturen und funktionale Ausstattungen geschaffen. Diese reichen von einem neuen Hochhausboom (*office building boom*) in den vergangenen 20 Jahren (R. HAHN 2002², S. 38) über *Entertainment*-Komplexe bis hin zu Megaprojekten wie etwa große Sportarenen in CBD-Nähe (vgl. Kasten 6.12).

Zu den bekannten Merkmalen der US-amerikanischen Stadt zählt auch die
• **Entwicklung von Ghettos und Slums** in den an die *CBDs* bzw. *Downtowns* anschließenden Wohnvierteln der Innenstädte (*Zone in transition* nach dem Burgess-Modell, s. Abb. 6.24). Die inselartig angeordneten **Ghettos** oder **Minderheitenviertel**, vor allem die Ghettos der schwarzen Bevölkerung (rassische Segregation), wachsen in vielen Städten trotz zahlreicher früherer Flächensanierungen (Stadtbrachen) immer noch und sind zum erheblichen Teil durch **Slumbildung**, d. h. durch baulichen Verfall und Verwahrlosung sowie ein hohes Ausmaß an sozialem Verfall, z. B. Kriminalität, gekennzeichnet. „Heutige Städte zeigen, daß vernachlässigte Stadtviertel räumliche Ausmaße erreicht haben, die mit dem Begriff 'Viertel' nicht mehr ausreichend erfaßt werden können. 'Hyper-Ghettos' der *urban underclass* dehnen sich stetig aus. (...) In der Kernstadt Atlanta mit einer Süd-Nord- und Ost-Westausdehnung von rd. 28 km nehmen diese Gebiete die Hälfte des Stadtgebiets ein, in Washington D. C. knapp 40 %. Das *Hy-*

per-Ghetto von Los Angeles, der Stadtteil South Central Los Angeles, hat eine Nord-Südausdehnung von 15 Meilen" (R. SCHNEIDER-SLIWA 1999, S. 50).
• Gegenüber den Ghettos der städtischen Unterschicht sind die „**neuen Enklaven des gehobenen Lebensstils**, die sozialräumlich ebenso ausgegrenzt sind wie die Armen-Ghettos", vergleichsweise klein (R. SCHNEIDER-SLIWA 1999, S. 50). Mit der Aufwertung der Innenstädte (zumindest punktuell) wurde „das Wohnen in der Downtown für bestimmte Bevölkerungsgruppen wieder attraktiv, insbesondere für Mittel- und Oberschichtgruppen, meist kinderlose Ein- und Zweipersonenhaushalte (,,Yuppies", *young urban professionals,* oder die „Dinks", *double-income-no-kids*-Haushalte). Man spricht seit 20-30 Jahren vom Prozess der **gentrification**" (R. HAHN 2002², S. 40).
• Seit den 1980er Jahren entstanden vielerorts sog. *Gated Communities* (abgeschlossene, bewachte Wohnanlagen). „Im Rahmen der allgemeinen Maßnahmen zur *Downtown*-Aufwertung verwirklichen sie auf ausgewählten *city*-nahen Arealen das *In-Town-Living-Konzept*, das den oberen Einkommensgruppen im Downtown-Arbeitsmarkt ein suburbanes und abgeschottetes Milieu bietet. Der Zugang zu diesen Wohnvierteln ist häufig nur mit elektronischer Kennkarte möglich. In den USA leben schätzungsweise schon 4 Mio. Menschen in solchen Privatgemeinden. Sie sind die Antwort der gehobenen weißen Mittelschicht auf *Hyper-Ghettos* und die Multikulturalisierung der Gesellschaft" (R. SCHNEIDER-SLIWA 1999, S. 50).

In fast allen Modellen der US-amerikanischen Stadt - wie beispielsweise in dem Schema von R. HAHN (Abb. 6.29) oder in dem Modell 'Stadtland USA' von L. HOLZNER (1990/1996, wiedergegeben auch in H. HEINEBERG 2006³a, Abb. 11.2/II) - wird die

Slum: Sanierder/sozialer Verfall „Hyper-Ghettos"

Abb. 6.31
Irvine Spectrum
Center
(MSA Los Angeles)
Foto aus:
B. Hahn 2002,
Foto 13

Erläuterungen zu Abb. 3.31 von B. Hahn (2002, S. 129ff.): *„Irvine Spectrum Center* wurde in zwei Phasen 1995 und 1998 ca. 40 Meilen südlich von Los Angeles in Orange County eröffnet. Das Center liegt an der mit 26 Fahrspuren angeblich größten Kreuzung der Welt von I-5 (Santa Ana Freeway) und I-405 (San Diego Freeway), die jeden Tag bis zu 500.000 Fahrzeuge queren, inmitten von 4.100 Parkplätzen. Im Einzugsgebiet von 20 Minuten Fahrzeit leben 2,4 Mio. Menschen, die mit $ 86.000 über ein vergleichsweise hohes Haushaltseinkommen verfügen". (...) „Vorbild für Grund- und Aufriss ist die marokkanische Stadt. Dieser Eindruck wird durch Eingangsportale, die an Stadt- tore erinnern, mehrere Springbrunnen, Mosaike und ein Minarett vermittelt. Die Einkaufsstraßen sind schmal und haben leichte Biegungen. Dem Besucher eröffnen sich so immer neue Perspekti- ven. Die überwiegend kleinen Ladenlokale, in denen teilweise kunstgewerbliche Produkte angebo- ten werden, kopieren den Einzelhandel orientalischer Städte". (...) „Der überwiegend hochwertige und vergleichsweise teure Einzelhandel nimmt nur ca. ein Drittel der zu vermietenden Fläche von 470.000 sq. ft. ein. Großflächige Einzelhändler fehlen. Ausstattung und Angebot der kleineren Ein- zelhändler sind fast ausschließlich dem Erlebniseinkauf zuzuordnen". (...) „Wichtigster Magnet ist das an der zentralen Plaza und mit 21 Leinwänden sowie dem ersten IMAX 3-D Kino der Westküste und 6.400 Sitzplätzen augestattete *Edwards Theater*, das im Stil eine marokkanischen Palasts gebaut ist. Weitere Anziehungspunkte sind mehrere hochwertige Restaurants, deren Angebot wenn auch nicht orientalisch, so doch gut aufeinander abgestimmt ist". (...) „Ein besonderer Anziehungs- punkt ist das 55.000 sq. ft. große *Dave & Buster* mit einem Restaurant, zwei Bars und einer Kombi- nation aus klassischem und Hightech-Unterhaltungsangebot, wie Billardtische und Videospiele". (...) „Das Angebot und die abendliche Illumination ziehen die Menschen überwiegend in den Abend- stunden an".

• **massive Sub- und Exurbanisierung der Wohnbevölkerung** vorwiegend weißer Be- völkerungsgruppen deutlich. Diese setzte in den USA bereits vor dem 2. Weltkrieg, in verstärktem Maße allerdings erst in den spä- ten vierziger Jahren des 20. Jhs.ein und hat bis zur Gegenwart eine enorme Veränderung der Stadtlandschaft sowie der Raumfunk- tionen und -beziehungen zur Folge gehabt. Innerhalb der sub- und exurbanen Großstadt- räume existiert eine Vielzahl von

• **Außenstadtzentren** (vgl. auch das Modell 'Stadtland USA' von L. Holzner 1990/ 1996). Diese bestehen aus Shopping-Centern (häufig mit den Funktionen eines *Urban Entertainment Center*, vgl. Abb. 6.31) und in der Regel an diese angrenzenden neuen Industrie-, Großhandels- und Lagerkomplexen, die oftmals auch als *Industrial Parks* bezeichnet werden. Daran schließen sich häufig Büro- sowie auch Wohnfunktionen an. Von dem enormen Wachstum tertiärer und quartärer Arbeitsplätze in den USA haben nach L. HOLZNER in jüngerer Zeit vor allem die Außenstadtzentren profitiert. Waren beispielsweise im Jahre 1980 noch 57 % der gesamten Bürofläche der USA in den *Downtowns* zu finden und nur 43 % in den Außenstadtzentren, so hatte sich 1989 das Verhältnis bereits umgekehrt (L. HOLZNER 1990, S. 469).

Wichtig ist zudem, dass viele der Außenstadtzentren bereits überregionale, teilweise sogar kontinentale Bedeutung erlangt haben; damit haben sie häufig schon die *Downtowns* überflügelt. Insbesondere haben viele Großbanken, Versicherungen, Kreditinstitute und Investmentbetriebe bereits seit den 1970er Jahren ihre täglich anfallenden arbeitsintensiven Routinetätigkeiten in Außenstadtzentren verlagert. Hinzu kommen etwa auch viele *corporate headquarters* von Großfirmen, die seit den 1980er Jahren samt ihrem mittleren und oberen Management aus den *Downtowns* zu derartigen peripheren Standorten verlegt wurden (L. HOLZNER 1996, S. 101-102).

Von Bedeutung ist nicht nur das enorme Wachstum von Büroflächen (Bürostandortdekonzentration) im suburbanen oder auch exurbanen Raum (s. auch Abb. 6.8), sondern etwa auch das starke Ansteigen der Bodenpreise, was wiederum zum verstärkten Hochhausbau (mit eigener *Skyline*) in den Außenstadtzentren geführt hat (Beispiel Southfield bei Detroit: 7 Mio. qm Bürofläche gegenüber 6 Mio. qm in der *Downtown* von Detroit).

Die neuen Außenstadtzentren sind somit multifunktional und aufgrund der stark angewachsenen Zahl und Vielfalt der Arbeitsplätze zu bedeutenden Beschäftigungszentren geworden. „Für diese 'neuen' urbanen Gebilde mit ihrem vielfältigen Angebot, die die Bindungen zur Kernstadt gelöst haben und funktional betrachtet sämtliche Merkmale einer eigenständigen Stadt aufweisen, prägte JOEL GARREAU den Begriff *Edge City*" (M. HESSE/ST. SCHMITZ 1998, S. 443). Nach der Wohnsuburbanisierung als der ersten Welle des Suburbanisierungsprozesses, der Entstehung von Shopping-Centern oder *shopping malls* der 1960er und 1970er als zweite machen die seit Anfang der 1980er Jahre gebauten *Edge Cities* nach C.-C. WIEGANDT (1997, S. 13) die dritte Welle der Suburbanisierung in den USA nach dem 2. Weltkrieg aus.

• **Metropolisierung**. Die USA zählen mit einem Anteil von über 80 % ihrer Bevölkerung, die in sog. **Metropolitangebieten** leben (2000: 80,3 %, abs. 226 Mio. Einw.), zu den höchst ver(groß)städterten Gebieten der Erde. Die amtlich benutzten Stadt- und Agglomerationsbegriffe sind differenziert (vgl. H. HEINEBERG 2006³a, Kästen 11.1, 11.2). Größtes *Metropolitan Statistical Area* (*MSA*) ist lt. Census 2000 New York-Northern New Jersey-Long Island (21,2 Mio. Einw.). In den USA bestehen Tendenzen des Zusammenwachsens von Metropolitangebieten zu größeren **Städtebändern** (*strip cities*); vgl. die über 1.000 km lange Städteagglomeration der sog. **Megalopolis** (J. GOTTMANN 1961) im NO der USA zwischen Boston und Washington (***Boswash***).

• **Die lateinamerikanische Stadt**.
• **Verstädterungsprozess seit der Kolonialzeit**. „Lateinamerika ist heute der am stärksten verstädterte Kontinent der Dritten Welt und weist zugleich den höchsten Metropo-

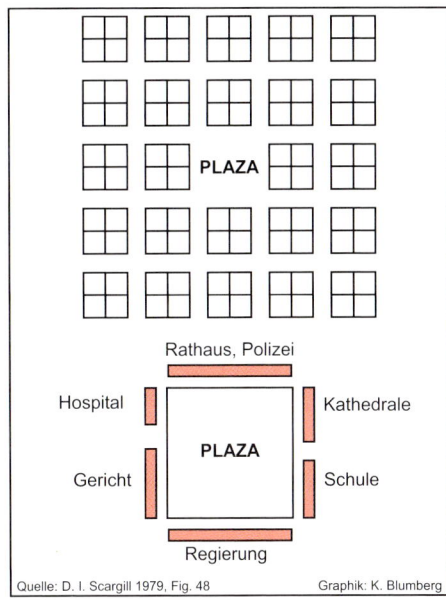

PLAZA

Rathaus, Polizei

Hospital | Kathedrale

PLAZA

Gericht | Schule

Regierung

Quelle: D. I. Scargill 1979, Fig. 48 | Graphik: K. Blumberg

Abb. 6.32 Modell (Grundriss und Stadtkern) einer geplanten spanischen Kolonialstadt in Lateinamerika

lisierungsgrad auf" (J. Bähr/G. Mertins 1995, S. XI, s. auch Kap. 6.2.3 sowie Abbn. 6.5 und 6.6 in diesem Band). In Lateinamerika setzte zudem der (demographische) Verstädterungsprozess besonders früh ein und lief mit enormer Intensität ab (ebd., S. 21). So sind in dem relativ kurzen Zeitraum von ca. 1520/30 bis ca. 1570/80 bereits die Hauptgründungen kolonialzeitlicher Städte - sowohl im spanischen Machtbereich Lateinamerikas wie auch im portugiesischen Kolonialgebiet an der brasilianischen Atlantikküste - abgeschlossen (ebd., S. 9) und damit wesentliche Elemente nicht nur des heutigen Städtesystems (vor allem in Bezug auf die Hauptstädte), sondern auch der Grundstrukturen der Städte geschaffen worden.

• **Modell einer geplanten Kolonialstadt in Lateinamerika.** Die heutigen lateinamerikanischen Städte, vor allem die Klein- und

Mittelstädte, sind in ihrer strukturellen und sozialräumlichen Gliederung noch stark von der Entwicklung in der früheren Kolonialzeit geprägt. Diese hat in den ehemals spanischen Gebieten einen **Idealtyp der spanischen Kolonialstadt** hervorgebracht, der sich an europäischen Vorbildern (aus Spanien, der italienischen Renaissance, beeinflusst durch die antike griechisch-römische Stadtkultur, vgl. Kasten 6.9), wahrscheinlich aber auch an Grundformen in den indianischen Hochkulturreichen orientierte (J. Bähr/G. Mertins 1995, S. 14).

Abb. 6.33 Zentral gelegene Plaza (Plaza de Armas) mit Kathedrale (links, 1654 eingeweiht) **und Jesuitenkirche** (1668, im Hintergrund) **in Cuzco/Peru** (Foto: W. Döhrmann)

Merkmale der spanischen Kolonialstadt in Lateinamerika (vgl. das Modell in Abb.6.32 und Abb. 6.33 mit dem Hauptplatz in Cuzco/Peru) sind:

– regelmäßiger Schachbrettgrundriss mit Seitenlängen der Quadrate (der sog. *cuadras* oder *manzanas*) von gut 100 Metern;

– die quadratischen Baublöcke im Kern der spanischen Kolonialstadt waren in (gleich große) sog. *solares* als jeweils vierter Teil einer *cuadra* aufgeteilt;

– Mittelpunkt der Stadt war immer eine *plaza mayor*, d. h. ein Hauptplatz als unbebautes Quadrat;

– an den vier Seiten der *plaza mayor* wurden die wichtigsten öffentlichen Repräsentationsbauten (Kathedrale, Rathaus, Regierungs- und Gerichtsgebäude, Schulen und Klöster) und daran anschließend die Wohnhäuser der führenden Familien (Oberschicht) errichtet, die oft prunkvolle **Adelspaläste** oder vornehme Bürgerhäuser mit großen Innenhöfen (*Patio*-**Häuser** = Hofhäuser aus dem Mittelmeerraum) darstellten (bzw. -stellen);

– mit zunehmender Entfernung vom Zentrum nahmen Größe und Ausstattung der Häuser und damit auch der Sozialstatus ab; damit war die spanische Kolonialstadt hinsichtlich ihres sozialräumlichen Gefüges (Sozialgefälle vom Kern zum Rand) Musterbeispiel eines vorindustriellen Stadttyps (vgl. *reverse-Burgess type* unter 6.5.1 sowie J. BÄHR/G. MERTINS 1981, S. 2);

– Handel und Gewerbe konzentrierten sich in der Nähe der randlich angesiedelten Märkte;

– weiter außerhalb lagen die Hüttensiedlungen der Indianer und z. T. auch der Sklaven, d. h. der untersten Sozialschichten, die meist durch unbebautes Land von der eigentlichen Stadt getrennt waren.

„Die Klein- und Mittelstädte Lateinamerikas (...) zeigen bis heute diese ringförmige Anordnung sozialbestimmter Stadtviertel (...), die rein äußerlich dem BURGESS'schen Modell der konzentrischen Kreise entspricht, allerdings durch ihr Gefälle vom Zentrum zur Peripherie einen umgekehrten Sozialgradienten aufweist" (J. BÄHR 1976, S. 126).

Ein klassisches Musterbeispiel für einen kolonialzeitlichen Stadttyp stellt etwa die Stadt Popayán in Kolumbien dar (vgl. H. HEINEBERG 2006[3]a, Abb. 11.6).

• **Modelle der (Groß-)Stadtentwicklung in Lateinamerika**. Die differenzierte Stadtentwicklung in Lateinamerika lässt sich in konzentrierter und einprägsamer Form anhand von Stadtmodellen erläutern, die von der deutschen Stadtgeographie entwickelt wurden (vgl. aus der Sicht der Geographiedidaktik E. KROSS 2006). Während die älteren („klassischen") Modelle von J. BÄHR/G. MERTINS (1981), A. BORSDORF (1982) und E. GORMSEN (1981) (vgl. auch deren Wiedergabe mit zusammenfassenden Erläuterungen in H. HEINEBERG 2006[3], S. 274ff.) sehr gut die (Groß-)Stadtstrukturen und -entwicklung bis ca. Anfang/Mitte der 1990er Jahre beschreiben, berücksichtigen die von A. BORSDORF/J. BÄHR/M. JANOSCHKA (2002) und G. MERTINS (2003) publizierten Stadtmodelle vor allem auch die jüngsten Tendenzen der Stadtentwicklung in Lateinamerika; letztere werden u. a. als Folge von Globalisierung, ökonomischer Transformation sowie auch endogen bedingter sozioökonomischer Veränderungen interpretiert (vgl. im Folgenden deren umgezeichnete Wiedergaben als Abbn. 6. 34 und 6.35 in diesem Band).

Zwar bestehen nach wie vor wichtige Grundmuster der früheren Stadtentwicklung - wie traditionelle Strukturen kolonialzeitlicher Stadtkerne (z. B. Kathedrale, öffentliche Repräsentationsbauten um die zentral gelegene *plaza*, Abbn. 6.32, 6.33) oder sozialräumliche Polarisierungen zwischen - häufig sektorförmig angelegten - Erweiterungen von Oberschichtvierteln und zellenförmigen Gliederungen an den Stadtperipherien „ mit genormten Siedlungen des sozialen Wohnungsbaus und den verschiedenen Hüttenvierteln als Haupttypen, die erst seit den 60er Jahren das Bild der großen Städte so entscheidend prägen" (J. BÄHR/ G. MERTINS 1981, S. 17). Allerdings hat sich „die Tendenz zur Polarisierung zwischen den klar voneinander getrennten Vierteln der Reichen (*ciudad rica*) und den Vierteln der Armen (*ciudad pobre*) ab(schwächt). Der Trend weist paradoxerweise auf eine sozial-

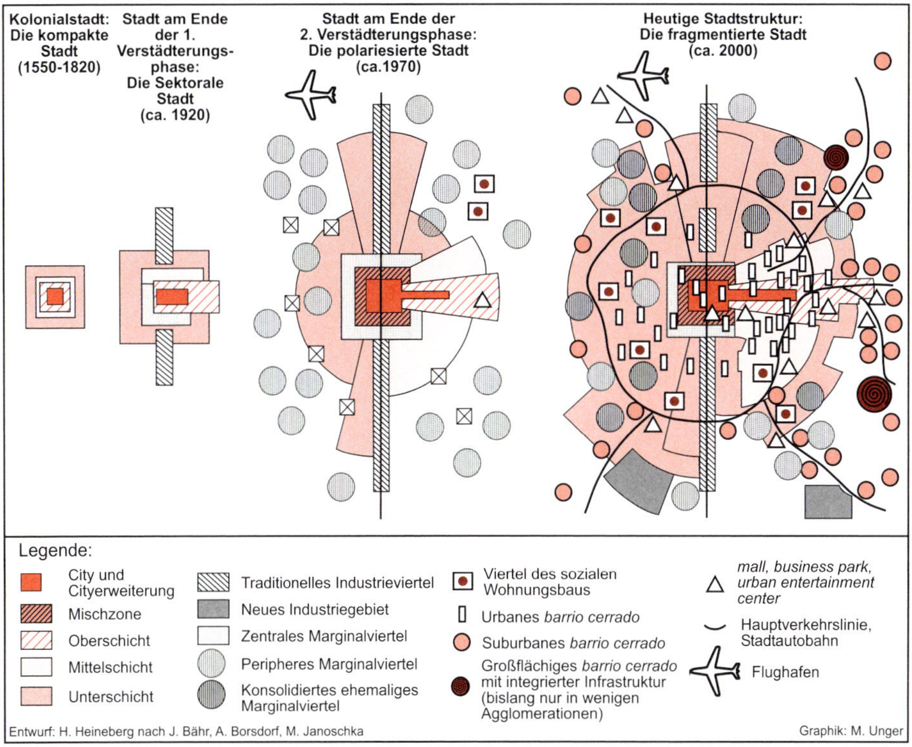

Kolonialstadt: Die kompakte Stadt (1550-1820)	Stadt am Ende der 1. Verstädterungsphase: Die Sektorale Stadt (ca. 1920)	Stadt am Ende der 2. Verstädterungsphase: Die polarisierte Stadt (ca.1970)	Heutige Stadtstruktur: Die fragmentierte Stadt (ca. 2000)

Legende:

City und Cityerweiterung	Traditionelles Industrieviertel	Viertel des sozialen Wohnungsbaus	mall, business park, urban entertainment center
Mischzone	Neues Industriegebiet	Urbanes *barrio cerrado*	Hauptverkehrslinie, Stadtautobahn
Oberschicht	Zentrales Marginalviertel	Suburbanes *barrio cerrado*	Flughafen
Mittelschicht	Peripheres Marginalviertel	Großflächiges *barrio cerrado* mit integrierter Infrastruktur (bislang nur in wenigen Agglomerationen)	
Unterschicht	Konsolidiertes ehemaliges Marginalviertel		

Entwurf: H. Heineberg nach J. Bähr, A. Borsdorf, M. Janoschka · Graphik: M. Unger

Abb. 6.34 Modell der Struktur und Entwicklung der lateinamerikanischen Stadt nach J. Bähr, A. Borsdorf und M. Janoschka

räumliche Mischung in großräumiger Betrachtung bei akzentuierter Entmischung (Segregation) auf der Mikroebene" (ebd.). (...) „Gemeint ist die **Fragmentierung** der Stadtorganismen, die sich auf allen Ebenen der Stadtentwicklung durchzusetzen scheint. Fragmentierung ist eine neue Form von Entmischung von Funktionen und sozialräumlichen Elementen, aber nicht, wie früher, im kleinen Maßstab (*ciudad rica - ciudad pobre*; Wohngebiet - City), sondern im großen, wobei sich kleinere und größere, oft hermetisch abgeschottete funktions- oder sozialräumliche Elemente in einer völlig gegensätzlich strukturierten Umgebung ansiedeln" (J. BÄHR/A. BORSDORF/M. JANOSCHKA 2002, S. 303).

Abb. 6.35 *Gated Community* in Mexiko (nahe Chapala-See, südl. von Guadalajara) - bewachter Eingang der nach außen abgeschlossenen Luxus-Wohnsiedlung
Foto: H. Heineberg 2004

Diese jüngste Entwicklungsdynamik wurde von J. Bähr, A. Borsdorf und M. Janoschka in ihrem neuen **Modell der Struktur und Entwicklung der lateinamerikanischen Stadt** berücksichtigt (s. Abb. 6.34 rechts, heutige Stadtstruktur: Die fragmentierte Stadt, ca. 2000). Zu den neuen, erst in den letzten 30 Jahren entstandenen Strukturen zählen

• „die Verbreitung von **bewachten Wohnkomplexen** für die wohlhabenden Schichten über den gesamten Metropolenraum, die einen klaren Bruch zu der bisherigen sektoralen Anordnung der Oberschichtsviertel darstellen" (ebd., S. 301). Die Autoren unterscheiden nach jeweiliger Größe, Struktur und Lage drei Typen von bewachten (abgeschlossenen) Wohnkomplexen (in Lateinamerika mit unterschiedlichsten Bezeichnungen, international als *Gated Communities*):

(1) sog. **urbane *barrios cerrados*** als „ummauerte, dicht verbaute, oft in standardisierter (Reihenhaus-)Architektur errichtete Wohnkomplexe, aber auch mit einer Mauer umgebene Appartementhausgruppen oder schließlich nachträglich eingefriedete Straßenzüge", deren Bewohner meist der Mittel- und oberen Unterschicht angehören.

(2) **Suburbane *barrios cerrados***, die weit weniger dicht verbaut und mit großzügigen Grünanlagen sowie Freizeiteinrichtungen ausgestattet sind; Bewohner sind meist Angehörige der Oberschicht (s. Abb. 6.35).

(3) Seltener, nur in wenigen lateinamerikanischen Megastädten, sind **großflächige *barrios cerrados* mit integrierter Infrastruktur** (z. B. Alphaville in São Paulo oder das Nordelta in Buenos Aires). Die tendenziell immer größer werdenden bewachten Wohnkomplexe können die Größe von Kleinstädten übertreffen; vgl. als Beispiele für die Größenordnungen von bewachten Luxus-Wohnkomplexen (*urbanizaciones de*

Abb. 6.36 *Shopping Mall* in einem modernen mehrgeschossigen, klimatisierten Einkaufszentrum in Mexiko: *Plaza Galerías* im Metropolitangebiet von Guadalajara
Foto: H. Heineberg 2004

lujo cerradas) in Mexiko die Kartierung für das Metropolitangebiet von Guadalajara in H. Heineberg 2006[3] a, Abb. 11.10. Charakteristisch für die lateinamerikanische Stadtentwicklung ist nach A. Borsdorf, J. Bähr und M. Janoschka (2002, S. 301) auch „die zunehmende Abgeschlossenheit und Unbetretbarkeit von Vierteln der Unterschicht und in wachsendem Maße auch der Marginalschicht durch Mauern und Zäune".

Kennzeichnend für die jüngere Stadtentwicklung in Lateinamerika ist weiterhin

• „die Streuung von **Einkaufszentren**, *shopping malls* und *urban entertainment centers* im gesamten Großraum und nicht nur in den traditionellen Sektoren der Oberschicht" (ebd., S. 301; s. Abb. 6.36). Im Stadtmodell (Abb. 6.34, rechts) sind *malls*, *urban enter-*

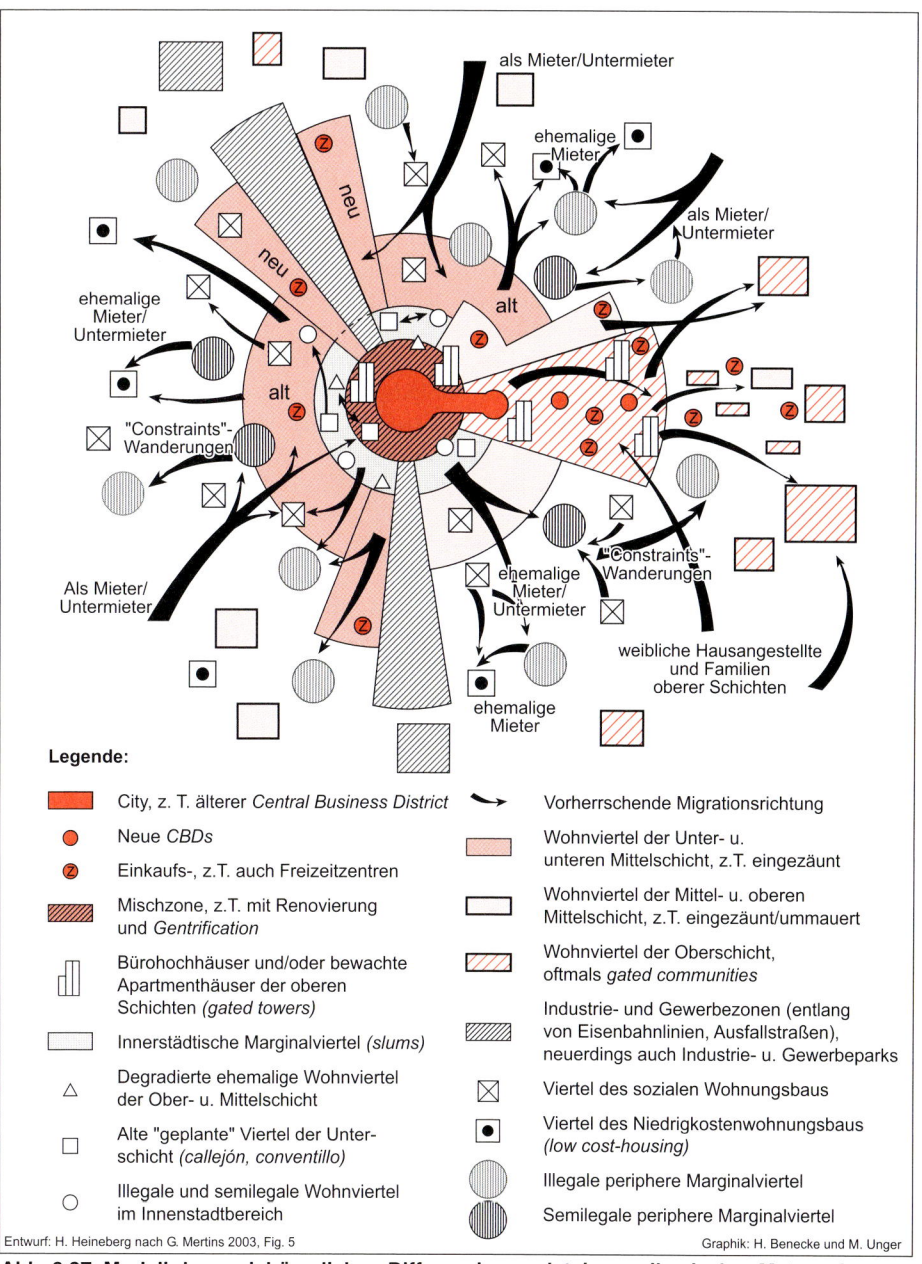

Legende:

City, z. T. älterer *Central Business District*

Neue *CBDs*

Einkaufs-, z.T. auch Freizeitzentren

Mischzone, z.T. mit Renovierung und *Gentrification*

Bürohochhäuser und/oder bewachte Apartmenthäuser der oberen Schichten *(gated towers)*

Innerstädtische Marginalviertel *(slums)*

Degradierte ehemalige Wohnviertel der Ober- u. Mittelschicht

Alte "geplante" Viertel der Unter-schicht *(callejón, conventillo)*

Illegale und semilegale Wohnviertel im Innenstadtbereich

Vorherrschende Migrationsrichtung

Wohnviertel der Unter- u. unteren Mittelschicht, z.T. eingezäunt

Wohnviertel der Mittel- u. oberen Mittelschicht, z.T. eingezäunt/ummauert

Wohnviertel der Oberschicht, oftmals *gated communities*

Industrie- und Gewerbezonen (entlang von Eisenbahnlinien, Ausfallstraßen), neuerdings auch Industrie- u. Gewerbeparks

Viertel des sozialen Wohnungsbaus

Viertel des Niedrigkostenwohnungsbaus *(low cost-housing)*

Illegale periphere Marginalviertel

Semilegale periphere Marginalviertel

Entwurf: H. Heineberg nach G. Mertins 2003, Fig. 5   Graphik: H. Benecke und M. Unger

Abb. 6.37 Modell der sozialräumlichen Differenzierung lateinamerikanischer Metropolen zu Beginn des 21. Jhs. nach G. Mertins

tainment centers, aber auch *business parks*, die ähnliche Standortpräferenzen (vor allem eine gute Erreichbarkeit mit dem privaten Pkw) besitzen, vereinfachend mit einer Signatur dargestellt. Die Pkw-Orientierung ist auch für die Anlage neuer Wohnkomplexe, insbesondere für die Oberschicht, von großer Bedeutung. Daher ist in dem Stadtmodell (Abb. 6.36) auch

• die gestiegene **Bedeutung der Verkehrsinfrastruktur** für die Anordnung jüngerer funktionaler und sozialräumlicher Elemente durch Eintragung von Hauptverkehrslinien etc. angedeutet. Besonders wichtig sind diesbezüglich heute Stadtautobahnen, während die Eisenbahn vor allem im 19. Jh. von Bedeutung war. Im Gegensatz zum häufigen Verfall alter Industriegebiete „bilden sich in manchen Städten an den Flughäfen neue Wirtschaftsschwerpunkte heraus, die an die *edge cities* der USA erinnern. Neben dem exklusiven Beherbergungsgewerbe umfassen sie auch großflächigen Einzelhandel, Erlebnisinfrastrukturen, Logistik und hochwertige, international handelbare Dienstleistungen" (ebd., S. 304).

• Ein weiteres Merkmal der Stadtentwicklung ist die „Suburbanisierung der industriellen Produktion durch die Neuansiedlung von Betrieben des sekundären Sektors an der Peripherie (geschieht) oft in Form von geschlossenen **Industrieparks**" (ebd., S. 301).

Bei der Ableitung seines neuen **Modells der sozialräumlichen Differenzierung lateinamerikanischer Metropolen zu Beginn des 21. Jh.s** (Abb. 6.37) betont G. MERTINS (2003), dass in diesen großen städtischen Agglomerationen „seit den 1990er Jahren ein rasanter Transformationsprozess statt(findet), der auf globale Umstrukturierungen und neoliberale Wirtschaftspolitiken zurückzuführen ist und der zu einer stärkeren Polarisierung urbaner Ökonomien geführt hat (formell - informell, reich - arm)"

(ebd. S. 46). Ähnlich wie A. BORSDORF, J. BÄHR und M. JANOSCHKA (2002) stellt G. MERTINS (2003, S. 46) heraus, dass es „in diesem Zusammenhang (...) auch zu einer immer stärkeren sozialräumlichen Fragmentierung und Segregation (kommt). Typische Beispiele dafür sind die gated communities der Ober-, Mittel- und z. T. auch der Unterschicht im urbanen sowie suburbanen Raum und die schichtenspezifisch orientierten Einkaufszentren, die immer mehr zu aktionsräumlichen Knoten in der fragmentierten Stadt werden". Bezug nehmend auf H.-R. KORFF (1996) stellt G. MERTINS (2003, S. 47) heraus, dass, beeinflusst durch die Globalisierung, „die "heterogenisierenden" sozialräumlichen Prozesse in allen Metropolen des "Südens" auftreten und - bei vergleichbaren strukturellen Kriterien - einen immer größeren Umfang einnehmen". Allerdings wird nach G. MERTINS „mit der Fragmentierung die bestehende, auch räumliche Polarisierung zwischen Stadtvierteln der Reichen und Armen nicht aufgehoben. Im Gegenteil: Durch die entsprechenden Maßnahmen werden sie stärker gegeneinander abgeschottet und zusätzlich in sich fragmentiert/unterteilt" (ebd.).

Weitere wichtige **Phänomene des jüngeren intrametropolitanen Transformationsprozesses** in Lateinamerikas sind nach G. MERTINS (2003, S. 48f.) u. a.:

• Die Ausdehnung bestehender und Entstehung **neuer *Central Business Districts*** (*CBDs*) **und Subzentren** in verkehrsgünstiger Lage (teilweise in Anlehnung an exklusive Einkaufszentren, überwiegend in der Nähe von Oberschichtvierteln);

• die deutliche **Zunahme von Einkaufszentren** (teilweise in Kombination mit *urban entertainment*-Einrichtungen) in Mittel- und (allerdings weniger) in Unterschichtvierteln;

• eine wachsende Anzahl von **Hochhäusern** (Büros, Hotels), meist im Innenstadtbereich, sowie von 'geschlossenen' Apartment-Hochhäusern (*gated towers, torres cerradas, condominios verticales*) für Ober- und obere Mittelschichten, die sowohl innenstadtnah als auch stadtperipher und verkehrsgünstig gelegen sind;

• die **Sanierung** (z. T. unter Luxusstandards als *Gentrification*) **von Altstadtvierteln** für Wohn- und Geschäftszwecke; in Verbindung damit erfolgt häufig die Erneuerung bzw. Revitalisierung öffentlicher Räume, d. h. von Plätzen, Parks etc. (auch verkehrsberuhigte Straßenabschnitte); hinzu kommen

• eine bauliche Verdichtung durch **Abrisse älterer Bausubstanz** und nachfolgenden Hochhausbau, aber auch

• **Verslumungsprozesse** (z. T. Entstehung von *urban underclass*-Ghettos) im Innenstadtbereich sowie

• die **bauliche und infrastrukturelle Degradierung** von Vierteln der Mittel- und Unterschichten (z. T. mit Abriss);

• die sehr starke Zunahme von großflächigen, **geschlossenen** (ummauerten oder umzäunten und ständig bewachten) **Wohnvierteln für Ober- und Mittelschichthaushalte** (vgl. Abb. 6.35);

• ein starker **Verdichtungsprozess in informellen (peripheren) Marginalvierteln** (Grundstücksteilungen, Neubauten, Auf- und Anbauten);

• eine signifikante Zunahme der meist ökonomisch verursachten sog. *Constraints-***Wanderungen** (aus Mittel- oder Unterschichtvierteln in jeweils statusniedrigere Viertel);

• „der erhebliche Ausbau der Stadtautobahn-/Schnellstraßen- und des Schnellbahnnetzes, das erst das weitere Ausgreifen der gated communities in den suburbanen Raum ermöglichte" (G. MERTINS 2003, S. 54).

Die meisten der genannten Phänomene wurden bereits in dem von J. BÄHR, A. BORSDORF und M. JANOSCHKA (2002) veröffentlichten Modell der Struktur und Entwicklung der lateinamerikanischen Stadt berücksichtigt (s. Abb. 6.34). Allerdings fehlen dort die Pfeile für vorherrschende Migrationsrichtungen. Außerdem stimmt G. MERTINS zum einen nicht damit überein, dass J. BÄHR, A. BORSDORF und M. JANOSCHKA das Ende der zweiten Verstädterungsphase (der „polarisierten Stadt") für ca. 1970 angeben. „Es wird der Eindruck erweckt, dass danach bereits die Prozesse einsetzten, die zur „fragmentierten Stadt" führen. Dem ist nach einer gründlichen Revision der vorliegenden Literatur kaum zuzustimmen. Vielmehr gibt es eine längere, von Metropole zu Metropole unterschiedliche Übergangsphase, und die sozialräumliche Fragmentierung setzt verstärkt erst in den 1990er Jahren ein" (G. MERTINS 2003, S. 54).

Zum anderen widerspricht G. MERTINS den Aussagen von A. BORSDORF et al. (2002) in Bezug auf die Polarisierung: „Die Polarisierung zwischen Arm und Reich ist nicht nur - verstärkt - ökonomisch vorhanden, sondern, wenn auch mit Auflösungserscheinungen, ebenfalls stadtstrukturell" (G. MERTINS 2003, S. 54).

• Die Städte in Lateinamerika, vor allem die Großstädte bzw. insbesondere die großen Metropolen, sind - ähnlich wie in anderen Entwicklungs- und Schwellenländern - von einer Reihe von **stadtökologischen Problemen** und deren Folgen betroffen, in den vergangenen vier- bis fünf Jahrzehnten tendenziell eher zu- als abgenommen haben. Dazu zählen, wie R. WEHRHAHN 1993 im Einzelnen aufgezeigt hat, u. a. der enorme Flächenverbrauch durch unkontrolliert entstandene informelle Unterschicht- oder Marginalsiedlungen, z. T. extrem hohe Schadstoffbelastungen der Luft und häufig auch der (Stadt-)Böden, Probleme der Wasserversorgung (einschl. Wasserqualität) und Abwasserentsorgung, unzureichende Müllent-

Abb. 6.38 Moschee in Kairo
Foto: W. Döhrmann

sorgung vor allem in den Unterschichtvierteln (vgl. zusammenfassend H. HEINEBERG 2006[3]a, S. 286f.).

• **Die Stadt des islamischen Orients.** Der Orient verfügt mit einer mindestens 5.000 Jahre alten Stadtgeschichte über die ältesten Stadtkulturen der Erde. Diese wurden (sehr viel später) durch den islamischen Kulturkreis sowie - schon ab der zweiten Hälfte des 19. Jh.s - auch durch Prozesse der 'Verwestlichung' geprägt. Die Merkmale der sog. orientalischen Stadt (auch orientalisch-islamische, islamische oder islamisch-orientalische Stadt bzw. Stadt des islamischen Orients genannt) werden häufig an den traditionellen Altstädten aufgezeigt; in neueren Arbeiten wird vor allem auf den Dualismus zwischen Alt- und den unter westlichem Einfluss

entstandenen Neustädten verwiesen.

• **Das Modell (Idealschema) der islamisch-orientalischen Stadt nach K. DETTMANN** (1969) kennzeichnet wesentliche traditionelle Elemente des Aufbaus sowie der funktionalen und sozialräumlichen Grobgliederung der Altstadtbereiche in den Städten Nordafrikas und Vorderasiens (vgl. auch E. WIRTH 1975, 1982, 1991, 2001[2]).

Charakteristisch sind (vgl. Abbn. 6.38-6.40):
– eine große **Moschee** (Freitagsmoschee) als geistlicher, intellektueller und gleichzeitig öffentlicher Kern (Abb. 6.38) sowie
– der **Suq** (auch **Souk** geschrieben) oder **Bazar** als „traditioneller" wirtschaftlicher Mittelpunkt der orientalischen Stadt (Einkaufs- und Gewerbezentrum, s. Abb. 6.39); hinzu kommen nach E. WIRTH, 1974/75, wichtige

Abb. 6.39 Bazargasse in Aleppo/Syrien
Foto: W. Döhrmann

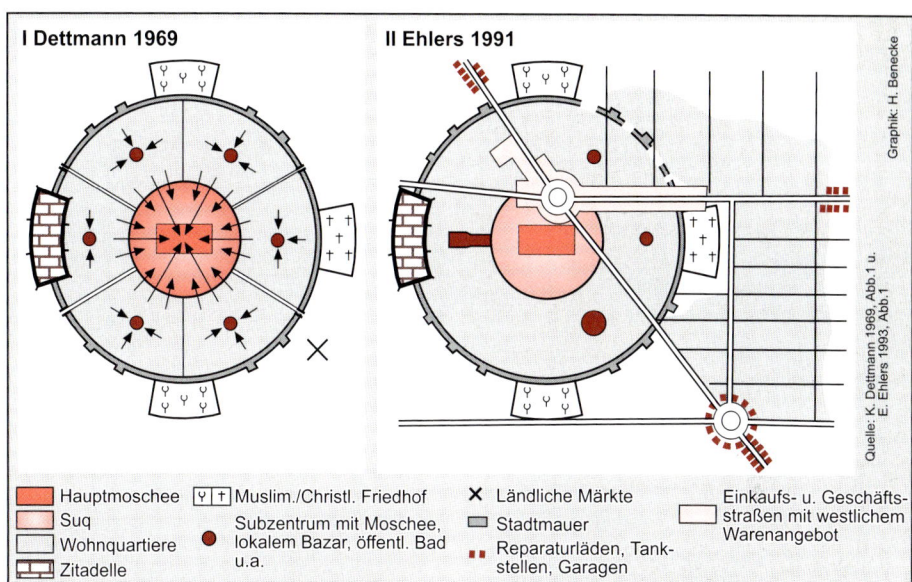

I Dettmann 1969

II Ehlers 1991

Legend:
- Hauptmoschee
- Suq
- Wohnquartiere
- Zitadelle
- Muslim./Christl. Friedhof
- Subzentrum mit Moschee, lokalem Bazar, öffentl. Bad u.a.
- Ländliche Märkte
- Stadtmauer
- Reparaturläden, Tank- stellen, Garagen
- Einkaufs- u. Geschäfts- straßen mit westlichem Warenangebot

Abb. 6.40/I Idealschema des Funktional-gefüges der islamisch-orientalischen Stadt (Altstadt) nach K. Dettmann

Abb. 6.40/II Modell der Stadt im islami-schen Orient nach E. Ehlers

Funktionen als wirtschaftliches und finanzielles Steuerungszentrum mit Vielfalt und funktionalem Zusammenspiel der Wirtschaftssektoren, mit Anordnung der einzelnen, meist räumlich sortierten Branchen in Ladenstraßen, überdachten Hallen oder arkadengesäumten Innenhofkomplexen etc.. Der Bazar stellt nach E. Wirth (1982, S. 78) „das eindrucksvollste und charakteristischste Kennzeichen und Unterscheidungsmerkmal der Städte im islamischen Kulturbereich überhaupt" dar. Derartige Hauptgeschäftszentren hat die islamisch-orientalische Stadt der abendländischen um mehrere hundert Jahre voraus.

Die Stadt des islamischen Orient wird außerdem geprägt durch
– zahlreiche **Wohnviertel** mit jeweils durch Religion, Nationalität, Sprachgemeinschaften und Sippen vorgegebenen strengen Trennungen voneinander (ethnische Segre-

gation, Wohnsegregation); diese Gliederung in völkisch und religiös bestimmte Stadtviertel (*Hara*) besteht seit den islamischen Eroberungen Nordafrikas und Vorderasiens (E. Wirth 1982, S. 76-77). Die Wohnquartiere sind jeweils mit einem kleinen Subzentrum (lokaler *Suq*, Moschee etc.) ausgestattet. Hinzu kommen
– **Stadtmauer** und randliche Anordnung von Burg oder Palast (*Ark*) und Friedhöfen (letztere außerhalb der Mauer). Sie bilden den äußeren Abschluss der konzentrisch-ringzonalen Anordnung der islamisch-orientalischen Altstadt.

In den Idealschemata nach K. Dettmann und E. Ehlers (Abbn. 6.40/I und 6.40/II) nicht bzw. nur teilweise dargestellt ist
– das charakteristische **Grundrissmuster der Straßen** in der traditionellen Altstadt: „(...) Hauptverbindungsachsen und Verkehrsleitlinien, welche in einem verhältnis-

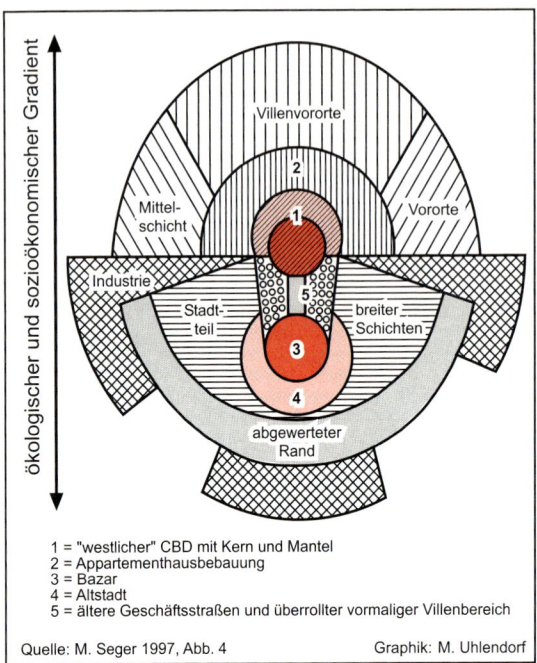

ökologischer und sozioökonomischer Gradient

Villenvororte

Mittel-schicht

Industrie

Stadt-teil

Vororte

breiter Schichten

abgewerteter Rand

1 = "westlicher" CBD mit Kern und Mantel
2 = Appartementhausbebauung
3 = Bazar
4 = Altstadt
5 = ältere Geschäftsstraßen und überrollter vormaliger Villenbereich

Quelle: M. Seger 1997, Abb. 4   Graphik: M. Uhlendorf

Das Modell der orientalischen Stadt unter westlich-modernem Einfluss (auch Modell der Europäisierung einer orientalischen Stadt genannt), das von M. SEGER (ab 1975, zuletzt 1997) am Beispiel Teherans entwickelt wurde, zeigt, dass die neue orientalische Stadt zweipolig aufgebaut und durch eine klare Wohnsegregation der einzelnen Sozial- bzw. Einkommensschichten gekennzeichnet ist.

Abb. 6.41
Modell der islamisch-orientalischen Stadt unter westlich-modernem Einfluss nach M. Seger

mäßig weitmaschigen, durchgängigen Netz das Stadtzentrum mit den Toren verbinden und (...) die einzelnen Quartiere der Stadt erschließen. Dem stehen die oft abgewinkelten Sackgassen gegenüber, welche in den Wohnquartieren die Flächen innerhalb der weiten Maschen des Hauptstraßennetzes ausfüllen" (E. WIRTH 1975, S. 75). Sowohl der **Sackgassengrundriss** wie auch – das dominante abgeschlossene **Innenhofhaus** sind der strengen Abschließung und Zurückgezogenheit des Familienlebens im Islam sowie darüber hinaus dem Bestreben nach Sicherheit angepasst. E. WIRTH (1991) stellte die „Privatheit im islamischen Orient versus Öffentlichkeit in Antike und Okzident" als eine der prägenden Dominanten der islamischen Stadt heraus.

• **Modell der orientalischen Stadt unter westlich-modernem Einfluss nach M. SEGER** (Abb. 6.41 mit Erläuterung). Der

Idealtypus der islamisch-orientalischen Stadt unterlag bereits im 19. Jh., teilweise (z. B. in Marokko) erst seit Beginn des 20. Jh.s, erheblichen westlichen Einflüssen, die zunächst durch die jeweilige Kolonialmacht geprägt wurden; aber auch die Städte in den nichtkolonialisierten Ländern (z. B. Persien) wurden von Innovationen des Städtebaus, der Wirtschaft, des Verkehrs etc. des Westens beeinflusst („Verwestlichung").

Das Modell der orientalischen Stadt von M. SEGER zeigt, dass das Zentrum der Stadt zwei Kerne besitzt: die „traditionelle" Stadtmitte mit dem Bazar und den neuen *Central Business District* als Gegenpol; beide sind durch ein Gebiet älterer Geschäftsstraßen (entstanden als Folge der Cityverlagerung im Verlauf der ersten westlich-modernen Bebauung) miteinander verbunden. Der *CBD*-Kern entstand innerhalb einer älteren Entwicklungsphase im Bereich des früheren gehobenen Wohngebietes. „Die neuesten

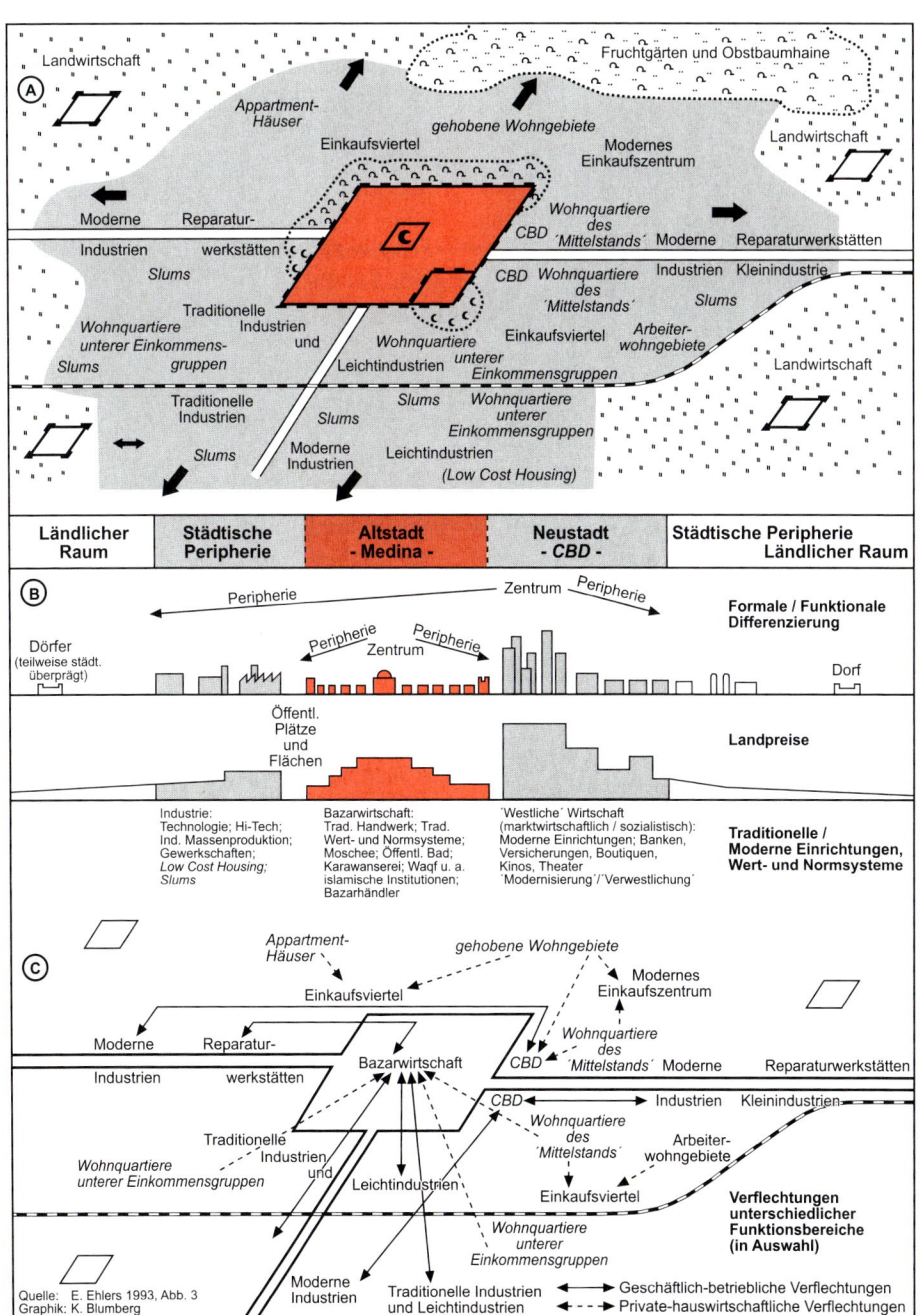

Abb. 6.42 Modell der Stadt des islamischen Orients nach Form, Funktion, Wachstumstendenzen und Verflechtungsbereichen nach E. Ehlers

und modernsten Geschäfte befinden sich aber im peripheren **CBD-Rand**, wo (...) als jüngster Cityvorstoß ein Hotel- und Managementdistrikt, verbunden mit Oberschicht-Einkaufsstraßen, entstand. Der zentrumsseitige und ältere CBD-Rand dagegen ist altes Oberschichtviertel und als solches mit Regierungs- und Verwaltungsfunktion, mit Botschaften und älteren Einrichtungen westlicher Provenienz (höhere Schulen, Krankenhäuser) besetzt" (M. Seger 1975, S. 37).

In der neuen orientalischen Stadt sind nicht nur die Zentren, sondern auch die Wohngebiete zweigeteilt: Die Mittel- und Oberschichten bewohnen die landschaftlich bzw. ökologisch bevorzugten Gebiete. Zwischen den randlichen **Villenvororten** und dem *CBD* erstreckt sich eine Zone mit modernen mehrgeschossigen Mietshäusern. Unterschicht-Wohngebiete sind demgegenüber die Altstadt und benachbarte jüngere Viertel mit zumeist ganz erheblicher Bevölkerungsverdichtung. Daran schließt sich nach außen hin eine **Slumzone** (abgewerteter Rand) an.

Wegen der späten Industrialisierung des Orients sind industrielle Großbetriebe i. Allg. von den dichtbebauten Wohngebieten getrennt. Die Industrie orientiert sich meist an den Ausfallstraßen. Die Altstadt und die angrenzenden Wohngebiete sind jedoch von Kleinindustrie und Gewerbe durchsetzt.

• **Modell der Stadt des islamischen Orients nach** Eckart Ehlers (vgl. Abb. 6.42). Aufbauend auf dem Modell der zweipoligen islamischen Stadt am Beispiel Teherans von M. Seger und in Fortführung eigener Vorstellungen (s. E. Ehlers 1992) hat E. Ehlers (1993) ein komplexes Modell der Stadt des islamischen Orients entwickelt. In dem Modell wird die (a) sozioökonomische, (b) baulich-formale sowie auch (c) funktionale Differenzierung des gesamten Stadtge-

bietes berücksichtigt. Dabei wird vor allem auch der Dualismus zwischen Altstadt (mit Moschee und Bazarwirtschaft) und Neustadt (mit *CBD* und neuem Einkaufszentrum als Merkmale der 'westlichen Wirtschaft' bzw. 'Modernisierung'/'Verwestlichung') deutlich.

• **Charakteristika der orientalischen Stadt nach** Eugen Wirth 2001[2] (vgl. auch H. Heineberg 2001b). Wirth hat aus der Sicht der Geographie sieben Merkmale zusammenfassend herausgestellt, die als „gemeinsame Kennzeichen der Städte Nordafrikas und Vorderasiens" die orientalische Stadt – insbesondere im Gegensatz zu den Städten der klassischen Antike oder des mittelalterlichen Europa – bestimmen, und zwar:
– die „**Degenerierung des Stadtgrundrisses**", d. h. der „ursprünglich regelhafte Grundriss der Gründungszeit ist (...) im Laufe der Jahrhunderte stärker durch Wachstumsprozesse überprägt worden (...)" (S. 518);
– die **Sackgassenstruktur**, die sich allerdings schon für Städte des Alten Orients nachweisen und sich damit nach E. Wirth „nicht als ein „islamisches" Stadtelement" (ebd.) bezeichnen lässt;
– das **Innenhofhaus**, das sich ebenfalls bereits im Alten Orient fand und damit als Element nicht islamisch ist;
– die **Quartierstrennung**, d. h. die Gliederung der Städte „in je getrennte Wohnquartiere verschiedener Nationen, Religionen, Konfessionen, Sprachgemeinschaften, Gruppen" (S. 519), – eine Quartiersstruktur, die nach E. Wirth vermutlich „nicht als ein islamisches Element angesehen werden kann", da sie wahrscheinlich älter ist;
– die **innerstädtische Unsicherheit**, die sich durch „die Gliederung des privaten Bereichs" in absperrbare Türen und Tore zwischen den einzelnen Quartieren gegen Übergriffe etc. von innen ausdrückt(e) (ebd.);

– die **zentralen Geschäftsviertel des Suq (Bazar)**, wodurch „sich die Städte des Orients seit dem klassischen Mittelalter (...) von den Städten aller anderer geschichtlicher Perioden und Kulturkreise abheben" (S. 520). Der Suq verkörpert „mit seiner monumentalen Handelsarchitektur und seinem institutionalisierten sozioökonomischen Netzwerk eine der großen eigenständigen Kulturleistungen des Mittelalters" (...) und wird damit „möglicherweise zum einzigen grundlegenden Abgrenzungskriterium der orientalischen Stadt, welches als islamisches Kulturerbe angesehen werden kann" (S. 520).

– „**Vielgliedrige architektonische Großkomplexe**" unterschiedlicher Zweckbestimmung und Multifunktionalität (Wirtschaftsbauten, um herausragende religiöse Bauwerke oder um Zitadellen- und Palastbezirke) sind ebenfalls charakteristische Merkmale der orientalischen Stadt (S. 520).

• **Jüngere räumliche Fragmentierungstendenzen in der islamisch-orientalischen Stadt.** Jüngste stadtgeographische Studien belegen, dass sich - wie in vielen anderen größeren Kulturräumen der Erde - auch in Städten des islamischen Orients, vor allem in den Großstädten und Metropolen und deren Umland, ausgeprägte **sozialräumliche und bauliche Fragmentierungen** zeigen; diese sind nicht zuletzt durch das Entstehen zahlreicher abgeschlossener, bewachter Wohnanlagen (*Gated Communities*) gekennzeichnet (vgl. G. MEYER 2004 am Beispiel von Kairo). Wie G. GLASZE (2004) anhand der Hauptstadt Beirut und der nordlibanesischen Metropole Tripoli aufzeigen konnte, können die Entstehungsbedingungen von *Gated Communities* nicht einfach (z. B. aus den USA) übertragen oder allein aus dem Sicherheitsbestreben der Bevölkerung erklärt werden (vgl. H. HEINEBERG 2006³a, S. 234f.).

6.6 Stadtentwicklung zwischen Globalisierung, Fragmentierung und Postmoderne

In diesem Lehrbuch wurde bereits mehrfach die Globalisierung als ein bedeutendes jüngeres Phänomen der inter- oder transnationalen Wirtschaftsentwicklung (s. Kap. 3.1, Kästen 3.2 und 3.5) angesprochen, aber in diesem Kapitel 6 auch unter verschiedensten Aspekten mit der Stadtentwicklung, insbesondere in Bezug auf die größeren Metropolen bzw. Weltstädte oder *Global Cities*, in Zusammenhang gebracht (s. z. B. Kasten 6.6).

Die (interdisziplinäre) *Global City*-**Forschung** hat sich vor allem in den vergangenen beiden Jahrzehnten entwickelt, wobei zunächst die Konzentration und Bedeutung globaler Kontroll- oder Steuerungsfunktionen in führenden Wirtschaftszweigen (insbes. unternehmensorientierter Finanz- oder Dienstleistungsfunktionen), z. B. in Bezug auf die „*Global City*-Triade" London, New York und Tokyo (vgl. z. B. S. SASSEN 1996), im Mittelpunkt standen. Jüngere Untersuchungen haben sich insbesondere mit der Analyse globaler Netzwerke von Weltstädten gewidmet (u. a. P. J. TAYLOR 2004) gewidmet; zu den verschiedenen Ansätzen der *Global City*-oder Weltstadt-Forschung vgl. zusammenfassend U. GERHARD 2004, H. HEINEBERG 2005a, 2006³a, Kap. 12.

Im Zusammenhang der Weltstadt-Forschung wurde bereits relativ früh die innerstädtische **sozialräumliche Polarisierung** zwischen verschiedenen sozialen Klassen als direkte Folge der Weltstadtbildung artikuliert. Heute spricht man, wie bereits mehrfach unter 6.5 angedeutet, eher von sozialräumlicher (häufig in Verbindung mit baulicher) Fragmentierung innerhalb der Stadt. Wie anhand eines Schemas neuerer Prozesse und Erscheinungsformen der Stadtentwicklung am Beispiel Lateinamerikas nach K. Meyer-Kriesten/J. Plöger verdeutlicht wird, zählt zu den wichtigen **Ursachen fragmentierter Stadtstrukturen** nicht allein der Globalisierungsprozess, sondern zugleich dessen Zusammenspiel mit der jeweiligen nationalstaatlichen **neoliberalen Politik** (Abb. 6.43).

Ausgehend vom jüngeren Globalisierungsdiskurs hat F. Scholz eine Theorie „einer durch Wettbewerb bestimmten, höchst gegensätzlich verlaufenden „fragmentierenden Entwicklung"" (F. Scholz 2002, S. 8) - auch **Theorie der „fragmentierenden Entwicklung"** genannt - abgeleitet, die im Folgenden nur verkürzt wiedergegeben werden kann (vgl. im Einzelnen auch F. Scholz 2004

sowie zusammenfassend H. Heineberg 2006³a, S. 353-357). Außer einem Modell globaler Fragmentierung hat F. Scholz ein zweites zur lokalen Fragmentierung entworfen (Abb. 6.44). Darin spiegelt sich die Erkenis wider, dass die *globalen* oder *globalisierten Orte* „von den Entscheidungen des entgrenzten Wettbewerbs, des globalen Handels", (…) „höchst selten als Ganze erfasst [sind]" (F. Scholz 2000, S. 11). Vielmehr profitieren davon - wie Scholz anhand von Beispielstädten (Dhaka, Karachi) aufzeigen konnte - nur bestimmte Teile derselben, die der Autor als **„global integrierte Stadtfragmente"** bezeichnet. Diese „bestehen - und damit sei nur eine mögliche raumfunktionale Variante aufge-

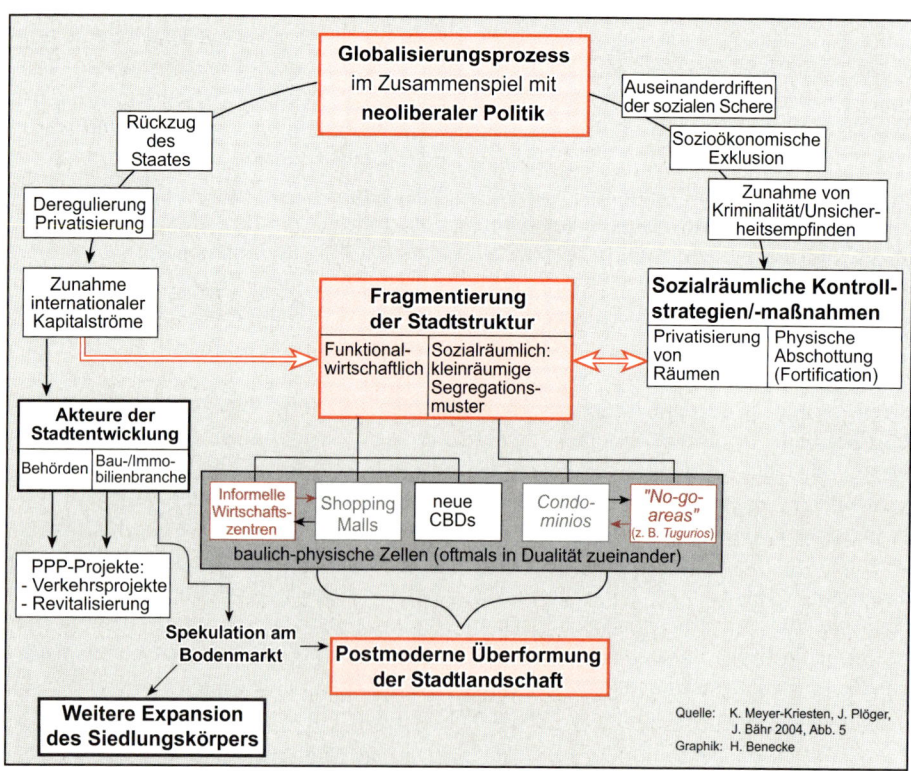

Abb. 6.43 Neuere Prozesse und Erscheinungsformen der lateinamerikanischen Stadtentwicklung nach K. Meyer-Kriesten/J. Plöger

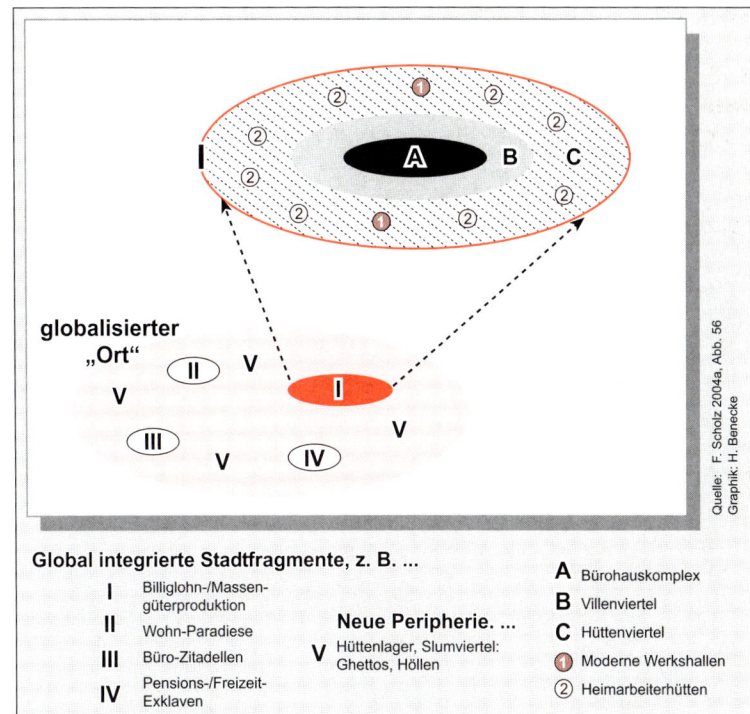

Quelle: F. Scholz 2004a, Abb. 56
Graphik: H. Benecke

Abb. 6.44 Modell lokaler Fragmentierung nach F. Scholz (aus: H. Heineberg 2006³a, Abb. 12.10)

Global integrierte Stadtfragmente, z. B. ...

I Billiglohn-/Massengüterproduktion
II Wohn-Paradiese
III Büro-Zitadellen
IV Pensions-/Freizeit-Exklaven

Neue Peripherie. ...
V Hüttenlager, Slumviertel: Ghettos, Höllen

A Bürohauskomplex
B Villenviertel
C Hüttenviertel
① Moderne Werkshallen
② Heimarbeiterhütten

zeigt - aus den zentralen Schaltstellen, den Kommandozentralen mit den dafür als typisch erachteten Bürokomplexen und der notwendigen und faktischen internationalen Infrastruktur- und Informationsvernetzung (A). Von hier aus werden – gemäß der neuen globalen Arbeitsteilung – Produktionsaufträge an formale, lokale Unternehmen in Auftrag gegeben oder über joint-venture-Kooperation abgewickelt. Häufig lagern diese (...) Unternehmen - wiederum aus Kosten- und nicht selten aus Zeitgründen - Teile der Produktion zu informellen, lokalen Kleinstunternehmern und Heimarbeitern aus - quasi dem letzten Glied von *global sourcing*. Auf diese Weise wird das Massenangebot billigster Arbeitskräfte, überwiegend Frauen und in Heimarbeit nicht selten auch Kinder, für den globalen Markt auszuschöpfen versucht" (F. SCHOLZ 2004, S. 225-226).

Wie Abb. 6.44 zeigt, schließen an die zentralen Schaltstellen – aus Sicherheits-, Zeit- oder Verkehrsgründen meist räumlich direkt – „die parkartigen Villenviertel (Paradiese/ Zitadellen) der zugehörigen Akteure, der ausländischen Repräsentanten und ihrer lokalen Agenten an (B)" (F. SCHOLZ 2004, S. 226). Häufig unmittelbar daran angrenzend bestehen in den niederen Wohngebieten (ausgedehnte Quartiere aus dürftigen Schutzschirmen, Hütten, Not- und Massenunterkünften sowie trostlose Wohnsilos) (C) moderne Werkshallen (z. B. für Hightech-Produkte) oder Billigproduktionsstätten (Heimarbeiterhütten).

In dem Schema der Abb. 6.43 ist dargestellt, dass wichtige Merkmale aktueller fragmentierter Stadtstrukturen auch in Beziehung stehen zu allgemeineren - heute weitgehend auch bereits internationalen -

Tendenzen einer **postmodernen Stadtentwicklung** (s. „postmoderne Überformung der Stadtlandschaft").

In einer Reihe jüngerer Beiträge zur aktuellen postmodernen Stadtentwicklung, die sich häufig auf die US-amerikanische Stadt (speziell Los Angeles) beziehen, werden differenzierte Zusammenhänge zwischen „neuer Urbanität" und allgemeiner postmoderner Gesellschaftsentwicklung sowie auch die Notwendigkeit einer veränderten Theoretisierung städtischen Wandels herausgestellt.

G. WOOD (2003a, b) hat wesentliche **Diskussionsstränge der jüngeren Moderne/Postmoderne-Debatte** in einer tabellarischen Übersicht mit zentralen, aber auch speziellen Merkmalen der Stadtentwicklung zusammengestellt, die in diesem Lehrbuch leicht verändert als Abb. 6.45 wiedergegeben ist; zur postmodernen Stadtentwicklung oder zum „postmodernen Urbanismus" vgl. vertiefend auch L. BASTEN 2005 und J. BURDACK 2005.

	Moderne	**Postmoderne**
Stadtstrukturen	• homogene funktionale Bereiche • dominierendes kommerzielles Zentrum • kontinuierlicher Abfall der Lagerenten vom Zentrum	• chaotische multizentrische Strukturen („Heteropolis") • hochgradig spektakuläre Zentren • großräumige durch Armut gekennzeichnete Stadtgebiete (z. B. *inner cities*) • post-suburbane Entwicklungen (z. B. *edge cities, urban entertainment centres*) • abgeschlossene, bewachte Wohnviertel (*gated communities*) • *High-Tech*-Korridore
Architektur	• funktionale Architektur • Massenproduktion • sozialreformerischer Anspruch	• eklektische Architektur • „Stilcollagen" • „Bunker"-Architektur • spielerische, ironische Architektur • Einbezug/Zitat von Stil-Traditionen • hergestellt für spezielle Märkte
Kultur und Gesellschaft	• Klassengesellschaft • hohes Maß an interner Homogenität innerhalb sozialer Gruppen • Arbeit als zentrales gesellschaftliches Integrationsmoment	• hochgradig fragmentierte städtische Gesellschaft(en) • Differenzierung nach Lebensstilen • Gruppenunterscheidungen nach unterschiedlichen Konsummustern • hohes Maß an sozialer Polarisierung • Bedeutung von Symbolen (Planung, Lebensstil- und Konsumorientierung) • Konsum als zentrales soziales Integrationsmoment
Stadtpolitik	• Bereitstellung wichtiger Dienstleistungen durch öffentliche Einrichtungen • Stadtpolitik als Management zur Umverteilung von Ressoucen zu sozialen Zwecken	• marktförmige Bereitstellung v. Dienstleistungen • „Quersubventionierung" von Einrichtungen für die Öffentlichkeit im Rahmen großer Projekte • „Unternehmerische" Stadt: Ressourceneinsatz zum Anlocken von mobilem internationalen Kapital und Investitionen • *public private partnership*
Räumliche Planung	• Planung der Städte als Ganzheiten • Planung des städtischen Raums zu sozialen Zwecken	• planerischer Inkrementalismus • räumliche „Fragmente" (eher aus ästhetischen Motiven als zu sozialen Zwecken geplant)

Quelle: G. Wood 2003, Tab. 8.1, verändert   H. Heineberg 2005

Abb. 6.45 Zentrale Diskussionsstränge und Merkmale moderner/postmoderner Stadtentwicklung nach G. Wood

Kasten 6.13 Literaturauswahl zur Ergänzung und Vertiefung des Kapitels 6

• **Zur Einführung in die Stadtgeographie/Stadtforschung, Forschungsberichte**:
A. BORSDORF/K. ZEHNER 2005, D. DENECKE 1989, J. GERTEL 1993, H. HEINEBERG 1988b, 1989a, 1992, R. HENKEL 1998, B. HOFMEISTER 1989, E. LICHTENBERGER 1986 (Forschungsberichte)
• **Lehr- und Handbücher zur Allgemeinen Stadtgeographie/Stadtforschung**:
H. CARTER 1995[4], H. FASSMANN 2004, W. GAEBE 2004, T. HALL 1998, H. HEINEBERG 1989[2]b, 2006[3]a, B. HOFMEISTER 1999[7], H. KÖCK 1992, E. LICHTENBERGER 1998[3], 2002, G. SCHWARZ 1989[4], R. STEWIG 1983, K. ZEHNER 2001 (stadtgeogr. Lehr- u. Handbücher); P. GANS/A. PRIEBS/R. WEHRHAHN 2006 (Sammelband z. Kulturgeographie d. Stadt); J. FRIEDRICHS 1983[3], H. HÄUSSERMANN/W. SIEBEL 1987, 2004 (Stadtsoziologie); P. JOHANEK/F.-J. POST 2004 (Stadtbegriff)
• **Ausgewählte Forschungsrichtungen der Stadtgeographie/interdisziplinären Stadtforschung**:
•• **Morphogenetische Stadtgeographie/Städtebaugeschichte/Stadtgestaltforschung**:
D. I. SCARGILL 1979 (Lehrbuch); H. HEINEBERG 2006b (Forsch.-bericht z. geogr. Stadtmorphologie), J. DÜWEL/N. GUTSCHOW 2001, M. GRASSNIK/H. HOFRICHTER 1982, GRUBER, K. 1976[2], J. HOTZAN 1997[2], M. KORDA 1999[4], E. KROSS 1975, A. E. J. MORRIS 1972 (Städtebauepochen/-geschichte); BMBAU 1983 (Stadtbildanalyse, Modellvorhaben Hameln)
•• **Funktionale Stadtgeographie/Zentralitätsforschung** (s. auch Kasten 3.37):
R. MONHEIM 2002 (Innenstadtnutzung u. Verkehrserschließung)
•• **Sozialgeographische Stadtforschung/Stadtsoziologie**:
P. KNOX/ST. PINCH 2000[4] (Lehrbuch); K. FRIEDRICH 2000, J. FRIEDRICHS/R. KECSKES 1996, I. HELBRECHT 1996b, R. J. JOHNSTON 1994[3], C. KRAJEWSKI 2004, 2006 (*Gentrification*); J. S. DANGSCHAT/J. BLASIUS 1994, I. HELBRECHT 1997, I. HELBRECHT/J. POHL 1995 (Lebensstile); H. HÄUSSERMANN 1998, B. KLAGGE 1998, 2005, A. FARWICK 1998 (Armut)
•• **Quantitative (und theoretische) Stadtgeographie**:
N. DE LANGE 2000 (Geogr. Informationssysteme in Stadtforschung, Stadt- und Umweltplanung)
•• **Verhaltens- und handlungsorientierte Stadtgeographie**:
G. WOOD 1985, 2003 (Problemwahrnehmung in d. Stadt/Stadtwahrnehmung); P. REUBER 1993 (Ortsbindung/räuml. Identifikation); B. WERLEN 1998, 2000, 2002 (handlungstheoretischer Ansatz allgemein); J. SCHEINER 1999, 2000 (handlungstheoretische Aktionsraumforschung in der Stadt)
•• **Angewandte Stadtgeographie**:
F. SCHAFFER 1986
•• **Stadtökologie/nachhaltige Stadtentwicklung**:
J. BREUSTE/M. MEURER/J. VOGT 2002, G. SCHULTE 1995, H. ZEPP/J. FLACKE 2002 (Stadtökologie); R. WEHRHAHN 1993 (stadtökol. Probleme in lateinamerik. Großstädten); J. ARING/S. SCHMITZ/C.-C. WIEGANDT 1995, M. HESSE/ST. SCHMITZ 1998 (nachhaltige Stadtentwicklung/Nutzungsmischung)
• **Möglichkeiten der inneren Gliederung von Städten** (Beispiele):
•• **Sozialräumliche Stadtgliederungen**:
J. O'LOUGHLIN/G. GLEBE 1980 (faktorialökologische Stadtgliederung/Sozialraumanalyse)
•• **Verhaltens-/wahrnehmungsorientierte Stadtgliederungen**:
W. POSCHWATTA 1978, T. ROPPELT 2002
• **Zum geographischen/interdisziplinären Stadtbegriff**:
B. HOFMEISTER 1984, P. JOHANEK/F.-J. POST 2004, D. SCHUBERT 2001
• **Städte/Stadtentwicklung in Deutschland/Mitteleuropa**:
K. FRIEDRICH/B. HAHN/H. POPP 2002, H. HEINEBERG 2004, P. SCHÖLLER 1967 (deutsche Städte); C. HAASE 1984[2], F. IRSIGLER 1999, H. POPP 2002, K. ROTHER 2006, H. STOOB 1956, 1990 (Stadtentstehungs/-gründungsphasen); H. FRIEDMANN 1968 (Stadtentwicklung, Bsp. Mannheim); N. GUTSCHOW/R. STIEMER 1982, TH. HAUFF 1995, H. HEINEBERG/K.-H. KIRCHHOFF 1993[2], H. HEINEBERG/A. MAYR 1993, U. RICHARD-WIEGANDT 1991, 1996 (Stadtentwicklung, Bsp. Münster/Westfalen); R. HARTOG 1962 (Stadtentwicklung im 19. Jh.); H. HEINEBERG 1988a (Stadtentwicklung im westl. Deutschland); BMBAU 1993, 2000, H. HEINEBERG 1999b, R. JUCHELKA/A. KREUS/N. VON DER RUHREN 2003 (Leitbilder d. Stadtentwicklung); U. HOHN/A. HOHN 1993, C. KAISER/K. FRIEDRICH 2000 (Stadtentwicklung in den neuen

Bundesländern); BBR (Hg.) 2002, 2003, 2005 (aktuelle Daten z. Entwicklung d. Städte, Kreise u. Gemeinden in Deutschland)
• **Verstädterung/Urbanisierung/Metropolisierung/Megapolisierung/Globalisierung**:
J. BÄHR 1993, H. SCHRAND 1992, W. TAUBMANN 1985 (Verstädterung d. Erde); D. BRONGER 1989, 2004 (Metropolisierung der Erde); D. BRONGER 1996, E. EHLERS 2006, P. FELDBAUER u. a. 1997 (Megastädte); F. KRAAS/D. MÜLLER-MAHN/U. RADTKE 2002 (Städte, Metropolen u. Megastädte); J. BURDACK/G. HERFERT/R. RUDOLPH 2005 (metropolitane Peripherien); D. BRONGER 2006, U. GERHARD 2004, P. HALL 2001, H. SCHRAND 1998, S. SASSEN 1996 (Globalisierung/*Global Cities*); J. BEAVERSTOCK/ R. SMITH/P. TAYLOR 2003², C. HAMNETT 2004 (*Global City* London); R. BÖRDLEIN 2001 (*Global City* Frankfurt); M. COY/F. KRAAS 2003, G. MERTINS 1994, F. SCHOLZ 1979 (Verstädterung/Urbanisierung in Entwicklungsländern); J. BÄHR 1990, J. BÄHR/G. MERTINS 1990, 1992, 1995, M. COY 2002, H. HEINEBERG 1999a (Verstädterungsprozesse/Großstadtentwickl. in Mexiko); J. BÄHR/G. MERTINS 2000, G. MERTINS 1984, 2006 (Marginalsiedlungen/-viertel in Großstädten der Dritten Welt); F. SCHOLZ 2000, 2002, 2004 (Theorie d. fragmentierenden Entwicklung); K. BRAKE/J. S. DANGSCHAT/G. HERFERT 2001, K. FRIEDRICH 1998 (Suburbanisierung in Deutschland); L. BASTEN 2005, J. BURDACK 2005, G. WOOD 2003a, b (postmoderne(r) Urbanismus/Urbanität)
• **Städtische Agglomerations- oder Verdichtungsräume/Stadt- und Metropolregionen**:
W. GAEBE 1987 (Lehrbuch), W. GAEBE 1991 (Agglomerationsräume in West- und Ost-Europa); O. BOUSTEDT 1970² (Modell d. Stadtregion); H. FASSMANN 1999 (Eurometropolen); B. ADAM/J. GÖDDECKE-STELLMANN 2002, H. H. BLOTEVOGEL 1998, 2002, MKRO - ARBEITSGRUPPE FÜR EUROPÄISCHE METROPOLREGIONEN 1997 (Metropolregionen in Deutschland); G. TOBLER 2002 (Agglomerationen in der Schweiz); R. WEHRHAHN 2000 (Peripherieentwicklung postmoderner Metropolen, Bsp. Madrid)
• **Städtetypen und Städtesysteme/Städtenetze**:
P. SCHÖLLER 1967 (regionale Stadttypen); N. DE LANGE 1980 (Städtetypisierung mit Hilfe multivariater Methoden); D. BARTELS 1979 (Theorien nationaler Siedlungssysteme); K. P. SCHÖN 1993 (Städtesystem in Europa), H. H. BLOTEVOGEL 1983, 1992, H. H. BLOTEVOGEL/H. MÖLLER 1982 (regionale u. nationale Städtesysteme); H. H. BLOTEVOGEL 2002A (Städtesystem u. Metropolregionen); K. R. KUNZMANN 1995 (Europäische Städtenetze); BBR 1999b, A. PRIEBS 1996, 2000, P. SCIBBE 2000 (Städtenetze in Deutschland)
• **Modelle und Theorien der Stadtentwicklung**:
•• **Chicagoer Schule der Sozialökologie**: E. W. BURGESS 1925, 1929, H. HOYT 1939, C. D. HARRIS/ E. L. ULLMAN 1945 (klassische Modelle d. Stadtstruktur/-entwicklung); L. F. SCHNORE 1972 (*reverse-Burgess type*-Modell)
•• **Stadtstrukturen in den verschiedenen Kulturräumen der Erde**:
J. BÄHR/U. JÜRGENS 2005, H. HEINEBERG 2006³a, B. HOFMEISTER 1982, 1996³
•• **Entwicklung und Modelle der US-amerikanischen Stadt**:
R. HAHN 1991, 2002², I. HELBRECHT 1996a, B. HOFMEISTER 1971, L. HOLZNER 1972, 1990, 1996, H. D. LAUX/G. THIEME 2006, R. SCHNEIDER-SLIWA 1996, 1999, 2002
•• **Entwicklung/Idealschemata/Modelle der lateinamerikanischen (Groß-)Stadt**:
J. BÄHR/G. MERTINS 1981, 1995, A. BORSDORF 1982, A. BORSDORF/J. BÄHR/M. JANOSCHKA 2002, E. GORMSEN 1981, 1983, 1995, E. KROSS 2006, G. MERTINS 2003 (Idealschemata/Modelle sozial-räumlicher Gliederungen lateinamerikan. Großstädte); J. BÜNSTORF 2000, H. WILHELMY/A. BORSDORF 1984/1985 (Städte Lateinamerikas); J. PLÖGER 2006 (Gated Communities am Bsp. Lima); K. MEYER-KRIESTEN 2006 (Stadtexpansion durch Megaprojekte, Bsp. Santiago de Chile); E. KROSS 1992 (Barriadas am Bsp. Lima); R. WEHRHAHN 1998 (Urbanisierung u. Stadtentwicklung, Bsp. Brasilien)
•• **Entwicklung/Modelle der islamisch-orientalischen Stadt**:
K. DETTMANN 1969, E. EHLERS 1984, 1992, 1993, H. HEINEBERG 2001b, M. SEGER 1978, 1997, E. WIRTH 1974, 1975, 1982, 1991, 2001²; G. GLASZE 2004, G. MEYER 2004 (neue abgeschlossene, bewachte Wohnkomplexe im Libanon u. in Kairo)

Literatur

Abkürzungen im Literaturverzeichnis

AAAG	Annals of the Association of American Geographers
Abhn.	Abhandlungen
Acad.	Academy
Akad.	Akademie
Am.	American
Angew.	Angewandte
Ann.	Annals
Arb.	Arbeiten
Arch. Kom.wiss.	Archiv für Kommunalwissenschaft
ARL	Akademie für Raumforschung und Landesplanung
Ass.	Association
BAG	Bundesarbeitsgemeinschaft der Mittel- und Grossbetriebe des Einzelhandels e.V.
BBauBl	Bundesbaublatt
BBR	Bundesamt für Bauwesen und Raumordnung
Bd., Bde.	Band, Bände
BfLR	Bundesforschungsanstalt für Landeskunde und Raumordnung
Beih.	Beiheft(e)
Beitr.	Beiträge
Ber.	Berichte
BiB	Bundesinstitut für Bevölkerungsforschung
Bl.	Blatt
BMBAU	Bundesminister(ium) für Raumordnung, Bauwesen und Städtebau
BMV	Bundesminister für Verkehr
BMVBW	Bundesminister(ium) für Verkehr, Bau- und Wohnungswesen
BMVEL	Bundesministerium für Verbraucherschutz, Ernährung und Landwirtschaft
DGT	Deutscher Geographentag
Dept.	Department
DIFU	Dt. Inst. für Urbanistik
Dipl.	Diplom
DISP	Dokumente und Informationen zur Schweizerischen Orts-, Regional- und Landesplanung
DSW	Deutsche Stiftung Weltbevölkerung
dt.	deutsch(en)
Erde	Die Erde
erdkundl.	erdkundlich
Erg.-H.	Ergänzungsheft
F.A.Z	Frankfurter Allgemeine Zeitung
Festschr.	Festschrift
Forsch.	Forschung(en)
geogr.	geographisch, geographical
Geogr. Rev.	The Geographical Review
Geogr.	Geographie, Geography
Ges.	Gesellschaft
Gesch.	Geschichte
GHF	Geographische Handelsforschung
GJ	GeoJournal
GR	Geographische Rundschau
GU	Geographie im Unterricht
GS	Geographie und Schule
GZ	Geographische Zeitschrift
H.	Heft(e)
Handb.	Handbuch
Handelsf.	Handelsforschung
Hg.	Herausgeber, herausgegeben
histor.	historisch(e)
IfL	Institut für Länderkunde, Leipzig
ILS	Institut für Landes- und Stadtentwicklungsforschung des Landes Nordrhein-Westfalen
Inst.	Institut, Institute
Intern.	Internationale(s)
IzR	Informationen z. Raumentwicklung
J	Journal
Jb.	Jahrbuch
Komm.	Kommission
Länderk.	Länderkunde(n)
Länderpr.	Länderprofile
Landesf.	Landesforschung
landeskundl.	landeskundlich
Landespl.	Landesplanung
LEP	Landesentwicklungsplan
LEPro	Landesentwicklungsprogramm
Lfg.	Lieferung
MASSKS NRW	Ministerium für Arbeit, Soziales und Stadtentwicklung, Kultur und Sport des Landes Nordrhein-Westfalen
Mat.	Material(ien)
Math.	Mathematisch(en)
Mitarb.	Mitarbeiter
Mitt.	Mitteilungen
MKRO	Ministerkonferenz f. Raumordnung
N. F.	Neue Folge
österr.	österreichisch
PG	Praxis Geographie
PGM	Petermanns Geographische Mitt.
pol.	political, politisch
Publ.	Publication(s)
Raumentw.	Raumentwicklung
Raumf.	Raumforschung
Raumo.	Raumordnung
Raumpl.	Raumplanung
R.	Reihe(n)
Rev.	Review(s)
RuR	Raumforschung und Raumordnung
Schr.	Schrift(en)
Schriftenr.	Schriftenreihe
Ser.	Serie, Series
Sci.	Science
Siedlungsf.	Siedlungsforschung, Archäologie - Geschichte - Geographie
Sp.	Spalten
Stadtf.	Stadtforschung
Stadtpl.	Stadtplanung
Statist.	Statistik/statistisch
Stud.	Studien, Studies
Studienb.	Studienbücher
TESG	Tijdschrift voor Economische en Sociale Geografie
Theor.	Theoretisch(en)
UN	United Nations
UNFPA	Bevölkerungsfonds der Vereinten Nationen
Univ.	Universität
Unterricht	Unterr.
UTB	UTB für Wissenschaft

Verhn.   Verhandlungen
Verl.   Verlag
Veröff.   Veröffentlichung(en)
westf.   westfälisch
Wiss.   Wissenschaft(en), wissenschaftlich
Zs.   Zeitschrift

Zeichenerklärung
• Lehrbücher

Kapitel 1
Die Anthropogeographie/Humangeographie im System der Geographie
• ANTE, U. 1981: Politische Geographie. Braunschweig = Das Geogr. Seminar.
• ATTESLANDER, P. 2000[9]: Methoden der empirischen Sozialforschung. Berlin.
BARTELS, D. 1968: Zur wissenschaftstheoretischen Grundlage einer Geographie des Menschen. Wiesbaden = Erdkundl. Wissen 19, GZ, Beih.
BARTELS, D. (Hg.) 1970: Wirtschafts- und Sozialgeographie. Köln/Berlin = Neue Wiss. Bibliothek 35.
• BARTELS, D. u. G. HARD 1975[2]: Lotsenbuch für das Studium der Geographie als Lehrfach. Bonn/Kiel.
BECKER, CHR. (Hg.) 1992: Erhebungsmethoden und ihre Umsetzung in Tourismus und Freizeit. Trier = Mat. zur Fremdenverkehrsgeogr. 25.
BECKER, CHR., H. HOPFINGER u. A. STEINECKE (Hg.) (2003): Geographie der Freizeit und des Tourismus: Bilanz und Ausblick. München/Wien.
BLOTEVOGEL, H. H. 2002a: Geographie. In: E. BRUNOTTE u. a. (Hg.): Lexikon der Geographie in vier Bänden. Bd. 2. Heidelberg/Berlin, S. 14-16.
BLOTEVOGEL, H. H. 2002b: Geschichte der Geographie. In: E. BRUNOTTE u. a. (Hg.): Lexikon der Geographie in vier Bänden. Bd. 2. Heidelberg/Berlin, S. 38-40.
BLOTEVOGEL, H. H. 2003: „Neue Kulturgeographie" - Entwicklung, Dimensionen, Potenziale und Risiken einer kulturalistischen Humangeographie. In: Ber. z. dt. Landesk. 77, H. 1, S. 7-34.
BLOTEVOGEL, H. H. u. H. HEINEBERG u. a.: Kommentierte Bibliographie zur Geographie. Teil 1: Konzeption und Methodik der Geographie, Didaktik der Geographie, Lehrbücher und Nachschlagewerke, Arbeitsmethoden, Physische Geographie, Geoökologie. Paderborn 1994[2] = UTB 1686.
2: Wirtschafts- und Sozialgeographie, Anthropogeographie, Kulturgeographie. Paderborn 1992[2] = UTB 1676
Teil 3: Angewandte Geographie, Raumplanung, Entwicklungsforschung und Entwicklungspolitik. Paderborn 1992[2] = UTB 1677.
BOBEK, H. 1927, s. Kap. 6
BOBEK, H. 1948: Stellung und Bedeutung der Sozialgeographie. In: Erdkunde 2, S. 118-225.
BOBEK, H. 1957: Gedanken über das logische System der Geographie. In: Mitt. d. Geogr. Ges. Wien 99, H. 2, S. 122-145.
• BOESLER, K.-A. 1983: Politische Geographie. Berlin/Stuttgart = Teubner Studienb. d. Geogr.
• BORSDORF, A. 1999: Geographisch denken und wissenschaftlich arbeiten. Gotha = Perthes Geogr.Kolleg.
• BORTZ, J. u. N. DÖRING 1995[2]: Forschungsmethoden und Evaluation. Berlin/Heidelberg.
BRIEGEL, R. 2002, s. Kap. 4.

BROGIATO, H. P. 2005: Geschichte der deutschen Geographie im 19. und 20. Jahrhundert - ein Abriss. In: W. SCHENK u. K. SCHLIEPHAKE (Hg.): Allgemeine Anthropogeographie. Gotha/Stuttgart, S. 41-81 = Perthes GeographieKolleg.
BROWN, L. A. u. E. G. MOORE 1970, s. Kap. 2.
BRUNOTTE, E., H. GEBHARDT, H. MEURER, P. MEUSBURGER u. J. NIPPER (Hg.) 2001/2002: Lexikon der Geographie in vier Bänden. Heidelberg/Berlin.
BUNTING, T. E. u. L. GUELKE 1979: Behavioral and perception geography: a critical appraisel. In: AAAG 69, S. 448-462.
BUTTIMER, A. 1984: Ideal und Wirklichkeit in der Angewandten Geographie. Kallmünz = Münchener Geogr. H. 51.
BUTZIN, B. 1982: Elemente eines konfliktorientierten Basisentwurfs zur Geographie des Menschen. In: P. SEDLACEK (Hg.): Kultur-/Sozialgeographie. Paderborn, S. 93-124 = UTB 1053.
THE COMMITTEE OF THE FEDERAL REPUBLIC OF GERMANY FOR THE JGU (Hg.) 1996: German Geographical Research 1992-1996. Bibliography of Publications in Geographical Series. Submitted at the occasion of the 28th International Geographical Congress The Hague, The Netherlands, August 4-10 1996. Trier = DL - Ber. u. Dokumentationen - 1.
THE COMMITTEE OF THE FEDERAL REPUBLIC OF GERMANY FOR THE JGU (Hg.) 2000: German Geographical Research 1996-1999. Bibliography of Publications in Geographical Series. Submitted on the occasion of the 29th International Geographical Congress Seoul, Korea, August 14-18 2000. Trier = DL-Ber. u. Dokumentationen -3.
CHRISTALLER, W. 1933, s. Kap. 3.
• COX, K. R. 2002: Political geography. Territory, state, and society. Oxford.
COY, M. 2005: Geographische Entwicklungsländerforschung. In: W. SCHENK u. K. SCHLIEPHAKE (Hg.): Allgemeine Anthropogeographie. Gotha/Stuttgart, S. 727-765 = Perthes GeographieKolleg.
DOWNS, R. M. 1970: Geographic space perception: Past approaches and future aspects. In: Progress in Geogr. 3, S. 65-108.
DOWNS, R. M. u. D. STEA 1982: Kognitive Karten: Die Welt in unseren Köpfen. Hg.: R. GEIPEL. Paderborn = UTB 1126.
ECK, H. 1985: Image und Bewertung des Schwarzwaldes als Erholungsraum - nach dem Vorstellungsbild der Sommergäste -. Tübingen = Tübinger Geogr. Stud. 92.
• EHLERS, E. u. H. LESER (Hg.) 2002: Geographie heute - für die Welt von morgen. Gotha/Stuttgart = Perthes Geogr.Kolleg.
• ELIOT HURST, M. E. 1972, s. Kap. 3.
FEHN, K. 1975: Stand und Aufgaben der Historischen Geographie. In: Blätter f. dt. Landesgeschichte 111, S. 31-53.
FICKELER, P. 1947: Grundfragen der Religionsgeographie. In: Erdkunde 1, Lfg. 4-6, S. 121-144.
• FASSMANN H. u. P. MEUSBURGER 1997, s. Kap. 3.
• FREYER, W. 1993[4]: Tourismus. Einführung in die Fremdenverkehrsökonomie. München/Wien.
• FRIEDRICHS, J. 1990[14] (Nachdruck 2002): Methoden empirischer Sozialforschung. Reinbek = WV studium 28.
GATHER M. u. A. KAGERMEIER (Hg.) 2002: Freizeitmobilität - Hintergründe, Probleme, Perspektiven. Mannheim = Stud. z. Mobilitäts- u. Verkehrsforsch.

1.

• GEBHARDT, H. 1993: Forschungsmethoden in der Kulturgeographie. Tübingen = Kleinere Arb. aus d. Geogr. Inst. d. Univ. Tübingen 13.

• GEBHARDT, H., P. REUBER u. G. WOLKERSDORFER (Hg.) 2003a: Kulturgeographie. Aktuelle Ansätze und Entwicklungen. Heidelberg/Berlin = Spektrum Lehrbuch.

GEBHARDT, H., P. REUBER u. G. WOLKERSDORFER 2003b: Kulturgeographie - Leitlinien und Perspektiven. In: H. GEBHARDT, P. REUBER u. G. WOLKERSDORFER (Hg.): Kulturgeographie. Aktuelle Ansätze und Entwicklungen. Heidelberg/Berlin, S. 1-27 = Spektrum Lehrbuch.

GEIPEL, R. 1968: Der Standort der Geographie des Bildungswesens innerhalb der Sozialgeographie. In: Zum Standort der Sozialgeographie (Festschr. WOLFGANG HARTKE). Kallmünz/Regensburg, S. 155-161 = Münchner Stud. zur Sozial- u. Wirtschaftsgeogr. 4.

GEERTZ, C. 1973: The interpretation of cultures. Selected essays. New York.

• GOULD, P. u. R. WHITE 1974: Mental Maps. Harmondsworth = Pelican Books.

• HAGGETT, P. 1991[2]: Geographie. Eine moderne Synthese. New York (1. Aufl. 1979) = UTB: Große R..

• HAGGETT, P. 2004[3]: Geographie: eine globale Synthese. Hg. v. R. GEIPEL. Stuttgart = UTB Geogr. 8001.

• HAMBLOCH, H. 1982[5]: Allgemeine Anthropogeographie. Eine Einführung. Wiesbaden = Erdkundl. Wissen 31 = GZ, Beihefte.

HAMBLOCH, H. 1983: Kulturgeographische Elemente im Ökosystem Mensch-Erde. Eine Einführung unter anthropologischen Aspekten. Darmstadt.

HARD, G. 1973: Die Geographie. Eine wissenschaftstheoretische Einführung. Berlin = Sammlung Göschen 9001.

HARTKE, W. 1959: Gedanken zur Bestimmung von Räumen gleichen sozialgeographischen Verhaltens. In: Erdkunde 13, H. 4, S. 426-436.

HAVERSATH, J.-B. 1999: Thematische Geographie in regionaler Anordnung. In: D. BÖHN (Hg.): Didaktik der Geographie - Begriffe. München, S. 159-160.

HAVERSATH, J.-B. 2005: Neue Perspektiven in der Humangeographie. Themen, Trends und Traditionen - mit Beispielen zum Erdkundeunterricht. Braunschweig, S. 58-68 = Schulgeogr. 2005, Sonderheft, Mitt. d. Landesverbandes Nordrhein-Westfalen im Verband deutscher Schulgeographen.

HEINEBERG, H. 2006[3]a, s. Kap. 6.

HEINEBERG, H. 2006b, s. Kap. 6.

HEINRITZ, G. 2005: Kulturgeographie - A Changing Discipline? In: GR 57, H. 2, S. 62-63.

HEINRITZ, G. u. I. HELBRECHT (Hg.) 1998: Sozialgeographie und Soziologie - Dialog der Disziplinen. Passau = Münchener Geogr. H. 78.

HEINRITZ, G. u. R. WIESSNER 1997[2]: Studienführer Geographie. Braunschweig = Das Geogr. Seminar.

• HEINZE, T. 2001: Qualitative Sozialforschung. Einführung, Methodologie und Forschungspraxis. München/Wien.

HENKEL, R. 2004: Der Ort der Religionen. Beobachtungen zu neueren Entwicklungen in der Religionsgeographie. In: Ber. z. dt. Landesk. 78, H. 21, S. 141-165.

HILPERT, M. 2002: Angewandte Sozialgeographie und Methode. Überlegungen zu Management und Umsetzung sozialräumlicher Gestaltungsprozesse. Augsburg = Angewandte Sozialgeogr. 47.

HÖLLHUBER, D. 1976, s. Kap. 2.

HOFMEISTER, B. u. A. STEINECKE (Hg.) 1984: Geographie des Freizeit- und Fremdenverkehrs. Darmstadt = Wege d. Forsch. 592.

HOLT-JENSEN, A. 1999[3]: Geography. History and concepts. A student's guide. London (Reprint 2000).

HORN, M. u. S. LENTZ 2001: Armut in Deutschland. In: IFL (Hg.): Nationalatlas der Bundesrepublik Deutschland. Bd. 4: Bevölkerung. Mithg.: P. GANS u. F.-J. KEMPER. Heidelberg/Berlin, S. 88-91.

• HUBBARD, P., R. KITCHIN, B. BARTLEY u. D. FULLER 2002: Thinking geographically. Space, theory and contemporary human geography. London/New York.

IFL (Hg.) 2000: Nationalatlas Bundesrepublik Deutschland. Bd. 10: Freizeit und Tourismus. Mithg.: C. BECKER u. H. JOB. Heidelberg/Berlin.

• JÄGER, H. 1969: Historische Geographie. Braunschweig = Das Geogr. Seminar.

JOB, H., R. PAESLER u. L. VOGT 2005: Geographie des Tourismus. In: W. SCHENK u. K. SCHLIEPHAKE (Hg.): Allgemeine Anthropogeographie. Gotha/Stuttgart, S. 581-628 = Perthes GeographieKolleg.

JURCZEK, P. 1980: Der Rand des Verdichtungsraumes als Überlagerungsgebiet von Naherholung und Urlaubsverkehr. Erläutert am Beispiel des östlichen Rhein-Main-Gebietes. In: P. SCHNELL u. P. WEBER (Hg.): Agglomeration und Freizeitraum. Paderborn, S. 10-107 = Münstersche Geogr. Arb. 7.

JURCZEK, P. 1998, s. Kap. 4.

KASPAR, C. 1998[3]: System Tourismus im Überblick. In: G. HAEDRICH, C. KASPAR, K. KLEMM u. E. KREILKAMP (Hg.): Tourismus-Management, Tourismus-Marketing u. Fremdenverkehrsplanung. Berlin/New York, S. 15-32.

KEMPER, F.-J. 2003: Landschaften, Texte, soziale Praktiken - Wege der angelsächsischen Kulturgeographie. In: PM 147, H. 2, S. 6-15.

KEMPER, F.-J. 2005: Sozialgeographie. In: W. SCHENK u. K. SCHLIEPHAKE (Hg.): Allgemeine Anthropogeographie. Gotha/Stuttgart, S. 145-211 = Perthes GeographieKolleg.

KISTEMANN, T., H. LEISCH u. J. SCHWEIKART 1997: Geomedizin und Medizinische Geographie. Entwicklung und Perspektiven einer „old partnership". In: GR 49, H. 4, S. 198-203.

KLINGBEIL, D. 1978: Aktionsräume im Verdichtungsraum. Zeitpotentiale und ihre räumliche Nutzung. Kallmünz/Regensburg = Münchener Geogr. H. 41.

KLÜTER, H. 1986: Raum als Element sozialer Kommunikation. Gießen = Gießener Geogr. Schr. 60.

KLÜTER, H. 2005: Geographie als Feuilleton. In: Ber. z. dt. Landesk. 79, H. 1, S. 125-136.

• KNOX, P. L. u. S. A. MARSTON 2001: Humangeographie. Hg. v. H. GEBHARDT, P. MEUSBURGER u. D. WASTL-WALTER. Heidelberg.

KÖCK, H. 1992, s. Kap. 6.

• KOLARS, J. F. u. J. D. NYSTUEN 1974: Human geography. Spatial design in world society. New York.

• KROMREY, H. 1998[8]: Empirische Sozialforschung - Modelle und Methoden der Datenerhebung und Datenauswertung. Opladen.

KULINAT, K. u. A. STEINECKE 1984: Geographie des Freizeit- und Fremdenverkehrs. Darmstadt = Erträge d. Forsch. 212.

• LAMNEK, S. 1993[2]: Qualitative Sozialforschung. Bd.

2: Methoden und Techniken. Weinheim.
- LESER, H. (Hg.) 2001[12]: Diercke Wörterbuch Allgemeine Geographie. München/Braunschweig.
- LESER, H. u. R. SCHNEIDER-SLIWA 1999: Geographie - eine Einführung. Aufbau, Aufgaben und Ziele eines integrativ-empirischen Faches. Braunschweig = Das Geogr. Seminar.

LYNCH, K. 1960: The image of the city. Cambridge, Mass. Dt. Übersetzung unter dem Titel: Das Bild der Stadt. Gütersloh 1968 = Bauwelt Fundamente 16.
- MAIER, J., R. PAESLER, K. RUPPERT u. F. SCHAFFER 1977: Sozialgeographie. Braunschweig = Das Geogr. Seminar.
- MAYRING, P. 1990: Einführung in die qualitative Sozialforschung. Eine Anleitung zum qualitativen Denken. München = Kleine Bibliothek d. Psychologie.
- MEYER KRUKER, V. u. J. RAUH 2005: Arbeitsmethoden der Humangeographie. Darmstadt = Geowissen Kompakt.
- MEUSBURGER, P. (Hg.) 1998: Bildungsgeographie. Wissen und Ausbildung in der räumlichen Dimension. Heidelberg/Berlin.

MEUSBURGER, P. (Hg.) 1999: Handlungszentrierte Sozialgeographie. Stuttgart = Erdkundliches Wissen 130.

MEUSBURGER, P. u. T. SCHWAN (Hg.) 2003: Humanökologie. Ansätze zur Überwindung der Natur-Kultur-Dichotomie. Stuttgart = Erdkundliches Wissen 135.

MIGGELBRINK, J. 2002: Der gezähmte Blick. Zum Wandel des Diskurses über „Raum" und „Region" in humangeographischen Forschungsansätzen des ausgehenden 20. Jahrhunderts. Leipzig = Beitr. z. Regionalen Geogr. 55.

NATTER, W. unter Mitarb. v. U. WARDENGA 2003: Die „neue" und „alte" *Cultural Geography* in der anglo-amerikanischen Geographie. In: Ber. z. dt. Landesk. 77, H. 1, S. 71-90.

NIEDZWETZKI, K. 1984: Möglichkeiten, Schwierigkeiten und Grenzen qualitativer Verfahren in den Sozialwissenschaften. Ein Vergleich zwischen qualitativer und quantitativer Methoden unter Verwendung empirischer Ergebnisse. In: GZ 72, S. 65-80.

NITZ, H.-J. 1999: Raum-Zeit-Vergleiche historischer kulturgeographischer Prozesse mit Beispielen aus Europa. In: Siedlungsforsch. Archäologie - Geschichte - Geogr. 17, S. 331-346.
- NORTON, W. 2001[4]: Human Geography. Oxford.

OVERBECK, H. 1954: Die Entwicklung der Anthropogeographie (insbesondere in Deutschland) seit der Jahrhundertwende und ihre Bedeutung für die geschichtliche Landesforschung. In: Blätter f. dt. Landesgesch. 191, S. 182-244.

PAFFEN, K. 1959: Stellung und Bedeutung der Physischen Anthropogeographie. In: Erdkunde 13, S. 354-372.
- PAIN, R., M. BARKE, D. FULLER, J. GOUGH, R. MacFARLANE u. G. MOWL 2001: Introducing social geographies. London/New York.

PARTZSCH, D. 1964: Zum Begriff der Funktionsgesellschaft. In: Mitt. d. Verbandes f. Wohnungswesen, Städtebau u. Raumpl., S. 3-10.

PIAGET, J. u. B. INHELDER u. Mitarb. 1971: Die Entwicklung des räumlichen Denkens beim Kinde. Stuttgart.

PÜTZ, R. 2003: Kultur, Ethnizität und unternehmerisches Handeln. In: Ber. z. dt. Landesk. 77, H. 1, S. 53-70.

RATZEL, F. 1882 (1899[2])/1891: Anthropogeographie. 2 Teile. Stuttgart. unveränderte Nachdrucke: Erster Teil (1899[2]): Grundzüge der Anwendung der Erdkunde auf die Geschichte. Zweiter Teil (1891): Die Geographische Verbreitung des Menschen. Darmstadt 1975.
- REUBER, P. 1999: Sozialgeographie. Mainz = Mainzer Skripten zur Humangeogr.
- REUBER, P. 2000: Politische Geographie – neuere Ansätze und empirische Befunde. Kurzmanuskript zur Vorlesung im SS 2000. Heidelberg = Ber. aus dem Arbeitsbereich Anthropogeogr. 7.

REUBER, P. 2002: Politische Geographie nach dem Ende des kalten Krieges. Neue Ansätze und aktuelle Forschungsfelder. In: GR 54, 2002, H. 7/8, S. 4-9.
- REUBER, P. u. C. PFAFFENBACH 2005: Methoden der empirischen Humangeographie. Beobachtung und Befragung. Braunschweig = Das Geogr. Seminar.

REUBER, P. u. P. SCHNELL (Hg.) (2005): Postmoderne Freizeitstile und Freizeiträume. Neue Angebote im Tourismus. Berlin = Schr. zu Tourismus u. Freizeit 5.

REUBER, P. u. G. WOLKERSDORFER (Hg.) (2001a): Politische Geographie: Handlungstheoretische Ansätze und Critical Geopolitics. Heidelberg = Heidelberger Geogr. Arb. 112.

REUBER, P. u. G. WOLKERSDORFER (2001b): Die neuen Geographien des Politischen und die neue Politische Geographie - eine Einführung. In: P. REUBER u. G. WOLKERSDORFER (Hg.): Politische Geographie: Handlungstheoretische Ansätze und Critical Geopolitics. Heidelberg, S. 1-16 = Heidelberger Geogr. Arb. 112.

REUBER, P. u. G. WOLKERSDORFER 2005: Politische Geographie. In: W. SCHENK u. K. SCHLIEPHAKE (Hg.): Allgemeine Anthropogeographie. Gotha/Stuttgart, S. 631-664 = Perthes GeographieKolleg.
- RINSCHEDE, G. 1999: Religionsgeographie. Braunschweig = Das Geogr. Seminar.
- RINSCHEDE, G. 2005[2]: Geographiedidaktik. Paderborn = Grundriss Allgemeine Geogr., UTB 2324.

RUHL, G. 1971: Das Image von München als Faktor für den Zuzug. Kallmünz/Regensburg = Münchener Geogr. H. 35.

RUPPERT, K. u. F. SCHAFFER 1969: Zur Konzeption der Sozialgeographie. In: GR 21, S. 205-214.

SAARINEN, T. F. 1973: The use of projective techniques in geographic research. In: W. H. ITTELSON (Hg.): Environment and cognition. New York, S. 29-52.

SAHR, W. D. 2001: New Cultural Geography. In: E. BRUNOTTE, H. GEBHARDT, H. MEURER, P. MEUSBURGER u. J. NIPPER (Hg.) 2002: Lexikon der Geographie in vier Bänden. Heidelberg/Berlin, S. 439-440.

SCHAFFER, F. 1968: Untersuchungen zur sozialgeographischen Situation und regionalen Mobilität in neuen Großwohnsiedlungen am Beispiel Ulm/Eselsberg. Kallmünz = Münchener Geogr. H. 32.

SCHENK, W. 2005: Historische Geographie. In: W. SCHENK u. K. SCHLIEPHAKE (Hg.): Allgemeine Anthropogeographie. Gotha/Stuttgart, S. 215-264 = Perthes GeographieKolleg.

SCHENK, W., K. FEHN u. D. DENECKE (Hg.) 1997: Kulturlandschaftspflege. Beiträge der Geographie zur räumlichen Planung. Stuttgart/Berlin.

• SCHENK, W. u. K. SCHLIEPHAKE (Hg.) 2005: Allgemeine Anthropogeographie. Gotha/Stuttgart = Perthes GeographieKolleg.

• SCHLEGEL, W. 1993[2]: Einführung in die Anthropogeographie. Skriptum, Literatur, Materialsammlung. Paderborn = Fach Geogr., FB 1 - Mat.

SCHLÜTER, O. 1928: Die Analytische Geographie der Kulturlandschaft. In: Zs. d. Ges. f. Erdkunde zu Berlin. Sonderbd. z. Hundertjahrfeier d. Ges., S. 388-392.

SCHÖLLER, P. 1957: Wege und Irrwege der Politischen Geographie und Geopolitik. In: Erdkunde 11, S. 1-20.

SCHÖLLER, P. 1977: Rückblick auf Ziele und Konzeption der Geographie. In: GR 29, H. 2, S. 34-38.

• SCHOLZ, F. 2004: Geographische Entwicklungsforschung. Methoden und Theorien. Berlin/Stuttgart = Studienbücher d. Geogr.

SCHRETTENBRUNNER, H. 1974: Methoden und Konzepte einer verhaltenswissenschaftliche orientierten Geographie. In: R. FICHTINGER, R. GEIPEL u. H. SCHRETTENBRUNNER: Studien zu einer Geographie der Wahrnehmung. Stuttgart = Der Erdkundeunterr. 19.

SEDLACEK, P. (Hg.) 1982: Kultur-/Sozialgeographie. Paderborn = UTB 1053.

SEDLACEK, P. (Hg.) 1989: Programm und Praxis qualitativer Sozialgeographie. Oldenburg = Wahrnehmungsgeogr. Stud. z. Regionalentwicklung 6.

• STEINBACH, J. 2003: Tourismus. Einführung in das raum-zeitliche System. München/Wien = Lehr- u. Handb. zu Tourismus, Verkehr u. Freizeit.

STEINECKE, A. 1993: Geographie des Freizeit- und Fremdenverkehrs. In: H. HAHN u. H.-J. KAGELMANN (Hg.): Tourismuspsychologie und Tourismussoziologie. Ein Handbuch zur Tourismuswissenschaft. München, S. 51-55.

STEINER, D. u. B. WISNER (Hg.) 1986: Humanökologie und Geographie. Zürich = Zürcher Geogr. Schr. 28.

THOMALE, E. 1972: Sozialgeographie. Eine disziplingeschichtliche Untersuchung zur Entwicklung der Anthropogeographie. Marburg = Marburger Geogr. Schr. 53.

THOMALE, E. 1974: Geographische Verhaltensforschung. In: H. DICKEL u.a.: Studenten in Marburg. Sozialgeographische Beiträge zum Wohn- und Migrationsverhalten in einer mittelgroßen Universitätsstadt. Marburg, S. 9-30 = Marburger Geogr. Schr. 61.

THÜNEN, J. H. VON 1875, s. Kap. 3.

TZSCHASCHEL, S. 1986: Geographische Forschung auf der Individualebene. Darstellung und Kritik der Mikrogeographie. Kallmünz/Regensburg = Münchener Geogr. H. 53.

UEBELACKER, ST. 2003: Internet und WWW. Hintergrund, Strukturen und Arbeitsmethoden für Geographen. Regensburg = Beitr. z. Wirtschaftsgeogr. 3.

UHLIG, H. 1970: Organisationsplan und System der Geographie. In: Geoforum 1, S. 19-52.

VIDAL DE LA BLACHE, P. M. 1911: Les genres de vie dans la géographie humaine. In: Annales de Géographie XX, 193-212, 289-304.

VIDAL DE LA BLACHE, P. M. 1922 (Neuaufl. 1955): Principe de la géographie humaine. Paris.

VOPPEL, G. 1969, s. Kap. 3.

WAIBEL, L. 1928: Die Sierra Madre de Chiapas. In: Verhn. u. wiss. Abhn. d. 22. Dt. Geographentages zu Karlsruhe 1927. Breslau, S. 87, 93-97.

WARDENGA, U. 2002: Alte und neue Raumkonzepte für den Geographieunterricht. In: Geogr. heute 23, H. 200, S. 8-11.

WEBER, P. 1982, s. Kap. 2

WEHLING, H. W. 1981: Subjektive Stadtpläne als Ausdruck individueller Gliederung städtischer Strukturen 69, S. 98-113.

WEISCHET, W. 1977: Die ökologische Benachteiligung der Tropen. Stuttgart.

WERLEN, B. 1998: Landschaft, Raum und Gesellschaft. Entstehungs- und Entwicklungsgeschichte wissenschaftlicher Sozialgeographie. In: P. SEDLACEK u. B. WERLEN: Texte zur handlungstheoretischen Geographie. Jena = Jenaer Geogr. Manuskripte 18.

• WERLEN, B. 2000 (2004[2]): Sozialgeographie. Eine Einfüh-rung. Bern/Stuttgart/Wien = UTB 1911.

WERLEN, B. 2002: Handlungsorientierte Sozialgeographie. Eine neue geographische Ordnung der Dinge. In: Geogr. heute 23, H. 200, S. 12-15.

WERLEN, B. 2003a: *Cultural Turn* in Humanwissenschaften und Geographie. In: Ber. z. dt. Landesk. 77, H. 1, S. 35-52.

WERLEN, B. 2003b: Kulturgeographie und kulturgeographische Wende. In: H. GEBHARDT, P. REUBER u. G. WOLKERSDORFER (Hg.): Kulturgeographie. Aktuelle Ansätze und Entwicklungen. Heidelberg/Berlin, S. 251-268 = Spektrum Lehrbuch.

WESSEL, K. 1996, s. Kap. 3.

WIESSNER, R. 1978: Verhaltensorientierte Geographie. Die angelsächsische behavioral geography und ihre sozialgeographischen Ansätze. In: GR 30, H. 11, S. 420-426.

• WINDHORST, H.-W. 1978: Geographie der Wald- und Forstwirtschaft. Stuttgart = Teubner Studienb. d. Geogr.

WINDHORST, H.-W. 1983: Geographische Innovations- und Diffusionsforschung. Darmstadt = Erträge d. Forsch. 189.

WIRTH, E. 1977: Die deutsche Sozialgeographie in ihrer theoretischen Konzeption und in ihrem Verhältnis zu Soziologie und Geographie des Menschen. In: GZ 65, S. 161-187.

WIRTH, E. 1979: Theoretische Geographie. Grundzüge einer Theoretischen Kulturgeographie. Stuttgart = Teubner Studienb. d. Geogr.

• WOLF, K. u. P. JURCZEK 1986: Geographie der Freizeit und des Tourismus. Stuttgart = UTB 1381.

WOLKERSDORFER, G. 2001a: Politische Geographie und Geopolitik zwischen Moderne und Postmoderne. Heidelberg = Heidelberger Geogr. Arb. 111.

WOLKERSDORFER, G. 2001b: Politische Geographie und Geopolitik: zwei Seiten derselben Medaille? In: P. REUBER u. G. WOLKERSDORFER (Hg.): Politische Geographie: Handlungstheoretische Ansätze und Critical Geopolitics. Heidelberg, S. 33-56 = Heidelberger Geogr. Arb. 112.

Kapitel 2
Einführung in die Bevölkerungsgeographie

ADAMS, J. S. 1965: Directional bias in intra-urban migration. In: Economic Geogr. 45, S. 302-323.

BADE, K. J. u. R. MÜNZ (Hg.) 2000: Migrationsreport 2000. Fakten - Analysen - Perspektiven. Frankfurt/New York.

BÄHR, J. 1984: Bevölkerungswachstum in Industrie- und Entwicklungsländern. In: GR 36, S. 544-551.

BÄHR, J. 1988: Bevölkerungsgeographie: Entwicklung, Aufgaben und theoretischer Bezugsrahmen. In: GR

40, H. 2, S. 6-13.

BÄHR, J. 1990, s. Kap. 6.

BÄHR, J. 1993, s. Kap. 6.

BÄHR, J. 1995: Internationale Wanderungen in Vergangenheit und Gegenwart. In: GR 47, H. 7-8, S. 398-404.

• BÄHR, J. 1997[3]: Bevölkerungsgeographie. Verteilung und Dynamik der Bevölkerung in globaler, nationaler und regionaler Sicht. Stuttgart (1. Aufl. 1983) = UTB 1249.

BÄHR, J. 1999: „Tag der 6 Milliarden Menschen". Zur jüngeren Entwicklung der Weltbevölkerung. In: GR 51, H. 10, S. 570 -573.

BÄHR, J. 2000: Bevölkerungsgeographie. In: U. MUELLER u. a. (Hg.): Handbuch der Demographie 2. Anwendungen. Berlin, S. 866-915.

BÄHR, J. 2001: Entwicklung der Weltbevölkerung an der Schwelle zum 21. Jh. In: GR 53, H. 2, S. 45-50.

BÄHR, J. 2003: Binnenwanderungen. Konzepte, Typen, Erklärungsansätze. In: GR 55, H. 6, S. 4-

BÄHR, J. 2004[4]: Bevölkerungsgeographie. Stuttgart = UTB 1249.

BÄHR, H. und G. MERTINS 1990, s. Kap. 6.

BÄHR, H. und G. MERTINS 1992, s. Kap. 6.

• BÄHR, J., CHR. JENTSCH u. W. KULS 1992: Bevölkerungsgeographie. Berlin = Lehrbuch d. Allgemeinen Geogr. 9.

• BAHRENBERG G., E. GIESE u. J. NIPPER 1999[4]: Statistische Methoden in der Geographie. Bd. 1: Univariate und bivariate Statistik. Stuttgart = Teubner Studienb. d. Geogr.

Bevölkerungsentwicklung [Themenheft]. In: PGM 144, 2000, H. 1.

BiB (Hg.) 2004[2]: Bevölkerung. Fakten - Trends - Ursachen - Erwartungen. Die wichtigsten Fragen. Wiesbaden = Schr.-reihe d. BiB, Sonderheft.

BOGARDI, J. 2002: Lehrt uns der Wassermangel das Teilen? Es wird Konflikte geben, ein Modus Vivendi aber ist nicht völlig ausgeschlossen - Eine nicht ganz so düstere Analyse der UNESCO. In: DIE WELT 26.07.02.

BOHLE, H.-G. 2001: Bevölkerungsentwicklung und Ernährung. Sind die „Grenzen des Wachstums" überschritten? In: GR 53, H. 2, S. 18-24.

BOHLE, H.-G. 2002: Zeitbombe Bevölkerungswachstum: Wie viele Menschen verträgt die Erde? In: E. EHLERS u. H. LESER (Hg.): Geographie heute - für die Welt von morgen. Gotha/Stuttgart, S. 19-26 = Perthes Geogr.Kolleg.

BORSDORF, A. 1982, s. Kap. 6.

BRESSLER, C. 2001: Das Bevölkerungspotenzial - Messgröße für Interaktionschancen. In: IFL (Hg.): Nationalatlas der Bundesrepublik Deutschland. Bd. 4: Bevölkerung. Heidelberg/Berlin, S. 40-43.

BRONNY, H. M., N. JANSEN u. B. WETTERAU 2002, s. Kap. 3.

BROWN, L. A. u. E. G. MOORE 1970: The intraurban migration process: a perspective. In: Geogr. Annaler 52B, S. 1-13.

BUCHER, H. 2001: Die Bevölkerung der Zukunft. In: IFL (Hg.): Nationalatlas der Bundesrepublik Deutschland. Bd. 4: Bevölkerung. Mithg.: P. GANS u. F.-J. KEMPER. Heidelberg/Berlin, S. 54-57.

BUCHER, H. u. H.-P. GATZWEILER 1992: Das neue regionale Bevölkerungsprognosemodell der Bundesforschungsanstalt für Länderkunde und Raumordnung. In: IzR H.11/12, S. 809-826.

BUCHER, H. u. F. HEINS 2001: Binnenwanderungen zwischen den Ländern. In: IFL (Hg.): Nationalatlas der Bundesrepublik Deutschland. Bd. 4: Bevölkerung. Heidelberg/Berlin, S. 108-111.

BUCHER, H. u. F.-J. KEMPER 2001: Haushaltsgrößen im Wandel. In: IFL (Hg.): Nationalatlas der Bundesrepublik Deutschland. Bd. 4: Bevölkerung. Mithg.: P. GANS u. F.-J. KEMPER. Heidelberg/Berlin, S. 54-57.

BUCHER, H. u. C. SCHLÖMER 2006: Die neue Bevölkerungsprognose des BBR. Vorstellung von Methodik und Ergebnissen. Ausgewählte Ergebnisse auf dem 55. Deutschen Geographentag in Trier. In: Raumf. u. Raumo. 64, H. 3, S. 206-212.

BÜRKNER, H.-J. 1997: Jugendliche Arbeitsmigranten in Deutschland. Perspektiven am Arbeisplatz, in Schule und Familie. In: GR 49, H. 7-8, S. 418-422.

BUNDESZENTRALE FÜR POLITISCHE BILDUNG (Hg.) 2004: Bevölkerungsentwicklung. Bonn = Informationen z. pol. Bildung 282.

CENTRAL BUREAU VOOR DE STATISTIEK (Hg.) 2001: Statistisch Jaarboek 2001 [Nederland]. Voorburg/ Heerlen.

DESBARATS, J. 1983: Constrained choice and migration. In: Geografiska Annaler 65B, S. 11-22.

DESELAERS, CHR. 2001: Deutschland - einig Einwanderungsland? Grundlagen zur aktuellen Zuwanderungsdebatte. In: Geogr. heute 22, H. 194, S. 38-42.

DEUTSCHER STÄDTETAG (Hg.) 1999: Statistisches Jahrbuch deutscher Gemeinden. 86. Jg.. Köln/Berlin (verschiedene Jahrgänge).

DSW (Hg.) 2006: DSW-Datenreport 2006. Soziale und demographische Daten zur Weltbevölkerung. Hannover (auch verschiedene ältere Jahrgänge).

FREUND, B. 1998: Frankfurt am Main und der Frankfurter Raum als Ziel qualifizierter Migranten. In: Zs. f. Wirtschaftsgeogr. 42, H. 2, S. 57-81.

FRISCH, ST. 2000: Weltbevölkerung - Verteilung und Entwicklung. In: PGM 144, H. 1, S. 50-53.

GANS, P. 1997: Ausländische Bevölkerung in Großstädten Deutschlands. Regionale Trends und Wirtschaftsstruktur. In: GR 47, H. 7-8, S. 399-405.

GANS, P. 2001a: Bevölkerungsgeographie. In: E. BRUNOTTE, H. GEBHARDT, H. MEURER, P. MEUSBURGER u. J. NIPPER (Hg.): Lexikon der Geographie in vier Bänden. Bd. 1. Heidelberg/Berlin, S. 149-150.

GANS, P. 2001b: Bevölkerungsprognose. In: E. BRUNOTTE, H. GEBHARDT, H. MEURER, P. MEUSBURGER u. J. NIPPER (Hg.): Lexikon der Geographie in vier Bänden. Bd. 1. Heidelberg/Berlin, S. 152-153.

GANS, P. 2001c: Weltweite Entwicklung der Geburtenhäufigkeit von 1970 bis 2000. In: GR 53, H. 2, S. 10-17.

GANS, P. 2003/04: Räumliche Auswirkungen des demographischen Wandels. In: RWI: Mitt. 54/55, H. 3-4, S. 389-403.

GANS, P. 2005: Tendenzen der räumlich-demographischen Entwicklung. In: W. STRUBELT U. H. ZIMMERMANN (Hg.): Räumliche Konsequenzen des demographischen Wandel, Teil 5: Demographischer Wandel im Raum: Was tun wir? Gemeinsamer Kongress 2004 von ARL und BBR. Hannover, S. 42-53 = Forsch.- u. Sitzungsber. d. ARL 225

GANS, P. 2006a: Die regionale Vielfalt des demographischen Wandels in Europa. In: Raumf. u. Raumo. 64, H. 3, S. 200-205.

GANS, P. 2006b: Herausforderungen des demographischen Wandels für die Entwicklung der Agglomerationen. In: In: P. Gans, A. Priebs u. R. Wehrhahn (Hg.): Kulturgeographie der Stadt. Kiel, S. 97-110 = Kieler Geogr. Schr. 111.

Gans, P. u. F.-J. Kemper 2001: Bevölkerung in Deutschland - eine Einführung. In: IfL (Hg.): Nationalatlas der Bundesrepublik Deutschland. Bd. 4: Bevölkerung. Mithg.: P. Gans u. F.-J. Kemper. Heidelberg/Berlin, S. 12-25.

Gans, P. u. F.-J. Kemper 2003: Ost-West-Wanderungen in Deutschland - Verlust von Humankapital für die neuen Länder? In: GR 55, H. 6, S. 16-18.

Gans, P. u. T. Ott 2003: Binnenwanderungen in den Ländern der Europäischen Union. In: GR 55, H. 6, S. 20-26.

Gans, P. u. A. Schmitz-Veltin 2004: Räumliche Muster des demographischen Wandels in Europa. Geburtenrückgang und Verlängerung der Lebenserwartung. In: Raumf. u. Raumo. 62, H. 2, S. 83-95.

Gans, P. u. A. Schmitz-Veltin (Hg.) 2006: Räumliche Konsequenzen des demographischen Wandels. Teil 6: Demographische Trends in Deutschland. Folgen für Städte und Regionen. Hannover = Forsch.- u. Sitzungsber. d. ARL 226.

Gans, P. u. V. K. Tyagi 2000: Natürliche und räumliche Bevölkerungsbewegungen in Indien - der Einfluss soziokultureller Traditionen. In: PGM 144, H. 1, S. 72-83.

Gatzweiler, H.-P. 1975: Zur Selektivität interregionaler Wanderungen. Bonn-Bad Godesberg = Forsch. z. Raumentw. 1.

Giese, E. 1978: Räumliche Diffusion ausländischer Arbeitnehmer in der Bundesrepublik Deutschland 1960-1976. In: Erde 109, H. 1, S. 92-110.

Glebe, G. 1997: Statushohe ausländische Migranten in Deutschland. In: GR 49, H. 7-8, S. 406-412.

Glebe, G. 1998: Struktur und Segregation statushoher qualifizierter Migranten in deutschen Großstädten. In: F.-J. Kemper u. P. Gans (Hg.): Ethnische Minoritäten in Europa und Amerika - Geographische Perspektiven und empirische Fallstudien. Berlin, S. 17-32 = Berliner Geogr. Arb. 86.

Glebe, G. u. G. Thieme 2001a: Ausländer in Deutschland seit dem Zweiten Weltkrieg. In: IfL (Hg.): Nationalatlas der Bundesrepublik Deutsch-land. Bd. 4: Bevölkerung. Mithg.: P. Gans u. F.-J. Kemper. Heidelberg/Berlin, S. 72-75.

Glebe, G. u. G. Thieme 2001b: Ausländer - demographische und sozioökonomische Merkmale. In: IfL (Hg.): Nationalatlas der Bundesrepublik Deutschland. Bd. 4: Bevölkerung. Mithg.: P. Gans u. F.-J. Kemper. Heidelberg/Berlin, S. 76-79.

Glebe, G. u. P. White 2001: Hoch qualifizierte Migranten im Prozess der Globalisierung. In: GR 53, H. 2, S. 38-44.

Grigg, D. B. 1977: E. G. Ravenstein and the "Laws of Migration". In: J. of Histor. Geogr. 3, S. 41-54.

Gürtler, M. (2006): Demographischer Wandel - Herausforderung für die Kommunen -. Auswirkungen auf Infrastruktur und Kommunalfinanzen. Trier = TAURUS - Diskussionspapier 8 (http://www.uni-trier.de/taurus/pdf/diskussionspapier8.pdf, aufgerufen am 9.8.2006).

• Haggett, P. 2001, s. Kap. 1.

• Hambloch, H. 1982[5], s. Kap. 1.

Haub, C. 2002: Dynamik der Weltbevölkerung 2002. Stuttgart.

Heineberg, H. 1983, s. Kap. 3.

Helbrecht, I. u. J. Pohl 1995: Pluralisierung der Lebensstile - Neue Herausforderung für die sozialgeographische Stadtforschung. In: GZ 83, H. 3/4, S. 223 - 237.

Herfert, G. 2001: Stadt-Umland-Wanderungen nach 1990. In: IfL (Hg.): Nationalatlas der Bundesrepublik Deutschland. Bd. 4: Bevölkerung. Mithg.: P. Gans u. F.-J. Kemper. Heidelberg/Berlin, S. 116-119.

Hinz, C. 2003: Weltbevölkerung 2003 - ungebrochene Dynamik und zunehmende Divergenz. In: GR 55, H. 10, S. 63-64.

Höllhuber, D. 1976: Wahrnehmungswissenschaftliche Konzepte in der Erforschung innerstädtischen Umzugsverhaltens. Karlsruhe = Karlsruher Manuskripte z. Math. u. Theor. Wirtschafts- u. Sozialgeogr. 19.

IfL (Hg.) 2001: Nationalatlas der Bundesrepublik Deutschland. Bd. 4: Bevölkerung. Mithg.: P. Gans u. F.-J. Kemper. Heidelberg/Berlin.

Janich, H. 1991: Die regionale Mobilität älterer Menschen. Neuere Ergebnisse der Wanderungsforschung. In: IzR, H. 3/4, S. 137-148.

Jürgens, U. u. N. Birkeland 2003: Binnenflüchtlinge in Afrika. In: GR 55, H. 6, S. 54-57.

Kagermeier, A. u. H. Popp 1995: Gastarbeiter-Remigration und Regionalentwicklung in Nordost-Marokko. In: GR 47, H. 7-8, S. 415-422.

Kemper, F.-J. 1985: Die Bedeutung des Lebenszyklus-Konzepts für die Analyse intraregionaler Wanderungen. In: F.-J. Kemper, u. a. (Hg.): Geographie als Sozialwissenschaft. Beiträge zu ausgewählten Problemen kulturgeographischer Forschung. Wolfgang Kuls zum 65. Geburtstag. Bonn, S. 180-212 = Colloquium Geographicum 18.

Kemper, F.-J. 1997: Ausländer in Deutschland. Ethnische Vielfalt und regionale Schwerpunkte. In: GR 49, H. 7-8, S. 392-399.

Kemper, F.-J. 2000: Außenwanderung in Deutschland - Wandel der regionalen Muster in den 80er und 90er Jahren. In: PGM 144, H. 1, S. 38-49.

Kemper, F.-J. 2003: Binnenwanderungen in Deutschland: Rückkehr alter Muster? In: GR 55, H. 6, S. 10-15.

Kemper, F.-J. 2004: Regionale Bevölkerungsentwicklung zwischen Wachstum und Schrumpfung. In: GR 56, H. 9, S. 20-25.

Kemper, F.-J. 2006: Komponenten des demographischen Wandels und die räumliche Perspektive. In: Raumf. u. Raumo. 64, H. 3, S. 195-199.

Kemper, F.-J. u. P. Gans (Hg.) 1998: Ethnische Minoritäten in Europa und Amerika - Geographische Perspektiven und empirische Fallstudien. Berlin = Berliner Geogr. Arb. 86.

Kilper, H. u. B. Müller 2005: Demographischer Wandel in Deutschland. Herausforderung für die nachhaltige Raumentwicklung. In: GR 57, H. 3, S. 36-41.

• Knox, P. L. u. S. A. Marston 2001, s. Kap. 1.

Kortum, G. 1979: Räumliche Aspekte ausgewählter Theorieansätze zur regionalen Mobilität und Möglichkeiten ihrer Anwendung in der wirtschafts- und sozialgeographischen Forschung. In: J. Brockstedt: Regionale Mobilität in Schleswig-Holstein 1600-1900. Neumünster, S. 13-40 = Stud. zur Wirtschafts-u. Sozialgeschichte Schleswig-Holsteins 1.

• Kuls, W. u. F.-J. Kemper 1998[2], 2000[3]: Bevölkerungsgeographie. Eine Einführung. Stuttgart =

Teubner Studienb. Geogr. (1. Aufl. von W. KULS 1980).

KROSS, E. 1998: Migration als Unterrichtsthema: Genese - Intentionen - Modelle. In: G. RINSCHEDE u. J. GAREIS (Hg.): Global denken - lokal Handeln: Geographieunterricht! Bd. 2, Regensburg, S. 145-152 = Regensburger Beitr. z. Didaktik d. Geogr. 5.

KROSS, E. (unter Mitarb. v. J. ADAMS) 2001: Migration - Integration. Anregungen für den Unterricht. In: Geogr. heute 22, H. 194, S. 2-7.

• LANGE, N. DE 1991: Bevölkerungsgeographie. Paderborn = Grundriß Allgemeine Geogr.

LAUX, H. D. 2001a: Bevölkerungsverteilung. In: IFL (Hg.): Nationalatlas der Bundesrepublik Deutschland. Bd. 4: Bevölkerung. Mithg.: P. GANS u. F.-J. KEMPER. Heidelberg/Berlin, S. 32-35.

LAUX, H. D. 2001b: Bevölkerungsentwicklung. In: IFL (Hg.): Nationalatlas der Bundesrepublik Deutschland. Bd. 4: Bevölkerung. Mithg.: P. GANS u. F.-J. KEMPER. Heidelberg/Berlin, S. 36-39.

LAUX, H. D. 2005: Bevölkerungsgeographie. In: W. SCHENK u. K. SCHLIEPHAKE (Hg.): Allgemeine Anthropogeographie. Gotha/Stuttgart, S. 85-144 = Perthes GeographieKolleg.

LEISCH, H. 2001: Die AIDS-Pandemie - regionale Auswirkungen einer globalen Seuche. In: GR 53, H. 2, S. 26-31.

MÄDING, H. 2004: Demographischer Wandel: Herausforderungen für Stadtentwicklung und Wohnungswirtschaft. In: P. GANS u. H. H. NACHTKAMP (Hg.): Wohnungswirtschaft und Stadtentwicklung. Mannheim, S. 3-38 = Mannheimer Schr. zu Wohnungswesen, Krediwirtschaft u. Raumpl. 2.

MALTHUS, R. 1798: Essay on the principle of population, as it affects the future improvement of society, with remarks on the speculations of Mr. GODWIN, M. CONDORCET, and other writers. London (Dt. Übersetzung von C. M. BARTH, München 1977).

MAMMEY, U. 2000: Die zukünftige Bevölkerungsentwicklung in Deutschland. In: PGM 144, H. 1, S. 20-33.

MAMMEY, U. 2001: Europa im Fokus internationaler Migration. In: GR 53, H. 2, S. 32-26.

MAMMEY, U. u. F. SWIACZNY 2001: Aussiedler. In: IFL (Hg.): Nationalatlas der Bundesrepublik Deutschland. Bd. 4: Bevölkerung. Mithg.: P. GANS u. F.-J. KEMPER. Heidelberg/Berlin, S. 132-135.

MARETZKE, S. 2001a: Altersstruktur und Überalterung. In: IFL (Hg.): Nationalatlas der Bundesrepublik Deutschland. Bd. 4: Bevölkerung. Mithg.: P. GANS u. F.-J. KEMPER. Heidelberg/Berlin, S. 46-49.

MARETZKE, S. 2001b: Regionale Unterschiede in der Altersstruktur. In: IFL (Hg.): Nationalatlas der Bundesrepublik Deutschland. Bd. 4: Bevölkerung. Mithg.: P. GANS u. F.-J. KEMPER. Heidelberg/Berlin, S. 50-51.

MÜLLER, H.-P. u. M. WEIHRICH 1991: Lebensweise und Lebensstil. Zur Soziologie moderner Lebensführung. In: H.-R. VETTER (Hg.): Muster moderner Lebensführung. Ansätze und Perspektiven. München, S. 89-129.

MÜNZ, R. 2001: Migration und Bevölkerungsentwicklung: Rückblick und Prognose. In: IFL (Hg.): Nationalatlas der Bundesrepublik Deutschland. Bd. 4: Bevölkerung. Mithg.: P. GANS u. F.-J. KEMPER. Heidelberg/Berlin, S. 30-31.

NOTESTEIN, F. W. 1945: Population - the long view. In: T. W. SCHULTZ (Hg.): Food for the world. Chicago, S. 36-57.

OGDEN, P. E. 1998: Population geography. In: Progress in Human Geogr. 22, S. 105-144.

OTT, T. 2001: Bevölkerungsentwicklung in Europa. In: IFL (Hg.): Nationalatlas der Bundesrepublik Deutschland. Bd. 4: Bevölkerung. Mithg.: P. GANS u. F.-J. KEMPER. Heidelberg/Berlin, S. 44-45.

POPP, H. 1976: Die Altstadt von Erlangen. Bevölkerungs- und sozialgeographische Wandlungen eines zentralen Wohngebietes unter dem Einfluß gruppen-spezifischer Wanderungen. Erlangen = Erlanger Geogr. Arb. 35.

PRIEBS, A. 2001: Bevölkerungsverteilung und Raumordnung. In: IFL (Hg.): Nationalatlas der Bundesrepublik Deutschland. Bd. 4: Bevölkerung. Mithg.: P. GANS u. F.-J. KEMPER. Heidelberg/Berlin, S. 28-29.

RAVENSTEIN, E. G. 1885/1886: The laws of migration. In: J. Royal Statist. Society 48, S. 167-227 u. 52, S. 241-301.

ROHR-ZÄNKER, R. u. T. SCHLEIFNECKER 2005: Herausforderungen des demographischen Wandels für Kommunen. In: GS 27, H. 155, S. 19-27.

SCHOLZE, S. 2006: Demographische Alterung der Bevölkerung in Thüringen, ihre Ursachen und ihre Darstellungsformen. http://www.statistik.thueringen.de/analysen/Aufsatz-10b-2002. pdf, aufgerufen am 30.7.2006

SCHRETTENBRUNNER, H. 1974, s. Kap. 1.

SCHULZ, R. 2001: Neuere Trends in der Weltbevölkerungsentwicklung. In: GR 53, H. 2, S. 4-9.

SCHWARZ, K. 1969: Analyse der räumlichen Bevölkerungsbewegung. Hannover = Veröff. d. ARL, Abhn. 58.

SEDLACEK, P. 2003: Die demografische Entwicklung in Thüringen. Ein bevölkerungsgeografischer Atlas. Erfurt.

STADELBAUER, J. 2003: Migration in den Staaten der GUS. In: GR 55, H. 6, S. 36-44.

STADT MÜNSTER, STATISTISCHES AMT (Hg.) 1992: Statistischer Jahresbericht 1991, 43. Jg.. Münster

STATIST. BUNDESAMT (Hg.) 2001: Statistisches Jahrbuch 2001 für das Ausland. Wiesbaden.

STATIST. BUNDESAMT (Hg.) 2003: Bevölkerung Deutschlands bis 2050, 10. koordinierte Bevölkerungsvorausberechnung. Wiesbaden.

STATIST. BUNDESAMT (Hg.) 2006: Statistisches Jahrbuch 2006 für die Bundesrepublik Deutschland. Wiesbaden (auch als Jahrgänge).

STATIST. LANDESAMT D. FREISTAATES SACHSEN (Hg.) 2005: Das Pyramidenheft 2005/2006. Bevölkerungspyramiden für den Geographieunterricht - global, national, regional. Sekundarstufe I und II. Kamenz.

STRUCK, E. 2000: Die Weltbevölkerung zum Beginn des 21. Jahrhunderts - Aussichten auf das Ende des Wachstums! In: PGM 144, H. 1, S. 6-17.

SWIACZNY, F. 2001a: Vom Auswanderungs- zum Einwanderungsland. In: IFL (Hg.): Nationalatlas der Bundesrepublik Deutschland. Bd. 4: Bevölkerung. Mithg.: P. GANS u. F.-J. KEMPER. Heidelberg/Berlin, S. 126-127.

SWIACZNY, F. 2001b: Außenwanderungen. In: IFL (Hg.): Nationalatlas der Bundesrepublik Deutschland. Bd. 4: Bevölkerung. Mithg.: P. GANS u. F.-J. KEMPER. Heidelberg/Berlin, S. 128-129.

SWIACZNY, F. 2001c: Regionale Differenzierung der Außenwanderung. In: IFL (Hg.): Nationalatlas der Bundesrepublik Deutschland. Bd. 4: Bevölkerung.

Mithg.: P. GANS u. F.-J. KEMPER. Heidelberg/Berlin, S. 130-132.

TAUBMANN, W. 2003: Binnenwanderung in der Volksrepublik China. In: GR 55, H. 6, S. 46-53.

THIEME, G. 1998: Internationale Wanderungen - Ausmaß, Ursachen, Folgen und politische Konse-quenzen. In: G. RINSCHEDE u. J. GAREIS (Hg.): Glo-bal denken - lokal handeln: Geographieunterricht! Bd. 2, Regensburg, S. 133-143 = Regensburger Beitr. zur Didaktik d. Geogr. 5.

THOMPSON, W. A. 1929: Population. In: American J. of Sociology 34, S. 959-975.

TREIBEL, A. 1999²: Migration in modernen Gesellschaften. Soziale Folgen von Einwanderung, Gastarbeit und Flucht. Weinheim/München = Grundlagentexte Soziologie.

ULRICH, R. E. 2001: Bevölkerungspolitik. In: GR 53, H. 2, S. 51-54.

UNFPA/DSW (Hg.) 2001: Weltbevölkerungsbericht 2001. Bevölkerung und Umwelt. Stuttgart.

UNFPA/DSW (Hg.) 2005: Weltbevölkerungsbericht 2005. Das Versprechen der Gleichberechtigung. Gleichstellung der Geschlechter, reproduktive Gesundheit und die Millennium-Entwicklungsziele. Stuttgart.

UNFPA/DSW (Hg.) 2006: Weltbevölkerungsbericht 2006. Der Weg der Hoffnung. Frauen und inter-nationale Migration. Stuttgart.

VANBERG, M. 1975: Ansätze der Wanderungsforschung - Folgerungen für ein Modell der Wanderungsentscheidung. In: Untersuchungen zur kleinräumigen Bevölkerungsbewegung. Forschungsberichte des Arbeitskreises 'Soziale Entwicklung und regionale Bevölkerungsprognose' der Akademie für Raumforschung und Landesplanung. Hannover, S. 3-20 = Veröff. d. ARL, Forsch.- u. Sitzungsber. 95.

VOTH, A. 2003: Demographischer Wandel in Spanien. In: GR 55, H. 5, S. 12-16.

WEBER, P. 1982: Geographische Mobilitätsforschung. Darmstadt = Erträge d. Forsch. 179.

WENDT, H. 1994: Von der Massenflucht zur Binnenwanderung. Die deutsch-deutschen Wanderungen vor und nach der Vereinigung. In: GR 46, H. 3, S. 136-140.

WENDT, H. 2001a: Asylbewerber - Herkunft und rechtliche Grundlagen. In: IfL (Hg.): Nationalatlas der Bundesrepublik Deutschland. Bd. 4: Bevölkerung. Mithg.: P. GANS u. F.-J. KEMPER. Heidelberg/Berlin, S. 136-139.

WENDT, H. 2001b: Wanderungen. In: K. ECKART (Hg.): Deutschland. Gotha, S. 46-59 = Perthes Länderprofile.

ZELINSKY, W. 1971: The hypothesis of the mobility transition. In: Geogr. Rev. 61, S. 219-249.

ZIMPEL, H.-G. 1980: Bevölkerungsgeographie und Ökumene. In: Sozial- u. Wirtschaftsgeogr. 1. München, S. 13-210 = HARMS Handb. d. Geogr.

ZIMPEL, H.-G. 2001: Lexikon der Weltbevölkerung. Geographie, Kultur, Gesellschaft. Berlin.

Kapitel 3
Einführung in die Wirtschaftsgeographie und Zentralitätsforschung

ACKER, H. 1995: Bürobetriebe und Stadtentwicklung. Entwicklungen in Berlin nach 1989 unter besonderer Berücksichtigung der Immobilienbranche. Berlin = Berliner geogr. Stud. 42.

AHRENS, S. u. H. HEINEBERG 1997: Wirtschafts- und Strukturanalyse. Untersuchungen zu Wirtschaft und Standort des Kreises Coesfeld. Münster = Ber. d. Arbeitsgebietes „Stadt- u. Regionalentwicklung" 12.

• ANDREAE, B. 1983²: Agrargeographie und Betriebsformen in der Weltwirtschaft. Berlin.

• ANDREAE, B. 1985: Allgemeine Agrargeographie. Berlin = Sammlung Göschen.

ANDREAE, B. u. E. GREISER 1978²: Strukturen deutscher Agrarlandschaft. Landbaugebiete und Fruchtfolgesysteme in der Bundesrepublik Deutschland. Bonn-Bad Godesberg = Forsch. z. dt. Landesk. 199.

ARNOLD, A. 1983: Die Agrargeographie als wissenschaftliche Disziplin. In: Zs. f. Agrargeogr. 1, S. 3-16.

• ARNOLD, A. 1997: Allgemeine Agrargeographie. Gotha = Perthes Geogr.Kolleg.

• ARNOLD, K. 1992: Wirtschaftsgeographie in Stichworten. Berlin = Hirts Stichwortbücher.

ATZEMA, O. A. L. C. u. E. WEVER 1996: De nederlandse industrie. Ontwikkeling, spreiding en uitdaging. Assen.

BÄHR, J. u. a. 1992, s. Kap. 2.

BAG (Hg.) 1995⁵: Standortfragen des Handels. Köln = Schriftenr. der BAG.

BALDENHOFER, K. 1999: Lexikon des Agrarraums. Gotha = Perthes GeographieKompakt.

BATHELT, H. 1994: Die Bedeutung der Regulationstheorie in der wirtschaftsgeographischen Forschung. In: GZ 82, S. 63-90.

BATHELT, H. 1998: Globale Positionierung und/oder regionale Verbundenheit. Unternehmerischer Handlungsspielraum am Beispiel der Chemieindustrie. In: G. RINSCHEDE u. J. GAREIS (Hg.): Global denken - lokal handeln. Regensburg, S. 61-78 = Regensburger Beitr. z. Didaktik d. Geogr. 5.

BATHELT, H. u. J. GLÜCKLER 2000: Netzwerke, Lernen und evolutionäre Entwicklung. In: Zs. f. Wirtschaftsgeogr. 44, H. 3/4, S. 167-182.

• BATHELT, H. u. J. GLÜCKLER 2002 (2003²): Wirtschaftsgeographie. Ökonomische Beziehungen in räumlicher Perspektive. Stuttgart = UTB 8217.

• BECKER, H. 1998: Allgemeine Historische Agrargeographie. Berlin/Stuttgart = Studienb. d. Geogr.

BERTRAM, H. u. E. W. SCHAMP 1989: Räumliche Wirkungen neuer Produktionskonzepte in der Automobilindustrie. In: GR 41, H. 5, S. 284-290.

BLOTEVOGEL, H. H. 1983: Das Städtesystem in Nordrhein-Westfalen. In: P. WEBER u. K.-F. SCHREIBER (Hg.): Westfalen und angrenzende Regionen. Festschr. zum 44. DGT in Münster, Teil I. Paderborn, S. 71-103 = Münstersche Geogr. Arb. 15.

BLOTEVOGEL, H. H. 1986: Aktuelle Entwicklungstendenzen des Systems der Zentralen Orte in Westfalen. In: Erträge geogr.-landeskundl. Forsch. in Westfalen. Festschr. 50 Jahre Geogr. Kommission für Westfalen. Münster, S. 461-479 = Westf. Geogr. Stud. 42.

BLOTEVOGEL, H. H. 1995: Zentrale Orte. In: ARL (Hg.): Handwörterbuch der Raumordnung. Hannover, S. 1117-1124.

BLOTEVOGEL, H. H. 1996a: Zentrale Orte: Zur Karriere und Krise eines Konzepts in Geographie und Raumplanung. In: Erdkunde 50, H. 1, S. 9-25.

BLOTEVOGEL, H. H. 1996b: Zentrale Orte: Zur Karriere und Krise eines Konzepts in der Regionalforschung und Raumordnungspraxis. In: IzR, H. 10, S. 617-629.

BLOTEVOGEL, H. H. 1996c: Zur Kontroverse um den

Stellenwert des Zentrale-Orte-Konzepts in der Raumordnungspolitik heute. In: IzR, H. 10, S. 647-657.

BLOTEVOGEL, H. H. (Hg.) 2002a: Fortentwicklung des Zentrale-Orte-Konzepts. Hannover = ARL, Forschungs- u. Sitzungsber. 217.

BLOTEVOGEL, H. H. 2002b: Empfehlungen zur Weiterentwicklung des Zentrale-Orte-Konzepts. Kurzfassung. In: H. H. BLOTEVOGEL (Hg.): Fortentwicklung des Zentrale-Orte-Konzepts. Hannover, S. XIII-XXXVIII = ARL, Forschungs- u. Sitzungsber. 217.

BLOTEVOGEL, H. H. 2004: Zentrale Orte und Metropolregionen - zu einigen aktuellen Entwicklungen der Raumordnungspolitik in Deutschland. In: Forum Raumplanung, hg. von d. Österreichischen Ges. f. Raumpl. (ÖGR), Wien (ÖGR), H. 2, S. 32-43.

BMVEL (Hg.) (2002): Ernährungs- und agrarpolitischer Bericht der Bundesregierung. Bonn.

BOBEK, H. 1959: Die Hauptstufen der Gesellschafts- und Wirtschaftsentfaltung in geographischer Sicht. In: Erde 90, H. 3, S. 259-298.

BOBEK, H. 1969: Die Theorie der zentralen Orte im Industriezeitalter. In: DGT Bad Godesberg 1967. Tagungsber. u. wiss. Abhn. Wiesbaden, S. 199-207. Diskussion S. 208-213 = Verhn. d. DGT 36.

BÖCKMANN, M. u. I. MOSE 1989: Agrarische Intensivgebiete - Entwicklung, Strukturen und Probleme. Beispiele aus Südoldenburg und Nord-Limburg. In: H.-W. WINDHORST (Hg.): Industrialisierte Landwirtschaft und Agrarindustrie. Entwicklungen, Strukturen und Probleme. Vechta, S. 33-62 = Vechtaer Arb. z. Geogr. u. Regionalwiss. 8.

• BORCHERDT, CH. 1996: Agrargeographie. Stuttgart = Teubner Studienb. d. Geogr.

BRAMANTI, A. u. R. RATTI 1997: The multi-faced dimensions of local development. In: R. RATTI, A. BRAMANTI u. R. GORDON (Hg.): The dynamics of innovative regions: the GREMI approach. Aldershot, S. 3-44.

BREDE, H. 1971: Bestimmungsfaktoren industrieller Standorte. Eine empirische Untersuchung. Berlin = Schriftenr. d. Ifo-Instituts f. Wirtschaftsforschung 75.

BROCKHAUS ENZYKLOPÄDIE 1986-1994[19]. Mannheim.

BRONNY, H. M., N. JANSEN u. B. WETTERAU 2002: Das Ruhrgebiet. Landeskundliche Betrachtung des Strukturwandels einer europäischen Region. Hg.: Kommunalverband Ruhrgebiet. Essen.

• BRÜCHER, W. 1982: Industriegeographie. Braunschweig = Das Geogr. Seminar.

BUTZIN, B. 1986: Zentrum und Peripherie im Wandel. Erscheinungsformen und Determinanten der „Counterurbanization" in Nordeuropa und Kanada. Paderborn = Münstersche Geogr. Arb. 23.

CARTER, H. 1981[3], s. Kap. 6.

CHRISTALLER, W. 1933: Die zentralen Orte in Süddeutschland. Eine ökonomisch-geographische Untersuchung über die Gesetzmäßigkeit der Verbreitung und Entwicklung der Siedlungen mit städtischen Funktionen. Jena.

CLARK, C. 1940/1951[2]: The conditions of economic progress. London.

CREVOISIER, O. u. D. MAILLAT 1991: Milieu, industrial organization and territorial production system: towards a new theory of spatial development. In: R. CAMAGNI (Hg.): Innovation networks: spatial perspectives. London/New York, S. 13-14.

CZYTKO, M. 2003: Die ChemSite-Initiative in der Emscher-Lippe-Region: Struktur, Leistungsspektrum und Positionierung im europäischen Umfeld. In: H. HEINEBERG/K, TEMLITZ (Hg.): Strukturen und Perspektiven der Emscher-Lippe-Region im Ruhrgebiet. Münster, S. 119-133 = Siedlung u. Landschaft in Westfalen.

DANIELZYK, R. 1998: Zur Neuorientierung der Regionalforschung. Oldenburg = Wahrnehmungsgeogr. Stud. z. Regionalentwicklung 17.

DANIELZYK, R./J. OSSENBRÜGGE 1993: Perspektiven geographischer Regionalforschung. „Locality Studies" und regionaltheoretische Ansätze. In: GR 45, S. 210-217.

DANIELZYK, R./J. OSSENBRÜGGE 1996: Globalisierung und lokale Handlungsspielräume. In: Zs. f. Wirtschaftsgeogr. 40, S. 101-112.

DEGE, W. u. W. DEGE 1983[3]: Das Ruhrgebiet. Berlin = Geocolleg 3.

DEITERS, J. 1976: Christallers Theorie der Zentralen Orte. In: J. ENGEL (Hg.): Von der Erdkunde zur raumwissenschaftlichen Bildung. Theorie und Praxis des Geographieunterrichts. Bad Heilbronn, S. 104-115.

DEITERS, J. 1996a: Ist das Zentrale-Orte-System als Raumordnungskonzept noch zeitgemäß? In: Erdkunde 50, H. 1, S. 26-34.

DEITERS, J. 1996b: Die Zentrale-Orte-Konzeption auf dem Prüfstand. Wiederbelebung eines klassischen Raumordnungskonzepts? In: IzR, H. 10, S. 631-645.

DICKEN, P. 1998[5]: Global shift. Transforming the world economy. London.

• DICKEN, P. u. P. E. LLOYD 1990[3]: Location in space. Theoretical perspectives in Economic Geography. New York.

• DICKEN, P. u. P. E. LLOYD 1999: Standort und Raum. Theoretische Perspektiven in der Wirtschaftsgeographie. Stuttgart = UTB: Grosse R..

DIFU (Hg.) 1994: Bedeutung weicher Standortfaktoren. In: DIFU-Berichte 1, S. 2-6.

DIFU (Hg.) 1995: Bedeutung weicher Standortfaktoren in ausgewählten Städten. Fallstudien zum Projekt „Weiche Standortfaktoren". Bearb. v. B. GRABOW u. a. Berlin = Mat. 8/95.

DOPPLER, W. 1994: Landwirtschaftliche Betriebssysteme in den Tropen und Subtropen. Genesis, Entwicklungsprobleme und Entwicklungspotentiale. In: GR 46, H. 2, S. 65-71.

• ECKART, K. 1998: Agrargeographie Deutschlands. Agraraum und Agrarwirtschaft Deutschlands im 20. Jahrhundert. Gotha = Perthes Geogr.Kolleg.

ENGELHARD, K. 2000: Welt im Wandel. Die gemeinsame Verantwortung von Industrie- und Entwicklungsländern. Ein Informations- und Arbeitsheft für die Sekundarstufe II. Köln.

• ELIOT HURST, M. 1972/1974: A geography of economic behavior. London.

ENXING, G. 1999: Die Standortwahl höherwertiger unternehmensorientierter Dienstleistungsbetriebe. Dortmund = Duisburger Geogr. Arb. 19.

FALK, B. (Hg.): 1998: Das große Handbuch Shopping-Center. Landsberg/Lech.

• FASSMANN, H. u. P. MEUSBURGER 1997: Arbeitsmarktgeographie. Erwerbstätigkeit und Arbeitslosigkeit im räumlichen Kontext. Stuttgart = Teubner Studienb. d. Geogr.

• FIELDING, G. J. 1974: Geography as social science. London.

FLÜCHTER, W. 1998: Die japanische Elektronikindustrie

- Paradigma für funktionsräumliche Arbeitsteilung, Regionalisierung, Globalisierung. In: „Globalisierung". Beispiele und Perspektiven für den Geographieunterricht. Beiträge zum 5. gothaer forum zum geographieunterricht. Hg.: M. FLATH u. G. FUCHS. Gotha/Stuttgart, S. 15-35 = Perthes Pädagogische R..

FOURASTIE, J. 1969[2]: Die große Hoffnung des 20. Jahrhunderts. Köln (1. Aufl. 1954).

FREEMAN, C. 1982[2]: The economics of industrial innovation. London.

FREUND, B. 2002: Die City - Entwicklung und Trends. In: IFL (Hg.): Nationalatlas Bundesrepublik Deutschland. Bd. 5: Dörfer und Städte. Mithg.: K. FRIEDRICH, B. HAHN u. H. POPP. Heidelberg/Berlin, S. 136-139.

FRIEDMANN, J. 1966: Regional development policy. A case study of Venezuela. Cambridge, Mass.

FROMHOLD-EISEBITH, M. 1995: Das „kreative Milieu" als Motor regionalwirtschaftlicher Entwicklung: Forschungstrends und Erfassungsmöglichkeiten. In: GZ 83, S. 30-47.

GAEBE, W. 1984: Räumliche und zwischenbetriebliche Verflechtungen. In: W. GAEBE u. J. MAIER 1984: Industriegeographie. In: Sozial- u. Wirtschaftsgeogr. 3. München, S. 190-205 = HARMS Handb. d. Geogr.

• GAEBE, W. (Hg.) 1988: Industrie und Raum. Köln = Handb. d. Geographieunterr.

GAEBE, W. 1993: Neue räumliche Organisationsstrukturen in der Automobilindustrie. In: GR 45, H. 9, S. 493-497.

GAEBE, W. 1998: Industrie. In: E. KULKE (Hg.): Wirtschaftsgeographie Deutschlands. Gotha/Stuttgart, S. 87-155 = Perthes Geogr.Kolleg.

• GAEBE, W. u. J. MAIER 1984: Industriegeographie. In: Sozial- und Wirtschaftsgeogr. 3. München, S. 113-277 = HARMS Handb. d. Geogr.

GEBHARDT, H. 1996a: Zentralitätsforschung - ein "Alter Hut" für die Regionalforschung und Raumordnung heute? In: Erdkunde 50, H. 1, S. 1-8.

GEBHARDT, H. 1996b: Forschungsdefizite und neue Aufgaben der Zentralitätsforschung. In: IzR, H. 10, S. 691-699.

GERHARD, U. 2004: Global Cities - Anmerkungen zu einem aktuellen Forschungsfeld. In: GR 56, H. 4, S. 4-10.

GERHARD, U. u. U. JÜRGENS 2002: Einkaufszentren - Konkurrenz für die Innenstadt. In: IFL (Hg.): Nationalatlas Bundesrepublik Deutschland. Bd. 5: Dörfer und Städte. Mithg.: K. FRIEDRICH, B. HAHN u. H. POPP. Heidelberg/Berlin, S. 144-147.

GEROLD, E. 2002: Geoökologische Grundlagen nachhaltiger Landnutzungssysteme in den Tropen. In: GR 54, H. 5, S. 4-10.

GIESE, E. 1995: Die Bedeutung Johann Heinrich von Thünens für die geographische Forschung. In: BUNDESMINISTERIUM F. ERNÄHRUNG, LANDWIRTSCHAFT U. FORSTEN (Hg.): Johann Heinrich von Thünen: Seine Erkenntnisse aus wissenschaftlicher Sicht (1783-1850). Münster-Hiltrup, S. 30-47 = Ber. über Landwirtschaft, Sonderh. 210.

GIESE, E. 1999: Bedeutungsverlust innerstädtischer Geschäftszentren in Westdeutschland. In: Ber. d. dt. Landesk. 73, H. 1, S. 33-66.

GIESE, E. 2003: Auswirkungen integrierter großflächiger Shopping-Center auf den innerstädtischen Einzelhandel in Mittelstädten Westdeutschlands. In: C.

A. BISCHOFF u. C. KRAJEWSKI (Hg.): Beiträge zur geographischen Stadt- und Regionalforschung. Festschr. für HEINZ HEINEBERG. Münster, S. 125-136 = Münstersche Geogr. Arb. 46.

GOTTMANN, J. 1961: Megalopolis. The urbanized northeastern seaboard of the United States. Cambridge (Mass.).

GRABSKI-KIERON, U. 2002: Funktionswandel der Landwirtschaft - Neue Impulse für die ländliche Raumentwicklung? In: G. WEBER (Hg.): Raumordnung und landwirtschaftlicher Strukturwandel. Wien, S. 9-22.

GRÄF, P. 2001: Neue Räumlichkeit(en) durch flexiblere Standortentscheidungen. In: GS 23, H. 134, S. 3-8.

GRÄF, P. 2003: Dienstleistungen - Schlüsselfunktionen der Wirtschaft und Triebfeder der Arbeitsmärkte. In: GS 25, H. 142, S. 3-8.

GROTZ, R. 1996: Kreative Milieus und Netzwerke als Triebkräfte der Wirtschaft: Ansprüche, Hoffnungen und die Wirklichkeit. In: Bedeutung kreativer Milieus für die Regional- und Landesentwicklung. Bayreuth, S. 65-84 = Arbeitsmaterialien zur Raumo. u. Raumpl. 153.

GROTZ, R. 2003: Globalisierung - neue Rahmenbedingungen für wirtschaftsgeographisches Denken. In: GS 25, H. 141, S. 3-12.

HAAS, H.-D., J. SCHARRER u. K. SCHLIEPHAKE 2005: Geographie des Bergbaus und der Energiewirtschaft. In: W. SCHENK u. K. SCHLIEPHAKE (Hg.): Allgemeine Anthropogeographie. Gotha/Stuttgart, S. 401-448 = Perthes GeographieKolleg.

HABER, W. 2001a: Biologische Landwirtschaft. In: E. BRUNOTTE, H. GEBHARDT, H. MEURER, P. MEUSBURGER u. J. NIPPER (Hg.) 2001/2002: Lexikon der Geographie in vier Bänden. Bd. 1. Heidelberg/Berlin, S. 174.

HABER, W. 2001b: Desertifikation. In: E. BRUNOTTE, H. GEBHARDT, H. MEURER, P. MEUSBURGER u. J. NIPPER (Hg.) 2001/2002: Lexikon der Geographie in vier Bänden. Bd. 1. Heidelberg/Berlin, S. 246.

• HAGGETT, P. 2001, s. Kap. 1.

HAHN, B. 2002: 50 Jahre Shopping Center in den USA. Evolution und Marktanpassung. Passau = GHF 7.

HAHN, B. 2006: Einzelhandel und Stadtentwicklung in den USA. In: P. GANS, A. PRIEBS u. R. WEHRHAHN (Hg.): Kulturgeographie der Stadt. Kiel, S. 297-307 = Kieler Geogr. Schr. 111.

HAKANSON, L. 1979: Towards a theory of location and corporate growth. In: F. E. I. HAMILTON u. G. J. R. LINGE (Hg.): Industrial growth. Chichester, S. 115-138.

HAMBLOCH 1982[5], s. Kap. 1.

HAMMER, T. 2000: Desertifikation im Sahel. Lösungskonzepte der dritten Generation. In: GR 52, H. 11, S. 4-10.

HAMMER, T. 2001: Politische Ökologie der Desertifikation. Ein Beitrag zum Erklärungs- und Lösungskomplex im Sahelraum. In: GEOÖKO XXII, S. 79-90.

HAUFF, TH. 1995: Die Textilindustrie zwischen Schrumpfung und Standortsicherung. Weltwirtschaftliche Anpassungszwänge, unternehmerische Handlungsstrategien und regionalökonomische Restrukturierungsprozesse in der Textilindustrie des Münsterlandes. Dortmund = Duisburger Geogr. Arb. 14.

HAYSTEAD, L. u. G. C. FITE 1963: The agricultural regions of the United States. Norman.

HEINEBERG, H. 1977: Zentren in West- und Ost-Berlin. Untersuchungen zum Problem der Erfassung und Bewertung großstädtischer funktionaler Zentrenausstattungen in beiden Wirtschafts- und Gesellschaftssystemen Deutschlands. Paderborn = Bochumer Geogr. Arb., Sonderr. 9.

HEINEBERG, H. 1985: Jüngere Wandlungen in der Zentrenausstattung Berlins im West-Ost-Vergleich. In: B. HOFMEISTER u.a. (Hg.): Berlin, Beiträge zur Geographie eines Großstadtraumes. Festschr. z. 45. DGT in Berlin. Berlin, S. 415-461.

HEINEBERG, H. 1987: Innerstädtische Standortentwicklung ausgewählter quartärer Dienstleistungsgruppen seit dem 19. Jahrhundert anhand der Städte Münster und Dortmund. In: H. HEINEBERG (Hg.): Innerstädtische Differenzierung und Prozesse im 19. und 20. Jahrhundert. Köln, S. 263-306 = Städteforsch. A/25.

• HEINEBERG, H. 1997²: Großbritannien. Raumstrukturen, Entwicklungsprozesse, Raumplanung. Gotha (1. Aufl. 1983) = Perthes Länderpr.

• HEINEBERG, H. 2006³a, s. Kap. 6.

HEINEBERG, H. u. N. DE LANGE 1983: Die Cityentwicklung in Münster und Dortmund seit der Vorkriegszeit - unter besonderer Berücksichtigung des Standortverhaltens quartärer Dienstleistungs-gruppen. In: P. WEBER u. K.-F. SCHREIBER (Hg.): Westfalen und angrenzende Regionen. Festschr. z. 44. DGT in Münster 1983. Teil I. Paderborn, S. 221-285 = Münstersche Geogr. Arb. 15.

HEINEBERG, H. u. A. MAYR 1986: Neue Einkaufszentren im Ruhrgebiet. Vergleichende Analysen der Planung, Ausstattung und Inanspruchnahme der 21 größten Shopping-Center. Paderborn = Münstersche Geogr. Arb. 24.

HEINEBERG, H. u. A. MAYR 1996: Jüngere Shopping-Center-Entwicklung in Deutschland. Beispiele aus dem Rhein-Ruhr-Gebiet. In: PG 26, H. 5, S. 12-16.

HEINEBERG, H. u. C. NEUBAUER 2002: Oberzentrum Dortmund und Oberzentrum Münster. Funktionale Zentrenausstattung der Innenstädte und Standortdezentralisierungen des tertiären und quartären Sektors. In: GEOGR. KOMM. FÜR WESTFALEN, LANDSCHAFTSVERBAND WESTFALEN-LIPPE (Hg.): Geogr.-landeskundl. Atlas von Westfalen, Lfg. 11, Doppelblätter 4 u. 5, Themenbereich IV: Siedlung. Münster.

HEINEBERG, H. u. H.-U. TAPPE 1994: Jüngere Tendenzen der Standortentwicklung des tertiären und quartären Sektors in der Innenstadt des Oberzentrums Münster. Arbeitsmethoden und ausgewählte empirische Ergebnisse des Projektes „Nutzungsanalyse Münster-Innenstadt 1990". In: P. FELIX-HENNINGSEN, H. HEINEBERG u. A. MAYR (Hg.): Untersuchungen zur Landschaftsökologie und Kulturgeographie der Stadt Münster. Münster, S. 191ff. = Münstersche Geogr. Arb. 36.

HEINRITZ, G. 1977: Einzugsbereiche und zentralörtliche Bereiche - Methodische Probleme der empirischen Zentralitätsforschung. In: Beiträge zur Zentralitätsforschung. Kallmünz/Regensburg, S. 9-43 = Münchener Geogr. H. 39.

• HEINRITZ, G. 1979: Zentralität und zentrale Orte. Eine Einführung. Stuttgart = Teubner Studienb. d. Geogr.

HEINRITZ, G. 1990: Der "tertiäre Sektor" als Forschungsgebiet der Geographie. In: PG 20, H. 1, S. 6-13.

HEINRITZ, G. (Hg.)1999a: Die Analyse von Standorten und Einzugsbereichen. Methodische Grundlagen der geographischen Handelsforschung. Passau = GHF 2.

HEINRITZ, G. 1999b: Methodische Probleme von Einzugsbereichsmessungen. In: G. HEINRITZ (Hg.): Analyse von Standorten und Einzugsbereichen. Methodische Grundfragen der geographischen Handels-forschung. Passau. S. 33-44 = GHF 2.

•HEINRITZ, G., K. E. KLEIN u. M. POPP 2003: Geographische Handelsforschung. Berlin/Stuttgart = Studienbücher d. Geogr.

HOFMEISTER, B. 1997⁷, s. Kap. 6.

HOTTES, K. u. P. SCHÖLLER 1968: Werk und Wirkung Walter Christallers. In: GZ 56, S. 81-84.

JENNE, A. 2006: Einzelhandel in Grund- und Mittelzentren. Rahmenbedingungen, Trends und neue Herausforderungen. In: H. HEINEBERG u. A. JENNE (Hg.): Angebots- und Akzeptanzanalysen des Einzelhandels in Grund- und Mittelzentren. Fallstudien Attendorn, Dorsten, Hilden, Hörstel und Nordhorn. Münster, S. 1-17 = Westfälische Geogr. Stud. 53.

KEEBLE, D. 1967: Models of economic development. In: R. J. CHORLEY und P. HAGGETT (Hg.): Socioeconomic models in geography. London (Reprint 1972). S. 243-302.

KEEBLE, D. 1991: „High-Tech Industry" in Großbritannien und das „Cambridge-Phänomen". In: GR 43, S. 21-25.

KENNELLY, R. A. 1954: The location of the Mexican steel industry. In: R. H. T. SMITH, E. J. TAAFFE u. L. J. KING (Hg.): Readings in economic geography. Skokie/Ill., S. 126-157.

KEYNES, J. M. 1936: General theory of employment, interest and money. London.

KINDER, S. 2000: Hightech-Regionen in Großbritannien. In: GR 52, H. 1, S. 20-26.

KLATT, S. 1970²: Wirtschaftsordnung. In: Handwörterbuch der RuR. Hg.: ARL. Hannover, Sp. 3748-3759.

KLEIN, R. 2005: Ökonomische und theoretische Grundlagen der Wirtschaftsgeographie. In: W. SCHENK u. K. SCHLIEPHAKE (Hg.): Allgemeine Anthropogeographie. Gotha/Stuttgart, S. 335-352 = Perthes Geogra-phieKolleg.

• KLOHN, W. u. H.-W. WINDHORST 2003⁴: Die Landwirtschaft in Deutschland. Vechta = Vechtaer Mat. zum Geographieunterr. (VMG) 3.

• KLOHN, W. u. H.-W. WINDHORST 1999: Die Landwirtschaft in Europa. Vechta = Vechtaer Mat. zum Geographieunterr. (VMG) 7.

• KLOHN, W. u. H.-W. WINDHORST 2000³: Die Landwirtschaft der USA. Vechta (1997²). = Vechtaer Mat. zum Geographieunterr. (VMG) 1.

KLOHN, W. u. H.-W. WINDHORST 2002: Die Land- u. Forstwirtschaft im Alten Süden der USA. Vechta = Vechtaer Stud. z. Angewandten Geogr. u. Regionalwiss. 23.

KLOHN, W. u. H.-W. WINDHORST 2004: Neuere Entwicklungen in der Agrarwirtschaft der Great Plains. Vechta = Vechtaer Stud. z. Angewandten Geogr. u. Regionalwiss. 25.

KLOHN, W. u. H.-W. WINDHORST 2005: Neue Entwicklungen in der Agrarwirtschaft Kaliforniens. Vechta = Vechtaer Stud. z. Angewandten Geogr. u. Regionalwiss. 26.

KLUCZKA, G. 1970: Nordrhein-Westfalen in seiner Gliederung nach zentralörtlichen Bereichen. Eine geographisch-landeskundliche Bestandsaufnahme 1964-1968. Düsseldorf = Landesentwicklung,

Schriftenr. des Ministerpräsidenten des Landes Nordrhein-Westfalen 27.

• Köck, H. 1992, s. Kap. 6.

Köpke, U. 1999: Bedeutung des ökologischen Landbaus für den ländlichen Raum. In: GR 51, H. 6, S. 305-312.

Kondratieff, N. D. 1926: Die langen Wellen der Konjunktur. In: Archiv f. Sozialwiss. u. Sozialpolitik 56, S. 537-609.

Krätke, S. 1995: Stadt, Raum, Ökonomie. Einführung in aktuelle Problemfelder der Stadtökonomie und Wirtschaftsgeographie. Basel = Stadtforsch. aktuell 53.

Krätke, S. 1996: Regulationstheoretische Perspektiven in der Wirtschaftsgeographie. In: Zs. f. Wirtschaftsgeogr. 40, S. 6-19.

Kraus, Th. 1933: Der Wirtschaftsraum. Köln; abgedruckt in: Th. Kraus 1960: Individuelle Länderkunde und räumliche Ordnung. Wiesbaden, S. 21-45 = Erdkundl. Wissen 7.

Kremer, A. 1961: Die Lokalisation des Einzelhandels in Köln und seinen Nachbarorten. Köln = Schr. zur Handelsforsch. 21.

Krings, T. 2001: Erfolge und Probleme in der Desertifikationsbekämpfung - 30 Jahre Entwicklungszusammenarbeit im westafrikanischen Sahel-Sudan. In: PGM 145, H. 4, S. 28-35.

Kross, E. 1997: Siemens als „global player". Ein transnationales Unternehmen. In: geogr. heute 18, H. 155, S. 32-35.

Kulke, E. 1990: Faktoren industrieller Standortwahl - theoretische Ansätze und empirische Ergebnisse. In: GS 12, H. 63, S. 2-8.

Kulke, E. 1995: Tendenzen des strukturellen und räumlichen Wandels im Dienstleistungssektor. In: PG 25, H. 12, S. 4-13.

Kulke, E. 1996: Räumliche Strukturen und Entwicklungen im deutschen Einzelhandel. In: PG 26, H. 5, S. 4-11.

• Kulke, E. (Hg.) 1998a: Wirtschaftsgeographie Deutschlands. Gotha/Stuttgart = Perthes Geogr.Kolleg.

Kulke, E. 1998b: Einzelhandel und Versorgung. In: E. Kulke (Hg.): Wirtschaftsgeographie Deutschlands. Gotha/Stuttgart, S. 162-182 = Perthes Geogr.Kolleg.

Kulke, E. 1998c: Unternehmensorientierte Dienstleistungen. In: E. Kulke (Hg.): Wirtschaftsgeographie Deutschlands. Gotha/Stuttgart, S. 183-198 = Perthes Geogr.Kolleg.

• Kulke, E. 2004a (2006[2]): Wirtschaftsgeographie. Paderborn/München/Wien/Zürich = Grundriss Allgemeine Geographie, UTB 2434.

Kulke, E. 2004b: Ansätze wirtschaftsgeographischer Betrachtung von Dienstleistungen. In: PM 148, H. 4, S. 6-15.

Kulke, E. 2005a: Weltwirtschaftliche Integration und räumliche Entwicklung. In: GR 57, H. 2, S. 4-10.

Kulke, E. 2005b: Geographie von Dienstleistungen und Einzelhandel. In: W. Schenk u. K. Schliephake (Hg.): Allgemeine Anthropogeographie. Gotha/Stuttgart, S. 501-530 = Perthes GeographieKolleg.

Kuls, W. u. F.-J. Kemper 2000[3], s. Kap. 2.

Landwirtschaftskammer Westfalen-Lippe (Hg.) (o. J.): Ökologischer Landbau in Westfalen-Lippe, eine Information der Landwirtschaftskammer Westfalen-Lippe für Landwirte. Zusammengestellt von Chr. Drerup, Beratung Ökologischer Landbau. Güters-

loh.

Lange, N. de 1989: Standortpersistenz und Standortdynamik von Bürobetrieben in westdeutschen Regionalmetropolen seit Ende des 19. Jahrhunderts. Ein Beitrag zur geographischen Bürostandortforschung. Paderborn = Münsterische Geogr. Arb. 30.

Lauschmann, E. 1976[3]: Grundlagen einer Theorie der Regionalpolitik. Hannover = Veröff. d. ARL, Taschenbücher z. Raumpl. 2.

Leser, H. (Hg.) 2001[12], s. Kap. 1.

• Lloyd, P. E. u. P. Dicken 1977[2]: Location in space. A theoretical approach to economic geography. London.

Lo, V. u. E. W. Schamp 2001: Finanzplätze auf globalen Märkten. Beispiel Frankfurt/Main. In: GR 53, H. 7-8, S. 26-31.

Lütgens, R. 1921: Spezielle Wirtschaftsgeographie auf landschaftlicher Grundlage. In: Mitt. d. Geogr. Ges. in Hamburg 33, S. 131-154.

Maas, J. H. 1994: De nederlandse agrarsector. Geografie en dynamiek. Assen.

Maier, J. 2005: Industriegeographie - Begriffe und Perspektiven. In: W. Schenk u. K. Schliephake (Hg.): Allgemeine Anthropogeographie. Gotha/Stuttgart, S. 449-500 = Perthes GeographieKolleg.

• Maier, J. u. R. Beck 2000: Allgemeine Industriegeographie. Gotha/Stuttgart = Perthes Geogr.Kolleg.

Marx, K. 1859: Zur Kritik der bürgerlichen Ökonomie. Berlin.

Mensching, H. 1978: Die Wüste schreitet voran. In: Umschau in Wissenschaft und Technik/78, H. 4, S. 101-106.

Mensching, H. 1990: Desertifikation. Ein weltweites Problem der ökologischen Verwüstung in den Trokkengebieten der Erde. Darmstadt.

Mensching, H. 1993: Die globale Desertifikation als Umweltproblem. In: GR 45, H. 6, S. 360-365.

Meschede, W. 1971: Grenzen, Größenordnung und Intensität kommerziell-zentraler Einzugsgebiete. In: Erdkunde 25, S. 264 - 278.

Meurer, M. 1999: Weidewirtschaft und Viehhaltung - eine ökologische Perspektive. In: GR 51, H. 5, S. 230-235.

Meyer, G. u. R. Pütz 1997: Transformation der Einzelhandelsstandorte in ostdeutschen Großstädten. In: GR 49, H. 9, S. 492-498.

Mikus, W. 1978: Industriegeographie. Themen der allgemeien Industrieraumlehre. Darmstadt = Erträge d. Forsch. 104.

Monheim, R. 1999, s. Kap. 4.

Müller, H. 1973: Methoden zur regionalen Analyse und Prognose. Hannover = Taschenbücher z. Raumpl. 1.

Myrdal, G. M. 1957: Economic theory and underdeveloped regions. London.

Nourse, H. O. 1968: Regional economics. A study in the economic structure, stability and growth of regions. London.

Nüsser, M, W. Schenk u. G. Bub 2005: Agrar- und Forstgeographie. In: W. Schenk u. K. Schliephake (Hg.): Allgemeine Anthropogeographie. Gotha/Stuttgart, S. 353-399 = Perthes GeographieKolleg.

Nuhn, H. 1985: Industriegeographie. Neuere Entwicklungen und Perspektiven für die Zukunft. In: GR 37, H. 4, S. 187-193.

Nuhn, H. 1997: Globalisierung und Regionalisierung im Weltwirtschaftsraum. In: GR 49, H. 3, S. 136-

143.

NUHN, H. 1999: Fusionsfieber - Neuorganisation der Produktion in Zeiten der Globalisierung. In: GS 21, H. 122, S. 16-22.

NUHN, H. 2001: Megafusionen. Neuorganisation großer Unternehmen im Rahmen der Globalisierung. In: GR 53, H. 7-8, S. 16-24.

OSTERTAG, M. P. 2000: Globalisierung unter Aspekten der Wirtschaftsgeographie. Nürnberg = Nürnberger Wirtschafts- u. Sozialgeogr. Arb. 55.

OTREMBA, E. 1969: Struktur und Funktion im Wirtschaftsraum. In: Ber. z. dt. Landesk. 23, S. 15-28.

OTREMBA, E. 1970: Wirtschaftsraum. In: Handwörterbuch f. Raumf. u. Raumo., Sp. 3775-3779.

PERROUX, F. 1964²: L'économie du XXème siécle. Paris.

POPP, M. 2002: Innenstadtnahe Einkaufszentren. Besucherverhalten zwischen neuen und traditionellen Einzelhandelsstandorten. Passau = Geogr. Handelsf. 6.

PRED, A. 1965: Industrialisation, initial advantage and American metropolitan growth. In: Geogr. Rev. 55, S. 158-185.

PLATTNER, M. 2002: Multinationale Unternehmen. In: E. BRUNOTTE, H. GEBHARDT, H. MEURER, P. MEUSBURGER u. J. NIPPER (Hg.) 2001/2002: Lexikon der Geographie in vier Bänden. Bd. 2. Heidelberg/Berlin, S. 409.

PÜTZ, R. 1997: Der Wandel der Standortstruktur im Einzelhandel der neuen Bundesländer. Das Beispiel Dresden. In: G. MEYER (Hg.): Von der Plan- zur Marktwirtschaft. Wirtschafts- und sozialgeographische Entwicklungsprozesse in den neuen Bundesländern. Mainz (Geogr. Inst. f. Univ.), S. 37-65 = Mainzer Kontaktstudium Geogr. 3.

RAW, M. 2000²: Manufacturing industry: The impact of change. London.

REBITZER, D. W. 1995: Internationale Steuerungszentralen. Die führenden Städte im System der Weltwirtschaft. Nürnberg = Nürnberger wirtschafts- u. sozialgeogr. Arb. 49.

• REICHART, T. 1999: Bausteine der Wirtschaftsgeographie. Bern/Stuttgart/Wien = UTB 2067.

RICHARDSON, H. W. 1980: Polarization Reversal in Developing Countries. In: Papers of the Regional Science Ass. 45, S. 67-85.

RITTENBRUCH, K. 1968: Zur Anwendbarkeit der Exportbasiskonzepte im Rahmen von Regionalstudien. Berlin.

• RITTER, W. 1993²: Allgemeine Wirtschaftsgeographie. Eine systemtheoretisch orientierte Einführung. München/Wien.

ROSENBOHM, W. 1975: Industrieräume im Märkischen Kreis. In: H. F. GORKI u. A. REICHE (Hg.): Festschrift für Wilhelm Dege. Dortmund, S. 129-149.

ROSTOW, W. W. 1960: The stages of economic growth: A non-communist manifesto. Cambridge/Mass.

RUTHENBERG, 1969: Tendencies in the development of tropical farming systems. In: Zs. f. ausländische Landwirtschaft 18, S. 239-247.

RUTHERFORD, M., I. LOGAN u. G. J. MISSEN 1966: New viewpoints in economic geography. Sydney.

SATTLER, F. u. E. VON WISTINGHAUSEN 1985: Der landwirtschaftliche Betrieb - biologisch-dynamisch. Stuttgart.

SCHÄTZL, L. 1993: Wirtschaftsgeographie der Europäischen Gemeinschaft. Paderborn = UTB 1767.

• SCHÄTZL, L. 2003⁹: Wirtschaftsgeographie 1. Theorie. Paderborn (1998⁷, 2001⁸) = UTB 782.

• SCHÄTZL, L. 2000³: Wirtschaftsgeographie 2. Empirie. Paderborn (1994²) = UTB 1052.

• SCHÄTZL, L. 1994³: Wirtschaftsgeographie 3. Politik. Paderborn = UTB 1383.

SCHAMP, E. W. 1997: Industrie im Zeitalter der Globalisierung. In: Geogr. heute 18, H. 155, S. 2-7.

SCHAMP, E. W. 2000: Vernetzte Produktion. Industriegeographie aus institutioneller Perspektive. Darmstadt.

SMITH, A. 1776: An inquiry into the nature and causes of the wealth of nations. 1.2. London.

SCHNEIDER, H. 2001: Informeller Sektor oder "real life economy"? In: PG 31, H. 4, S. 4-7.

SCHÖLLER, P. 1953, s. Kap. 6.

SCHOLZ, F. 1994: Nomadismus – Mobile Tierhaltung. Formen, Niedergang und Perspektiven einer traditionsreichen Lebens- und Wirtschaftsweise. In: GR 46, H. 2, S. 72-78.

SCHOLZ, F. 1999: Nomadismus ist tot. Mobile Tierhaltung als zeitgemäße Nutzungsform der kargen Weiden des Altweltlichen Trockengürtels. In: GR 51, H. 5, S. 248-255.

SCHUMPETER, J. A. 1939: Business cycles. 2 Bde. London.

• SEDLACEK, P. 1994²: Wirtschaftsgeographie. Eine Einführung. Darmstadt (1. Aufl. 1988).

SEDLACEK, P. 2003: Dienstleistungen in Deutschland - Hoffnung oder Enttäuschung des 21. Jahrhunderts? In: GS 25, H. 141, S. 12-18.

• SICK, W.-D. 1997³: Agrargeographie. Braunschweig (1. Aufl. 1983, 1993²) = Das Geogr. Seminar.

SOMMER, J. E. u. F. K. HINES 1991: Diversity of U.S. agriculture. A new delineation by farming characteristics. Washington D. C. = Agriculture Economic Report 646.

• SPIELMANN, H. O. 1989: Agrargeographie in Stichworten. Unterägeri = HIRTS Stichwortbücher.

STATIST. BUNDESAMT (Hg.): Statistisches Jahrbuch für die Bundesrepublik Deutschland. Wiesbaden (verschiedene Jahrgänge).

STERNBERG, R. 1995a: Die Konzepte der flexiblen Produktion und der Industriedistrikte als Erklärungsansätze der Regionalentwicklung. In: Erdkunde 49, H. 3, S. 161-175.

STERNBERG, R. 1995b: Technologiepolitik und High-Tech-Regionen - ein internationaler Vergleich. Münster = Wirtschaftsgeogr. 7.

STERNBERG, R. 1997: Weltwirtschaftlicher Strukturwandel und Globalisierung. Umfang und Ursachen räumlicher Ungleichgewichte bei sozioökonomischen Faktoren. In: GR 49, H. 12, S. 680-687.

STENKE, S. 2002: Großunternehmen in innovativen Milieus. Das Beispiel Siemens/München. Köln = Kölner Forsch. z. Wirtschafts- u. Sozialgeogr. 54.

• TAUBMANN, W. 1999 (Hg.): Agrarwirtschaftliche und ländliche Räume. Köln = Handb. d. Geographieunterrichts 5.

TAYLOR, F. W. 1919⁴ : Die Grundsätze wissenschaftlicher Betriebsführung (The principles of scientific management. 1. Aufl. 1911). München/Berlin.

THÜNEN, J. H. VON 1875: Der isolierte Staat in Beziehung auf Landwirtschaft und Nationalökonomie. 3 Teile 1826-1850. Berlin (Gesamtausgabe in 3 Teilen).

• TOYNE, P. 1974: Organisation, location and behaviour. Decision-making in economic geography. London.

VERNON, R. 1966: International investment and international trade in the product cycle. In: Quarterly J.

of Economics 80, S. 190-207.
VOPPEL, G. 1969: Analyse und Erfassung eines Wirtschaftsraumes. In: GR 21, H. 10, S. 369-379.
• VOPPEL, G. 1990: Die Industrialisierung der Erde. Stuttgart = Teubner Studienb. d. Geogr.
• VOPPEL, G. 1999: Wirtschaftsgeographie. Räumliche Ordnung der Weltwirtschaft unter marktwirtschaftlichen Bedingungen. Stuttgart = Teubner Studienb. d. Geogr.
• WAGNER, H.-G. 1998³: Wirtschaftsgeographie. Braunschweig (1. Aufl. 1981, 1994²) = Das Geogr. Seminar.
WAIBEL, L. 1933: Das Thünensche Gesetz und seine Bedeutung für die Landwirtschaftsgeographie. In: L. WAIBEL: Probleme der Landwirtschaftsgeographie. Leipzig, Kap. IV, S. 47-78 = Wirtschaftsgeogr. Abhn. 1.
WALDHAUSEN-APFELBAUM, J. 1998: Innerstädtische Zentrenstrukturen und ihre Entwicklung. Das Beispiel der Stadt Bonn. Bonn = Arb. z. Rhein. Lan-desk. 68.
WALUGA, S. 1989: Zentrenentwicklung und Zentrenorientierung im östlichen Ruhrgebiet. Empirische Fallstudie zur Interdependenz von Raumentwicklung und Verhalten in der Ballungsrandzone. Unna = Programme, Analysen, Tatbestände - Schriftenr. d. Kreises Unna 9.
WEBER, A. 1909: Über den Standort von Industrien. 1. Teil: Reine Theorie des Standorts. Tübingen.
WEHLING, H.-W. 2006: Aufbau, Wandel und Perspektiven der industriellen Kulturlandschaft des Ruhrgebiets. In: GR 58, H. 1, S. 12-19
• WESSEL, K. 1996: Empirisches Arbeiten in der Wirtschafts- und Sozialgeographie. Eine Einführung. Paderborn = UTB 1956.
• WINDHORST, H.-W. 1974: Spezialisierung und Strukturwandel der Landwirtschaft. Paderborn = Fragenkreise 23480.
WINDHORST, H.-W. 1989a: Industrialisierungsprozesse in der Agrarwirtschaft der Bundesrepublik Deutschland und der Vereinigten Staaten. In: H.-W. WINDHORST (Hg.): Industrialisierte Landwirtschaft und Agrarindustrie. Entwicklungen, Strukturen und Probleme. Vechta, S. 11-32 = Vechtaer Arb. z. Geogr. u. Regionalwiss. 8.
WINDHORST, H.-W. 1989b: Die Industrialisierung der Agrarwirtschaft. Ein Vergleich ablaufender Prozesse in den USA und der Bundesrepublik Deutschland. Frankfurt a. M.

Kapitel 4
Einführung in die Verkehrsgeographie

• ABERLE, G. 2000³ (Hg.): Transportwirtschaft. Einzelwirtschaftliche und gesamtwirtschaftliche Grundlagen. München/Wien = Wolls Lehr- u. Handb. d. Wirtschafts- u. Sozialwiss.
BARTSCH, R. 2001: Intensive Kooperation nötig. Binnenschiffahrt kann vom künftigen Verkehrswachstum profitieren. In: Handelsblatt 17.10.2001.
BLUTH, F. 1993: Münster in der Stadt- und Regionalentwicklung. In: A. MAYR u. K. TEMLITZ (Hg.): Münsterland und angrenzende Gebiete. Münster, S. 407-421 = Spieker 36.
BMBAU (Hg.) 1991: Raumordnungsbericht 1991. Bonn.
BMBAU (Hg.) 1992: Verkehrsprojekte Deutsche Einheit. Für wirtschaftlichen Aufschwung. Für sichere Arbeitsplätze. Für Verkehrssicherheit und Umweltschutz. Bonn.
BMV (Hg.) 1965: Die Verkehrspolitik in der Bundesrepublik Deutschland 1949-1965. Ein Bericht des Bundesministers für Verkehr. Hof = Schriftenr. d. BMV 29.
BMVBW (Hg.) 2000a: Bericht zum Ausbau der Schienenwege (Stand: 31. Dezember 1999). Bonn.
BMVBW (Hg.) 2000b: Verkehrsbericht 2000. Integrierte Verkehrspolitik: Unser Konzept für eine mobile Zukunft. Berlin.
BMVBW (Hg.) 2001a: Verkehr in Zahlen 2001/2002. 30. Jg. Hamburg (auch verschiedene jüngere Jahrgänge).
BMVBW (Hg.) 2001b: Bericht des Bundesministeriums für Verkehr, Bau- und Wohnungswegen an den Ausschuss für Verkehr, Bau- und Wohnungswesen des Deutschen Bundestages über die Zukunft der deutschen Binnenschiffahrt im europäischen Wettbewerb. Berlin.
BMVBW (Hg.) 2001c: Bericht des Bundesministeriums für Verkehr, Bau- und Wohnungswesen zum kombinierten Verkehr. Berlin.
BMVBW (Hg.) 2003: Bundesverkehrswegeplan. Grundlagen für die Zukunft der Mobilität in Deutschland. Entwurf. o. O..
BOES, H. u. M. HESSE 1996: Güterverkehr in der Region. Technik, Organisation, Innovation. Marburg.
BRIEGEL, R. 2002: Entstehung und Dynamik der Verkehrsnachfrage im Freizeitbereich. Ein akteursbezogenes Modell mit Berücksichtigung unterschiedlicher Handlungstypen. In: M. GATHER u. A. KAGERMEIER (Hg.): Freizeitmobilität - Hintergründe, Probleme, Perspektiven. Mannheim, S. 53-62 = Stud. z. Mobilität- u. Verkehrsforsch. 1.
DEITERS, J. 1992: Auto-Mobilität und die Folgen. Bestimmungsgründe des Verkehrswachstums und die Notwendigkeit einer neuen Verkehrspolitik. In: Geogr. heute 13, H. 102, S. 4-11.
DEITERS, J., P. GRÄF u. G. LÖFFLER 2001: Verkehr und Kommunikation - eine Einführung. In: IFL (Hg.): Nationalatlas Bundesrepublik Deutschland. Bd. 9: Verkehr und Kommunikation. Heidelberg/Berlin, S. 12-29.
DIFU (Hg.) 1991: Verkehrskonzepte in europäischen Städten. Berlin.
DUISPORT, Duisburger Hafen AG 2001 (Hg.): Geschäftsbericht 2000 der Duisburger Hafengruppe. Duisburg.
EBERL, R., K. E. KLEIN u. P. OEXLER 1998: Steuerung des innerstädtischen Wirtschaftsverkehrs. Citylogistik in Regensburg. In: GR 50, H. 10, S. 551-556.
• ELIOT HURST, M. 1972/1974, s. Kap. 3.
ERNST, M. 1994: Binnenschiffahrt als Rettungsanker? Der vergessene Verkehrsträger. In: PG 24, H. 6, S. 22-25.
FIEDLER, J. 1992: Berufsverkehr vor dem Umbruch. Ein Beispiel gemeinsamen Handelns aller Beteiligten. In: Verkehr u. Technik, H. 8, S. 327-334.
• FOCHLER-HAUKE, G. 1972³: Verkehrsgeographie. Braunschweig = Das Geogr. Seminar.
FROMHOLD-EISEBITH, M. 1994: Straßen und Schienen für Europa. Der Ausbau europäischer Verkehrsnetze bei zunehmender Verflechtung und Mobilität. In: GR 46, H. 5, S. 266-273.
GATHER, M. u. A. KAGERMEIER (Hg.) 2002: Freizeitverkehr. Hintergründe, Probleme, Perspektiven. Mannheim = Stud. z. Mobilitäts- u. Verkehrsforsch. 1.

GATHER, M., A. KAGERMEIER u. M. LANZENDORF (Hg.) 2001: Verkehrsentwicklung in den Neuen Bundesländern. Erfurt = Erfurter Geogr. Stud. 10.

GEIGER, M. 1994: Verkehr in Europa. In: PG 24, H. 6, S. 4-9.

GIRNAU, G. 1991: Bau und Betrieb von S-Bahnen. Verkehrspolitische und finanzielle Grundlagen. In: Der Städtetag 10, S. 687-693.

HAGGETT, P. 1973: Einführung in die kultur- und sozialgeographische Regionalanalyse. Berlin.

HAGGETT, P. 1991² (engl. Ausgabe 1979), s. Kap. 1.

HATZFELD, U. u. M. HESSE 1994: Stadtlogistik - Interessen „statt Logistik"? In: Internationales Verkehrswesen 46, H. 1, S. 646-653.

HAUS, G. von 1999: Probleme der deutschen Binnenschiffahrt durch politische Rahmenbedingungen. In: Internationales Verkehrswesen 51, H. 12, S. 575-576.

HEIDEMANN, C. 1967: Gesetzmäßigkeiten städtischen Fußgängerverkehrs. Bad Godesberg = Forschungsarbeiten aus dem Straßenwesen, N.F. 68.

HEINEBERG, H. 1997², s. Kap. 3.

HEINEBERG, H., C. FRITSCH u. CHR. NEUBAUER 1996: Akzeptanzanalyse Münster-Innenstadt 1996. Kunden- und Verkehrsverhalten im Vergleich zu den konkurrierenden Mittelzentren Emsdetten und Lüdinghausen. Münster = Ber. d. Arbeitsgebietes „Stadt- und Regionalentwicklung" 9.

HESSE, M. 1993: Verkehrswende: Ökologisch-ökonomische Perspektiven für Stadt und Region. Marburg.

HESSE, M. 2001: Güter- und Wirtschaftsverkehr: Merkmale, Entwicklungstendenzen und Probleme aus geographischer Sicht. In: GS 23, H. 134, S. 8-10.

HESSE, M. u. R. LUCAS 1991: Verkehrswende - Ökologische und soziale Orientierungen für die Verkehrswirtschaft. Berlin/Wuppertal = Schriftenr. d. IÖW 39/90.

HÖLSKEN, D. u. W. RUSKE 1976: Verkehrsaufkommen - Einflüsse und Berechnungssätze. Aachen.

HOFMANN, U. 2001: Grundlegende Netzentwicklungen im weltweiten Linienluftverkehr und deren Auswirkungen auf den Standort Berlin. In: Erde 132, H. 2, S. 187-204.

• HOYLE, B. u. R. KNOWLES 2000²: Modern transport geography. Chichester.

HÜBSCHEN, C. 1999: Aufgegebene Eisenbahntrassen in Westfalen. Heutige Nutzung und Möglichkeiten neuer Inwertsetzung. Münster = Siedlung u. Landschaft in Westfalen 26.

HÜBSCHEN, C. u. KREFT-KETTERMANN, H. 1993: Eisenbahnen - Güterverkehr. Münster = Geogr.-landeskundlicher Atlas von Westfalen, Themenbereich VIII Verkehr, Lfg. 7, Doppelbl. 4 mit Begleittext.

HUNTEMANN, V. 2001: TGV - ICE - Eurostar - Thalys. Eisenbahnschnellverbindungen in Europa. In: Geogr. heute 22, H. 189, S. 30-33.

IfL (Hg.) 2001: Nationalatlas Bundesrepublik Deutschland. Bd. 9: Verkehr und Kommunikation. Mithg.: J. DEITERS, P. GRÄF u. G. LÖFFLER. Heidelberg/Berlin.

JAKUBOWSKI, P. u. M. ZARTH 2002: Stärkung des Bahnverkehrs auf Nebenstrecken als Teil einer nationalen Nachhaltigkeitsstrategie. In: IzR, H. 10, S. 561-569.

JURCZEK, P. 1980, s. Kap. 1.

JURCZEK, P. 1998: Fremdenverkehr. In: E. KULKE (Hg.): Wirtschaftsgeographie Deutschlands. Gotha/Stuttgart, S. 248-266.

• KASPAR, C. 1977: Verkehrswissenschaftslehre im Grundriß. Bern/Stuttgart = St. Galler Beitr. z. Fremdenverkehr u. z. Verkehrswirtschaft, R. Verkehrswirtschaft 7.

KNAG, ROYAL DUTCH GEOGRAPHICAL SOCIETY (Hg.) 2001: Compact Geography of The Netherlands. Utrecht.

KREFT-KETTERMANN, H. 1988: Eisenbahnen - Netzentwicklung und Personenverkehr. Münster = Geogr.-landeskundlicher Atlas von Westfalen, Themenbereich VIII Verkehr, Lfg. 4, Doppelbl. 4 mit Begleittext.

KREIBICH, R. u. R. NOLTE (Hg.) 1996: Umweltgerechter Verkehr. Innovative Konzepte für den Stadt- und Regionalverkehr. Berlin.

KREIBICH, R. 1996: Zukunftsfähiger Stadt- und Regionalverkehr. In: R. KREIBICH, R. u. R. NOLTE (Hg.): Umweltgerechter Verkehr. Innovative Konzepte für den Stadt- und Regionalverkehr. Berlin, S. 1-20.

KULKE, E. 1994: Auswirkungen des Standortwandels im Einzelhandel auf den Verkehr. In: GR 46, H. 5, S. 290-296.

LINNENBRINK, W. 1998: Der EuroSchnellBus Winterswijk - Vreden - Münster. Eine grenzüberschreitende deutsch/niederländische Kooperation im öffentlichen Personennahverkehr. In: H. HEINEBERG u. K. TEMLITZ (Hg.): Münsterland - Osnabrücker Land/Emsland - Twente. Entwicklungspotentiale und grenzübergreifende Kooperation in europäischer Perspektive. Jahrestagung der Geographischen Kommission in Münster und Osnabrück 1998. Münster, S. 85-92 = Westf. Geogr. Stud. 48.

• MAIER, J. u. H.-D. ATZKERN 1992: Verkehrsgeographie. Verkehrsstrukturen, Verkehrspolitik, Verkehrsplanung. Stuttgart = Teubner Studienb. d. Geogr.

MAYR, A. 2003: Flughäfen in Deutschland - ein Überblick. In: Europa regional 11, H. 4, S. 164-176.

MONHEIM, R. 1980: Fußgängerbereiche und Fußgängerverkehr in Stadtzentren in der Bundesrepublik Deutschland. Bonn = Bonner Geogr. Abhn. 64.

MONHEIM, R. 1999: Methodische Gesichtspunkte der Zählung und Befragung von Innenstadtbesuchern. In: G. HEINRITZ (Hg.): Die Analyse von Standorten und Einzugsbereichen. Methodische Grundlagen der geographischen Handelsforschung. Passau, S. 65-131 = GHF 2.

MONHEIM, R. 2000: Fußgängerbereiche in deutschen Innenstädten. Entwicklungen und Konzepte zwischen Interessen, Leitbildern und Lebensstilen. In: GR 52, H. 7-8, S. 40-46.

MONHEIM, R. 2002, s. Kap. 6.

MORRILL, R. L. 1974²: The spatial organization of society. Belmont, Cal.

NIEMANN, H. J. 1986: Stadtbahn Rhein-Ruhr Bindeglied einer Region. Ein außergewöhnliches Vorhaben für eine bessere Infrastruktur des ÖPNV in einer Region. In: Der Nahverkehr, Zs f. Verkehr in Stadt u. Region 3, S. 2-9.

NUHN, H. 1994a: Verkehrsgeographie. Neuere Entwicklungen und Perspektiven für die Zukunft. In: GR 46, H. 5, S. 260-269.

NUHN, H. 1994b: Strukturwandlungen im Seeverkehr und ihre Auswirkungen auf die europäischen Häfen. In: GR 46, H. 5, S. 282-289.

NUHN, H. 1998: Verkehr und Kommunikation. In: E. KULKE (Hg.): Wirtschaftsgeographie Deutschlands. Gotha/Stuttgart, S. 199-247 = Perthes Geogr.Kolleg.

NUHN, H. 2001: Binnenwasserstraßen und Häfen. In:

IfL (Hg.): Nationalatlas Bundesrepublik Deutschland. Bd. 9: Verkehr und Kommunikation. Heidelberg/Berlin, S. 36-37.

• NUHN, H. u. M. HESSE 2006: Grundriss Allgemeine Geographie: Verkehrsgeographie. Paderborn = UTB 2687.

OEXLER, P. 2002: Citylogistik-Dienste. Präferenzanalysen bei Citylogistik-Akteuren und Bewertung eines Pilotbetriebs dargestellt am Beispiel der dienstleistungsorientierten Citylogistik Regensburg. München = Wirtschaft & Raum 9.

PETERSEN, R. 2002: Rapid zur Metropole. Welchen Verkehr braucht das Ruhrgebiet? In: F.A.Z., 8.8.2002.

PEZ, P. 1995: Innerstädtische Verkehrsberuhigung in Lüneburg. Ein Beitrag zur ökologischen Stadtentwicklung. In: Jb. Naturwiss. Verein Fstm Lüneburg 40, S. 21-35.

PEZ, P. 2002: Entleerung des ländlichen Raumes - Rückzug des ÖPNV aus der Fläche. In: IfL (Hg.): Nationalatlas Bundesrepublik Deutschland. Bd. 5: Dörfer und Städte. Mithg.: K. FRIEDRICH, B. HAHN u. H. POPP. Heidelberg/Berlin, S. 74-75.

PIETSCHMANN, B. 1994: Nahverkehrsplanung im Großstadt-Umland von Osnabrück. Ein Beitrag zur handlungsorientierten Verkehrsgeographie anhand von Berufs- und Ausbildungspendlern. Münster (Geogr. Dipl.-arbeit).

PLEINER, W. 2001: Zukunftsperspektiven des europäischen Verkehrs. Entwicklungstendenzen und Prognosen bis 2020. In: Geogr. heute 22, H. 189, S. 2-7.

RIEDLE, H. 1997: Das ÖPNV-Konzept der Regionalverkehr Münsterland GmbH. Vom Schnellbus zum integrierten Verkehrssystem. In: Verkehrszeichen, 1.

SCHICKHOFF, I. 1978: Graphentheoretische Untersuchungen am Beispiel des Schienennetzes der Niederlande. Ein Beitrag zur Verkehrsgeographie. Duisburg = Duisburger Geogr. Arb. 1.

SCHINKE, B., T. HEMPE u. B. KOLODZINSKI (2002): Regionalbahnen im Wettbewerb. Infrastruktur, Fahrzeugpark und Eigentumsverhältnisses Nichtbundeseigener Eisenbahnen in Deutschland - eine Übersicht. In: Der Nahverkehr 5/2002, S. 21-26.

SCHLEGEL, M. 1999: Binnenhäfen haben Zukunft. Multifunktionale Logistik- und Güterverkehrszentren. In: Internationales Verkehrswesen 51, H. 12, S. 577-578.

• SCHLIEPHAKE, K. 1982: Verkehrsgeographie. In: Sozial- und Wirtschaftsgeogr. 2. München, S. 39-159 = HARMS Handb. d. Geogr.

SCHLIEPHAKE, K. 1987: Verkehrsgeographie. In: GR 39, H. 4, S. 200-212.

SCHLIEPHAKE, K. 2001a: Das Eisenbahnnetz. In: IfL (Hg.): Nationalatlas Bundesrepublik Deutschland. Bd. 9: Verkehr und Kommunikation. Heidelberg/Berlin, S. 30-33.

SCHLIEPHAKE, K. 2001b: Der Straßenverkehr. In: IfL (Hg.): Nationalatlas Bundesrepublik Deutschland. Bd. 9: Verkehr und Kommunikation. Heidelberg/Berlin, S. 34-35.

SCHLIEPHAKE, K. u. T. Schenk 2005: Verkehr und Mobilität. In: W. SCHENK u. K. SCHLIEPHAKE (Hg.): Allgemeine Anthropogeographie. Gotha/Stuttgart, S. 531-580 = Perthes GeographieKolleg.

SCHNELL, P. 1977: Naherholungsraum und Naherholungsverhalten, untersucht am Beispiel der Solitärstadt Münster. In: Festschrift 40 Jahre Geogr. Komm. für Westfalen, Bd. 1: Beitr. z. speziellen Landesf. Münster, S. 197-217 = Spieker 25.

SCHNIPPE, CHR. 1999: Relevanz von Qualitätskriterien. Der ÖPNV im Urteil der Fahrgäste. In: Der Nahverkehr 4/1999, S. 52-56.

SCHULTE, R. 1983: Situation und Chancen des Öffentlichen Personennahverkehrs im ländlichen Raum. Angebotsmängel und Möglichkeiten zur Verbesserung unter besonderer Berücksichtigung des östlichen Münsterlandes. Paderborn = Münstersche Geogr. Arb. 17.

SCHULTE, R., U. RENNSPIESS u. G. STILLING 1999: Vom unscheinbaren Stadtverkehr zum Markenprodukt. Erste Erfahrungen mit dem Stadtbus Rheine. In: Der Nahverkehr, 3, S. 2-6.

SCHUSTER, B. 1993: Angebotskomponenten für bedarfsorientierte Betriebsweisen. In: Verkehr u. Technik, H. 5, S. 197-202.

SCHWARZ, D. 1996: Stillgelegte Eisenbahnlinien und ihre weitere Verwendung dargestellt anhand von Beispielen in der Schweiz. Bern (Unveröff. Diplomarb. d. Philosophisch-naturwiss. Fakultät d. Univ.).

SEIDENFUS, H. ST. 1998: Logistikstandort Binnenhafen. In: Internationales Verkehrswesen 50, H. 9, S. 411-413.

SPANGENBERG, M. u. T. PÜTZ 2002: Raumordnerische Anforderungen an den Schienenpersonenverkehr. In: IzR, H. 10, S. 595-607.

STACKELBERG, F. VON 1999: Binnenschiffahrt versus Verkehrsinfarkt. Ein Plädoyer zur Lösung des Mobilitätsdilemmas. In: K.-P. ELLERBROCK (Hg.): Dortmunds Tor zur Welt: Einhundert Jahre Dortmunder Hafen. Essen.

STADTBAHNGESELLSCHAFT RHEIN RUHR (Hg.) 1987: Stadtbahn Rhein Ruhr. Stand der Bauarbeiten Januar 1987. Gelsenkirchen.

STAMP, L. D. u. S. H. BEAVER 1971[6]: The British Isles. A geographic and economic survey. London.

STATIST. BUNDESAMT (Hg.), s. Kap. 2.

TAAFFE, E. J., R. L. MORRILL u. P. R. GOULD 1970: Verkehrsausbau in unterentwickelten Ländern - eine vergleichende Studie. In: D. BARTELS (Hg.): Wirtschafts- und Verkehrsgeographie. Köln/Berlin, S. 341-366 = Neue wiss. Bibliothek.

THIESING, S. u. H. HEINEBERG 1998: Kundenpotentialanalyse „Haltepunkt Grottenkamp". Münster = Ber. d. Arbeitsgebietes „Stadt- und Regionalentwicklung" 14.

THOMA, L. 1995: City-Logistik. Konzeption - Organisation - Implementierung. Wiesbaden.

TROSTORF, L. 2002: Integriertes Qualitätsmanagement im Öffentlichen Personennahverkehr. Anforderungen und Leistungsspektrum. In: Der Nahverkehr 5/2002, S. 64-67.

VERKEHRSVERBUND RHEIN-RUHR (VVR) 2000: Die Stadtbahn im VVR. Stand: August 2000. Gelsenkirchen = Schriftenr. Technik - 6.

VETTER, F. 1970: Netztheoretische Studien zum niedersächsischen Eisenbahnnetz. Berlin = Abh. d. 1. Geogr. Inst. d. FU Berlin 15.

• VOPPEL, G. 1980: Verkehrsgeographie. Darmstadt = Erträge d. Forsch. 135.

WIRTH, E. 1998: Die Wasserstraßen Bayerns. Völkerverbindende Magistralen in einem Europa ohne eisernen Vorhang? In: GR 50, H. 9, S. 501-507.

• WOITSCHÜTZKE, C. P. 2000[2]: Verkehrsgeographie. Köln.

• WOLF, K. u. P. JURCZEK 1986, s. Kap. 1.

ZIPF, G. K. 1949: Human behavior and the principle of

least effort. Cambridge.

Kapitel 5
Einführung in die Geographie ländlicher Siedlungen
AMT FÜR AGRARORDNUNG, COESFELD (Hg.) 1998: 100 Jahre Verwaltung für Agrarordnung in Coesfeld 1898-1998. Coesfeld.
BATZ, E. 1990: Neuordnung des ländlichen Raumes. Stuttgart.
BORK, H.-R. u. G. HENKEL 2002: Wo bleibt der Bauer? Das neue Gesicht der ländlichen Räume. In: E. EHLERS u. H. LESER (Hg.): Geographie heute - für die Welt von morgen. Gotha/Stuttgart, S. 57-66 = Perthes Geogr.Kolleg.
BORN, M. 1970: Zur Erforschung der ländlichen Siedlungen. In: GR 22, H. 9, S. 369-374.
• BORN, M. 1977: Geographie der ländlichen Siedlungen 1. Die Genese der Siedlungsformen in Mitteleuropa. Stuttgart = Teubner Studienb. d. Geogr.
BORSDORF, A. u. K. ZEHNER 2005: Siedlungsgeographie. In: W. SCHENK u. K. SCHLIEPHAKE (Hg.): Allgemeine Anthropogeographie. Gotha/Stuttgart, S. 265-331 = Perthes Geogra-phieKolleg.
BRÖCKLING, F. 2004: Integrierte Ländliche Regionalentwicklung und Kulturlandschaft - Beiträge regional Planungsinstrumente zur Kulturland-schaftspflege. In: In: F. BRÖCKLING, U. GRABSKI-KIERON u. C. KRAJEWSKI (Hg.): Stand und Perspektiven der deutsch-sprachigen Geographie des ländlichen Raumes. Vorträge und Ergeb-nisse eines Workshops am 25. u. 28. Mai 2004 in Münster. Münster, S. 33-39 = Arbeitsber. d. Arbeitsgemeinschaft Angew. Geogr. Münster e. V. 35.
BRÖCKLING, F., U. GRABSKI-KIERON u. C. KRAJEWSKI (Hg.) 2004: Stand und Perspektiven der deutsch-sprachigen Geographie des ländlichen Raumes. Vorträge und Ergebnisse eines Workshops am 25. u. 28. Mai 2004 in Münster. Münster, S. 33-39 = Arbeitsber. d. Arbeitsgemeinschaft Angew. Geogr. Münster e. V. 35.
BUCHER, H. 2004: Entwicklungsperspektiven ländlicher Räume in Deutschland. In: F. BRÖCKLING, U. GRABSKI-KIERON u. C. KRAJEWSKI (Hg.): Stand und Perspektiven des deutschsprachigen Geographie des ländlichen Raumes. Vorträge und Ergebnisse eines Workshops am 25. u. 28. Mai 2004 in Münster. Münster, S. 7-12 = Arbeitsber. d. Arbeitsgemeinschaft Angew. Geogr. Münster e. V. 35.
BÜHNER, T. 2001/2002: Rahmenbedingungen ländlicher Regionalentwicklung. In: Landentwicklung aktuell, Bundesverband d. gemeinnützigen Landgesellschaften, S. 5-11.
DEGN, CHR. u. U. MUUSS 1979: Topographischer Atlas Schleswig-Holstein und Hamburg. Neumünster.
DÜCKMANN, F. 2004: Das Dorf als Wohnkulisse: Kommunale Entwicklungsstrategien im Umland von Wohnverdichtungsräumen. In: F. BRÖCKLING, U. GRABSKI-KIERON u. C. KRAJEWSKI (Hg.): Stand und Perspektiven des deutschsprachigen Geographie des ländlichen Raumes. Vor4träge und Ergebnisse eines Workshops am 25. u. 28. Mai 2004 in Münster. Münster, S. 77-82 = Arbeitsber. d. Arbeitsgemeinschaft Angew. Geogr. Münster e. V. 35.
• DT. INST. FÜR FERNSTUDIEN AN DER UNIV. TÜBINGEN (DIFF) (Hg.) 1988-1990: Dorfentwicklung. Tübingen (9 Bde.= Studieneinheiten).
ELLENBERG, H. 1990: Bauernhaus und Landschaft in ökologischer und historischer Sicht. Stuttgart.
FRIEDRICH, K., B. HAHN u. H. POPP 2002: Dörfer und Städte - eine Einführung. In: IFL (Hg.): Nationalatlas Bundesrepublik Deutschland. Bd. 5: Dörfer und Städte. Mithg.: K. FRIEDRICH, B. HAHN u. H. POPP. Heidelberg/Berlin, S. 12-25.
GLÄSSER, E. 1969: Die ländlichen Siedlungen. Ein Bericht zum Stand der siedlungsgeographischen Forschung. In: GR 21, H. 5, S. 161-170.
GLÄSSER, E. 2000: Ländliche Siedlungsformen um 1950. In: GEOGR. KOMM. FÜR WESTFALEN, Landschaftsverband Westfalen-Lippe (Hg.): Geogr.-landeskundl. Atlas von Westfalen. Themenbereich IV: Siedlung, Lfg. 10, Doppelblatt 2 und Begleittext. Münster.
GORMSEN, E. 1989: Haben Dörfer Zukunft? Strukturwandel und Entwicklungsperspektiven. In: Ministerium des Innern und für Sport Rheinland-Pfalz (Hg.): Zukunft für das Dorf. Gemeinsam nachdenken - miteinander handeln. Symposiums-Band. Mainz, S. 35-45.
GORMSEN, E. u. H. SCHÜRMANN 1989: Strukturforschung im ländlichen Raum. Ein Beitrag zur angewandten Landeskunde mit Beispielen aus Rheinland-Pfalz. In: Ber. z. dt. Landesk. 63, H. 2, S. 385-408.
GRABSKI, U. 1989: Ökologie und Dorfentwicklung. Strukturprobleme der Dörfer aus ökologischer Sicht und Wege zu ihrer Lösung. In: GR 41, S. 163-168.
GRABSKI-KIERON, U. 2000: Die Entwicklung ländlicher Räume im Spiegel von Raumnutzungsansprüchen und zunehmender Flächennachfrage. In: Landentwicklung aktuell, hg. v. Bundesverband d. gemeinnützigen Landges., 6, S. 5-11.
GRABSKI-KIERON, U. u. J. KNIELING 1998: Das Modellprojekt „Ökologisches Dorf der Zukunft" - Ende des Projektes und kritische Bilanz. In: Mitt. d. Landesanstalt f. Ökologie, Bodenordnung u. Forsten/Landesamt f. Agrarordnung Nordrhein-Westfalen „LOBF-Mitt.". S. 16-23.
HAMBLOCH, H. 1960: Einödgruppe und Drubbel. Münster = Siedlung u. Landschaft in Westfalen, hg. v. d. Geogr. Komm. f. Westfalen, 4.
HAVERSATH, J.-B. u. A. RATUSNY 2002a: Bauernhaustypen. In: IFL (Hg.): Nationalatlas Bundesrepublik Deutschland. Bd. 5: Dörfer und Städte. Mithg.: K. FRIEDRICH, B. HAHN u. H. POPP. Heidelberg/Berlin, S. 48-49.
HAVERSATH, J.-B. u. A. RATUSNY 2002b: Traditionelle Ortsgrundrissformen und neuere Dorfentwicklung. In: IFL (Hg.): Nationalatlas Bundesrepublik Deutschland. Bd. 5: Dörfer und Städte. Mithg.: K. FRIEDRICH, B. HAHN u. H. POPP. Heidelberg/Berlin, S. 50-53.
HEINEBERG, H. 1997², s. Kap. 3.
HEINRITZ, G. u. R. WIESSNER 1997 (Hg.): Dorfbewohner als Dorfentwickler. Kommunikative Strategien in der ländlichen Entwicklungsplanung. Passau = Münchener Geogr. H. 75.
HENKEL, G. 1979a: Flurbereinigung und Dorferneuerung. In: Flurbereinigung und Kulturlandschaftsentwicklung. Vorträge auf der Arbeitstagung des Verbandes deutscher Hochschulgeographen in Borken-Gemen 19./20.1.1979. Münster. S. 13-28 = Landeskundl. Karten u. Hefte d. Geogr. Komm. f. Westfalen, R. Siedlung u. Landschaft in Westfalen 12.
HENKEL, G. 1979b: Der Dorferneuerungsplan und seine inhaltliche Ausfüllung durch die genetische Sied-

lungsgeographie. In: Ber. z. dt. Landesk. 53, H. 1, S. 95-117.
• Henkel, G. 1982: Dorferneuerung. Paderborn = Fragenkreise 23565.
Henkel, G. (Hg.) 1983: Die ländliche Siedlung als Forschungsgegenstand der Geographie. Darmstadt = Wege d. Forsch. 616.
Henkel, G. 1984a: Dorferneuerung in der Bundesrepublik Deutschland. In: GR 36, H. 4, S. 170-176.
Henkel, G. (Hg.) 1984b: Leitbilder des Dorfes. Neue Perspektiven für den ländlichen Raum. Berlin.
Henkel, G. 1996: Der ländliche Raum auf dem Weg ins 3. Jahrtausend - Wandel durch Fremdbestimmung oder endogene Entwicklung? In: K. Schmidt (Hg.): Laßt die Kirche im Dorf! Vergangenheit, Strukturwandel und Zukunft des ländlichen Raumes als Chance lebensraumorientierten Bildungsauftrags. Paderborn, S. 14-34.
Henkel, G. (Hg.) 1999a: 20 Jahre Dorferneuerung - Bilanzen und Perspektiven für die Zukunft. Vorträge des 11. Dorfsymposiums in Bleiwäsche vom 25. und 26. Mai 1998. Essen = Essener Geogr. Arb. 30.
Henkel, G. (Hg.) 2000: Das Dorf im Einflussbereich von Großstädten. Essen = Essener Geogr. Arb. 31.
Henkel, G. 2001: Zwanzig Jahre geographische Dorfforschung. Bilanz und Perspektiven. In: U. Halle, F. Huismann u. R. Linde (Hg.): Dörfliche Gesellschaft und ländliche Siedlung. Lippe und das Hochstift Paderborn in überregionaler Perspektive. Bielefeld, S. 341-361.
• Henkel, G. 2004[4]: Der Ländliche Raum. Gegenwart und Wandlungsprozesse seit dem 19. Jahrhundert in Deutschland. Stuttgart (1995[2], 1999[3]) = Teubner Stu-dienb.
Henkel, G. 2004b: 27 Jahre indterdisziplinärer Arbeitskreis Dorfentwicklung ("Bleiwäscher Kreis"). In: F. Bröckling, U. Grabski-Kieron u. C. Krajewski (Hg.): Stand und Perspektiven der deutschsprachigen Geographie des ländlichen Raumes. Vorträge und Ergebnisse eines Workshops am 25. u. 28. Mai 2004 in Münster. Münster, S. 159-169 = Arbeitsber. d. Arbeitsgemeinschaft Angew. Geogr. Münster e. V. 35.
Herrenknecht, A. 1999: Was haben 20 Jahre Dorferneuerung für die 'innere Entwicklung' der Dörfer gebracht? Versuch einer kritischen Zwischenbilanz. In: G. Henkel (Hg.): 20 Jahre Dorferneuerung - Bilanzen und Perspektiven für die Zukunft. Vorträge des 11. Dorfsymposiums in Bleiwäsche vom 25. und 26. Mai 1998. Essen, S. 41-49 = Essener Geogr. Arb. 30.
Hoyer, K. 1987: Der Gestaltwandel ländlicher Siedlungen unter dem Einfluß der Urbanisierung - eine Untersuchung im Umland von Hannover. Göttingen = Göttinger Geogr. Abhn. 83.
IfL (Hg.) 2002: Nationalatlas Bundesrepublik Deutschland. Bd. 5: Dörfer und Städte. Mithg.: K. Friedrich, B. Hahn u. H. Popp. Heidelberg/Berlin.
Jahnke, P. 1993: Dorferneuerung und regionale Identität - Konzepte und Beispiele. In: Innovative Regionalentwicklung. Von der Planungsphilosophie zur Umsetzung. Festschr. f. K. Goppel. Hg.: F. Schaffer u. a. Augsburg, S. 282-289.
Knievel, M. u. C. Täube 1999: Strategien der ganzheitlichen und geistigen Dorferneuerung. Erfahrungen aus Bayern und Sachsen. In: GR 51, H. 6, S. 313-317.

Landschaftsverband Westfalen-Lippe, Westfälisches Amt für Landes- und Baupflege (Hg.) 1998: Neue Wohngebiete am Ortsrand ländlicher Gemeinden. Städtebauliche Qualität, Landschaftswerte, Ansprüche der Menschen. Münster = Schriftenr. d. Westfälischen Amtes f. Landes- u. Baupflege, Mitt. zur Baupflege 36.
Leitner, W. 1981: Der Strukturwandel der ländlichen geschlossenen Siedlungen. Zur Problematik der „Siedlungstransformierung". In: Zs. f. Wirtschaftsgeogr. 25, H. 4, S. 112-116.
Liedtke, H., G. Scharf u. W. Sperling 1973: Topographischer Atlas Rheinland-Pfalz. Hg.: Landesvermessungsamt Rheinland-Pfalz. Neumünster.
Lienau, C. 1989: Geographie der ländlichen Siedlungen. Stand und Ansätze der Forschung. In: GR 41, S. 134-140.
• Lienau, C. 1995[2]: Die Siedlungen des ländlichen Raumes. Braunschweig (1. Aufl. 1986) = Das Geogr. Seminar.
Lillotte, F. J. 1983: Entwicklung, Stand und zukünftige Konzeption der Flurbereinigung in Westfalen. In: P. Weber und K.-F. Schreiber (Hg.): Westfalen und angrenzende Regionen. Festschr. zum 44. DGT in Münster 1983, Teil I. Paderborn, S. 287-305. = Münstersche Geogr. Arb. 15.
Ministerium f. Umwelt, Raumo. u. Landwirtschaft d. Landes Nordrhein-Westfalen (Hg.) 1998: Modellprojekt Ökologisches Dorf der Zukunft. Schlußdokumentation und Auswertung. Düsseldorf.
Müller-Wille, W. 1944: Langstreifenflur und Drubbel. In: Dt. Archiv f. Landes- u. Volksforsch. VIII, S. 9-44.
Niggemann, J. 1984: Ländliche Siedlungen im Strukturwandel. In: Erdkunde 38, S. 94-97.
Nitz, H.-J. 1979: Martin Borns wissenschaftliches Werk unter besonderer Berücksichtigung seines Beitrages zur Erforschung der ländlichen Siedlungen in Mitteleuropa. In: Ber. z. dt. Landesk. 53, H. 2, S. 187-209.
Nitz, H.-J. 1980: Ländliche Siedlungen und Siedlungsräume - Stand und Perspektiven in Forschung und Lehre. In: 42. DGT Göttingen 1979. Tagungsber. u. wiss. Abhn. Wiesbaden, S. 79-102 = Verhn. d. DGT 42.
Nitz, H.-J. 1984: Siedlungsgeographie als historischgesellschaftswissenschaftliche Prozeßforschung. In: GR 36, H. 4, S. 162-169.
Raków, M. 1999: Dorferneuerung in Ostdeutschland. In: G. Henkel (Hg.): 20 Jahre Dorferneuerung - Bilanzen und Perspektiven für die Zukunft. Vorträge des 11. Dorfsymposiums in Bleiwäsche vom 25. und 26. Mai 1998. Essen, S. 17-30 = Essener Geogr. Arb. 30.
Rösener, W. 1999: Strukturen und Wandlungen des Dorfes in Altsiedellandschaften. In: Siedlungsforsch.. Archäologie - Geschichte - Geogr. 17, S. 9-287.
Ruppert, H. 1985: Das Dorf im Wandel. In: Geogr. heute 6, S. 4-10.
Schenk, W. 2000: Aufgaben der genetischen Siedlungsforschung aus der Sicht der Geographie. In: Siedlungsforschung. Archäologie - Geschichte - Geographie 18, S. 29-50.
Schneider, K. H. 1999: Dorferneuerung in Westdeutschland aus der Sicht der Wissenschaft. In: G. Henkel (Hg.): 20 Jahre Dorferneuerung - Bilanzen und Perspektiven für die Zukunft. Vorträge des 11.

Dorfsymposiums in Bleiwäsche vom 25. und 26. Mai 1998. Essen, S. 3-16 = Essener Geogr. Arb. 30.

SCHRADER, E. 1965[3]: Die Landschaften Niedersachsens. Bau, Bild und Deutung der Landschaft. Ein topographischer Atlas. Hannover.

SCHRÖDER, K. H. 1974: Das bäuerliche Anwesen in Mitteleuropa. In: GZ 62, H. 4, S. 241-271.

SCHRÖDER, K. H. u. G. SCHWARZ 1978[2]: Die ländlichen Siedlungsformen in Mitteleuropa. Grundzüge und Probleme ihrer Entwicklung. Trier = Forsch. z. dt. Landeskunde 175.

SCHÜRMANN, H. 1999: Plädoyer für ein nachhaltiges, regional integriertes Dorfmarketing - Probleme und Perspektiven der Dorferneuerung zwischen konventioneller Gestaltungsplanung und zukunftsfähiger Entwicklung. In: G. HENKEL (Hg.): 20 Jahre Dorferneuerung - Bilanzen und Perspektiven für die Zukunft. Vorträge des 11. Dorfsymposiums in Bleiwäsche vom 25. und 26. Mai 1998. Essen, S. 109-115 = Essener Geogr. Arb. 30.

• SCHWARZ, G. 1989[4]: Allgemeine Siedlungsgeographie. Teil 1: Die ländlichen Siedlungen. Berlin = Lehrbuch d. Allg. Geogr. 6.

SEEDORF, H. H. 1977: Topographischer Atlas Niedersachsen und Bremen. Neumünster.

UHLIG, H. u. C. LIENAU 1978[2]: Flur und Flurformen. Types of field patterns. Le finage agricole et sa structure parcellaire. Gießen = Mat. z. Terminologie d. Agrarlandschaft 1.

UHLIG, H. u. C. LIENAU 1972: Die Siedlungen des ländlichen Raumes. Rural settlements. L'habitat rural. 2 Bde. Gießen = Mat. z. Terminologie d. Agrarlandschaft 2.

VITS, B. 1999: Ist das Haufendorf strukturlos? Untersuchung zur Sozialgenese ausgewählter nordhessischer Dörfer und der Versuch ihrer siedlungsgenetischen Interpretation. In: Siedlungsforsch.. Archäologie - Geschichte - Geographie. 17, S. 95-115.

WEISS, E. 1989: Ländliche Bodenordnungen I und II (1820-1920/1920-1987) aus dem Themenbereich VI Land- und Forstwirtschaft. In: GEOGR. KOMM. FÜR WESTFALEN, LANDSCHAFTSVERBAND WESTFALEN-LIPPE (HG.): Geogr.-landeskundl. Atlas von Westfalen, Lfg. 4, Doppelbl. 2 u. 3 mit Begleittext. Münster.

WIESSNER, R. 1999: Ländliche Räume in Deutschland. Strukturen und Probleme im Wandel. In: GR 51, H. 6, S. 300-304.

Kapitel 6
Einführung in die Stadtgeographie
(zur Zentralitätsforschung s. Kapitel 3)

ADAM, B. u. J. GÖDDECKE-STELLMANN 2002: Metropolregionen - Konzepte, Definitionen und Herausforderungen. In: IzR, H. 9, S. 513-525.

•ALLAIN, R. 2004 (2005[2]): Morphologie urbaine. Géographie, aménagement ete architecture de la ville. Paris.

ARING, J., S. SCHMITZ u. C.-C. WIEGANDT 1995: Nutzungsmischung - planerischer Anspruch und gelebte Realität. In: IzR, H. 6/7, S. 507-523.

BÄHR, J. 1976: Neuere Entwicklungstendenzen lateinamerikanischer Großstädte. In: GR 28, H. 4, S. 125-133.

BÄHR, J. 1990: Santiago de Chile: Städtisches Wachstum unter gewandelten politischen und wirtschaftlichen Rahmenbedingungen. In: Chile. Geschichte, Wirtschaft und Kultur der Gegenwart. Frankfurt/M., S. 227-248 = Lateinamerika-Stud. 25.

BÄHR, J. 1993: Verstädterung der Erde. In: GR 45, H. 7-8, S. 468-472.

BÄHR, J. 2004[4], s. Kap. 2.

•BÄHR, J. u. U. JÜRGENS 2005: Stadtgeographie II. Regionale Stadtgeographie. Braunschweig = Das Geogr. Seminar.

BÄHR, J. u. G. MERTINS 1981: Idealschema der sozialräumlichen Differenzierung lateinamerikanischer Großstädte. In: GZ 69, H. 1, S. 1-33.

BÄHR, J. u. G. MERTINS 1990: Verstädterungsprozesse in Lateinamerika. In: Ibero-Amerikanisches Archiv, 16.3, S. 387-398.

BÄHR, J. u. G. MERTINS 1992: Verstädterung in Lateinamerika. In: GR 44, S. 360-370.

BÄHR, J. u. G. MERTINS 1995: Die lateinamerikanische Großstadt. Verstädterungsprozesse und Stadtstrukturen. Darmstadt = Erträge d. Forsch. 288.

BÄHR, J. u. G. MERTINS 2000: Marginalviertel in Großstädten der Dritten Welt. In: GR 52, H. 7-8, S. 19-26.

BARTELS, D. 1979: Theorien nationaler Siedlungssysteme und Raumordnungspolitik. In: GZ 67, S. 110-146.

BASTEN, L. 2005: Postmoderner Urbanismus. Gestaltung in der städtischen Peripherie. Münster = Schr. d. Arbeitskreises Stadtzukünfte der Dt. Ges. f. Geogr. 1.

BBR (Hg.) 1999a: Aktuelle Daten zur Entwicklung der Städte, Kreise und Gemeinden. Bonn = Ber. d. BBR 3.

BBR (Hg.) 1999b: Modellvorhaben „Städtenetze“. Neue Konzeptionen der interkommunalen Kooperation. Endbericht der Begleitforschung. Bonn = Werkstatt: Praxis 3.

BBR (Hg.) 2002: Aktuelle Daten zur Entwicklung der Städte, Kreise und Gemeinden, Ausgabe 2002. Bonn = Ber. d. BBR 14.

BBR (Hg.) 2003: Aktuelle Daten zur Entwicklung der Städte, Kreise und Gemeinden, Ausgabe 2003. Bonn = Ber. d. BBR 17 (mit CD-ROM: INKAR, Indikatoren und Karten z. Raumentwicklung).

BBR (Hg.) 2005a: INKAR, Indikatoren und Karten zur Raumentwicklung. Bonn (CD-ROM).

BBR (Hg.) 2005b: Raumordnungsbericht 2005. Bonn = Ber. d. BBR 21.

BEAVERSTOCK, J., R. SMITH u. P. TAYLOR 2003[2]: The global capacity of a word city. A relational study of London. In: E. KOFMAN u. G. YOUNGS (Hg.): Globalization: Theory and practice. London/New York, S. 223-236.

BISCHOFF, C. u. CHR. KRAJEWSKI (Hg.) 2003: Beiträge zur geographischen Stadt- und Regionalforschung. Festschrift für Heinz Heineberg. Münster = Münstersche Geogr. Arb. 46.

BLOTEVOGEL, H. H. 1983, s. Kap. 3.

BLOTEVOGEL, H. H. 1992: Regionale und nationale Städtesysteme. In: H. KÖCK (Hg.): Städte und Städtesysteme. Köln, S. 114-122 = Handb. d. Geogr.-unterr. 4.

BLOTEVOGEL, H. H. 1995, s. Kap. 3.

BLOTEVOGEL, H. H. 1998: Metropolen als Motor der Raumentwicklung und als Gegenstand der Raumordnungspolitik. In: Deutschland in der Welt von morgen. Die Chancen unserer Lebens- und Wirtschaftsräume. Hannover, S: 62-79 = Forsch.- u. Sitzungsber. 203.

BLOTEVOGEL, H. H. 2002a: Städtesystem und Metropolregionen. In: IfL (Hg.): Nationalatlas Bundesrepublik Deutschland. Bd. 5: Dörfer und Städte. Mithg.: K. FRIEDRICH, B. HAHN u. H. POPP. Heidelberg/Berlin, S. 40-43.

BLOTEVOGEL, H. H. (Hg.) 2002b: Fortentwicklung des Zentrale-Orte-Konzepts. Hannover = Forschungs- u. Sitzungsber. d. ARL 217.

BLOTEVOGEL, H. H. (Hg.) 2002c: Empfehlungen zur Weiterentwicklung des Zentrale-Orte-Konzepts. Kurzfassung. In: H. H. BLOTEVOGEL (Hg.): Fortentwicklung des Zentrale-Orte-Konzepts. Hannover, S. XIII-XXXVIII = Forschungs- u. Sitzungsber. d. ARL 217.

BLOTEVOGEL, H. H. 2004: Zentrale Orte und Metropolregionen - zu einigen aktuellen Entwicklungen der Raumordnungspolitik in Deutschland. In: Forum Raumplanung, hg. von d. Österreichischen Ges. f. Raumpl., Wien, H. 2, S. 32-43.

BLOTEVOGEL, H. H. u. H. MÖLLER 1982: Regionale und nationale Städtesysteme. In: H. KÖCK (Hg.) 1992: Städte und Städtesysteme. Köln, S. 114-122 = Handb. d. Geographieunterr. 4.

BMBAU (Hg.)1983: Stadtbild und Gestaltung. Modellvorhaben Hameln, Stadtbildanalyse und daraus abgeleitete Entwicklungsmaßnahmen für den historischen Altstadtbereich. Bonn = Schriftenr. „Stadtentwicklung" 02.033.

BMBAU (Hg.) 1986: Raumordnungsbericht 1986. Bonn (BMBAU) = Schriftenr. „Raumo." d. BMBau.

BMBAU (Hg.) 1993: Raumordnungspolitischer Orientierungsrahmen. Leitbilder für die räumliche Entwicklung der Bundesrepublik Deutschland. Bonn.

BMBAU (Hg.) 1993: Raumordnungsbericht 1993. Bonn.

BMBAU (Hg.) 2000: Raumordnungsbericht 2000. Bonn = Ber. 7.

BOBEK, H. 1927: Grundfragen der Stadtgeographie. In: Geogr. Anzeiger 28, H. 7, S. 213-224.

BOBEK, H. 1948, s. Kap. 1.

BÖRDLEIN, R. 2001: Chancen und Probleme einer „Global City": Das Beispiel der Metropolregion Frankfurt/Rhein-Main. In: H. ROGGENTHIN (Hg.): Stadt - der Lebensraum der Zukunft? Gegenwärtige raumbezogene Prozesse in Verdichtungsräumen der Erde. Mainz, S. 11-22 = Mainzer Kontaktstudium Geogr. 7.

BORSDORF, A. 1982: Die lateinamerikanische Großstadt. Zwischenbericht zur Diskussion um ein Modell. In: GR 34, H. 11, S. 498-501.

BORSDORF, A., J. BÄHR u. M. JANOSCHKA 2002: Die Dynamik stadtstrukturellen Wandels in Lateinamerika im Modell der lateinamerikanischen Stadt. In: Geographica Helvetica 57, H. 4, S. 300-310.

BORSDORF, A. u. K. ZEHNER 2005, s. Kap. 5.

BOSKOFF, A. 1970[2]: The sociology of urban regions. New York.

BOUSTEDT, O. 1970[2]: Stadtregionen. In: Akademie für Raumforschung und Landesplanung (Hg.): Handwörterbuch der RuR. Hannover, Sp. 3207-3237.

BRAKE, K., J. S. DANGSCHAT u. G. HERFERT (Hg.) 2001: Suburbanisierung in Deutschland. Aktuelle Tendenzen. Opladen.

BREUSTE, J., M. MEURER u. J. VOGT 2002: Stadtökologie - mehr als nur Natur in der Stadt. In: E. EHLERS u. H. LESER (Hg.): Geographie heute - für die Welt von morgen. Gotha/Stuttgart, S. 36-45 = Perthes Geogr.Kolleg.

BRONGER, D. 1989: Die Metropolisierung der Erde. Ausmaß - Dynamik - Ursachen. In: GS, H. 61, S.

2-13.

BRONGER, D. 1996: Megastädte. In: GR 48, H. 2, S. 74-81.

• BRONGER, D. 2004: Metropolen, Megastädte, Global Cities. Die Metropolisierung der Erde. Darmstadt.

BRONGER, D. 2006: Metropolisierung und Globalisierung. Die Rolle der Metropole im Globalisierungsprozess. Gedanken zu einem weltweiten Vergleich. In: GS 28, H. 161, S. 16-22.

BÜNSTORF, J. 2000: Lateinamerika. Kontinent der Städte. In: geogr. heute 21, H. 186, S. 2-7.

BURDACK, J. 2005: Die metropolitane Peripherie zwischen suburbanen und posturbanen Entwicklungen. Diskurse und Methodik der Untersuchung. In: J. BURDACK, G. HERFERT u. R. RUDOPLH (Hg.): Europäische metropolitane Peripherien. Leipzig, S. 8-23 = Beitr. z. Regionalen Geogr. 61.

BURDACK, J., G. HERFERT u. R. RUDOLPH (Hg.) 2005: Europäische metropolitane Peripherien. Leipzig = Beitr. z. Regionalen Geogr. 61.

BURGESS, E. W. 1925: The growth of the city: an introduction to a research project. In: R. E. PARK, E. W. BURGESS u. R. D. MCKENZIE (Hg.): The city. Chicago.

BURGESS, E.W. 1929: Urban areas. In: T. V. SMITH u. L. D. WHITE (Hg.): Chicago: An experiment in social science research. Chicago.

• CARTER, H. 1972: The study of urban geography. London (1981[3], 1995[4]).

CHRISTALLER, W. 1933, s. Kap. 3.

COY, M. 2002: Jüngere Tendenzen der Verstädterung in Lateinamerika. In: K. BODEMER (Hg.): Lateinamerika Jahrbuch 2002. Frankfurt a. M., S. 9-42.

COY, M. u. F. KRAAS 2003: Probleme der Urbanisierung in den Entwicklungsländern. In: PGM 147, H. 1, S. 32-41.

DANGSCHAT, J. S. u. J. BLASIUS (Hg.) 1994: Lebensstile in den Städten. Konzepte und Methoden. Opladen.

DENECKE, D. 1989: Stadtgeographie als geographische Gesamtdarstellung und komplexe geographische Analyse einer Stadt. In: Die alte Stadt 16, H. 1, S. 3-23.

DETTMANN, K. 1969: Islamische und westliche Elemente im heutigen Damaskus. In: GR 21, S. 64-68.

DSW 2006 (u. verschied. ältere Jahrgänge), s. Kap. 2.

• DÜWEL, J. u. N. GUTSCHOW 2001: Städtebau in Deutschland im 20. Jahrhundert. Ideen - Projekte - Akteure. Wiesbaden = Teubner Studienb. d. Geogr.

EHLERS, E. 1984: Zur baulichen Entwicklung und Differenzierung der marokkanischen Stadt: Rabat - Marrakesch - Meknes. In: Erde 115, S. 183-208.

EHLERS, E. 1992: The city of the Islamic Middle East. In: E. EHLERS (Hg.): Modelling the city -cross-cultural perspectives -. Bonn, S. 89-107 = Colloquium Geographicum 22.

EHLERS, E. 1993: Die Stadt des Islamischen Orients. Modell und Wirklichkeit. In: GR 45, S. 32-39.

EHLERS, E. 2006: Stadtgeographie und Megastadt-Forschung. In: P. GANS, A. PRIEBS u. R. WEHRHAHN (Hg.): Kulturgeographie der Stadt. Kiel, S. 51-62 = Kieler Geogr. Schr. 111.

FARWICK, A. 1998: Soziale Ausgrenzung in der Stadt. Struktur und Verlauf der Sozialhilfebedürftigkeit in städtischen Armutsgebieten. In: GR 50, H. 3, S. 146-153.

FARWICK, A. 2001: Armut in der Stadt - Prozesse der Ausweitung und Verfestigung räumlich segregierter Armut am Beispiel der Stadt Bielefeld. In: Geographica Helvetica 56, H. 2, S. 90-106.

FASSMANN, H. 1999: Eurometropolen - Gemeinsamkeiten und Unterschiede. In: GR 51, H. 10, S. 518-522.

• FASSMANN, H. 2004: Stadtgeographie I. Allgemeine Stadtgeographie. Braunschweig = Das Geogr. Seminar.

FELDBAUER, P., K. HUSA, E. PILZ u. I. STACHER (Hg.) 1997: Mega-Cities. Die Metropolen des Südens zwischen Globalisierung und Fragmentierung. Frankfurt a. M. = Histor. Sozialkunde 12.

FEZER, F. u. U. MUUSS 1971: Luftbildatlas Baden-Württemberg. München.

FRIEDMANN, H. 1968: Alt-Mannheim im Wandel seiner Physiognomie, Struktur und Funktionen (1606-1965). Bonn = Forsch. z. dt. Landesk. 168.

FRIEDRICH, K. 1998: Die Wohnsuburbanisierung in der Stadtregion Halle (Saale). In: Hallesches J.buch Geowiss., R. A, 20, S. 107-115.

FRIEDRICH, K. 2000: Gentrifizierung. Theoretische Ansätze und Anwendung auf Städte in den neuen Ländern. In: GR 52, H. 7-8, S. 34-39.

FRIEDRICH, K., B. HAHN u. H. POPP 2002, s. Kap. 5.

• FRIEDRICHS, J. 1983[3]: Stadtanalyse. Soziale und räumliche Organisation der Gesellschaft. Opladen = WV studium 104.

FRIEDRICHS, J. u. R. KECSKES (Hg.) 1996: Gentrification. Theorie und Forschungsergebnisse. Opladen.

FRIEDRICHS, J. u. H.-G. v. ROHR 1975: Ein Konzept der Suburbanisierung. In: Beiträge zum Problem der Suburbanisierung. Hannover, S. 25

• GAEBE, W. 1987: Verdichtungsräume. Strukturen und Prozesse im weltweiten Vergleichen. Stuttgart = Teubner Studienb. d. Geogr.

GAEBE, W. 1991: Agglomerationsräume in West- und Osteuropa. In: Agglomerationen in West und Ost. Marburg, S. 3-21 = Wirtschafts- u. sozialwiss. Ostmitteleuropa-Stud. 16.

• GAEBE, W. 2004: Urbane Räume. Stuttgart = UTB 2511.

GANS, P., A. PRIEBS und R. WEHRHAHN (Hg.) 2006: Kulturgeographie der Stadt. Kiel = Kieler Geogr. Schr. 111.

GARREAU, J. 1991: Edge city. Life on the new frontier. New York.

GEISLER, W. 1924: Die deutsche Stadt. Ein Beitrag zur Morphologie der Kulturlandschaft. Stuttgart = Forsch. z. dt. Landes- u. Volkskunde XXII/5.

GERHARD, U. 2004: Global Cities - Anmerkungen zu einem aktuellen Forschungsfeld. In: GR 56, H. 4, S. 4-10.

GERTEL, J. 1993: "New Urban Studies". Konzeptionelle Beiträge für eine problemorientierte geographische Stadtforschung. In: GZ 81, S. 98-109.

GLASZE, G. 2004: Segmentärer Staat - fragmentierte Stadt: neue bewachte Wohnkomplexe im Libanon. In: G. MEYER (Hg.): Die Arabische Welt im Spiegel der Kulturgeographie. Mainz, S. 120-127 = Veröff. d. Zentrum f. Forsch. z. Arabischen Welt 1.

GORKI, H. F. 1974: Städte und „Städte" in der Bundesrepubik Deutschland. Ein Beitrag zur Siedlungsklassifikation. In: GZ 62, S. 29-52.

GORMSEN, E. 1981: Die Städte im spanischen Amerika. Ein zeit-räumliches Entwicklungsmodell der letzten hundert Jahre. In: Erdkunde 35, H. 4, S. 290-303.

GORMSEN, E. 1983: Diskussion. Zu Modellen der Stadtstruktur. In: GR 35, H. 6, S. 300.

GORMSEN, E. 1990: Strukturwandel und Erneuerung lateinamerikanischer Kolonialstädte. In: Die alte Stadt, Vierteljahrszs. f. Stadtgesch., Stadtsoziologie u. Denkmalpflege 17, S. 331-345.

• GORMSEN, E. 1995: Mexiko. Land der Gegensätze und Hoffnungen. Gotha (Klett-Perthes) = Perthes Länderpr.

GRASSNIK, M. (Hg.) u. Mitarb. von H. HOFRICHTER 1982: Stadtbaugeschichte von der Antike bis zur Neuzeit. Braunschweig = Mat. zur Baugeschichte 4.

GRUBER, K. 1976[2]: Die Gestalt der deutschen Stadt. Ihr Wandel aus der geistigen Ordnung der Zeit. München.

GUTSCHOW, N. u. R. STIEMER 1982: Dokumentation Wiederaufbau der Stadt Münster 1945-1961. Münster.

HAASE, C. 1984[4] (1. Aufl. 1964): Die Entstehung der westfälischen Städte. Münster = Veröff. d. Provinzialinst. f. Westf. Landes- u. Volksforschung d. Landschaftsverbandes Westfalen-Lippe, R. 1, H. 11.

HÄUSSERMANN, H. 1998: Armut und städtische Gesellschaft. In: GR 50, H. 3, S. 136-138.

HÄUSSERMANN, H. u. W. SIEBEL 1987: Neue Urbanität. Frankfurt/M. = edition suhrkamp 1432, Neue Folge 432.

• HÄUSSERMANN, H. u. W. SIEBEL 2004: Stadtsoziologie. Eine Einführung. Unter Mitarb. v. J. WURTZBACHER. Frankfurt/New York.

HAHN, B. 2002, s. Kap. 3.

HAHN, B. 2003: Armut in New York. In: GR 55, H. 10, S. 50-54.

HAHN, B. 2006, s. Kap. 3.

• HAHN, R. 1991: USA. Stuttgart = Klett/Länderpr.

• HAHN, R. 2002: USA. Neue Raumentwicklungen oder eine Neue Regionale Geographie. Gotha/Stuttgart = Perthes Länderpr.

HALL, P. 2001: Global City-Regions in the Twenty-first century. In: A. J. SCOTT (Hg.): Global City-Regions. Trends, theory, policy. Oxford, S. 59-77.

• HALL, T. 1998: Urban Geography. London = Routledge Contemporary Human Geogr. Ser.

• HAMM, B. 1982: Einführung in die Siedlungssoziologie. München = Beck'sche Elementarbücher.

HAMNETT, C. 2003 (Reprint 2004): Unequal City. London in the Global Arena. London/New York.

HARRIS, C. D. u. E. L. ULLMAN 1945: The nature of cities. In: Ann. Am. Acad. Pol. Sci. 242.

HARTOG, R. 1962: Stadterweiterungen im 19. Jahrhundert. Stuttgart = Schriftenr. d. Vereins z. Pflege kommunalwiss. Aufgaben e. V. Berlin.

HAUFF, TH. 1995: Wohnungsbau und Eigenheimbau. Wohnwünsche von Wohnungssuchenden und Bauwilligen. Hg.: DER OBERSTADTDIREKTOR DER STADT MÜNSTER, Stadtplanungsamt - Stadt- und Regionalentwicklung - Münster = Beitr. zur Stadtf., Stadtentwicklung, Stadtpl. 4/95.

HEINEBERG, H. 1988a: Die Stadt im westlichen Deutschland. Aspekte innerstädtischer Struktur- und Funktionsveränderungen der Nachkriegszeit. In: GR 40, H. 1, S. 20-28.

HEINEBERG, H. 1988b: Stadtgeographie. Entwicklung und Forschungsschwerpunkte. In: GR 40, H. 11, S. 6-13.

HEINEBERG, H. 1989a: Der Beitrag der Stadtgeographie zur kommunalwissenschaftlichen Forschung in der Bundesrepublik Deutschland. In: J. J. HESSE (Hg.): Kommunalwissenschaften in der Bundesrepublik Deutschland. Baden-Baden, S. 265-299 = Schr. z.

kommunalen Wiss. u. Praxis 2.

HEINEBERG, H. 1992: Geographische Stadtforschung statt Stadtgeographie? Zur Stellung der Stadtgeographie im interdisziplinären Rahmen. In: Geogr. heute 100, S. 13-20.

• HEINEBERG, H.: 1997², s. Kap. 3.

HEINEBERG, H. 1999a: Verstädterung und Stadtentwicklung in Mexiko: Forschungsschwerpunkte aus geographischer Perspektive. In: R. ESCHENBURG, H. HEINEBERG, U. PFISTER u. CHR. STROSETZKI (Hg.): Lateinamerika. Gesellschaft - Raum - Kooperation. Festschr. für Achim Schrader zum 65. Geburtstag. Frankfurt a. M., S. 37-64.

HEINEBERG, H. 1999b: Leitbilder der Stadtentwicklung und Lebensqualität. In: E. HELMSTÄDTER u. R.-E. MOHRMANN (Hg.): Lebensraum Stadt. Eine Vortragsreihe der Universität Münster zur Ausstellung Skulptur. Projekte in Münster 1997. Münster, S. 95-125 = Worte - Werke - Utopien. Thesen u. Texte Münsterscher Gelehrter 10.

HEINEBERG, H. 2001b: Eugen Wirths Werk „Die orientalische Stadt im islamischen Vorderasien und Nordafrika" (2000/2001). In: Orient, Dt. Zs. f. Politik u. Wirtschaft d. Orients 42, Nr. 3, S. 539-555.

HEINEBERG, H. 2004: Städte in Deutschland - zwischen Wachstum und Umbau. In: GR 56, H. 9, S. 40-47.

HEINEBERG, H. 2005a: „Metropolen" im Globalisierungsprozess. In: K. ENGELHARD u. K.-H. OTTO (Hg.): Globalisierung. Eine Herausforderung für Entwicklungspolitik und entwicklungspolitische Bildung. Münster, S. 59-123 = Schr. d. Arbeitsstelle Eine-Welt-Initiative 8.

HEINEBERG, H. 2005b: Die Erforschung der Stadt - von „lokal" bis „global": In: geogr. heute 26, H. 236, S. 2-5.

• HEINEBERG, H. 2006³a: Grundriss Allgemeine Geographie: Stadtgeographie. Paderborn (1. Aufl. 2000, 2001²a) = UTB 2166.

HEINEBERG, H. 2006b: Geographische Stadtmorphologie in Deutschland im internationalen und interdisziplinären Rahmen. In: Kulturgeographie der Stadt. Hg. v. P. GANS, A. PRIEBS und R. WEHRHAHN. Kiel, S. 1-33 = Kieler Geogr. Schr. 111.

HEINEBERG, H. u. K.-H. KIRCHHOFF 1993²: Münster. Entwicklung, räumliche Struktur, Funktionen und Planungsaspekte. In: A. MAYR, F. SCHULTZE-RHONHOF u. K. TEMLITZ (Hg.): Münster und seine Partnerstädte. Münster, S. 39-78 = Westf. Geogr. Stud. 46.

HEINEBERG, H. u. A. MAYR 1993: Räumlich-strukturelle Entwicklung Münsters und Probleme der Stadtplanung seit 1945. In: F.-J. JAKOBI (Hg.): Geschichte der Stadt Münster. Bd. 3. Münster, S. 293-340.

HELBRECHT, I. 1996a: Stadtstrukturen in Kanada und den USA im Vergleich. Die Dialektik von Stadt und Gesellschaft. In: Erdkunde 50, H. 3, S. 238-251.

HELBRECHT, I. 1996b: Die Wiederkehr der Innenstädte. Zur Rolle von Kultur, Kapital und Konsum in der Gentrification. In: GZ 84, H. 1, S. 1-15.

HELBRECHT, I. 1997: Stadt und Lebensstil. Von der Sozialanalyse zur Kulturraumanalyse? In: Erde 128, H. 1, S. 3-16.

HELBRECHT, I. u. J. POHL 1995: Pluralisierung der Lebensstile: Neue Herausforderungen für die sozialgeographische Stadtforschung. In: GZ 83, S. 222-237.

HEMMER, M. 2002: Die Stadt der Zukunft. Herausforderung für den Geographieunterricht. In: Geogr. heute 23, H. 200, S. 26-29.

HENKEL, G. 2004⁴, s. Kap. 5.

HENKEL, R. 1998: Geographische Stadtforschung im Zeitalter der Globalisierung. In: G. RINSCHEDE u. J. GAREIS (Hg.): Global denken - lokal handeln. Regensburg, S. 11-19 = Regensburger Beitr. z. Didaktik d. Geogr. 5.

HESSE, M. 2004: Mitten am Rand. Vorstadt, Suburbia, Zwischenstadt. In: Kommune 5, S. 70-74.

HESSE, M. u. ST. SCHMITZ 1998: Stadtentwicklung im Zeichen von „Auflösung" und Nachhaltigkeit. In: IzR, H. 7/8, S. 435-453.

HOFMEISTER, B. 1971: Stadt und Kulturraum Angloamerika. Braunschweig.

HOFMEISTER, B. 1982: Die Stadtstruktur im interkulturellen Vergleich. In: GR 34, H. 11, S. 482-488.

HOFMEISTER, B. 1984: Der Stadtbegriff des 20. Jahrhunderts aus der Sicht der Geographie. In: Die alte Stadt, Vierteljahrszs. f. Stadtgesch., Stadtsoziologie u. Denkmalpflege 11, S. 197-213.

HOFMEISTER, B. 1989: Stadtgeographie. Entwicklungsphasen und wechselnde Forschungsschwerpunkte. In: Die alte Stadt, Vierteljahrszs. f. Stadtgesch., Stadtsoziologie u. Denkmalpflege 16, 411-420.

• HOFMEISTER, B. 1996³: Die Stadtstruktur. Ihre Ausprägung in den verschiedenen Kulturräumen der Erde. Darmstadt (1. Aufl. 1980) = Erträge d. Forsch. 132.

• HOFMEISTER, B. 1999⁷: Stadtgeographie. Braunschweig = Das Geogr. Seminar.

HOHN, U. u. A. HOHN 1993: Großsiedlungen in Ostdeutschland. Entwicklung, Perspektiven und die Fallstudie Rostock. In: GR 45, H. 3, S. 146-152.

HOLZ, I.-H. 1994: Stadtentwicklungs- und Standorttheorien unter Einbeziehung des Immobilienmarktes. Mannheim = Mannheimer Geogr. Arb. 36.

HOLZNER, L. 1972: Sozialsegregation und Wohnviertelsbildung in amerikanischen Städten: dargestellt am Beispiel Milwaukee, Wisconsin. In: Räumliche und zeitliche Bewegungen. Methodische und regionale Beiträge zur Erfassung komplexer Räume (Festschr. W. GERLING), Hg.: G. BRAUN. Würzburg, S. 153-182 = Würzburger Geogr. Arb. 37.

HOLZNER, L. 1990: Stadtland USA. Die Kulturlandschaft des American Way of Life. In: GR 42, S. 468-475.

HOLZNER, L. 1996: Stadtland USA: Die Kulturlandschaft des American Way of Life. Gotha = PGM, Erg.-H. 291.

HOTZAN, J. 1997² (2004³): dtv-Atlas Stadt. Von den ersten Gründungen bis zur modernen Stadtplanung. München = dtv-Atlas 3231.

HOYT, H. 1939: The structure and growth of residential neighboorhoods in American cities. Washington.

IFL (Hg.) 2002: Nationalatlas Bundesrepublik Deutschland. Bd. 5: Dörfer und Städte, s. Kap. 5.

IRSIGLER, F. 1999: Städtelandschaften und kleine Städte. In: H. FLACHENECKER u. R. KIESSLING (Hg.): Städtelandschaften in Altbayern, Franken und Schwaben. München, S. 13-38 = ZBLG Beih. 15.

JESSEN, J. 1995: Nutzungsmischung im Städtebau. Trends und Gegentrends. In: IzR, H. 6/7, S. 391-404.

JOHANEK, P. u. F.-J. POST (Hg.) 2004: Vielerlei Städte. Der Stadtbegriff. Köln/Weimar/Wien = Städteforsch. A/61.

JOHNSTON, R. J. 1994³: Gentrification. In: R. J. JOHNSTON, D. GREGORY u. D. M. SMITH (Hg.): The dictionary of Human Geography. Oxford, S. 216-217.

• JUCHELKA, R., A. KREUS u. N. VON DER RUHREN 2003: Leitbilder der Stadtentwicklung. Köln = Unterrichtspraxis SII, Geogr.: Gesellschaftliche Strukturen 15.

KAISER, C. u. K. FRIEDRICH 2000: Chancen und Probleme ostdeutscher Stadtzentren in Konkurrenz zu peripheren Standorten. In: Zs. f. Wirtschaftsgeogr. 44, H. 2, S. 100-112.

KLAGGE, B. 1998: Armut in westdeutschen Städten. Ursachen und Hintergründe für die Disparitäten städtischer Armutsraten. In: GR 50, H. 3, S. 139-145.

KLAGGE, B. 2005: Armut in westdeutschen Großstädten. Strukturen und Trends aus stadtteilorientierter Perspektive - eine vergleichende Langzeitstudie der Städte Düsseldorf, Essen, Frankfurt, Hannover und Stuttgart. Stuttgart = Erdkundl. Wissen 137.

KLEE, A. 2001: Der Raumbezug von Lebensstilen in der Stadt. Ein Diskurs über eine schwierige Beziehung mit empirischen Befunden aus der Stadt Nürnberg. Passau = Münchener Geogr. H. 83.

• KNOX, P. u. ST. PINCH 2000[4]: Urban Social Geography. An introduction. Harlow.

• KÖCK, H. (Hg.) 1992: Städte und Städtesysteme. Köln = Handb. d. Geographieunterr. 4.

KOLB, A. 1962: Die Geographie und die Kulturerdteile. In: A. LEIDLMAIR (Hg.): HERMANN VON WISSMANN-Festschr. Tübingen, S. 42-49.

KORDA, M. (Hg.) 1999[4]: Müller/Korda Städtebau. Leipzig.

KORFF, H.-R. 1996: Globalisierung und Megastadt. Ein Phänomen aus soziologischer Perspektive. In: GR 48, H. 2, S. 120-123.

KRAAS, F., D. MÜLLER-MAHN u. U. RADTKE 2002: Städte, Metropolen und Megastädte: Dynamische Steuerungszentren und globale Problemräume. In: E. EHLERS u. H. LESER (Hg.): Geographie heute - für die Welt von morgen. Gotha/Stuttgart, S. 27-35 = Perthes Geogr.Kolleg.

KRAJEWSKI, C. 2004: Gentrification in zentrumsnahen Stadtquartieren am Beispiel der Spandauer und der Rosenthaler Vorstadt in Berlin-Mitte. In: W. ENDLICHER u. a. (Hg.): Tagungsbd. 29. Deutscher Schulgeographentag. Zwischen Kiez und Metropole - Zukunftsfähiges Berlin im neuen Europa. Berlin, S. 103-107 (auf CD-ROM Langfassung, S. 103-113) = Berliner Geogr. Arb. 97.

KRAJEWSKI, C. 2006: Urbane Transformationsprozesse in zentrumsnahen Stadtquartieren - Gentrifizierung und innere Differenzierung am Beispiel der Spandauer Vorstadt und der Rosenthaler Vorstadt in Berlin. Münster = Münstersche Geogr. Arb. 48.

KROSS, E. 1975: Städtebauepochen im Geographieunterricht. In: Unterrichtsmodelle zur Stadtgeographie - Sekundarstufe I. Stuttgart, S. 40-62 = Der Erdkundeunterr., Sonderh. 2.

KROSS, E. 1992: Die Barriadas von Lima. Stadtentwicklungsprozesse in einer lateinamerikanischen Metropole. Paderborn = Bochumer Geogr. Arb. 55.

KROSS, E. 2006: Modelle im Geographieunterricht - Das Beispiel der lateinamerikanischen Stadt. In: P. GANS, A. PRIEBS u. R. WEHRHAHN (Hg.): Kulturgeographie der Stadt. Kiel, S. 491-508 = Kieler Geogr. Schr. 111.

KUNZMANN, K. R. 1995: Europäische Städtenetze und die Hauptstadt Berlin. In: IzR, H. 2/3, S. 127-133.

LANGE, N. DE 1980: Städtetypisierung in Nordrhein-Westfalen im raum-zeitlichen Vergleich 1961 und 1970 mit Hilfe multivariater Methoden - eine empirische Städtesystemanalyse. Paderborn = Münstersche Geogr. Arb. 8.

LANGE, N. DE (Hg.) 2000: Geoinformationssysteme in der Stadt- und Umweltplanung. Fallbeispiele aus Osnabrück. Osnabrück = Osnabrücker Stud. z. Geogr. 19.

LANGE N. DE 2003: Einsatz von Geoinformationssystemen zur Entscheidungsunterstützung in der Stadtplanung: Modellierung von Rasterdaten und Oberflächen. In: C. A. BISCHOFF u. C. KRAJEWSKI (Hg.): Beiträge zur geographischen Stadt- und Regionalforschung. Festschr. f. HEINZ HEINEBERG. Münster, S. 221-2130 = Münstersche Geogr. Arb. 46.

LAUX, H. D. u. G. THIEME 2006: Ökonomische Restrukturierung in Los Angeles. Ethnischer Arbeitsmarkt und sozialräumliche Polarisierung. In: P. GANS, A. PRIEBS u. R. WEHRHAHN (Hg.): Kulturgeographie der Stadt. Kiel, S. 309-327 = Kieler Geogr. Schr. 111.

LICHTENBERGER, E. 1986: Stadtgeographie - Perspektiven. In: GR 38, H. 7-8, S. 388-394.

• LICHTENBERGER, E. 1998[3]: Stadtgeographie. Bd. 1: Begriffe, Konzepte, Modelle, Prozesse. Stuttgart = Teubner Studienb. der Geogr.

LICHTENBERGER, E. 2002: Die Stadt. Von der Polis zur Metropolis. Darmstadt.

• LIENAU, C. 1995[2], s. Kap. 5.

MERTINS, G. 1984: Marginalsiedlungen in Großstädten der Dritten Welt. In: GR 36, S. 434-442.

MERTINS, G. 1994: Verstädterungsprobleme in der Dritten Welt. In: PG, H. 1, S. 4-9.

MERTINS, G. 2003: Jüngere sozialräumlich-strukturelle Transformationen in den Metropolen und Megastädten Lateinamerikas. In: PGM 147, H. 4, S. 47-55.

MERTINS, G. 2006: Wachsende Marginalisierung und Marginalviertel in Großstädten der Dritten Welt. In: P. GANS, A. PRIEBS u. R. WEHRHAHN (Hg.): Kulturgeographie der Stadt. Kiel, S. 63-77 = Kieler Geogr. Schr. 111.

MEYER, F. 2003: Die „islamisch-orientalische Stadt" - noch immer ein eigenständiger kulturgenetischer Stadttyp? In: H. POPP (Hg.): Das Konzept der Kulturerdteile in der Diskussion - das Beispiel Afrikas. Wissenschaftlicher Diskurs - unterrichtliche Relevanz - Anwendung im Erdkundeunterricht. Bayreuth, S. 63-88 = Bayreuther Kontaktstudium Geogr. 2.

MEYER, Z. 2005: Urbane Welten und ihre geographische Erforschung: der Versuch eines „state of the art". In: F. MEYER u. H. POPP (Hg.): Stadtgeographie für die Schule. Fachliche Grundlagen, Beispiele und Materialien für die Unterrichtsarbeit. Bayreuth, S. 17-34 = Bayreuther Kontaktstudium Geogr. 3.

•MEYER, F. u. H. POPP (Hg.) 2005: Stadtgeographie für die Schule. Fachliche Grundlagen, Beispiele und Materialien für die Unterrichtsarbeit. Bayreuth = Bayreuther Kontaktstudium Geogr. 3.

MEYER, G. 2004: Wohnen in der Megastadt Kairo. In: G. MEYER (Hg.): Die Arabische Welt im Spiegel der Kulturgeographie. Mainz, S. 129-145 = Veröff. d. Zentrum f. Forsch. z. Arabischen Welt1.

MEYER-KRIESTEN, K. 2006: Santiago de Chile: Stadtexpansion durch Megaprojekte. In: P. GANS, A. PRIEBS u. R. WEHRHAHN (Hg.): Kulturgeographie der Stadt. Kiel, S. 419-431 = Kieler Geogr. Schr. 111.

MEYER-KRIESTEN, K., J. PLÖGER u. J. BÄHR 2004:

Wandel der Stadtstruktur in Lateinamerika. Sozialräumliche und funktionale Ausdifferenzierungen in Santiago de Chile und Lima. In: GR 56, H. 6, S. 30-36.

MKRO - ARBEITSGRUPPE FÜR EUROPÄISCHE METROPOLREGIONEN (Hg.) 1997: Vorschläge zur Stärkung der europäischen Metropolregionen in Deutschland. In: BMBAU (Hg.): Entschließungen der MKRO 1993-1997. Bonn, S. 52-57.

MONHEIM, R. 2002: Nutzung und Verkehrserschließung von Innenstädten. In: IfL (Hg.): Nationalatlas Bundesrepublik Deutschland. Bd. 5: Dörfer und Städte. Mithg.: K. FRIEDRICH, B. HAHN u. H. POPP. Heidelberg/Berlin, S. 132-135.

MORRIS, A. E. J. 1972: History of urban form. Prehistory to the renaissance. London.

MÜLLER-HOHENSTEIN, K. u. H. POPP 1990: Marokko. Ein islamisches Entwicklungsland mit kolonialer Vergangenheit. Stuttgart = Klett/Länderpr.

O'LOUGHLIN, J. u. G. GLEBE 1980: Faktorökologie der Stadt Düsseldorf. Ein Beitrag zur urbanen Sozialraumanalyse. Düsseldorf = Düsseldorfer Geogr. Schr. 16.

PLÖGER, J. 2006: Lima, Stadt der Gitter: Abgesperrte Nachbarschaften als Reaktion auf veränderte sozioökonomische Rahmenbedingungen. In: P. GANS, A. PRIEBS u. R. WEHRHAHN (Hg.): Kulturgeographie der Stadt. Kiel, S. 369-381 = Kieler Geogr. Schr. 111.

POPP, H. 2002: Stadtgründungsphasen und Stadtgröße. In: IfL (Hg.): Nationalatlas Bundesrepublik Deutschland. Bd. 5: Dörfer und Städte. Mithg.: K. FRIEDRICH, B. HAHN u. H. POPP. Heidelberg/Berlin, S. 80-81.

POPP, H. 2003: Kulturwelten, Kulturerdteile, Kulturkreise - Zur Beschäftigung der Geographie mit der Gliederung der Erde auf kultureller Grundlage. Ein Weg in die Krise? In: H. POPP (Hg.): Das Konzept der Kulturerdteile in der Diskussion - das Beispiel Afrikas. Wissenschaftlicher Diskurs - unterrichtliche Relevanz - Anwendung im Erdkundeunterricht. Bayreuth, S. 19-42 = Bayreuther Kontaktstudium Geogr. 2.

POSCHWATTA, W. 1978: Verhaltensorientierte Wohnumfelder. Versuch einer Typisierung am Beispiel der Augsburger Innenstadt. In: GR 30, S. 198-205.

PRIEBS, A. 1996: Städtenetze als raumordnungspolitischer Handlungsansatz - Gefährdung oder Stütze des Zentrale-Orte-Systems? In: Erdkunde 50, H. 1, S. 35-45.

PRIEBS, A. 2000: Stadt - Stadtregion - Städtenetze. In: GR 52, H. 7-8, S. 51-53.

REUBER, P. 1993: Heimat in der Großstadt. Eine sozialgeographische Studie zu Raumbezug und Entstehung von Ortsbindung am Beispiel Kölns und seiner Stadtviertel. Köln = Kölner Geogr. Arb. 58.

RICHARD-WIEGANDT, U. 1991: Das Siedlungswachstum der Stadt Münster vom 19. Jahrhundert bis zum Zweiten Weltkrieg. Hg.: DER OBERSTADTDIREKTOR DER STADT MÜNSTER, Stadtplanungsamt. Münster.

RICHARD-WIEGANDT, U. 1996: Das neue Münster. 50 Jahre Wiederaufbau und Stadtentwicklung 1945-1995. Hg.: DER OBERSTADTDIREKTOR DER STADT MÜNSTER, Stadtplanungsamt. Münster.

ROPPELT, T. 2002: Innerstädtische Viertelbildungen in Mittelstädten. Das Beispiel Bamberg. Bamberg = Bamberger Geogr, Schr., Sonderfolge, 8.

ROTHER, K. 2006: Die Bergstädte des Erzgebirges im epochalen Wandel. In: P. GANS, A. PRIEBS u. R. WEHRHAHN (Hg.): Kulturgeographie der Stadt. Kiel, S. 255-270 = Kieler Geogr. Schr. 111.

RUPPERT, H. U. F. SCHAFFER 1969, s. Kap. 1.

SASSEN, S. 1996: Metropolen des Weltmarkts. Die neue Rolle der Global Cities. Frankfurt a. M.

SCARGILL, D. I. 1979: The form of cities. London = Urban and Social Geogr. Ser.

SCHAFFER, F. 1986: Angewandte Stadtgeographie. Projektstudie Augsburg. Trier = Forsch. z. dt. Landesk. 226.

SCHEINER, J. unter Mitarb. v. A. ILLIG u. H. LICHTENBERG 1999: Die Mauer in den Köpfen - und in den Füßen? Wahrnehmungs- und Aktionsraummustern im vereinten Berlin. Hg.: Freie Univ. Berlin, Berlin-Forsch. Berlin.

SCHEINER, J. 2000: Eine Stadt - zwei Alltagswelten? Ein Beitrag zur Aktionsraumforschung und Wahrnehmungsgeographie im vereinten Berlin. Berlin = Abhn. - Anthropogeogr. Inst. f. Geogr. Wiss., Freie Univ. Berlin, 62.

SCHENK, W. 2000, s. Kap. 5.

SCHNEIDER-SLIWA, R. 1996: Kernstadtverfall und Modelle der Erneuerung in den USA. *Privatism, Public-Private Partnerships,* Revitalisierungs-politik und sozialräumliche Prozessse in Atlanta, Boston und Washington D. C. Berlin.

SCHNEIDER-SLIWA, R. 1999: Nordamerikanische Innenstädte der Gegenwart. In: GR 51, H. 12, S. 44-51.

SCHNEIDER-SLIWA, R. 2002: US-amerikanische Stadt. In: E. BRUNOTTE u. a. (Hg.): Lexikon der Geographie in vier Bänden. Bd. 3. Heidelberg/Berlin, S. 403-405.

SCHNORE, L. F. 1972: Class and race in cities and suburbs. Chicago = Markham Ser. in Process and Change in American Society.

SCHÖLLER, P. 1967: Die deutschen Städte. Wiesbaden = Erdkundliches Wissen 17 (GZ, Beihefte).

SCHÖN, K.P. 1993: Struktur und Entwicklung des Städtesystems in Europa. In: IzR, H. 9/10.1, S. 639-654.

SCHOLZ, F. 1979: Verstädterung in der Dritten Welt. Der Fall Pakistan. In: W. KREISEL u.a. (Hg.): Siedlungsgeographische Studien. Festschr. für GABRIELE SCHWARZ. Berlin, S. 341-385.

SCHOLZ, F. 2000: Perspektiven des „Südens" im Zeitalter der Globalisierung. In: GZ 88, H. 1, S. 1-20.

SCHOLZ, F. 2002: Die Theorie der „fragmentierenden Entwicklung". In: GR 54, H. 10, S. 6-11.

• SCHOLZ, F. 2004: Geographische Entwicklungsforschung. s. Kap. 1.

SCHRAND, H. 1992: Die Verstädterung der Erde. In: H. KÖCK (Hg.): Städte und Städtesysteme. Köln, S. 294-295 = Handb. d. Geographieunterr. 4.

SCHRAND, H. 1998: Die Stadt als Lebensraum zwischen Globalisierung und Lokalisierung. In: G. RINSCHEDE u. J. GAREIS (Hg.): Global denken - lokal handeln. Regensburg, S. 21-27 = Regensburger Beitr. z. Didaktik d. Geogr. 5.

SCHUBERT, D. 2001: Welche „Stadt"? Welcher Stadtbegriff? - Zum Mythos der „europäischen Stadt" und zu notwendiger Klärungen. In: Jb. Stadter-neuerung 2001, Beitr. aus Lehre u. Forsch. an deutschsprachigen Hochschulen. Berlin, S. 49-63.

SCHULTE, G. 1995: Der naturwissenschaftliche Zugang zur Stadtökologie. In: E.-H. RITTER (Hg.) 1995: Stadtökologie. Konzeptionen, Erfahrungen, Probleme, Lösungswege. Berlin, S. 25-31 = Zs. f. Angew. Umweltforschung, Sonderh. 6, Stadtökologie.

SCHUSTER, M. E. 1951: Innstädte und ihre alpenländische Bauweise. München.

• SCHWARZ, G. 1989⁴: Allgemeine Siedlungsgeographie. Teil 2: Die Städte. Berlin = Lehrbuch d. Allg. Geogr. 6.

SCIBBE, P. 2000: Städtenetzwerke - ein neues Organisationskonzept in Raumordnung und Kommunalpolitik. Würzburg = Würzburger Geogr. Manuskripte 49

SEGER, M. 1975: Strukturelemente der Stadt Teheran und das Modell der modernen orientalischen Stadt. In: Erdkunde 29, H. 1, S. 21-38.

SEGER, M. 1978: Teheran. Eine stadtgeographische Studie. Wien.

SEGER, M. 1997: Teheran von Schah zu Schia. Metropolitane Entwicklung unter gegensätzlichen Rahmenbedingungen. In: P. FELDBAUER, K. HUSA, E. PILZ u. I. STACHER (Hg.): Mega-Cities. Die Metropolen des Südens zwischen Globalisierung und Fragmentierung. Frankfurt a. M., S. 233-257 = Historische Sozialkunde 12.

SIEVERTS, TH. 1999³: Zwischenstadt zwischen Ort und Welt, Raum und Zeit, Stadt und Land. Braunschweig = Bauwelt-Fundamente 118.

SIEVERTS, TH. 2003: Sieben einfache Zugänge zum Begreifen und zum Umfang mit der Zwischenstadt. In: F. OSWALD u. N. SCHÜLLER (Hg.): Neue Urbanität - das Verschmelzen von Stadt und Landschaft. Zürich.

• STEWIG, R. 1983: Die Stadt in Industrie- und Entwicklungsländern. Paderborn = UTB 1247.

STOOB, H. 1956: Kartographische Möglichkeiten zur Darstellung der Stadtentstehung in Mitteleuropa, besonders zwischen 1450 und 1800. In: Historische Raumforschung I. Bremen-Horn, S. 21-76. = Forschungs- u. Sitzungsber. d. ARL 6.

STOOB, H. 1990: Leistungsverwaltung und Städtebildung zwischen 1840 und 1940. In: H. H. BLOTEVOGEL (Hg.): Kommunale Leistungsverwaltung und Stadtentwicklung vom Vormärz bis zu Weimarer Republik. Köln, S. 215-240 (m. Karte im Anhang) = Städteforsch. A/30.

TAUBMANN, W. 1985: Verstädterung in der Dritten Welt. In: Geogr. heute 6, H. 32, S. 2-9.

TAUBMANN, W. 1996: Weltstädte und Metropolen im Spannungsfeld zwischen "Globalität" und "Lokalität". In: Geogr. heute 17, H. 142, S. 4-9.

TAYLOR, P. J. 2004: World city network. A global urban analysis. London/New York

TOBLER, G. 2002: Agglomerationspolitik in der Schweiz: Auf dem Weg zu einem konkurrenzfähigen Städtesystem. Ziele, Strategien und Maßnahmen der neuen Agglomerationspolitik des Bundes. In: IzR, H. 9, S. 501-511.

UN (Hg.) 1993: World urbanization prospects: The 1992 revision. Estimates and projections of urban and rural populations and of urban agglomerations. New York (UN) = Dept. of Economic and Social Information and Policy Analysis ST/ESA/SER.A/136.

UN CENTRE FOR HUMAN SETTLEMENTS (HABITAT) (Hg.) 1996: An urbanizing world. Global report on human settlements 1996. Oxford.

UNFPA/DSW 2006 (u. verschied. ältere Jahrgänge), s. Kap. 2.

WEHRHAHN, R. 1993: Ökologische Probleme in lateinamerikanischen Großstädten. In: PGM 137, H. 2, S. 79-94.

WEHRHAHN, R. 1998: Urbanisierung und Stadtentwicklung in Brasilien. In: GR 50, H. 11, S. 656-663.

WEHRHAHN, R. 2000: Zur Peripherie postmoderner Metropolen: Periurbanisierung, Fragmentierung und Polarisierung, untersucht am Beispiel Madrid. In: Erdkunde 54, H. 3, S. 221-237.

WERLEN, B. 1998, 2000, 2002 s. Kap. 1.

WIEGANDT, C.-C. 1997: An den Grenzen des Wachstums. Eindrücke zur amerikanischen Stadtentwicklung Mitte der 90er Jahre. Bonn = Arbeitspapiere 3/1997.

• WIESE, B. 1997: Afrika. Ressourcen, Wirtschaft, Entwicklung. Stuttgart = Teubner Studienb. d. Geogr. - Regional 1.

WILHELMY, H. u. A. BORSDORF 1984/1985: Die Städte Südamerikas. Teil 1: Wesen und Wandel (1984), Teil 2: Die urbanen Zentren und ihre Regionen (1985). Berlin = Urbanisierung d. Erde 3/1 u. 3/2.

WIRTH, E. 1974/1975: Zum Problem des Bazars. Versuch einer Begriffsbestimmung und Theorie des traditionellen Wirtschaftszentrums der orientalisch-islamischen Stadt. In: Der Islam 51 (1974), H. 2, S. 203-260; 52 (1975), H. 1, S. 6-46.

WIRTH, E. 1975: Die orientalische Stadt. Ein Überblick aufgrund jüngerer Forschungen zur materiellen Kultur. In: Saeculum 26, H. 1, S. 45-94.

WIRTH, E. 1982: Die orientalische Stadt. Spezifische Besonderheiten der Städte Nordafrikas und Vorderasiens aus der Sicht der Geographie. In: Forsch. in Erlangen. Vortragsr. d. Collegium Alexandrinum d. Univ. Erlangen-Nürnberg. Hg.: Förderergemeinschaft d. Collegium Alexandrinum. Erlangen, S. 74-79.

WIRTH, E. 1991: Zur Konzeption der islamischen Stadt. Privatheit im islamischen Orient versus Öffentlichkeit in Antike und Okzident. In: Die Welt des Islams 31, H. 1, S. 50-92.

WIRTH, E. 2001²: Die orientalische Stadt im islamischen Vorderasien und Nordafrika. - Städtische Bausubstanz und räumliche Ordnung, Wirtschaftsleben und soziale Organisation. 2 Bde. (Text u. Tafeln). Mainz.

WOOD, G. 1985: Die Wahrnehmung sozialer und bebauter Umwelt, dargestellt an städtebaulichen Problemen der Großstadt Essen. Oldenburg = Wahrnehmungsgeogr. Stud. zur Regionalentwicklung 3.

WOOD, G. 2003a: Die Wahrnehmung städtischen Wandels in der Postmoderne. Untersucht am Beispiel der Stadt Oberhausen. Opladen = Stadtforsch. aktuell 88.

WOOD, G. 2003b: Die postmoderne Stadt: Neue Formen der Urbanität im Übergang vom zweiten ins dritte Jahrtausend. In: H. GEBHARDT, P. REUBER u. G. WOLKERSDORFER (Hg.): Kulturgeographie. Aktuelle Ansätze und Entwicklungen. Heidelberg/Berlin, S. 131-147.

• ZEHNER, K. 2001: Stadtgeographie. Gotha/Stuttgart = Perthes Geogr. Kolleg.

ZEPP, H. u. J. FLACKE 2002: Stadtökologie oder nachhaltige Siedlungsentwicklung? In: GR 54, H. 5, S. 4-10.

Sachregister